660MW 超超临界机组培训教材

汽轮机设备及系统

陕西商洛发电有限公司　西安电力高等专科学校　组　编

张正峰　孙文杰　主　编

袁少东　副主编

董　奎　陈乙冰　参　编

中国电力出版社
CHINA ELECTRIC POWER PRESS

内 容 提 要

本书为660MW超超临界火电机组培训教材系列丛书之一。全书主要以陕西商洛发电有限公司660MW超超临界汽轮机为例，讲述了汽轮机的工作原理、汽轮机本体结构、汽轮机调节与保护、主机供油系统、汽轮机热力系统及设备、间接空冷系统、汽轮机运行与维护、汽轮机常见的典型事故及处理等内容，并对350MW超临界汽轮机和1000MW超超临界汽轮机的特点进行了简述。

本书适合从事600MW及以上大型火力发电机组安装、调试、运行、检修等工作人员学习或作为培训教材使用，也可以供高等院校能源动力类相关专业师生参考。

图书在版编目（CIP）数据

汽轮机设备及系统/张正峰，孙文杰主编；陕西商洛发电有限公司，西安电力高等专科学校组编．—北京：中国电力出版社，2021.4（2024.8重印）

660MW超超临界机组培训教材

ISBN 978-7-5198-4883-5

Ⅰ.①汽… Ⅱ.①张… ②孙… ③陕… ④西… Ⅲ.①火电厂—蒸汽透平—技术培训—教材 Ⅳ.①TM621.4

中国版本图书馆CIP数据核字（2020）第156188号

出版发行：中国电力出版社

地　　址：北京市东城区北京站西街19号（邮政编码100005）

网　　址：http：//www.cepp.sgcc.com.cn

责任编辑：吴玉贤（010－63412540）

责任校对：黄　蓓　郝军燕　李　楠

装帧设计：赵姗姗

责任印制：吴　迪

印　　刷：固安县铭成印刷有限公司

版　　次：2021年4月第一版

印　　次：2024年8月北京第三次印刷

开　　本：787毫米×1092毫米　16开本

印　　张：22.25　插页1张

字　　数：539千字

定　　价：98.00元

编　委　会

前　言

21世纪，火力发电机组进入超高参数、大容量、低能耗、低污染、高自动化的发展时期，600MW等级以上机组已经成为主力发电机组。近几年来，有一大批660MW/1000MW超超临界机组相继投产，对从事生产运行和相关工作的技术人员提出了更高的要求。为了帮助他们提高技术水平，确保机组安全、经济、环保、可靠运行，由西安电力高等专科学校和陕西商洛发电有限公司联合组织编写本套培训教材。本套教材分为《锅炉设备及系统》《汽轮机设备及系统》《电气设备及系统》《热工过程自动化》《电厂化学设备及系统》《输煤与环保设备及系统》六个分册。

本分册为《汽轮机设备及系统》，主要参考陕西商洛发电有限公司的高效660MW超超临界汽轮机的结构、系统及运行特点，同时兼顾特殊需求进行编写。该分册内容主要包括六部分：第一部分介绍汽轮机专业所必需的基本理论知识；第二部分介绍汽轮机本体结构、调节保护系统、供油系统；第三部分介绍汽轮机相关热力系统及其辅助设备；第四部分专题介绍间接空冷系统与设备；第五部分讲述了汽轮机的运行与维护，包括汽轮机的启动与停运和常见典型事故的处理；第六部分为350MW超临界汽轮机和1000MW超超临界汽轮机的主要特点介绍。分册内容主要突出660MW超超临界汽轮机机组的设备、系统特点，注重基本理论与实践的结合，注重知识的深度与广度的结合，注重专业知识与操作技能的结合。

本分册由西安电力高等专科学校孙文杰、陈乙冰和陕西商洛发电有限公司张正峰、袁少东、董奎编写。在编写过程中，参阅了参考文献中列写的正式出版文献以及相关电厂、研究院所和高等院校的技术资料、说明书、图纸等，得到了陕西商洛发电有限公司生产领导和专业技术人员的大力支持、帮助及配合，在此一并表示衷心的感谢。

由于编者水平所限，书中疏漏之处在所难免，敬请广大读者批评指正。

编者

2020年7月

目　录

绪　论

一、 汽轮机的作用及地位

汽轮机是以水蒸气为工质，将蒸汽的热能转变为旋转机械能的动力机械，这种能量的转换是蒸汽依次通过汽轮机内部若干个结构基本相同的级完成的，而且是通过冲动作用原理和反动作用原理来实现的。与其他类型的转动机械（如燃气轮机、柴油机等）相比，汽轮机具有单机功率大、效率高、转速高、运转平稳、单位功率制造成本低、尺寸小和使用寿命长等一系列优点，它不仅是现代火电厂和核电站中普遍采用的原动机，而且在其他工业生产中作为动力机械被广泛使用。为确保火电厂中的汽轮机能够安全经济地进行能量转换，需要配置若干附属设备，比如凝汽设备、回热加热设备、调节和保护装置及供油系统等，汽轮机及其附属设备通过管道和阀门连成的整体，称为汽轮机设备。汽轮机与发电机的组合称为汽轮发电机组，目前我国火电汽轮发电机组发电量占各种形式发电总量的70%以上。

在火电厂中，为了保证供电质量，带动发电机发电的汽轮机采用定速运行方式；另外，也可将汽轮机设计成变速运行，用于驱动泵、风机、压气机和船舶螺旋桨等。此外，汽轮机的排汽或中间抽汽可用来满足生产和生活上供热的需要，这种用于热能和电能联合生产的热电式汽轮机，具有更高的经济性，对节约能源和环境保护具有重要意义。所以汽轮机是现代化国家中重要的动力机械设备。

二、 汽轮机的发展趋势

1883年瑞典工程师拉伐尔发明并制造出世界上第一台轴流、冲动式汽轮机，功率为3.7kW，转速高达2600r/min。在这台汽轮机中，拉伐尔解决了等强度轮盘、挠性轴和缩放喷嘴等较为复杂的汽轮机技术问题。

1884—1894年，英国工程师帕森斯相继发明了轴流式多级反动式汽轮机、辐流式汽轮机和背压式汽轮机。

1900年前后，美国工程师寇蒂斯发明了复速级单级汽轮机。与此同时，法国工程师拉托和瑞士工程师崔利分别在拉伐尔的基础上制造出了多级冲动式汽轮机。这样在前后十几年的时间里，已形成了汽轮机的两种基本类型，即多级冲动式和多级反动式汽轮机。

1903—1907年间，出现了热能、电能联合生产的汽轮机，即背压式汽轮机和调节抽汽式汽轮机，以满足其他工业部门对蒸汽的需要。

1920年前后，随着蒸汽动力装置循环的改进，出现了采用回热循环的汽轮机。这种汽轮机的应用提高了装置的循环效率，特别是研究出了提高单机功率的条件。所以，此后采用回热循环的汽轮机几乎完全代替了原来的纯凝汽式汽轮机，一直使用到现在。

1925年出现了第一台中间再热式汽轮机。这种汽轮机的优点是减少了末级的蒸汽湿度，能提高汽轮机的相对内效率，同时再热参数选择合适时能够提高循环效率。

1912年瑞典的容斯特罗姆兄弟发明了具有两个反向转子的辐流式汽轮机，这种汽轮机的缺点是不能制造成大功率机组。1930年德国西门子公司将辐流式高压级与普通的任何一种轴流式低压级结合起来，制造成一种能应用较高参数的汽轮机。

自汽轮机产生到现在的一百多年时间里，其发展速度很快，尤其是近几十年发展更加迅速，其发展的主要特点如下：

（1）单机功率逐渐增大。

（2）蒸汽参数逐渐提高。

（3）广泛采用中间再热。

（4）采用燃气—蒸汽联合循环。

（5）提高机组的运行水平。

我国自1955年由上海汽轮机厂制造第一台中压6000kW汽轮机以后，陆续生产出12、25、50、100、125、200MW和300MW汽轮发电机组。20世纪80年代初又从美国电气公司引进了300MW和600MW机组整套制造技术，经过消化吸收、不断优化，机组的各项技术性能均基本达到国外同类机组的先进水平，使得我国快速经历了从超高压机组到超临界600MW机组的发展过程。20世纪90年代后半期引进1000MW超超临界机组成套技术，经过消化吸收于21世纪初制造出的第一台1000MW超超临界机组，安装于华能玉环电厂，随后通过不断创新研究制造出了高效的1000MW超超临界机组及二次再热机组，逐步赶上世界先进水平。同时运用超超临界机组技术对原有的600MW机组进行改造，并根据我国实际需要制造出350MW超临界机组，广泛用于城市的供热机型。

我国生产汽轮机的主要工厂有上海电气电站设备有限公司上海汽轮机厂（简称上汽）、哈尔滨汽轮机厂有限责任公司（简称哈汽）、东方电气集团东方汽轮机有限公司（简称东汽），其次有北京重型电机厂（简称北重）、武汉汽轮发电机有限公司等，还有以生产工业汽轮机为主的杭州汽轮机股份有限公司、青岛捷能汽轮机集团股份有限公司和以生产燃气轮机为主的南京汽轮电机（集团）有限责任公司等。

三、汽轮机的分类

（一）按工作原理分类

（1）冲动式汽轮机。按照冲动作用原理工作的汽轮机称为冲动式汽轮机。在结构上它广泛采用隔板与轮式转子的形式。近代的冲动式汽轮机，蒸汽在各级的动叶片中都有一定程度的膨胀，但习惯上称为冲动式汽轮机。

（2）反动式汽轮机。按照反动作用原理（同时也包含冲动作用原理）工作的汽轮机称为反动式汽轮机。在结构上它主要采用静叶环与鼓式转子的形式。近代的反动式汽轮机常常采用冲动级或速度级作为第一级，但习惯上称为反动式汽轮机。

（二）按热力特性分类

（1）凝汽式汽轮机。在汽轮机内完成能量转换的工作蒸汽全部排入凝汽器的汽轮机称为纯凝汽式汽轮机。为提高效率，汽轮机均采用回热抽汽，这种除回热抽汽外其余蒸汽全部进入凝汽器的汽轮机称为凝汽式汽轮机。

(2) 调整抽汽式汽轮机。具有可调节抽汽（即将做过功的部分蒸汽在一种或两种压力下抽出供工业或采暖用汽，该压力在一定范围内可以调节）的凝汽式汽轮机称为调整抽汽式汽轮机。

(3) 背压式汽轮机。汽轮机做过功的蒸汽在高于大气压下排出，排汽可供其他热用户，如工业或采暖用，这种汽轮机称为背压式汽轮机。若排汽供中、低压汽轮机工作的背压式汽轮机又称前置式汽轮机。

背压式汽轮机和调整抽汽式汽轮机统称为供热式汽轮机。为了满足经济性和环保要求，350MW 超临界供热机组越来越多，660MW 超超临界供热机组正在发展。

(4) 中间再热式汽轮机。将在汽轮机前面若干级做过功的蒸汽全部引至锅炉，在一定压力下再次加热至一定温度，然后再引回汽轮机中继续膨胀做功，这种汽轮机称为中间再热式汽轮机。再热一次称为一次中间再热，再热二次称为二次中间再热。

（三）按蒸汽的流动方向分类

(1) 轴流式汽轮机。蒸汽在汽轮机内流动的总体方向大致与轴平行的汽轮机。

(2) 辐流式汽轮机。蒸汽在汽轮机内流动的总体方向大致与轴垂直的汽轮机。

（四）按用途分类

(1) 电站汽轮机。在火力发电厂中用以驱动发电机的汽轮机。

(2) 工业汽轮机。应用于工业企业中的固定式汽轮机的总称，它包括自备动力站发电用汽轮机（一般是等转速的）和驱动水泵、风机的汽轮机（一般是变转速的）。

(3) 船用汽轮机：作为船舶推进的动力装置，用以驱动螺旋桨。

（五）按蒸汽参数分类

(1) 低压汽轮机。新蒸汽压力为 1.18～1.47MPa。

(2) 中压汽轮机。新蒸汽压力为 1.96～3.92MPa。

(3) 高压汽轮机。新蒸汽压力为 5.88～9.8MPa。

(4) 超高压汽轮机。新蒸汽压力为 11.77～13.73MPa。

(5) 亚临界汽轮机。新蒸汽压力为 15.69～17.65MPa。

(6) 超临界汽轮机。新蒸汽压力大于 22.16MPa，大多采用 24MPa 左右。

(7) 超超临界汽轮机。新蒸汽压力不小于 25MPa，新蒸汽温度不小于 580℃。

除以上分类外，汽轮机还有一些分类方法，例如按汽缸的数目分为单缸、双缸和多缸汽轮机；按汽轮机的轴数分为单轴、双轴和多轴汽轮机；按工作状况分为固定式和移动式汽轮机等。

四、汽轮机的型号

汽轮机的种类繁多，为了便于区别和识别，常采用一些特定符号来表示汽轮机的基本特征（如蒸汽参数、热力特性和功率等），这些符号按照特定方式的组合体称为汽轮机的型号。

我国汽轮机产品型号主要由汉语拼音和数字组成，具体表示方法如下：

△××-×××-×

其中，△表示汽轮机的形式（热力特性或用途）；××表示额定功率，单位为 MW；×××表示新蒸汽的压力和温度，压力单位为 MPa，温度单位为℃；×表示变型设计序号，用阿拉伯数字表示，若为原型可以省略。

表0-1列出了汽轮机形式与代号之间的一般对应关系。

表0-1 汽轮机形式与代号

形式	代号	形式	代号
凝汽式	N	工业用	G
背压式	B	移动式	Y
一次调整抽汽式	C	直接（间接）空冷凝汽式	NZK（JK）
两次调整抽汽式	CC	抽汽凝汽式	NC或CN
抽汽背压式	CB	超临界凝汽式	CLN
船用	H	超超临界凝汽式	CCLN

表0-2列出了汽轮机型号中蒸汽参数的表示方法。

表0-2 汽轮机型号中蒸汽参数的表示方法

形式	表示方法	形式	蒸汽参数表示方法
凝汽式	新蒸汽压力/新蒸汽温度	抽汽背压式	新蒸汽压力/抽汽压力/背压
一次调整抽汽式	新蒸汽压力/调整抽汽压力	中间再热式	新蒸汽压力/新蒸汽温度/再热蒸汽温度
两次调整抽汽式	新蒸汽压力/高压调整抽汽压力/低压调整抽汽压力	直接空冷凝汽式	新蒸汽压力/新蒸汽温度/再热蒸汽温度
背压式	新蒸汽压力/背压	超超临界凝汽式	新蒸汽压力/新蒸汽温度/再热蒸汽温度

例如：CC25-8.82/0.98/0.11型汽轮机：表示两次调整抽汽式、额定功率为25MW、新蒸汽压力为8.82MPa、高压调整抽汽压力为0.98MPa、低压调整抽汽压力为0.11MPa、按原设计方案制造的汽轮机。

N300-16.7/537/537-5型汽轮机：表示凝汽式、额定功率为300MW、新蒸汽压力为16.7MPa、新蒸汽温度和再热蒸汽温度均为537℃、按第五次变型设计方案制造的汽轮机。

CLN600-24.2/566/566型汽轮机；表示超临界凝汽式、额定功率为600MW、新蒸汽压力为24.2MPa、新蒸汽温度和再热蒸汽温度均为566℃、按原设计方案制造的汽轮机。

五、超超临界机组的发展及其经济性

（一）超超临界机组发展

国内的超超临界机组是在常规超临界机组的基础上发展的，2002年9月，随着国家“863”计划“超超临界燃煤发电技术”以及依托工程——华能玉环电厂启动，国内各大动力制造厂都相继引进了国外成熟的超超临界技术。国内上海、哈尔滨、东方电气股份有限公司三大动力设备制造基地以及北重、北京巴威公司分别与国外大公司合作，引进百万千瓦等级主机设计、制造技术，目前均已具备百万千瓦等级超超临界机组的制造能力，其中，东方锅炉（集团）股份有限公司（简称东锅）、上海锅炉厂有限公司（简称上锅）、哈尔滨锅炉厂有限责任公司（简称哈锅）以及北京巴布科克·威尔科克斯有限公司（简称北京巴威公司）分别引进日本巴布科克日立公司（BHK）、阿尔斯通公司（ALSTOM）、日本三菱重工业股份有限公司（简称三菱重工）、美国巴威公司的技术。国内四大汽轮机制造企业的上汽、哈汽、东汽、北重则分别引进西门子（SIEMENS）、日本东芝、日立（HITACHI）及阿尔斯通公司（ALSTOM）的超超临界汽轮机制造技术。

2006年11月，装备我国第一台国产引进型的1000MW超超临界机组华能玉环电厂正式投入商业运行，标志着我国超超临界机组的制造和运行水平进入了又一个阶段。目前，除了已经投产的机组外，还有一大批百万级的超超临界机组正在建设和可行性研究，它们将在我国电力工业中扮演越来越重要的角色。根据有关资料统计，截至2017年7月底，我国已经投产的百万千瓦等级超超临界机组101台，经过后期及2018年的建设，又有部分百万千瓦等级机组投产，总量接近110台。部分百万千瓦等级超超临界机组投产情况见表0-3。

表0-3　部分百万千瓦等级超超临界机组投产情况

电厂名称	容量（MW）	汽轮机蒸汽参数		制造厂（锅炉/汽轮机/发电机）	投产时间（通过168h试运行）
		压力（MPa）	温度（℃/℃）		
华能玉环电厂	4×1000	26.25	600/600	哈锅/上汽/上电	2006-11-28，2006-12-30 2007-11-11，2007-11-24
上海外高桥电厂	2×1025	27	600/600	上锅/上汽/上电	2008-03-26，2008-06-07
华电国际邹县电厂	2×1000	25	600/600	东锅/东汽/东电	2006-12-04，2007-07-05
国电泰州电厂一期	2×1000	25	600/600	哈锅/哈汽/哈电	2007-12-04，2008-03-31
国投天津北疆电厂	2×1000	26.25	600/600	上锅/上汽/上电	2008-08-24，2008-11-14
国电浙江北仑电厂	2×1000	26.25	600/600	东锅/上汽/上电	2008-12-20，2009-06-02
华能海门电厂	2×1030	26.25	605/603	东锅/东汽/东电	2009-06-14，2009-08-27
国华浙江宁海电厂	2×1000	29.3	605/603	上锅/上汽/上电	2009-08-21，2008-09-24
上海漕泾电厂	2×1000	26.25	600/600	上锅/上汽/上电	2010-01-12，2010-04-05
神华万州电厂	2×1050	28	600/620	东锅/东汽/东电	2014-12-31，2015-03-31
国电泰州电厂二期	2×1000	31	600/610/610	上锅/上汽/上电	2015-08-25，2016-01-20
江苏沙洲电厂二期	2×1000	27	600/600	上锅/上汽/上电	2017-07-30，2017-08-21
国投湄洲湾第二发电厂	2×1000	27	600/600	上锅/上汽/上电	2017-07-20，2017-08-27
陕西榆林能源横山煤电有限公司	2×1000	28	600/620	东锅/东汽/东电	2018-12-13（2号机）， 2019-06（1号机，并网）
陕西能源赵石畔煤电有限公司	2×1000	28	600/620	东锅/上汽/上电	2018-12-30，2019-06-28并网

在经过600MW亚临界火电机组、660MW超临界火电机组及1000MW超超临界火电机组的发展过程后，根据实际需要，将1000MW机组的技术用于600MW等级机组中，研制出了660MW超超临界机组，丰富了我国火电机组的类型。部分660MW超超临界机组投产情况见表0-4。

表 0-4　　　　部分 660MW 超超临界机组投产情况

电厂	容量(MW)	汽轮机蒸汽参数		制造厂(锅炉/汽轮机/发电机)	投产时间(通过 168h 试运行)
		压力(MPa)	温度(℃/℃)		
华电芜湖电厂	2×660	25	600/600	北京巴威公司/东汽/东电	2008-06-24，2008-08-30
大唐宁德电厂	2×660	25	600/600	东锅/东汽/东电	2008-12，2009-06
华润焦作龙源电厂	2×660	25	600/600	东锅/东汽/东电	2014-12-23，2015-06-01
华能安源电厂	2×660	31	600/620/620	哈锅/东汽/东电	2015-06-27，2015-08-24
国电蚌埠电厂二期	2×660	31	600/620/620	东锅/上汽/—	2018-04-15，2018-06-15
陕西商洛发电有限公司	2×660	28	600/620	东锅/东汽/东电	2018-11-28，2019-03-21
重庆双槐电厂	2×660	25	600/600	东锅/东汽/东电	2013-06-23，2014-08-29
华能延安电厂	2×660	28	600/620	东锅/东汽/东电	未投产

（二）超超临界机组的优势

超超临界机组由于参数较高，因此效率高是其最显著的特点，效率的提高又使得有害物质的排放量相对减少，燃料的运输量相对降低，同时超超临界机组往往伴随着大容量，因此又具有单位容量造价低、定员少、易于进行烟气净化（包括除尘、脱硫、脱销等）等一系列的优势。随着材料技术、制造工艺以及自动控制技术的不断提高，超超临界机组的安全性、可靠性、灵活性、自动化程度都达到了新的高度。

(1) 超超临界机组的效率。目前，世界上超超临界机组的最高热效率已达47%。一般认为参数为24.1MPa/538℃/538℃的机组比参数为17.1MPa/538℃/538℃的亚临界机组效率提高2.0%～2.5%，参数为31MPa/566℃/566℃/566℃的机组比参数为17.1MPa/538℃/538℃的机组可提高效率4.0%～6.0%，参数为30MPa/600℃/600℃的机组比参数为18MPa/540℃/540℃的机组可提高相对效率6.0%。

一般亚临界燃煤火电站的效率为37%左右。苏联20世纪80年代运行的一批超临界机组火电站，蒸汽参数为23.5MPa/540℃/540℃，效率为39.6%。

一般认为蒸汽参数为25MPa/540℃/560℃的超临界火电机组，电站效率为42%～43%。如1987年投运的挪威650MW HEMWEG电站，蒸汽参数为26MPa/540℃/568℃，电站设计效率为42.3%，实测为43.2%；而我国1992年投产的石洞口二厂2×600MW机组，参数为24.2MPa/538℃/566℃，供电煤耗率为313g/(kW·h)，电站效率为39.2%。近来世界上出现了一大批高参数超超临界机组，蒸汽参数为28～30MPa、580℃/600℃、600℃/600℃，它们的电站效率均为45%，个别高达48%。

超超临界机组的温度参数一般有580℃/580℃、580℃/600℃、600℃/600℃等，如果机组进行二次再热，效率还会进一步提高，根据美国GE公司的测算，不同温度档次以及二次再热的机组效率见表0-5。

表 0-5 蒸汽参数对机组纯效率的影响

一次再热机组	蒸汽初温/再热蒸汽温度（℃/℃）	580/580	580/600	600/600
	机组效率（%）	44.94	45.11	45.33
二次再热机组	蒸汽初温/一次再热蒸汽温度/二次再热蒸汽温度（℃/℃/℃）	580/580/580	580/590/600	600/600/600
	机组效率（%）	45.51	45.67	45.9

（2）超超临界机组的电站投资和发电成本。火力发电厂的发电成本主要取决于电站的投资与燃料价格，由于超超临界机组的参数较高，其主蒸汽和再热蒸汽的管道、阀门以及相关部件的材料投资较高，因此，与亚临界和常规超临界机组比较，超超临界机组在发电成本上优势主要取决于材料与燃料的价格比。随着材料技术的不断提高和世界能源的日益紧张，超超临界机组的优势将越来越得到体现。表 0-6 是某 650MW 燃煤火电站的技术经济比较。

表 0-6 某 650MW 燃煤火电站的技术经济比较

电站型式	亚临界机组	超超临界机组
功率（MW）	650	650
蒸汽参数（MPa/℃/℃）	18.0/540/540	27.0/580/600
电站净效率（%）	41.7	44.1
电站的投资（$/kW）	750	775
每年度的发电成本[￠/(kW·h)]	3.06	3.02

（3）超超临界机组的污染控制。按照表 0-6 中所列超超临界机组为例，按每年满负荷运行 7500h 计算，该机组比亚临界发电机组每年节约国际通用煤（25 000kJ/kg）115 000t，每年可少排放 CO_2 270 000t。进一步计算表明，若将机组参数提高到 35.0MPa/700℃/720℃，则每年节约国际通用煤 335 000t，每年可少排放 CO_2 780 000t。

（4）超超临界机组的运行特性。对于运行时间，一般超临界机组的冷态启动时间约 7.5h，比亚临界火电机组冷态启动时间多 1h。超超临界机组在停机 40h 后的启动时间为 4h 20min，比亚临界火电机组在停机 40h 后的启动时间多 1h 10min。

从机组的调峰能力来看，超超临界机组在 50%～100%额定负荷之间的变负荷率可以达到（7%～8%）/min，甚至比亚临界机组在同样负荷范围内的变负荷率 5%/min 要好。

由于超超临界机组具有较好的热机动性，通常采用复合变压运行方式。在低负荷下，机组仍能保持较高的效率，对于二班制运行的机组，深夜停机后从点火到满负荷的启动时间约为 3h。

六、 东汽超超临界汽轮机技术参数

（一）1000MW 超超临界汽轮机主要技术参数

20 世纪 90 年代初，东汽从日本日立公司全面引进亚临界 600MW 汽轮机设计制造技术，成功地实现了汽轮机设计制造技术的第一次跨越。在 21 世纪初又从日立公司引进了高效率的超临界、超超临界汽轮机技术，经过消化吸收制造了原型机并安装运行，随着对机组设计认识的提高，不断进行改进创新，开发出了多种型号的高效百万机组，有关参数见表0-7。

表 0-7　　东汽 1000MW 超超临界汽轮机主要技术参数

项目		单位	参数（引进型）	参数（改进型）	参数（高效型）
型号及型式	型号		N1000-25.0/600/600	N1050-28.0/600/620	NJK1000-28.0/600/620
	机组型式		超超临界、冲动式、一次中间再热、四缸四排汽、单轴、双背压凝汽式	超超临界、冲动式、一次中间再热、四缸四排汽、单轴、双背压凝汽式	高效超超临界、冲动式、一次中间再热、四缸四排汽、单轴、间接空冷凝汽式
额定参数	功率（THA工况）	MW	1000	1050	1000
	主蒸汽压力	MPa（a）	25	28	28
	主蒸汽温度	℃	600	600	600
	高压缸排汽口压力	MPa（a）	4.73	6.084	5.883
	高压缸排汽口温度	℃	344.8	357.6	352.8
	再热蒸汽进口压力	MPa（a）	4.25	5.398	5.474
	再热蒸汽进口温度	℃	600	620	620
	排汽压力	kPa（a）	4.5/4.7	4.92（平均）	10（平均，夏季为28）
额定参数	主蒸汽进汽量	t/h	2733.434	2857.7	2813.57
	再热蒸汽进汽量	t/h	2245.526	2364.0	2319.535
	给水温度	℃	298.5	299.8	305.5
	转速	r/min	3000	3000	3000
	配汽方式		复合配汽	全周＋节流配汽	全周＋节流配汽
	设计冷却水温度	℃	21.5	21.6	33.73
	热耗率	kJ/（kW·h）	7354	7227	7462
	给水回热级数（高压加热器＋除氧＋低压加热器）		8（3＋1＋4）	9（3＋1＋5）	8（3＋1＋4），3号高压加热器设外置式蒸汽冷却器
	低压末级叶片长度	mm	1092.2	1200	863.6
	汽轮机整机效率	%	92.2	92.4	92.46
	通流级数	级	46(10＋2×6＋2×2×6)	48(12＋2×8＋2×2×5)	50(14＋2×8＋2×2×5)
机组尺寸	机组外形尺寸（长、宽、高）	m	37.9、9.9、6.8	37.7、11.42、8.9	37.2、10.5、8.2
	运行层标高	m	17	17	16.5
	最大起吊高度	m	10.5	13	

续表

项目		单位	参数（引进型）	参数（改进型）	参数（高效型）
寿命消耗	冷态启动	%/次	0.03	0.03	0.02
	温态启动	%/次	0.01	0.0095	0.008
	热态启动	%/次	0.0045	0.0027	0.0027
	极热态启动	%/次	0.002	0.02	0.02
安装电厂			华电邹县	神华万州	榆林横山

（二）660MW 超超临界汽轮机主要技术参数

东汽在对引进的660MW汽轮机技术不断消化吸收改进后，结合1000MW汽轮机的新技术，制造出高效的660MW超超临界汽轮机，安装于陕西商洛发电有限公司的最新660MW超超临界汽轮机技术参数见表0-8。

（三）660MW 超超临界汽轮机纵剖视图

超超临界机组由于其高效性、安全性和环保性而得到大力发展，东汽制造、采用具有补汽阀（旁通配汽）的高效660MW超超临界汽轮机的纵剖视图，如图0-1所示（见文后插页）。

表0-8　东汽高效660MW超超临界汽轮机主要技术参数

项目		单位	参数
型号及型式	型号		CJK660/608-28/0.4/600/620
	型式		高效超超临界、单轴、一次中间再热、三缸两排汽、间接空冷抽汽凝汽式汽轮机
功率	额定功率（TRL工况）	MW	660
	最大功率（VWO工况）	MW	682.4
额定蒸汽参数	主蒸汽压力（高压主蒸汽阀前）	MPa（a）	28.0
	主蒸汽温度（高压主蒸汽阀前）	℃	600
	高压缸排汽口压力	MPa（a）	6.098
	高压缸排汽口温度	℃	359.1
	再热蒸汽进口压力	MPa（a）	5.610
	再热蒸汽进口温度	℃	620
	额定排汽压力	kPa（a）	10
	额定给水温度	℃	300.9
蒸汽流量	额定主蒸汽流量	t/h	1859.7
	最大主蒸汽流量	t/h	1950
配汽方式			全周进汽＋补汽阀
设计冷却水温度		℃	32.3℃(TMCR)，52.5℃(TRL)
THA热耗率		kJ/(kW·h)	7512.0
转动方向			从汽轮机向发电机方向看为逆时针方向
工作转速		r/min	3000
盘车转速		r/min	1.5

续表

项　目		单位	参　数
通流级数	整机		总共28级（总结构级32级）
	高压缸	级	14
	中压缸	级	10
	低压缸	级	2×4
末级叶片长度		mm	1030
给水回热系统			3高压加热器+1除氧器+4低压加热器
给水泵			每台机组设置1台100%BMCR容量的汽动给水泵
汽封系统			采用自密封系统（SSR）
汽轮机内效率	汽轮机总内效率	%	92.23
	高压缸效率	%	90.10
	中压缸效率	%	93.31
	低压缸效率	%	89.58
临界转速	高压转子临界转速	r/min	一阶：1717.1；二阶：>4000
	中压转子临界转速	r/min	一阶：1907.8；二阶：>4000
	低压转子临界转速	r/min	一阶：1269.9；二阶：3517.7
	发电机转子临界转速	r/min	一阶：971.7；二阶：2563.6
机组轴系扭振频率		Hz	22.4/28.0/59.6/124.0/136.0/179.2/181
运行方式	启动方式		中压缸启动或高中压缸启动
	变压运行负荷范围	%	100%～30%
	变压运行负荷变化率	%/min	3
	定压运行负荷变化率	%/min	5
噪声水平		dB（A）	85
寿命消耗	冷态启动	%/次	0.03
	温态启动	%/次	0.008
	热态启动	%/次	0.0027
	机热态启动	%/次	0.02
	负荷阶跃大于10%额定负荷	%/次	0.0008
机组外形尺寸（长×宽×高）		m×m×m	28.0×11.2×7.6
运行层标高		m	15.5
最大起吊高度		m	11
安装电厂			陕西商洛发电有限公司

（四）660MW超超临界汽轮机提高效率的改进技术

（1）对机组结构进一步优化。原来的660MW超超临界机组为高中压合缸+两个低压缸的三缸四排汽结构，为了提高机组的可靠性和经济性，根据实际机组运行情况分析和不断地深入研究，对原机组进行优化后变为高中压分缸+两个低压缸的四缸四排汽结构或高中压分缸+1个低压缸的三缸两排汽结构，具体情况见表0-9。

表 0-9　　660MW 超超临界汽轮机的优化

序号	母型机：高中压合缸、两个低压缸母型机	高效优化机型：高中压分缸、两个或一个低压缸
1	高中压合缸，轴向长度短，结构紧凑；但机组受高中压缸跨距限制，使高中压通流级数设计较少，单级焓降大，隔板压差大易变形	高中压分缸，机组的轴向长度增长，但机组高压缸和中压缸的单跨跨距小，轴系更稳定；高中压通流级数可以设计较多，单级焓降小，通流部分变化更加平缓，隔板压差小不易变形
2	高中压缸的蒸汽流量大，使得内缸体积大，易导致结合面变形漏汽	分缸结构，使得单个汽缸刚性更好、内缸结合面严密，不易变形漏汽
3	高中压缸之间的压差大，过桥汽封漏汽量大	高中压缸之间无过桥汽封，没有该漏汽
4	低压缸的进汽压力较高，使得高效的中压缸分配焓降少，低压内缸进汽部分易变形漏汽	低压缸的进汽压力低，使得高效的中压缸分配焓降多，低压内缸进汽部分压力低不易变形漏汽
综合上述原因，导致原高中压缸合缸机组运行经济性、可靠性较差		综合上述原因，使得高中压缸分缸机组运行经济性、可靠性得到提高

（2）蒸汽参数由原来的 25MPa/600℃/600℃提高到 28MPa/600℃/620℃，有的甚至采用两次中间再热，参数达到 31MPa/600℃/620℃/620℃，使得循环热效率进一步提高。

（3）提高再热压力/主蒸汽压力比，蒸汽在高效中压缸内的做功能力增强，可以有效地提高机组的效率。

（4）对热力系统进行优化，采用过热蒸汽冷却器，进一步提高给水温度，并且采用疏水泵降低疏水的热量损失。

（5）防固体颗粒冲蚀（SPE）技术。高压第 1 级采用 SPE 叶型改变固粒冲击角，出汽边内弧偏离冲击射线；优化再热第 1 级动、静叶轴向间隙，动叶反射固粒不打在静叶背弧上，切断多重反射途径；高、中压第 1 级静、动叶进行涂层保护；阀门安装滤网，防止大颗粒固粒进入通流部分。

（6）动叶叶顶采用间隙逐渐扩散式汽封，以及采用防旋高压隔板汽封和轴封。

（7）采用具有补汽阀的配汽方式，使得机组在 THA 工况下比原来的喷嘴配汽方式的汽耗率减少 63kJ/(kW·h)。

（8）采用切向全周进汽取代原来的上下对称部分进汽方式，并且调节汽阀由原来的 4 个变为 2 个，不但结构简化，而且气动性更好，阀门的损失减小，可以下降 0.5%。

（9）通过叶型优化，采用可控涡流弯扭成型静叶及高负荷 HV 动叶，使级的效率提高 2%～3%。

（10）对通流部分流道的整体优化技术，减少二次流、掺混、扰流损失，使得效率提高 1%～1.5%。

（11）按照焓降、速比、反动度的高效准则，实现根茎、级数、相对叶高优化匹配，实现先进流形及流动特性的精确匹配设计技术。

通过上述的改进措施，使得整个机组在经济性上获得：高压模块采用补汽阀配汽、新叶型等，效率提高了5.9%，使高压缸的效率由原来的84%提高到90%及以上。中压模块的排汽端采用数值分析及优化，使得中压缸的排汽压力损失系数下降36%，缸效率提高1.2%，热耗降低19kJ/(kW·h)。低压模块经过三维流场优化，缸效率提高1.3%，热耗降低35kJ/(kW·h)。

第一章

汽轮机的工作原理

第一节　级的工作原理及其能量转换过程

一、级及级的工作原理

（一）级

在汽轮机内部有很多部件，当蒸汽通过这些部件时实现能量的转换过程，其结构如图 1-1 所示。由图 1-1 可知，汽轮机内部蒸汽流过的部件结构大多基本相同，该结构如图 1-2 所示，它们按照一定的顺序叠加在一起，使蒸汽必须通过这样的结构进行能量转换，它就是汽轮机的级，所以级就是将蒸汽的热能转变成为旋转机械能的最基本工作单元，在结构上它是由一列喷嘴和其后的动叶栅组成的，如图 1-3 所示。

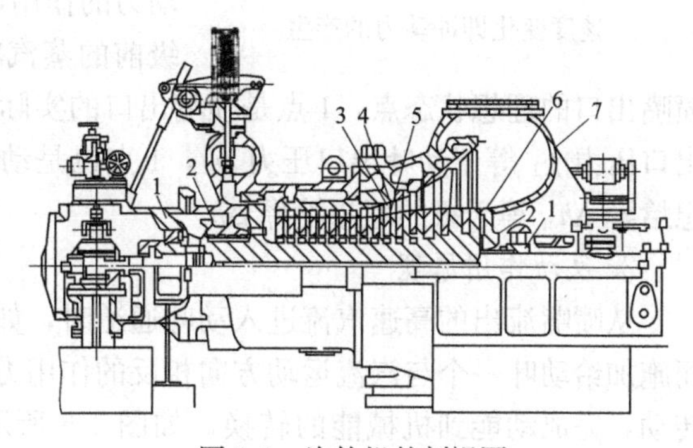

图 1-1　汽轮机的剖视图

1—轴承；2—轴封；3—喷嘴；4—隔板；5—动叶；6—叶轮或转子；7—排汽缸

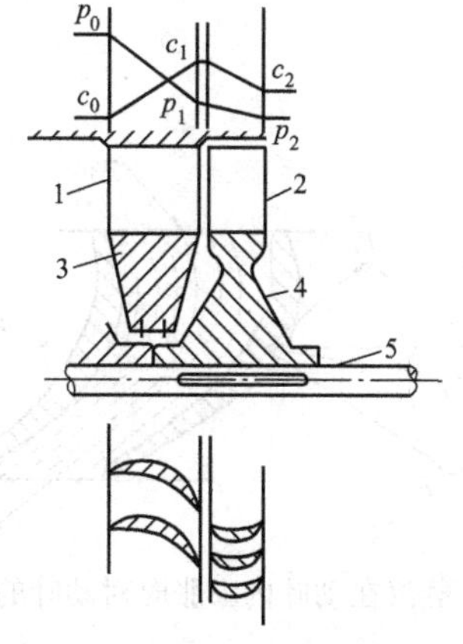

图 1-2　汽轮机级的示意图

1—静叶；2—动叶；3—隔板；4—叶轮；5—轴

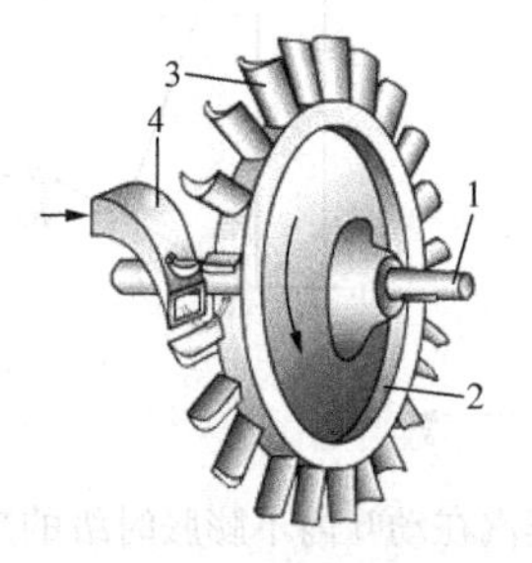

图 1-3　汽轮机级的立体示意图

1—轴；2—叶轮；3—动叶；4—喷嘴

根据蒸汽在级内的流动顺序，可以将蒸汽在级内进行的能量转换分为两个过程：①在喷嘴中，进行降压膨胀，将蒸汽的热能转变成为动能，形成高速汽流；②在动叶中，将蒸汽的动能转变成为旋转的机械能。

（二）级的基本工作原理

蒸汽在级内进行的能量转换是通过冲动作用原理和反动作用原理来实现的，所以级的基本工作原理就是冲动作用原理和反动作用原理，同时也是汽轮机的基本工作原理。

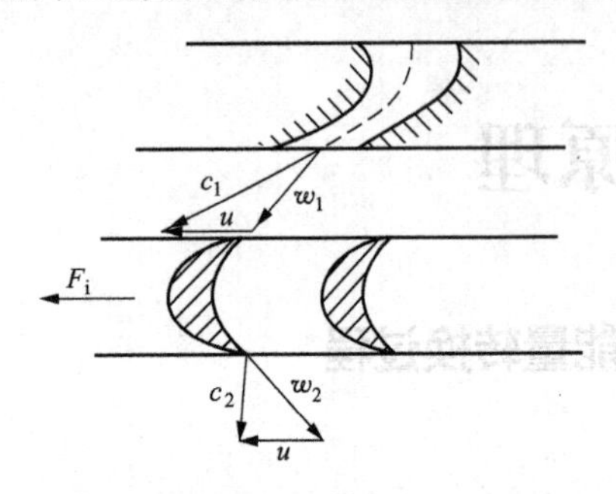

图 1-4　蒸汽在动叶内不膨胀时的速度变化即冲动力的产生

1. 冲动作用原理

图 1-4 表明了蒸汽在动叶内不膨胀时，蒸汽作用在动叶上产生的冲动力 F_i。这个力的大小，主要取决于单位时间内通过动叶通道的蒸汽流量及其速度的变化。蒸汽流量越大，速度变化越大，则冲动力就越大。

利用冲动力做功的原理就是冲动作用原理。根据冲动力产生的过程可知，冲动作用原理的特点是蒸汽仅在喷嘴中膨胀，在动叶中不膨胀，动叶上只受到冲动力的作用，热力过程线如图 1-5 所示。图中，0 点是级前的蒸汽状态点，0^* 点是级前滞止状态点，1_t 点是喷嘴出口的理想状态点，1 点是喷嘴出口的实际状态点。根据冲动作用原理的特点，喷嘴出口压力 p_1 等于动叶出口压力 p_2，1 点也是动叶的入口和出口状态点，并且喷嘴中的理想焓降 Δh_n 等于级的理想焓降 Δh_t。

2. 反动作用原理

从喷嘴流出的高速汽流进入动叶通道时，如果继续膨胀，汽流就会加速离开动叶，从而施加给动叶一个与汽流运动方向相反的作用力，这个力叫作反动力。该力继续推动动叶转动，完成动能到机械能的转换，如图 1-6 所示。利用反动力做功的原理就是反动作用原理。

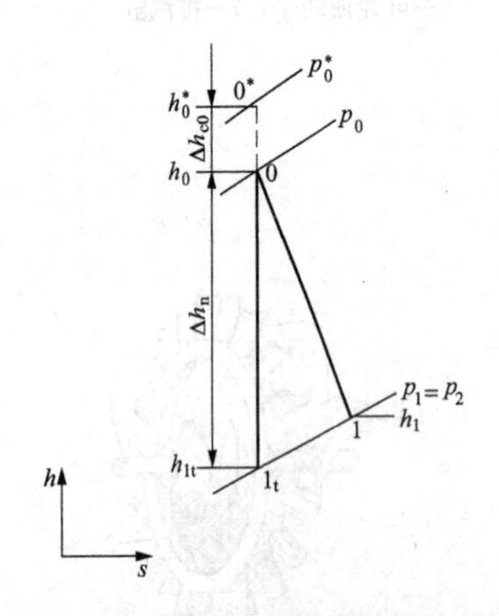

图 1-5　蒸汽在动叶内不膨胀时级的热力过程线

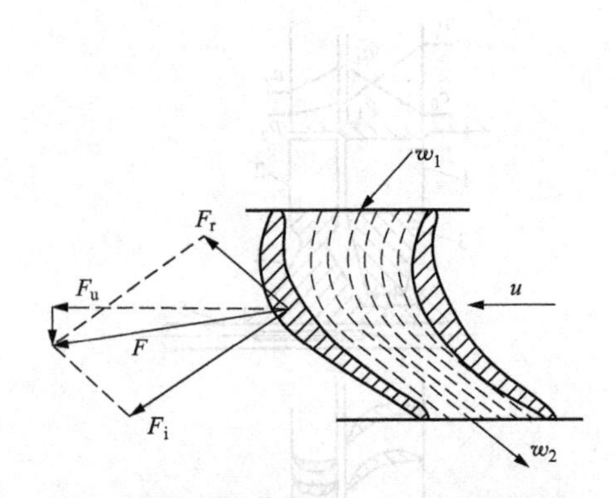

图 1-6　蒸汽在动叶内膨胀时对动叶的作用力

通常蒸汽在动叶中都要进行不同程度的膨胀，因此动叶上既受到蒸汽冲动作用力 F_i 的作用，也受到蒸汽的反动作用力 F_r 的作用，这两个力的合力 F 就是蒸汽作用在动叶上的力，其分力 F_u 就是推动动叶旋转的力，称为圆周力。因此反动作用原理的特点是蒸汽不仅在喷嘴中膨胀，在动叶中也膨胀，动叶上同时受到冲动力和反动力的作用，热力过程线如图 1-7 所示。

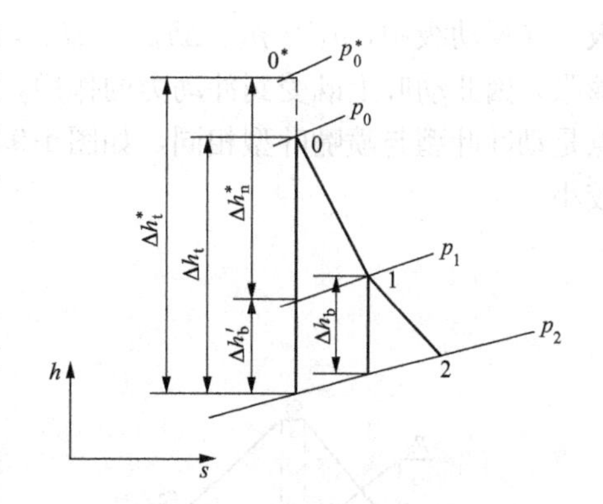

图 1-7　蒸汽在动叶内膨胀时级的热力过程线

图 1-7 中，0 点是级前的蒸汽状态点，0^* 点是级前滞止状态点，1 点既是喷嘴出口的实际状态点，也是动叶的入口状态点，2 点是动叶出口的实际状态点，p_1、p_2 分别为喷嘴出口压力和动叶出口压力。蒸汽从滞止状态 0^* 点开始，在级内等熵膨胀到 p_2 时的焓降 Δh_t^* 称为级的滞止理想焓降。而蒸汽从 0 状态点开始，在级内等熵膨胀到 p_2 时的焓降 Δh_t 称为级的理想焓降。Δh_n^* 为喷嘴的滞止理想焓降，而 Δh_b 为动叶的理想焓降。

二、 级的反动度

蒸汽在级的动叶中可以膨胀，也可以不膨胀，因此动叶上可以仅受冲动力的作用，也可以同时受到冲动力和反动力的作用。判别有无反动力的作用，或者反动力的大小，是根据蒸汽在动叶中的膨胀程度来决定的。该膨胀程度可以用级的反动度 Ω_m 来衡量，它等于蒸汽在动叶中的理想焓降与级的滞止理想焓降的比值，即

$$\Omega_m=\frac{\Delta h_b}{\Delta h_t^*} \tag{1-1}$$

结合图 1-7 所示热力过程线中焓降的特点，级的反动度表达式还可以表示为

$$\Omega_m=\frac{\Delta h_b}{\Delta h_n^*+\Delta h_b'}\approx\frac{\Delta h_b}{\Delta h_n^*+\Delta h_b} \tag{1-2}$$

根据式（1-1）和图 1-7 可得

$$\Delta h_b=\Omega_m\Delta h_t^* \text{ 和 } \Delta h_n^*=(1-\Omega_m)\Delta h_t^*$$

由上式可知，Ω_m 越大，Δh_b 越大，则蒸汽在动叶中的膨胀程度越大，作用在动叶上的反动力就越大。

三、 级的分类

1. 根据级的反动度大小分类

通常根据级的反动度的大小可以把级分为以下几种形式：

（1）纯冲动级。反动度 $\Omega_m=0$ 的级称为纯冲动级，如图 1-8 所示。级内能量转换的特点是：蒸汽只在喷嘴中膨胀，将蒸汽的热能转换成动能，在动叶中不膨胀，蒸汽仅对动叶施加冲动力就可以将动能转换为机械能。因此，动叶进出口蒸汽压力相等，即 $p_1=p_2$，且 $\Delta h_b=0$，故有 $\Delta h_n^*=\Delta h_t^*$。它的结构特点是动叶叶型近乎对称弯曲。纯冲动级做功能力大，但效率比较低，现代汽轮机很少采用。

（2）反动级。蒸汽在级中的理想焓降，平均分配在喷嘴叶栅和动叶栅的级称为反动

级。在反动级中，$p_1 > p_2$，$\Delta h_n = \Delta h_b$，$\Omega_m \approx 0.5$。蒸汽不仅在喷嘴中膨胀，在动叶中也膨胀，因此动叶上既受到冲动力的作用，又受到一个比较大的反动力的作用。它的结构特点是动叶叶型与喷嘴叶型相同，如图 1-9 所示。反动级的效率比冲动级高，但做功能力比较小。

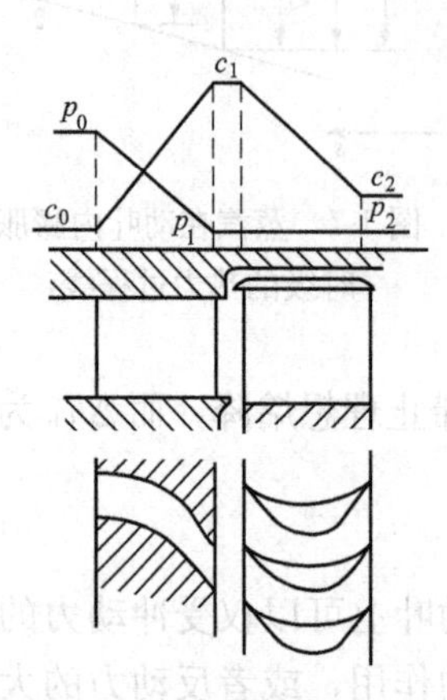

图 1-8 纯冲动级结构示意图及其级中蒸汽压力和速度变化示意图

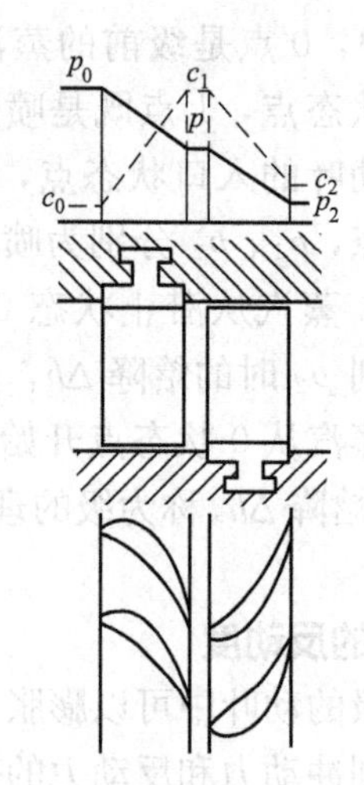

图 1-9 反动级结构示意图及其级中蒸汽压力和速度变化示意图

（3）带反动度的冲动级（简称冲动级）。为了使蒸汽在动叶通道中的速度不断增加，提高级效率，通常在纯冲动级中设置一定的反动度，一般 $\Omega_m = 0.05 \sim 0.20$。这样，它既有纯冲动级的特征，又包含反动级的因素，故称为带反动度的冲动级。级内能量转换的特点是：蒸汽的膨胀大部分在喷嘴中进行，只有一小部分在动叶中进行。因此，$p_1 > p_2$，$\Delta h_n > \Delta h_b$。蒸汽对动叶的作用力以冲动力为主，但也有一小部分反动力。它的做功能力比反动级的大，效率又比纯冲动级的高，在汽轮机中得到广泛应用。

2. 按照蒸汽在级内的能量转换次数分类

（1）压力级。蒸汽的能量转换在级内只进行一次，这样的级称为压力级。压力级可以是冲动级，也可以是反动级。

（2）速度级。蒸汽的能量转换在级内依次进行二次及其以上的级称为速度级，速度级是单列冲动级的延伸，即速度级仍然是单级。若同一个叶轮上有两列或三列动叶栅则为双列速度级或三列速度级，图 1-10 就是一个双列速度级，简称复速级。

复速级就是在单列级动叶之后增加一列导向叶栅和一列动叶，导向叶栅固定在汽缸上，增加的一列动叶与原来动叶固定在同一个叶轮上。复速级的做功能力比单列冲动级要大。通常在级的焓降很大、喷嘴出口速度很高时采用复速级。

为了提高复速级的效率，也可以将其设计成带有一定的反动度，即蒸汽除了在喷嘴内有焓降外，在各列动叶和导向叶栅中也分配适当的焓降。带反动度的复速级的热力过程线如图 1-11 所示。

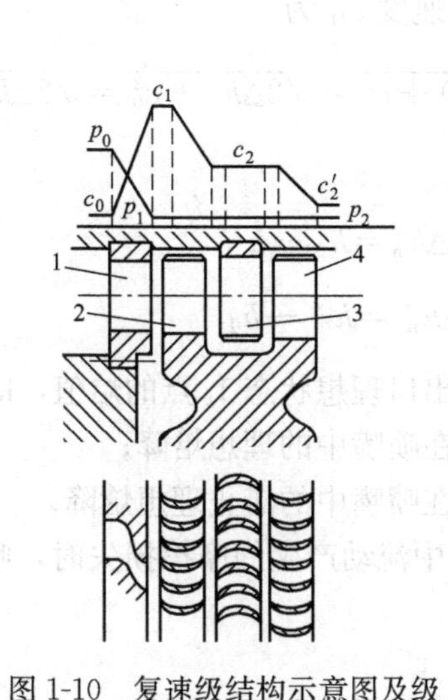

图 1-10　复速级结构示意图及级中汽流压力和速度变化示意图

1—喷嘴；2—第一列动叶；3—导叶；4—第二列动叶

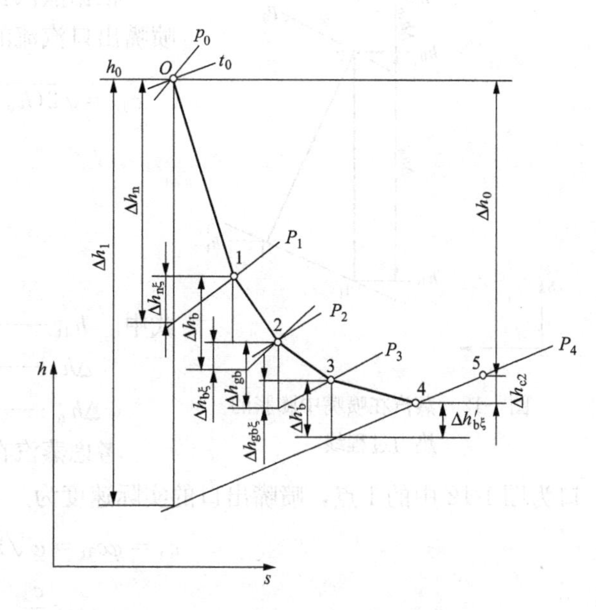

图 1-11　复速级的热力过程线

3. 按照通流面积是否随负荷大小变化分类

(1) 调节级。通流面积随负荷变化而改变的级称为调节级。如喷嘴调节汽轮机的第一级，随着汽轮机负荷的变化，调节汽阀开启的个数不同，从而引起其通流面积也发生变化。调节级总是设计成部分进汽。

(2) 非调节级。通流面积不随负荷变化而改变的级称为非调节级。只要一进汽，不论蒸汽量多或少，非调节级的通流面积都有蒸汽流过。非调节级可以是全周进汽，也可以是部分进汽。

四、 蒸汽在级内的能量转换

(一) 蒸汽在喷嘴中的能量转换

1. 蒸汽在喷嘴中的膨胀过程

蒸汽在喷嘴两端压差的作用下流经喷嘴，并在喷嘴中不断膨胀，压力逐渐降低，速度逐渐增加，将蒸汽的热能转变为动能。图 1-12 为蒸汽在喷嘴中膨胀的热力过程线，0 点是喷嘴前的蒸汽状态点，0^* 点是喷嘴前蒸汽的滞止状态点。具有初速 c_0、初压 p_0、初焓 h_0 的蒸汽在喷嘴中膨胀到背压 p_1，在没有损失的情况下，沿着等熵线 0—1_t 膨胀到 1_t 点，该点的焓值为 h_{1t}，喷嘴的焓降为 Δh_n；在有损失情况下，膨胀过程沿 0—1 线进行，喷嘴出口的蒸汽状态点为 1。由过程线可知，喷嘴损失的存在，使得喷嘴实际出口状态点 1 的比体积和焓值都比理想出口状态点 1_t 有所增加。在喷嘴损失未计算出之前，实际出口状态点 1 是不能在 h-s 上直接确定的，所以计算总是从理想状态开始。

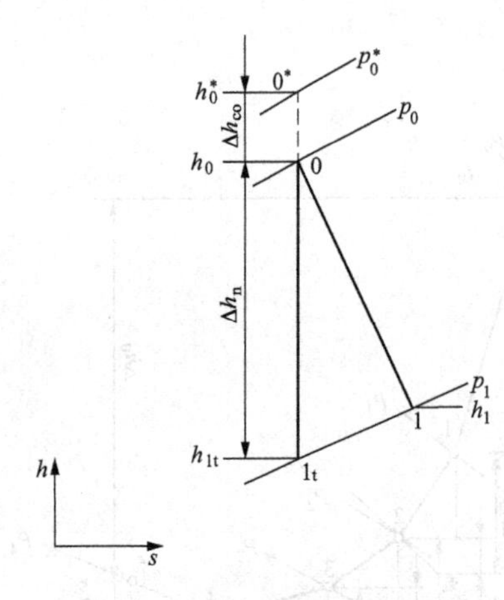

图 1-12　蒸汽在喷嘴中膨胀的热力过程线

2. 喷嘴中的汽流速度

根据蒸汽在喷嘴中的膨胀热力过程线图 1-12 可知，喷嘴出口汽流的理想速度 c_{1t} 为

$$c_{1t}=\sqrt{2(h_0-h_{1t})+c_0^2}=\sqrt{2\Delta h_n+c_0^2}=\sqrt{2\Delta h_n^*} \tag{1-3}$$

$$\Delta h_n=h_0-h_{1t}$$

$$\Delta h_n^*=h_0^*-h_{1t}$$

式中　h_{1t}——喷嘴出口理想状态 1_t 点的焓值，kJ/kg；

Δh_n——蒸汽在喷嘴中的理想焓降；

Δh_n^*——蒸汽在喷嘴中的滞止理想焓降。

考虑蒸汽在喷嘴中流动产生的摩擦损失时，喷嘴出口为图 1-12 中的 1 点，喷嘴出口的实际速度为

$$c_1=\varphi c_{1t}=\varphi\sqrt{2\Delta h_n^*} \tag{1-4}$$

$$\varphi=\frac{c_1}{c_{1t}}$$

式中　φ——喷嘴速度系数，即喷嘴速度系数 φ 为喷嘴出口实际速度与喷嘴出口理想速度的比值。

蒸汽在喷嘴中流动时的动能损失称为喷嘴损失，用 $\Delta h_{n\xi}$ 表示，可以用下式计算：

$$\Delta h_{n\xi}=\frac{c_{1t}^2}{2}-\frac{c_1^2}{2}=\frac{c_{1t}^2}{2}(1-\varphi^2)=\Delta h_n^*(1-\varphi^2) \tag{1-5}$$

喷嘴速度系数 φ 的大小反映了喷嘴损失的多少，它的大小主要与喷嘴高度、表面粗糙度、汽道形状和喷嘴前后压力比等因素有关，其中与喷嘴的高度 l 关系最为密切。由于影响 φ 的因素很多而复杂，通常由试验求得。图 1-13 是根据试验结果绘制的速度系数 φ 随喷嘴高度 l_n 的变化曲线。从图 1-13 可见，当喷嘴高度小于 12～15mm 时，φ 急剧下降；而喷嘴高度大于 100mm 时，φ 值逐渐增大，但变化很慢。因此为了减小喷嘴损失，喷嘴高度不应小于 15mm。

另外，喷嘴宽度小时损失也小，因此在强度允许的条件下，应尽量采用宽度较小的窄喷嘴，以增大 φ 值。

通常渐缩喷嘴的流动损失不大，φ 值一般为 0.95～0.98，为了计算方便，取 $\varphi=0.97$。

3. 临界状态

在工程热力学中，声速 $a=\sqrt{kpv}=\sqrt{kRT}$（k 为体积弹性模量）。理想气体的绝热指数 k 和气体常数 R 是不变的，所以声速 a 正比于热力学温度 T 的平方根，将随着温度的降低而降低。对于蒸汽，虽然 R 不是常数，但声速 a 还是遵循随着温度 T 下降而降低这个规律。

蒸汽在喷嘴中进行膨胀时，汽流速度逐渐增加，蒸汽的压力和温度不断降低，声速逐渐降低，因此会出现在某一截面流速度等于当地声速流动状态，此时蒸汽的状态称为临界

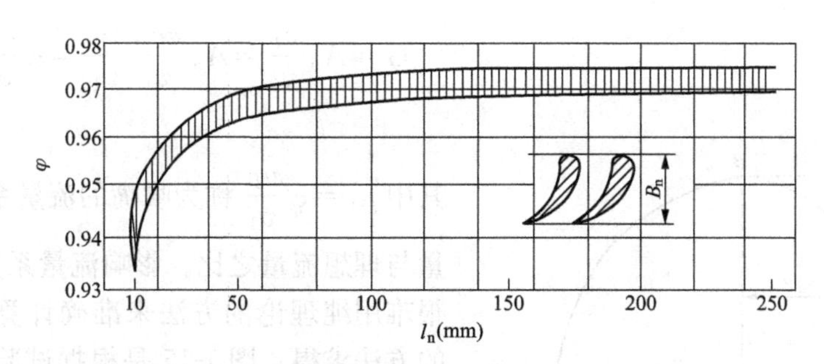

图 1-13　渐缩喷嘴速度系数 φ 随 l_n 的变化曲线

状态，该状态的蒸汽参数称为临界参数，如临界压力 p_{cr}、临界速度 c_{cr}、临界流量 G_{cr} 等。

4. 喷嘴中的蒸汽流量

（1）喷嘴的理想流量。在稳定流动中，流经任一截面的流量相同，因此可选取喷嘴任意一截面来计算，但通常取最小截面（渐缩喷嘴和缩放喷嘴均可）或出口截面（对渐缩喷嘴二者为同一截面）。

对于等熵流动，通过喷嘴的理想流量 G_t 为

$$G_t = A_n \frac{c_{1t}}{v_{1t}} = A_n \sqrt{\frac{2k}{k-1} \frac{p_0^*}{v_0^*} (\varepsilon_n^{\frac{2}{k}} - \varepsilon_n^{\frac{k+1}{k}})} \tag{1-6}$$

$$\varepsilon_n = p_1 / p_0^*$$

式中　A_n——喷嘴出口面积，m^2；

c_{1t}——喷嘴出口理想速度，m/s；

v_{1t}——喷嘴出口理想比体积，m^3/kg；

ε_n——喷嘴压力比。

当 ε_n 等于临界压力比 ε_{cr} 时，喷嘴达到临界流动状态，喉部截面汽流速度为临界流速 c_{cr}，通过喷嘴的流量也达到最大值，此时的喷嘴流量称为临界流量 $(G_t)_{cr}$，则

过热蒸汽：
$$(G_t)_{cr} = 0.667 A_n \sqrt{\frac{p_0^*}{v_0^*}} \tag{1-7}$$

饱和蒸汽：
$$(G_t)_{cr} = 0.635 A_n \sqrt{\frac{p_0^*}{v_0^*}} \tag{1-8}$$

由此可见，对于一定的喷嘴和一定性质的蒸汽，临界流量只与蒸汽的初参数有关，并随初压 p_0^* 的升高而增加。

将式（1-6）中的 G_t 和 ε_n 绘成曲线，如图 1-14 中的 *CBO* 曲线所示。事实上当汽流在喷嘴最小截面上达临界时，该截面上的汽流速度及蒸汽参数都达到临界状态，且不随背压进一步降低而变化，所以流过喷嘴的流量保持临界值不变，如图 1-14 中的 *BA* 线所示。因此喷嘴流量 G_t 与压力比 ε_n 的真实关系为曲线 *CBA*。

（2）喷嘴的实际流量。蒸汽是实际气体，流动过程中存在着损失，因此流过喷嘴的实际流量不等于理想流量，它们之间的关系可表示为

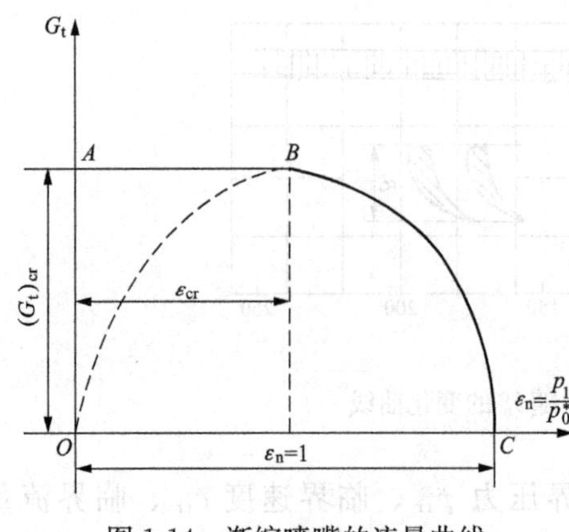

图 1-14 渐缩喷嘴的流量曲线

$$G=A_n\frac{c_1}{v_1}=A_n\frac{\varphi c_{1t}}{v_1}\frac{v_{1t}}{v_{1t}}=\varphi\frac{v_{1t}}{v_1}G_t=\mu_nG_t \tag{1-9}$$

其中 $\mu_n=\varphi\frac{v_{1t}}{v_1}$ 称为喷嘴的流量系数，是实际流量与理想流量之比。影响流量系数的因素很多，很难用纯理论的方法来准确计算，通常用试验的方法求得。图 1-15 是根据试验数据绘制的喷嘴和动叶的流量系数曲线。当喷嘴在过热蒸汽区工作时，$\mu_n<\varphi$（$\mu_n<1$），但在此区域内由喷嘴损失所引起的比体积变化较小，可近似认为 $\mu_n=\varphi$，一般取 $\mu_n=0.97$。当喷嘴在湿蒸汽区工作时，可能出现实际流量大于理想流量的情况，一般计算时取 $\mu_n=1.02$。

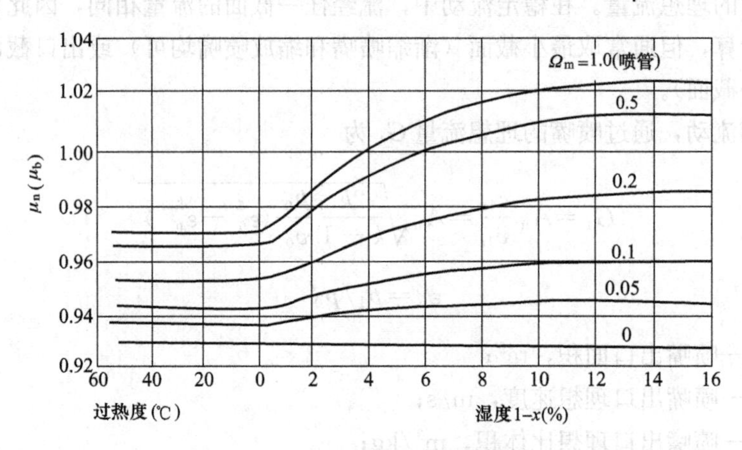

图 1-15 喷嘴和动叶的流量系数

在实际使用时，无论是过热蒸汽还是饱和蒸汽，通过喷嘴的实际临界流量计算式的常数值［分别为 0.647（$\mu_n=0.97$）与 0.648（$\mu_n=1.02$）］差别很小，所以都可以用下式计算（$\mu_n=0.97$）：

$$G_{cr}=0.648A_n\sqrt{\frac{p_0^*}{v_0^*}} \tag{1-10}$$

式中 G_{cr}——通过喷嘴的实际临界流量，kg/s；

A_n——喷嘴出口面积，缩放喷嘴为喉部面积，m^2；

p_0^*——喷嘴前滞止状态的蒸汽压力，Pa；

v_0^*——喷嘴前滞止状态的蒸汽比体积，m^3/kg。

（二）蒸汽在动叶中的能量转换

将工作时旋转的动叶作为参考系，则可将动叶看成是“旋转的喷嘴”，同样有喷嘴的一些概念，只是此时动叶进出口蒸汽的速度为相对速度而已。

1. 动叶的进口速度三角形

由于动叶是以圆周速度 u 旋转的，因此从喷嘴中以绝对速度 c_1 流出来的汽流，对动叶是一个相对运动和与其相应的相对速度 w_1，即汽流就是以 w_1 进入动叶通道的。相对速度、圆周速度、绝对速度都是向量，都可以用有方向和一定比例的线段来表示，这些线段就构成了动叶进口速度三角形，如图 1-16 所示。图中 α_1 是喷嘴汽流出汽角，β_1 是蒸汽进入动叶的进汽角，它们分别表示速度 c_1 和 w_1 的方向。

动叶栅的圆周速度可由下式计算：

$$u=\frac{\pi d_m n}{60}$$

式中 d_m——动叶的平均直径，m；

n——汽轮机的转速，r/min。

相对速度 w_1 和方向角 β_1 可由速度三角形利用余弦和正弦定理求得。

为了使汽流顺利地进入动叶，避免进汽时产生汽流与动叶的碰撞，应使动叶的几何进口角与进汽角相适应。

2. 动叶的出口速度三角形

对于动叶出口，相对速度 $\vec{w}_2$、绝对速度 $\vec{c}_2$ 和圆周速度 $\vec{u}$ 组成的速度三角形，如图 1-16 所示。动叶出口绝对速度 c_2 及出汽角 α_2 可由速度三角形利用余弦和正弦定理求得。

为了使用方便，常将动叶进出口速度三角形绘在一起，如图 1-17 所示。

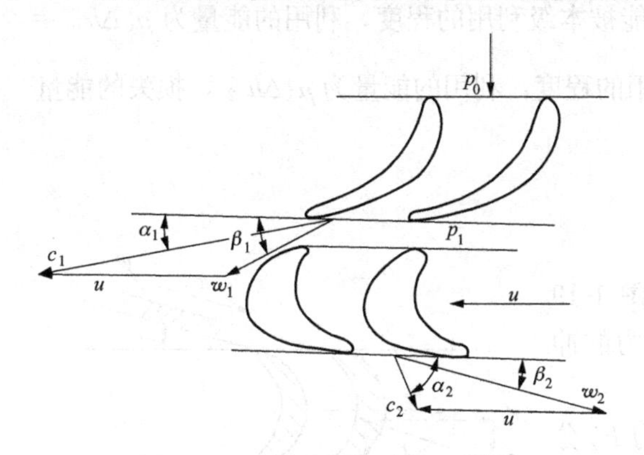

图 1-16 动叶进出口速度三角形

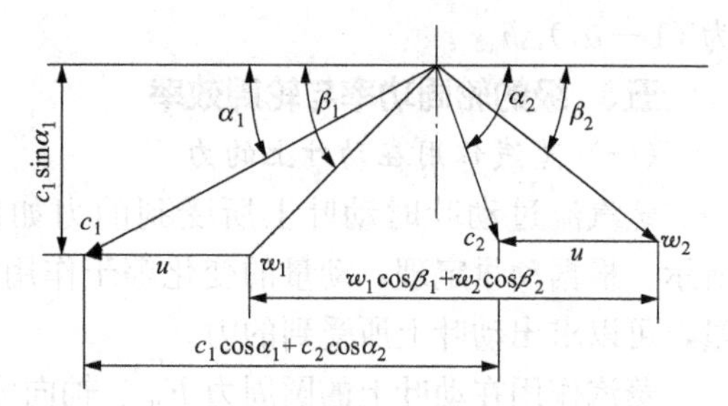

图 1-17 动叶进出口速度三角形图

3. 动叶中的能量转换

图 1-18 为蒸汽在动叶中的热力过程。1 点为动叶入口蒸汽实际状态点，此点的焓值为 h_1，速度为 w_1，压力为 p_1，1^* 为动叶入口的滞止状态点。蒸汽在动叶中流动若是等熵的，则过程线为 $1—2_t$，出口焓值为 h_{2t}；若流动是有损失的绝热过程，则过程线为 1—2，出口焓值为 h_2。图中 Δh_b^* 为动叶滞止理想焓降，Δh_b 为动叶理想焓降。

动叶出口理想相对速度 w_{2t} 为

$$w_{2t}=\sqrt{2(h_1-h_{2t})+w_1^2}=\sqrt{2\Omega_m\Delta h_t^*+w_1^2}=\sqrt{2\Delta h_b^*} \tag{1-11}$$

动叶通道内的流动也是有损失的，使动叶出口实际相对速度 w_2 小于 w_{2t}，用动叶速度系数 ψ 来反映动叶损失的大小，它表示动叶出口实际相对速度 w_2 与理想相对速度 w_{2t} 的比值，则

$$w_2=\psi w_{2t}=\psi\sqrt{2\Delta h_b^*} \tag{1-12}$$

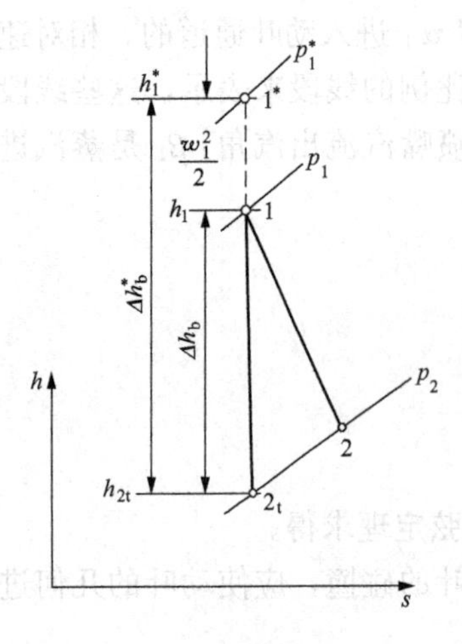

图 1-18 蒸汽在动叶中的热力过程

动叶的能量损失为

$$\Delta h_{b\xi}=\frac{1}{2}(w_{2t}^2-w_2^2)=(1-\psi^2)\frac{w_{2t}^2}{2}=(1-\psi^2)\Delta h_b^* \tag{1-13}$$

动叶速度系数 ψ 与动叶的叶型、叶高、进出口几何角、反动度及动叶的表面粗糙度等因素有关，影响最大的是动叶高度和反动度。

4. 余速动能和余速损失

蒸汽在动叶中做完功后，离开动叶时还具有速度 c_2，其能量 $c_2^2/2$ 称为本级的余速动能，该余速动能不能再被本级利用而造成能量损失，这个损失称为本级的余速损失，即

$$\Delta h_{c2}=\frac{c_2^2}{2} \tag{1-14}$$

在多级汽轮机中，前一级的余速动能可能被下一级部分或全部利用。凡是余速动能能被下一级利用的级称为中间级，反之称为孤立级。通常用余速利用系数 $\mu=0\sim1$ 来表示余速动能被利用的程度。μ_0 表示上级余速动能被本级利用的程度，利用的能量为 $\mu_0\Delta h_{c0}=\mu_0\frac{c_0^2}{2}$；以 μ_1 表示本级余速动能被下一级利用的程度，利用的能量为 $\mu_1\Delta h_{c2}$，损失的能量为 $(1-\mu_1)\Delta h_{c2}$。

五、级的轮周功率与轮周效率

（一）蒸汽作用在动叶上的力

蒸汽流过动叶时动叶上所受到的力如图 1-19 所示。根据动量定理，动量的变化等于作用力的冲量，可以求出动叶上所受到的力。

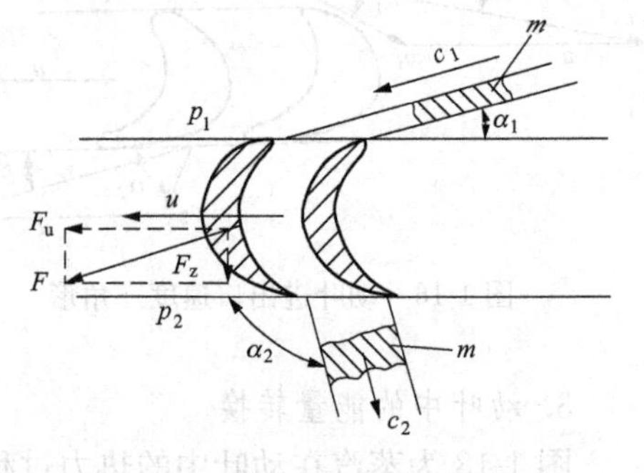

图 1-19 蒸汽流过动叶时的汽流

蒸汽作用在动叶上的圆周力 F_u、轴向力 F_z 分别为

$$F_u=G(c_1\cos\alpha_1+c_2\cos\alpha_2) \tag{1-15}$$

$$F_z=G(c_1\sin\alpha_1-c_2\sin\alpha_2)+A_z(p_1-p_2) \tag{1-16}$$

式中 A_z——动叶通道的轴向投影面积。

若全周进汽，则 $A_z=\pi d_m l_b$；若部分进汽，则 $A_z=\pi d_m l_b e$。

于是，蒸汽作用在动叶上的力 F 为

$$F=\sqrt{F_u^2+F_z^2} \tag{1-17}$$

（二）轮周功率

单位时间内圆周力在动叶上所做的功称为轮周功率，其表达式为

$$P_u=F_u u=Gu(c_1\cos\alpha_1+c_2\cos\alpha_2) \tag{1-18}$$

或

$$P_u=\frac{G}{2}[(c_1^2-c_2^2)+(w_2^2-w_1^2)] \tag{1-19}$$

若用焓降来表示 1kg 蒸汽所做的轮周功时，则有

$$\Delta h_{u}=\mu_{0}\frac{c_{0}^{2}}{2}+\Delta h_{t}-\Delta h_{n\xi}-\Delta h_{b\xi}-\Delta h_{c2} \tag{1-20}$$

（三）轮周效率

级的轮周效率是指蒸汽在轮周上所做的功与级的理想能量之比。

级的理想能量包括动能和热能两部分，即上一级余速动能在本级被利用的部分 $\mu_{0}\frac{c_{0}^{2}}{2}$ 和本级的理想焓降 Δh_{t}，若本级余速动能被下一级利用，必须从本级扣除。用 E_{0} 表示级的理想能量，则

$$E_{0}=\mu_{0}\frac{c_{0}^{2}}{2}+\Delta h_{t}-\mu_{1}\frac{c_{2}^{2}}{2}=\Delta h_{t}^{*}-\mu_{1}\frac{c_{2}^{2}}{2} \tag{1-21}$$

因此，级的轮周效率为

$$\eta_{u}=\frac{\Delta h_{t}^{*}-\Delta h_{n\xi}-\Delta h_{b\xi}-\Delta h_{c2}}{E_{0}}=\frac{E_{0}-\Delta h_{n\xi}-\Delta h_{b\xi}-(1-\mu_{1})\Delta h_{c2}}{E_{0}}$$

$$=1-\zeta_{n}-\zeta_{b}-(1-\mu_{1})\zeta_{c2} \tag{1-22}$$

式中　ζ_{n}、ζ_{b}、ζ_{c2}——喷嘴损失、动叶损失和余速损失与理想能量 E_{0} 的比值，称为喷嘴损失系数、动叶损失系数和余速损失系数；

μ_{1}——余速利用系数。

轮周效率是衡量级工作经济性的一个重要指标，必须设法使轮周效率尽可能高。从式(1-22)可见，轮周效率取决于 ζ_{n}、ζ_{b}、ζ_{c2} 三项损失系数和余速利用系数 μ_{1}，减小这三项损失系数和提高 μ_{1}，就能提高轮周效率。在喷嘴和动叶的叶型选定以后，φ 和 ψ 值就基本上确定了，影响轮周效率的主要因素是余速损失系数 ζ_{c2} 和余速利用系数 μ_{1}。为此提高轮周效率可从两方面着手，一是减小动叶出口的绝对速度 c_{2}，另一方面是在多级汽轮机中提高余速利用系数。

根据动叶的出口速度三角形可知，要使 c_{2} 的数值最小，必须使 $\alpha_{2}=90^{\circ}$，在此情形下级处于最佳速比下工作，即在最佳速比下工作的级，余速损失最小。

提高余速利用系数 μ_{1} 的条件见本章第三节多级汽轮机的余速利用。

（四）速比

将圆周速度 u 与喷嘴出口实际速度 c_{1} 的比值定义为速比，用 x_{1} 表示，即

$$x_{1}=\frac{u}{c_{1}}$$

轮周效率最高时的速比称为最佳速比，用 x_{1op} 表示。所谓轮周效率最高，就是影响轮周效率的损失最小。根据上述，动叶的出口速度三角形为直角三角形时，余速损失最小，影响轮周效率的总损失也最小，轮周效率最高，由此可以推导出纯冲动级、反动级和复速级的最佳速比。

纯冲动级的最佳速比：$x_{1op}^{im}=\frac{1}{2}\cos\alpha_{1}$。

反动级的最佳速比：$x_{1op}^{re}=\cos\alpha_1$。

复速级的最佳速比：$x_{1op}^{ve}=\frac{1}{4}\cos\alpha_1$。

带反动度的冲动级的最佳速比 x_{1op} 介于纯冲动级和反动级之间，用经验公式计算，即

$$x_{1op}=\frac{\cos\alpha_1}{2(1-\Omega_m)}$$

在 α_1 与 u 相等，并且各级都在最佳速比下工作时，反动级的做功能力是纯冲动级的一半，复速级的做功能力是纯冲动级的四倍。该结论用在一定的进排汽参数，即汽轮机的理想焓降 ΔH_t 一定时，用反动级组成的汽轮机要比冲动式汽轮机的级数多。复速级虽然做功能力大，但效率低，所以大功率汽轮机不用复速级架构汽轮机。

第二节　多级汽轮机的工作特点及其热经济指标

一、多级汽轮机的特点

多级汽轮机是按工作压力高低顺序将若干级叠置于同一个轴上构成的。

蒸汽在多级汽轮机的工作过程可用 h-s 图上的热力过程线表示。假设某台汽轮机有5个级，$0'$ 点是第一级喷嘴前的进汽状态点，从 $0'$ 点开始画出第一级的热力过程线，从第一级排汽状态点再画出第二级的，并连续画出各级的热力过程线，这种过程线的形状像锯齿一样。如果用一条光滑曲线把各级的进汽状态点和末级的排汽状态点都连接起来，就得到工程上常见的汽轮机热力过程线，如图1-20所示。图1-20中的 p_c 为汽轮机的排汽压力，也称汽轮机的背压，ΔH_t 为汽轮机的理想焓降。对某一中间级而言，上一级的排汽状态点就是这一级的进汽状态点，因此汽轮机的有效焓降 ΔH_i 等于各级有效焓降 Δh_i 之和，即 $\Delta H_i=\sum\Delta h_i$；整个汽轮机的内功率等于各级内功率之和。

多级汽轮机具有很多优点，如效率高、容量大等，还带来很多问题，如增加了一些附加的能量损失、机组的长度和质量增加、对金属材料要求更高等。但多级汽轮机的优点远远大于其存在的问题，所以在工业中得到广泛的应用。

二、多级汽轮机的余速利用

在多级汽轮机中，前一级的排汽就是后一级进汽，如果前一级的余速动能部分地或全部地变成了后一级喷嘴的入口动能，则后一级的理想能量将有所增加。

1. 余速利用对汽轮机效率的影响

如果在图1-21中用 a、b 两点分别表示某多级汽轮机第一级的进、排汽状态点，并假设各级的余速均未被利用，在考虑了第一级的余速动能 $\frac{c_2^2}{2}$ 后，第二级的进汽状态点为 c 点。如此画出该机组的热力过程线 a—d，其有效焓降为 ΔH_i。相反，假设各级的余速动能（除末级）均被全部利用，在考虑了第一级的余速动能后，第二级的滞止进汽状态点为 c' 点。如此画出该机组的热力过程线 a—d'，其有效焓降为 $\Delta H_i'$。由图1-21可知，$\Delta H_i'>\Delta H_i$。这说明余速利用之后，其热力过程线向左偏移，整个过程的熵减少，效率提高。

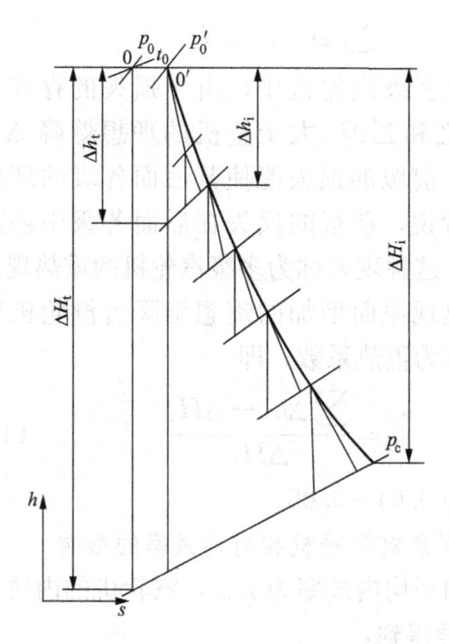

图 1-20　多级汽轮机的热力过程线

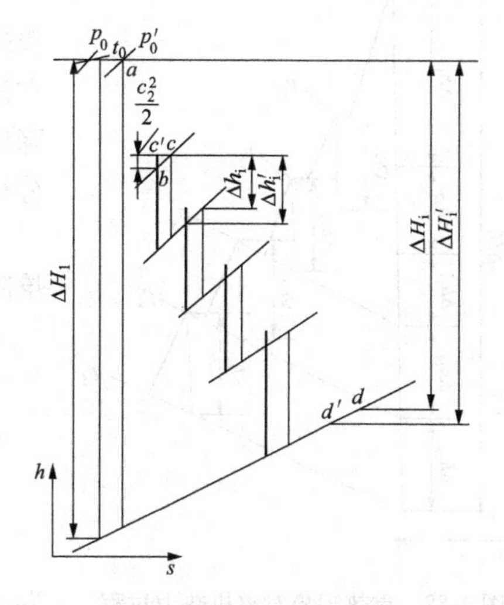

图 1-21　余速利用对整机热力过程线的影响

2. 余速利用对级效率的影响

考虑余速利用后，级的效率为 $\eta_i'=\dfrac{\Delta h_i'}{E_0}=\dfrac{\Delta h_i'}{\Delta h_t}$；不考虑余速利用时，级的效率为 $\eta_i=\dfrac{\Delta h_i}{\Delta h_t}$。

由于 $\Delta h_i'=\mu_0\dfrac{c_0^2}{2}+\Delta h_t-\sum\Delta h'$，$\Delta h_i=\Delta h_t-\sum\Delta h$，在一般情况下也可认为 $\sum\Delta h\approx\sum\Delta h'$，所以 $\eta_i'>\eta_i$。这就是说，余速利用后可提高级效率。

3. 实现余速利用的条件

(1) 相邻两级的部分进汽度相同。调节级与第一压力级之间，由于部分进汽度不同，调节级的余速不能被利用。

(2) 相邻两级的通流部分平滑过渡。通常调节级的焓降较大，其平均直径较相邻级也大。

(3) 相邻两级的轴向间隙要小，流量变化不大。有抽汽口时对余速利用有干扰。

(4) 前一级的排汽角应与后一级喷嘴的进口角一致。

三、多级汽轮机的重热现象

1. 重热现象及重热系数

图 1-22 是一台五级汽轮机的热力过程线。由于在 h-s 图上等压线沿着熵增的方向呈扩散状，则第二级的理想焓降 Δh_{t2} 大于整机等熵线上的理想焓降 $\Delta h_{t2}'$。同理也有 $\Delta h_{t3}>\Delta h_{t3}'$、$\Delta h_{t4}>\Delta h_{t4}'$、$\Delta h_{t5}>\Delta h_{t5}'$。如果级数更多，同样适用。

无损失和有损失时的整机理想焓降分别为

$$\Delta H_t=\Delta h_{t1}+\Delta h_{t2}'+\Delta h_{t3}'+\Delta h_{t4}'+\Delta h_{t5}'$$

$$\sum\Delta h_t=\Delta h_{t1}+\Delta h_{t2}+\Delta h_{t3}+\Delta h_{t4}+\Delta h_{t5}$$

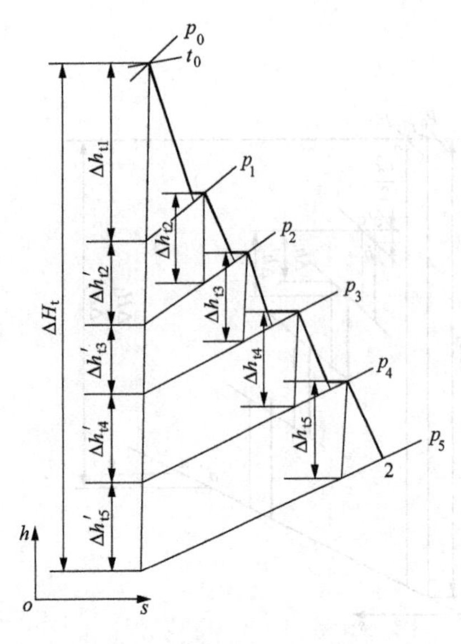

图 1-22 重热现象对整机热力过程

$$\sum \Delta h_t > \Delta H_t \tag{1-23}$$

可见，在多级汽轮机中，由于损失的存在，各级理想焓降之和$\sum \Delta h_t$大于整机的理想焓降 ΔH_t。在汽轮机中，前级的损失能使其后面各级的理想焓降增大；或者说，前级的损失在后面各级中还能部分得到利用，这种现象称为多级汽轮机的重热现象。

由于重热现象而增加的理想焓降占汽轮机理想焓降的比例称为重热系数，即

$$\alpha = \frac{\sum \Delta h_t - \Delta H_t}{\Delta H_t} \tag{1-24}$$

一般 α 为 0.04～0.08。

2. 重热现象对汽轮机相对内效率的影响

设各级的平均内效率为 η_{rim}，汽轮机的内效率为 η_{ri}，通过推导得到：

$$\eta_{ri} = \frac{\Delta H_i}{\Delta H_t} = \eta_{rim}(1+\alpha) \tag{1-25}$$

上式显示，重热现象使整机的相对内效率高于各级平均的相对内效率。但并不是说 α 越大，整机的效率就越高。因为重热现象的存在只不过是使多级汽轮机能回收其损失的一部分而已，而这一小部分远不能补偿总损失的增大。

3. 影响重热系数的因素

通过重热现象产生的原因分析可知，影响重热系数的因素如下：

（1）汽轮机的级数。若级数越多，重热系数也就越大。

（2）蒸汽的状态。过热区的重热系数要比饱和区的大。

（3）各级的级内损失大小。当各级的级内损失为零时，重热系数 $\alpha=0$；级内损失越大（相对内效率越低）时，重热系数就越大。

四、多级汽轮机的轴向推力

蒸汽在各级动叶上不仅作用有圆周力，还作用有从动叶前指向动叶后的轴向力。这些轴向力加上转子其他部位存在的轴向力就构成了多级汽轮机转子上承受的总轴向推力。这个轴向推力很大，必须加以平衡，否则汽轮机就无法工作。

（一）轴向推力的计算

由于汽轮机的轴向推力等于各级轴向推力之和，所以先对各级的轴向推力进行计算，然后在对整个汽轮机的轴向推力进行计算。

1. 蒸汽作用在动叶上的轴向推力 F_{z1}

由前面讨论可知，动叶上的轴向推力 F_{z1} 为

$$F_{z1} = G(c_1 \sin\alpha_1 - c_2 \sin\alpha_2) + \pi d_b l_b (p_1 - p_2) e$$

上式还可以变为

$$F_{z1} = \pi d_b l_b e \Omega_m (p_0 - p_2) \tag{1-26}$$

2. 蒸汽作用在叶轮轮面上的轴向推力 F_{z2}

如图 1-23 所示的符号，作用在叶轮轮面上的轴向推力 F_{z2} 为

$$F_{z2}=\frac{\pi}{4}[(d_b-l_b)^2-d_1^2]p_d-\frac{\pi}{4}[(d_b-l_b)^2-d_2^2]p_2$$

当叶轮两侧轮毂直径相等，即 $d_1=d_2=d$ 时，则

$$F_{z2}=\frac{\pi}{4}[(d_b-l_b)^2-d^2](p_d-p_2) \tag{1-27}$$

3. 蒸汽作用在隔板汽封和轴封套筒上的轴向推力 F_{z3}

$$F_{z3}=\pi d_p h\sum_{i=1}^{n}\Delta p_i$$

式中　d_p——隔板汽封或轴封套筒的凸台直径；

h——凸台的高度；

Δp_i——任一凸台两侧的压力差；

n——凸台数。

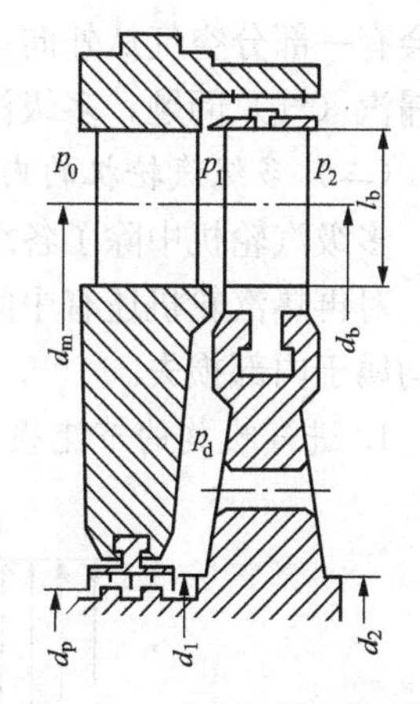

图 1-23　冲动级结构简图

若 z 个齿隙的压力降均相等，则 $\Delta p_i=\frac{p_0-p_d}{2}$。对齿形汽封，其齿数 $z\approx 2n$。这样上式变为

$$F_{z3}=0.5\pi d_p h(p_0-p_d) \tag{1-28}$$

4. 蒸汽作用在转子凸肩上的轴向推力 F_{z4}

蒸汽作用在转子其余侧面上的轴向推力可用下式计算：

$$F_{z4}=\frac{\pi}{4}(d_1^2-d_2^2)p_x \tag{1-29}$$

式中　d_1、d_2——对应计算面上的外径和内径；

p_x——对应计算面上的静压力。

将上面各类轴向推力计算出来以后，再将它们叠加起来，就得出整个汽轮机的轴向推力 F_z，即

$$F_z=\sum F_{z1}+\sum F_{z2}+\sum F_{z3}+\sum F_{z4} \tag{1-30}$$

实际上，$\sum F_{z3}$ 和 $\sum F_{z4}$ 的值，相对于 F_z 来说很小，可以不予计算。

（二）轴向推力的平衡

常见的平衡汽轮机轴向推力的措施包括设置平衡活塞、叶轮上开平衡孔、多缸汽轮机的反向流动布置和低压缸的对称分流、采用推力轴承。

五、多级汽轮机的损失

多级汽轮机在实际工作过程中，不可避免地存在着各种损失，把它们统称为多级汽轮机的损失。根据损失的特点，可以将多级汽轮机的损失分为两大类，一类是不直接影响蒸汽状态的损失称为外部损失，另一类是直接影响蒸汽状态的损失称为内部损失。

（一）多级汽轮机的外部损失

多级汽轮机的外部损失包括机械损失和外部漏汽损失。

1. 机械损失

汽轮机运行时，要克服支持轴承和推力轴承的摩擦阻力，以及带动主油泵、测速齿

轮、危急保安器等，都将消耗一部分有用功而造成损失，这种损失称为机械损失。机械损失的相对值比较小，仅占汽轮机额定功率的0.5%～1%。

2. 外部漏汽损失

在汽轮机主轴穿出汽缸两端时，为了防止动静部分的摩擦，总要留有一定的间隙；该间隙在汽轮机工作时，两侧会存在压差，从而导致漏汽（气），影响到汽轮机的正常工作。为此，在间隙处装上端部汽封后使得间隙减小到很小，但由于压差仍然存在，在高压端总有部分蒸汽向外漏出，这部分蒸汽不做功因而造成能量损失；在处于真空状态下的低压端就会有一部分空气从外向里漏入而影响真空，增加抽气器的负荷并降低机组效率。为了解决漏汽（气）问题，多级汽轮机都设置有一套轴封系统。

（二）多级汽轮机的内部损失

多级汽轮机中除了各级的级内损失外，还有进汽机构的节流损失、排汽管中的压力损失，对再热汽轮机还有中间再热管道的压力损失等，这些损失对蒸汽的参数都有影响，因此均属于内部损失。

1. 进汽机构的节流损失

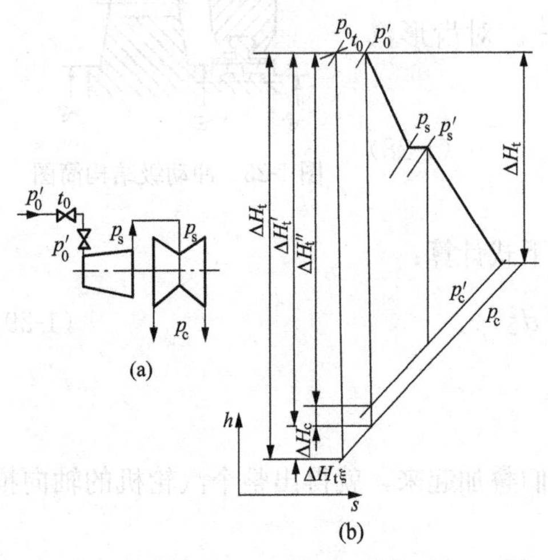

图1-24 考虑了进排汽机构中损失的热力过程曲线

(a) 系统示意图；(b) 热力过程线

汽轮机的新蒸汽在进到第一级喷嘴前，要通过主汽阀、调节汽阀、导汽管和喷嘴室，会产生摩擦、涡流等造成蒸汽的压力降低，该过程以节流过程作用为主，使得蒸汽压力降低，但焓值保持不变。由图1-24可知，在背压不变的前提下，若进汽机构中没有节流过程，汽轮机的理想焓降为 ΔH_t，否则理想焓降为 $\Delta H_t'$。这种由于节流作用引起的焓降损失 $\Delta H_{t节}=\Delta H_t-\Delta H_t'$ 称为进汽机构的节流损失。

进汽机构的节流损失与管道长度、阀门型线、阀门蒸汽室及喷嘴室形状和汽流速度等有关。通常按下式估计进汽机构的压力损失为 $(3\%\sim5\%)\ p_0$。

蒸汽经过两个汽缸之间的连通管时，由摩擦和二次流等原因引起的压力损失 Δp_s 为连通管压力 p_s 的2%～3%。

2. 排汽管中的压力损失

汽轮机的乏汽经过排汽管进入凝汽器，在沿程中要克服摩擦和涡流等阻力，使末级后的压力 p_c' 高于凝汽器的压力 p_c，这一压降 $\Delta p_c=p_c'-p_c$ 称为排汽管的压力损失，通常 $\Delta p_c=(0.02\sim0.06)p_c$。由图1-24可知，压力损失使得汽轮机的理想焓降由 $\Delta H_t'$ 变为 $\Delta H_t''$，这一焓降差值 $\Delta H_c=\Delta H_t'-\Delta H_t''$ 称为排汽管中的压力损失所引起的焓降损失。

为了减小排汽管中的压力损失，在末级动叶后边设有一段通流面积逐渐扩大的导流部分，利用乏汽自身的动能来补偿沿程阻力。同时在扩压段内部及后部设置导流板，使乏汽均匀地布满整个排汽通道，保持排汽通畅，减少排汽动能的消耗。

3. 中间再热管道的压力损失

大功率汽轮机普遍采用中间再热，从高压缸排出来的再热蒸汽经过冷再热管道、再热器和热再热管道时要产生压力降，并且在经过中压主汽阀和中压调节阀时会产生节流损失，其总的压力损失 Δp_r 为再热压力 p_r 的 8%～12%，该部分损失的存在，使得蒸汽的理想焓降减小。

六、 汽轮机装置效率及经济指标

（一）汽轮机装置效率

汽轮发电机组工作示意图如图 1-25 所示。

1. 汽轮机的相对内效率

汽轮机在进行能量转换的过程中，由于存在各种损失，其输入理想焓降 ΔH_t（或对应的理想功率 P_t）不能全部转变为有用功，所以变为有用功的有效焓降 ΔH_i（或对应的内功率 P_i）总是小于理想焓降 ΔH_t，两者之比称为汽轮机的相对内效率 η_{ri}，即

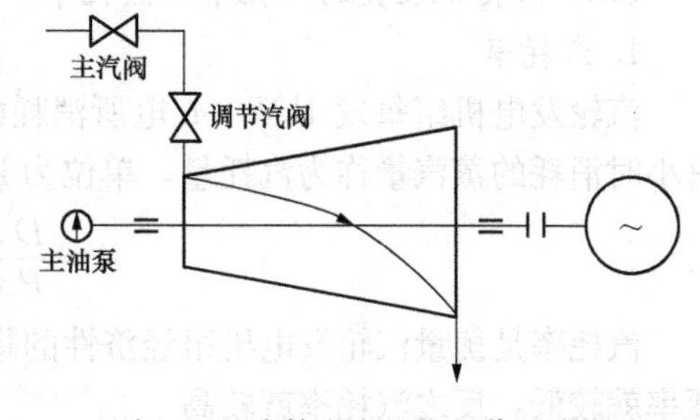

图 1-25　汽轮发电机组工作示意图

$$\eta_{ri}=\frac{P_i}{P_t}=\frac{\Delta H_i}{\Delta H_t} \tag{1-31}$$

汽轮机的相对内效率是衡量汽轮机中能量转换过程完善程度的指标。

有回热抽汽时汽轮机的内功率为

$$P_i=\sum_{j=1}^{n}G_i\Delta H_{ij}=\frac{1}{3600}\sum_{j=1}^{n}D_i\Delta H_{ij} \tag{1-32}$$

其中 $G_i(D_i)$ 和 ΔH_{ij} 分别表示第 j 段的流量和有效焓降。$j=1$ 时，表示第一个抽汽口上游的那一段。

2. 汽轮机的相对有效效率

若把汽轮机和轴承看成一个整体，其效率称为相对有效效率 η_{re}，此时该装置的输入能量为蒸汽的理想功率 P_t，输出能量为轴端功率 P_e，故相对有效效率 η_{re} 为

$$\eta_{re}=\frac{P_e}{P_t}=\frac{P_e}{P_i}\cdot\frac{P_i}{P_t}=\eta_m\cdot\eta_{ri} \tag{1-33}$$

式中　η_m——机械效率，为输出功率（轴端功率）P_e 与汽轮机内功率 P_i 的比值。

机械效率一般较高，大功率机组可达 99%以上。

3. 汽轮发电机组的相对电效率

以轴端功率带动发电机发电时，由于发电机存在机械损失和铜损、铁损等电气损失，使发出的电功率减小，因此考虑发电机效率 η_g 后，发电机出线端电功率 P_{el} 为

$$P_{el}=P_e\eta_g=\frac{D_0\Delta H_t\eta_{ri}\eta_m\eta_g}{3600}=\frac{D_0\Delta H_t\eta_{r,el}}{3600} \tag{1-34}$$

其中 $\eta_{r,el}=\eta_{ri}\eta_m\eta_g$ 称为汽轮发电机组的相对电效率，是 1kg 蒸汽在汽轮机中的理想焓降转变成电能的份额。它是衡量汽轮发电机组工作完善程度的指标。

4. 绝对电效率

在火力发电厂中，若 1kg 蒸汽在锅炉中吸收热量（h_0-h_c'），在汽轮机中释放理想能

量 ΔH_t，则汽轮机装置的循环热效率为

$$\eta_t = \frac{\Delta H_t}{h_0 - h'_c} \tag{1-35}$$

式中 h_0——汽轮机新蒸汽的初焓；

h'_c——凝结水的焓值，如果略去水泵的压缩功，h'_c 与锅炉给水的焓值 h_{fw} 相等。

对加给每千克蒸汽的热量最终转变成电能的份额称为绝对电效率 $\eta_{a,el}$，则

$$\eta_{a,el} = \frac{\Delta H_t \eta_{ri} \eta_m \eta_g}{h_0 - h_{fw}} = \eta_t \eta_{ri} \eta_m \eta_g \tag{1-36}$$

（二）汽轮机装置的汽耗率和热耗率

1. 汽耗率

汽轮发电机组每发 1kW·h 电所消耗的蒸汽量称为汽耗率 d，单位为 kg/(kW·h)。每小时消耗的蒸汽量称为汽耗量，单位为 kg/h。则汽耗率为

$$d = \frac{D_0}{P_{el}} = \frac{3600}{\Delta H_t \eta_{r,el}} \tag{1-37}$$

汽耗率是衡量汽轮发电机组经济性的指标之一，若汽轮发电机组的各种效率越高，汽耗率就较低，反之汽耗率就较高。

2. 热耗率

汽轮发电机组每发 1kW·h 电所消耗的热量称为热耗率 q，单位为 kJ/(kW·h)，则

$$q = \frac{Q_0}{P_{el}} = d(h_0 - h_{fw}) = \frac{3600(h_0 - h_{fw})}{\Delta H_t \eta_{r,el}} = \frac{3600}{\eta_{a,el}} \tag{1-38}$$

对于中间再热机组，热耗率为

$$q = d\left[(h_0 - h_{fw}) + \frac{D_r}{D_0}(h_r - h'_r)\right] \tag{1-39}$$

式中 D_0——汽轮机总进汽量，kg/h；

D_r——再热蒸汽量，kg/h；

h_r——再热热段蒸汽焓值，kJ/kg；

h'_r——再热冷段蒸汽焓值，kJ/kg。

热耗率也是衡量汽轮发电机组经济性的指标之一，它可以用于不同参数、不同容量机组的经济性比较。

七、汽轮机的极限功率和提高单机功率的途径

（一）汽轮机的极限功率

汽轮机的极限功率是指在一定的蒸汽初终参数和转速下，单排汽口凝汽式汽轮机所能获得的最大功率。单排汽口凝汽式汽轮机的功率之所以受到限制，主要是因为最末一级动叶既长又大，离心力很大，而一定叶片材料的强度是有限的，这就限制了末级叶片的高度和末级的平均直径，从而使末级动叶的通汽容积流量受到限制。

回热抽汽凝汽式汽轮机组的发电极限功率为

$$P_{el \cdot max} = G_{c \cdot max} m \Delta H_t \eta_{ri} \eta_m \eta_g \tag{1-40}$$

式中 $G_{c \cdot max}$——通过汽轮机末级的最大流量；

m——汽轮机采用回热抽汽时进汽量的增大倍数。

在常见的初终参数下，ΔH_t 为 1000～1500kJ/kg，它的变化范围不大，而效率乘积

$\eta_{ri}\eta_{m}\eta_{g}$变化更小，接近于常数。所以汽轮机所能发出的最大功率主要取决于通过汽轮机末级的蒸汽流量$G_{c\cdot max}$。$G_{c\cdot max}$可用下式表示：

$$G_{c\cdot max}=\frac{3600u^2c_2\sin\alpha_2}{\pi n^2v_2\theta} \tag{1-41}$$

其中，影响$G_{c\cdot max}$的主要因素是末级轴向排汽面积πd_bl_b，然而末级叶高l_b和平均直径d_b的增大将使动叶离心力增大，受到叶片材料强度的限制，在材料一定时，叶片高度一定，进入汽轮机的最大流量一定，对应一个最大功率，即极限功率。

（二）提高单机功率的途径

从上面可知，提高单机极限功率的途径主要应从增大末级叶片轴向面积πd_bl_b上考虑。

采用高强度、低密度材料，可使末级叶高大大增加，从而提高极限功率。例如，钛基合金的密度只有不锈钢的57%。

增加单机功率的最有效措施是增加汽轮机的排汽口，即进行分流。采用双排汽口可使单级功率比采用单排汽口的增大一倍，采用四排汽口可增至四倍。这是目前国内外大型机组普遍采用的方法。如亚临界300MW汽轮机大多采用双排汽口，亚临界600MW汽轮机采用四排汽口。超超临界660MW汽轮机采用双排汽口，超超临界1000MW汽轮机采用四排汽口等。

采用低转速，如转速降低一半，由式（1-41）得，极限功率将增大四倍。对电站用的直接带动发电机的大型汽轮机，由于发电频率不能改变，而发电机的电极数只能成双的增减，所以转速只能降低一半。降低转速虽可使极限功率增大，但级的直径和速比不变时，级的理想焓降与转速的平方成正比，故每级焓降将减少1/4，整机级数和钢材耗量都将大为增加。若保持各级的焓降不变，则级的直径将增大一倍，也将使汽轮机尺寸和钢材耗量大大增加。一般说来，汽轮机的总质量与转速的三次方成反比，因此总是避免采用降低转速的措施。

第三节　汽轮机的变工况

汽轮机在实际运行中，若其进、排汽参数、转速和功率等都与热力设计时作为依据的数值相符，这种工况称为设计工况。与设计工况不同的其他工作状况称为变工况。

汽轮机在变工况下的热力过程与设计工况下的热力过程是不相同的，各级的压力、焓降、反动度、轴向推力等都会发生变化，从而引起效率和各处应力的变化，这对汽轮机的安全和经济运行都将带来一系列影响。

一、喷嘴的变工况

喷嘴有渐缩斜切喷嘴和缩放斜切喷嘴两种形式，而汽轮机中常用的是渐缩斜切喷嘴，所以下面只说明渐缩斜切喷嘴的变工况。

（一）初压不变，背压变化

在初压不变、背压变化时，可以分为下列情况：①$p_1=p_0^*$，即压力比$\varepsilon_n=1$；②$p_0^*>p_1>p_{cr}$，即$1>\varepsilon_n>\varepsilon_{cr}$；③$p_1=p_{cr}$，即压力比$\varepsilon_n=\varepsilon_{cr}$；④$p_{cr}>p_1>p_{1d}$（喷嘴出口截面上的最小压力，即极限压力），即压力比$\varepsilon_{cr}>\varepsilon_n>\varepsilon_{1d}$（极限压力比）；⑤$p_1=p_{1d}$，

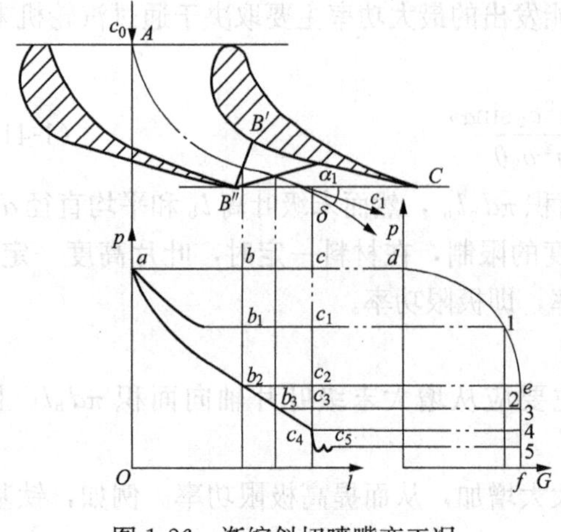

图 1-26 渐缩斜切喷嘴变工况

即压力比 $\varepsilon_n=\varepsilon_{1d}$；⑥ $p_1<p_{1d}$，即压力比 $\varepsilon_n<\varepsilon_{1d}$ 六种情况。各情况下蒸汽沿喷嘴流程的压力变化如图 1-26 所示。

当 $p_1<p_0^*$ 时，蒸汽在喷嘴内开始降压膨胀，喷嘴出口蒸汽有流速、流量。当 $p_1\leqslant p_{cr}$ 即 $\varepsilon_n\leqslant\varepsilon_{cr}$ 时，蒸汽在最小截面上为临界状态，该截面上的流速等于声速，它不随背压的继续降低而变化，因此蒸汽流量也将保持临界流量，如图 1-26 中 e-f 直线段所示。当 $p_1<p_{cr}$ 时，蒸汽在喷嘴的斜切部分开始降压膨胀；背压等于极限压力时，斜切部分达到完全膨胀。

（二）喷嘴斜切部分的膨胀

1. 汽流的偏转

综前所述，当 $p_1<p_{cr}$ 即 $\varepsilon_n<\varepsilon_{cr}$ 时，蒸汽在斜切部分开始膨胀，由于 A 点（见图 1-27）的特殊性，会使 BC 侧的平均压力大于 A 处的平均压力，汽流在此压差作用下绕 A 点向 AD 侧偏转一角度 δ_1，称为汽流偏转角，这时汽流以（$\alpha_1+\delta_1$）的角度从喷嘴中流出。偏转角可以通过公示计算出来。

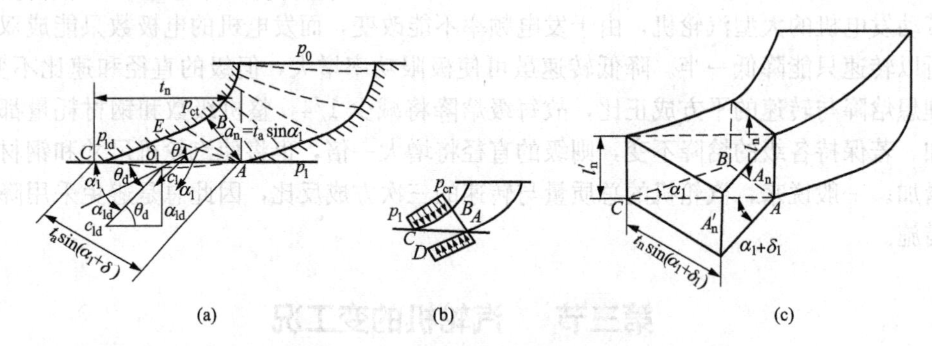

图 1-27 蒸汽在斜切部分的膨胀

（a）斜切部分内汽流的偏转；（b）斜切部分两侧压力分布情况；（c）喷嘴斜切部分的立体示意图

2. 斜切部分的膨胀极限及极限压力

蒸汽在喷嘴的斜切部分的膨胀是有限度的，其所能膨胀到的最低压力称为极限压力 p_{1d}，此时的压力比称极限压力比 $\varepsilon_{1d}=\dfrac{p_{1d}}{p_0^*}$。如果喷嘴后的压力低于 p_{1d}，则斜切部分出口截面处的压力始终维持 p_{1d}，并引起汽流在出口外膨胀，造成附加的能量损失。

在极限膨胀时，喷嘴出口边 AC 与最后一根特性线重合。

（三）喷嘴初终参数都变化

在汽轮机实际变工况范围内，喷嘴初压 p_0^* 一般也是一个变量。假设初压变为另一初压 p_{01}^* 后保持不变而改变背压，则可得到与图 1-26 相类似的曲线。改变初压，然后重复上述过程，即可得到一簇这样的曲线，单独将流量变化曲线绘制在同一个坐标上得到的图称为流量网图，如图 1-28 所示。

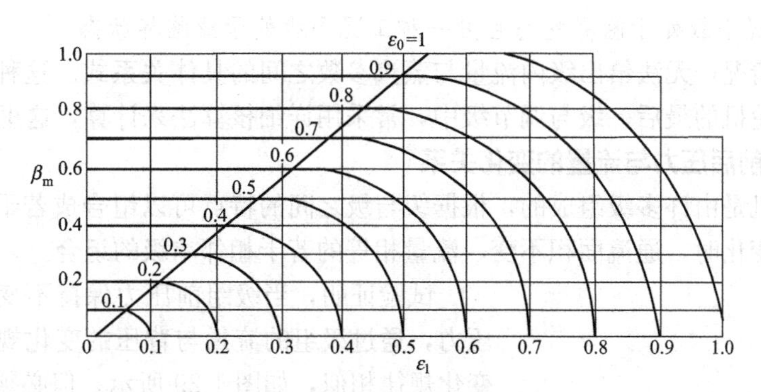

图 1-28 渐缩喷嘴流量网图

变工况前后通过喷嘴的流量关系为

$$\frac{G_1}{G}=\frac{\beta_1\sqrt{p_{01}^*/v_{01}^*}}{\beta\sqrt{p_0^*/v_0^*}}=\frac{\beta_1 p_{01}^*}{\beta p_0^*}\sqrt{\frac{T_0^*}{T_{01}^*}} \tag{1-42}$$

当工况前后均为临界工况，则 $\beta=\beta_1=1$，故有

$$\frac{G_1}{G}=\frac{G_{1cr}}{G_{cr}}=\frac{p_{01}^*}{p_0^*}\sqrt{\frac{T_0^*}{T_{01}^*}} \tag{1-43}$$

当略去初温变化时，则有

$$\frac{G_1}{G}=\frac{G_{1cr}}{G_{cr}}=\frac{p_{01}^*}{p_0^*} \tag{1-44}$$

上式表明，在不考虑蒸汽温度变化时，不同工况下的临界流量与初压成正比。在喷嘴变工况的实际计算中，利用流量网图比采用图解法简捷。

二、 级前后压力与流量的变化关系

蒸汽在级内流动时存在着两种工况，即临界工况和亚临界工况。由于级在临界与亚临界工况下各项参数与流量之间的变化关系不同，须分别讨论。

1. 级在临界工况下工作

级中的喷嘴或动叶两者之一处于临界状态，称级为临界工况。根据推导，只要级在临界状态下工作，不论临界状态是发生在喷嘴中还是发生在动叶中，通过该级的流量均与级前压力成正比，而与级后压力无关。

$$\frac{G_{cr1}}{G_{cr}}=\frac{P_{11}^*}{P_1^*}=\frac{P_{11}}{P_1}=\frac{P_{01}^*}{P_0^*} \tag{1-45}$$

若级前温度不能略去，则应乘上修正系数 $\sqrt{T_0^*/T_{01}^*}$ 。

2. 级在亚临界工况下工作

这时不论在喷嘴内，还是在动叶内均未达临界，在此条件下，可由任意一级喷嘴出口截面上的连续方程式推出以下结果：

$$\frac{G_1}{G}=\sqrt{\frac{(p_{01}^2-p_{21}^2)}{(p_0^2-p_2^2)}}\sqrt{\frac{T_0}{T_{01}}} \tag{1-46}$$

上式说明，当级内未达到临界状态时，通过级的流量不仅与级前参数有关，而且还与级后参数有关。

3. 一种工况下级处于临界状态且另一种工况下级处于亚临界状态

对于这种情况，无法给出级内流量与蒸汽参数之间的具体关系式。这种情况一般只发生在凝汽式汽轮机的最后一级与调节级中，常采用详细核算法来计算，这里不再叙述。

三、 级组前后压力与流量的变化关系

多级汽轮机是由许多级组成的，根据级与级之间的特点可以组合成若干个级组。级组是一些在工况变化时，通流面积不变、流量相等的若干相邻单级的组合。

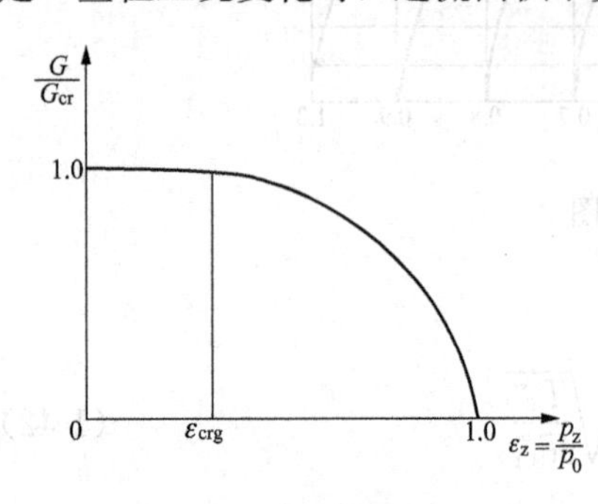

图 1-29　级组流量与级组压力比之间的关系

试验证明，当级组前压力保持不变，改变级组后压力，通过级组的流量与背压的变化规律与喷嘴流量变化规律相似，如图 1-29 所示。但必须强调，级组的临界压力指的是当级组中任意一级处于临界状态时级组的最高背压，以 $p_{z,cr}$ 表示，级组的临界压力比是级组的临界压力 $p_{z,cr}$ 与级组初压 p_0 之比，即 $\varepsilon_{cr,g}=p_{z,cr}/p_0$。显然，级组包含的级数越多，其临界压力比的数值就越小。

对于凝汽式汽轮机的高、中压各级，利用级组的理论，可以推导出：

$$\frac{G_1}{G}=\frac{p_{01}}{p_0}=\frac{p_{21}}{p_2}=\cdots=\frac{p_{n1}}{p_n} \tag{1-47}$$

上式说明，凝汽式汽轮机各级级前压力与流量成正比。但最末一、二级由于级前压力较低，背压的影响已不能忽略，其级前压力不与流量成正比。

四、 工况变化时各级焓降的变化关系

若将蒸汽近似地当作理想气体，并忽略级的进口流速，则汽轮机任一级的理想焓降可由下式表示：

$$\Delta h_t=\frac{k}{k-1}p_0v_0\left[1-\left(\frac{p_2}{p_0}\right)^{\frac{k-1}{k}}\right]=\frac{k}{k-1}RT_0\left[1-\left(\frac{p_2}{p_0}\right)^{\frac{k-1}{k}}\right] \tag{1-48}$$

上式中，k、R 均为常数，故级的理想焓降为级前温度和级前后压力比的函数。如果级前温度在工况变动时不变，则级的理想焓降只取决于级前后压力比。一般来说，工况变动时汽轮机各级级前温度变化不大，故可略去不计。

对凝汽式汽轮机的各中间级，无论级组是否处于临界，其各级级前压力与级组的流量成正比，如对任一级，有

$$\frac{p_2}{p_0}=\frac{p_{21}}{p_{01}}$$

该式表明，在工况变化时凝汽式汽轮机各中间级的压力比不变，由式（1-48）看出，各中间级的理想焓降也不变。由于各级的圆周速度不变，速度比也不变，因而级内效率也不变，所以各中间级的内功率为

$$p_i=G\Delta h_t\eta_{ri}=BG \tag{1-49}$$

由式（1-49）可知，汽轮机各中间级的内功率与流量成正比。

凝汽式汽轮机的最末级，由于其背压取决于凝汽器工况和排汽管的压损，不与流量成

正比，故其压力比随流量的变化而变化。流量增加时，压比增大，末级焓降增大，反之，流量减小时焓降减小。因此末级的级内效率是变化的。

应当指出，在负荷偏离设计值较大时，中间级的焓降也要发生变化。

五、工况变化时级内反动度的变化

汽轮机工况变动时，级内反动度也会发生变化。其物理变化本质可以通过连续流动方程来加以说明。

设计工况下，喷嘴出口截面与动叶入口截面的蒸汽流量相等，由此可以写出：

$$G=A_{n}c_{1}/v_{1}=A'_{b}w_{1}/v_{1}$$

式中 A_{n}、A'_{b}——喷嘴出口及动叶入口的垂直截面积。

即
$$\frac{w_{1}}{c_{1}}=\frac{A_{n}}{A'_{b}}=\text{常数}$$

显然，当工况变动时，动叶入口速度与喷嘴出口速度之比满足上述条件，才符合连续流动。否则将会引起喷嘴和动叶之间腔室内蒸汽量的变化，进而导致喷嘴和动叶内焓降的变化。

1. 工况变化时级内焓降增大

工况变化级内焓降增大时，动叶进口速度三角形如图 1-30（a）所示，$\frac{w_{11}\cos\theta}{c_{11}}>\frac{w_{1}}{c_{1}}$，结果使级内反动度减小了。

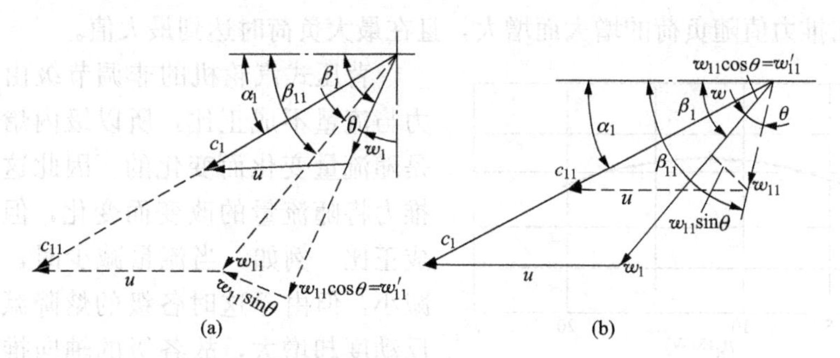

图 1-30 变工况下动叶的进口速度三角形

（a）焓降增大时动叶进口速度三角形；（b）焓降减小时动叶进口速度三角形

2. 工况变化时级内焓降减小

工况变化级内焓降减小时，动叶进口速度三角形如图 1-30（b）所示，$\frac{w_{11}\cos\theta}{c_{11}}<\frac{w_{1}}{c_{1}}$，结果使级内反动度增大了。

实践计算表明，焓降变化所引起级的反动度变化大小与级的反动度设计值大小有关，反动度设计值越大，则焓降变化时引起反动度的变化越小；反之，反动度设计值越小，则焓降变化时引起反动度的变化越大。

六、工况变化时轴向推力的变化

汽轮机在运行时，负荷及蒸汽初终参数的变化、级间间隙的改变、通流部分结垢以及水冲击等都会引起汽轮机轴向推力的变化，有时可能达到很大的数值，影响到汽轮机安全工作，为此需要了解汽轮机轴向推力的变化规律。

（一）蒸汽流量变化对轴向推力的影响

根据前述多级汽轮机轴向推力的分析可知，作用在某一级上的轴向推力主要取决于其级前后压力差和反动度的乘积。因此，在变工况时，级内轴向推力的变化可表示为

$$\frac{F_{z1}}{F_z} \approx \frac{\Omega_{m1}\Delta p_{s1}}{\Omega_m \Delta p_s} \tag{1-50}$$

$$\Delta p_s = p_0 - p_2$$

$$\Delta p_{s1} = p_{01} - p_{21}$$

式中 Δp_s ——变工况前的级前后压差；

Δp_{s1} ——变工况后的级前后压差；

Ω_m ——变工况前级的反动度；

Ω_{m1} ——变工况后级的反动度。

当蒸汽流量变化时，凝汽式汽轮机中间级焓降近于不变，因而反动度不变，但各级前后的压力差随着流量的增加而成正比增大，因此汽轮机级的轴向推力与流量成正比变化，即

$$\frac{F_{z1}}{F_z} \approx \frac{\Delta p_{s1}}{\Delta p_s} = \frac{D_1}{D} \tag{1-51}$$

汽轮机的轴向推力等于各级轴向推力之和。最末级级内压差不与流量成正比，但最末级轴向推力值占汽轮机总轴向推力的比例较小，因此，仍然可以认为包括末级在内的各压力级总的轴向推力值随负荷的增大而增大，且在最大负荷时达到最大值。

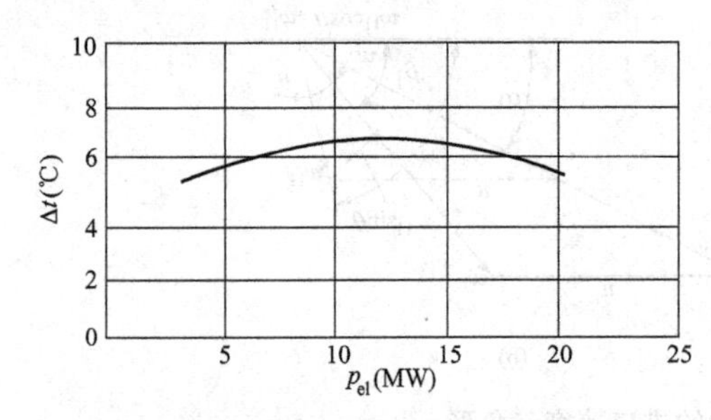

图 1-31 背压式汽轮机推力瓦块温度变化曲线

背压式汽轮机的非调节级由于级前后压力与流量不成正比，所以级内焓降和反动度是随流量变化而变化的。因此这些级的轴向推力将随流量的改变而变化，但并不与流量成正比。例如，当流量减少时，各级的压差减小，但由于这时各级的焓降减小，所以其反动度却增大，故各级的轴向推力并不一定减小，有时可能反而增大，反之亦然。因此，背压式汽轮机总的轴向推力的最大值，可能不是发生在最大负荷，而是发生在某一中间负荷，如图 1-31 所示（图 1-31 中 Δt 表示推力瓦块的温升）。

（二）几种特殊工况的变化对轴向推力的影响

(1) 新蒸汽温度降低，使汽轮机的轴向推力增大。

(2) 当汽轮机发生水冲击时，使汽轮机的轴向推力增大。

(3) 当负荷突然增加时，汽轮机的轴向推力将比正常情况下要大。

(4) 甩负荷时，转速瞬时上升，速比增加使反动度增加，所以轴向推力会突然增大。

(5) 汽轮机通流部分结垢一般是动叶结垢比喷嘴严重。所以当动叶中结垢较严重时，面积比 $f = A_b / A_n$ 将减小，使轴向推力增大。

第四节　汽轮机的配汽方式

汽轮机运行时，其输出功率必须与外界负荷相适应，即当外界负荷改变时，汽轮机应有一调节机构，相应地调节其输出功率，使其与外界负荷相适应。由汽轮机的功率表达式

$$P_{el}=\frac{D\Delta H_{t}\eta_{ri}\eta_{m}\eta_{g}}{3600}$$

可以看出，为了调节汽轮机的功率，可以调节进入汽轮机的蒸汽量 D 或改变蒸汽在汽轮机中的理想焓降 ΔH_t。从结构上看，汽轮机的调节方式可分为节流调节和喷嘴调节，还有一种旁通调节；从运行方式上，可分为定压调节和滑压调节。

一、节流调节

采用节流调节时，所有进入汽轮机的蒸汽都经过一个或几个同时启闭的调节汽阀后流入第一级喷嘴，如图 1-32 所示。这种调节方式主要是通过改变调节汽阀开度的方法对蒸汽进行节流，改变汽轮机的进汽压力，从而使蒸汽流量及焓降改变，以适应外界负荷的变动。

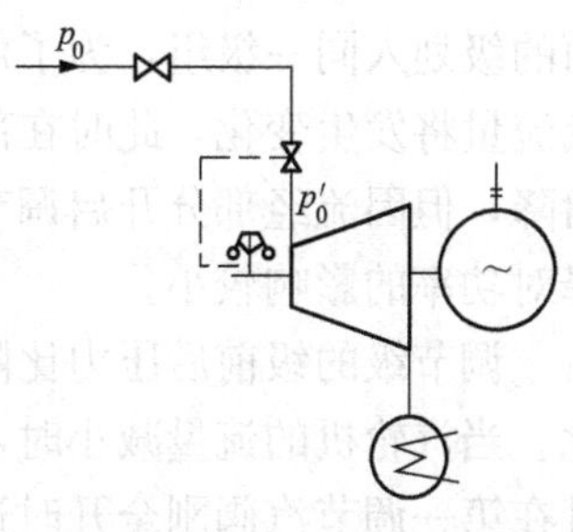

图 1-32　节流调节示意图

工况变动时，调节汽阀的开度改变，第一级的通流面积是不变的，其工作情况与中间级完全相同，因此可以把包括第一级在内的全部级作为级组，即节流调节汽轮机没有调节级。

在额定功率下，调节汽阀全开，汽轮机的理想焓降为 $\Delta H_t'$，其热力过程如图 1-33 中的 ab 线所示。在负荷较小的另一工况下，调节汽阀部分开启，新蒸汽受到节流，第一级级前压力由 p_0' 降为 p_0''，蒸汽在汽轮机内的理想焓降变为 $\Delta H_t''$（假定汽轮机背压不变），其热力过程如 cd 线所示。

节流损失的大小取决于流量和蒸汽参数。如图 1-34 所示，汽轮机负荷越低，阀门开度就越小，节流损失也就越大。

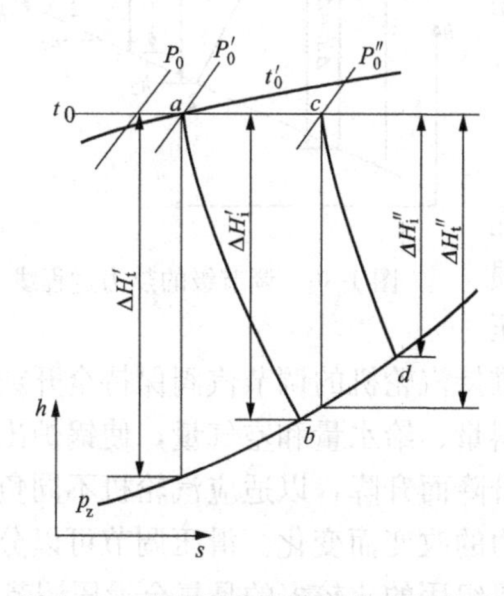

图 1-33　节流调节汽轮机热力过程线

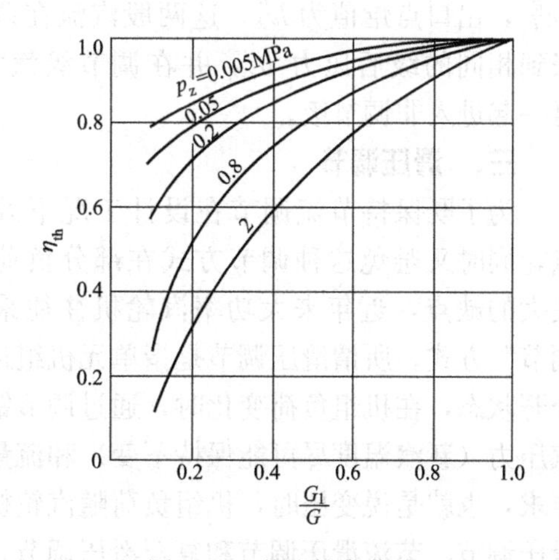

图 1-34　节流效率曲线

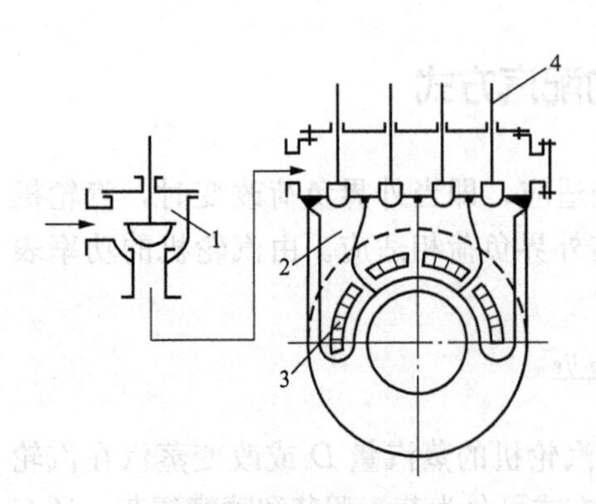

图 1-35 喷嘴调节结构示意图
1—主汽阀；2—喷嘴室；
3—喷嘴组；4—调节汽阀

二、喷嘴调节

将汽轮机的第一级喷嘴分成若干组，每一组各有一个调节汽阀控制，当汽轮机负荷改变时，依次开启或关闭各调节汽阀，以调节汽轮机的进汽量，这种调节进汽的方法称为喷嘴调节，其结构示意图如图 1-35 所示。采用喷嘴调节时，只有当前一个调节汽阀接近完全开启时，后一个调节汽阀才开始开启，所以在部分负荷时，只有经过部分开启调节汽阀的蒸汽才受到节流，因此部分负荷时喷嘴调节机组的效率比节流调节机组的效率高。

喷嘴调节在变工况时第一级喷嘴的通流面积将随调节汽阀的开启数目而变化，不能把第一级和后面的级划入同一级组，为了便于区别，此级称为调节级。当调节级的通流面积改变时，蒸汽流量将发生变化，此时在部分开启的调节汽阀中，由于节流作用，也改变了蒸汽的理想焓降，但因流经部分开启调节汽阀的流量只占总流量的一部分，故节流作用改变的蒸汽焓降对功率的影响较小。

调节级的级前后压力比随流量的变化而变化，因此调节级的焓降也随流量的变化而变化。当汽轮机的流量减小时，调节级的压力比逐渐减小，因而调节级的焓降逐渐增大，并且在第一调节汽阀刚全开时达到最大值，因为这时调节级的压力比最小，通过第一喷嘴组的流量也达最大值。所以调节级的最危险工况不是在最大负荷时，而是在第一调节汽阀刚全开时的负荷。

图 1-36 所示为调节级的热力过程线。流经两个全开阀门的汽流在调节级中的膨胀过程为 $0'2'$，其理想焓降为 $\Delta h_t^{\mathrm{I}}=\Delta h_t^{\mathrm{II}}=\Delta h_t$，有效焓降为 $\Delta h_i^{\mathrm{I}}=\Delta h_i^{\mathrm{II}}$，出口点焓值为 h_2'。通过部分开启阀门汽流的膨胀过程为 $0''2''$，其理想焓降为 $\Delta h_t^{\mathrm{III}}$，有效焓降为 $\Delta h_i^{\mathrm{III}}$，出口点焓值为 h_2''。这两股汽流在调节级中膨胀到相同的级后压力 p_2，并在调节级汽室中混合，再一起进入非调节级。

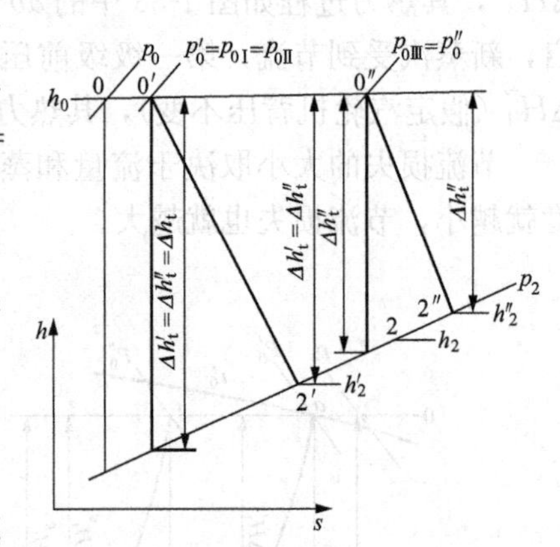

图 1-36 调节级的热力过程线

三、滑压调节

为了既保持节流调节在设计工况下效率高的优点，同时又避免这种调节方式在部分负荷下节流损失大的缺点，近年来大功率汽轮机往往采用“滑压调节”方式。所谓滑压调节是指单元机组运行时，维持汽轮机的调节汽阀保持全开或基本全开状态，在机组负荷变化时，通过调节锅炉的燃料量、给水量和空气量，使锅炉出口新汽压力（新汽温度尽可能保持不变）和流量随负荷升降而升降，以适应汽轮机不同负荷的要求，也就是说变压时，机组负荷随汽轮机进汽压力的改变而变化。滑压调节可以分为纯滑压调节、节流滑压调节和复合滑压调节，现今大机组用的比较多的是复合滑压调节。

复合滑压调节又称混合滑压调节。这是一种滑压调节和定压运行调节相结合的运行方式。下面介绍有实际意义的三种复合滑压调节方式。

(1) 滑一定复合调节方式，即低负荷时滑压调节，高负荷时定压调节。在低负荷时，最后一个（或两个）调节汽阀关闭，而其他调节汽阀全开，随着负荷逐渐增大，汽压升到额定压力后，维持主蒸汽压力不变，改用开大最后一个（或两个）调节汽阀，继续增加负荷。这种运行方式在低负荷时，机组显示出滑压调节特性，而在高负荷时，机组又有一定的容量参与调频，是一种比较理想的运行方式。

(2) 定一滑复合调节方式，即低负荷时定压调节，高负荷时滑压调节。大容量机组多采用变速（汽动或液力耦合器）给水泵，尽管其转速变化范围较宽，但也有最低转速的限制，另外，锅炉在低压力、高温度时，吸热比例发生较大变化，给维持主蒸汽温度带来一定的困难，因而锅炉最低运行压力受到限制。低负荷定压调节，高负荷滑压调节，可以满足以上要求，并且在高负荷下具有滑压调节的特性。

(3) 定一滑一定复合调节方式，即高负荷和低负荷区时定压调节，中间负荷区滑压调节，如图 1-37 所示。高负荷区时，保持定压（图 1-37 中为 16.7MPa），采用喷嘴调节，用改变通流面积的方法调节负荷，以保持机组的高效率；中间负荷区时，一个（或两个）调节汽阀关闭，处于滑压调节状态；低负荷区时，为了保持锅炉的水循环工况和燃烧的稳定性，以及考虑给水泵轴系临界转速的限制，因而在锅炉最低负荷点之下又进行初压水平较低（图 1-37 中为 9.255MPa）的定压调节。它综合了以上两种方式的优点，兼顾了低负荷锅炉的稳定运行和高负荷时的一次调频能力。

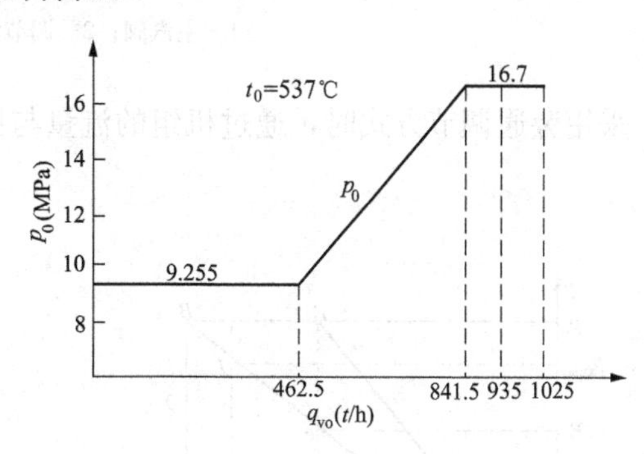

图 1-37 某 300MW 机组复合滑压运行曲线

四、旁通调节

(一) 旁通调节工作原理

旁通调节方式的工作原理如图 1-38 所示。汽轮机所有的级都是全周进汽，蒸汽经过全开的主汽阀后，再经过调节汽阀送往第一级。当第一级喷嘴前的压力等于新蒸汽压力之前，调节汽阀一直作为节流阀门而工作。只要第一级喷嘴前的压力接近新蒸汽压力时，若要继续增加负荷，旁通阀门（过载补汽阀）就立即开启，一部分蒸汽绕过第一级组，经过该阀门直接送往后面的级工作，所以旁通阀门（过载补汽阀）的开启使得流过汽轮机的蒸汽量增大了，从而达到提高汽轮机功率的目的，迅速适应外界负荷增大的需要，即在额定功率时，调节汽阀全开，旁通阀关闭；当过负荷时，调节汽阀全开，旁通阀部分开启，增加汽轮机的进汽量，但部分开启的旁通阀增加了节流损失，使机组效率有所降低；旁通阀开启时，旁通汽室压力升高，旁通级的焓降减小，功率减小，效率降低。为了尽可

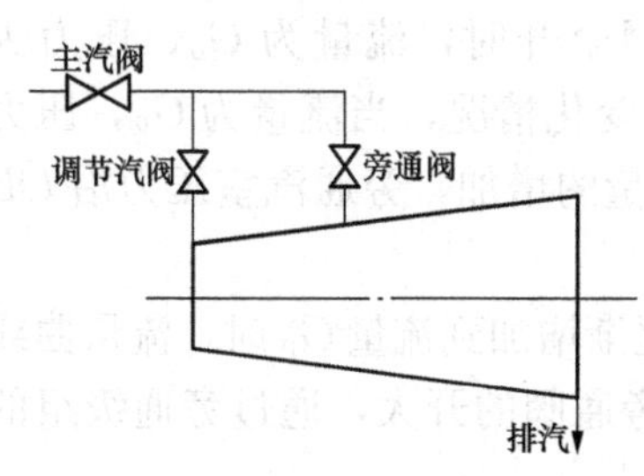

图 1-38 旁通调节方式的工作原理图

能减小损失，旁通调节方式一般与节流调节一起配合使用。根据旁通阀汽源的不同，分为外旁通调节（通过旁通阀的蒸汽来自新蒸汽）和内旁通调节（通过旁通阀的蒸汽来自汽轮机某级后，该方式与喷嘴调节方式配合使用，使用较少），如图1-39所示。

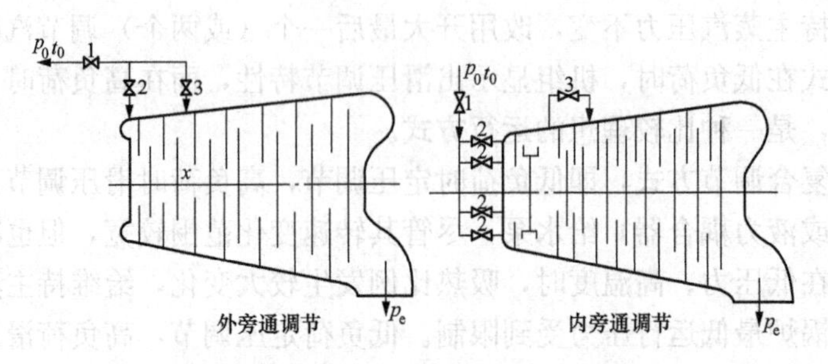

图1-39 旁通调节工作原理及分类图

1—主汽阀；2—调节汽阀；3—旁通阀

采用旁通调节方式时，通过机组的流量与压力之间的关系如图1-40、图1-41所示。

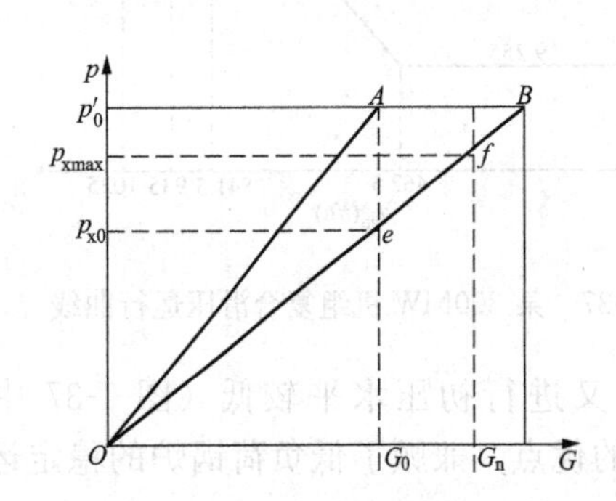

图1-40 旁通调节压力与流量的变化关系

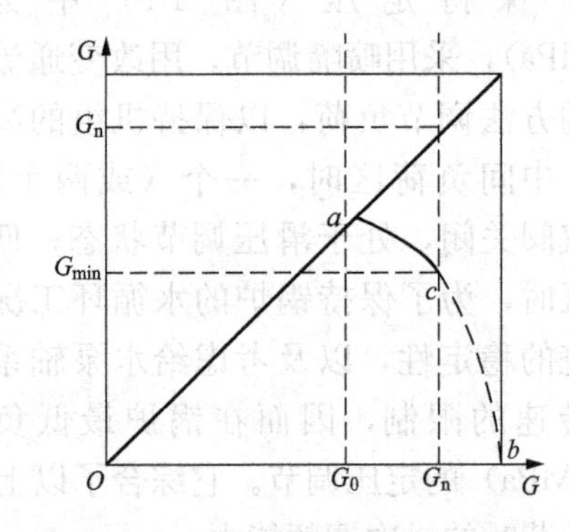

图1-41 旁通调节机组流量变化

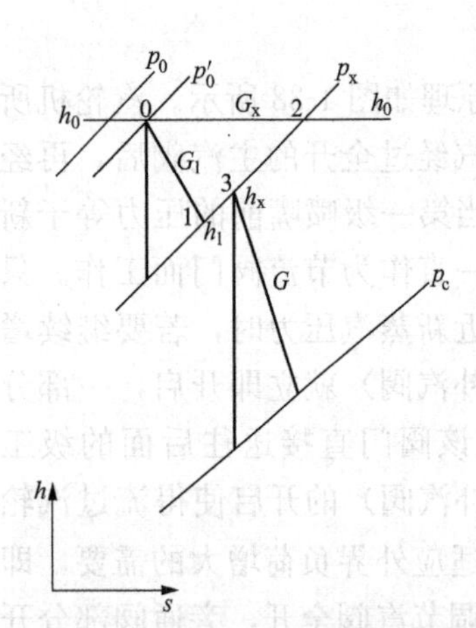

图1-42 旁通调节的热力过程线

在图1-40中，OA为调节汽阀后（第一级前）的压力与流量之间变化情况，调节汽阀全开时，流量为G_0，压力为p'_0；OB为旁通汽室的压力变化情况，当流量为G_0，压力为p_{x0}；过负荷时，随着流量的增加，旁通汽室压力沿OB线变化。

在图1-41中，当流量逐渐增加到流量G_0时，流量曲线为Oa；当过负荷时，随着旁通阀的开大，通过旁通级组的流量沿ab曲线变化。

（二）旁通调节的热力过程线

当旁通阀开启使用时，新蒸汽通过旁通阀进入旁通汽室与通过调节汽阀的蒸汽进行混合，然后进入后面的各级做功，其热力过程线如图1-42所示。图中G_1为通过调节汽阀的流量，过程线为01，蒸汽旁通级后的焓值为h_1，有效焓降为$\Delta h_i = h_0 - h_1$；G_x为通过旁通阀的蒸汽流量，过程线为 02，进入旁通汽室的焓值为 h_0，压力为 p_x，与通过旁通级的蒸汽混合后的焓值为 h_x，则

$$h_x=\frac{G_1h_1+G_xh_0}{G_1+G_x}=\frac{G_1(h_0-\Delta h_i)+G_xh_0}{G}=h_0-\frac{G_1}{G}\Delta h_i \tag{1-52}$$

其中，$G=G_1+G_x$。

第二章

汽轮机本体结构

火电厂带动发电机发电的汽轮机坐落于主厂房的运行平台处，由主轴通过联轴器带动发电机转动，所以汽轮机本体既有静止部分，又有转动部分。静止部分又称为静子，主要有汽缸、喷嘴、隔板与隔板套（或静叶环与静叶持环）、汽封和轴承等部件；转动部分又称转子，它包括主轴、叶轮（或转鼓）、动叶片、联轴器、盘车装置和其他转动部件。某东汽高效 660MW 超超临界汽轮机运行平台位置示意图如图 2-1 所示。

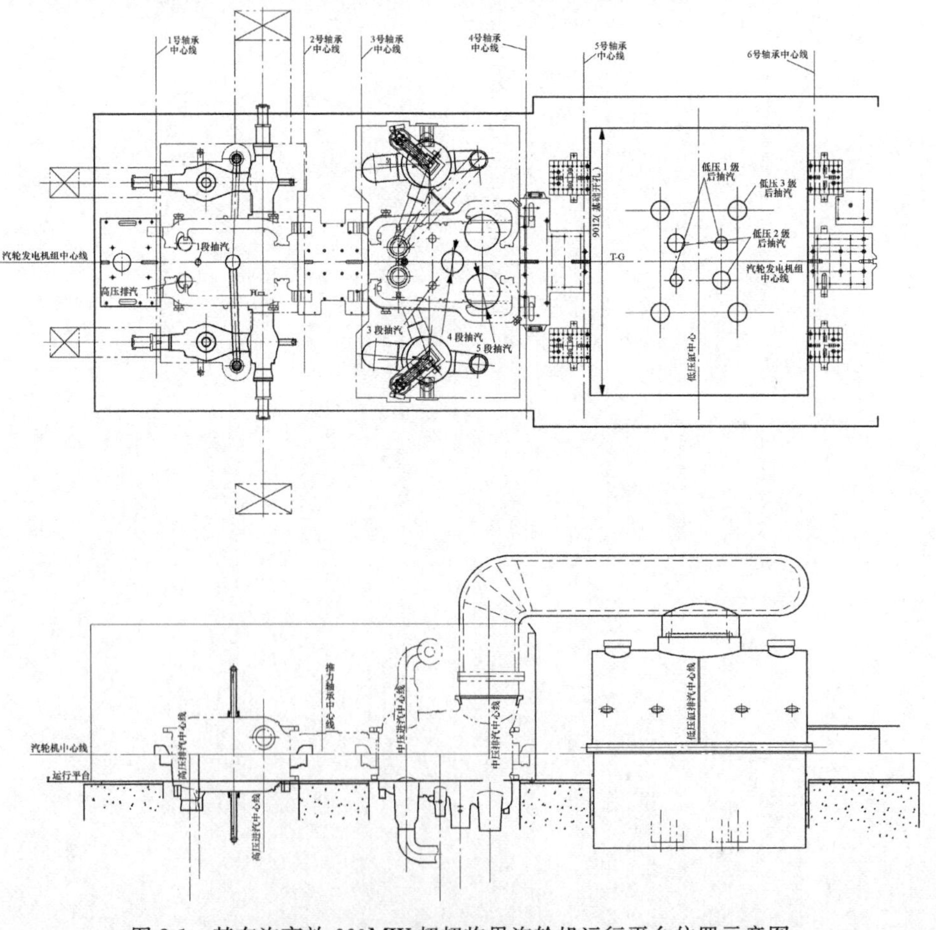

图 2-1　某东汽高效 660MW 超超临界汽轮机运行平台位置示意图

第一节 汽轮机的进汽部分

从锅炉来的新蒸汽、再热蒸汽必须通过阀门及管道才能进入汽轮机的通流部分做功，因此从进汽阀门至汽缸内的喷嘴室这一段称为汽轮机的进汽部分，它包括主汽阀、调节汽阀、导汽管及喷嘴室等，当汽轮机采用旁通调节时还包括补汽阀及其导汽管、旁通汽室。对大容量的中间再热式汽轮机其进汽部分可以分为高压进汽部分和中压进汽部分，东汽高效 660MW 超超临界汽轮机的进汽部分结构示意图如图 2-2 所示，实际机组布置与此相同。

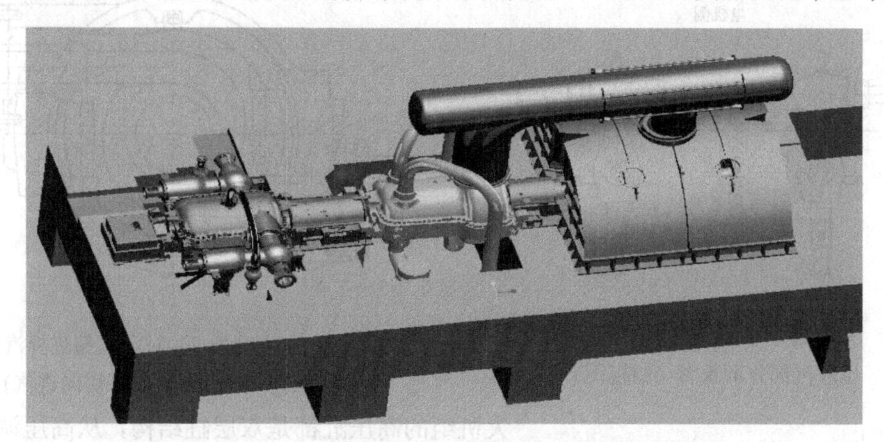

图 2-2 东汽高效 660MW 超超临界汽轮机的进汽部分结构示意图

一、高压进汽部分

（一）布置方式

高压进汽部分的结构及其布置方式对汽轮机来说是至关重要的，因为它是汽轮机中承受压力、温度最高的部分，在结构上应力求使汽缸的进汽部分简单、对称，沿圆周受热均匀；在布置方式上，要保证进汽阀门和导汽管在任何工况下的热应力和热变形都在允许的范围内，对所连接的汽缸应不产生超过允许值的附加热应力及推力；根据现代汽轮机的发展理念，蒸汽流过进汽部分时的损失越小越好，有利于提高整个汽轮机的经济性。

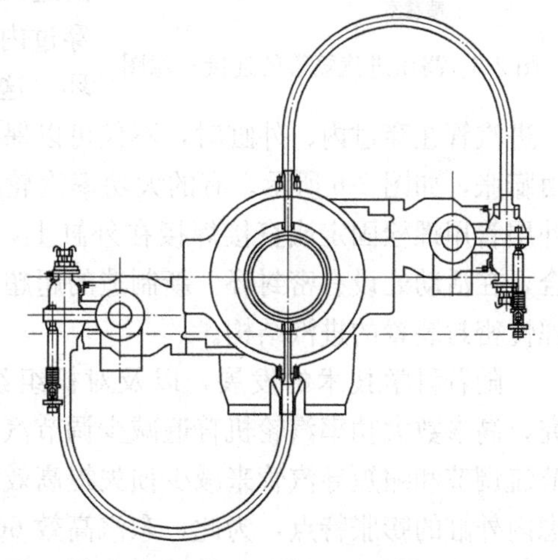

图 2-3 东汽高效 660MW 超超临界汽轮机高压进汽部分示意图（从机头向发电机侧）

图 2-3～图 2-5 为东汽高效 660MW 超超临界汽轮机高压进汽部分的阀门布置及其与汽缸连接的结构示意图。该结构有 2 个高压主汽阀、2 个高压调节汽阀和 2 个补汽阀，它们对称组成两组（每组分别有 1 只高压主汽阀、1 只高压调节汽阀和 1 只补汽阀），置于高压缸两侧。因为高压缸采用水平切向进汽，所以左侧阀门组位于汽轮机水平中心线以下，右侧阀门组位于汽轮机水平中心线以上。高压主汽阀采用纵向水平布置，正下侧为进汽口，发电机侧为出汽

口，将蒸汽送到高压调节汽阀蒸汽室；机头侧为控制机构，发电机侧为阀体。高压调节汽阀采用横向水平布置，外侧为控制机构，内侧即汽轮机侧为出汽口，该出汽口直接连接高压外缸的进汽口。每个高压主汽阀的出汽口对应一个高压调节汽阀的进汽口，外加1个补汽阀，它们共组成2个阀组，通过支架支撑在运行平台处高压缸的两侧。2只补汽阀分别位于高压主汽阀和高压调节汽阀之间，垂直布置，进汽口通过管道自高压主汽阀后引入，出汽口通过导汽管接到高压缸上下对称的补汽口，其中右侧的补汽阀连接高压缸上部补汽口，左侧的补汽阀连接高压缸下部补汽口。

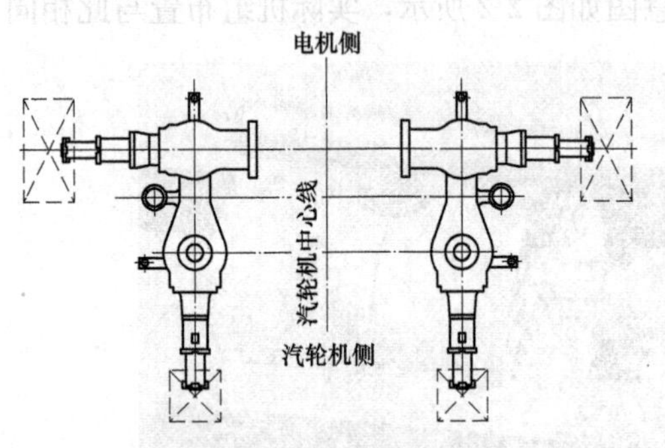

图 2-4 东汽高效 660MW 超超临界汽轮机高压进汽部分示意图（俯视图）

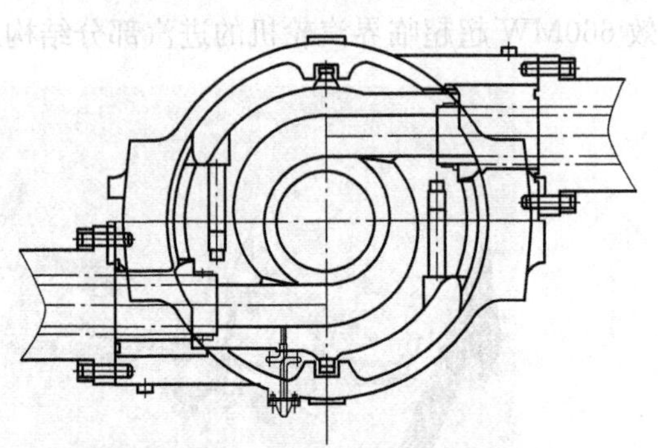

图 2-5 东汽高效 660MW 超超临界汽轮机高压进汽部分示意图（切向进汽）

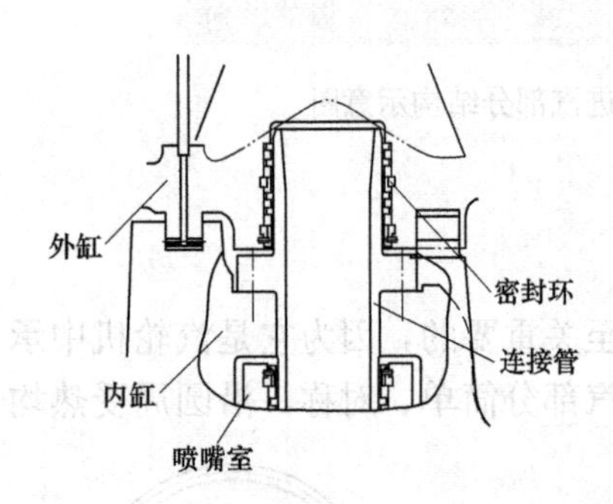

图 2-6 高压进汽短管的连接示意图

大机组的高压缸都是双层缸结构，从高压调节汽阀出来的蒸汽必须由外缸穿过内缸到喷嘴室，然后经过通流部分做功，不同参数不同制造厂的机组其进汽方式也不一样。对于20世纪八九十年代和21世纪初的亚临界、超临界机组，有的将导汽管直接焊接在外缸进汽口上，在内缸进汽口处设一个用螺栓固定在内缸进汽口处的进汽短管，短管一端与外缸进汽口内侧配合，另一端穿过内缸进入喷嘴室入口，在短管端部活动处设有密封环，这样一端做成刚性连接，另一端做成活动连接，使得进汽管在穿过内、外缸时，不仅可以保证良好的密封性，又可以保证内、外缸之间能自由膨胀，如图 2-6 所示。有的大功率汽轮机的导汽管在外缸进汽口采用π型管即双层管，外层管用螺栓固定或直接焊接在外缸上，内层管通过内缸进汽口直接与喷嘴室进汽口配合，在活动处设有密封环。新制造的超超临界汽轮机，也有采用连接大螺母、进汽插管和弹性密封装置的进汽结构。

随着科学技术的发展，以及对机组经济性的深入研究，高参数大功率汽轮机普遍减少调节汽阀数量，并采用节流调节和缩短导汽管来减少损失提高效率，同时充分考虑内外缸的膨胀特点，为此，东汽高效 660MW 超超临界汽轮机高压调节汽阀出口管道直接通过螺栓固定在外缸的进汽口上，而内侧采用活动插管型式，直接与高压内缸入口配合将蒸汽送入内缸汽侧的喷嘴室，如图 2-7 所示。

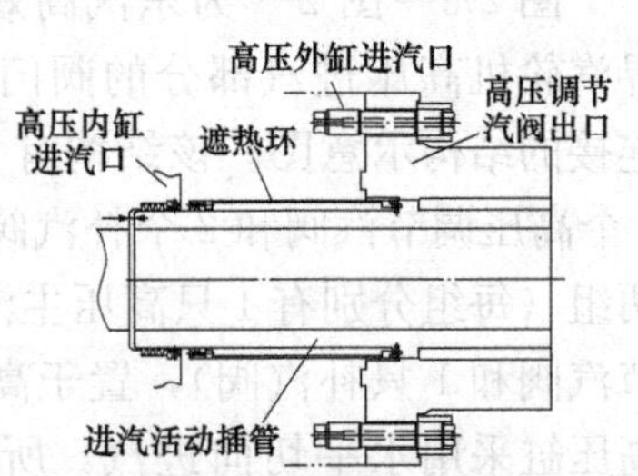

图 2-7 高压部分切向进汽及各部件之间连接示意图

为了减少结合面处的漏汽，以及具有良好的定中心作用，高压调节汽阀出口与高压缸进口采用止口配合密封，并通过内部插管上的密封圈予以密封连接；插管与内缸进汽口设置多个密封环来密封，减少漏汽，高压调节汽阀出口、高压内外缸入口各部件之间的结构如图 2-8 所示。在插管上还有遮热环来减少插管在内外缸夹层的热量损失，保证蒸汽的温度，插管的结构如图 2-9 所示。

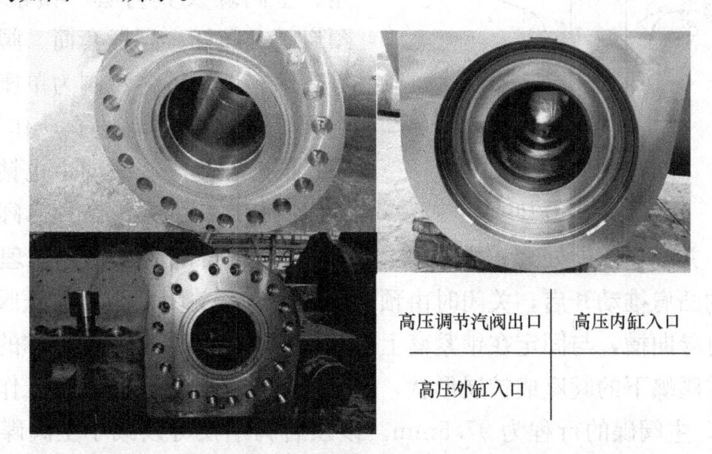

图 2-8　高压部分切向进汽及各部件之间连接示意图

图 2-9　高压进汽插管结构图

（二）高压阀门

1. 高压主汽阀

大型机组为减小流动损失，在主汽阀前边的蒸汽管道上不再装设电动主汽阀及其他阀门，因此主汽阀就是汽轮机进汽的总阀门。主汽阀打开，汽轮机就有了汽源，有了驱动力；主汽阀关闭，汽轮机就被切断了汽源，失去了驱动力。

汽轮机正常运行时，主汽阀全开；汽轮机停机时，主汽阀关闭。主汽阀的主要功能包括：运行中当汽轮机的任一遮断型保护装置动作时，主汽阀应能快速关闭，实现停机；当机组采用高中压缸启动时，主汽阀可以在启动的初级阶段控制汽轮机的进汽，对汽轮机进行冲转、升速；根据需要，主汽阀还可以设计成预暖阀对调节汽阀阀壳进行预热，减小热应力。

在汽轮机组中，主汽阀处于最高的压力、温度区域。为了在高温条件下能够承受很高的压力，其构件必须采用热强钢，阀壳也做得比较厚。为了避免产生太大的热应力，阀壳各处厚度应尽量均匀，阀壳外壁面必须给予良好的保温，阀腔内应采取良好的疏水措施，并在运行时注意疏水通道的畅通。在启动、负荷变化或停机过程中，应注意主汽阀避免发

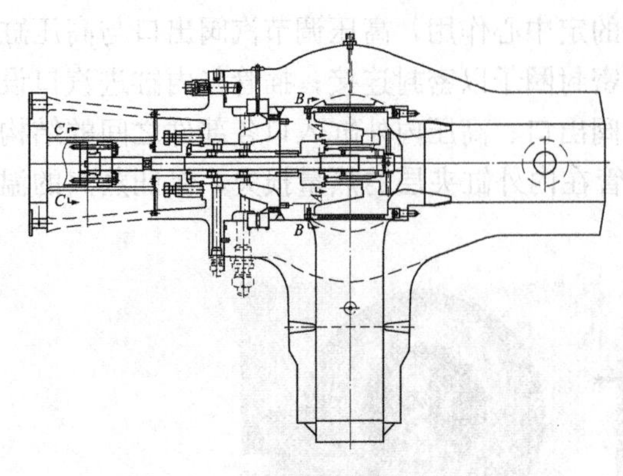

图 2-10 高压主汽阀结构示意图

生热冲击，以免金属表面产生热应力疲劳裂纹。图 2-10 为高压主汽阀结构示意图。

两个高压主汽阀的结构相同，都采用具有预启阀的结构形式，主要包括阀壳、阀座、主阀蝶及其衬套、锁紧套（引导套）、预启阀、阀杆、阀杆套筒、阀盖、蒸汽滤网等部件。该高压主汽阀为单座球形阀，并在主阀蝶轴向上钻有通孔，作为预启阀的阀座；同时在主阀碟横向上也钻有小孔，作为预启阀开启时的来汽。预启阀与主阀蝶的密封面呈圆锥形，并经过淬硬处理；主阀蝶与阀座的密封面也经过硬化处理。主阀蝶开启时，由阀杆上的凸肩推动开启，关闭时由预启阀推动进行关闭。为了防止阀蝶转动，在阀蝶末端两侧开有导向槽，与固定在锁紧套上的阀碟衬套内圆壁上两侧对称的销子配合，引导阀芯移动。主阀蝶下的阀座成扩展形状，作为主阀蝶下游的扩压段。工作时，预启阀的行程为 4.5mm，主阀碟的行程为 97.5mm。该预启阀不仅可以减小主阀碟开启时的提升力，还可以控制调节汽阀阀壳预热。由于主蒸汽压力高，高压主汽阀采用双阀盖结构，内层阀盖主要承受压力，外阀盖主要起着密封减少漏汽的作用，从而使得高参数下的阀门承压能力增强、应力减小，自密封效果好，减小阀盖螺栓的尺寸。

阀杆第一段漏汽送到轴封系统，第二段漏汽送到轴封加热器，以此进行漏汽的回收利用。在阀壳上设有疏水孔，以便启动时排出疏水，避免蒸汽带水。

每个主汽阀都设有单独的控制机构，开启时用油动机推动，关闭时由弹簧室内的弹簧压回。油动机根据控制系统的指令对主汽阀实施控制。

机组启动时，先开预启阀，主蒸汽通过主阀蝶上的通孔（也即预启阀的通道）流入该高压主汽阀的下游，进入主汽阀、调节汽阀间彼此连通的腔室，既可为调节汽阀腔室预热，又可以减小阀门开启时的提升力。启动时，当预启阀开启到其对应的行程时，主阀蝶便开始开启。

高压主汽阀阀壳与阀盖的材料为 ZG1Cr10Mo1NiWVNbN，屈服强度为 490N/mm^2；螺栓的材料为 10Cr11Co3W3NiMoVNbNB，屈服强度为 620N/mm^2；阀杆的材料为 GH901。要求主汽阀的关闭时间小于 0.2s。

2. 高压调节汽阀

两个高压调节汽阀的结构都相同，各自相互独立，分别与高压主汽阀结合在一起，为了便于进汽并减少蒸汽流动时的损失采用水平横向布置方式。图 2-11 所示为高压调节汽阀的结构图。同高压主汽阀一样，调节汽阀不仅有主阀碟，还有预启阀，用以减小提升力和启动时控制转速。预启阀的行程为 13.5mm，主阀碟的行程为 72.8mm。

该阀主要由阀壳、阀盖、主阀碟阀座、主阀蝶、预启阀及其阀座、阀芯套筒、套筒锁紧套（引导套）、阀杆、阀杆套筒等组成。预启阀的阀芯为球形面，阀芯通过螺纹和定位销固定在阀杆的底部。主阀碟为圆筒体，其底部阀蝶部分与阀座之间的密封面为锥形面，阀蝶中央安装有预启阀的专用阀座，该阀座开有进汽通孔。主阀碟末端与套筒和锁紧套之间设有两个对称布置的导向销，以防止调节汽阀阀芯转动，阀芯套筒对主阀芯起导向对中作用。

当调节汽阀处于关闭状态时，预启阀和主阀碟均关闭，蒸汽经过阀碟套筒与锁紧套上的小孔漏入阀碟内部腔室，将预启阀和阀蝶紧压在阀座上，使阀门保持严密。阀门开启时，阀杆带动预启阀首先开启，使主阀蝶前后相通，前后的蒸汽压力大致相等，待预启阀走完全行程阀杆再向开启方向提升时，通过阀杆下部的斜台阶（或阀碟上的斜台阶）带动，开启调节汽阀。由于主阀碟受蒸汽的作用不大，因此提升力大为减小。

阀杆套筒对阀杆起导向和密封作用，套筒固定在阀盖上，套筒上设有三段阀杆漏汽引出口，第一段为高压漏汽引至再热热段管道，第二段漏汽引至除氧器，第三段低压漏汽引至汽封加热器。

为了便于对阀门的控制，每个调节汽阀都设有单独的油动机控制机构，油动机活塞杆用圆柱销与阀杆直接连接。调节汽阀开启时，油动机活塞进入高压抗燃油，克服弹簧室内压弹簧的作用力带动活塞杆移动，阀门开启。调节汽阀关小或是全关时，油动机活塞泄去部分或全部高压油，在弹簧力的作用下，阀门关小或全关。

高压调节汽阀阀壳与阀盖及阀杆的材料、材料的屈服强度同高压主汽阀，要求高压调节汽阀的关闭时间小于 0.3s。

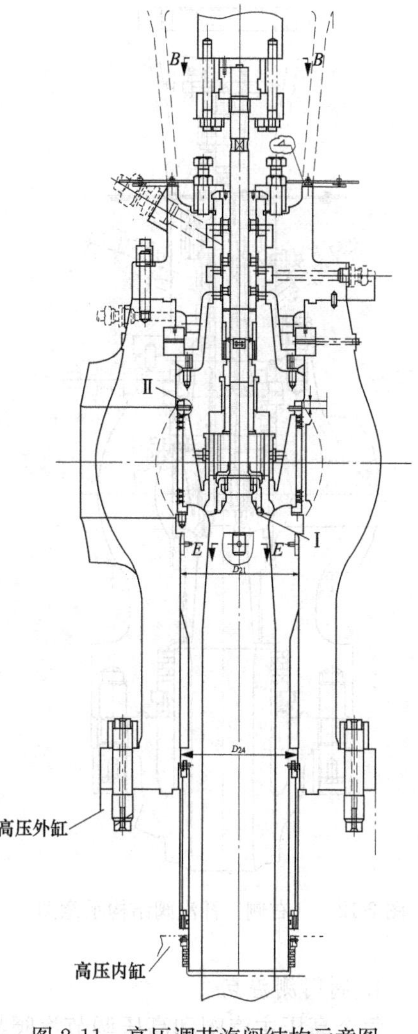

图 2-11 高压调节汽阀结构示意图

3. 补汽阀

为了保证汽轮机的结构对称，减小热应力和蒸汽的冲击力以及对工作汽流的干扰，该机组根据主汽阀和调节汽阀的布置状况，设有两个补汽阀，它们的结构都相同，各自相互独立，分别与高压主汽阀和调节汽阀阀组结合在一起。根据高压缸补汽口的位置，为了便于进汽并减少蒸汽流动时的损失，补汽阀采用垂直布置方式。图 2-12 所示为补汽阀的结构图。同高压调节汽阀一样，补汽阀不仅有主阀碟，还有预启阀。预启阀的行程为 8.0mm，主阀碟的行程为 30.0mm。

补汽阀开启后，蒸汽通过挠性管道与高压缸的补汽口连接，为了保证密封，挠性管与补汽阀出口和补汽口之间通过Ⅱ型管连接，外层管用螺栓固定在补汽阀或高压外缸上。对补汽阀，内管嵌入其出口管道，嵌入处设有密封环；对于补汽口，内管穿过外缸伸入到内缸上的补汽口，在内缸的补汽口处设有密封环，如图 2-13 所示。内管上设有遮热环以减小热辐射的影响。

补汽阀上设有漏汽回收利用，第一段漏汽送至再热热段管道，第二段漏汽引至除氧器，第三段漏汽引至汽封加热器。

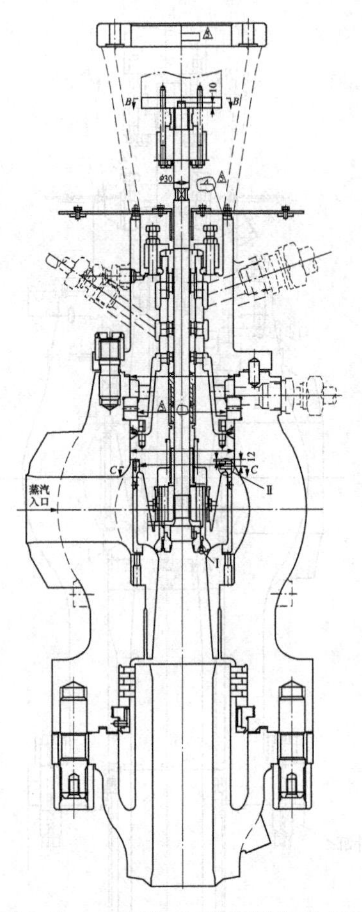

图 2-12 （右侧）补汽阀结构示意图

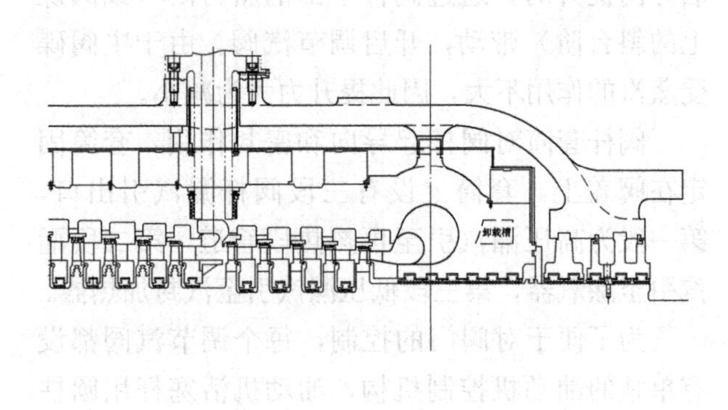

图 2-13 挠性管与高压缸补汽口之间的连接与密封

4. 阀门测温点

每个高压主汽阀和高压调节汽阀都要测量阀壳的内外壁温度，从而监测阀门的内外壁温差，为此设有专门的测温点（阀壳上有搭子）；另外还要测量主汽阀入口处的新蒸汽温度和新蒸汽压力。

二、 中压进汽部分

1. 布置方式

再热蒸汽管道至运行层下方后分成两根汽管，分别进入布置在中压缸左、右两侧的中压联合汽阀，从中压联合汽阀出来经导汽管自中压缸进汽侧端部上下对称进入中压缸。每个中压联合汽阀引出两根导汽管，所以中压缸有 4 个进汽口，如图 2-14 所示。这种布置方式的优点是汽缸上下端部进汽的温度均匀，中压联合汽阀布置灵活。

中压导汽管的一端焊接在中压联合汽阀的出口，另一端焊接在中压外缸上，下导汽管短，上导汽管长且分为两段用法兰螺栓连接。在中压外缸与内缸之间通过一个用螺栓固定在内缸进汽口上的短管将蒸汽引入中压喷嘴室，短管与外缸进汽口内侧配合并设有密封环，短管上有遮热板，如图 2-15 所示。

2. 中压联合汽阀

中压主汽阀与中压调节汽阀组合成一体的阀门，称为中压联合汽阀，简称中联门。

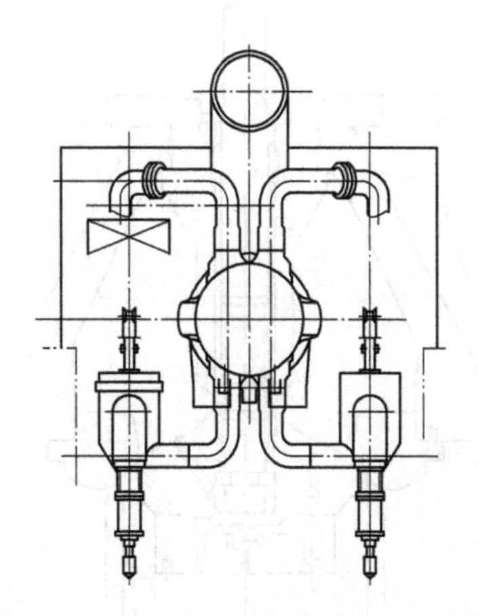

图 2-14 中压进汽部分连接示意图

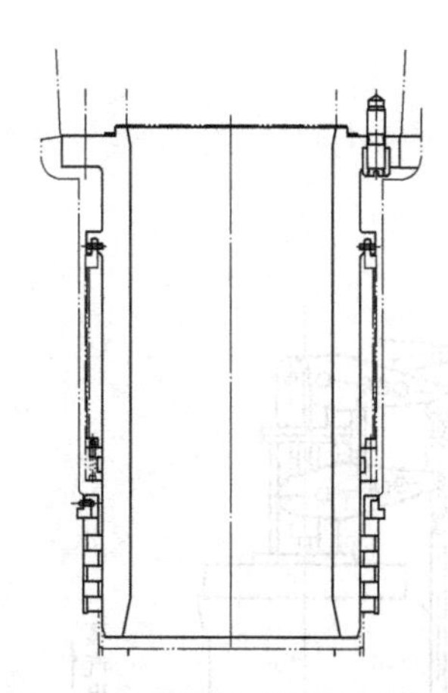

图 2-15 中压进汽口之间的连接与密封

中压主汽阀属保护装置，它不参与负荷调节，其阀门位置只有全开和全关两个位置。中压调节汽阀只在蒸汽旁路系统投入的情况下，调节中压缸的进汽量，高负荷下旁路系统关闭时，中压调节汽阀处于全开状态不参与调节，以避免引起蒸汽节流损失。不同的制造厂，中联门的具体结构不尽相同。

图 2-16 所示为中压联合汽阀与控制装置示意图。该中联门为立式结构，其上部为中压调节汽阀，下部为中压主汽阀，两阀各自配有执行机构，一个位于中联门侧面的油动机和弹簧操纵座通过杠杆控制中压调节汽阀的开启或关闭；而位于中联门正下侧的另一个油动机和弹簧操纵座则控制中压主汽阀的开启或关闭。

图 2-17 是中联门两阀合用一个壳体、同一腔室和同一阀座，而且两者的阀蝶呈上、下串联布置的结构示意图。

中压调节汽阀的主阀碟呈钟罩形，其中央开有通孔，通孔上部即为预启阀的阀座。主阀碟的上部装有阀帽，阀帽内孔两侧设有导向键槽。预启阀位于阀帽与主阀碟之间，预启阀与阀杆之间采用螺纹连接，且设有定位销，预启阀两侧的导向键嵌入阀帽的导向槽内，以此防止预启阀的转动。阀杆套筒与阀盖之间为过盈配合，其下端面四周敛缝。阀盖套筒及阀盖上设有漏汽孔。阀盖顶部通过十字连接轴与杠杆相连。

中压主汽阀为单座球形阀，其阀碟位于调节汽阀阀碟的内部，且上下移动时不受钟罩式结构的限制，为了减小开启时的提升力，设有预启阀。阀杆套筒与阀壳的连接采用自密封结构形式，即靠下部凸肩压在阀壳的止口上，并用螺栓给予固定，以保证结合处的密封性。调节汽阀阀杆套筒上也开有漏汽孔，漏汽送到轴封加热器；主汽阀后的阀壳上还开有疏水孔。

中压调节汽阀的预启阀行程为 30.6mm，主阀碟的行程为 208.4mm；中压主汽阀的预启阀行程为 15.4mm，主阀碟的行程为 203.2mm。

中压主汽阀和中压调节汽阀的阀壳材料为 CB2，材料屈服强度为 490N/mm^2；阀盖的材料为 ZG1Cr10Mo1NiWVNbN，材料屈服强度为 490N/mm^2；螺栓和阀杆的材料同高压阀门。要求高压主汽阀的关闭时间小于 0.2s，调节汽阀的关闭时间小于 0.3s。

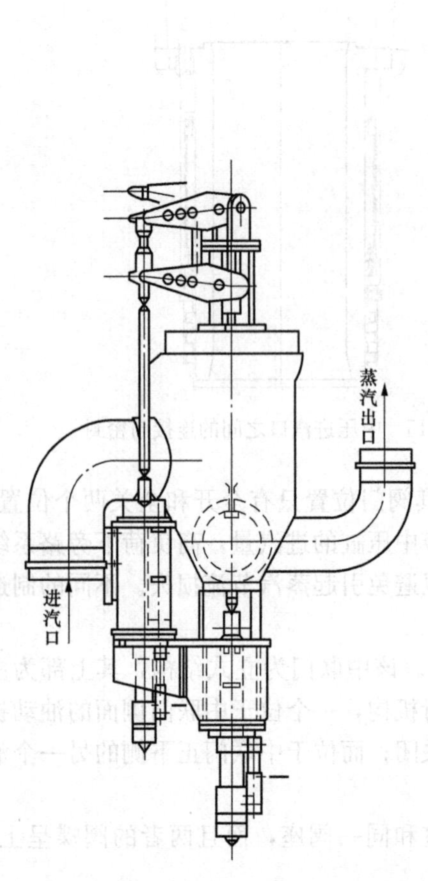

图 2-16　中压联合汽阀与控制装置示意图

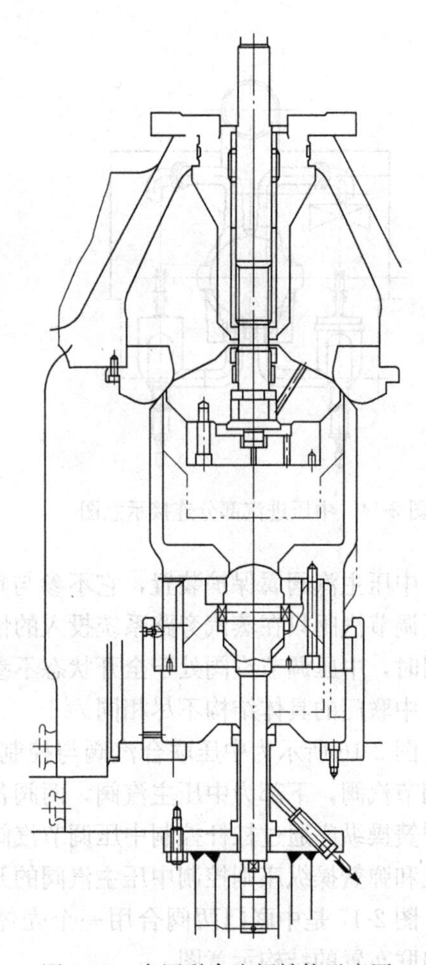

图 2-17　中压联合汽阀结构示意图

第二节　汽缸及滑销系统

一、汽缸结构

(一) 汽缸的作用

汽缸是汽轮机的外壳，它的作用是将汽轮机的通流部分与大气隔开，形成封闭的汽室完成蒸汽的能量转换过程；在其内部支承并固定着喷嘴组、隔板和隔板套（反动式汽轮机为静叶环和静叶持环）、汽封等静止部件；在其外部连接固定着进汽、排汽及抽汽等管道。

工作时，汽缸的受力情况很复杂，主要有以下方面的受力：

(1) 汽缸本身和装在其内部静止部件的重力。

(2) 工作时，汽缸要承受内外压差的作用力和沿轴向、径向温度分布不均匀所产生的热应力，特别是在快速启动、停机和工况变化时引起的热应力。

(3) 汽缸内各级隔板的前后压差和高速汽流通过喷嘴时所产生的反作用力也都要传递到汽缸上。

因此，应保证汽缸具有足够的强度和刚度，通流部分具有良好的流动性能，各部分受热时能自由膨胀且中心不变、形状简单对称，还应尽量减小热应力。

（二）汽缸结构

1. 汽缸的一般结构

（1）为了制造和安装上的方便，汽缸大多做成上下对分的两半，分别称缸和下汽缸。上、下汽缸之间的结合面称为水平中分面，绕中分面一周伸出的凸缘叫水平法兰，上、下汽缸就是通过水平法兰用螺栓连接在一起，如图2-18所示。

（2）为了合理地使用金属材料和减小铸件（或焊件）的尺寸以利于制造、加工及运输，对尺寸较大的汽缸还常沿纵向将其分为两段或三段，各段之间通过垂直结合面上的法兰和螺栓连接在一起，垂直结合面装配好后就不再拆卸。

（3）对于中小功率的汽轮机，一般采用单缸结构；而大功率汽轮机都采用多缸结构，按进汽参数不同，分别称为高压缸、中压缸和低压缸。如国产300MW汽轮机为四缸四排汽结构，国产引进型300MW汽轮机为两缸两排汽或三缸两排汽结构；亚临界600MW汽轮机为四缸四排汽或三缸四排汽结构，超临界600MW汽轮机都为三缸四排汽结构，超超临界660MW等级汽轮机为两缸（高中压缸合缸）两排汽、三缸（高中压缸分缸）两排汽或四缸四排汽（超高压缸、高压缸、中压缸、两个低压缸）结构；1000MW超超临界汽轮机为四缸四排汽或五缸四排汽（超高压缸、高压缸、中压缸、两个低压缸）结构。

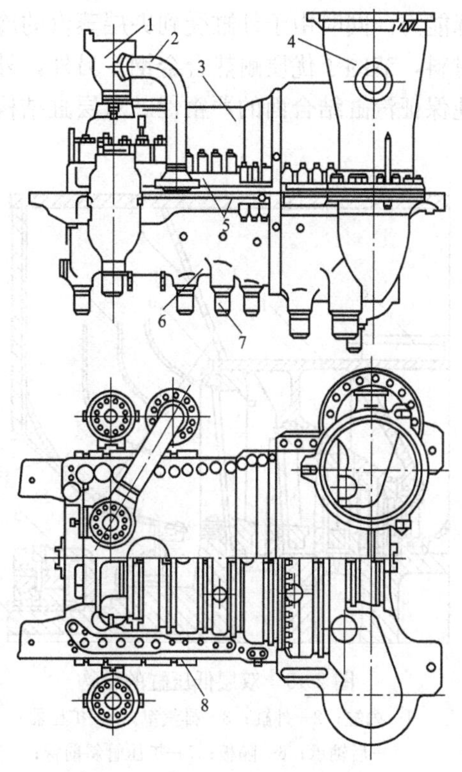

图2-18　汽轮机高压缸外形图

1—蒸汽室；2—导汽管；3—缸；4—排汽管口；5—法兰；6—下汽缸；7—抽汽管口；8—法兰加热装置

（4）为了减小汽缸的壁厚和避免汽缸发生变形，根据蒸汽参数及其容量的不同，小功率汽轮机的汽缸通常采用单层缸，大功率汽轮机的高压缸、中压缸大多采用双层缸，部分采用具有隔板套的单层缸，而低压缸多为双层缸和三层缸。

（5）按蒸汽的流动方向，汽缸还分为顺向布置、反向布置和对称分流布置；按照形状汽缸还可分为圆筒形、圆锥形和阶梯圆筒形或球形等。

2. 高、中压缸的结构

高、中压缸内蒸汽温度很高，高压缸内还要承受着蒸汽的高压作用，因此在结构设计时，不仅要保证强度，还要尽量减薄汽缸壁和法兰的厚度，以减小热应力和热变形。

对新蒸汽参数不超过8.82MPa、535℃的汽轮机汽缸通常采用单层缸结构。对于超高参数及以上的汽轮机，由于高压缸内外压差很大，若采用单层缸势必造成汽缸壁及法兰都很厚，在汽轮机启动、停机及工况变化时，汽缸内外壁、汽缸与法兰、法兰与螺栓之间将因温差过大而产生很大的热应力，甚至使汽缸变形、螺栓拉断。因此近代高参数大容量汽轮机的高压缸都采用双层结构，越来越多的中压缸也采用双层缸。采用双层缸后，可以在内、外缸之间的夹层中通入一定压力和温度的蒸汽（主要是压力较低、温度较高的蒸汽），使每层缸承受的压差和温差减少，汽缸壁和法兰的厚度减薄，从而减小了启、停及工况变化时的热应力，加快了启、停速度，有利于改善机组变工况运行的适应性，具有较强的调峰能力。同时由于外缸受到夹层蒸汽的冷却，工作温度较低，可采用比内缸低一个等级的材料，节约了优质耐热合金钢。另外，外缸的内外压差较小，减少了漏汽的可能，能更好地保证汽缸结合面的严密性。双层缸结构的缺点是增加了安装、检修工作量。

3. 低压缸的结构

低压缸包括低压通流部分和排汽室。大功率汽轮机不仅排汽口数目多，而且低压排汽容积流量很大，使低压缸尺寸很大，是汽轮机中最庞大的部件。低压缸内蒸汽的压力比较低，但进出口温度差比较大，缸体强度一般没有什么问题，其结构设计时的重要问题是保证足够的刚度和良好的流动性，尽量减小排汽损失，并且热膨胀也是一个主要问题。为此低压缸一般采用钢板焊接结构和对称分流，并用加强筋加固，来满足大排汽通道的要求；排汽室采用径向扩压结构，并将排汽动能转换成为压力能，降低排汽压力，提高蒸汽做功能力，同时保证有良好的流动性；为了使低压缸巨大的外壳温度分布均匀，不致产生变形而影响动、静部分间隙，低压缸采用双层或三层缸结构，使内缸承受高温，外缸接触较低的排汽温度，满足排汽缸的膨胀需求。图 2-19 所示为双层低压缸的结构。

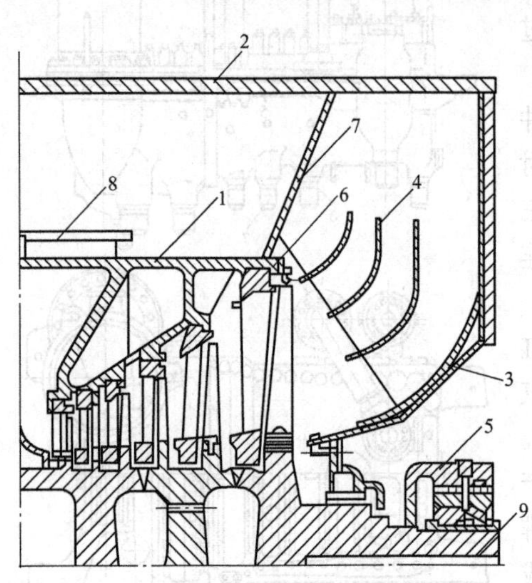

图 2-19　双层低压缸的结构

1—内缸；2—外缸；3—排汽室；4—扩压器；5—后轴承；6—隔板；7—扩压管斜前臂；8—进汽口；9—低压转子

二、汽缸支承

汽缸通过猫爪支承在轴承座或通过其外伸的搭脚支承在基础台板上，从而保持与运行平台的相对位置。单缸汽轮机汽缸的支承分为高压侧支承和低压侧支承，多缸汽轮机的支承分为高中压缸支承、低压缸支承，不仅有外缸支承，还有内缸支承。

1. 高、中压缸的支承

（1）外缸支承。汽轮机高、中压外缸一般通过其水平法兰两端伸出的猫爪支承在轴承座上，称为猫爪支承。猫爪支承有下缸猫爪支承、上缸猫爪中分面支承和下缸猫爪中分面支承。

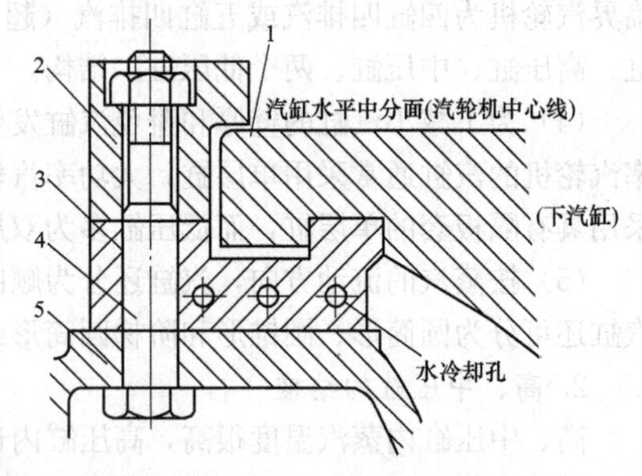

图 2-20　下缸猫爪支承

1—下缸猫爪；2—压块；3—支承块；4—紧固螺栓；5—轴承座

图 2-20 为下缸猫爪支承，它是利用下缸伸出的猫爪作为承力面搭在轴承座两侧的支承块上，并用压块压住，以防抬起。这种支承方式比较简单，安装、检修方便，但因支承

面低于汽缸中心线，为非中分面支承，当汽缸受热后，猫爪温度升高产生膨胀，汽缸中心线向上抬起，而支承在轴承上的转子中心线可认为基本不变，造成动、静部分径向间隙变化。对于高参数、大功率汽轮机，由于法兰很厚，猫爪膨胀的影响是不能忽视的。所以这种支承方式主要用于高压以下蒸汽温度不高的汽轮机。

上缸猫爪中分面支承如图 2-21 所示。采用这种支承方式的汽缸上、下缸都有猫爪，以上缸猫爪作为工作猫爪，支承面与汽缸水平中分面一致，属于中分面支承。下缸猫爪作为安装猫爪，只在安装时起支承作用，安装垫铁用于安装时调整汽缸中心。安装完毕后，抽出安装垫铁，上缸猫爪就支承在工作垫铁上，承担汽缸的重量。水冷垫铁内通有冷却水，以不断带走由猫爪传来的热量，防止支承面高度因受热而改变，也使轴承温度不致过高，改善了轴承的工作条件。这种支承方式猫爪受热膨胀时不会影响汽缸中心线的位置，能较好地保持汽缸与转子中心的一致。但安装、检修不便，而且由于下缸是靠螺栓吊在上缸上，不仅增加了法兰螺栓受力，还使法兰结合面易产生张口，尤其是高中压缸合缸的大功率汽轮机。该方式主要用于超高压以汽轮机高、中压缸的支承，如引进的东芝 600MW 亚临界汽轮机和东汽的 600MW 亚临界/超临界汽轮机高、中压外缸的支承。

目前大容量汽轮机上还广泛采用了下缸猫爪中分面支承。该支承方式是将下缸猫爪位置提高拉伸呈 Z 形，使支承面与汽缸水平中分面在同一平面上，如图 2-22 所示，这种支承方式同时利用了上述两种方式的优点，国产引进型 300、600MW 汽轮机和东汽的 300MW 汽轮机高、中压外缸都采用了这种支承方式。图 2-22 表示了国产引进型 300MW 汽轮机高、中压外缸的支承，四只猫爪与下缸整体铸出，位于下缸水平法兰上部，分别支承在前后轴承座上。猫爪与轴承座之间用螺栓连接，以防止汽缸与轴承座之间脱空。螺母与猫爪之间留有适当的膨胀间隙（猫爪与螺栓的间隙为 0.95mm，螺栓与横销的横向间隙为 0.4mm），猫爪下部有垫块，垫块上部平面可由油槽打入润滑油，以保证猫爪可自由膨胀。

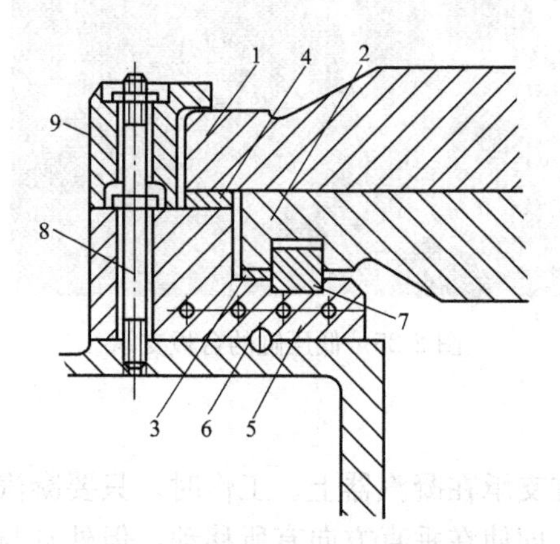

图 2-21　上缸猫爪中分面支承

1—上缸猫爪；2—下缸猫爪；3—安装垫铁；4—工作垫铁；5—水冷垫铁；6—定位销；7—定位键；8—紧固螺栓；9—压块

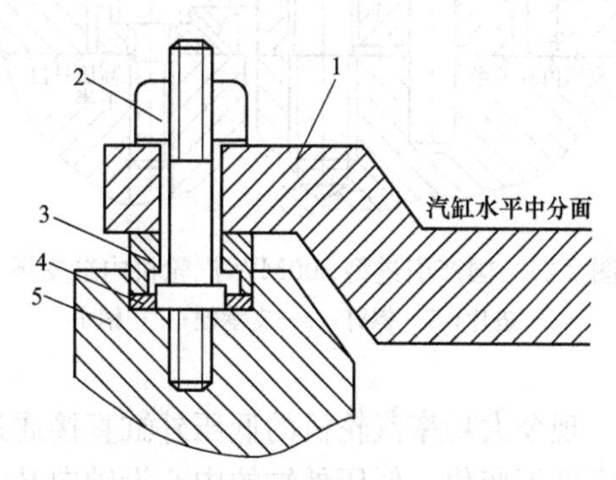

图 2-22　下缸猫爪中分面支承

1—下缸猫爪；2—螺栓；3—平面键；4—垫圈；5—轴承座

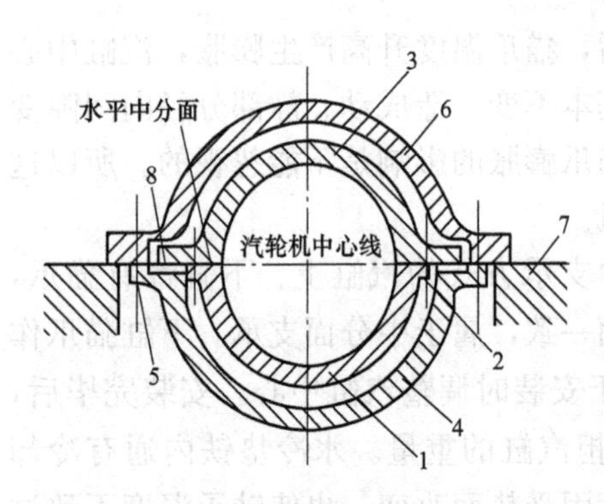

图 2-23 国产 300MW 汽轮机采用的内上缸中分面支承示意图

1—内下缸；2—内缸连接螺栓；3—内上缸；4—外下缸；5—外港连接螺栓；6—外上缸；7—轴承座；8—支承垫片

(2) 内缸支承。双层结构的汽缸中，内缸一般是通过水平法兰伸出的搭耳（或猫爪）支承在外下缸的支承面上，也有下缸支承和上缸支承两种方式。图 2-23 为国产 300MW 汽轮机采用的内上缸中分面支承示意图。

国产引进型 300、600MW 汽轮机高、中压内缸通过内下缸左右两侧的支承键支承在外下缸上，如图 2-24 所示。内缸顶部和底部设有定位销，以保持其正确位置，并引导汽缸的膨胀和收缩。

如果中压缸后面与低压缸合为一体的特殊结构的中低压缸的支承，如原国产 200MW 汽轮机的中压缸，通常高压端为猫爪支承，低压端采用与低压缸相同的支承方式。

2. 低压缸支承

(1) 外缸支承。汽轮机的低压外缸通常利用下缸从水平结合面向下伸出的搭脚直接支承在台板上，称为台板支承，如图 2-25 所示。由于其支承面比汽缸中分面低，且工作时温度低，正常运行时膨胀不明显，所以对转子和汽缸的同心性影响不大。但汽轮机在空、低负荷运行时，要求排汽温度不能过高，否则将使排汽缸过热，影响转子和汽缸的同心性，还会使低压轴承座位置升高导致转子振动增大。

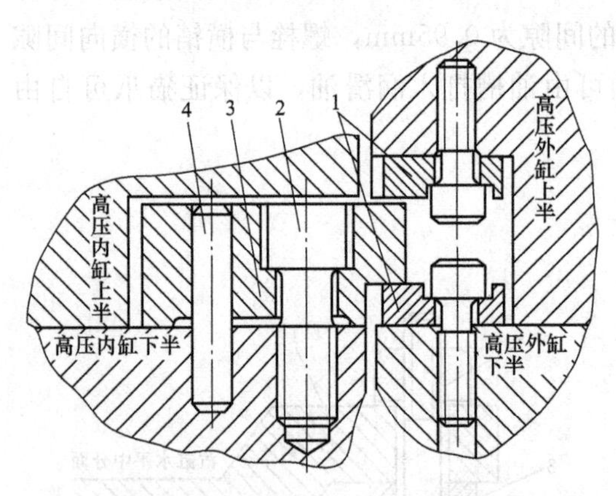

图 2-24 国产引进型 300MW 汽轮机内缸支承

1—垫片；2—螺钉；3—支承键；4—销子

图 2-25 低压缸的台板支承

现今大功率汽轮机的低压外缸直接通过外下缸支承在凝汽器上。工作时，只要凝汽器的温度不变化，低压外缸的中心沿轴向基本不动；即使在垂直方向有所移动，但外缸与内缸没有支承关系，所以对低压内缸也没有影响。

(2) 内缸支承。低压内缸通常利用内下缸从水平结合面伸出的搭耳（或猫爪）支承在外下缸的支承面上，在搭耳与支承面之间有调整垫片，安装好后用螺栓将搭耳固定在支承面上。也可以采用悬挂销支承在外缸的水平结合面上。

现今新制造的高参数、大功率汽轮机的低压内缸，为了避免外缸膨胀对其影响，通常采用低压缸两端伸出的四个猫爪支承在专设的支架上，支架穿过低压外缸直接支承在轴承座上或专设的台板上。支架与外缸之间设有密封用膨胀节，分别固定在外缸端面与支架上。

三、东汽高效 660MW 超超临界汽轮机汽缸结构特点

东汽高效 660MW 超超临界汽轮机为冲动式，采用高压缸、中压缸和低压缸结构。从机头到机尾依次为 1 个反向流动（进汽端对中压缸）的高压缸、1 个中压缸和 1 个分流式的低压缸。

（一）高压缸

高压缸采用双层缸结构，内外缸均为水平中分式，便于加工、安装和检修，通过精确的机加工来保证汽缸接合面，实现直接金属面对金属面的密封，外缸结构示意图如图 2-26 所示，内缸结构示意图如图 2-27 所示。高压缸内有 14 级，它们全部固定在内缸上。

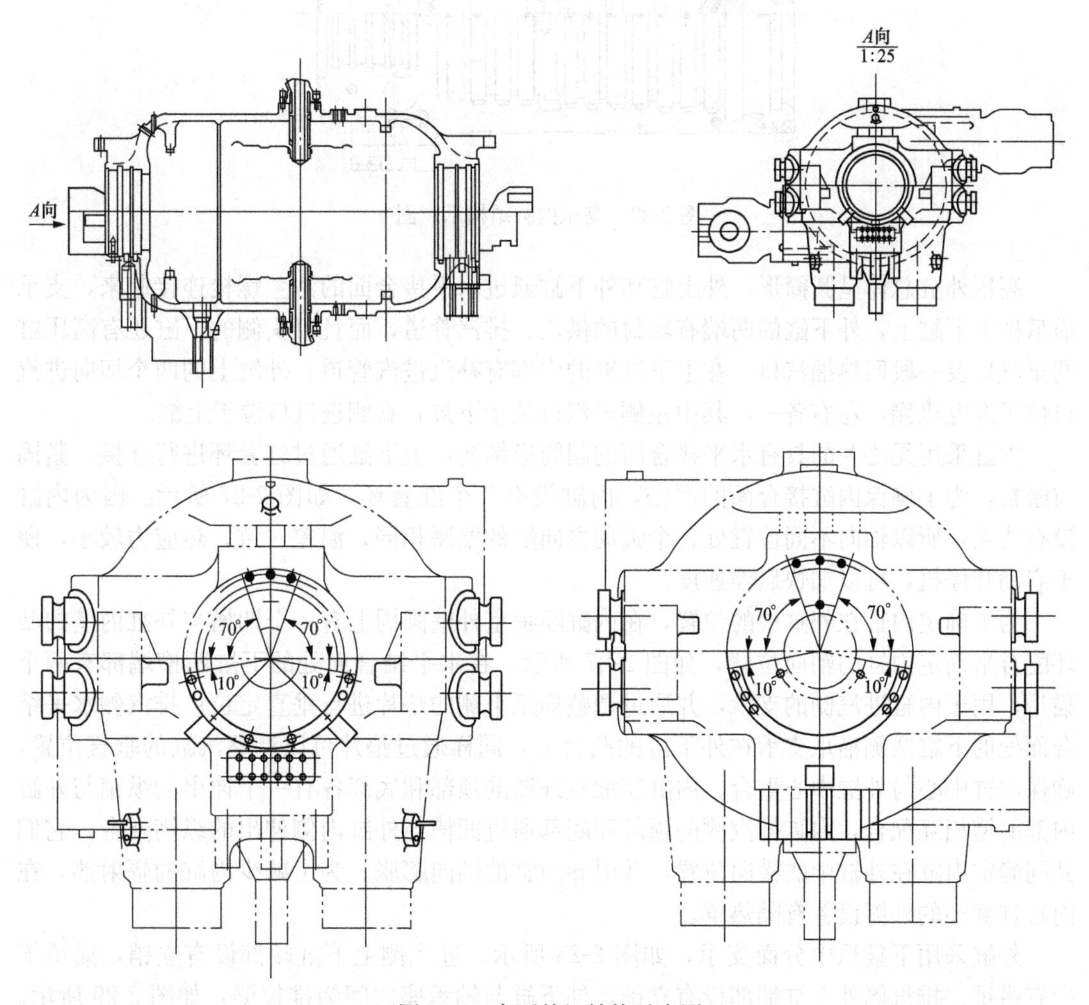

图 2-26 高压外缸结构示意图

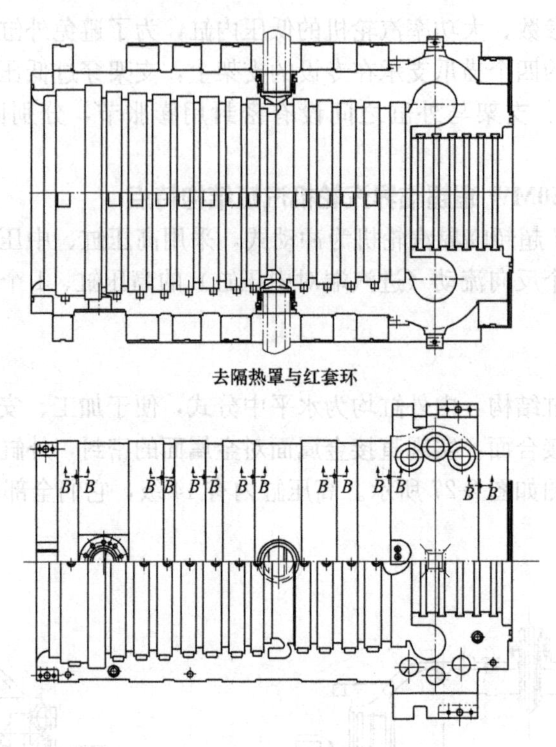

图 2-27　高压内缸结构示意图

高压外缸总体呈圆筒形，外上缸和外下缸通过水平接合面的法兰螺栓连接起来，支承猫爪位于下缸上，外下缸的两端有轴封的供汽、排汽管道，而且机头侧的下缸还有高压缸的排汽口及一段回热抽汽口。在上下汽缸的中部有补汽进汽管道。外缸上的两个切向进汽口位于发电机侧，左右各一，其中左侧进汽口位于下缸，右侧进汽口位于上缸。

内缸采用无法兰的具有水平接合面的圆筒形结构，上下缸通过红套环进行连接、紧固与密封，为了确保内缸接合面的严密，内缸设有 7 个红套环，如图 2-27 所示。因为内缸没有法兰，所以轴向不同位置处各个圆周方向缸的壁厚相同，温差一致、热应力较小，便于启动和停机，可以加快启停速度。

为了确定内缸在外缸中的位置，在内缸喷嘴室外壁圆周上有一个凹槽与外缸内壁的凸环配合来确定内缸的轴向位置，如图 2-27 所示。在水平结合面处的下缸凹槽端部有两个猫爪，用于内缸进汽侧的支承，并通过调整猫爪下侧的垫片进行垂直定位；排汽侧水平结合面处的下缸两侧猫爪支承在外下缸的凸台上，同样通过垫片可以调整汽缸的垂直位置，确保内缸中心与外缸中心重合。内缸喷嘴室外壁的顶部和底部各有一个伸出的纵销与外缸内部的槽相互配合，内缸排汽侧的顶部和底部通过凹槽与外缸内侧伸出的纵销配合，它们共同确定内缸在外缸中的横向位置，并引导内缸的轴向膨胀。为了减少内缸的辐射热，在内缸红套环的外侧设置有隔热罩。

外缸采用下猫爪中分面支承，如图 2-28 所示。进汽侧上下缸端部设有立销，猫爪下设有横销；排汽侧外上缸端部设有立销，外下缸与轴承座之间为推拉梁，如图 2-29 所示。在启动、停机时可以推动 1 号轴承座（前轴承箱）随高压缸一起滑动，保证高压缸的自由膨胀。

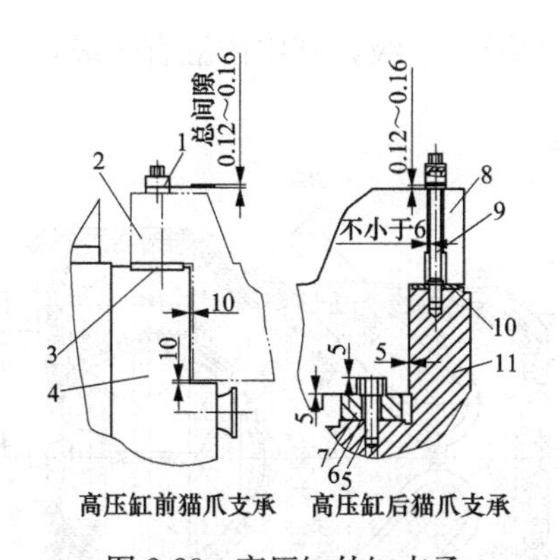

图 2-28　高压缸外缸支承

1—猫爪压紧螺栓螺帽；2—高压缸前猫爪；3—垫片；4—前轴承座；5—固定螺钉；6—套筒；7—猫爪横销；8—高压缸后螺栓；9—压紧螺栓；10—垫片；11—中轴承

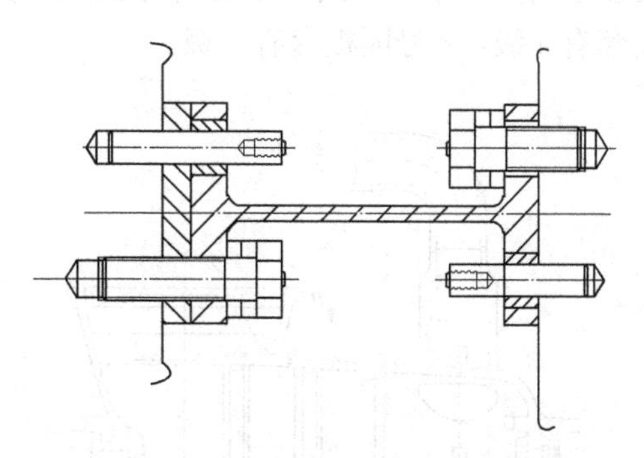

图 2-29　高压缸的推拉装置（纵剖视图）

当汽轮机采用中压缸启动时，为了提高高压缸的温度，减小切缸时与进汽之间的温差，设有倒暖系统，如图 2-30 所示。工作时，倒暖蒸汽通过高压缸的排汽管道进入高压缸内部，与工作时蒸汽的流动方向相反，最后从进汽部分的疏水管道流出，从而对高压缸进行加热，达到加热温度时，关闭倒暖阀。随后开启通风阀进行闷缸。

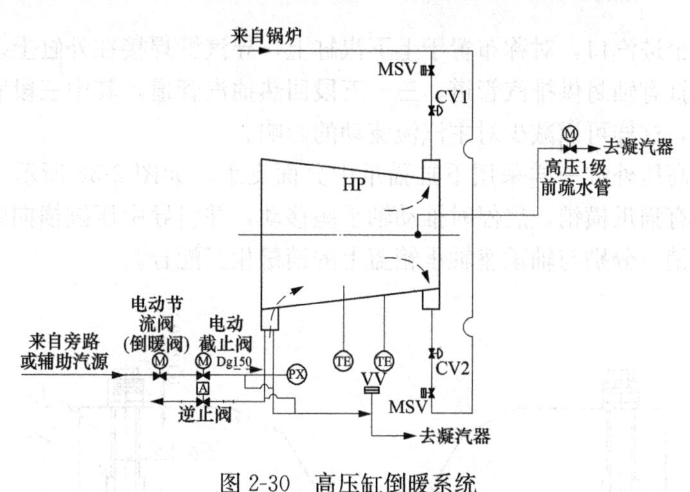

图 2-30　高压缸倒暖系统

工作时，从高压缸通流部分做完功的部分蒸汽进入高压缸的夹层，作为夹层蒸汽来加热和冷却汽缸，降低汽缸的温差，确保汽轮机的安全。随后夹层蒸汽与进汽侧轴封漏汽混合进入除氧器。

高压外缸的材料为 ZG15Cr1Mo1V，材料屈服强度不小于 $344N/mm^2$；高压内缸的材料为 ZG1Cr10Mo1NiWVNbN，材料屈服强度不小于 $378N/mm^2$；缸体螺栓的材料分别为 2Cr12NiW1Mo1V、2Cr11Mo1NiWVNbN，对应的材料屈服强度不小于 $619N/mm^2$ 和 $689N/mm^2$。

（二）中压缸

中压缸为现场安装组合，采用双层缸加隔板套结构，如图 2-31 所示。外缸、内缸和隔板套均为水平中分式，采用法兰螺栓连接。中压缸共有10级，其中内缸有3级，1号隔板套有4级，2号隔板套有3级。

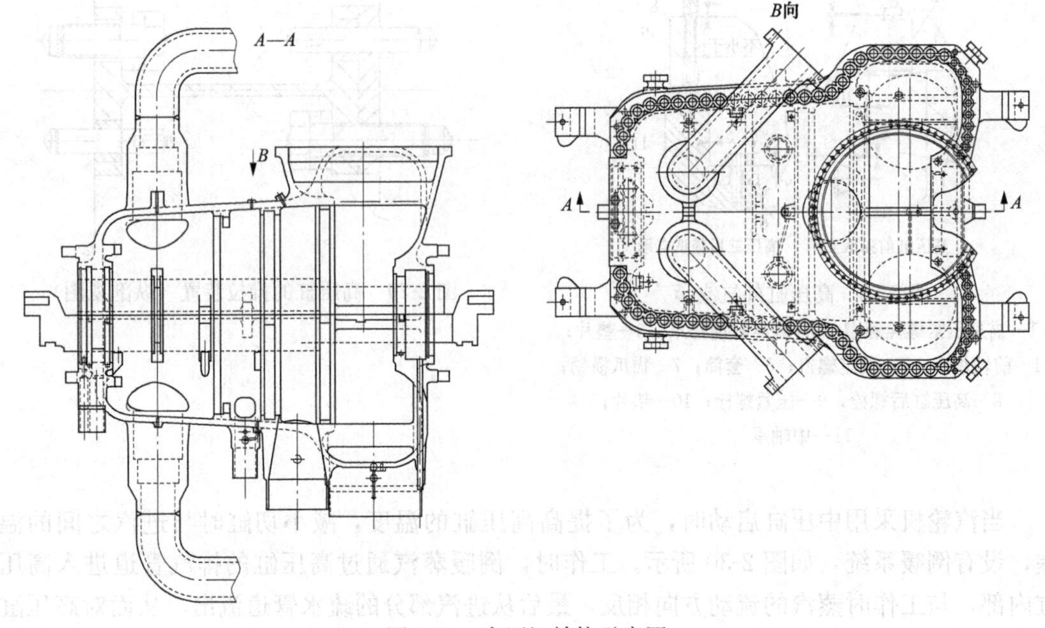

图2-31 中压缸结构示意图

中压缸有4个进汽口，对称布置于上下汽缸上，导汽管焊接在外缸上。缸还有中压缸的排汽口，下汽缸有轴封供排汽管道、三～五段回热抽汽管道，其中三段和五段回热抽汽各有两个抽汽口，这样可以减少对主汽流流动的影响。

中压外缸同高压外缸一样采用下缸猫爪中分面支承，如图2-32所示。在两个猫爪与轴承座之间均设有猫爪横销，启停时推动轴承座移动，并引导中压缸横向膨胀。上下外缸端部处均设有立销，分别与轴承座轴承箱盖上的销槽相互配合。

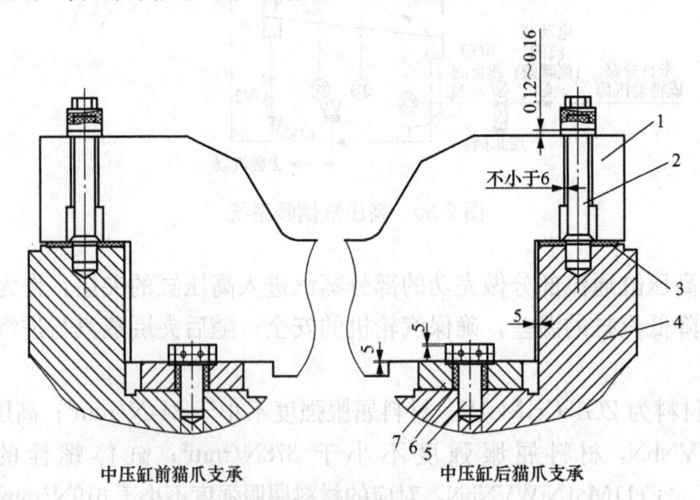

图2-32 中压缸外缸支承

1—高压缸后螺栓；2—压紧螺栓；3—垫片；4—中轴承箱；5—固定螺钉；6—套筒；7—猫爪横销

中压内缸前端是喷嘴室，热再热蒸汽通过中压阀门后首先进入该室内，然后再逐渐分配给后面的三级通流部分做功。内缸采用下缸猫爪支承，进汽侧通过端部的两个猫爪支承在外下缸前端的台子上，排汽端通过两侧的猫抓支承在外下缸的台子上，以此共同承担整个内缸的重量，并确定内缸的垂直位置，如图 2-33 所示。在内缸进汽侧外壁圆周有一个环形槽，该环形槽与外缸内壁的凸缘配合，确定内缸的轴向位置。内缸上下两端端部均设有立销，与外缸配合确定内缸的横向位置。

为了使中压进汽管外管温度小于 530～535℃、最大不超过 566℃的要求，设置中压进汽管冷却系统，如图 2-34 所示。运行时，将高压缸上一段抽汽中的部分蒸汽通过管道从中压缸的 4 根进汽管上的进汽口同时送入双层进汽管的夹层中，然后经过双层中压缸的夹层，最后与内缸出口工作蒸汽混合。在机组第一次启动至满负荷过程中，调整好特定阀门满足要求后锁定此阀门的开度，在以后机组的启动停机时只需在适当条件下启、闭此管路前的阀门即可。

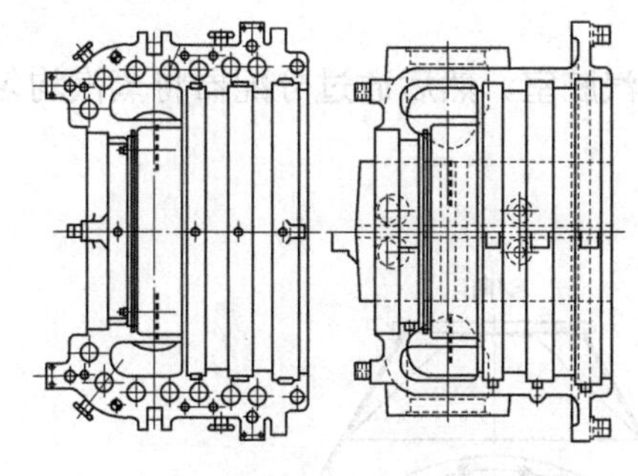

图 2-33　中压缸内缸结构示意图

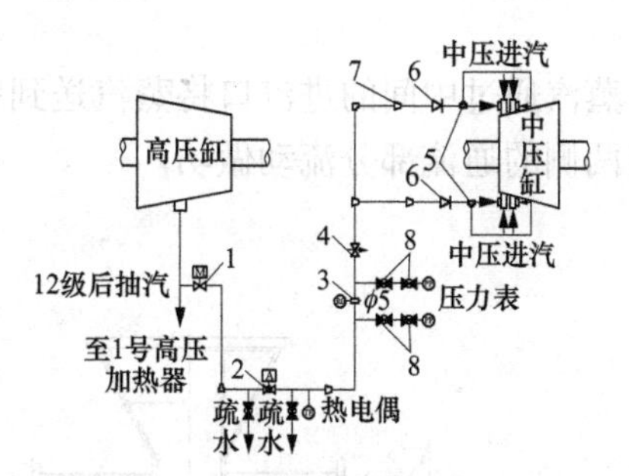

图 2-34　中压缸进汽管道冷却系统

1—电动闸阀；2—气动球阀；3—节流组件；4—手动针阀；5—三通；6—单向阀；7—大小接头；8—手动球阀

中压外缸的材料为 ZG15Cr1Mo1V，材料屈服强度不小于 344N/mm²；中压内缸的材料为 CB2，材料屈服强度不小于 490N/mm²；缸体的螺栓材料与高压缸相同。

（三）低压缸

低压缸采用对称分流的双层缸结构，内外缸都具有水平中分面，并通过法兰螺栓进行连接。低压缸的每侧有 4 级，共 8 级。

低压外缸的结构示意图如图 2-35 所示。在外上缸的中间是低压缸的进汽口，排汽口在外下缸底部两端，通过直接与凝汽器的连接将乏汽排进凝汽器。外上缸顶部两侧设有 4 个互相对称的大气阀来保护低压缸，而且外上缸和外下缸两端都有人孔门便于检修，通过端部与外表面上的加强筋提高低压缸的刚度。由于外缸体积庞大，所以外上缸沿轴向分为两半，有一个垂直接合面；外下缸沿轴向分为三段，有两个垂直接合面，现场安装后不再拆卸，这是其特点之一。低压外缸的另外一个最主要的特点是外缸直接支承在凝汽器上，与运行平台和低压轴承座都没有直接关系，仅随凝汽器的膨胀而变化。由于凝汽器的温度较低，其膨胀量较小，所以对内缸及通流部分的间隙影响较小。

低压内缸的结构示意图如图 2-36 所示。内缸的中部为通流部分，两端为用螺栓固定在内缸上的渐扩形排汽室，排汽室的圆周壁面上均匀布置有喷嘴，在排汽温度高时喷水降

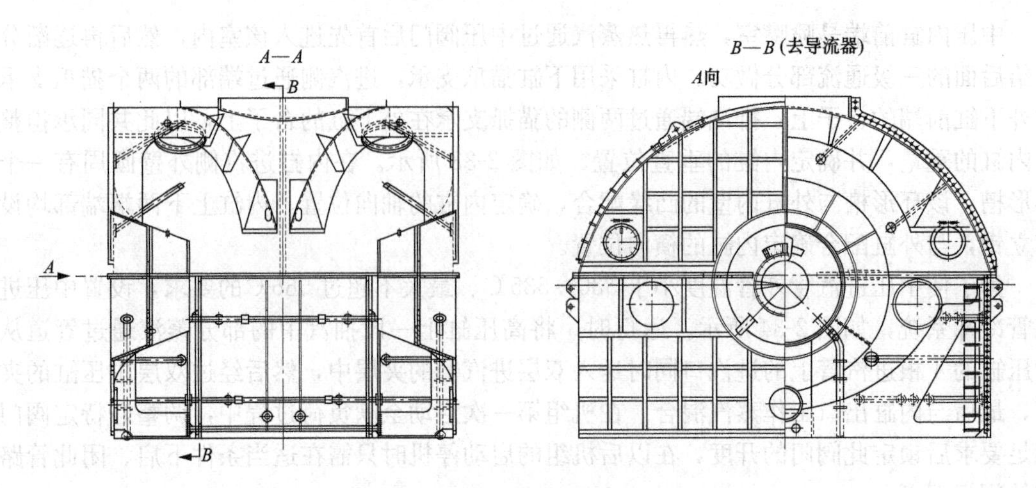

图 2-35 低压外缸的结构示意图

温。蒸汽通过中间的进汽口将蒸汽送到中部环形蒸汽腔室，然后通过分配器将蒸汽均匀分配给两侧的通流部分流动做功。

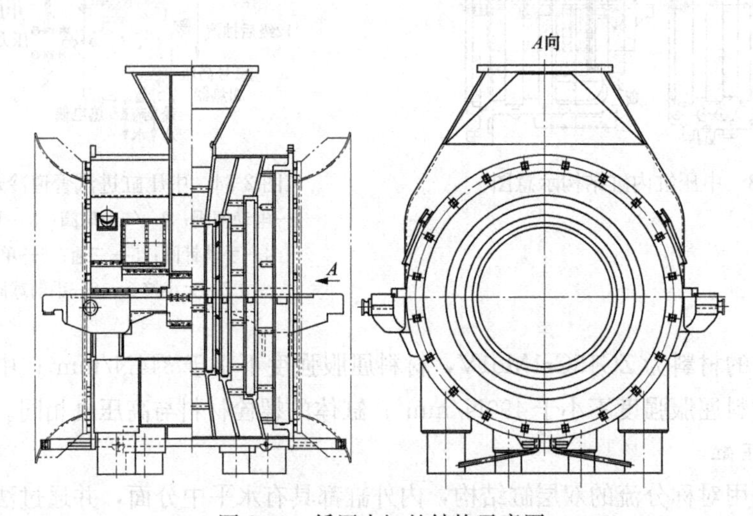

图 2-36 低压内缸的结构示意图

内缸通过下缸端部左右两侧伸出的 4 个猫爪支承在专设的支架上，如图 2-37 所示。机头侧的猫爪设有凸缘，可以作为横销与支架的凹槽配合，不仅确定内缸的膨胀死点，而且引导内缸的横向膨胀；电机侧的猫爪直接支承在水平的支架上，通过猫爪与支架的垫块滑动，满足内缸膨胀需要，如图 2-38 所示。在低压内下缸端部设有立销槽，与一端固定在两侧基础中，另一端制造成立销的圆柱杆配合，确定内缸的横向位置及引导内缸的膨胀，如图 2-37 中心轴线处所示。圆柱杆与外缸之间通过波纹型套筒进行连接密封，如图 2-39 所示。

低压内缸猫爪支架与低压外缸之间、低压外缸与转子之间，都设有膨胀套筒。该套筒一端固定于外缸上，另一端紧密固定在支架及轴承座上，这样，一方面保证外缸与支架及转子之间的相对运行，另一方面又可避免空气的漏入。

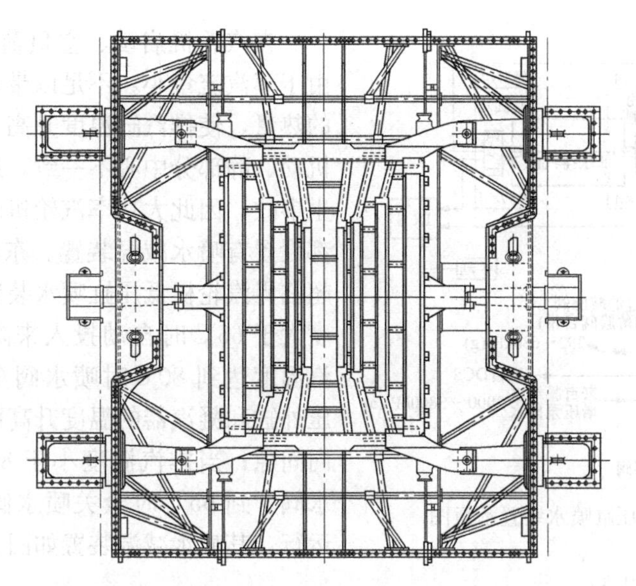

图 2-37　低压内缸的支承

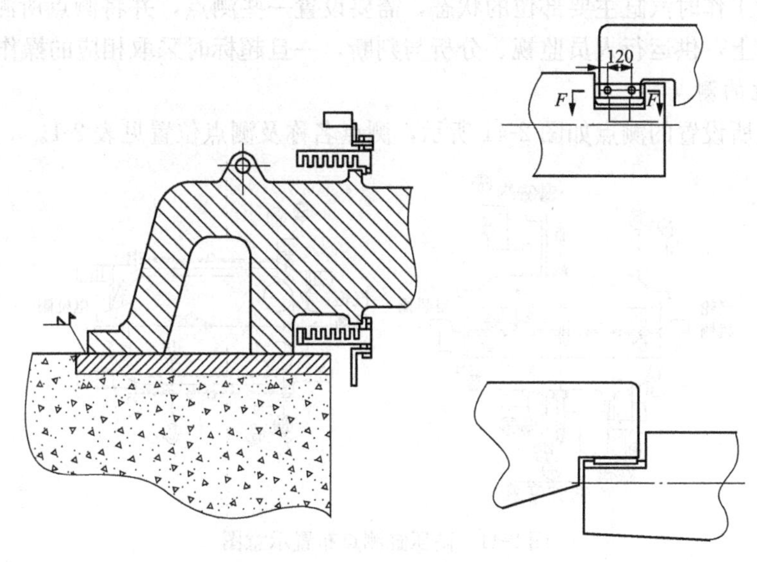

图 2-38　低压内缸的支架及支承

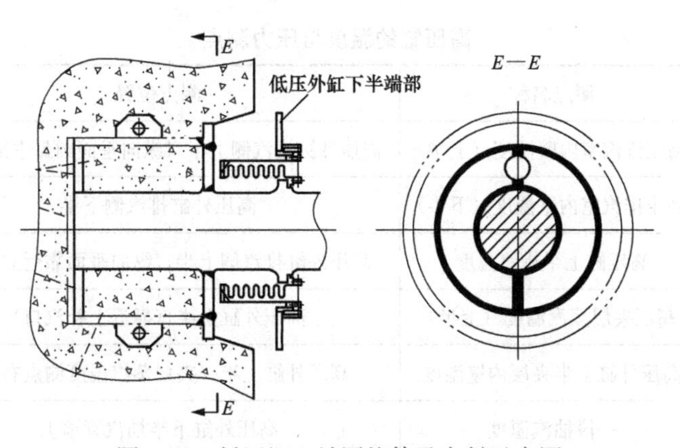

图 2-39　低压缸立销圆柱体及密封示意图

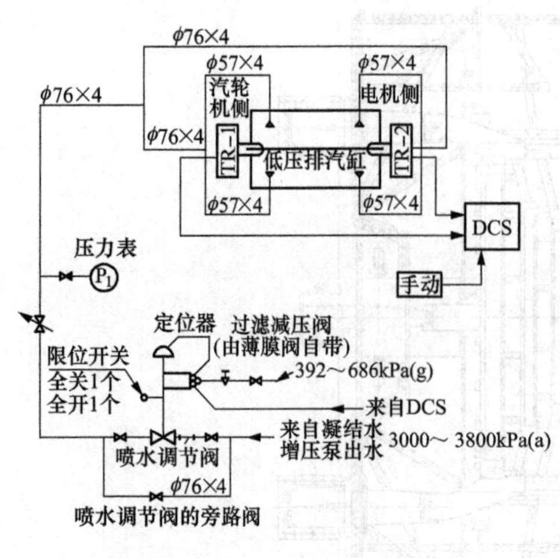

图 2-40　低压缸喷水装置示意图

在汽轮机启动、空负荷及低负荷运行时，由于蒸汽流量小，不足以带走鼓风摩擦所产生的热量，使排汽缸温度升高、汽缸变形，汽轮机动、静部分中心不一致，造成机组振动或发生事故，因此大功率汽轮机的低压缸排汽部分都设置有喷水减温装置。东汽高效 660MW 超超临界汽轮机低压缸喷水装置在低压缸排汽温度大于 65℃时自动投入来降低排汽温度，排汽温度达到 80℃时喷水阀全开，从而避免低压外缸和凝汽器的温度升高而影响到转子的径向间隙；当排汽温度小于 80℃时开始关小喷水阀，到 65℃时全关喷水阀，喷水装置撤出运行，其喷水减温装置如图 2-40 所示。

（四）汽缸的测点

为了掌握工作时汽缸主要部位的状态，需要设置一些测点，并将测点所测得的参数反映到操作画面上，供运行人员监视、分析与判断，一旦超标时采取相应的操作措施。

1. 高压缸的测点

高压缸上所设置的测点如图 2-41 所示，测点名称及测点位置见表 2-1。

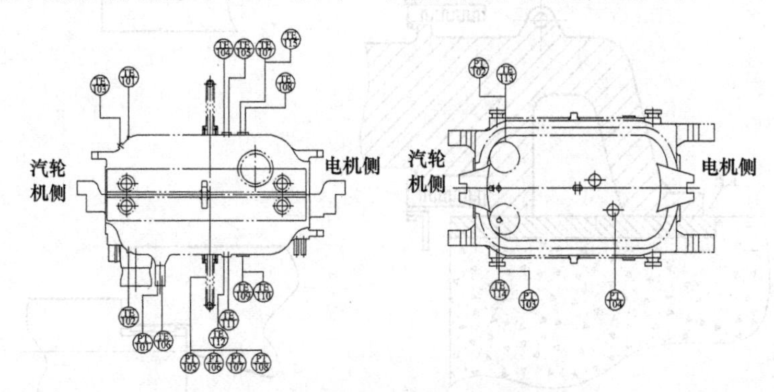

图 2-41　高压缸测点布置示意图

表 2-1　　高压缸的温度与压力测点

序号	编号	测点名称	测点位置	备注
1	TE101	高压排汽室内壁温度（上半）	高压外缸排汽侧上半（纵向垂面圆弧中部位置）	上下测点位置对称
2	TE102	高压排汽室内壁温度（下半）	高压外缸排汽侧下半	
3	TE103	高压缸上半排汽温度	高压外缸排汽侧上半（纵向垂面靠近立销处）	
4	TE104	高压夹层蒸汽温度（上半）	高压外缸上半（靠近上补汽口）	
5	TE105	高压外缸上半夹层内壁温度	高压外缸上半（夹层蒸汽温度测点右侧）	图示位置
6	TE106	一段抽汽温度	高压外缸下半抽汽管道上	

续表

序号	编号	测点名称	测点位置	备注
7	TE107	高压1级后内上缸内壁温度	高压内缸上半（靠近进汽侧）	上下测点位置对称
8	TE108	高压1级后内上缸外壁温度	高压内缸上半（靠近进汽侧）	
9	TE109	高压1级后内下缸内壁温度	高压内缸下半（靠近进汽侧）	
10	TE110	高压1级后内下缸外壁温度	高压内缸下半（靠近进汽侧）	
11	TE111	高压外缸下半夹层内壁温度	高压外缸下半	与5对称
12	TE112	高压夹层蒸汽温度（下半）	高压外缸下半	与4对称
13	TE113	高压排汽口蒸汽温度（左侧）	高压外缸下半	位置对称
14	TE114	高压排汽口蒸汽温度（右侧）	高压外缸下半	
15	TE115	高压1级后内上缸内壁温度	高压内缸上半（靠近进汽侧）	
16	PT101	一段抽汽压力	高压外缸下半抽汽管道上	
17	PT102	高压排汽口蒸汽压力（左侧）	高压外缸下半	位置对称
18	PT103	高压排汽口蒸汽压力（右侧）	高压外缸下半	
19	PT104	高压进汽压力（右侧）	高压外缸下半（左侧）	
20	PT105-8	高压补汽压力（下）	下高压补汽管	4个

注 TE表示热电偶；PT表示压力变送器。

2. 中压缸的测点

中压缸上所设置的测点如图2-42所示，测点名称及测点位置见表2-2。

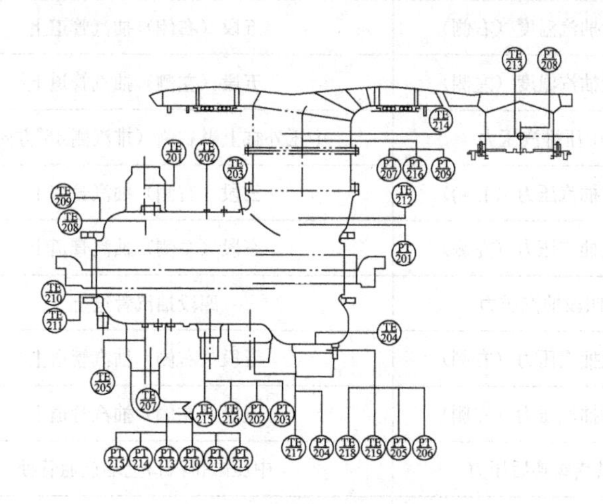

图2-42 中压缸测点布置示意图

表2-2 **中高压缸的温度与压力测点**

序号	编号	测点名称	测点位置	备注
1	TE-201	中压外缸上半进汽室内壁温度	中压外缸上半	
2	TE-202	三段抽汽室上缸内壁温度	中压外缸上半（顶部）	
3	TE-203	四段抽汽室上缸内壁温度	中压外缸上半（顶部）	
4	TE-204	中压外缸下半排汽处内壁温度	中压外缸下半（两个抽汽管道之间）	

续表

序号	编号	测点名称	测点位置	备注
5	TE-205	中压外缸下半进汽室内壁温度	中压外缸下半	与1对称
6	TE-206	再热进汽管冷却蒸汽温度	冷却系统管路	图2-43无
7	TE-207	中压进汽温度	中压外下缸右侧进汽管中心位置处	
8	TE-208	中压内缸上半进汽室内壁温度	中压内缸上半（引出口在外上缸左侧上45°方向处）	
9	TE-209	中压内缸上半进汽室外壁温度	中压内缸上半（引出口在外上缸左侧上45°方向处）	
10	TE-210	中压内缸下半进汽室外壁温度	中压内缸下半（引出口在外下缸左侧上45°方向处）	与9对称
11	TE-211	中压内缸下半进汽室内壁温度	中压内缸下半（引出口在外下缸左侧上45°方向处）	与8对称
12	TE-212	中压排汽温度	中压外缸上半左侧（排汽侧45°方向处）	
13	TE-213	低压缸进汽温度	低压进口连通管处	
14	TE-214	供热阀碟后温度	中压缸排汽口上端连通管处	设置供热阀时
15	TE-215	三段抽汽温度（右侧）	三段（右侧）抽汽管道上	
16	TE-216	三段抽汽温度（左侧）	三段（左侧）抽汽管道上	
17	TE-217	四段抽汽温度	四段抽汽管道上	
18	TE-218	五段抽汽温度（右侧）	五段（右侧）抽汽管道上	
19	TE-219	五段抽汽温度（左侧）	五段（左侧）抽汽管道上	
20	PT-201	中压排汽压力	中压外缸上半右侧（排汽侧45°方向处）	与12位置相同
21	PT-202	三段抽汽压力（右侧）	三段（右侧）抽汽管道上	
22	PT-203	三段抽汽压力（左侧）	三段（左侧）抽汽管道上	
23	PT-204	四段抽汽压力	四段抽汽管道上	
24	PT-205	五段抽汽压力（右侧）	五段（右侧）抽汽管道上	
25	PT-206	五段抽汽压力（左侧）	五段（左侧）抽汽管道上	
26	PT-207	供热阀碟后压力	中压缸排汽口上端连通管处	
27	PT-208	低压进汽压力	低压进口连通管处	
28	PT-209	供热阀碟后压力	中压缸排汽口上端连通管处	同26项
29	PT-210-2	中压进汽压力（下缸左侧）	中压外缸下部左侧进汽管	3个
30	PT-213-5	中压进汽压力（下缸右侧）	中压外缸下部右侧进汽管	3个
31	PT-216	供热阀碟后压力	中压缸排汽口上端连通管处	同26项

3. 低压缸测点

低压缸上所设置的测点如图2-43所示，测点名称及测点位置见表2-3。

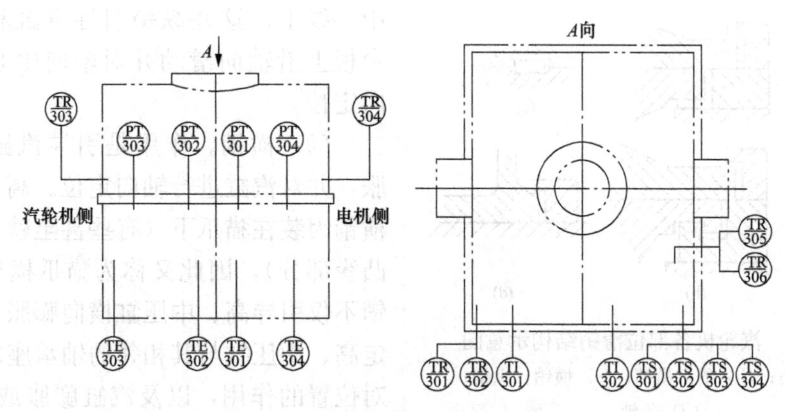

图 2-43　低压缸测点布置示意图

表 2-3　　低压缸的温度与压力测点

序号	编号	测点名称	测点位置	备注
1	TE-301	六段抽汽口温度	六段抽汽口（进汽中心线的电机侧）	
2	TE-302	七段抽汽口温度	七段抽汽口（进汽中心线的汽轮机侧）	
3	TE-303	八段抽汽口温度（汽轮机侧）	八段抽汽口（汽轮机侧）	
4	TE-304	八段抽汽口温度（电机侧）	八段抽汽口（电机侧）	
5	TI-301-2	低压排汽温度	低压外缸上半（汽轮机侧、电机侧）	2个
6	TR-301-2	低压排汽温度	低压外缸下半（汽轮机侧、电机侧）	2个
7	TR-303-4	低压汽封送汽温度	低压汽封体（汽轮机侧、电机侧）	2个
8	TR-305-6	低压排汽温度	低压外缸下半（电机侧）	2个
9	TS-301-4	低压排汽温度开关	低压外缸下半（电机侧）	4个
10	PT-301	六段抽汽口压力	六段抽汽口（进汽中心线的电机侧）	
11	PT-302	七段抽汽口压力	七段抽汽口（进汽中心线的汽轮机侧）	
12	PT-303	八段抽汽口压力（汽轮机侧）	八段抽汽口（汽轮机侧）	
13	PT-304	八段抽汽口压力（电机侧）	八段抽汽口（电机侧）	

注　TI 表示温度计；TR 表示热电阻；TS 表示温度开关。

四、滑销系统

汽轮机在启动、停机和工况变化时，汽缸的温度变化很大。为了使汽缸能自由地膨胀或收缩，并保持汽缸、轴承座和基础台板三者之间的相对位置，使汽缸与转子中心一致，汽轮机都设有一套完整的滑销系统。滑销系统通常由纵销、横销、立销和角销等组成，各滑销的结构如图 2-44 所示。

（1）纵销。纵销多安装在轴承座的底部与台板之间及低压缸机脚与台板之间（低压外下缸与低压轴承座为整体结构时，空冷机组除外），所有的纵销均装在汽轮机的轴向

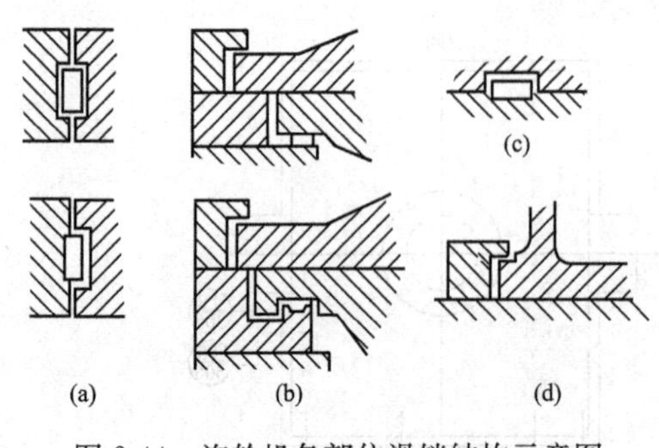

图 2-44 汽轮机各部位滑销结构示意图
(a) 立销；(b) 猫爪横销；(c) 横销，纵销；(d) 角销

中心线上。这些纵销引导汽缸和轴承座在台板上沿轴向滑动并对轴向中心线进行横向定位。

(2) 横销。作用是引导汽缸沿横向膨胀，并对汽缸进行轴向定位。高、中压缸的横销因装在猫爪下（有些甚至就是下猫爪的凸缘部分），因此又称为猫爪横销。猫爪横销不仅引导高、中压缸横向膨胀，还起着确定高、中压缸与其相邻的轴承座之间轴向相对位置的作用，以及汽缸膨胀或收缩时推、拉轴承座移动，保证汽缸自由膨胀、收缩。

低压缸的横销安装在两侧的机脚与台板之间，左右各装有一个，成对出现。纵销中心线与横销中心线的交点构成汽缸绝对膨胀的固定点，称为“死点”。凝汽式汽轮机的死点多布置在低压排汽口的中心附近，这样汽轮机膨胀时，对庞大的凝汽器影响较小。

(3) 立销。立销安装在高、中压缸前后与轴承座之间及低压缸尾部与台板之间（空冷机组的低压外下缸与低压轴承座分离时），与纵销同处于机组的纵向中心线上，引导各汽缸沿垂直方向膨胀，并与纵销一起共同保持台板、轴承座和汽缸三者的纵向中心一致。

(4) 角销。角销也称压板，一般对在台板上滑动的轴承座都设有角销，角销安装在轴承座底部左、右两侧凸缘的外侧与台板之间，每一侧凸缘处前、后都要安装，用以防止轴承座与基础台板脱离。

(5) 联系螺栓。联系螺栓是低压缸与台板之间、高、中压缸猫爪与轴承座之间的连接件。低压缸机脚与台板间的联系螺栓，用以防止汽缸因热变形与台板脱离。高、中压缸猫爪与轴承座间的联系螺栓，用以防止猫爪翘头。

双层缸或三层缸的内缸与外缸之间也有横销、纵销和立销，内缸相对于外缸也有死点。

图 2-45 所示为东汽高效 660MW 超超临界汽轮机的滑销系统图。根据前述，该汽轮机的高压缸外缸机头（排汽侧）端部与轴承座之间，上部为立销，下部为推拉梁；进汽侧端部上下与轴承座之间设有立销，该侧猫爪与轴承座之间设有横销。中压缸的进汽侧和排汽侧端部上下与轴承之间均设有立销，4 个猫爪与轴承座之间设有横销。低压内缸在汽轮机侧的支承猫爪与支承支架之间设有横销，电机侧的猫爪与支承支架之间可以滑动，内下缸与两侧基础之间设有立销。

1、2 号轴承座底部与台板之间的中心线处设有纵销，两侧设有角销。3 号轴承座底部与台板之间既有纵销，又有横销，所以 3 号轴承座沿轴向不滑动。4 号轴承座通过螺栓固定在基础台板上也不滑动。

由此，该滑销系统共设有两个纵向绝对膨胀死点，分别位于中压缸的排汽侧，即 3 号轴承座和低压缸汽轮机侧的横销中心线与纵销中心线的交点，即 O_1 和 O_5 点。汽缸以此为基点，高中压缸连同 1 号和 2 号轴承座一起向机头方向膨胀，低压内缸向发电机侧膨胀。O_3 点为高压内缸的相对膨胀死点，以此点为基准，高压内缸相对于高压外缸向

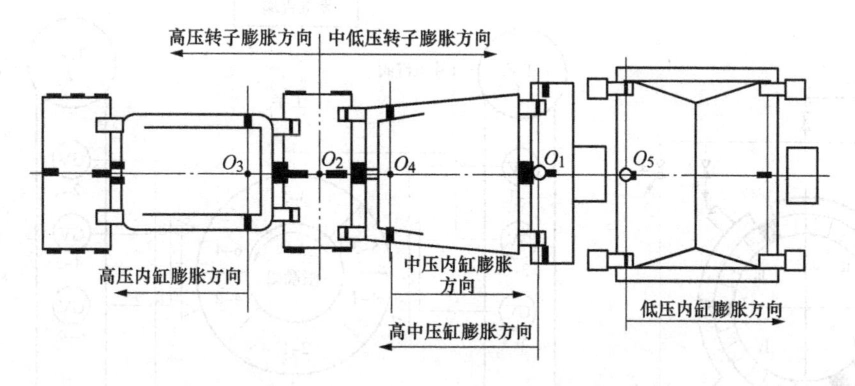

图 2-45 东汽高效 660MW 超超临界汽轮机的滑销系统示意图

前膨胀；O_4点为中压内缸的相对膨胀死点，以此点为基准，中压内缸相对于中压外缸向后膨胀。

转子的相对膨胀死点位于 2 号轴承座内高压转子的推力盘上，即 O_2点，以此为基点高压转子向机头方向膨胀，中压转子和低压转子向发电机方向膨胀。

第三节 隔板及隔板套

汽轮机通流部分的喷嘴，是一个重要的能量转换部件，其安装、固定非常重要，机组参数不同、制造厂家不同，其组成结构、固定方式也不同。高参数大功率汽轮机为了调节灵活、控制方便，大多采用喷嘴配汽方式，其第一级喷嘴往往根据调节汽阀的个数分成相应的喷嘴组，并固定在单独铸造的喷嘴室上；超超临界参数的高效机组，第一级喷嘴大多固定在由内缸特制的喷嘴室上。冲动式汽轮机所有压力级的喷嘴都固定在隔板上，反动式汽轮机的静叶通过叶根安装在汽缸内壁或静叶持环内壁构成静叶环结构。

一、喷嘴室与喷嘴组

（一）喷嘴室

喷嘴室用来固定汽轮机的第一级喷嘴，根据汽轮机的参数及制造厂的不同，其形式和结构不同。小机组的喷嘴室大多位于汽轮机进汽侧上半部，并根据喷嘴组数目铸造出不同的腔室，如图 2-46 所示。大机组的喷嘴室是单独铸造的，有的是喷嘴室与喷嘴组一一对应分别铸造而成，如图 2-47 所示；有的是为了安装方便和避免产生过多的激振力，将喷嘴室组合后形成上下两个独立结构的喷嘴室，如图 2-48 所示，每半个喷嘴室内部可以制作成 2 个或 3 个腔室，分别对应 2 个调节汽阀和 3 个调节汽阀（整个机组为 4 个或 6 个调节汽阀），该结构在 300、600MW 等级的机组上应用较多。有的 1000MW 汽轮机为了满足蒸汽流动和结构上的需要，将喷嘴室设计成双向流动，构成双调节级，以实现反向分流（哈汽）或冷却高压转子进汽部分（东汽），如图 2-49 所示。

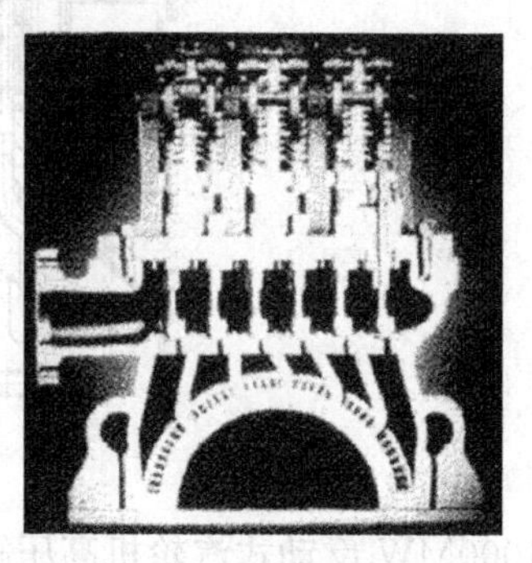

图 2-46 小容量汽轮机的喷嘴室

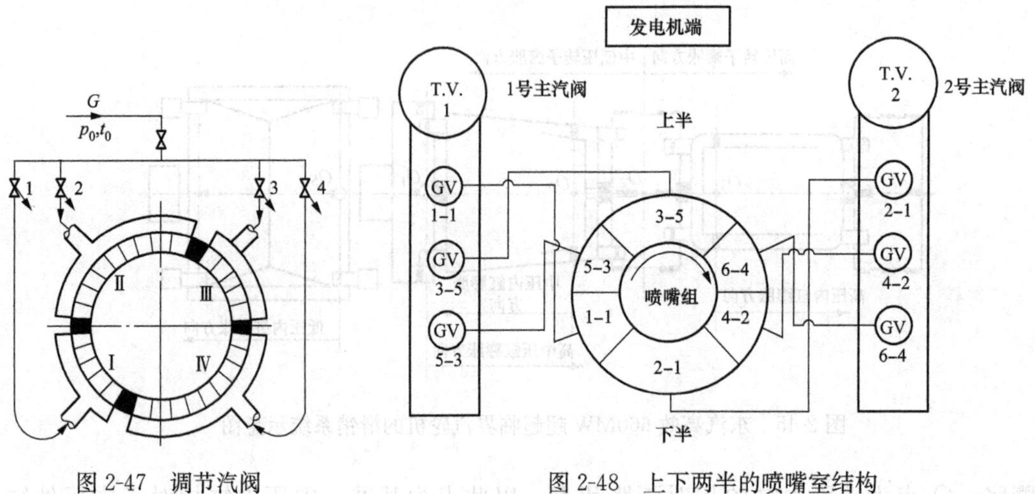

图 2-47 调节汽阀

图 2-48 上下两半的喷嘴室结构

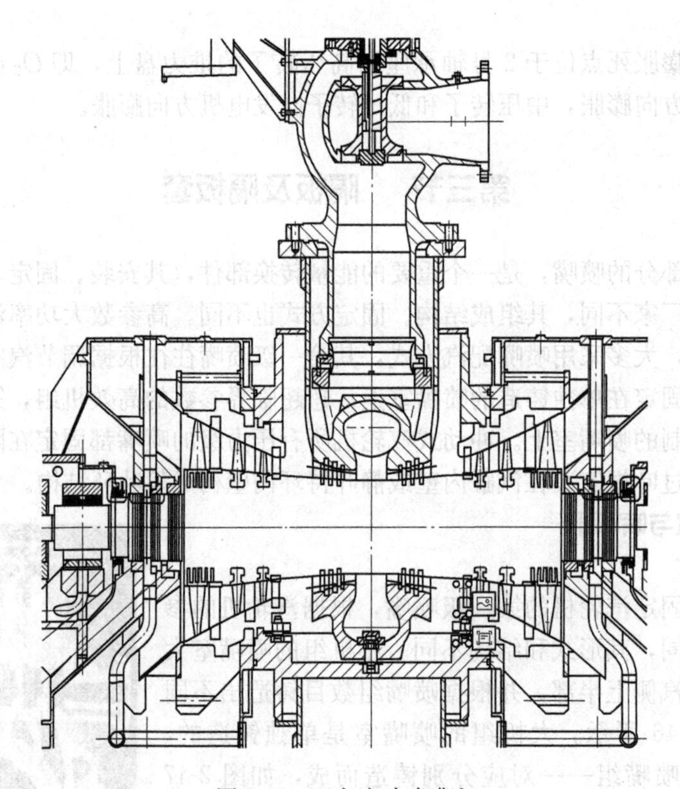

图 2-49 双向流动喷嘴室

1000MW 反动式汽轮机高压缸的喷嘴室如图 2-50 所示的变截面形式，保证第一级喷嘴前的压力平衡。

东汽高效 660MW 超超临界汽轮机的高压喷嘴室由高压内缸特制而成，如图 2-51 所示。该喷嘴室与内缸成为一体，喷嘴室的截面积沿圆周方向相同，由上下两部分组成，该结构的特点是，有利于蒸汽顺利进入喷嘴膨胀而减少流动损失，减少了部件的数量及安装强度，并且不再单独考虑喷嘴室的膨胀及温差应力而设置相应的销子，有利于简化结构，加快机组的启停。

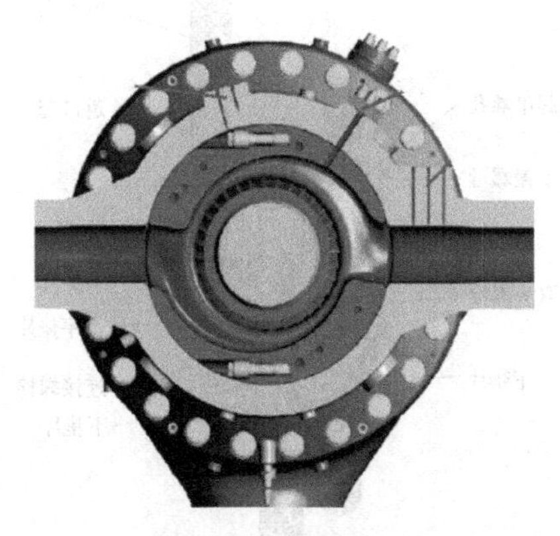

图 2-50 反动式汽轮机高压内缸上的喷嘴室

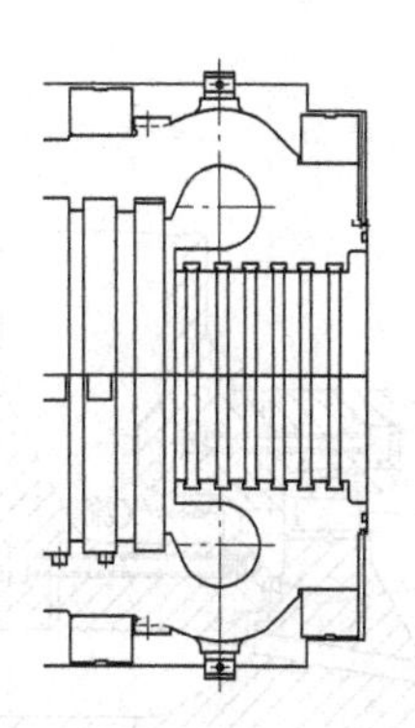

图 2-51 高压内缸上的喷嘴室

中压缸的喷嘴室同高压喷嘴室一样是由中压内缸特制而成，是一个扁平状的环形结构，其容积比高压喷嘴室大。喷嘴室的内孔处固定着汽封体，汽封体与喷嘴室之间由一个环形腔室，并通过遮热环予以隔热，减少高温的再热蒸汽对汽封体的传热（见后面隔板套部分内容）。

（二）喷嘴组

喷嘴组通常指的是汽轮机的第一级喷嘴，大功率汽轮机常用的喷嘴组主要有两种：一种是整体铣制焊接而成；另一种是精密铸造而成。

图 2-52 所示为整体铣制焊接而成的喷嘴组。在一圆弧形锻件上直接将喷嘴叶片铣出［见图 2-52(a)］，然后在叶片顶端焊上圆弧形的隔叶件，喷嘴叶片与隔叶件及圆弧形锻件形成的内环一起构成了喷嘴流道。隔叶件的外圆上再焊上外环，构成完整的喷嘴组。喷嘴组通过凸肩装在喷嘴室的环形槽道中，靠近汽缸垂直中分面的一端，用密封销和定位销将喷嘴组固定在喷嘴室中；在另一端，喷嘴组与喷嘴室通过Ⅱ形密封键密封配合。这样，热膨胀时，喷嘴组以定位销一端为死点向密封键一端自由膨胀。这种喷嘴组密封性能和热膨胀性能比较好，广泛应用于高参数汽轮机上。由图中可知，有 4 个喷嘴组，所以对应 4 个调节汽阀。

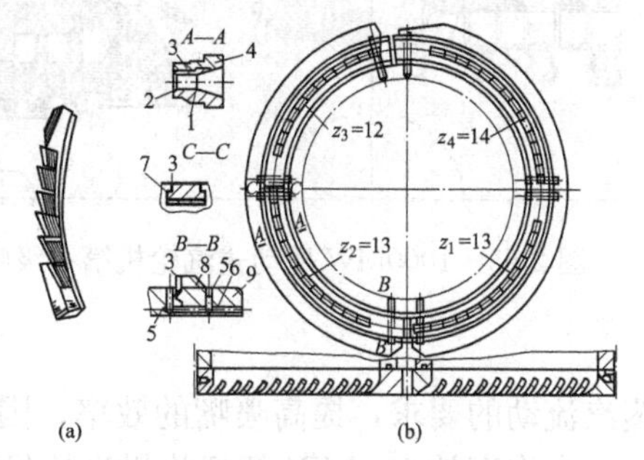

图 2-52 整体铣制焊接喷嘴组

1—内环；2—喷嘴叶片；3—隔叶件；4—外环；5—定位销；6—密封销；7—Ⅱ形密封键；8—喷嘴组首块；9—喷嘴室

国产引进型 300MW 汽轮机调节级喷嘴组是整体电脉冲加工而成，通过进汽侧的凸肩装在喷嘴室出口的环形槽道内，并在内侧和外侧用螺钉固定，如图 2-53 所示。

引进的东芝 600MW 汽轮机调节级喷嘴组通过焊接的方式固定在喷嘴室上，如图 2-54 所示。该机组有 4 个调节汽阀，所以对应 4 个喷嘴组，为了安装方便，喷嘴室分成上下两半，4 个喷嘴组两两结合分别焊接在内部隔开的上下两半喷嘴室上，并通过支承面、水平结合面、螺栓和圆周销进行支承、配合和径向、轴向定位。

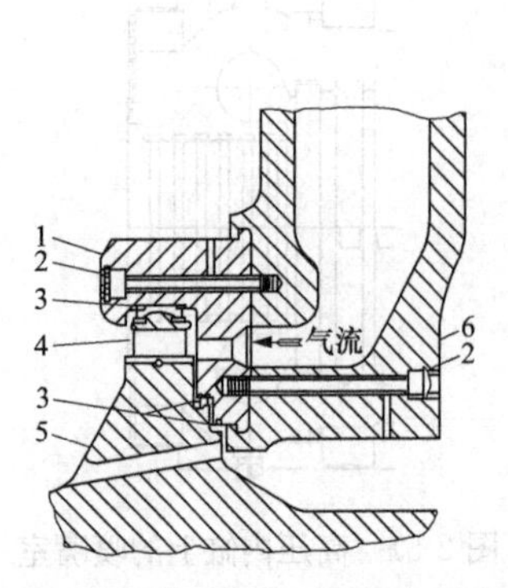

图 2-53　国产引进型 300MW 汽轮机调节级及喷嘴组

1—喷嘴组；2—螺钉；3—径向汽封；4—动叶片；
5—调节级叶轮；6—喷嘴室

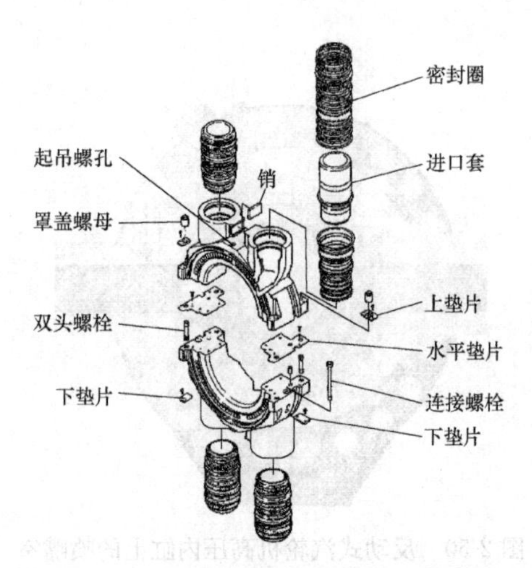

图 2-54　东芝 600MW 汽轮机调节级喷嘴组

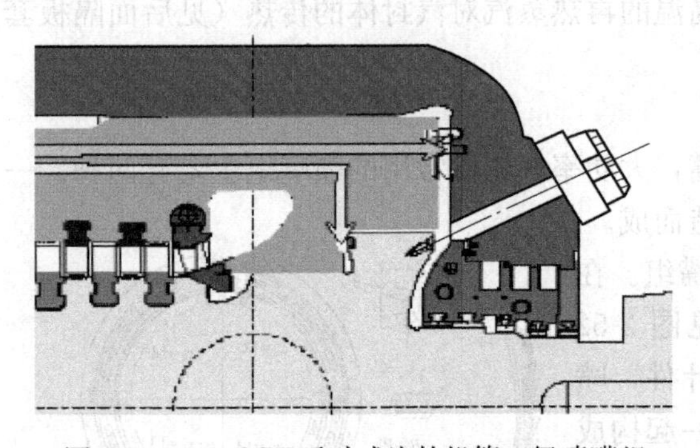
图 2-55　1000MW 反动式汽轮机第一级喷嘴组

图 2-55 所示为 1000MW 反动式汽轮机第一级静叶的固定。所有叶片通过叶根固定在内缸上，静叶顶部通过环形槽与喷嘴室出口配合保证密封，使喷嘴室出口的蒸汽全部通过喷嘴做功。

铸造喷嘴组采用精密铸造的方法将喷嘴组整体铸出，它在喷嘴室中的固定方法与上述喷嘴组基本相同。与整体铣制焊接喷嘴组相比，这种喷嘴组的制造成本低，而且可以得到足够的表面光洁度和精确的尺寸，使喷嘴流道形线有可能更好地满足蒸汽流动的要求，提高喷嘴的效率，因此得到越来越广泛的应用。

东汽高效 660MW 超超临界汽轮机采用节流配汽，其第一级为全周进汽，根据大功率汽轮机全周进汽的特点，可以把第一级所有喷嘴看作是一个喷嘴组，该喷嘴组固定在第一级的隔板上，隔板又固定在内缸上，如图 2-56 所示。为了保证喷嘴组入口与喷嘴室之间的良好配合，在喷嘴组内侧隔板体的圆周上，用紧固螺栓沿轴向将喷嘴组部件牢固地固定在喷嘴室上，隔板槽内有调整垫块保证喷嘴组外侧与喷嘴室的紧密结合。

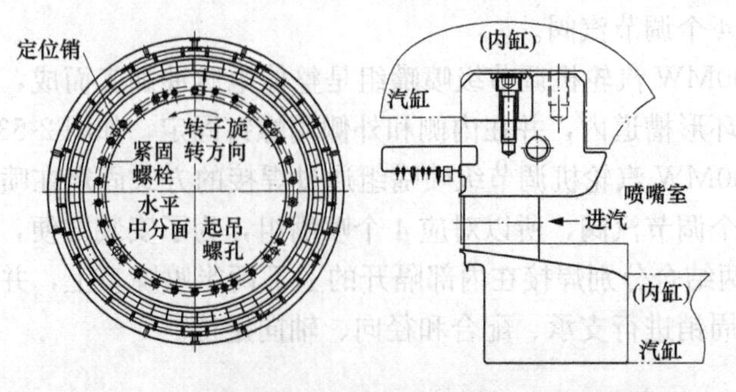

图 2-56　东汽高效 660MW 汽轮机第一级喷嘴组

中压第一级也为全周进汽，该级所有喷嘴同样组成一个喷嘴组，并固定在中压第一级的隔板上，隔板又固定在内缸上并与汽封体相互配合（见后面隔板套部分内容）。

二、隔板及隔板套

（一）隔板

隔板是冲动式汽轮机的主要静止部件之一，它的作用是将汽缸内部空间沿轴向分割成若干个汽室，并用来固定各压力级的喷嘴叶栅，还可以阻止级间漏汽。冲动级的隔板一般由隔板外缘、喷嘴叶栅和隔板体三部分组成，如图 2-57 所示。为了拆卸方便，隔板通常都由水平中分面对分成上、下两半，两半隔板的外缘分别嵌入上、下汽缸内壁的隔板槽中或隔板套内壁的隔板槽中，在隔板的内径圆孔处还开有安装隔板汽封环的槽道。

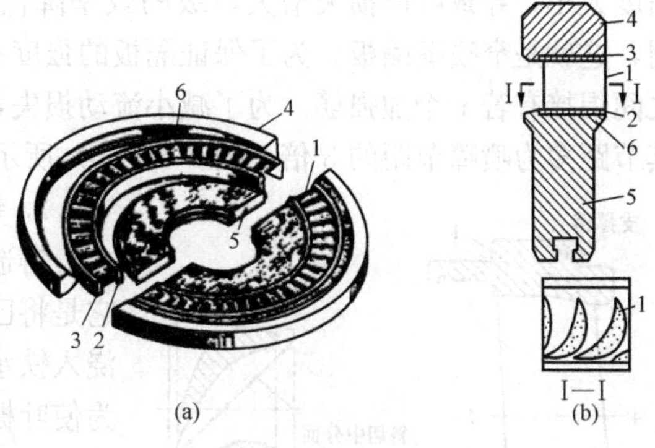

图 2-57 隔板的组成

（a）隔板组成情况；（b）隔板断面

1—喷嘴汽叶；2、3—喷嘴汽叶的内、外围带；4—隔板外缘；5—隔板体；6—焊接处

为了保证机组运行的经济性和安全性，隔板必须具有足够的强度和刚度、良好的密封性和合理的支承与定位。

1. 焊接隔板

焊接隔板具有较高的强度、刚度，较好的汽密性，加工方便，因此广泛应用于温度在350℃以上的高、中压级，有些汽轮机的低压级也采用焊接隔板。

图 2-58（a）所示为焊接隔板结构图，它是先将铣制、轧制或精密铸造等做出的喷嘴叶片嵌在冲有叶型孔的内、外围带之间，并与内、外围带焊接组成环形叶栅，然后再与弧形外缘和隔板体相互焊接，组成焊接隔板。在隔板外缘上出汽一侧还焊有汽封安装环，用来安装动叶顶部的径向汽封，在隔板的内圆孔上开有隔板汽封环的安装槽道。

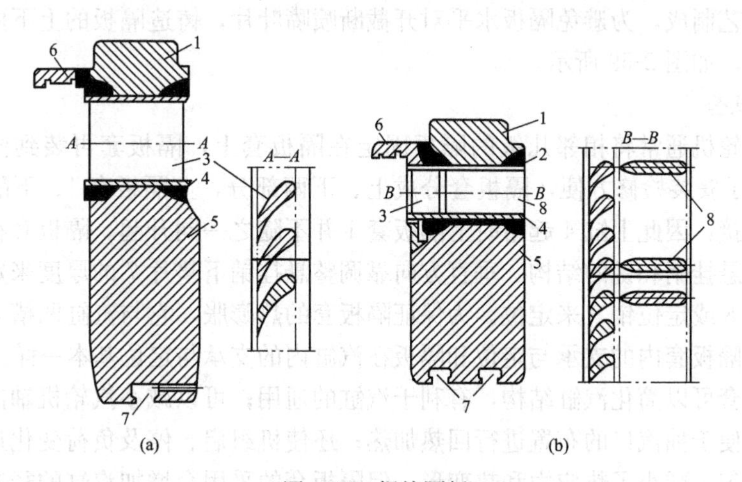

图 2-58 焊接隔板

（a）普通焊接隔板；（b）窄喷嘴焊接隔板

1—隔板外缘；2—外围带；3—静叶片；4—内围带；5—隔板体；6—径向汽封安装环；7—汽封槽；8—导流筋

对于高参数的大机组来说，高压级隔板的前后压差往往很大，为了保证隔板的强度和刚度，隔板必须做得很厚，如高压前几级隔板的厚度尺寸常在100mm以上，而高压级的喷嘴叶高尺寸都很小，若仍将喷嘴的叶宽做成与隔板厚度相同的尺寸，就会使喷嘴的相对高度太小，导致叶高损失增大，级的效率降低。为此将喷嘴的叶宽尺寸缩小，制成窄叶栅，这就是窄喷嘴隔板。为了保证隔板的强度和刚度，在隔板进汽侧的隔板体与隔板外缘之间焊接有若干个加强筋。为了减小流动损失，加强筋应具有一定的线形及合适的节距，其节距多为喷嘴节距的3倍。图2-58（b）所示为窄喷嘴焊接隔板。

2. 铸造隔板

铸造隔板广泛应用于凝汽式汽轮机的低压级，它是将已经成型的喷嘴叶片放入隔板铸型中，然后浇入铁水，冷却后形成隔板整体，如图2-59所示。为使叶栅与铸铁板体外缘紧密结合，喷嘴在浇铸前应具有大于其工作高度的伸长段，并且在这部分进行适当形状的切边或打孔，叶片伸长段表面一般还须进行镀锌或镀锡处理。铸造式钢隔板极少应用，这是由于工艺上的困难（浇铸温度高，常烧坏叶栅，钢水流动性差以及冷却后收缩率大等）所致，所以铸造隔板通常多指铸铁隔板。

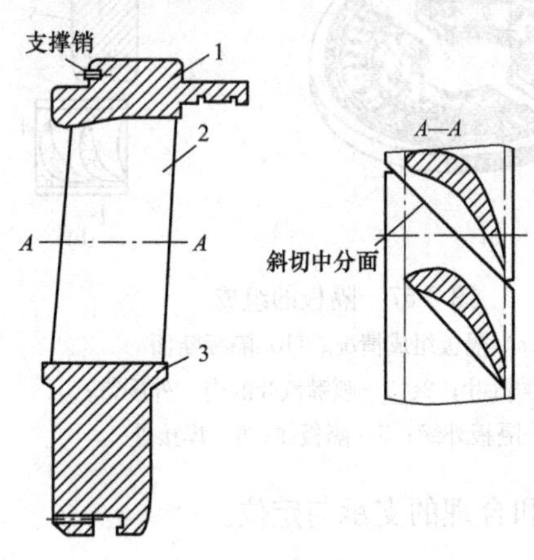

图2-59 铸造隔板

1—外缘；2—静叶片；3—隔板体

铸造隔板的工作温度较低（一般在300℃以下），但它加工容易，成本低廉，并有较好的减震性能。尽管铸造隔板的喷嘴通道光洁度较差，但在蒸汽的低温低压段，由于喷嘴高度很大，由通道粗糙度引起的能量损失所占比例甚小，铸造隔板的上述优点是在大容量机组的低压级仍广泛采用的主要原因。

铸造隔板的喷嘴叶片一般选用合金钢材料，通过铣制、轧制、精密铸造或爆炸成型的空心叶片等工艺制成，为避免隔板水平对开截断喷嘴叶片，铸造隔板的上下两半对分面还常采用斜切口，如图2-59所示。

（二）隔板套

冲动式汽轮机通常将相邻几级的隔板固定在隔板套上，隔板套再装到汽缸上，如图2-60所示。为了安装检修方便，隔板套分成上、下两部分，上隔板套1、下隔板套2通过法兰螺栓3连接，因此上缸4起吊时上隔板套1并不随之一同升起。隔板套在汽缸内的支承和定位采用悬挂销和键的结构：垂直方向靠调整悬挂销下垫片7的厚度来定位；横向上靠底部的平键8或定位销9来定位。为保证隔板套的热膨胀，它与汽缸凹槽之间留有一定间隙。隔板在隔板套内的支承与定位和隔板在汽缸内的支承与定位基本一样。

采用隔板套可以简化汽缸结构，有利于汽缸的通用；可以减小汽轮机轴向尺寸，节约优质合金钢；便于抽汽口的布置进行回热加热；还使机组启、停及负荷变化过程中，汽缸的热膨胀较均匀，减小了热应力和热变形。但隔板套的采用会增加汽缸的径向尺寸，使水平法兰厚度增加，延长了汽轮机启动时间。

（三）隔板及隔板套的支承和定位

隔板在汽缸或隔板套中的固定以及隔板套在汽缸中的固定，应保证受热时能自由膨胀和满足动静中心要求。这除了在安装槽内应留有适当的径向和轴向间隙外，还应有合理的支承方式。

常用的支承和定位方式有销钉支承、悬挂式支承及中分面支承（包括中分面悬挂支承）。由于中分面支承最能保持中心不变，故在高参数的汽轮机上广泛采用。

1. 销钉支承定位

图 2-61 表示了这种方法，在隔板外缘上沿圆周装有高为几毫米的 6 个径向销钉，隔板通过这 6 个销钉支承在汽缸的隔板槽中，改变销钉的长短就可以调整隔板的径向位置。

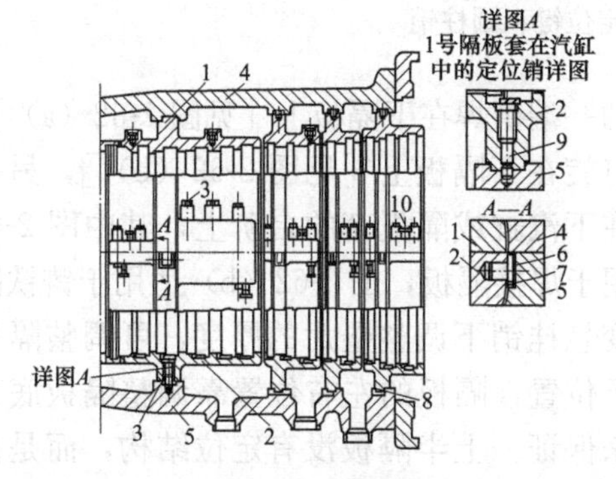

图 2-60　隔板套

1—上隔板套；2—下隔板套；3—螺栓；4—缸；5—下汽缸；6—悬挂销；7—垫片；8—平键；9—定位销；10—顶开螺钉

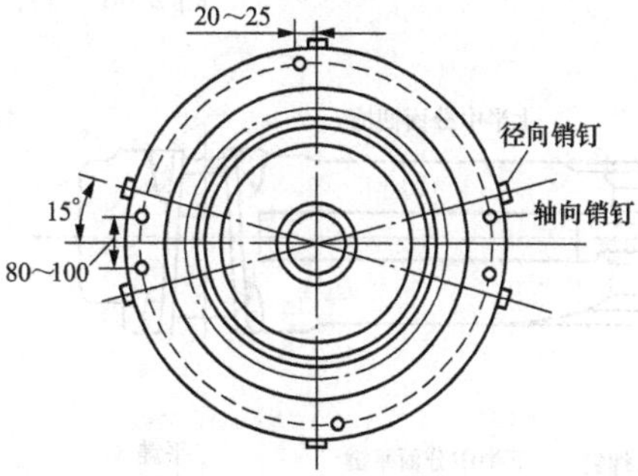

图 2-61　隔板销钉支承定位

在隔板进汽侧装有 6 个轴向销钉，用来固定隔板的轴向位置，调整销钉的长度并同时调整出汽侧（加垫或车薄），即可改变隔板的轴向位置。这种支承方式结构简单、调整方便，由于隔板受热膨胀后中心被抬高，会使隔板汽封径向间隙发生变化。对于高压隔板来说，这种变化尤为严重，因此这种支承定位方法仅适用于低压部分的铸造隔板上。

2. 悬挂销支承定位

图 2-62 表示了隔板的悬挂支承和定位，下半隔板支承在靠近中分面的两个悬挂销上。

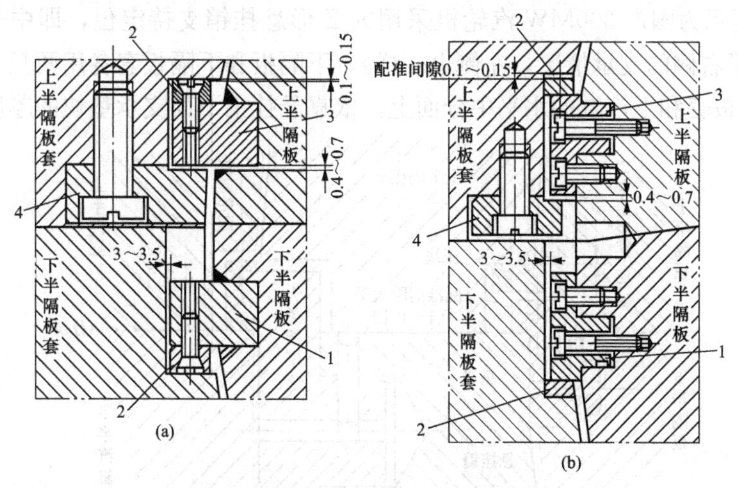

图 2-62　隔板的悬挂支承和定位

（a）悬挂支承结构之一；（b）悬挂支承结构支二

1—悬挂销；2—调整垫片；3—止动销；4—止动压板

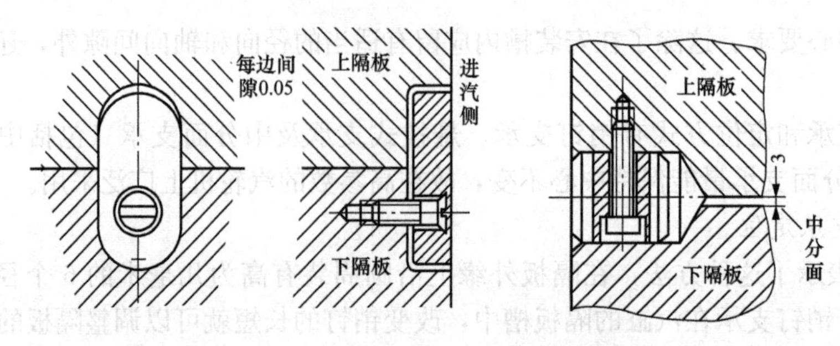

图 2-63　上、下隔板的定位键和圆柱销

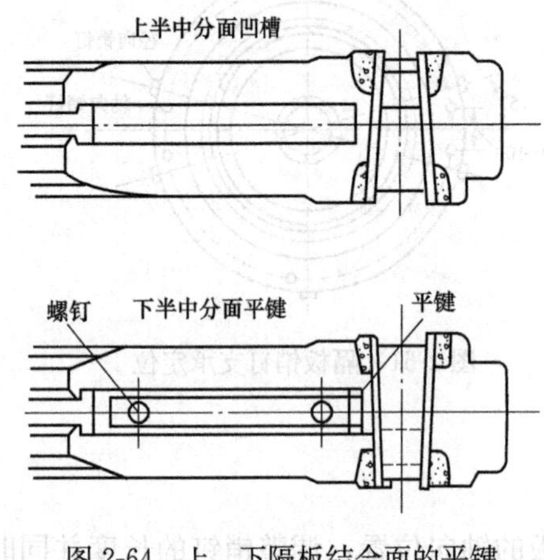

图 2-64　上、下隔板结合面的平键

悬挂销的一端镶焊在下隔板上［见图 2-62（a）］，或用螺钉旋在下隔板上［见图 2-62（b）］，另一端支撑在下汽缸或隔板套的台阶上，其中图 2-62（a）适用于焊接隔板，图 2-62（b）适用于铸铁隔板。改变悬挂销下调整垫片的厚度，可调整隔板的上、下位置，隔板的左右位置靠调整隔板底部的平键来保证。上半隔板没有定位结构，而是由上下隔板结合面上的定位键或轴向圆柱销（见图 2-63）来定心的，下隔板中心找好后，上隔板的位置也就随之确定了。大多数隔板在下半中分面上装有突出的平键（见图 2-64）与上半中分面上相应的凹槽相配合，平键除了定心外还可以增加隔板的刚性和气密性。通常还用压板和螺钉将上半隔板固定在缸上，以便检修时与缸一同起吊。为了使隔板受热后能自由膨胀，压板周围留有一定间隙，同理汽缸上的隔板槽直径应大于隔板外缘直径 1～2mm。

3. Z 形悬挂销支承定位

图 2-65 所示为国产 300MW 汽轮机采用的 Z 形悬挂销支持定位，即中分面支承方式（图中只示出了右侧的支承情况，左侧也一样），下隔板和下隔板套各用两只 Z 形悬挂销分别支承在下隔板套和下汽缸的水平中分面上，依靠悬挂销下面支承垫块的厚度来调整它们

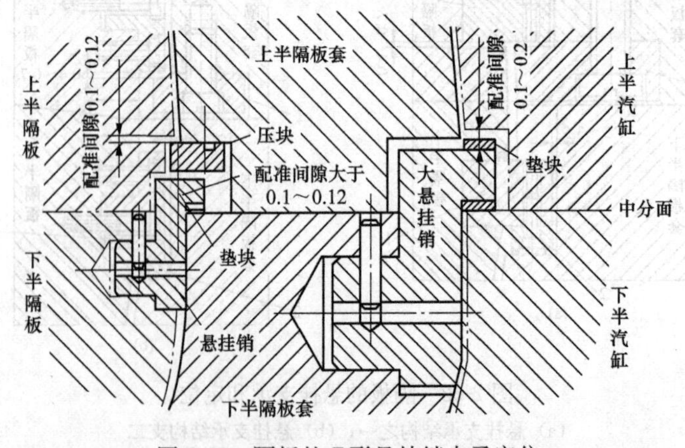

图 2-65　隔板的 Z 形悬挂销支承定位

在垂直方向的位置，使三者的中分面处于同一平面。用隔板和隔板套各自底部的平键来调节它们的横向位置（见图2-66），最终使隔板、隔板套与汽缸中心一致。

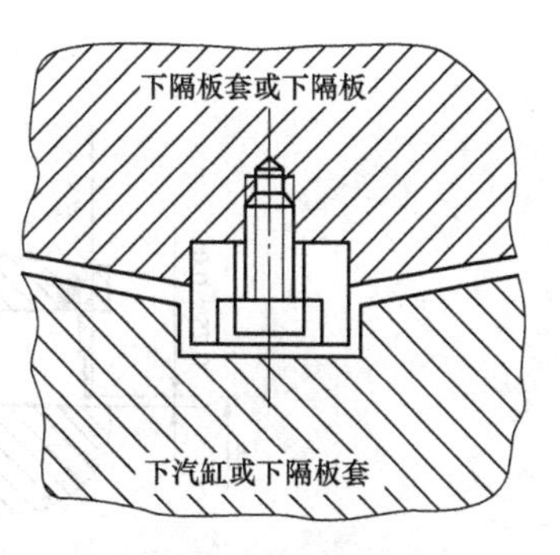

图 2-66 隔板或隔板套底部的定位键

上隔板装入上隔板套后，其左、右两侧用压板块和埋头螺钉压住，既可防止上隔板套起吊时隔板掉出，也同时保证了结合面的气密性。在上、下隔板的中分面上设有定位的圆柱销和平键，因此上隔板无须找中心。就位时只要对准销子部位，上半的位置就确定了。上半隔板套同样不需要找中心，就位时只要和下半隔板套水平法兰上的定位螺栓对准即可。在隔板套的悬挂销与上半汽缸之间有垫块，该垫块用以限制隔板套因喷嘴工作产生的反力矩而转动，同时也保持了结合面的气密性。由于Z形悬挂销支承为中分面支承，与前两种支承方式相比最能保持中心不变，故在高参数的汽轮机上广泛采用。

第四节 汽封及轴封系统

一、汽封的作用

汽轮机工作时，转子高速旋转而静止部分不动，为了避免相互间碰撞或摩擦，动、静部分之间必须留有一定的间隙。该间隙两侧在汽轮机工作时又存在压差，这样就会有部分蒸汽通过间隙泄漏，不仅造成能量的损失，也造成工质的损失，使汽轮机的效率降低。为了减少漏汽（气）损失，在汽轮机的相应部位设置了汽封。

根据汽封在汽轮机上装设位置的不同，汽封可分为轴端汽封、隔板汽封和通流部分汽封。在汽轮机主轴穿出汽缸两端处的汽封称为轴端汽封（简称轴封），轴端汽封又分为高压轴封和低压轴封。高压轴封包含高压缸轴封和中压缸轴封，主要用来防止蒸汽漏出汽缸而造成能量损失及恶化运行环境；低压轴封主要指低压缸轴封，用来防止空气漏入汽缸使凝汽器的真空降低而减小蒸汽的做功能力。隔板内圆与转子轴颈之间的汽封称为隔板汽封，用来阻止蒸汽不经喷嘴进行膨胀而直接通过隔板内圆绕到隔板后而造成的能量损失（对于反动式汽轮机，静叶环内圆与转鼓之间的汽封称为静叶环汽封，用来阻止蒸汽不经过静叶环膨胀而通过内圆绕过静叶到静叶环后而造成的能量损失）。通流部分汽封包括叶片顶部和叶片根部的汽封，用来阻止动叶顶部和根部处的漏汽，使喷嘴出口的蒸汽尽可能进入动叶做功。隔板汽封及通流部分的汽封如图2-67所示。国产引进型300MW汽轮机静叶环汽封如图2-68所示。

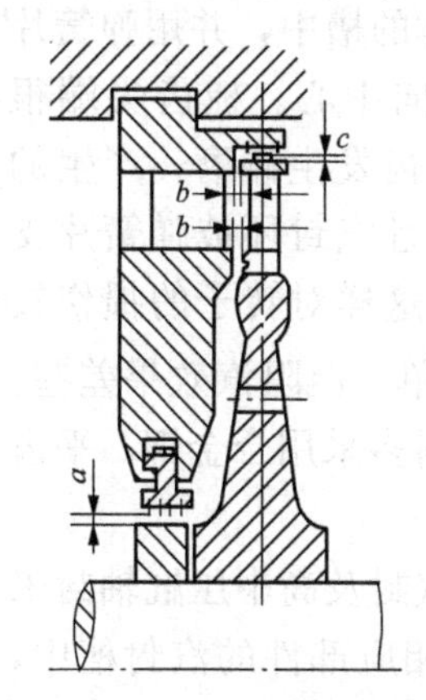

图 2-67 隔板汽封及通流部分汽封示意图

二、汽封的结构

现代汽轮机中通常采用曲径式汽封，其主要形式有梳齿形、J形和枞树形。其中枞树形汽封因结构复杂，应用较少，此处不作介绍。

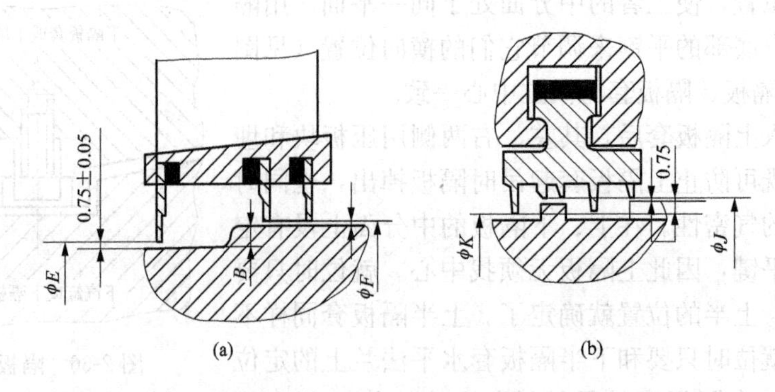

图 2-68 国产引进型 300MW 汽轮机静叶环汽封示意图

(a) 高压级组静叶环汽封；(b) 中压级组静叶环汽封

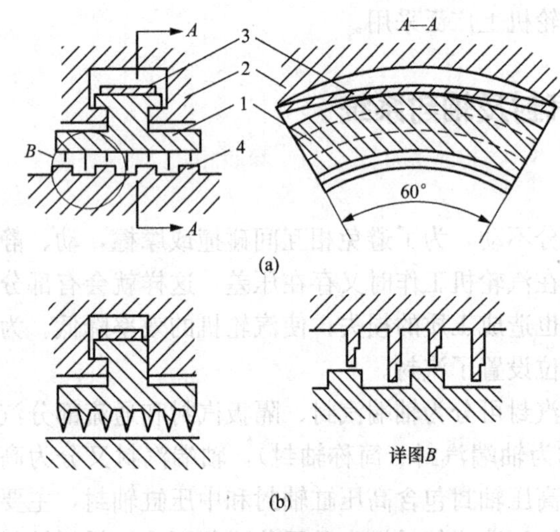

图 2-69 梳齿形汽封

(a) 高低齿梳齿形汽封；(b) 平齿梳齿形汽封

1—汽封环；2—汽封体；3—弹簧片；

4—环形凸台或有凸环的汽封套

(一) 梳齿形汽封

梳齿形汽封是汽轮机中应用最为广泛的一种汽封，其结构如图 2-69 所示。其中图 2-69 (a) 为高低齿梳齿形汽封，在汽封环上直接车出或镶嵌封齿，汽封齿高低相间。汽轮机主轴上车有环形凸台或套上装有凸环的汽封套。汽封高齿对着凹槽，低齿接近凸环顶部，这样便构成了许多具有狭小环形间隙的多次曲折通道，对漏汽产生很大的阻力。汽封环通常沿圆周分成 4～6 个弧段（称为汽封块），装在汽封体的槽中，并用弹簧片（或柱形弹簧）压向中心。梳齿尖端很薄，若转子与汽封齿发生碰磨，产生的热量不会过大，而且汽封环被弹簧片支承可做径向退让，这样对转子的损伤较小。图 2-69 (b) 为平齿梳齿形汽封，其结构比高低齿汽封结构简单，但阻汽效果差些。高低齿汽封主要用于汽轮机高、中压轴封及高、中压隔板汽封，材料多采用合金钢；平齿汽封多用于低压轴封及低压隔板汽封，材料一般为锡青铜。

国产引进型 300MW 汽轮机均采用梳齿形汽封，其中平衡活塞汽封及高中压缸轴封采用一高两低齿交错的高低齿汽封，如图 2-70 所示。汽封环装配在相应部件的汽封槽中，并用带状弹簧片压向中心。弹簧片用螺钉固定，为使弹簧片能自由变形，螺钉头部与弹簧片间留有足够的间隙，允许弹簧片移动。

大功率汽轮机轴封较长，通常沿轴向分成若干段，相邻两段之间有一环形腔室，装置引出或导入的蒸汽管道。每段轴封由一个或几个汽封环组成，每个汽封环由几个汽封弧段（称为汽封块）构成，在每个汽封环的内圆上又有若干个汽封齿。如图 2-78 所示是由 4 个汽封环组成的三段轴封，构成 X、Y 两个腔室。在汽轮机启动、停机和低负荷时，轴封系

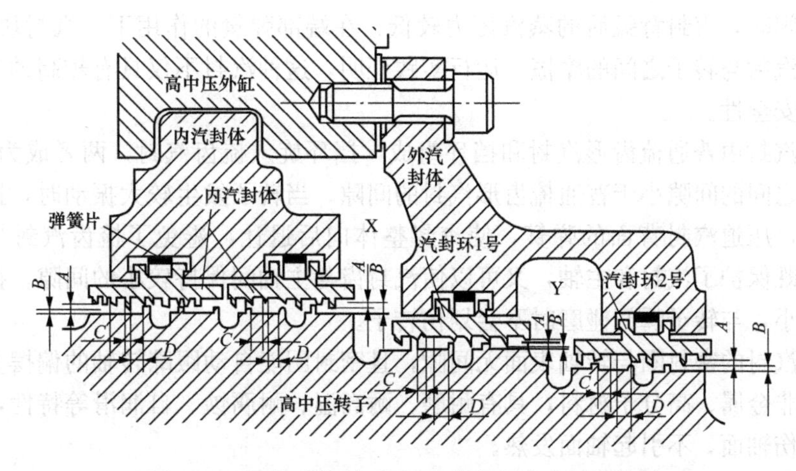

图 2-70　国产引进型 300MW 汽轮机高中压缸轴封

统向 X 腔室供汽；负荷较高时 X 腔室向轴封系统送汽。Y 腔室始终将汽气混合物送至轴封冷却器。

（二）J 形汽封

图 2-71 所示为 J 形汽封，它的汽封齿截面呈 J 形，由厚度为 0.2～0.5mm 的不锈钢或镍铬合金薄片制成，用不锈钢丝嵌压在转子或汽封环的凹槽中。这种汽封的特点是结构简单、紧凑；汽封片薄且软，即使动静部分发生摩擦，产生的热量也不多，因此安全性比较好。其主要缺点是汽封片薄，每片汽封片能承受的压差较小，因此需要的片数较多；汽封片容易损坏，而且拆装不便。

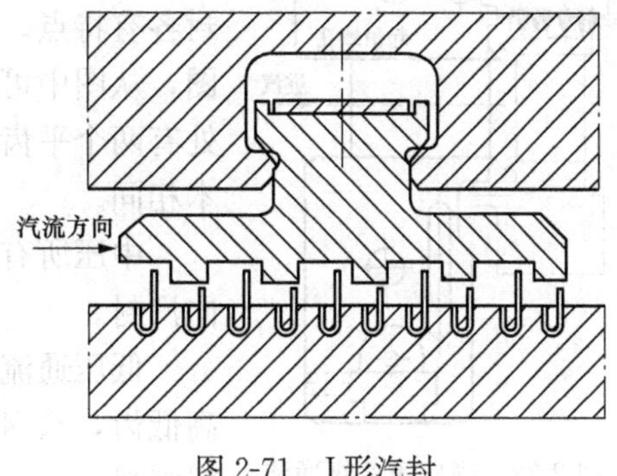

图 2-71　J 形汽封

（三）其他汽封

在有的汽轮机上，还采用了其他新型汽封，如布莱登活动汽封、护卫式汽封、接触式汽封、蜂窝汽封等。

布莱登活动汽封如图 2-72 所示，它取消了传统梳齿形汽封背弧上的弹簧压片，在汽封块端部加装了弹簧。汽轮机正常工作时，经过汽封进汽侧槽道进入背弧汽室的蒸汽将汽封压向转子，使两者间保持较小的径向间隙运行，减小了漏汽损失。在机组启、停及转子

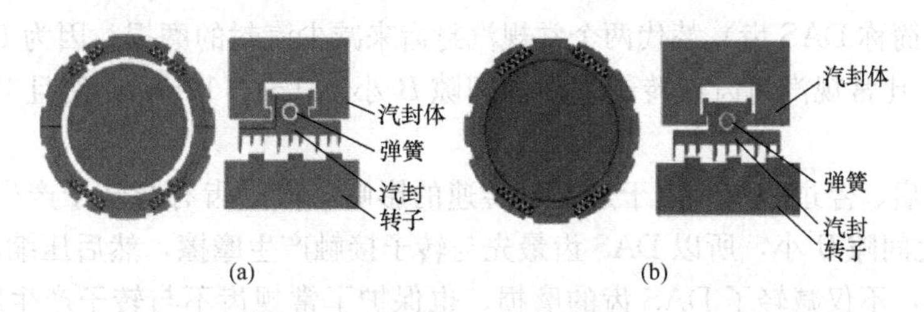

图 2-72　布莱登汽封示意图

(a) 未工作时的状态；(b) 工作时的状态

振动过大跳闸时，汽封背弧后的蒸汽压力较低，在端部弹簧的作用下，汽封块后移张开，从而避免了汽封与转子之间的摩擦。运行实践证明，这种汽封不仅具有较高的经济性，还具有较高的安全性。

护卫式汽封由普通梳齿形汽封和挡环组成，挡环旋入梳齿汽封，两者成为一个整体。挡环与转子之间的间隙小于普通梳齿形汽封的间隙。当转子发生较大振动时，挡环将首先与转子接触，压迫汽封背面的弹簧，使汽封整体向后退让，避免了梳齿汽封与主轴的碰磨。这样，既保护了汽封和主轴，又可以使汽封齿与主轴间保持较小的间隙。挡环材料的摩擦系数很小，与转子瞬间碰磨时不会划伤转子。

接触式汽封的密封圈与转轴表面无间隙，且密封圈能自动跟踪转轴的偏摆及晃动。这种汽封采用非金属、高分子材料，具有耐磨、耐高温、耐腐蚀、自润滑等特性，并且在运行中不会磨伤轴面，不引起轴面发热。

（四）东汽高效660MW超超临界汽轮机汽封

1. 通流部分汽封

东汽高效660MW超超临界汽轮机的通流部分分为高压、中压和低压汽封，由于工作时的蒸汽参数不同，通流部分的汽封各有特点。图2-73所示为高压第2级的通流部分汽封结构简图，从图中可以看出，在动叶顶部有高低齿径向汽封，在叶根处有两个平齿的径向汽封。高压所有级的通流部分汽封组成基本相同。

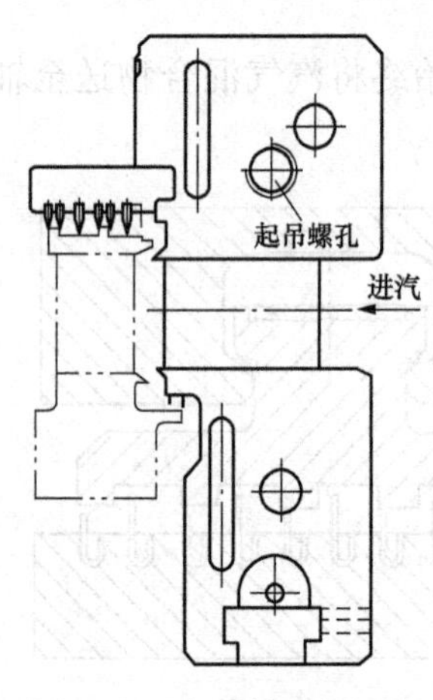

图2-73 高压第2级通流部分汽封结构简图

中压所有级叶顶采用高低齿径向汽封，叶根为1个齿的径向汽封。

低压通流部分汽轮机侧和电机侧的1、2级动叶叶顶汽封为高低齿，3、4级动叶叶顶汽封为平齿。低压通流部分各级无叶根汽封。

2. 隔板汽封

隔板汽封通常采用铁素体，其汽封齿硬度较小，而且在高温下难以淬硬，对汽轮机转子磨损小，所以应用比较广泛。但正是由于其“软态”的优点，在机组运行过程中也容易被转子磨损，使得汽封间隙变大，不能达到预期的密封效果。为了克服铁素体汽封的缺点，东汽广泛采用DAS汽封，从而既可以达到对转子磨损小，又不容易被转子磨损，保证密封性能，减少隔板漏汽，提高机组的经济性。

DAS汽封的基本结构如图2-74所示。在DAS汽封结构中，各汽封弧段里用两个磨损保护汽封齿（简称DAS齿）替代两个常规汽封齿来减少汽封的磨损，因为DAS齿与转子之间的间隙A比常规汽封齿与转子之间的间隙B小0.1～0.13mm，而且DAS齿采用宽齿结构。

在汽轮机启、停过程中，由于过临界转速的影响，汽封齿有与转子产生摩擦的可能，因为间隙A比间隙B小，所以DAS齿最先与转子接触产生摩擦，然后压缩汽封圈背部的弹簧产生退让，不仅减轻了DAS齿的磨损，也保护了常规齿不与转子产生摩擦。由此可保证在汽轮机正常运行时，常规齿的间隙始终在设计值范围内，从而保证了设计的密封效果。另外，由于间隙A比间隙B小，且DAS齿采用宽齿结构，材料也耐磨，即使与转子

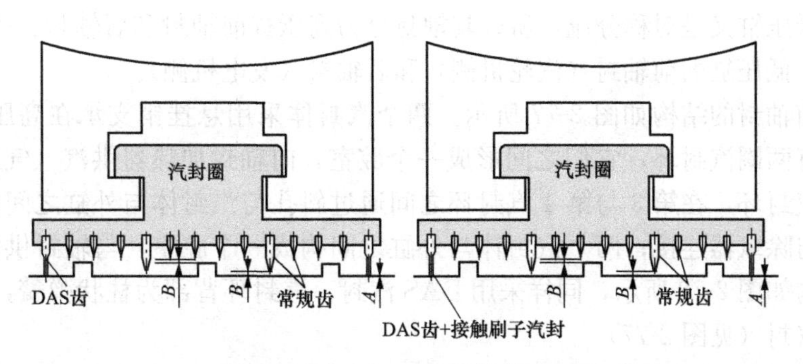

图 2-74　东汽 DAS 汽封结构示意图

发生碰磨，其磨损量也非常小，运行时间隙 A 小于间隙 B，整个汽封的漏汽量比传统设计的汽封漏汽量小，这样就可解决汽轮机各处汽封漏汽量大的问题。DAS 汽封的工作过程如图 2-75 所示。

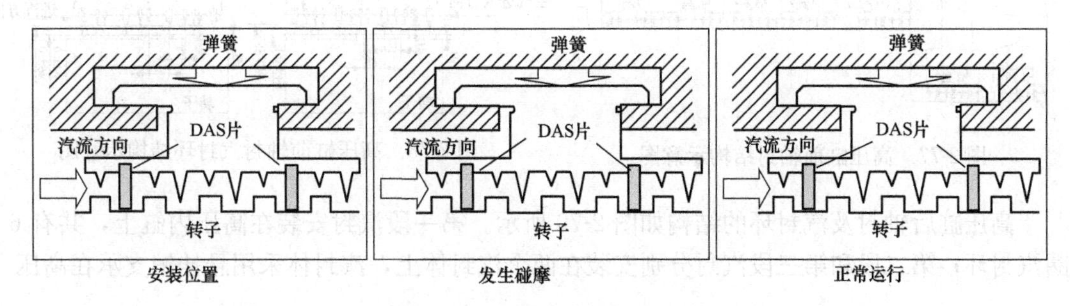

图 2-75　DAS 汽封工作过程示意图

东汽高效 660MW 超超临界汽轮机高压隔板、中压隔板和低压隔板汽封如图 2-76 所示。在高压隔板、中压隔板汽封的进汽侧设置一圈斜齿或直齿代替了原来的汽封齿，以此来改变汽流的流动方向，防止汽流旋转涡动所产生的汽流激振力，可将该类汽封称为防旋隔板汽封。

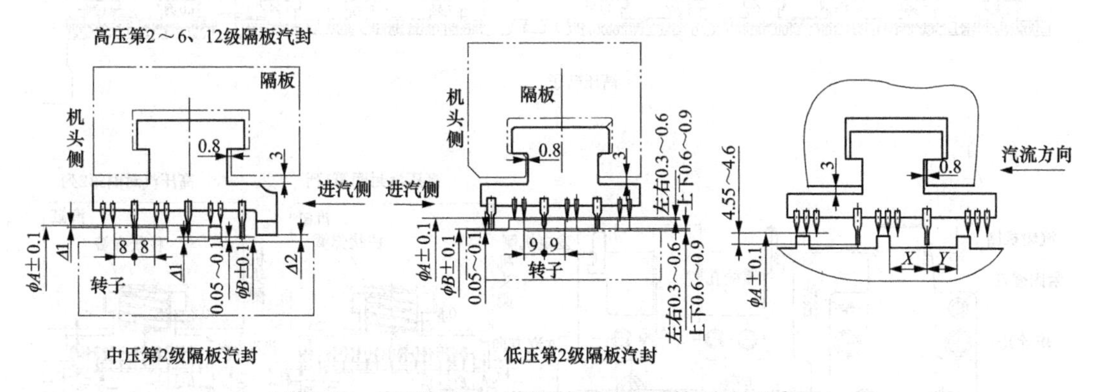

图 2-76　高压隔板、中压隔板和低压隔板汽封示意图

3. 轴端汽封（轴封）

该高效 660MW 超超临界汽轮机为三缸两排汽结构，并且高压缸、中压缸和低压缸均

为双层缸，低压缸又是对称分流，所以其轴封分为高压缸前轴封和后轴封、中压缸的前轴封和后轴封、低压缸的前轴封（汽轮机侧）和后轴封（发电机侧）。

高压缸前轴封的结构如图 2-77 所示。两个汽封体采用悬挂销支承在高压外缸上，外侧汽封体上有两圈汽封环，它们之间形成一个腔室，向轴封加热器供汽（气）；内侧汽封体上有 5 圈汽封环，在第 3 与第 4 汽封环之间通过斜孔与汽封体与外缸之间的腔室相通，并通过管道与除氧器连接；两个汽封体与外缸之间构成一个腔室，与轴封供汽管道连接。汽封环的结构如图 2-78 所示，同样采用 DAS 汽封，汽封环背部为柱状弹簧，靠近蒸汽侧有一圈防旋汽封（见图 2-77）。

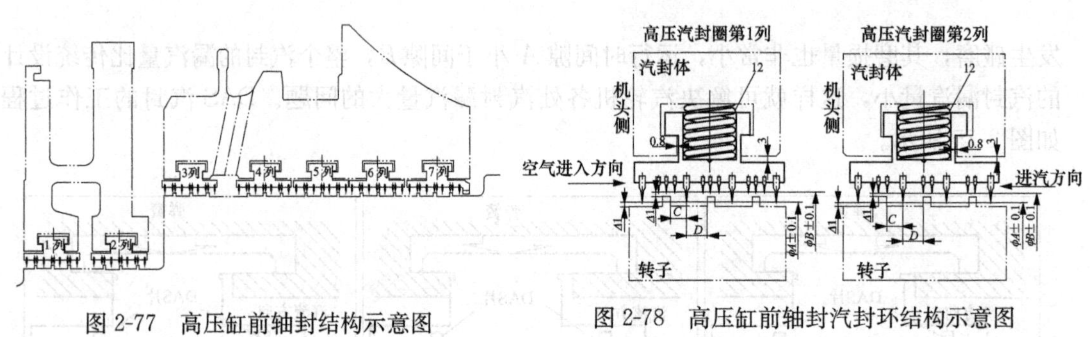

图 2-77　高压缸前轴封结构示意图

图 2-78　高压缸前轴封汽封环结构示意图

高压缸后轴封及汽封环的结构如图 2-79 所示。第一段汽封安装在高压内缸上，共有 6 圈汽封环；第二段和第三段汽封分别安装在两个汽封体上，汽封体采用悬挂销支承在高压

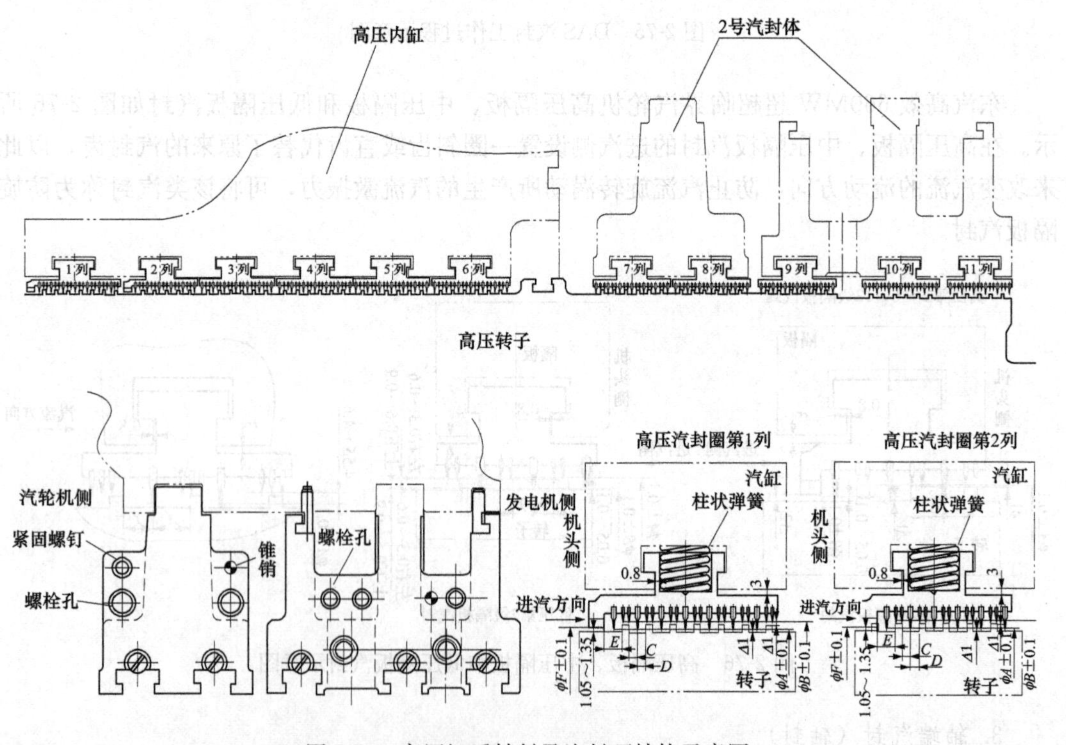

图 2-79　高压缸后轴封及汽封环结构示意图

外缸上，外侧汽封体上有三圈汽封环，它们之间形成两个腔室，外侧腔室连接轴封加热器，内侧腔室连接轴封供汽管道；内侧汽封体上即第二段汽封有两圈汽封环。第二段与第三段之间的腔室通过管道连接五段抽汽。后轴封同样采用DAS汽封，汽封环背部为柱状弹簧。

中压缸前轴封由3个汽封体组成，两个支承在中压外缸上，一个支承在中压内缸上，形成两个腔室，分别连接轴封加热器和供汽管道。中压缸后轴封由两个汽封体组成，支承在中压外缸上，形成两个腔室，分别连接轴封加热器和供汽管道。

低压缸前后轴封结构相同，如图2-80所示。汽封环的空气侧通过支架固定在轴承座上，汽封环的蒸汽侧用螺栓与波形管连接，波形管再用螺栓固定在低压外缸上，这样既可以保证密封，又可以保证转子与低压缸之间的自由膨胀。该轴封每侧有三圈汽封环，相互间形成两个腔室，分别连接轴封加热器和供汽管道，汽封环的结构如图2-81所示。

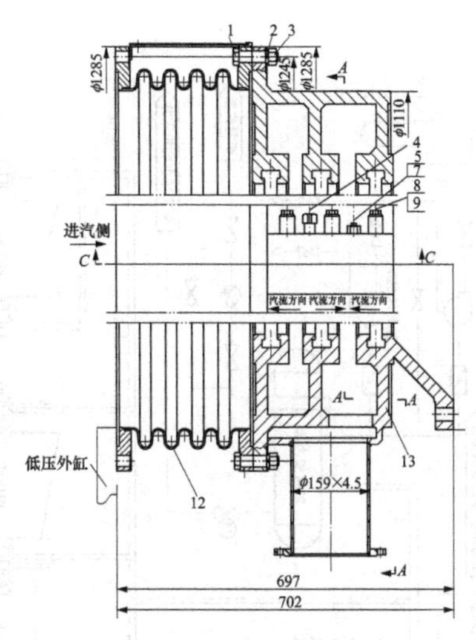

图2-80 低压缸前后轴封汽封环结构示意图

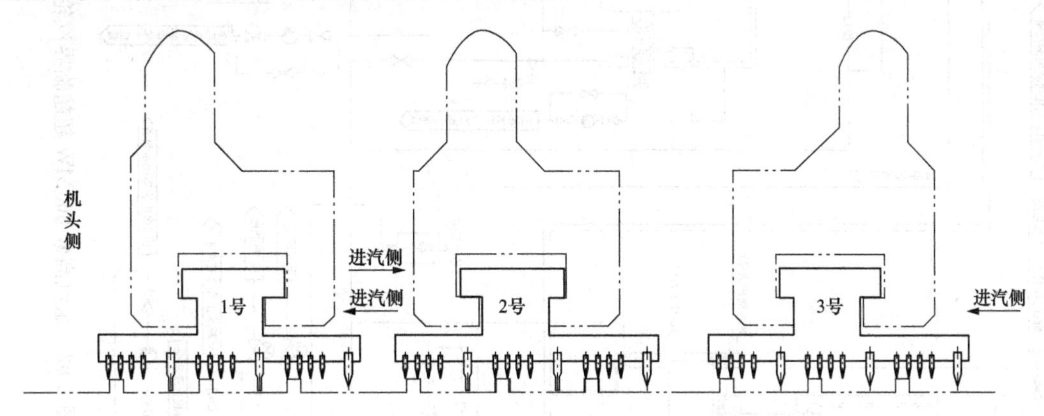

图2-81 低压缸前后轴封汽封环结构示意图

三、轴封系统

（一）概述

汽轮机各汽缸端部的轴封及其与之相连接的管道、阀门及附属设备组成的系统称为轴封系统。不同型式的机组其轴封系统不尽相同，它主要由汽轮机的形式、进汽参数、回热系统的布置方式和轴封的结构等因素决定，现代机组的轴封系统广泛采用自密封系统，即机组正常运行时，靠高中压缸两端轴封漏汽进入轴封供汽母管，再经过减温后作为低压端轴封供汽，不需轴封汽源额外供汽，当轴封供汽母管压力升高后经过溢流站溢流到低压加热器或凝汽器予以回收的轴封系统。

图2-82所示为东汽高效660MW超超临界汽轮机的轴封系统，它主要由轴端汽封、轴封供汽母管、供汽站、溢流站、温度调节站、轴封回汽管、轴封加热器、轴封风机等组成。

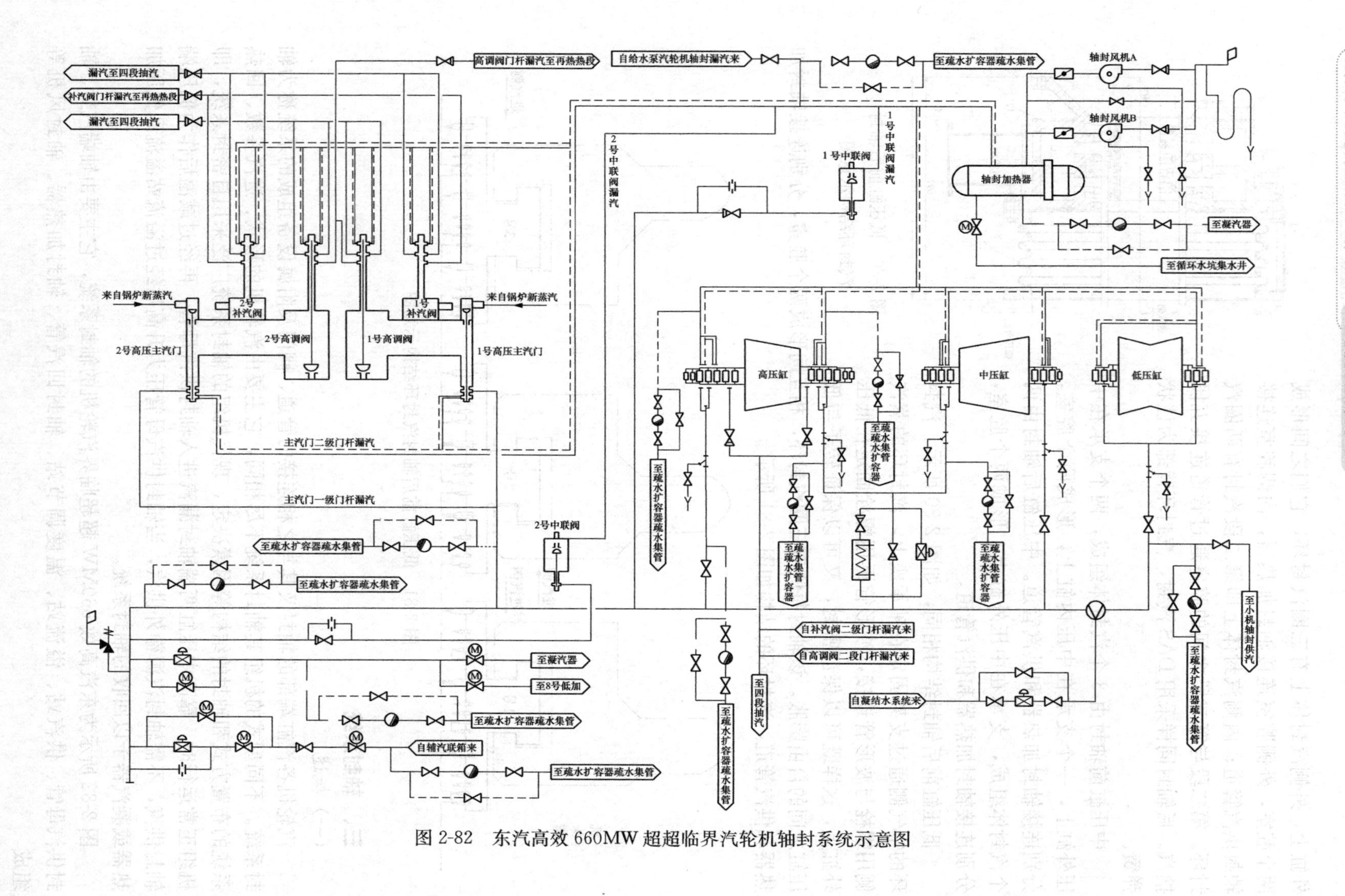

图 2-82 东汽高效 660MW 超超临界汽轮机轴封系统示意图

轴封系统采用单一的辅助蒸汽作为外部供汽汽源，为保证轴封供汽母管的压力稳定，轴封供汽采用两阀系统，即在汽轮机所有运行工况下，供汽压力通过辅助汽源供汽调节阀和溢流调节阀来控制，使汽轮机在任何运行工况下均自动保持供汽母管中设定的蒸汽压力。辅助汽源供汽调节阀和溢流调节阀及其截止阀和必需的旁路阀组成辅助汽源供汽站和溢流站。

为满足低压轴封供汽温度要求，在低压轴封供汽母管上设置了一台喷水减温器，通过温度调节站控制其喷水量，从而实现减温后的蒸汽满足低压轴封供汽的要求。

为保证轴封供汽与转子温度相匹配，在高压后轴封与中压前轴封处的供汽管道上设置有轴封电加热装置，能够根据机组冷热自动运行，匹配转子温度，并将有关信号送到 DCS 进行监控，如图 2-83 所示。

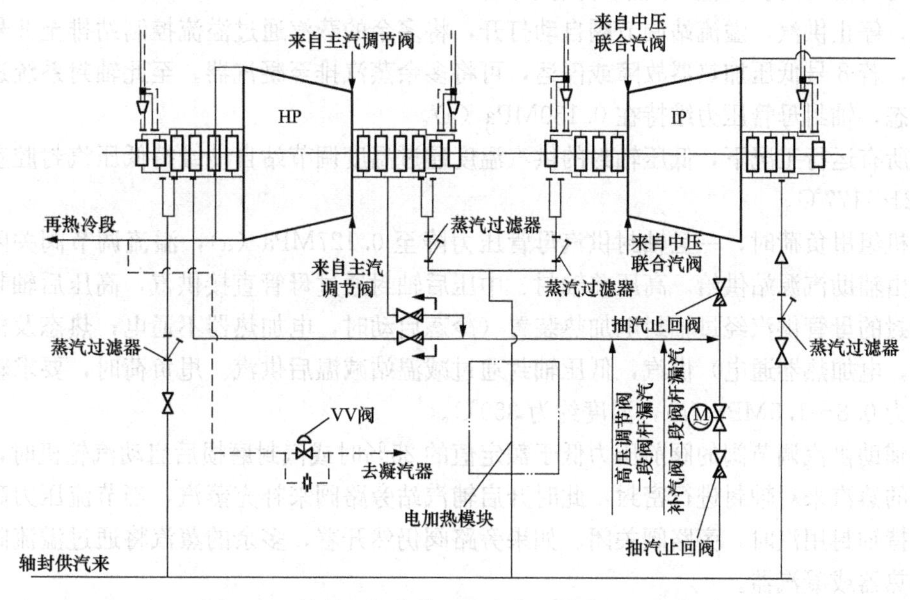

图 2-83　轴封电加热装置与高中压轴封连接示意图

在机组正常运行过程中，辅助汽源供汽站始终处于热备用状态，为此在供汽站的调节阀前设有带节流孔的旁路，可以保证供汽母管中的蒸汽经节流孔进入压力控制站，使之保持热备用状态。

在轴封系统投入工作时，轴封加热器必须通入凝结水来冷却轴封来汽（气）；轴封风机抽出各轴封最外侧腔室工质，并维持该腔室微负压运行。

系统中，在各个轴封供汽管道上设有Y形蒸汽过滤器，可以防止杂质进入轴封。安全阀的整定压力为 0.24MPa，防止供汽母管内压力过高而危及机组安全。

该机高压缸的前、后轴封各有 3 个腔室，中、低压缸各轴封都只有两个腔室。高压缸轴封内侧腔室与第 5 段回热抽汽相连接，中间腔室与轴封供汽母管相连接；中、低压缸轴封内侧腔室与轴封供汽母管相连接，所有外侧腔室与轴封回汽母管相连接。

(二) 系统运行

轴封系统采用辅助汽源经供汽站供汽，辅助蒸汽的参数为：压力为 0.8～1.5MPa，冷态启动时的温度为180～260℃，热态启动时的温度约为350℃。

机组运行时，轴封供汽母管的压力正常为0.03～0.035MPa，这一压力将保证各轴封连接轴封供汽管道的腔室的压力略高于大气压，既不会使空气漏入汽缸，也不会导致大量蒸汽从轴封跑出。各轴封最外侧腔室的压力应略低于大气压力（压力为1.2kPa），以使轴封蒸汽不能向外漏出，并通过回汽管顺利排入轴封加热器。轴封最外侧腔室的压力是由轴加风机的抽吸作用而产生的。轴封加热器负责收回轴封排汽的工质和热量，被一同吸入的空气经风机排向大气。

机组启动和低负荷运行时，由辅助蒸汽经过供汽压力调节阀控制向轴封供汽母管供汽，再通过母管上的各个轴封供汽管道将密封蒸汽送至轴封，避免空气漏入汽缸和阻止蒸汽外漏。随着机组负荷的增加，高、中压缸轴封漏入供汽母管的漏汽量随之增大，将超过低压轴封所需要的供汽量。当轴封供汽母管压力升至0.130MPa（a）时，供汽站调节阀自动关闭，停止供汽，溢流站调节阀自动打开，将多余的蒸汽通过溢流控制站排至8号低压加热器，若8号低压加热器故障或停运，可将多余蒸汽排至凝汽器。至此轴封系统进入自密封状态，轴封母管压力维持在0.130MPa（a）。

在所有运行工况下，低压轴封的供汽温度通过温度调节站自动维持低压汽封腔室处温度为121～177℃。

在机组甩负荷时，一旦轴封供汽母管压力降至0.127MPa（a），溢流调节阀关闭，轴封供汽由辅助汽源站供给。高压前轴封、中压后轴封通过母管直接供汽，高压后轴封、中压前轴封的母管供汽经过轴封电加热装置（冷态启动时，电加热器不通电；热态及极热态启动时，电加热器通电）供汽，低压轴封通过减温站减温后供汽。甩负荷时，要求辅助汽源压力为0.8～1.5MPa（a），温度约为350℃。

当辅助供汽调节阀的阀前压力低于额定值的25%时或汽封磨损后启动汽轮机时，就需要足够的蒸汽来对轴封进行密封，此时开启辅汽站旁路阀来补充蒸汽，当节流压力高到能自动保持轴封用汽时，旁路阀关闭。如果旁路阀仍然开着，多余的蒸汽将通过溢流阀排到低压加热器或凝汽器。

轴封系统工作时，一旦供汽站和溢流站的调节阀故障，可以通过调节阀手轮及旁路阀对系统进行操作。

在非正常工况情况下，如供汽调节阀旁路通道被打开，或供汽站调节阀处于开启状态，导致轴封母管供汽量增多，不论哪一种情况，溢流调节阀将自动开启。如果溢流调节阀也同时发生故障，可打开溢流站旁路上的电动闸阀。

（三）轴封系统常见故障

轴封系统工作时，常见的故障及处理措施见表2-4。

表2-4　轴封系统常见的故障及处理措施

故障类型	故障原因	简单处理措施
轴封供汽母管压力偏高	（1）供汽调节阀关闭不严。 （2）外界汽源进入系统。 （3）轴封处有不明泄漏点	（1）检查调节阀控制信号，检查阀门的严密性。确认不严密后，通知制造厂或配套厂进行更换。 （2）查明外界汽源，并切断外界汽源。 （3）查找轴封附近的泄漏点

续表

故障类型	故障原因	简单处理措施
轴封处冒汽	(1) 轴封风机出口门关闭。 (2) 汽-气混合物回汽管路布置不合理。 (3) 汽-气混合物低位点疏水不畅	(1) 开启轴封风机出口阀门。 (2) 汽-气混合物回汽管路向轴封加热器方向连续倾斜，斜率 1/50，且进入轴封加热器入口管段时，不得从管段下方进入。 (3) 保持低位点疏水畅通
低压供汽温度高	(1) 减温器喷嘴堵塞。 (2) 滤水器堵塞。 (3) 喷水调节阀不能正常工作	(1) 清理喷嘴。 (2) 清洗滤水器。 (3) 检查调节阀动力电源、气源及控制信号
低压供汽温度低	喷水调节阀关闭不严	(1) 检查调节阀动力电源、气源及控制信号。 (2) 调节阀是否内漏，若是，请与制造厂或配套厂联系进行处理。 (3) 检查温度测点布置是否合理，进行调整
电加热装置出口温度低	(1) 轴封供汽温度低。 (2) 电加热装置故障	(1) 检查汽源参数。 (2) 停机检修电加热装置
电加热装置旁路阀开启	(1) 止回阀卡涩。 (2) 差压变送器损坏	(1) 检查止回阀。 (2) 更换差压变送器

第五节 动 叶 片

动叶片是完成蒸汽能量转换的重要部件，工作时处在高温、高转速、高汽流冲击的严峻条件下，因此说动叶片是关系到汽轮机经济性和安全可靠性的重要部件。因此它不但要有良好的流动性，以保证较高的能量转换效率，还要有足够的强度和完善的振动特性。

一、 动叶片的结构

动叶片由叶根、叶型、叶顶 3 部分组成，如图 2-84 所示。

(一) 叶型

叶型也称作叶身，它是叶片的基本工作部分，相邻叶片的叶型部分构成汽流的通道，汽流通过时将动能转变为机械能。因此，对叶型部分首先要求其形线应具有良好的气动特性，以提高能量转换的效率。叶型部分的高、宽、厚等结构尺寸，除要保证通流面积的需要外，还应满足强度和加工工艺的要求。

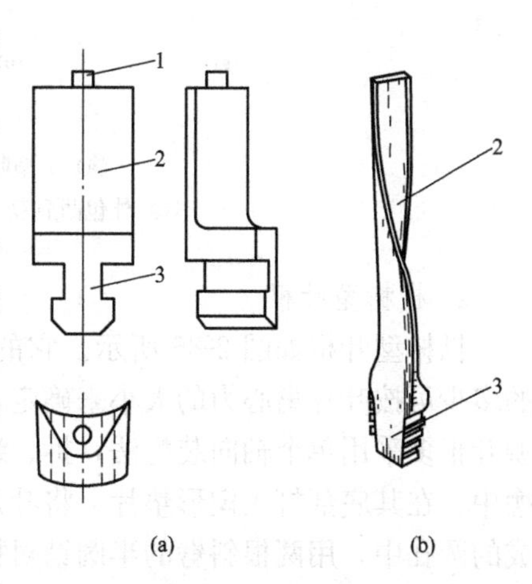

图 2-84 动叶片的结构

(a) 等截面叶片；(b) 变截面扭叶片

1—叶顶；2—叶型；3—叶根

按工作原理，动叶分为冲动式叶片和反动式叶片。按叶型部分横截面形状沿叶高是否变化，可把叶片分为等截面叶片和变截面叶片。等截面叶片其断面型线和面积沿叶高是相同的，因此又称等截面直叶片。变截面叶片是沿叶高各截面绕其形心的连线连续发生扭转，同时为了保证强度由叶根到叶顶各截面积也在逐渐减小，所以又称变截面扭转叶片，如图 2-84（b）所示。在低压级和部分中压级普遍采用变截面叶片。随着加工工艺的不断进步，变截面叶片已逐步用于高压级。

（二）叶根

叶根是将动叶片固定在叶轮或转鼓上的连接部分，它的结构应保证在任何运行条件下都能连接牢固，同时力求制造简单、装配方便。叶根的结构形式有多种，除根据强度的要求选择外，还要看制造厂的传统习惯和工艺条件。常用的叶根结构有以下几种：

1. T 型叶根

T 型叶根结构如图 2-85（a）所示。这种叶根结构简单，加工、装配方便，但是在离心力的作用下对叶轮轮缘两侧产生较大的弯曲应力，使轮缘有向两侧张开的趋势。为了克服上述缺点，在叶根上做出两个凸肩，将轮缘包住，这种叶根叫外包凸肩 T 型叶根，如图 2-85（b）所示。图 2-85（c）所示为双 T 型叶根，这种叶根在不增加轮缘厚度的情况下增大了叶根的承载面积，进一步提高了承载能力，因而多使用在中、低压级的中长叶片上。

T 型叶根在轮缘上的安装，属于周向装配法。安装时，叶片从轮缘上设置的一个或对称的两个切口处［见图 2-85（d）］逐个将叶片插入，然后沿 T 型槽道轴向推移至适当部位，最后在切口处插入特制的锁口叶片（直叶根，其形状、尺寸与切口槽一样），在根部与轮缘一起钻孔，用铆钉相互固定。这种装配方法简单，但在更换个别叶片时，需将该叶片至切口间的叶片拆下重装，增加了拆装工作量。

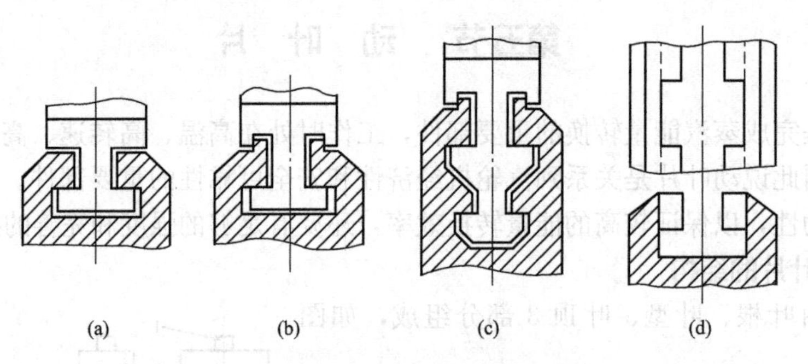

图 2-85 T 型叶根

（a）T 型叶根；（b）外包凸肩 T 型叶根；
（c）外包凸肩双 T 型叶根；（d）装入 T 型叶根的切口

2. 枞树型叶根

枞树型叶根如图 2-86 所示。它的形状呈楔形，在叶根两侧加工有若干个齿，其齿数的多少可按叶片离心力的大小来确定，故枞树型叶根的强度适应性好，承载能力大。枞树型叶根多采用单个轴向装配法，拆、装都比较方便。叶根从轴向装入轮缘上相应的枞树形槽中，在其底部打入楔形垫片，将叶片顶紧在轮缘上，然后再由相邻叶根各自的半圆槽组成的圆孔中，用两根斜劈的半圆销对插在孔中，将整圈叶根沿圆周胀紧。为了减小轮缘的热应力，也有采用松紧的方法，即安装时叶根底部不打入楔形垫片（引进型 300MW 汽轮机叶根底部无垫片），工作时叶根受热膨胀便紧固在轮缘槽中。

3. 叉型叶根

叉型叶根如图 2-87 所示。叶根制成叉形，安装时径向插入轮缘的叉形槽中并用铆钉固定。叉型叶根的叉尾数可根据叶片离心力的大小来选择，因而承载能力大，强度高；轮缘不承受偏心弯矩，适应性好，并且制造工艺简单，更换叶片方便。但由于这种叶根在装配时工作量大，且钻孔和铰配铆钉需要较大的轴向空间，这就限制了它在整锻转子和焊接转子上的应用。这种叶根结构多用于大功率汽轮机的调节级和末几级。如国产引进型 300MW 和 600MW 汽轮机的调节级采用了每三个叶片为一个整体的三叉型叶根，如图 2-88 所示。

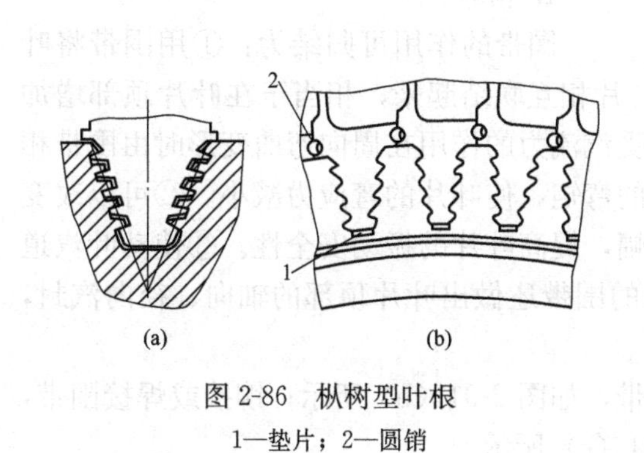

图 2-86 枞树型叶根

1—垫片；2—圆销

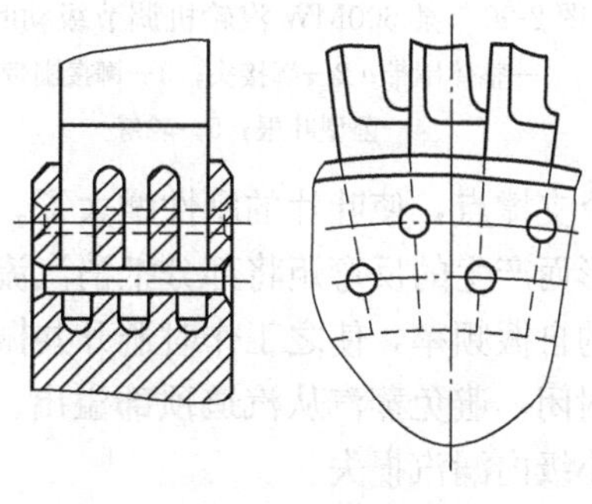

图 2-87 叉型叶根

4. 菌型叶根

菌型叶根如图 2-89 所示。这类叶根的轮缘上开有一个或两个缺口，叶片从这些缺口依次装入轮缘中，最后装入缺口处的叶片为封口叶片，封口叶片的叶根与其他叶片不同。封口叶片研配装入后用两个铆钉固定在轮缘上。

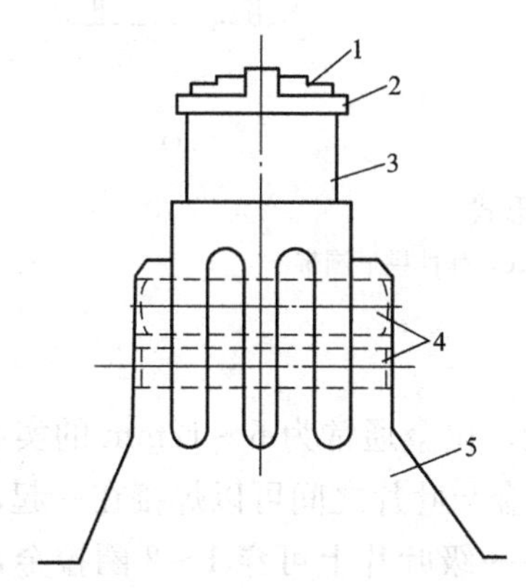

图 2-88 国产引进型 300MW 汽轮机调节级叶片

1—铆接围带；2—整体围带；3—动叶片；4—铆钉；5—转子

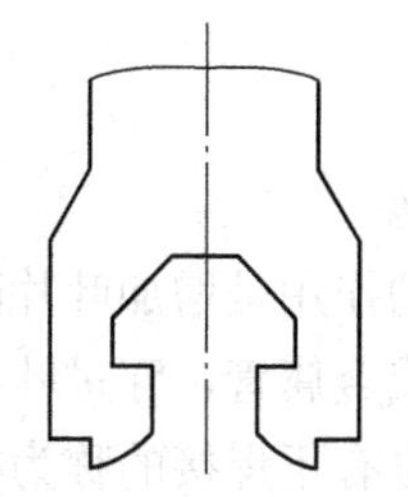

图 2-89 菌型叶根

图 2-90 所示为某 600MW 汽轮机调节级动叶片的结构图。该级采用等截面直叶片，叶顶为双层围带，叶根采用三菌型叶根且尺寸较大。

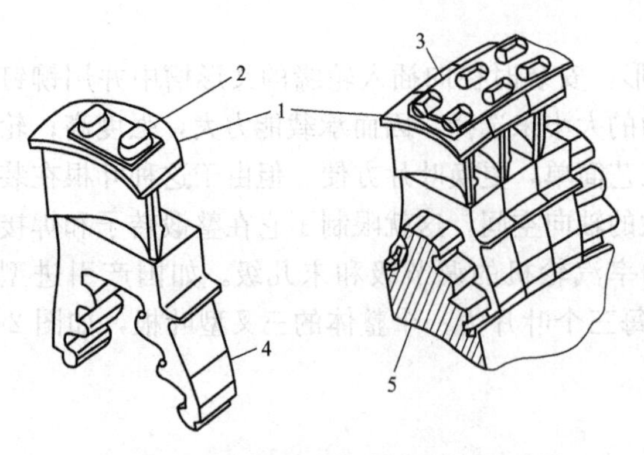

图 2-90 某 600MW 汽轮机调节级动叶片
1—整体围带；2—铆接头；3—铆接围带；
4—菌型叶根；5—轮缘

（三）叶顶、围带、拉金

汽轮机的短叶片和中长叶片一般都在叶顶处设有围带，将叶片连接成组。一些中长叶片级，除了在叶片顶部装有围带外，在叶身中部还穿有拉金连接成组。长叶片由于离心力太大，故有些叶顶不装围带，只在叶身中部穿有拉金。个别长叶片级为满足叶片的振动特性，围带、拉金都不装，这样的叶片称为自由叶片。

1. 围带

围带的作用可归结为：①用围带将叶片相互联结起来，相当于在叶片顶部增加了一个支撑点，使叶片的刚性增大了。当叶片受汽流力的作用在周向弯曲变形时由围带相应变形而产生的反弯矩将部分抵消汽流力引起的弯矩，使叶片的弯应力减小。②可以改变叶片的自振频率，使之工作时避开共振减小振幅，提高叶片的振动安全性。③使动叶汽道顶部封闭，避免蒸汽从汽道顶部溢出。多数级的围带还做出叶片顶部的轴向、径向汽封，以减小级内漏汽损失。

围带的结构形式很多，常用的有：整体围带，如图 2-91（b）所示；铆接或焊接围带，如图 2-91（a）所示；弹性拱形围带，如图 2-91（c）所示。

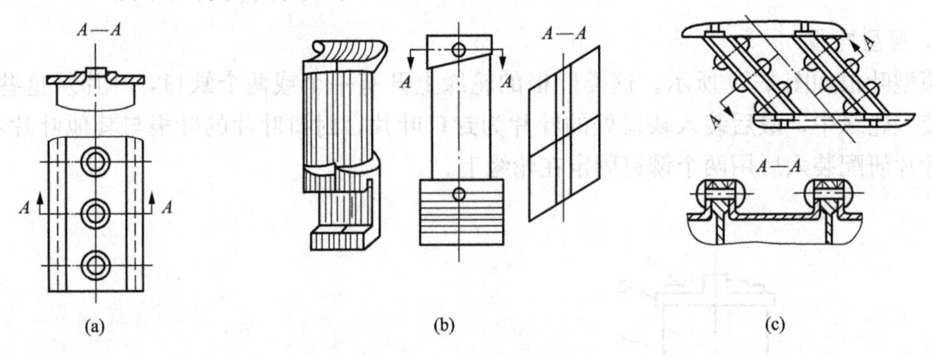

图 2-91 围带的形式
（a）铆接围带；（b）整体围带；（c）弹性拱形围带

2. 拉金

拉金的作用是增加叶片刚性，改善其振动性能。拉金通常为 6～12mm 的实心或空心的金属丝或金属管，穿过叶型部分的拉金孔中。拉金与叶片之间可以焊接在一起，称为焊接拉金，也有不焊接的称为松拉金或阻尼拉金。在一级叶片上可穿 1～2 圈拉金，最多不超过 3 圈。图 2-92 为常见拉金的结构示意图，其中图 2-92（d）所示为剖分松装拉金，这种拉金在叶片振动时除拉金与拉金孔之间产生摩擦阻力外，拉金的剖分面间也产生摩擦阻力，能有效地抑制叶片振动。图 2-92（e）为一些大机组末级叶片采用的 Z 型拉金，这种拉金与叶片一起铣出，然后分组焊接。由于这种拉金节距较小，因此可提高叶片的刚性，特别是抗扭性能，也有利于避免拉金因离心力过大而损坏。

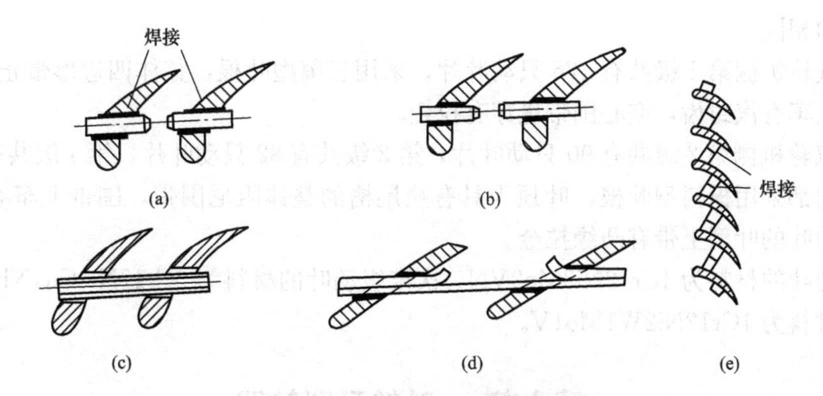

图 2-92 常见拉金结构示意图

(a) 实心焊接拉金；(b) 实心松装拉金；(c) 空心松装拉金；(d) 剖分松装拉金；(e) Z 型拉金

二、 东汽高效 660MW 超超临界汽轮机动叶片

1. 高压级动叶片

高压级叶片共有 14 级，由于工作区域不同，叶片有所不同。具体情况如下：

高压第 1 级动叶，共有 96 只叶片，采用枞树型叶根，整体四边形围带，围带上车有汽封齿。

高压第 2～第 5 级动叶，每级共有 102 只叶片，采用枞树型叶根，整体四边形围带，围带上车有汽封齿。

高压第 6～第 9 级动叶，每级共有 86 只叶片，采用三菌型叶根，整体四边形带止口的中空围带，围带上车有汽封齿，空心围带里穿有拉金。

高压第 10～第 13 级动叶，每级共有 76 只叶片；高压第 14 级动叶，共有 62 只叶片。该 5 级叶片都采用三菌型叶根，整体四边形带止口中空围带，围带上车有汽封齿，空心围带里穿有拉金。

高压级叶片根据工作区域的不同采用不同的材料，使用的材料类型和屈服强度为：材料 1Cr11Co3W3NiMoVNbNB，材料屈服强度不小于 850N/mm^2；材料 1Cr11Mo1NiWVNbN，材料屈服强度不小于 689N/mm^2；材料 2Cr11Mo1VNbN，材料屈服强度不小于 689N/mm^2；材料 2Cr12NiW1Mo1V，材料屈服强度不小于 619N/mm^2。

2. 中压级动叶片

中压级叶片共有 10 级，叶片的基本情况如下：

中压第 1～第 3 级动叶，每级共有 90 只叶片；中压第 4～第 6 级动叶，每级共有 86 只叶片。它们都采用枞树型叶根，整体四边形带止口中空围带，围带上车有汽封齿，空心围带里穿有拉金。

中压第 7～第 8 级动叶，每级共有 76 只叶片，采用枞树型叶根，平面整体围带。

中压第 9 级动叶，共有 88 只叶片；中压第 10 级动叶，共有 70 只叶片。它们都采用枞树型叶根，带圆弧槽的整体阻尼围带，围带上车有汽封齿。

中压级叶片采用的材料类型与高压级叶片相同。

3. 低压级动叶片

低压级叶片分为汽轮机侧和发电机侧，两侧叶片对称，相互对称的每级叶片数量、叶片形式等均相同。

低压汽轮机侧第1级共有126只动叶片，采用三菌型叶根，整体四边形带止口中空围带，围带上车有汽封齿，空心围带里穿有拉金。

低压汽轮机侧第2级共有90只动叶片，第3级共有82只动叶片，第4级共有70只动叶片，它们都采用枞树型叶根，叶顶为具有燕尾槽的整体阻尼围带，围带上车有汽封齿。最后一级动叶的叶型上带有凸缘拉金。

末级动叶的材料为1Cr12Ni3Mo2VN，次末级动叶的材料为0Cr17Ni4Cu4Nb，其他各级动叶的材料为1Cr12Ni2W1Mo1V。

第六节 叶轮及联轴器

一、叶轮

（一）概述

叶轮主要用于冲动式汽轮机，其作用是用来安装动叶片并将动叶片上的转矩传递给主轴。叶轮主要由轮缘、轮面组成，套装式转子的叶轮上还有轮毂，如图2-93所示。轮缘上开有安装动叶片的叶根槽，其形状取决于叶根的形式；轮毂是为了减小叶轮内孔应力的加厚部分；轮面将轮缘和轮毂或主轴连成一体，轮面上通常开有5～7个平衡孔。为了避免在同一直径上有两个平衡孔，叶轮上的平衡孔都是奇数且均匀分布。

（二）叶轮的分类

按轮面断面的形状，叶轮可以分为等厚度叶轮、锥形叶轮和等强度叶轮等形式，图2-94为这几种叶轮的纵截面图。等厚度叶轮加工方便，轴向尺寸小，但强度较低，通常用

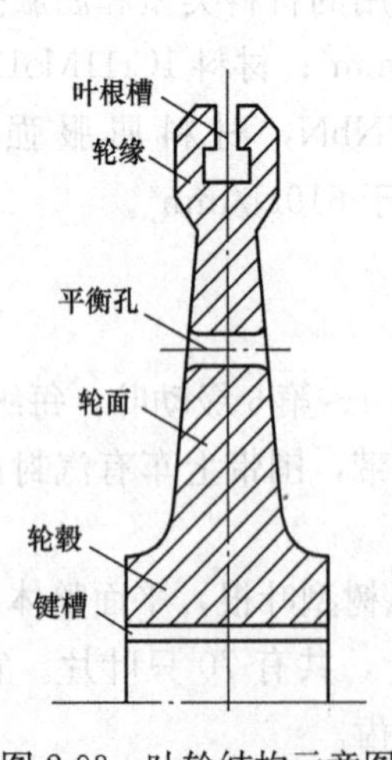

图2-93 叶轮结构示意图

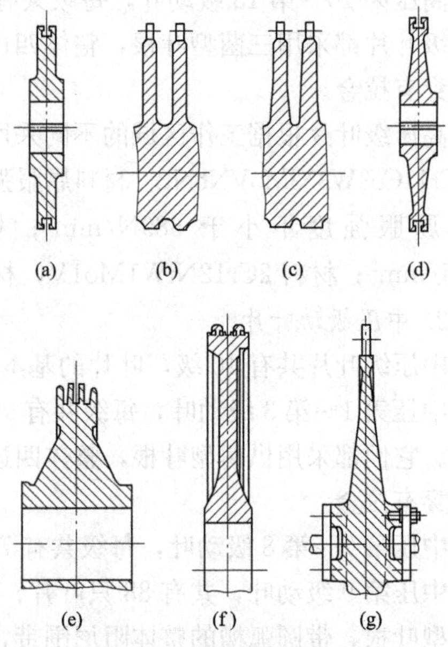

图2-94 叶轮的结构形式

(a)、(b)、(c) 等厚度叶轮；(d)、(e) 锥形叶轮；(f) 双曲线型叶轮；(g) 等强度叶轮

于叶轮直径较小的高压部分。对于直径稍大的叶轮，常将内径附近适当加厚，以提高承载能力，如图 2-94（c）所示。锥形叶轮不但加工方便，而且强度高，得到了广泛的应用。等强度叶轮的断面按照等强度要求设计，没有中心孔，强度最高，但对加工要求高，一般采用近似等强度的叶轮型线以便于制造，多用于轮盘式焊接转子。

（三）高效 660MW 超超临界汽轮机叶轮

该汽轮机的所有叶轮与主轴一体制造出来。高压叶轮全部是等厚度叶轮。中压第 1 级叶轮为锥形叶轮，第 2～第 10 级叶轮为等厚度叶轮。低压最后一级叶轮为锥形叶轮，其他为等厚度叶轮。

二、联轴器

（一）概述

联轴器又称靠背轮，其作用是连接汽轮机的各个转子和发电机转子，并将汽轮机的转矩传递给发电机。按照结构和特性，联轴器可分为刚性、半挠性和挠性 3 种类型。其中挠性联轴器由于结构复杂，传递转矩较小，仅用于功率不大的机组。这里主要介绍前两种联轴器。

1. 刚性联轴器

刚性联轴器有两种结构形式。图 2-95（a）所示为装配式。这种联轴器的两半，即联轴器 1 和 2 与主轴分别加工，然后用热套加键的方法固定在各自的轴端上，通过螺栓紧固在一起。在一侧对轮的外圆上还可以套装盘车齿轮 4，以供盘车装置驱动转子用。图 2-95（b）所示的联轴器与主轴为一个整体，这种联轴器的强度和刚度均较装配式高，主要用在整锻式转子和焊接转子上。在两对轮之间设有垫片，安装时修刮垫片厚度可调整对轮端面加工中出现的偏差。

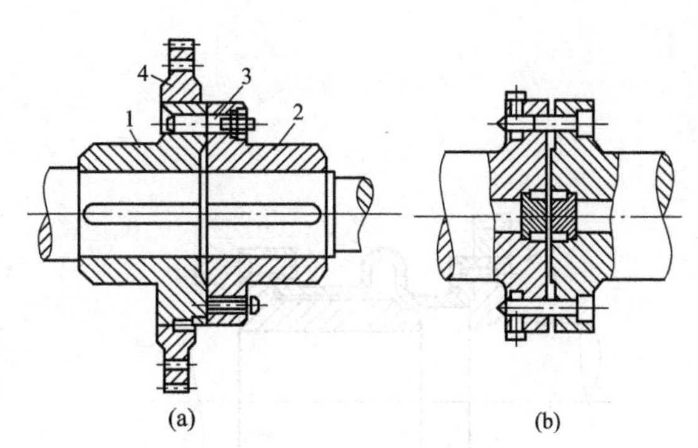

图 2-95　刚性联轴器
（a）装配式；（b）对轮与主轴成整体结构
1、2—联轴器；3—螺栓；4—盘车齿轮

刚性联轴器主要是通过螺栓承受剪力来传递转子间的扭矩。为使各螺栓受力均匀，螺栓与螺孔之间应紧密配合，两个对轮上的螺孔是在转子初次找中心后一起铰出的，各螺栓的重量应相同或对称，出厂时螺栓与螺孔均打有标记，现场装配时不可互换。联轴器也可主要依靠两对轮端面的摩擦力来传递扭矩。

刚性联轴器的优点是结构简单，尺寸小；连接刚性强，传递扭矩大；工作时不需要润滑，没有噪声。此外，采用刚性联轴器，两个转子可用 3 个轴承支持，从而简化了结构（少用一个轴承）并缩短了机组的轴向长度。它的缺点是传递振动和轴向位移，对转子找中心要求高。

2. 半挠性联轴器

汽轮机转子与发电机转子之间的连接，除采用刚性联轴器外，还可以采用半挠性联轴器。半挠性联轴器的结构如图 2-96 所示。联轴器 1 与汽轮机的轴为整体结构，联轴器 2 用热套加键的方法固定在发电机的轴端。两对轮之间用一波形套筒 3 连接，套筒两端面的法兰与对轮分别用精制螺栓 4 和 5 紧固。波形套筒在扭转方向是刚性的，而在弯曲方向是挠性的。

由于波形套筒具有一定的弹性，因此这种联轴器允许被连接转子间有一定的偏心和少许轴向位移，对振动的传递也不十分敏感。

（二）东汽高效 660MW 超超临界汽轮机联轴器

东汽高效 660MW 超超临界汽轮机有高压转子、中压转子和低压转子，所以有高中压转子、中低压转子及低压转子与发电机转子的连接，所有这些都通过刚性联轴器连接起来。

图 2-97 为高压转子与中压转子的刚性联轴器。联轴器每半与汽轮机转子整体地锻造在一起，两半中心对好后镗孔，用液压螺栓进行刚性连接。联轴器两侧固定有盖板，以减少工作时的鼓风摩擦损失。

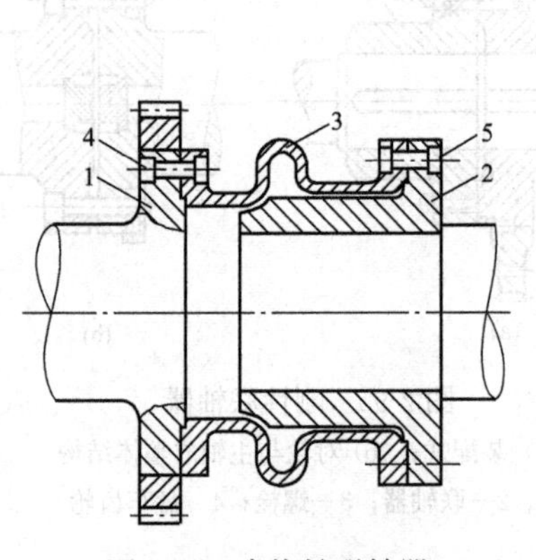

图 2-96 半挠性联轴器

1、2—联轴器；3—波形套筒；4、5—螺栓

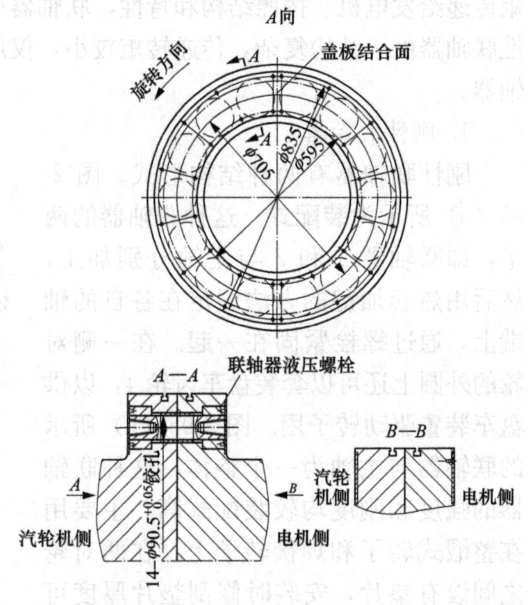

图 2-97 高、中压转子联轴器

联轴器的液压螺栓主要由两端为带有内外螺纹的螺母、带有一定锥度且在双头螺栓中间的螺杆、螺杆上配有一个内径带有相应锥度的膨胀衬套（螺栓套）组成，如图 2-98 所示。

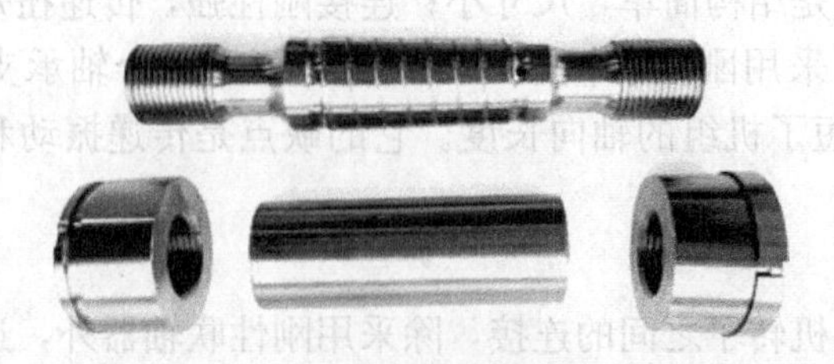

图 2-98 液压螺栓示意图

液压螺栓联轴器的组成及工作原理图如图 2-99 所示。工作时，液压螺栓类似与膨胀螺栓，膨胀衬套可以胀大。当在轴向给螺栓与膨胀衬套施加一个相反方向的作用力时，就会通过其相互配合的螺栓的圆锥面对膨胀衬套产生一个扩大很多倍的径向应力，达到它们之间的过盈配合，从而依靠法兰之间、螺栓螺杆与膨胀衬套、膨胀衬套与法兰螺孔之间的静摩擦力和螺杆的抗剪切力传递力矩。

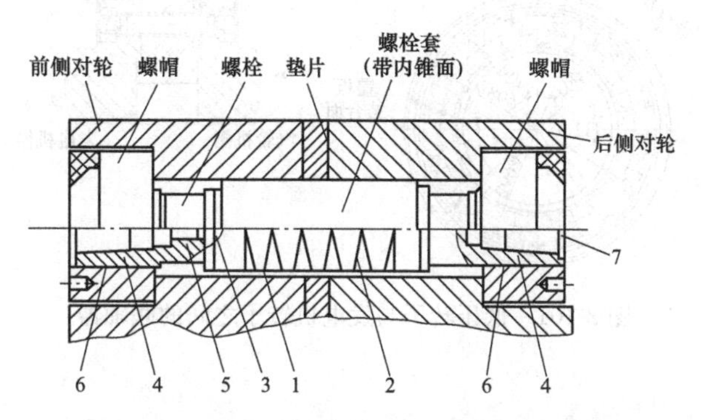

图 2-99　液压螺栓联轴器的组成及工作原理图

1—外锥面；2—外锥面上的表面油道；3—中心油道（通向表面油道）；
4—内螺纹（与螺栓液压拉伸装置连接）；5—内螺纹（与注油接头连接）；
6—外螺纹（与螺帽连接）；7—螺栓端面大端标志槽

图 2-100 所示为中压转子与低压转子之间的整锻式刚性联轴器。该联轴器也采用液压螺栓，并且在两个法兰之间由一个用螺钉固定在某一法兰上的调整垫片，通过改变该垫片厚度，可以调整转子的轴向位置，从而达到设计的动静轴向间隙。

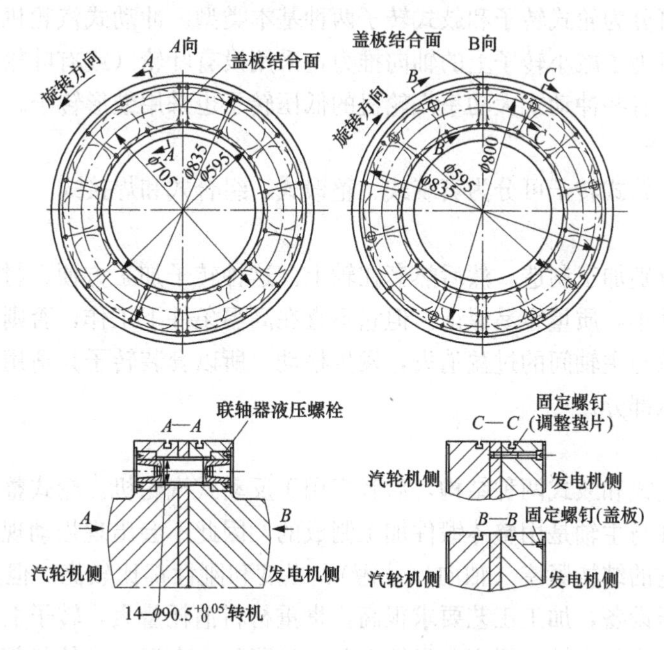

图 2-100　中、低压转子联轴器

低压转子与发电机转子之间的整锻式刚性联轴器如图 2-101 所示，同样采用液压螺栓进行连接。两个法兰之间有一个带有止口的盘车齿轮，用于保证两个法兰的定位，便于安装。检修时，必须用顶开螺钉轴向移动转子，使两个法兰分开，才能吊装转子。

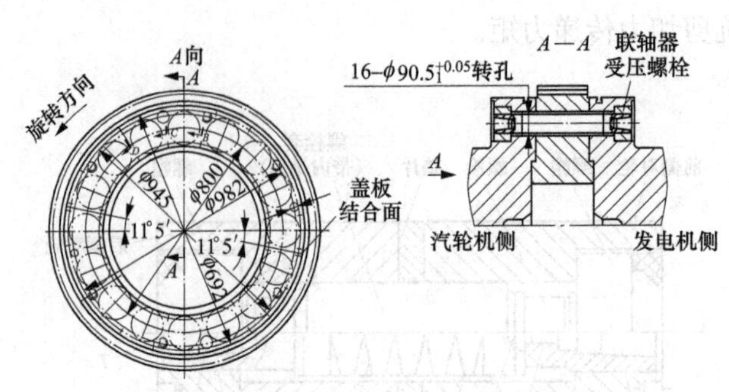

图 2-101　低压转子与发电机转子之间的联轴器

第七节　转　子

转子是汽轮机所有转动部件的组合，其作用是汇集各级动叶栅所得到的机械能并传递给发电机。工作时，转子除了承受巨大的扭矩外，还要承受由高速旋转所产生的离心力引起的巨大应力、各部分温度分布不均匀时引起的热应力及转子振动所产生的振动应力。对于高参数、大功率的汽轮机，转子的应力水平很高，工作条件更为严峻。

一、 转子的类型及结构

汽轮机转子可分为轮式转子和鼓式转子两种基本类型。冲动式汽轮机大都采用轮式转子。反动式汽轮机为了减小转子上的轴向推力，采用没有叶轮（或有叶轮但其径向尺寸很小）的鼓形转子。有些冲动式大功率汽轮机的低压转子也采用鼓形转子。

（一）轮式转子

按制造工艺，轮式转子可分为套装式、整锻式、组合式和焊接式。

1. 套装转子

叶轮与主轴分别加工制造，然后热套在轴上。这种转子加工方便，材料利用合理，叶轮及主轴锻件尺寸小，质量容易保证。但它不宜在高温条件下工作，否则会因高温蠕变及过大的温差使叶轮与主轴间的过盈消失，发生松动。所以套装转子只适用于中压汽轮机和高压汽轮机的低压部分。

2. 整锻转子

整锻转子有轮式和鼓式两种结构，后者多用于反动式汽轮机。轮式整锻转子的叶轮及其他主要转动部件与主轴是用整体锻件加工制成的，因此不会出现松动现象，适应高温工作条件。此外，它的结构紧凑（轴向尺寸短）、强度和刚性都比较高。但是整锻转子的生产需要有大型锻压设备，加工工艺要求很高，贵重材料消耗量大，转子上主要部件损坏时更换困难，甚至造成整个转子报废。尽管如此，为了防止高温下叶轮等部件松动，高参数汽轮机的高压转子和一些再热机组的中压转子都采用整锻转子。

3. 组合式转子

组合式转子是由整锻和套装两部分组合而成。它对高温区域工作的级采用叶轮与主轴整体锻造的结构，而对在低温区域工作的级采用叶轮套装结构。这样，既保证了高温区各级叶轮工作的可靠性，又避免采用过大尺寸的锻件及节约耐高温的金属材料，降低制造成本，如国产高压 50MW 汽轮机的转子、100MW 汽轮机的高压转子和 200MW 汽轮机的中压转子都是组合式转子。

4. 焊接转子

焊接转子有鼓式和轮式两种结构形式。焊接转子具有整锻转子的许多优点，如叶轮不存在松动问题；叶轮无轮毂，结构紧凑；叶轮无中心孔，强度高。此外还具有质量较轻，刚度大，不需要大型整体锻件，叶轮与端轴的锻件尺寸小、质量容易保证等优点。但是焊接转子要求材料的可焊性好，焊接工艺及检验方法要求高，随着冶金和焊接技术的不断发展，焊接转子的应用将会日益广泛。如国产 300MW 汽轮机的低压转子采用了焊接转子。

（二）鼓式转子

鼓式整锻转子为了减小轴向推力，除采取了各反动级不设叶轮，高中压通流部分反向布置这样一些措施外，该转子上还设有高压、中压和低压三个平衡活塞，用以平衡轴向推力。该汽轮机的低压转子以进汽中心线为基准两侧对称，中部为转鼓形结构，末级和次末级为整锻叶轮结构。

为了减小高温区域内转子的金属蠕变变形和热应力，国产引进型 300MW 汽轮机对高中压转子进行了冷却，如图 2-102 所示。图 2-102（a）为主蒸汽进口处高温区段内转子的冷却结构，该汽轮机调节级与高压压力级反向布置，从调节级出来的蒸汽有一部分通过调节级叶轮上的斜孔并流过高温区转子表面，然后进入到压力级，从而使这部分高温区转子得到了冷却。图 2-102（b）是再热蒸汽进口区域内转子的冷却情况，冷却高压内缸后的蒸汽和来自高压平衡活塞密封环后的蒸汽从中压平衡活塞密封环之间流过，然后其中的一部分在中压第一级的动、静叶之间汇入主流，另一部分通过动叶片根部的通道进入中压二级，这样就对中压第二级前的转子进行了冷却。

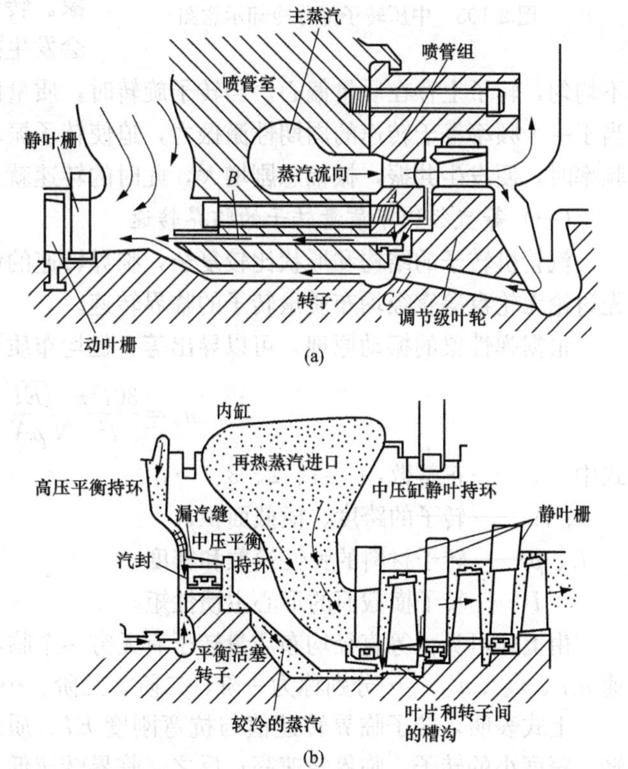

图 2-102　国产引进型 300MW 汽轮机转子的冷却

（a）高压转子表面的冷却；（b）中压转子表面的冷却

国产 600MW 超临界汽轮机高中压转子为鼓形无中心孔的整锻转子，转子的前、中、后部各设有一个动平衡面，可以实现制造厂内高速动平衡和电厂不揭缸动平衡。有两股冷却蒸汽，一股来自高压缸排汽侧，通过挡汽板进入高、中压外缸与内缸的夹层内，再经过内缸上的小孔进入中压缸夹层内，冷却高温进汽区，防止高中压外缸过热。另一股冷却蒸汽来自调节级后，经高、中压平衡鼓流出，沿中压导流环内侧进入中压第一级，通过第一级动叶片根部的缝隙，利用反动式动叶片特有的动叶片前后的压差流动，从而使转子表面被冷却蒸汽覆盖，不直接接受566℃蒸汽的辐射，大大降低转子的金属温度，从而降低转子的热应力。中压转子的冷却如图2-103所示。

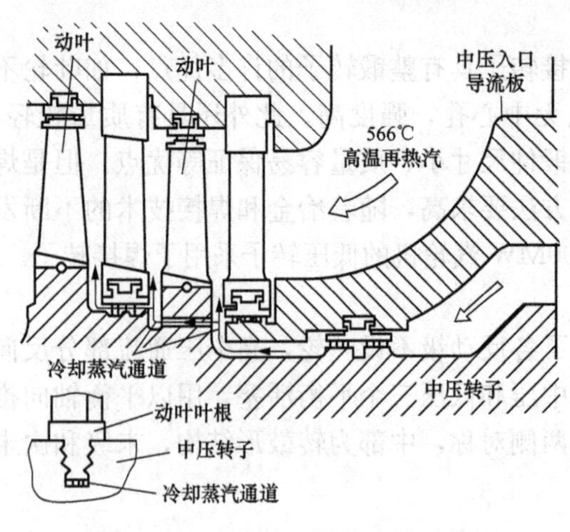

图2-103 中压转子部分冷却示意图

二、转子的临界转速

在多数汽轮发电机组启动过程中，当转速升高到某一数值时机组将发生强烈振动，而越过这一转速后，振动便迅速减弱；当转速达到另一更高值时，又可能发生较强烈的振动，继续提高转速，振动又迅速减弱；在停机过程中，当转速下降到启动时强烈振动的转速时，转子又强烈振动，再继续降低转速，振动又迅速减弱。通常把这些机组发生强烈振动时的转速称为转子的临界转速。

转子临界转速下的振动可看作共振现象。转子是一个弹性体，在激振力的作用下会发生振动。由于制造、装配的误差及材质不均匀，转子上存在质量偏心。当转子旋转时，质量偏心引起的离心力作用在转子上，相当于一个频率等于转速的周期性激振力，迫使转子振动。当激振力频率等于转子横向自振频率时，便发生共振，振幅急剧增大，此时的转速就是转子的临界转速。

（一）等直径均布质量转子的临界转速

汽轮机转子的结构和形状比较复杂，临界转速的计算也较为复杂。为简便起见，下面先讨论无轮盘等直径均布质量转子的临界转速。

根据弹性梁的振动原理，可以导出等直径均布质量转子的临界转速n_c为

$$n_c=\frac{30i^2\pi}{l^2}\sqrt{\frac{EI}{\rho A}} \tag{2-1}$$

式中 i——正整数，$i=1$、2、3、…；

l、A——转子的跨度、横截面积；

E、ρ——转子材料的弹性模数和密度；

I——转子横截面的形心主惯性矩。

由上式可见，等直径均布质量转子有无穷多个临界转速。$i=1$、2、3、…时的临界转速n_{c1}、n_{c2}、n_{c3}、…分别称为一阶、二阶、三阶、…临界转速。

上式表明，转子临界转速值与抗弯刚度EI、质量ρA及跨度l有关。刚度大、质量轻、跨度小的转子，临界转速高；反之，临界转速低。

（二）汽轮机转子的临界转速

汽轮机转子通常不是等直径而是呈阶梯形，上面还安装着叶轮（轮式转子）和其他零件，其形状和结构较复杂，但前面讨论的等直径均布质量转子临界转速的结论同样适用于

汽轮机转子。

汽轮机中，每根转子两端都有轴承支承，称为单跨转子。汽轮机各单跨转子及发电机转子之间用联轴器连接起来，就构成了一个多支点的转子系统，称为轴系。轴系的临界转速由各单跨转子的临界转速汇集而成，但又不是它们的简单集合。用联轴器连接起来后，各转子的刚度增大，因此轴系的临界转速比单跨转子相应阶次的临界转速高，且联轴器刚性越好，临界转速提高得越多。

因为组成轴系各跨转子的临界转速各不相同，有高有低，所以轴系临界转速的数目比单跨转子的临界转速的数目要多且间隔较密，彼此之间不再成有规律的比例关系。当转子的工作转速与这些临界转速中的任一个相等时，轴系都会发生共振而引起机组的强烈振动。

转子临界转速的大小还受到工作温度和支承刚度等因素的影响。工作温度升高时，转子的刚度降低，使临界转速降低。转子支承在由油膜、轴承、轴承座、台板和基础等组成的支承系统上，支承刚度降低，使转子的临界转速降低。

（三）转子临界转速的校核标准

为保证机组的安全运行，汽轮机的工作转速应当避开邻近的临界转速，并有一定的裕度。

一阶临界转速高于正常工作转速的转子称为刚性转子，反之称为挠性（柔性）转子。对于刚性转子，通常要求其一阶临界转速 n_{c1} 比工作转速 n_0 高 20%～25%，即 $n_{c1}>(1.2\sim1.25)n_0$，但不允许在 $2n_0$ 附近。对于挠性转子，其工作转速在临界转速 n_{cn}、$n_{c(n+1)}$ 之间，并且要求 $1.4n_{cn}<n_0<0.7n_{c(n+1)}$。

有的汽轮机转子进行高速动平衡，平衡精度大大提高，质量偏心引起的离心力大为减小，因此临界转速与工作转速之间避开的裕度可以减小很多，国外有的制造厂采用 5%的裕度。实际上，平衡良好的转子在通过临界转速时感觉不到明显的振动。

三、东汽高效 660MW 超超临界汽轮机转子

东汽高效 660MW 超超临界汽轮机为冲动式，所以采用轮式转子，其轴系由 1 个单流程反向高压转子、1 个单向顺流中压转子和 1 个分流式低压转子组成。所有转子均为整锻式，叶轮、联轴器与主轴整锻成一体，均无中心孔，各级动叶通过叶根安装在叶轮轮周上。

高压转子采用 1Cr10Mo1NiWVNbN 合金钢锻件，中压转子采用 FB2 合金钢锻件，它们都具有良好的耐热高强度性能。低压转子采用 30Cr2Ni4MoV 合金钢锻件，具有良好的低温抗脆断性能。

（一）汽轮机转子

1. 高压转子

高压转子工作蒸汽压力高、温度高，容积流量小，通流部分尺寸小。高压转子采用整锻无中心孔转子，由整锻主轴及一体锻造的联轴器和叶轮组成，如图 2-104 所示。从机头侧起，高压转子的结构依次是端部连接主油泵泵轮等的螺栓孔、1 号轴颈、高压转子前轴封、14 级安装动叶的冲动式叶轮、高压转子后轴封、2 号轴颈、推力盘和联轴器。为了减小安装后动平衡试验加装平衡块的工作量，在转子的不同部位设置螺塞孔，可以有效地加装平衡块，高压转子的螺塞孔分别位于高压转子前轴封与第 14 级叶轮根部之间、高压转子后轴封与 2 号轴颈之间。

2. 中压转子

中压转子工作蒸汽温度高、压力低，容积流量较大，通流部分尺寸大。中压转子也是采用整锻无中心孔转子，由整锻主轴及一体锻造的联轴器和叶轮组成，如图 2-105 所示。

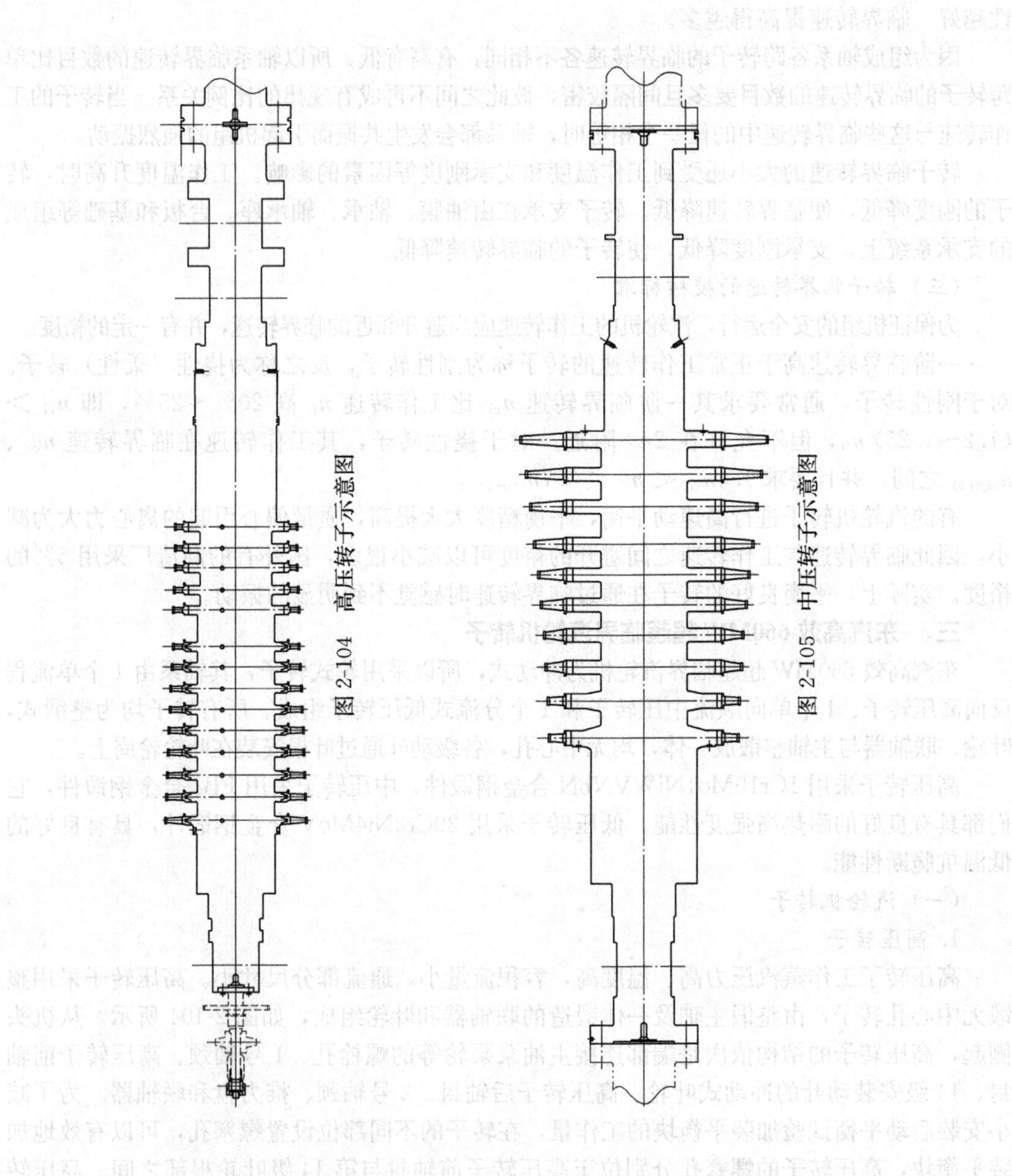

图 2-104 高压转子示意图

图 2-105 中压转子示意图

从进汽侧看，中压转子的结构依次是高压侧联轴器、3 号轴颈、中压转子前轴封、10 级安装动叶的冲动式叶轮、中压转子后轴封、4 号轴颈、轴向膨胀测量盘、低压侧联轴器。同高压转子一样，为了便于转子的动平衡，在转子前后叶轮端面安装平衡块的燕尾槽，中压转子后轴封处有平衡螺塞孔。

3. 低压转子

低压转子的工作蒸汽压力低、容积流量大，要求通流部分足够大，因此叶片的尺寸长，低压转子的体积也大。为了便于制造及运送，同时减小轴向推力，低压转子采用对称分流，并采用整锻无中心孔转子，由整锻主轴及一体锻造的联轴器和叶轮组成，如图 2-106 所示。从汽轮机侧向发电机侧看，中低压转子的结构依次是中压侧联轴器、5 号轴颈、低压转子前轴封、汽轮机侧 4 级安装动叶的冲动式叶轮、发电机侧 4 级安装动叶的冲动式叶轮、低压转子后轴封、6 号轴颈、轴向膨胀测量盘、具有盘车齿轮的发电机侧联轴器。同高压转子一样，为了便于转子的动平衡，在转子前后叶轮端面有安装平衡块的燕尾槽，低压转子中间进汽处有平衡螺塞孔。

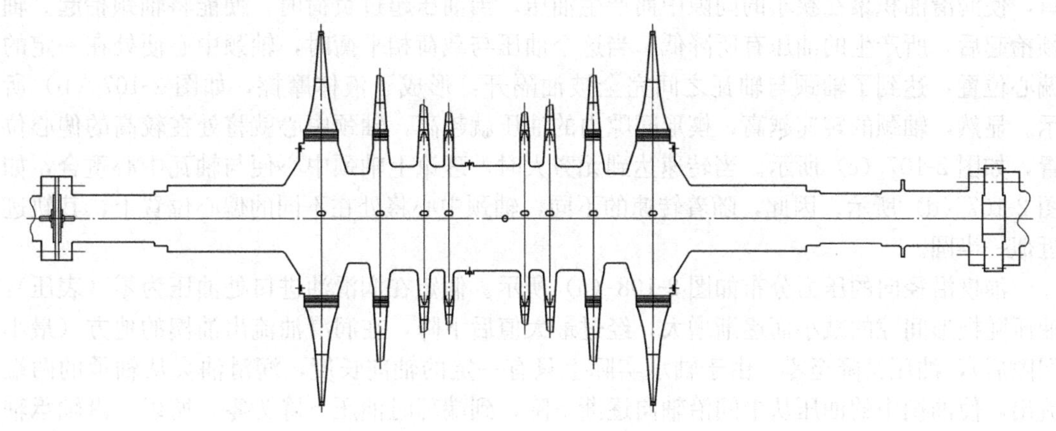

图 2-106 低压转子示意图

（二）转子的临界转速

高压转子、中压转子和低压转子的临界转速会影响到汽轮机的启动、停机过程，它们的数值见表 2-5。

表 2-5 汽轮机转子的临界转速 (r/min)

序号	转子名称	第一阶临界转速（设计值）	第二阶临界转速（设计值）
1	高压转子	1717.1	>4000
2	中压转子	1907.8	>4000
3	低压转子	1269.9	3517.7

第八节 轴 承

汽轮机采用的轴承有支持轴承和推力轴承两种。支持轴承的作用是承担转子的重量及不平衡质量产生的离心力，并确定转子的径向位置，以保证转子中心与汽缸中心一致，从而保证转子与汽缸、汽封、隔板等静止部分正确的径向间隙。推力轴承的作用是承担蒸汽作用在转子上未平衡的轴向推力，并确定转子的轴向位置，以保证通流部分动静间正确的轴向间隙。

由于汽轮机轴承是在高转速、大载荷的条件下工作的，因此，要求轴承工作必须安全可靠，摩擦力尽可能小。为了满足这一要求，汽轮机轴承都采用液体摩擦的滑动轴承。工作时，在轴颈和轴瓦之间形成油膜，建立液体摩擦，以保证机组安全平稳地工作。因此，这种轴承采用循环供油方式，由润滑油供油系统连续不断地向轴承提供压力、温度合乎要求的润滑油。

一、支持轴承

（一）支持的工作原理

由于转子轴颈的直径小于轴承孔的直径，轴颈未转动时，在转子自身重量的作用下，轴颈与轴瓦的下部接触，这样轴颈与轴瓦之间便形成了一个带弧度的楔形间隙，如图2-107（a）所示。当连续地向轴承供给具有一定压力和黏度的润滑油之后，轴颈旋转时，黏附在轴颈上的油层随轴颈一起转动，并带动各层油转动，将油从楔形间隙的宽口带向窄口，使润滑油积聚在狭小的间隙中而产生油压。当油压超过负荷时，便能将轴颈抬起。轴颈抬起后，所产生的油压有所降低。当这个油压与载荷相平衡时，轴颈中心便处在一定的偏心位置，达到了轴颈与轴瓦之间完全被油隔开，形成了液体摩擦，如图2-107（b）所示。显然，轴颈的转速越高，楔形间隙内的油压就越高，轴颈中心就将处在较高的偏心位置，如图2-107（c）所示。当转速达到无穷大时，理论上轴颈中心便与轴瓦中心重合，如图2-107（d）所示。因此，随着转速的不同，轴颈中心将处在不同的偏心位置上，其轨迹近似一半圆。

油楔沿径向的压力分布如图2-108（a）所示。假定在润滑油进口处油压为零（表压），油压随楔形间隙的减小而逐渐增大，经过最大值后下降，在润滑油流出油楔的地方（最小间隙后），油压又降至零。由于轴承实际上只有一定的轴向长度，润滑油会从轴承的两端流出，使油楔中的油压从中间沿轴向逐渐下降，到端部时油压下降为零。所以，沿轴承轴向油压是中间大，两头小，端部为零。不同的 l/d（l 为轴承长度，d 为轴颈直径）沿轴向分布如图2-108（b）所示。由图可见，对于同一轴承，其他条件（转速、轴瓦内径、轴

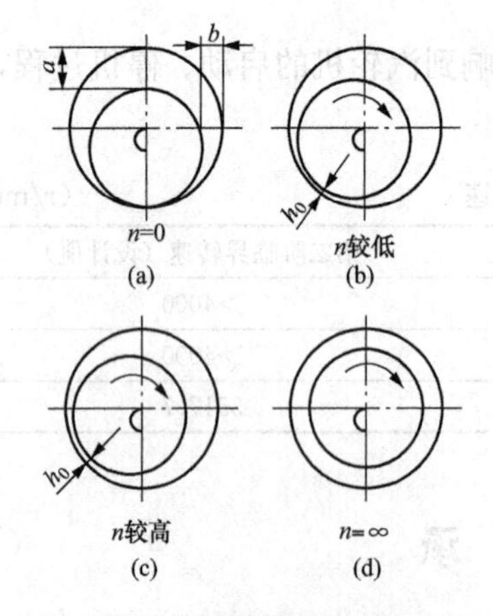

图2-107　支持轴承的工作原理

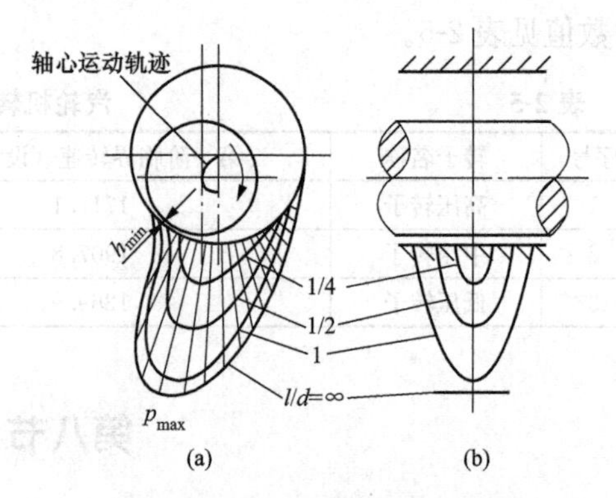

图2-108　轴承中油膜压力的分布
（a）轴心运动轨迹及油楔中的周向压力分布；
（b）油楔中的轴向压力分布

颈直径及润滑油）相同时，若轴承轴向长度越长，则产生油压越大，轴承的承载能力越大，轴颈抬起越高，偏心距越小；反之，轴承轴向长度越短，则产生油压越小，承载能力越低，偏心距越大。但是轴承长度过长，将影响轴承的冷却，并增加转子轴向长度，因此，轴承不宜做得过长。

（二）轴承结构

支持轴承的结构形式有多种，按轴瓦的形式可分为圆筒形轴承、椭圆形轴承、多油楔轴承和可倾瓦轴承等；按轴承自身的支承方式可分为固定式和自位式两种。

1. 圆筒形支持轴承

圆筒形支持轴承是指轴瓦的内圆为正圆。若轴承体的外形为圆筒形称为固定式圆筒形轴承，若轴承体的外形为球面称为自位式圆筒形轴承。

图 2-109 所示为固定式圆筒形支持轴承。轴承体与轴瓦为整体结构，其外部和内圆均为圆筒形。轴瓦由上、下两半组成，通过定位销 6 对正定位，并用螺栓 10 连接起来。下瓦支持在三块垫铁 2 上，垫铁 2 用螺钉 3 与轴瓦固定，垫铁 2 的下边压有垫片，改变这三处垫片的厚度就可以调整轴瓦的中心。垫片为薄钢片制成，每处的垫片数不许超过三层。在转子放入以前，底部垫铁和轴承座洼窝之间应留有 0.03～0.07mm 的间隙（较大值用于功率大的机组），这样当转子放入后，下瓦的三个垫铁均匀受力。在上瓦的顶部也装有一个垫铁 2，改变该垫块下垫片的厚度就可以调整轴瓦与轴承盖之间的紧力。

图 2-110 所示为自位式圆筒形支持轴承结构简图，其结构与固定式圆筒形支持轴承基本相同，不同的是该轴承体外形呈球面。当转子的挠度变化引起轴颈倾斜时，轴承体可做相应转动，自动调位，从而使轴颈和轴瓦之间的间隙在整个轴瓦的长度范围内保持不变。轴承共用了 4 块支持垫块 7，以便在轴承座中调整中心，垫片 8 是调整轴瓦径向位置用的。润滑油从底部垫块上的孔 9 进入轴承，在这之前可加装节流孔板，用以控制进入轴承的润

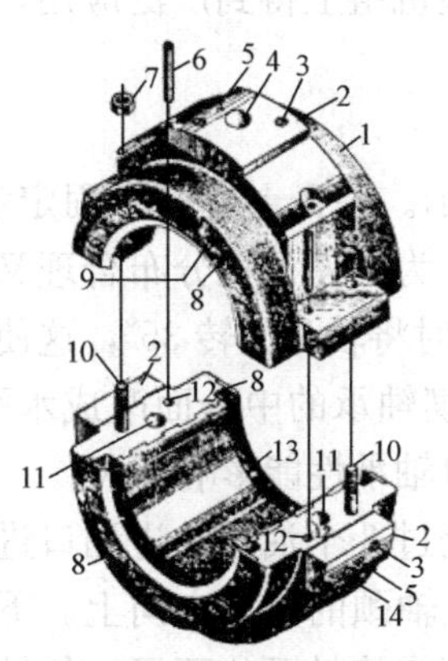

图 2-109　固定式圆筒形支持轴承

1—上轴瓦；2—垫块；3—固定垫铁的螺钉；4—温度计插孔；5—定位销子；6—上、下两半轴瓦的定位销；7—螺帽；8—油挡；9—油挡固定螺钉；10—上、下两半轴瓦结合螺栓；11—进油孔；12—定位销子孔；13—乌金；14—下轴瓦

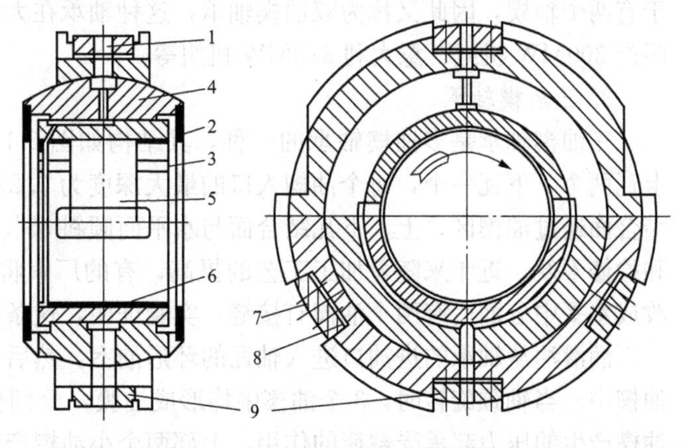

图 2-110　自位式圆筒形支持轴承结构简图

1—温度计插孔；2—挡油环；3—轴瓦缺口槽；4—轴承体；5—轴瓦槽道；6—轴瓦；7—支持垫块；8—垫片；9—进油孔

滑油量。进入轴承的润滑油顺轴承体4与轴瓦6之间的环形槽道流动，在轴瓦中分面左右两侧进入轴瓦。左边进入的润滑油沿上半轴瓦的宽敞槽道5按轴转动的方向流动，同时将轴承冷却，最后大部分从缺口槽3流出端部。如要加强冷却效果，可加大缺口槽3的尺寸。轴瓦中分面右边进入的油被轴颈旋转带入楔形间隙，然后从两端排出，流入轴承箱回油通路。轴承两端装有挡油环2，以防止润滑油溅出轴承。在上轴瓦和上轴承体间开有油槽，油可通过轴承体、球面座上的孔达到温度计插孔1，以便安装温度计测量轴承油温。

在静止状态下，圆筒形支持轴承顶部间隙约为侧边（单侧）间隙的2倍。

2. 椭圆形支持轴承

椭圆形支持轴承是指轴瓦的内圆为椭圆形，如图2-111所示。当轴承内圆钨金浇铸完毕车准轴瓦内孔尺寸时，在上、下两半中分面间加了一层厚0.8～1.0mm的垫片，撤走垫片，两半重新组合后，内孔便呈椭圆形。椭圆形轴承多采用球面支持的自位式，在结构上与圆筒形自位式轴承基本相同。

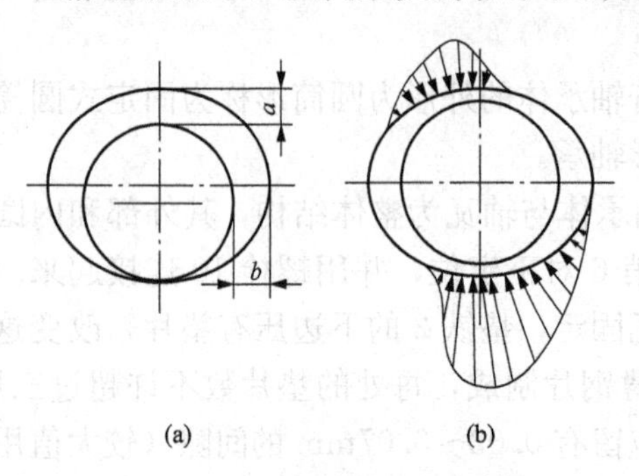

图2-111　椭圆形轴承示意图

(a) 椭圆形轴承间隙；(b) 椭圆形轴瓦油楔压力分布

由于轴瓦的内圆呈椭圆形，这就使轴瓦顶部间隙 a 小于侧面间隙 b，如图2-111（a）所示。一般顶部间隙 a 为轴颈直径的1/1000～1.5/1000，侧面间隙 b 约为顶部间隙的两倍。由于侧面间隙加大，楔形间隙比圆筒形收缩更为急剧，这有利于形成液体摩擦及提高油膜压力，增大轴承的承载能力，其比压可达2.5MPa。又由于顶部间隙减小，这样在顶部就可出现一个楔形油膜（称为副油楔），如图2-111（b）所示。副油楔将轴颈向下压，两个油楔相互作用，使油膜刚性提高，抗震性增强，工作稳定性得到提高。椭圆形轴承由于有两个轴楔，因此又称为双油楔轴承，这种轴承在大、中型机组上得到广泛应用，如某国产300MW机组、意大利320MW机组等。

3. 三油楔轴承

三油楔轴承是多油楔轴承的一种，其结构如图2-112所示。轴瓦上有3个固定油楔：上瓦两个，下瓦一个，每个油楔入口的最大深度为0.27mm。为了使油楔分布合理又不使结合面通过油楔区，上、下瓦结合面与水平面倾斜35°，安装时将轴瓦反转35°，这使安装和检修不便。近年来随着加工工艺的提高，有的厂家将三油楔轴承的中分面改成水平的。改成水平中分面后有两个油楔有接缝，实验证明，这条接缝对轴承性能影响不大。

润滑油从轴承的进油口进入轴瓦的环形油室，然后分别经过3个油楔的进油口进入各油楔中。当轴颈旋转时，3个油楔中均形成油膜，分别作用在轴颈的3个方向上。下部大油楔产生的压力起承受载荷的作用，上部两个小油楔产生的压力将轴颈往下压，使转轴运行平稳，并具有良好的抗震性能。三油楔轴承的承载能力较强，其比压可达3MPa。

轴瓦底部开有高压油顶轴装置的进油口及油池。机组启动时，从顶轴油泵打来的高压油进入轴承将轴颈顶起，使轴颈与轴瓦之间用油隔开，防止出现干摩擦，保护轴颈和轴承。

4. 可倾瓦支持轴承

可倾瓦轴承又称活支多瓦轴承，它通常是由3～6或更多块能在支点上自由倾斜的弧

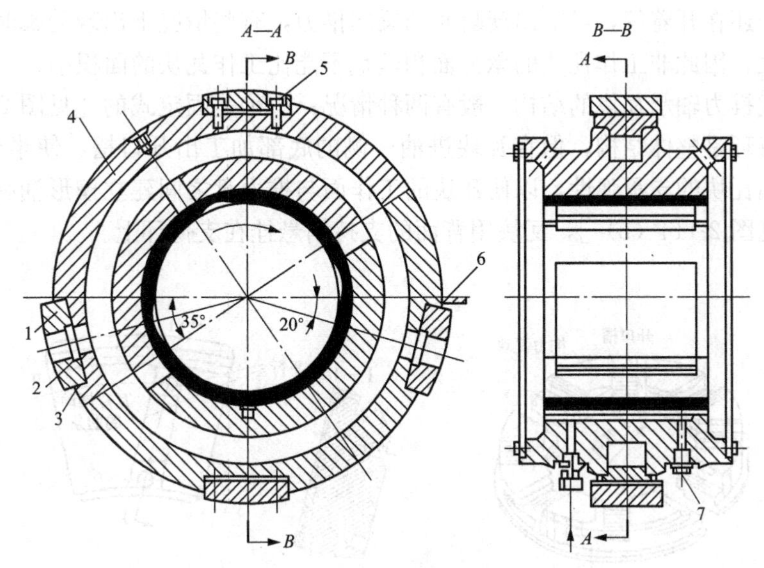

图 2-112　三油楔轴承

1—调整垫片；2—节流孔；3—带孔调整垫片；4—轴瓦体；
5—内六角螺钉；6—止动垫圈；7—高压油顶轴进油

形瓦块组成，其原理如图 2-113 所示。工作时，瓦块可以随着转速、载荷及轴承温度的不同而自由摆动，自动调整到形成油膜的最佳位置。油膜对轴颈的作用力与轴颈上的载荷在任何情况下都在同一直线上，因此这种轴承具有较高的稳定性。由于瓦块可以自由摆动，增加了支承柔性，具有吸收转轴振动能量的能力，即具有很好的减振性。同时，可倾瓦轴承还具有承载能力大（比压可达 4MPa）、摩擦耗功小以及能承受各个方面的径向载荷、适应正反转动等优点，越来越多为大功率汽轮机所采用。其缺点是结构复杂，加工制造以及安装、检修较为麻烦，成本较高。

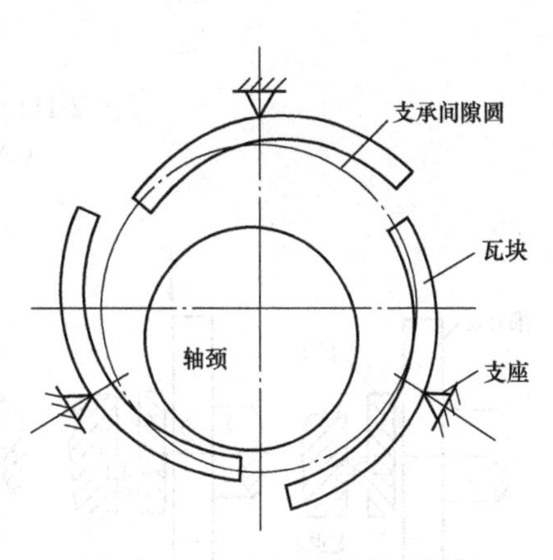

图 2-113　可倾瓦支持轴承原理

二、推力轴承

汽轮机在安装时如果转子的轴向位置不正确，则不能保证汽缸内动、静之间正常的轴向间隙。机组运行中，蒸汽在转子上还要产生很大的轴向推力，其数值一般可达几吨至几十吨，该推力足以使转子产生轴向移动，导致动、静之间产生撞击或摩擦。因此，汽轮机必须设置推力轴承。

现代大功率汽轮机上使用的推力轴承有两类，分别是密切尔式和金斯布里型推力轴承，虽然形式不同，但基本工作原理是一样的。根据大功率机组统计，用得比较多的还是密切尔式推力轴承，这种轴承在推力盘两面圆周方向上各装有 6～12 个扇形瓦块。承受正向推力一侧的瓦块称为工作瓦块（或推力瓦块），而推力盘另一侧的瓦块称为非工作瓦块（或定位瓦块）。在某些异常的工况下，如突然甩负荷、高压缸和中压缸的进汽阀一个突然关闭而另一个还在开着等，可能出现瞬时的反向推力，有些情况下出现的瞬时反向推力比正向推力更大，因此非工作瓦块的承力面积丝毫不能比工作瓦块的面积小。

密切尔式推力轴承瓦块的结构一般有两种情况：一种是固定式的［见图 2-114（a）］，即瓦块与支持环是整体结构，但在瓦块进油一侧的底部加工出开口槽，使半个瓦块悬空，这有利于增加瓦块的支承弹性，以便瓦块的工作面与推力盘之间建立楔形油膜；另一种是摆动式的［见图 2-114（b）］，瓦块用背面的支持销悬挂在支持环上。

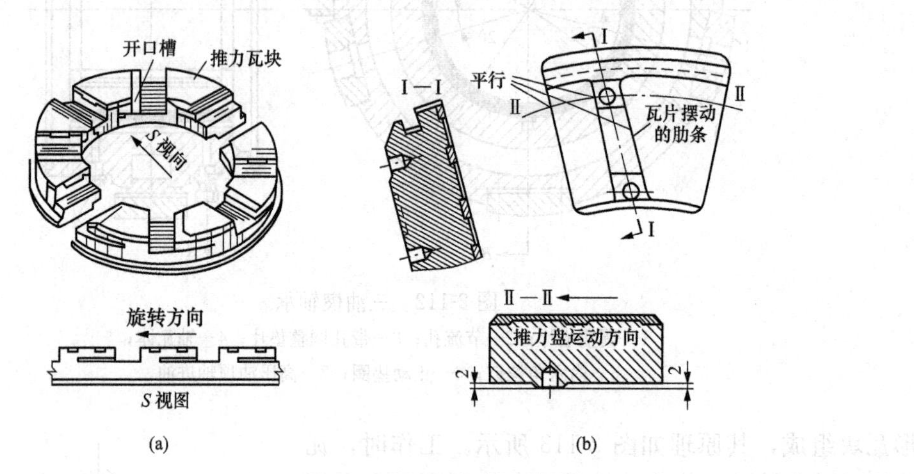

图 2-114 密切尔式推力轴承的瓦块

（a）固定式；（b）摆动式

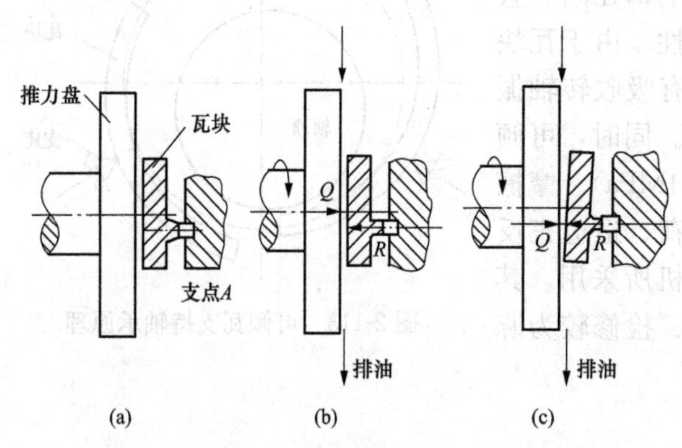

图 2-115 推力瓦块与推力盘之间油楔的形成

瓦块与推力盘之间楔形油膜建立的过程如图 2-115 所示。汽轮机在静止时，瓦块表面与推力盘平行，如图 2-115（a）所示。汽轮机转动后，供入轴承的润滑油被旋转的推力盘带入瓦块与推力盘之间的间隙中，当转子上有推力产生时，间隙中的油层就受到压力，并传递给推力瓦块。由于瓦块背部的支承点不在中央位置，而是偏向瓦块的排油一侧，使进油一侧的面积大，因此油压的合力 Q 也偏向瓦块的进油侧。这样，合力 Q 就与瓦块支点的反作用力 R 形成一力偶，使瓦块发生偏转，形成油楔，如图 2-115（b）所示。随着瓦块的偏转，油压的合力 Q 向排油一侧移动，当 Q 移至 R 的作用点时，瓦块便保持平衡位置，油楔的压力与轴向推力保持平衡状态，从而在瓦块与推力盘之间建立起液体摩擦，如图 2-115（c）所示。

运行中，转子上的轴向推力总体上与蒸汽流量成正比，因此，负荷越大，轴向推力越大。随着轴向推力的增大，瓦块偏转的角度也在增大，油楔的压力及轴承的摩擦发热量都在升高。所以运行中应重视对推力轴承工作温度的监视，以免瓦块表面厚 1～1.5mm 的钨金被融化，造成事故。一般在推力轴承上半部工作面和非工作面的瓦块上，各设有 1 个或 2 个热电偶温度测点，用于测量瓦块的钨金温度。

推力瓦由钨金层和用锡磷青铜浇铸的瓦胎构成。钨金的厚度应小于通流部分的最小轴向间隙，一般为 1.5mm 左右。这是考虑当发生钨金全部熔化的事故后，凭借锡磷青铜的耐磨性，避免动静部分间的直接摩擦。

三、东汽高效 660MW 超超临界汽轮机轴承

东汽高效 660MW 超超临界汽轮机转子采用双轴承支承方式，3 个转子共 6 个支持轴承，其中，高压转子和中压转子采用可倾瓦支持轴承，低压转子采用自位式椭圆形支持轴承。在高中压转子之间设有一个推力轴承，承担轴向推力。各个轴承的参数见表 2-6。

表 2-6　轴承参数

轴瓦号	轴颈尺寸（mm）		轴瓦/承形式	轴瓦受力面积（cm^2）	比压（MPa）	失稳转速（r/min）	设计轴瓦温度（℃）	对数衰减率
	直径	宽度						
1	ϕ381	190	可倾瓦	724	1.0	>4000	90	—
2	ϕ431.8	254	可倾瓦	1097	1.0	>4000	90	—
3	ϕ457.2	280	可倾瓦	1280	1.2	>4000	90	—
4	ϕ482.6	300	可倾瓦	1448	1.2	>4000	90	—
5	ϕ558.8	406.4	椭圆瓦	2271	1.5	>4000	87	0.29
6	ϕ558.8	406.4	椭圆瓦	2271	1.7	>4000	87	0.29
推力轴承			密切尔	2258				

（一）支持轴承

图 2-116 为 1 号支持轴承的结构示意图。该轴承位于机头的 1 号轴承箱内，为可倾瓦

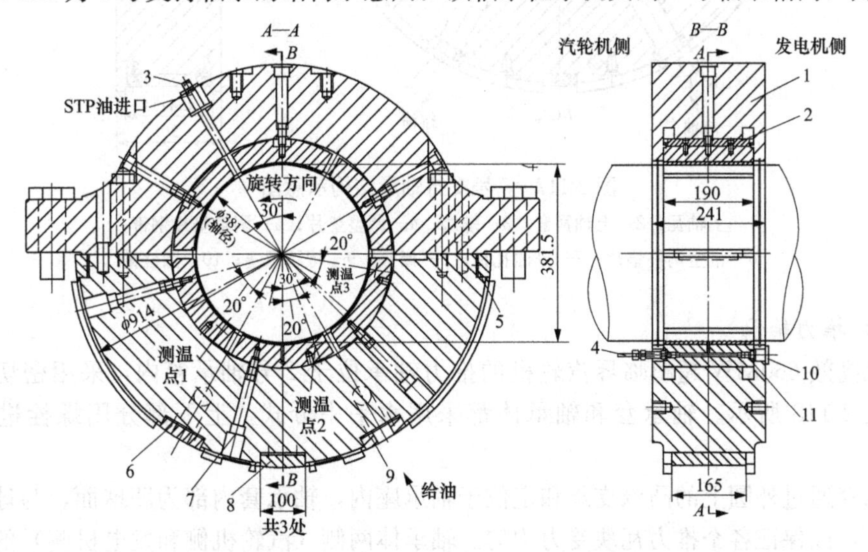

图 2-116　1 号支持轴承结构示意图

1—上轴瓦套；2—可倾瓦块；3—螺塞；4—高压油接管；5—调整垫片；6—调整垫片钢带；7—螺纹销；8—调整垫块；9—带孔调整垫块；10—螺塞；11—垫圈

式轴承，轴承上半和下半各有 3 块可倾瓦块，均匀分布，每个瓦块背后通过一个螺纹销，分别支承定位于上轴瓦套和下轴瓦套内。上下轴瓦套不仅与轴承座的水平中分面齐平，并用定位销定位螺栓进行固定。下轴瓦套有 3 个调整垫块，可以调整轴承中心与转子中心的位置。调整垫片钢带 6 用以改变轴承的横向位置，与下轴瓦套上的调整垫块一起保证轴承中心与转子中心重合。在下轴瓦套内的 3 块瓦块上，均设有测温点。

2～4 号支持轴承也是可倾瓦式轴承，结构与 1 号轴承类似。

图 2-117 为 5 号支持轴承的结构示意图。该轴承位于中压缸和低压缸之间的 3 号轴承箱内，为自位式椭圆形轴承，采用上下两半水平中分面结构，上下两半之间均用螺栓连接，瓦块与轴瓦套之间为球面结构，可以确保轴承与轴颈之间随作用力变化而转动的自位能力。上轴瓦开有油槽，可以保存更多的润滑油，保证轴承稳定工作；下轴瓦上设有 3 只热电偶，以测量瓦块温度。6 号支持轴承也是自位式椭圆形轴承，结构与此类似。

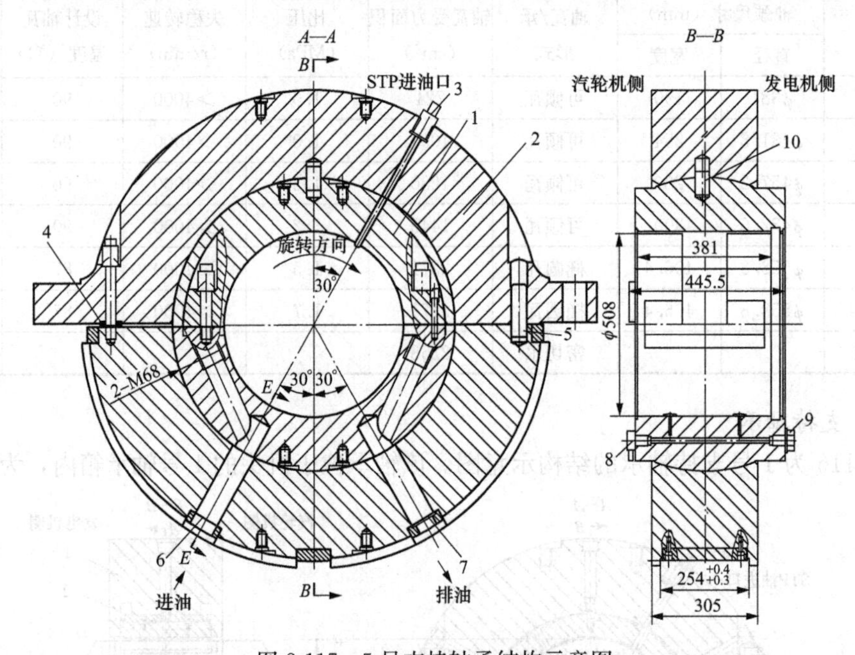

图 2-117 5 号支持轴承结构示意图

1—上轴瓦；2—上轴瓦套；3—螺塞；4—调整垫片；5—调整垫片钢带；6—带空调整垫片；7—排油孔板；8—接头；9—特制螺塞；10—圆柱销

（二）推力轴承

东汽高效 660MW 超超临界汽轮机的推力轴承位于 2 号轴承箱内，采用密切尔式结构，如图 2-118 所示。轴承套和轴承体都采用水平中分式，上下部分用螺栓进行连接密封。

轴承套通过外圆上的凸缘支承和定位于轴承座内，轴承套内部为凹球面，与球面轴承体相配合，以保证各个推力瓦块受力均匀。轴承体两侧（汽轮机侧和发电机侧）的圆周上各布置有 10 块推力瓦块，分别称为正向推力瓦块和反向推力瓦块，所有瓦块均安装在瓦块支持环上，支持环再嵌入轴承体上。

在轴承体内圈与轴颈之间设有油封，将推力轴承的内部油腔分为正向推力瓦油腔（汽

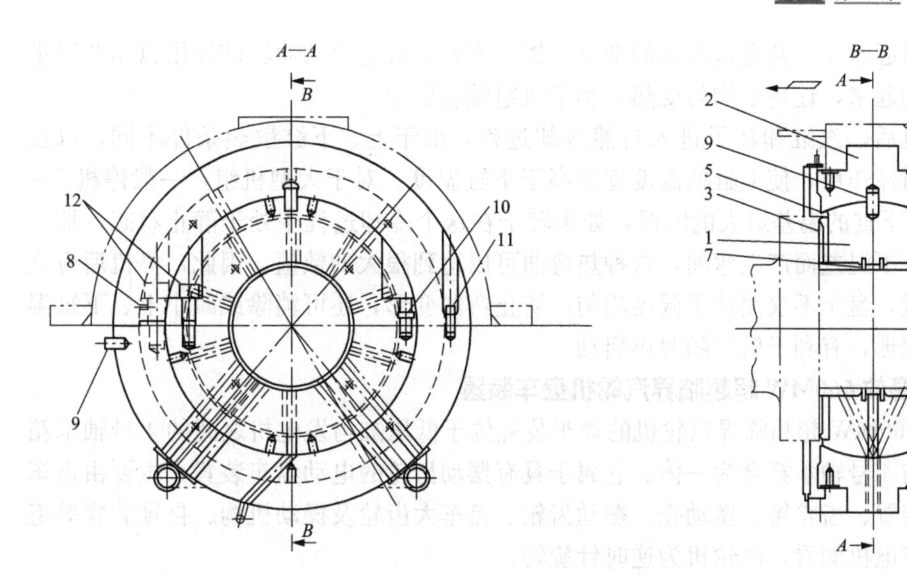

图 2-118　推力轴承结构示意图

1—轴承体；2—轴承套；3—正向推力瓦块；4—反向推力瓦块；5—正向瓦块垫块；6—反向瓦块垫块；7—油封；8—紧定螺钉；9～11—圆柱销；12—螺栓

轮机侧）和反向推力瓦油腔（发电机侧）；轴承体两侧与推力盘之间安装油挡，从而减少泄油量，保证推力轴承内部始终充满油。

两个推力盘与高压转子制成一体，推力盘旋转时，工作瓦块与推力盘之间形成油楔，承受转子的轴向推力，确保转子的轴向位置。

推力轴承的上部和下部正反向推力瓦块上，各有两个瓦块设有测温点，用于测量瓦块的钨金温度，当温度达到工作温度界限时，发出报警信号；达到跳闸温度时，跳闸停机，从而确保推力轴承的工作安全，以及保证汽轮机的轴向位移在规定的范围内，避免汽轮机动静轴向间隙消失而摩擦。

第九节　盘　车　装　置

一、概述

在汽轮机不进蒸汽时用以驱动机组转子以一定转速旋转的设备称为盘车装置。按动力来源的不同，盘车装置可分为电动盘车、液动盘车、手动盘车；按结构特点，盘车装置可分为具有螺旋轴的电动盘车、具有摆动轮的电动盘车；按盘车转速的高低，盘车装置可分为高速盘车（40～70r/min）和低速盘车（2～5r/min），多数机组都采用电动低速盘车装置。

汽轮机在启动冲转前和停机后，都需要投入盘车装置，让转子以一定的转速连续转动。启动冲转前投入盘车装置，是要检查汽轮机的动、静部分间有无摩擦现象；转子的弯曲度是否合格，以便判断机组是否具备启动条件。另外，启动冲转前，为了达到所要求的真空，常在冲转前就已向轴封送汽，这些蒸汽进入汽缸后会引起汽缸、转子上下温度不均匀，尤其是轴封处转子受热不均。一些大机组在冲转前就已用辅助蒸汽对高压缸进行暖缸，这些情况下如果转子静止不动，便会因上下温差而导致大轴发生向上弯曲变形，机组冲转后势必会引起振动，甚至造成动静部分摩擦。因此，机组启动冲转前要用盘车装置带动转子低速转动起来，让转子均匀受热，利于机组顺利启动。

汽轮机停机后，汽缸和转子进入自然冷却过程，由于上、下缸散热条件不同，以及冷、热气体的对流作用，使上缸的温度逐渐高于下缸温度。对于大型机组，一般停机 8～12h 后，是上、下缸的温差最大的时候，如果转子在这个冷却过程中处于静止状态，那么转子将会因上、下温差而产生弯曲，这种热弯曲可以达到很大的数值。因此，停机后应立即投入盘车装置，盘车不仅使转子温度均匀，防止弯曲变形，还可消除或减小上、下缸温差，减小汽缸变形，有利于机组随时再启动。

二、 东汽高效 660MW 超超临界汽轮机盘车装置

东汽高效 660MW 超超临界汽轮机的盘车装置位于低压缸与发电机之间的 4 号轴承箱内，即盘车箱与 4 号轴承箱合为一体。它属于具有摆动齿轮的电动盘车装置，主要由盘车电动机、链轮装置、齿轮箱、摆动壳、摆动齿轮、盘车大齿轮及操动机构、自锁装置等组成。从机头向发电机侧看，汽轮机为逆时针旋转。

盘车装置操动机构如图 2-119 所示。手动操作手柄用于手动投入盘车时使用，有投入位和撤出位，但一般不用。自动投入时，需要电磁阀 5、软管 4、汽缸及活塞杆 3、摆动杠杆 2 的共同动作完成。汽缸的移动需要压缩空气，该压缩空气由电磁阀控制。电磁阀带电，压缩空气进入汽缸，推动摆动杠杆 2 逆时针旋转，经过曲柄杆推动摆动壳转动，使摆动齿轮移向盘车齿轮。啮合完成后，电磁阀失电，排空汽缸中的压缩空气，便于盘车撤出时摆动杠杆 2 的复位。

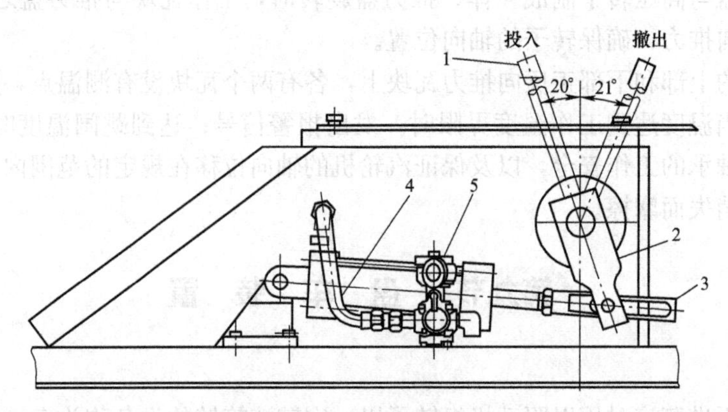

图 2-119 盘车装置操动机构示意图

1—手动操作手柄；2—摆动杠杆；3—汽缸及活塞杆；4—软管；5—电磁阀

盘车自锁装置主要用于盘车撤出时使得摆动齿轮彻底脱离盘车齿轮，以及盘车装置投入和撤出时控制盘车电动机的电源。杠杆 1 向上和向下的摆动角度都是 22.5°，连杆 2 在盘车装置投入时其中心线与水平线的夹角为 30°（目前的位置为盘车投入时的状态）。

盘车装置工作时，盘车电动机通过链条带动齿轮箱内的齿轮，最终通过摆动齿轮、盘车齿轮带动汽轮发电机组转子旋转。盘车装置为自动啮合型，在汽轮机冲转后转速高于盘车转速时可以自动退出，在停机时转速到零时可以自动投入。盘车装置与顶轴油系统、发电机密封油系统间设有连锁，盘车转速为 1.5r/min。盘车由 DCS 实现控制，也可就地操作。

盘车装置投入工作过程：当盘车装置的投入条件满足后，在集控室操作站发出投入操作指令后，电磁阀推动控制机构的气动活塞移动，切断盘车装置汽缸与排气口，压缩空气进入盘车装置汽缸活塞的左侧，从而推动活塞右移，通过杠杆的作用使摆动壳围绕其旋转中心顺时针旋转，将摆动齿轮移向盘车大齿轮，如图 2-120 所示。当摆动轮与盘车大齿轮啮合后，触点开关接通电动机电源，盘车装置开始运行。一旦汽轮机转子开始转动，DCS 发出信号，关闭供气阀门，同时电磁阀动作带动控制机构气动活塞移动，排掉盘车装置汽缸内的压缩空气，在弹簧的作用下汽缸活塞移到左侧，为盘车装置撤出运行创造条件。

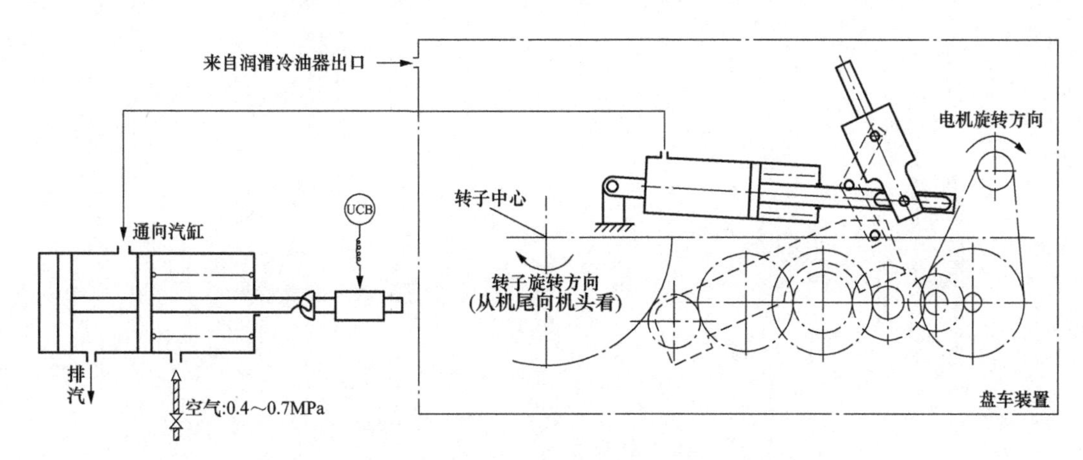

图 2-120　盘车装置投入工作原理示意图

盘车装置的自动退出：汽轮机冲转后，汽轮机转速开始上升。当转子转速大于盘车转速后，盘车齿轮带动摆动齿轮工作，一旦转速高过某一数值，离心作用力足够大时，将摆动齿轮甩开，使摆动壳逆时针旋转，在惯性的作用下，通过曲杆带动摆动杠杆回到脱离位置，下部触点开关使盘车电动机失电停止运转。自锁装置的连杆也转到上限位置而锁紧。

三、盘车电机故障的处理

在盘车过程中，如果电动机故障，需要查明故障原因尽快联系有关人员进行处理，若此时的汽缸温度大于 150℃，需要进行手动盘车，手动盘车的要求见表 2-7。

表 2-7　手动盘车的要求

序号	金属温度水平	盘车间隔时间	手动盘车角度
1	＞450℃	不停	手动连续盘车
2	350℃～450℃	15min	每 15min 盘 180°
3	250℃～350℃	30min（半小时）	每 30min 盘 180°
4	150℃～250℃	60min（一小时）	每 60min 盘 180°

手动盘车时的注意事项如下：

（1）如果轴系应该每 M 分钟盘 180°，第一个 180°应在轴系静止 $M/2$ 时盘 180°，此后手动盘车应 M 分钟进行一次，在最后一次手动盘车 180°后的 $M/2$ 时开始连续盘车。

（2）如果在盘180°以前因盘车故障引起转子静止时间为t分钟，在盘过180°后只能在t时间后才能重新投入连续盘车。

（3）如果因某种原因需盘车几分之一转那么在连续盘车前应手动盘车360°（含前面的几分之一转）。

（4）汽轮机热态时如果手动盘车不动则禁止盘车。但必须保证顶轴油泵、交流润滑油泵正常运行，且润滑油温正常。

第三章

汽轮机调节与保护

第一节 汽轮机调节系统基本知识

一、调节系统的任务

由于电能具有不能大量储存的特点，而且电力负荷又具有随机变化性，为了减少损失，节省能源，要求汽轮发电机组的负荷必须随外界负荷的需要随时改变它所发出的功率，以适应用户耗电量的变化，并且还要保证供电质量，即保证电压和频率。所有这些都是由调节系统来完成的，同时还必须保证机组安全可靠地运行。

火电厂大容量发电机大多具有一对磁极，在转速为3000r/min时，其频率为50Hz。供电频率的过高或过低，不仅影响供电的质量，而且也影响电厂本身的安全性和经济运行。我国的电网频率为50Hz，要求频率的变动范围是±0.5Hz，对应的转速波动范围是±30r/min。

汽轮发电机组在运行中，其转子上受到三个力矩的作用：第一个是蒸汽作用在汽轮机转子上的主动力矩M_t；第二个是发电机转子在磁场中旋转时受到的电磁阻力矩M_e；第三个是转子旋转时的摩擦阻力矩M_f。在高负荷下，M_f比M_t、M_e小得多，可忽略不计，则转子的运动方程为

$$I_\rho \frac{d\omega}{dt} = M_t - M_e \tag{3-1}$$

式中 I_ρ——转子的转动惯量；

ω——转子转动的角速度，即转速；

$\frac{d\omega}{dt}$——转子的角加速度。

蒸汽作用在汽轮机转子上的主动力矩M_t可以用下式表示：

$$M_t = 9555\frac{P_i}{n}(\text{N}\cdot\text{m}) \tag{3-2}$$

由上式可知，在汽轮机功率一定时，汽轮机转子上的主动力矩M_t与转速成反比，如图3-1所示。随着转速的升高，主动力矩逐渐减小。

电磁阻力矩与转速的关系取决于外界负载的特性，电网中的负载大致可分为三类：①频率变化对有功功率没有直接影响的负载，如照明、电热设备等；②有功功率与频率成正比变化的负载，如金属切削机床、磨煤机等；③有功功率与频率呈三次方或高次方变化

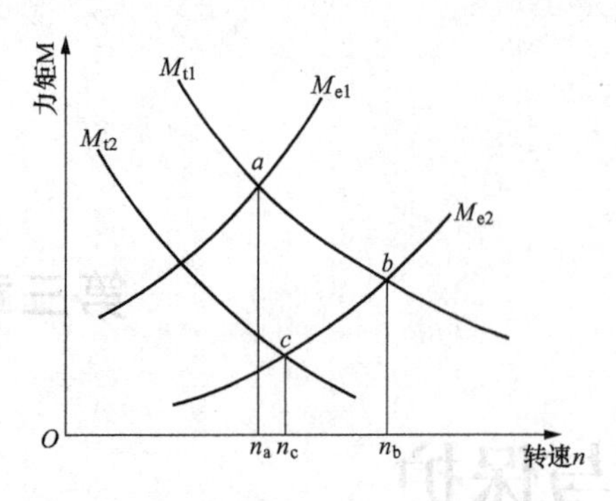

图 3-1 汽轮机与发电机的力矩-转速特性

的负载，如鼓风机、水泵等。电网的综合负载与频率的关系取决于各类负载所占的比例。由于电网中绝大多数属于第二类负载，所以负载特性如图 3-1 中的 M_{e1} 所示，转速 n 增大时 M_{e1} 随之增大。

工作时，汽轮发电机组可以依靠自身力矩与转速之间的变化特性可以自发地从一个稳定工况调整到另一个稳定工况，这种调整能力称为汽轮发电机组的自平衡能力。事实上，这种自平衡能力很弱，转速变化很大，不仅使机组发出的电能频率和电压不能满足用户要求，而且对汽轮发电机组零件强度和运行效率来说也是不允许的。为了能够满足外界负荷变动的要求，又要保证电能频率，只有适当调整汽轮机的内功率，去改变蒸汽作用在汽轮机转子上主动力矩的特性，如图 3-1 所示，保证机组转速在允许的范围内。

由上述分析可知，当机组发出的功率与外界负荷不相适应时，汽轮机的转速就会发生变化。汽轮机转速既是为了提高供电质量而必须保证的一个量，又是反映功率平衡的一个量。当转速发生变化时，必须对汽轮机进行调节（改变汽轮机的进汽量），改变汽轮机发出的功率，使之与外界负荷平衡，才能保证汽轮机转速保持在规定的范围内。据此得出这样的结论：汽轮发电机组必须具备调节汽轮机功率的调节系统，汽轮机调节的任务是及时调整汽轮机的功率，使它能满足外界负荷变化的需要，同时保证转速在允许的范围内。

二、 调节系统的形式

汽轮机调节系统按其结构特点可划分为液压调节系统和电液调节系统两种形式。

（一）液压调节系统

早期的汽轮机调节系统主要由机械部件与液压部件组成，主要依靠液体作为工作介质来传递信息，因而被称为液压调节系统。又由于它只根据机组的转速变化来进行自动调节，因而又被称为液压调速系统。这种调节系统的调节精度低，反应速度慢，运行时工作特性是固定的，不能根据转速变化以外的信号调节需要来做及时调整，而且调节功能少，所有这些与当时技术条件和对机组调节品质的要求有关。但由于它的工作可靠性高且能满足机组运行调节的基本要求，所以 20 世纪 80 年代以前的机组上应用较多。比较典型的液压调节系统是：具有旋转阻尼调速器的液压调节系统、具有径向钻孔泵调速器的液压调节系统和具有高速弹簧片调速器的液压调节系统。

（二）电液调节系统

随着机组容量的不断增大、蒸汽参数的逐步提高、中间再热循环的广泛采用以及机组运行方式的多样化，对机组运行的安全性、经济性、自动化程度以及多功能调节提出了更高的要求，仅依靠原有的液压调节技术已不能完全适应。于是，电液调节系统便应运而生了。该系统主要由电气部件、液压部件组成。利用电气部件测量与传输信号方便，并且信号的综合处理能力强，控制精度高，设备操作、机组调整方便，调节参数的修改便利。液压部件用作执行机构（阀门的驱动装置）时充分显示出响应速度快、输出功率大的优越性，是其他类型执行机构所无法取代的。

1. 功频电液调节系统

早期的电液调节系统是以模拟电路组成的模拟计算机为基础的，引入功率、频率两个控制信号的电液调节系统，常称为功频电液调节系统，又被称为模拟电液调节系统，也称为功频模拟电液调节系统。

2. 数字电液调节系统

随着数字计算机技术的发展及其在电厂热工过程自动化领域中的应用，开发了以数字计算机为基础的数字式电液调节系统（digital electric hydraulic control，DEH），简称数字电调。前期的数字电调大多以小型计算机为主机构成，后期随着微机的出现以及微机技术的发展，数字电调改用以微机为主机，因此可称为微机型电调。

我国从 20 世纪 60 年代开始研制、投运电液调节系统，从 20 世纪 80 年代开始，先后从国外引进了几十套电液调节系统，同时还利用引进技术制造、投运了多套电液调节系统。现在的大容量高参数机组都采用先进、可靠、稳定的电液调节系统，即使一些小的生物质电厂等，也都在采用。

三、调节系统的基本理论

（一）调节系统的基本工作原理

为了完成对汽轮机阀门的控制，也即是对汽轮发电机组这个调节对象转速的控制，需要设置配汽机构，以及转速调节机构和阀位控制机构，其基本工作原理框图如图 3-2 所示。该工作原理图是基于液压调节系统的工作简图。

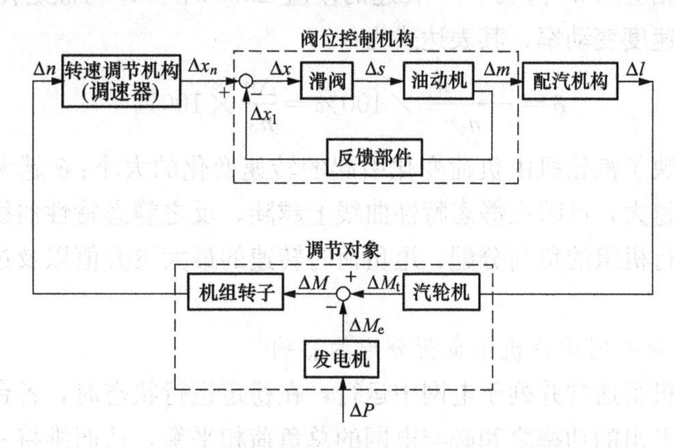

图 3-2 汽轮机调节系统工作原理方框图

当出现外界负荷扰动 ΔP 时，引起此台机组的发电机的电磁阻力矩变化，产生改变量 ΔM_e，由式（3-1）可知，机组转速随之改变，产生转速偏差信号 Δn，转速感受机构感受到转速的变化，并通过信号的模拟测量、传递、放大与转换，最终按特定的调节规律获得调节汽阀阀位开度信号 Δx_n。阀位控制机构中的滑阀根据阀位偏差信号 Δx 进行调节，产生滑阀位移信号 Δs，经过油动机进行功率放大后产生足够大的功率去驱动配汽机构，获得调节汽阀位移 Δl，使主蒸汽流量变化，进而使汽轮机的内功率改变 ΔP_i，蒸汽作用在转子上的主动力矩改变 ΔM_t，当汽轮机的功率与外界负荷相等时，转速不再变化，各部件不再动作，系统达到稳定（该稳定是新的稳定状态），调节结束。

由此可知，要使该调节系统受外界负荷扰动后达到新的稳定状态，则必须同时满足下述两个基本条件：$\Delta M=0(\Delta M_t-\Delta M_e=0)$ 和 $\Delta x=0(\Delta x_n-\Delta x_1=0)$。

（二）调节系统的静态特性

调节系统是根据转速偏差信号进行动作的，动作后使调节汽阀的开度改变，汽轮机的功率也相应改变，调节结束后系统达到一个新的稳定状态，无论是汽轮机的功率 P_i 和转速 n，新的稳定值与原稳定值是完全不同的，称为有差调节，并且在稳定工况时，一定的汽轮机功率与一定的汽轮机转速相对应。因此，稳态下汽轮机功率与其转速之间的一一对应关系，称为调节系统的静态特性，而描述汽轮机功率与其转速关系的曲线称为调节系统的静态特性曲线，如图 3-3 所示。

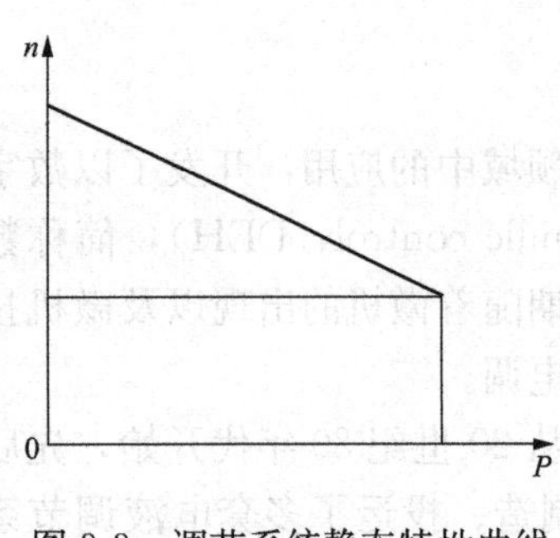

图 3-3　调节系统静态特性曲线

由于调节系统各组成部分存在着参数对应关系的非线性因素，所以实际系统的静态特性线不是直线，而是曲线。评价调节系统静态特性曲线的指标有速度变动率和迟缓率两个。

（三）调节系统的速度变动率

1. 速度变动率的定义

根据调节系统的静态特性，当机组单机运行（孤立运行）时，汽轮机功率从零增加到额定值，稳定转速相应从 n_1 降为 n_2，转速的差值 $\Delta n=n_1-n_2$ 与额定转速 n_0 之比的百分数称为调节系统的速度变动率，其表达式为

$$\delta=\frac{n_1-n_2}{n_0}\times 100\%=\frac{\Delta n}{n_0}\times 100\% \tag{3-3}$$

速度变动率反映了汽轮机由负荷变化引起的转速变化的大小：δ 越大说明在一定负荷变化下转速的变化越大，反映在静态特性曲线上越陡；反之静态特性曲线越平。速度变动率的大小对并列运行机组的负荷分配、甩负荷时转速的最大飞升值以及过渡过程的稳定性都有很大影响。

2. 速度变动率对并网运行机组负荷分配的影响

现代汽轮发电机组通常并列于电网中运行，在稳定运行状态时，各台机组的功率不全相同，但所有机组发出的功率之和必与电网的总负荷相平衡，从而维持一个稳定的电网频率，各台机组的运行转速完全相同。当出现外界负荷扰动时，总供给与总需求之间的平衡关系被打破，若将电网中所有并列运行机组简化合成为一台功率等效的机组，则会引起这台功率等效机组的转速变化，也就是引起电网频率变化。在这个频率变化影响下，各台机组调节系统相应动作，使汽轮机功率相应改变，当在新的条件下总供给与总需求达到平衡时，电网便达到了新的稳定状态。

假定电网中只有两台机组并列运行，两台机组的静态特性曲线如图 3-4 所示。

每台机组自发分配的功率为

$$\frac{\Delta P_i}{\Delta P}=\frac{P_i\dfrac{1}{\delta_i}}{\sum\limits_{i=1}^{n}P_i\dfrac{1}{\delta_i}} \tag{3-4}$$

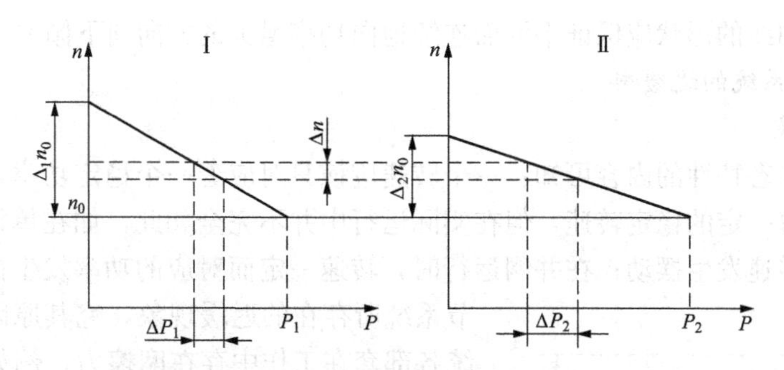

图 3-4 速度变动率对并列运行机组负荷分配影响

每台机组分配的负荷由 $\delta_1 \dfrac{\Delta P_1}{P_1}=\delta_2 \dfrac{\Delta P_2}{P_2}$，且 $\delta_1>\delta_2$，得到

$$\frac{\Delta P_1}{P_1}<\frac{\Delta P_2}{P_2} \tag{3-5}$$

由此可见：在电网负荷变动时，速度变动率大的机组功率的相对变化量小，而速度变动率小的机组功率的相对变化量大。

根据电网负荷经济调度的原则以及机组负荷变动的适应性，通常选择功率大、效率高的机组带基本负荷，在电网频率变化时，尽量使这些机组功率变动较小，以保证有较高的运行经济性与安全性，因而这类机组的速度变动率应选择得大些，取 4%～6%。另一类机组主要承担尖峰负荷，一般是一些效率较低，负荷变动适应性强的中小机组。这类机组的速度变动率应选得小些，取 3%～4%。

当外界负荷变化引起电网频率变化时，电网中并列运行的各机组调节系统按其静态特性自动地调整功率承担一定的负荷变化，以减少电网频率的变化，这种调节过程叫作一次调频。因为汽轮机调节系统具有有差静态特性，所以一次调频不能维持电网频率不变，甚至不能保证电网频率不超过合格范围，它只能减缓频率变化程度。

3. 局部速度变动率

调节系统的实际静态特性线不是直线，而是曲线，如图 3-5 所示。电网频率改变引起的功率变动取决于工作点附近静态特性线的斜率，也就是取决于局部速度变动率。各功率区段的局部速度变动率是根据运行的不同要求来确定的。

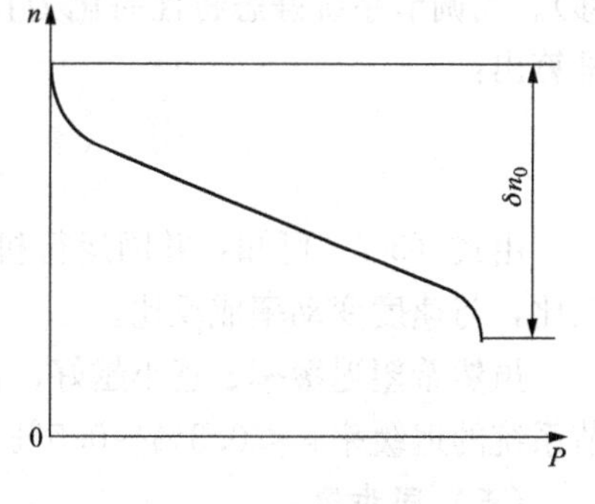

图 3-5 具有不同局部速度变动率的静态特性

在低功率段（$P<10\%P_0$），曲线斜率应大些，有利于机组并网，并且可以提高机组低功率运行时的稳定性。

在额定功率附近，曲线斜率应大些，这样既可以使机组稳定在经济工况附近工作以保证有较好的经济性，又可以使机组在电网频率较低时不超载。

中间功率段，曲线斜率较小，这样既可以使机组在此段有较强的一次调频能力，又可以使总的平均速度变动率不超过规定范围，为避免局部不稳定，通常要求最小的局部速度变动率不小于 2%。

静态特性曲线的形状应保证平滑而连续地向功率增大的方向向下倾斜。

（四）调节系统的迟缓率

1. 迟缓现象

从前述的静态特性的内容可知：一个转速应该只对应着一个稳定功率，或者一定的功率应该只对应着一定的稳定转速，但在实际运行中并不完全如此，如在单机运行时，功率一定而对应的转速发生摆动；在并网运行时，转速一定而对应的功率发生摆动，这就是调节系统所存在的迟缓现象，究其原因，一是调节系统各部套在工作中存在摩擦力，例如滑阀与套筒之间的摩擦力，阻碍调节动作而形成迟缓；二是传动构件铰链处有间隙；三是滑阀的油口有盖度；四是工作介质（油）具有黏滞力。

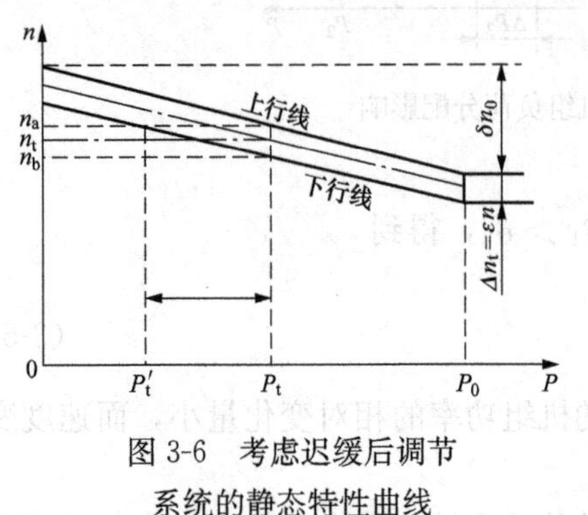

图 3-6　考虑迟缓后调节系统的静态特性曲线

2. 迟缓率的定义

因为迟缓现象的存在，使得静态特性曲线不是一条线，而是一条静态特性带，如图 3-6 所示，带的纵向宽度为 $\Delta n_\varepsilon = n_a - n_b$。当转速上升时沿着转速上行线变化；转速下降时沿着转速下行线变化。

通常用迟缓率 ε 来衡量调节系统的迟缓程度。在同一功率下，因迟缓而出现的转速上升过程线与转速下降过程线之间的最大转速变动量 Δn_ε 与额定转速 n_0 的比值被定义为迟缓率，即

$$\varepsilon = \frac{\Delta n_\varepsilon}{n_0} \times 100\% = \frac{n_a - n_b}{n_0} \times 100\% \tag{3-6}$$

3. 迟缓对机组运行的影响

机组单机运行时，迟缓会引起转速自发变化（即转速摆动），最大摆动量为 $\Delta n_\varepsilon = \varepsilon n_0$。

机组并网运行时，转速取决于电网频率，迟缓会引起功率自发发生变化（即功率飘移）。当调节系统静态特性简化为直线带状时，功率晃动的最大数值可按相似三角形关系推算出：

$$\Delta P = \frac{\varepsilon}{\delta} P_0 \tag{3-7}$$

由式（3-7）可知：并网运行机组因迟缓引起的自发性功率飘移量的大小与迟缓率成正比，与速度变动率成反比。

虽然希望迟缓率 ε 越小越好，但过高的要求会带来设备制造的困难。一般要求液压调节系统的迟缓率 ε <0.3%～0.5%；电液调节系统的迟缓率 ε <0.1%。

（五）同步器

调节系统的静态特性确定了汽轮机功率和转速（电网频率）单值对应的关系，因而在某一个电网频率下，汽轮机只能发出一个固定的功率，不能改变，而在单机运行时，汽轮机功率由外界负荷决定，一个功率对应一个固定的转速，且不能改变。显然，这是不能满足机组运行要求的。但是，如果将静态特性曲线上下移动，改变转速与功率的对应关系，就能在电网频率不变的情况下，改变并网机组的功率，还可在功率不变情况下，改变单机运行机组的转速。同步器就是用来上下移动静态特性曲线的装置。

1. 同步器的用途

（1）调整单机运行机组的转速。操作同步器，可以改变某个机构输出与输入信号之间的对应关系，使调节系统静态特性线产生平移。

单机空载运行时，操作同步器，使静态特性线平移，机组转速沿着静态特性图上纵坐标（$P=0$）与静态特性线交点的数值变化。为发电机并网创造频率（转速）同步条件。此时同步器起着转速给定作用，如图 3-7（a）所示。

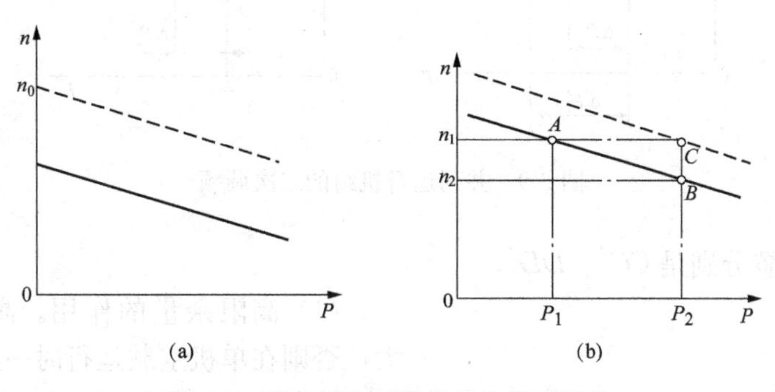

图 3-7　单机运行时静态特性线的平移

（a）单机空载时的转速调整；（b）单机有载时的转速调整（二次调频）

单机有载运行，即一机带一网情况，操作同步器，可在同一功率下得到不同的转速，也就是说可以将转速调到合格范围内。这种通过同步器来调节供电频率的方法叫作二次调频。

（2）调整并网运行机组的功率。操作并网运行机组的同步器，起着功率给定作用，使机组功率及所带负荷按指令做相应变动，具体应用在以下两种场合：

第一种场合：供电频率合格，但由于某种需要，必须对部分机组负荷做重新分配，如图 3-8 所示。

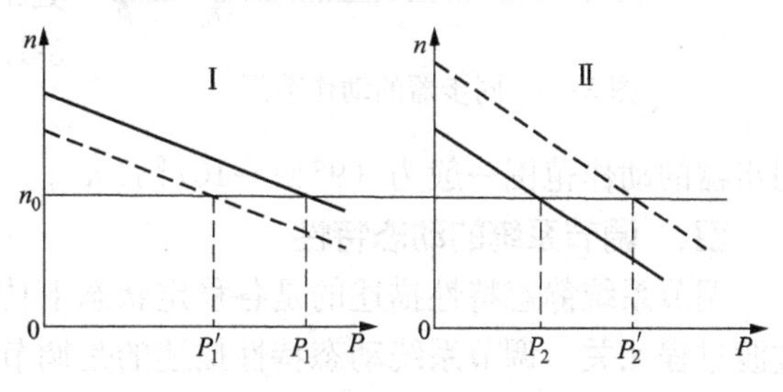

图 3-8　同步器调整并列运行机组之间的负荷分配

第二种场合：外界负荷扰动后，通过电网中各台机组的一次调频过程，其结果虽然使得总功率变动量满足外界总负荷变动量的要求，但供电频率有可能超过了预定的质量范围，此时可在维持总功率不变的条件下按经济调度的原则操作一些机组的同步器，实现负荷的重新分配，将电网频率调回到预定的质量范围内，即进行二次调频，如图 3-9 所示。

2. 同步器的动作范围

同步器处于某一给定位置时，必有对应的一条静态特性线位置，如图 3-10 所示。

操作同步器，使静态特性线由 AA' 位置平移到 BB' 位置，就能使机组在额定蒸汽参数条件下从空负荷改变到额定负荷。同理，反向操作同步器，使静态特性线由 BB' 位置平移到 AA' 位置，便能使机组在额定蒸汽参数条件下从额定负荷改变到空负荷。然而，为了满足一些非额定参数运行工况的需要，必须使同步器操作行程留有一定的富余量。根据电网频率和蒸汽参数的变化情况，同步器应有一个高限余量位置和一个低限余量位置，相对应

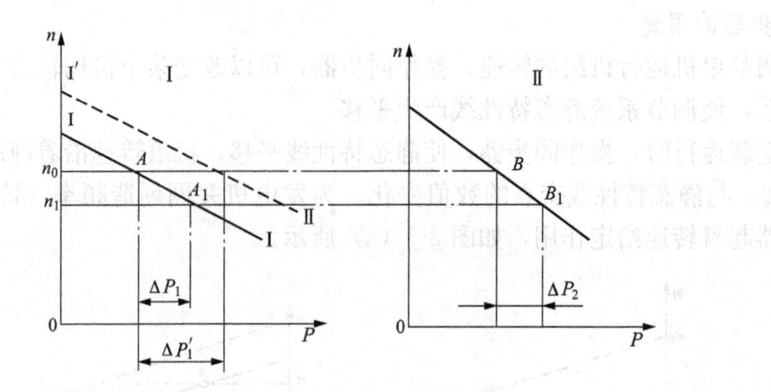

图 3-9　并列运行机组的二次调频

的静态特性线位置分别是 CC'、DD'。

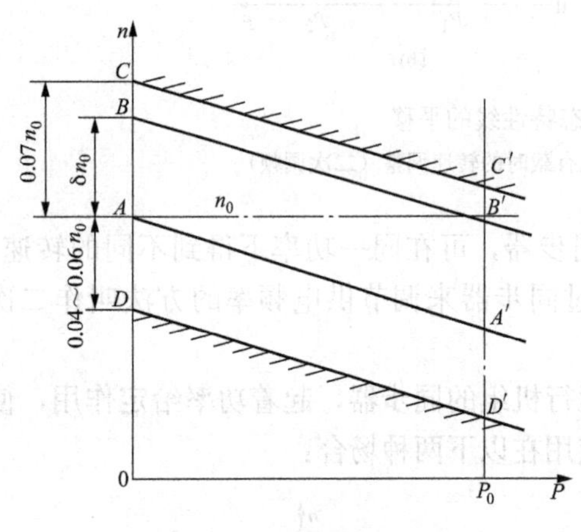

图 3-10　同步器的动作范围

（1）高限余量的作用。高限余量不宜过大，否则在单机空载运行时一旦操作不慎就有超速的危险，一般取（1%～2%）n_0，并要求同步器在高限位置时的空负荷转速不超过 $1.07n_0$，如图中 C 点所示。

（2）低限余量的作用。低限余量大对机组运行无坏处，但太大了则要求同步器动作范围增大，这对机构设计不利。一般要求低限余量为（4%～6%）n_0，因此，同步器在低限位置处的空负荷转速为（94%～96%）n_0，如图 3-10 中 D 点所示。

综上所述，对于一个 $\delta=5\%$ 的调节系统，同步器的动作范围一般为（95%～107%）n_0。

四、 调节系统的动态特性

调节系统静态特性描述的是各稳定状态下功率与转速的对应规律，它与两状态之间的过渡过程无关。调节系统动态特性描述的是调节系统受到扰动后，被调量随时间的变化规律。研究调节系统动态特性的目的：判别调节系统是否稳定，评价调节系统品质以及分析影响动态特性的主要因素，以便提出改善调节系统动态品质的措施。

（一）动态特性指标

1. 稳定性

图 3-11 为汽轮机甩全负荷时，转速的几种变化过程。图 3-11（a）上的三条过程线，都随时间 t 的加长而最终趋于静态特性决定的空负荷转速 n_1。这样的过程被称为稳定过渡过程。图 3-11（b）所示的三条过渡线，转速围绕 n_1 做不衰减的谐振（曲线 d），或者振幅随时间 t 逐渐增大（曲线 e），或者偏离额定转速后便一直扩散开去（曲线 f）。这些过程统称为不稳定过渡过程。图中纵坐标量为转速相对值，即 $\varphi=n/n_0$。

生产工艺要求转速调节的过渡过程必须是稳定的，但其过渡过程可以是单调的，也可以是衰减振荡的，但明显的振荡次数要少于 3～5 次。

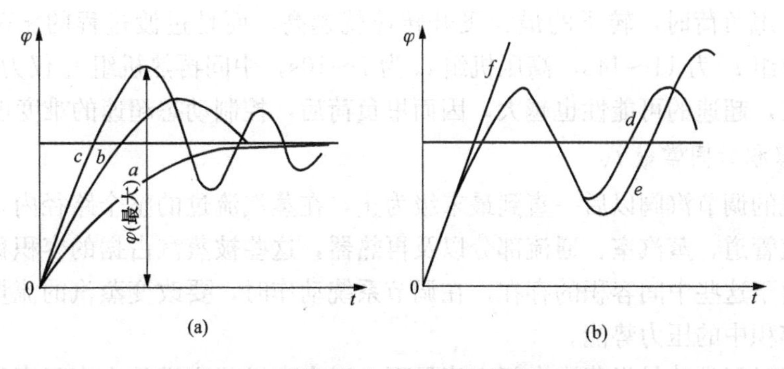

图 3-11　机组甩负荷时的转速过渡过程

(a) 稳定过渡过程；(b) 不稳定过渡过程

2. 超调量（转速动态偏差）

图 3-12 为甩全负荷时一种典型的转速过渡过程曲线。机组在额定负荷、额定转速下甩全负荷时，通过调节系统的调节，理应到达空负荷稳定工况，这一新的稳定工况点转速可按同步器在额定负荷位置处的静态特性关系求出：$n_s=(1+\delta)n_0$。

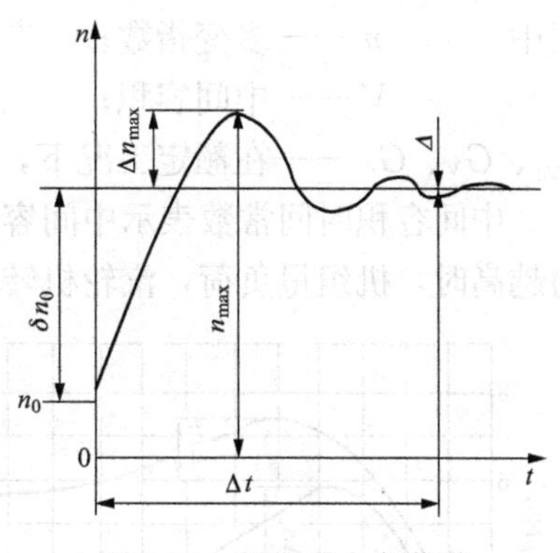

图 3-12　机组甩全负荷时的转速过渡过程

在转速调节过程中，最大动态转速 n_{max} 与最后的静态稳定转速 n_s 之差 Δn_{max} 被称为转速动态偏差，或称为转速动态超调量。最大动态转速为 $n_{max}=(1+\delta)n_0+\Delta n_{max}$。

为保证机组在甩全负荷时不引起停机，最大动态转速 n_{max} 必须低于超速遮断装置的动作转速，并留有足够的余量。电气超速保护的动作转速为 110% n_0，希望最大动态转速 n_{max} 不超过（107%～109%）n_0。要减少 n_{max}，一方面 δ 不宜选得过大；另一方面要提高调节性能，例如减小系统的迟缓，努力减小动态超调量 Δn_{max}。此外，在甩全负荷时，若设有自动信号，驱使同步器快速退向空负荷位置，也将有利于减小最大动态转速 n_{max}。

3. 快速性（过渡过程时间）

在调节过程中，当被调量与新的稳定值之差 Δ 小于静态偏差 5% 时，就可认为系统已达到新的稳定状态。调节系统受到扰动后，从原来的稳定状态过渡到新的稳定状态所需要的最少时间被称为过渡过程时间。图 3-12 中的 Δt 为机组甩全负荷时的过渡过程时间，一般要求为 5～50s，不宜过长。

（二）影响动态特性的主要因素

1. 转子飞升时间常数 t_a

转子飞升时间常数是指转子在额定功率时的蒸汽主力矩 M_{t0} 作用下，转速由零升高到额定转速时所需的时间，即

$$t_a=\frac{I_\rho(\omega_0-0)}{M_{t0}}=\frac{I_\rho\omega_0}{M_{t0}}$$

t_a 越小，甩负荷时，转子的最大飞升转速就越高，而且过渡过程的振荡将加剧。例如，小功率机组 t_a 为11～14s，高压机组 t_a 为7～10s，中间再热机组 t_a 仅为5～8s。所以机组功率越大，超速的可能性也越大，因而甩负荷后，控制动态超速的难度也越大。

2. 中间容积时间常数 t_V

从汽轮机的调节汽阀以后一直到最末级为止，在蒸汽流过的整个路径内，包括调节汽阀以后的蒸汽管道、蒸汽室、通流部分以及再热器，这些被蒸汽占据的容积称为汽轮机的中间容积。由于这些中间容积的存在，在调节系统动作时，要改变蒸汽的流量，必须同时改变各中间容积中的压力势能。

中间容积时间常数是指蒸汽在额定流量下，以多变过程充满整个中间容积，并达到额定工况下的密度所需要的时间，表达式为

$$t_V = \frac{V\rho_{V0}}{nG_0} = \frac{V}{nG_V}$$

式中 n——多变指数；

V——中间容积；

ρ_{V0}、G_V、G_0——在额定工况下，中间容积 V 中的蒸汽密度、体积流量与质量流量。

中间容积时间常数表示中间容积储存蒸汽能力的大小。当中间容积越大、中间容积压力越高时，机组甩负荷，汽轮机转速也就越大。

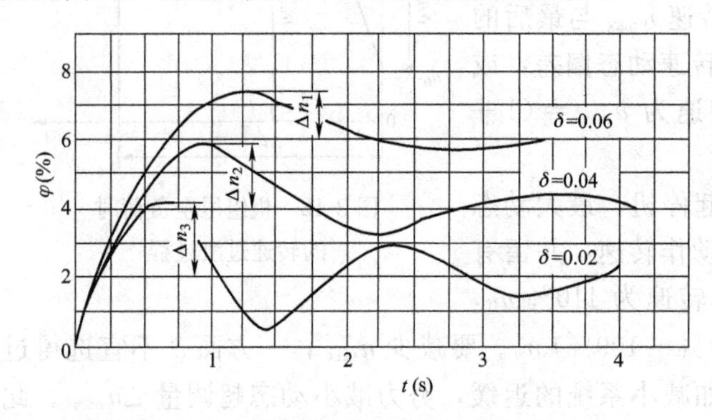

图3-13 速度变动率对动态特性的影响

3. 速度变动率 δ

如图3-13所示，转速不等率对动态特性指标的影响是：δ 大时，动态稳定性好。这是由于甩同样的负荷，δ 大时，转速变化大，反馈信号强，可使调节系统快速动作，但动态偏差与静态偏差均较大。

4. 油动机时间常数 t_m

油动机时间常数的定义：当油动机滑阀开度为最大时，油动机处在最大进油量条件下走完整个行程所需要的时间。

如图3-14所示，油动机时间常数 t_m 越大，则调节汽阀关闭的时间越长，调节过程的动态偏差越大，转速过渡过程曲线摆动幅度越大，过渡过程时间越长，因而调节品质越

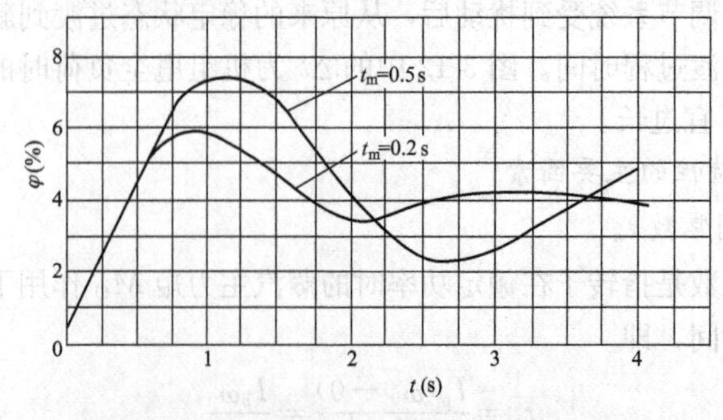

图3-14 油动机时间常数对动态特性的影响

差。但另一方面，t_m 大可削弱油压波动对调节系统的影响。

5. 迟缓率

由于迟缓的存在，甩负荷时不能及时使调节汽阀动作，动态偏差要加大。

第二节 中间再热机组的调节特点

中间再热式汽轮机的原则性系统图如图 3-15 所示。从锅炉过热器出来的过热蒸汽经过高压主汽阀和高压调节汽阀进入高压缸做功，自高压缸排出的蒸汽又引回到锅炉的再热器，经过再热器加热后的蒸汽温度一般达到与新蒸汽相同的温度（也有比新蒸汽温度高的，如超超临界机组和部分超临界机组），然后经中压主汽阀和中压调节汽阀进入中低压缸做功，最后排入凝汽器。由于采用了中间再热，汽轮机被中间再热器分成了高压部分和中、低压部分，这就对汽轮机的动态特性有显著的影响。为了适应对象的要求，调节系统相应采取了一些措施，这就构成了中间再热汽轮机的调节特点。

一、高参数、大功率中间再热机组的功率滞延

由于中间再热机组有再热器及其连接管道构成庞大的中间再热容积，当机组功率增加时，调节系统把调节汽阀开大，高压缸的功率随流量的增加能够迅速增加，而中、低压缸的功率则随再热容积内蒸汽压力的逐渐升高而增加，此时，由于再热蒸汽压力的逐渐升高，高压缸前后压差逐渐减小，高压缸的功率又开始逐渐减小，因此机组的总功率不是立即达到电网所要求的数值，而是经过一段时间以后才达到，这种现象称为功率滞延，如图 3-16 所示，图中最上边的阴影部分所示是不能满足外界负荷的部分。该滞延直到过渡过程结束，达到高压和中低压缸各自应承担功率的份额为止。功率滞延的存在降低了再热机组的负荷适应性，一次调频能力降低，极易造成电网频率的波动。为了提高机组功率对外界负荷的适应性，调节系统应该采取相应的校正措施，来弥补中、低压缸的功率不足，使机组负荷始终与外界负荷一致，从而消除动态过程中功率的滞延现象。

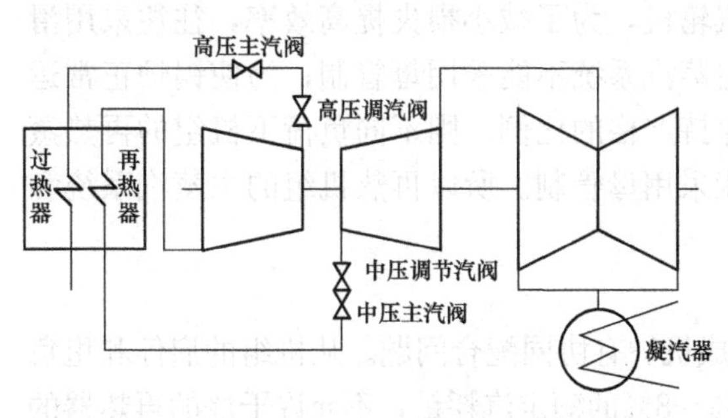

图 3-15 中间再热式汽轮机的原则性系统图

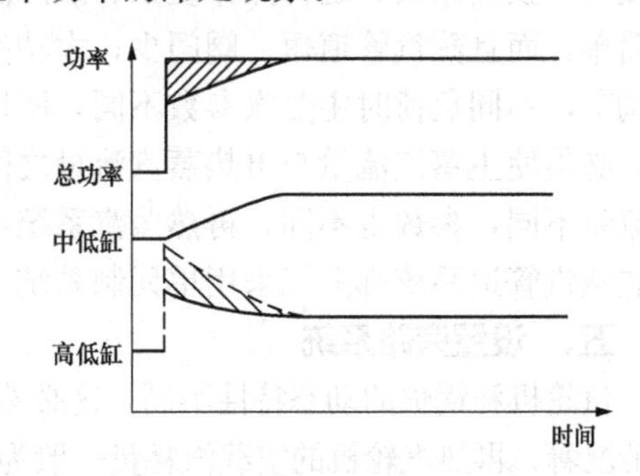

图 3-16 中间再热机组的功率滞延及动态过调

目前，解决上述问题常用的方法是高压缸动态过调，即当再热机组负荷突然增大时，将高压调节汽阀暂时过量开大，用高压缸多发的功率来弥补中、低压缸功率的不足，使机组的功率满足外界负荷的需要，如图 3-16 中的虚线所示。

二、高参数、大功率中间再热机组甩负荷时的动态超速

由于高参数、大功率汽轮机组转子的时间常数较小，加之残留在汽轮机中间再热容积

内的大量蒸汽，在甩负荷时对汽轮机超速的影响也是很大的。甩负荷时，当机组从电网中解列出来，并在高压调节汽阀关闭的过程中，由继续流动的蒸汽流量引起的转子超速份量和残留在各段蒸汽容积中的蒸汽所做的功，会使汽轮机超速40%～50%，这是不允许的，但这两因素引起转子超速的份量基本上是各占一半。由此可见，要降低动态超速，一方面要加快调节系统的快速性，这包括要缩短自甩负荷信号开始到调节汽阀开始关闭的延迟时间，以及调节汽阀油动机从额定负荷位置关到空载位置的时间；另一方面要减小蒸汽容积的时间常数。为此在中压缸入口增设了中压主汽阀和中压调节汽阀。

三、高、中压调节汽阀的匹配关系

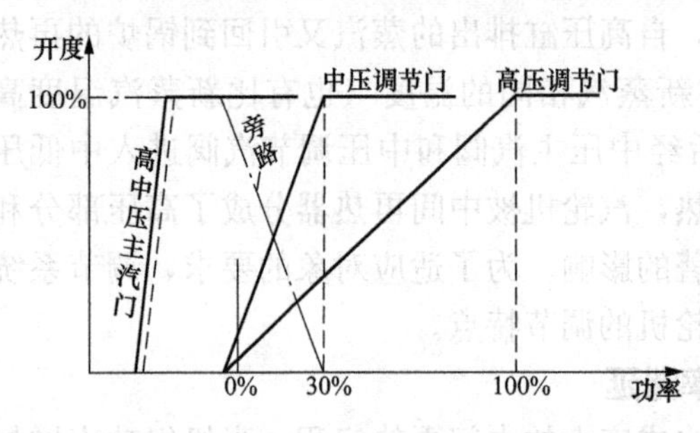

图 3-17 高、中压调节汽阀开启顺序

中间再热汽轮机由于单机功率大，一般均为电力系统的主力机组，所以要求有较高的经济性。为减小中压调节汽阀的节流损失，希望它在较大的负荷范围内保持全开状态。当甩负荷时又要求中压调节汽阀同时参与调节，迅速关下，以维持汽轮机空转。这样，就势必有一从全开位置转向关小的转折点，一般取额定负荷的30%左右这一点，如图3-17所示。在机组启动时，高、中压调节汽阀同时开启，并同时控制空载转速。当功率为额定负荷的30%时，中压调节汽阀已全开，高压调节汽阀约为30%开度。在功率从额定负荷的30%增加到100%的过程中，中压调节汽阀就一直全开，由高压调节汽阀来调节功率。

四、采用单元制运行方式

再热机组都是高参数、大功率，有主蒸汽系统和再热蒸汽系统，如果两个系统都采用母管制，不仅要采用大直径的高级耐热合金钢管道，还要增加更多优质的大流量阀门，从而使电厂投资昂贵、运行操作复杂、故障隐患点更多，采用一机对一炉的单元制，不仅系统简单，而且蒸汽管道短、阀门少；大功率汽轮机，为了减小损失提高效率，往往采用滑压调节，不同负荷时主蒸汽参数不同，所以主蒸汽系统不能采用母管制；为使锅炉正常运行，必须使主蒸汽流量与再热蒸汽流量之间保持严格的比例，则不同负荷下机组的再热蒸汽流量不同，参数也不同，再热蒸汽系统不能采用母管制。所以再热机组的主蒸汽系统和再热蒸汽管道系统都只能采用单元制系统。

五、设置旁路系统

汽轮机和锅炉的动态特性不同，这必然造成机炉有协同配合问题。从机组的启停和甩负荷情况看，再热汽轮机的空载汽耗量一般为3%～8%的额定汽耗量，不允许干烧的再热器的最小冷却蒸汽量为百分之十几，而维持锅炉稳定燃烧的蒸汽量则高达30%～50%。为了解决汽轮机空转流量和锅炉最低负荷之间的矛盾，并且为了保护中间再热器，需要设置旁路系统。

第三节 DEH调节系统

汽轮机数字式电液调节系统（DEH调节系统），它将固体电子学新技术——数字计算机技术与液压新技术——高压抗燃油系统的优点结合起来，成为尺寸小、结构紧凑、动作迅速、精度高、可靠性好的调节系统。

为了实现机炉协调控制，就要求机、炉、电及与之有关的各工作系统在工况变化时，具有及时、准确的监测手段，并迅速地发出相应的控制指令，使机、炉、电及有关系统能在新的工况下，协调、稳定地工作。采用电气调节方式是达到上述要求的最有效方法。

汽轮机数字式电液调节系统就是采用电子元件和电气设备对机、炉、电及有关工作系统的状态进行监视，以数字的方式传递信号、计算机分析判断、发出（电气的）控制指令，然后通过电液转换器（伺服阀）将电气指令信号转换为液压执行机构能够执行的液压信号，达到完成控制操作的目的。

一、 数字式电液调节系统的基本原理

图 3-18 为中间再热汽轮机数字式电液调节系统的方框图，它也是一种功率—频率调节系统，与模拟电调相比较，其给定、综合比较部分和 PID（或 PI）的运算部分，都是在数字计算机内完成的。由于计算机控制系统是在一定的采样时刻进行控制的，所以，两者的控制方式完全不同，模拟电调属于连续控制，而数字电调则属于离散控制，也称采样控制。

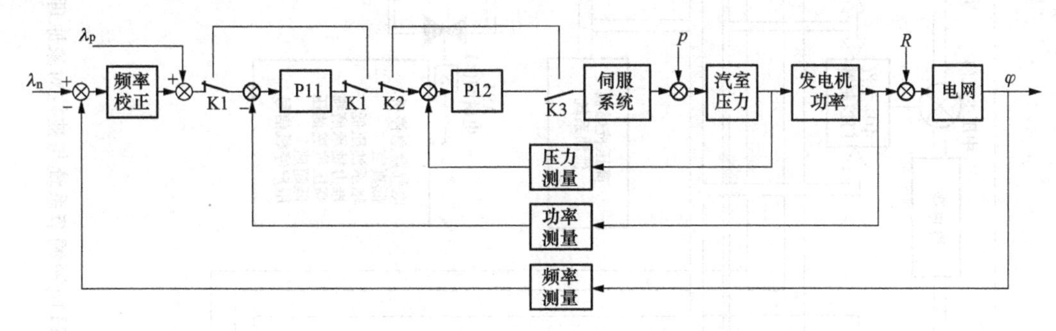

图 3-18 中间再热汽轮机数字式电液调节系统的方框图

图 3-18 中的调节对象，考虑了调节级汽室压力特性、发电机功率特性和电网特性，而计算机的综合、判断和逻辑处理能力又强，因此，它是一种更为完善的调节系统。

该系统采用 PI 调节规律，是一种 PI 调节系统。整个系统由内回路和外回路组成，内回路增强了调节过程的快速性，外回路则保证了输出严格等于给定值；PI 调节规律既保证了对系统信息的运算处理和放大，积分作用又可以保证消除静态偏差，实现无差调节。

系统的虚拟“开关”由软件来实现，K1 和 K2 开关的指向可提供不同的运行方式，既可按串级 PI 方式运行，又可按单级 PI 方式运行。这就使得当系统中某个回路发生故障时，如变送器损坏等情况下，系统仍能正常工作。运行方式的变更即可通过逻辑判断和跟踪系统自动切换，也可以通过键盘操作进行切换。

系统中的外扰是负荷变化 R，内扰是蒸汽压力变化 p，给定值有转速给定 λ_n 和功率给定 λ_p，两给定值彼此间受静态关系的约束。机组启停或甩负荷时用转速控制回路，并网运行不参与调频时用功率控制回路，参与调频时用功率一频率回路控制。

二、 数字式电液调节系统的组成

图 3-19 是 DEH 电液调节系统与被控对象原理示意图。该系统由以计算机为主体的数字系统和采用了高压抗燃油的液压执行机构两大部分组成，数字的输出经转换和放大后，

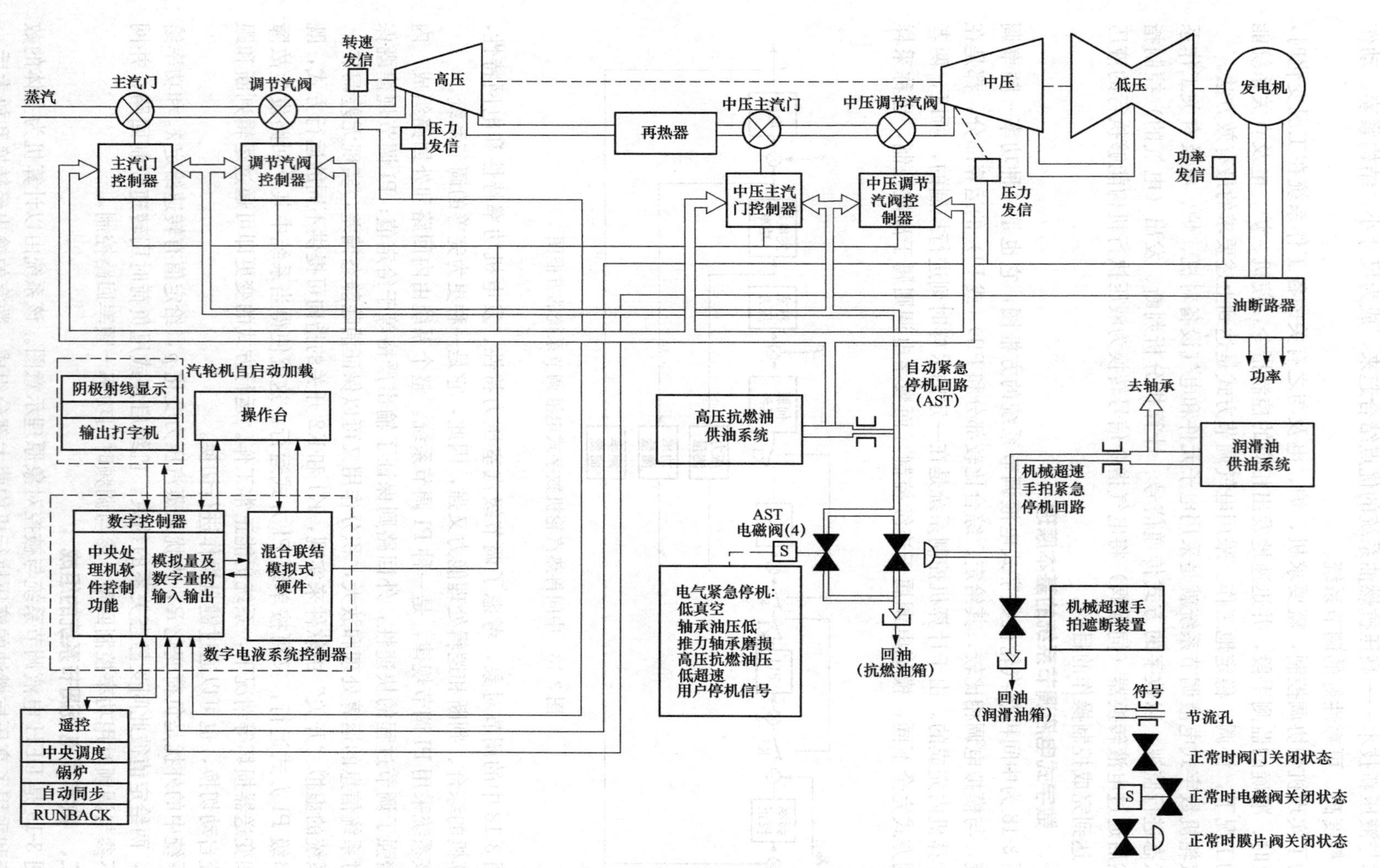

图 3-19 DEH 电液调节系统与被控对象原理示意图

由电液转换器去控制各执行机构，从而完成对汽轮机的调节和保护。该数字式电液调节系统的组成如下：

(1) 电子控制器：主要包括数字计算机、混合数模插件、接口和电源设备等，均集中布置在控制柜内。主要用于给定、接受反馈信号、逻辑运算和发出指令进行控制等。

(2) 操作系统：主要是图像站，包括有操作盘、独立的计算机、显示器和打印机等，为运行人员提供运行信息，进行人机对话、操作和监督等服务。

(3) 油系统：本系统的高压控制油与润滑油分开，各自采用不同的工作介质。高压油为调节系统提供控制的动力用油和安全油，一般系统设有两台油泵，1台运行，1台备用，它接受电子控制器和操作盘来的指令进行控制。润滑油主油泵由主机拖动，为润滑油系统的正常工作提供工作油。

(4) 液压执行机构：主要由滤网、信号放大器、电液转换器和具有快关、隔离功能的单侧进油往复式油动机、试验电磁阀、快速卸荷阀和LVDT等组成，负责带动高压主汽阀、中压主汽阀的开关以及改变高压调节汽阀、中压调节汽阀的开度。

(5) 保护系统：用于机组参数超标或严重超标而危及机组安全时，紧急关闭所有主汽阀和调节汽阀，立即停机。设有机械超速保护装置、电超速保护，以及高转速下主油泵出口油压低、润滑油压低、EH抗燃油压低、转子轴向位移过大、轴振大、低压缸排汽温度高、末级叶片温度高、凝汽器真空过低、锅炉MFT、发变机组跳闸保护动作、发电机定子冷却水中断、DEH严重故障等情况下危急遮断和就地、集控室手动停机之用的保护装置。

此外，该系统还与工作员站（操作员站和工程师站）、数据采集系统（DAS）、汽轮机安全监视装置（TSI）、电超速保护（OPC）、危急遮断系统（ETS）、自动同期系统（AS）相连接，还留有与锅炉燃烧控制系统（BMS）等的通信接口。它又是分散控制系统（DCS）的一个子系统，可实现机、炉协调控制（CCS）。

三、数字式电液调节系统的功能

从整体上看，DEH调节系统都具有汽轮机的自动程序控制功能、汽轮机的负荷自动调节功能、汽轮机的自动保护功能和机组与DEH系统的监视功能四大功能。

1. 汽轮机的自动程序控制（automatic turbine control，ATC）功能

DEH调节系统的汽轮机自动程序控制，是通过状态监测，计算转子的热应力，并在机组应力允许的范围内，优化启动程序，用最大的速率与最短的时间实现机组启动过程的全部自动化。

ATC允许机组有冷态启动和热态启动两种方式。冷态启动过程包括从盘车、升速、并网到带负荷，其间各种启动操作、阀门的切换等全过程均由计算机自动进行控制。

在非启停过程中，还可以实现ATC监督。

2. 汽轮机的负荷自动调节功能

汽轮机的负荷自动调节功能有两种情况。冷态启动时，机组并网带初始负荷（为2.5%～7%额定负荷，不同制造厂制造的机组不同），开始进行暖机，达到保持时间开始实现进汽方式切换，切换完成后，负荷由高压调节汽阀进行控制；热态启动时，机组负荷达到规定的初始负荷后，即开始实现进汽方式切换，切换完成后，负荷由高压调节汽阀进

行控制。处于负荷控制阶段，DEH调节系统具有以下功能：

（1）具有操作员自动、远方控制和电厂计算机控制方式，以及它们分别与ATC组成的联合控制方式。

（2）具有自动控制（A和B机双机容错）、一级手动冗余控制方式。

（3）可采用串级或单级PI控制方式。当负荷大于某一数值（例如额定负荷的10%）后，可由运行人员选择是否采用调节级汽室压力和发电机功率反馈回路，从而也就决定了采用何种PI控制方式。

（4）可采用定压或滑压运行方式。当采用定压运行时，系统有阀门管理功能，以保证汽轮机能获得最大的效率。

（5）根据电网的要求，可选择调频运行方式或基本负荷方式；设置负荷的上下限及其速率等。

此外，还有主蒸汽压力控制（TPC）和辅机故障减负荷（RUNBACK）等保护主要设备和辅助设备的控制方式，运行控制十分灵活。

3. 汽轮机的自动保护功能

为了避免机组因超速或其他原因遭受破坏，DEH的保护系统有以下三种自动保护功能：

（1）机械超速保护。用于机组正常运行时的超速保护，即当转速达到（110～112）%n_0（n_0为机组额定转速）时，实现紧急停机［东汽高效660MW机组动作转速为（110～111）%n_0］。

（2）电超速保护（OPC）。该保护只涉及调节汽阀，即转速达到103%n_0快关调节汽阀，实现对机组的超速保护。

（3）危急遮断系统。该保护是在危急遮断系统检测到机组转速达到110%n_0或其他安全指标达到安全界限后，通过跳闸电磁阀（该跳闸电磁阀可以包含一类、两类或三类不同形式的电磁阀）关闭所有的主汽阀和调节汽阀，实现紧急停机。

汽轮机还设有手动停机机构，用于自动保护系统不起作用时，可以进行手动停机，以保障人身和设备的安全。

4. 机组和DEH系统的监控功能

该监控系统在启停和运行过程中对机组和DEH装置两部分运行状况进行监督。内容包括操作状态按钮指示、状态指示和CRT画面，其中对DEH监控的内容包括重要通道、电源和内部程序的运行情况等；CRT画面包括机组和系统的重要参数、运行曲线、潮流趋势和故障显示等。

在上述四大功能里，已经包含了：转速的自动控制、负荷控制、阀门试验和阀门管理、热应力计算和控制功能、程控功能、保护功能、储存及显示与打印、自动检测、容错和切换、人机对话。

四、DEH调节系统的控制方式

DEH的控制方式有“手动”“操作员自动”“程序控制”“协调控制”和“遥控”五种，其中操作员自动是基本控制方式。除“手动”方式外，都具有自动控制和监视功能。

（1）手动方式。这是一个开环控制方式，操作员通过“操作盘”上的阀位增或阀位减按钮，直接控制阀门的开度。在下列情况自动进入“手动”方式：系统刚上电、总阀位信号故障、刚并网时、按“手动”按钮时、自动进入“手动”方式时等。

正常运行时，若采用的是自动控制，则选择手动控制时进入“手动”方式。

(2) 操作员（OA）自动方式。在系统正常的条件下，选择“操作员自动”进入该方式控制。用这种方式可以实现汽轮机转速和负荷的闭环控制，并具有各种保护功能。该方式设有完全相同的A和B双机系统，两机容错，具有跟踪和自动切换功能，也可以强迫切换。在该方式下，运行人员根据DEH提供的机组运行状态参数，通过键盘输入目标转速和目标负荷及其变化速率，由DEH系统分别实施机组转速和负荷控制。

(3) 程序控制（ATC）方式。该方式也称为自动程序控制启动方式。在机组启动时，选择“程序控制（ATC）方式”后，DEH系统按照机组的温度状态和设定的程序，以及转子应力水平进行冲转、升速、暖机、并网、带初始负荷。此后自动切换为操作员自动方式，由操作员设定目标负荷和升速率，完成升负荷过程。

(4) 协调控制方式（CCS）。协调控制是在机、炉自动控制系统均完好，机组正常运行的条件下投入的运行方式。在此方式下，DEH系统接受CCS主控制器发出的调节信号，分为“炉跟机”“机跟炉”和“机炉协调”方式。

1)“炉跟机”运行方式。该方式下，锅炉主控为“自动”，汽轮机主控为“手动”。负荷变化时，首先调节汽轮机的进汽量，使汽轮机的输出功率与外界负荷一致，锅炉则随着汽压的变化而自动改变燃料量、风量和水量。

2)“机跟炉”运行方式。该方式下，汽轮机主控为“自动”，锅炉主控为“手动”。负荷变化时，首先改变锅炉的燃料量、风量和水量，待蒸汽量和主蒸汽压力变化后，汽轮机自动调节进汽量，使汽轮机的输出功率与外界负荷一致。

3)“协调控制”运行方式。该方式下，锅炉主控、汽轮机主控均为“自动”。负荷变化时，通过机、炉的主控制器对锅炉和汽轮机同时发出负荷控制指令，在改变锅炉燃料量、风量和水量的同时，也改变汽轮机的进汽量。

(5) 遥控方式。厂级计算机进行管理和电网调度进行管理时使用。工作时厂级管理员或电网调度员可以通过“增/减”负荷按钮，以遥控方式对DEH发出增、减负荷指令。

五、汽轮机的自动控制（ATC）

DEH的ATC系统与汽轮机盘车控制系统、疏水控制系统、发电机励磁控制系统、发电机自动同期系统等协同工作，提供必要的接口和指令，实现汽轮机组从盘车状态直到带初始负荷，甚至到满负荷的全过程自动控制。

当选择ATC方式，DEH电液调节系统根据机组当前的状态，特别是转子应力的计算结果，按启动程序自动设定目标转速和升速率，完成进汽阀门切换，将转速升至额定值；同期并网后，自动设定目标负荷和变负荷率，直至带满负荷。在汽轮机启动或负荷控制的任一阶段，若出现异常工况，ATC系统能自动地按相反的顺序退回到异常状况消失的阶段或将汽轮机退回到所要求的运行方式。

ATC启动程序在将汽轮机从盘车转速升速到同步转速的过程中，要完成下列工作：

(1) 在汽轮机冲转之前，核对有关参数，直至所有参数均在要求范围内，按机组温度状态选择升速过程，发出冲转指令。

（2）在升速过程中，如遇有关参数超过报警限值，将立即进入转速保持。如该转速落在叶片共振或转子临界转速范围内，则在转速保持之前，将转速降到共振范围以下。

（3）按程序规定升速，升速率由转子实际应力和允许应力的裕度控制，如需要暖机，则自动进行，暖机时间根据缸温变化和胀差等进行逻辑计算自动给出。

（4）使汽轮机升速到接近同步转速，然后向自动同期装置发出信号，ATC的升速程序结束；汽轮发电机的并网由自动同期装置发出指令来完成。并网后DEH控制汽轮发电机组带初始负荷。

ATC系统的负荷控制完成从机组带初始负荷直到目标负荷。目标负荷由运行人员或用其他方式事先设定。它能够用最短的时间实现所需要的负荷变动，负荷变化率取下列三种变化率的最小值：

（1）由转子应力变化确定的锅炉所允许的负荷变化率。

（2）由运行人员根据各种原因，包括电厂其他设备的运行状况而给出的负荷变化率。

（3）由DCS给出的负荷变化率。

在ATC负荷控制期间，ATC连续地监视汽轮机状态参数，如压力、温度、热应力、振动、膨胀等的变化，超限时报警打印。若负荷变化率的调整纠正不了系统变量的不正常变化时，ATC程序将使汽轮机从ATC控制方式退出，必要时通过危急遮断系统（ETS）跳闸停机。

在“操作员自动”和CCS方式下，ATC系统的监视功能仍起作用。

六、 数字电液调节系统的特性

一个良好的调节系统，应该是静态特性和动态特性都好。但是，如果系统的静态参数不匹配，动作规律就不符合要求，因此静态特性是基本特性。系统的动态特性不满足要求也是不允许的。对调节系统的正确要求应该是在满足静态特性要求的前提下，具有尽可能好的动态特性。

（一）调节系统的静态特性

调节系统的静态特性反映了转速和功率在稳定工况下的关系。在DEH调节系统中，机组稳定运行后，功率校正回路的PI1输入信号为零，可得

$$(\lambda_p + x) - P = 0 \tag{3-8}$$

而 $x = K\Delta n = K(n_0 - n)$（存在不灵敏区时，$|\Delta n|$ >不灵敏区）

$$P = -Kn + (Kn_0 + \lambda_p) \tag{3-9}$$

$$n = -\frac{1}{K}P + \left(n_0 + \frac{\lambda_p}{K}\right) \tag{3-10}$$

式中 P——发电机功率，MW；

K——频率校正环节的放大倍数，MW·min/r；

n、n_0——机组的实际转速、额定转速，n_0=3000r/min；

λ_p——设定值形成回路输出的功率给定值，MW；

x——经频率校正环节校正以后的转速偏差，MW。

图3-20就是根据功率特性方程式（3-10）作出的DEH调节系统的静态特性曲线，从图中可以看出以下几点：

(1) 由于DEH系统采用了转速和功率反馈信号，系统具有功率—频率的静态特性(曲线1)，具有良好的线性关系。

(2) 运行中变更功率给定值λ_p，可使特性曲线平移（由曲线1到曲线2），从而实现二次调频，保证频率稳定。

(3) 转速不灵敏区可根据需要确定，当Δn取的足够大（在不灵敏区内，相当于切除转速反馈回路）时，机组不参与一次调频，其出力只随功率设定值而变化（曲线3），图中为一垂线。

(4) 频率校正环节的放大倍数K反映了系统的速度变动率，改变K可以改变特性曲线的斜率；同时改变K和Δn可以改变斜率和纵切距（曲线4），从而获得不同的系统特性。

(二) DEH调节系统的动态特性

1. 串级PI控制下DEH调节系统的动态特性

(1) 理想情况下调节系统的动态特性。理想情况是指调节系统在无约束全自由运动状态下的运动规律，它可以作为衡量调节品质的理想尺度。图3-21为该情况下机组甩额定负荷时调节系统的过渡过程，此时机组脱离了电网而单机运行。

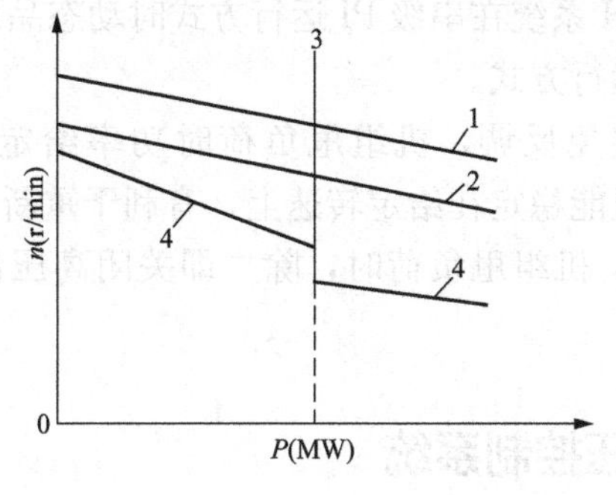

图3-20 DEH调节系统的静态特性

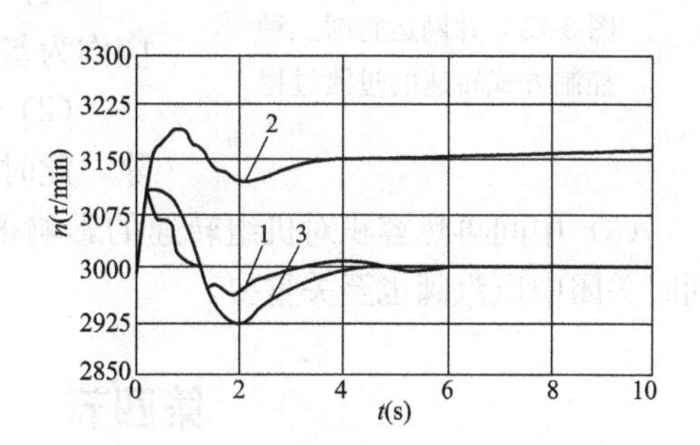

图3-21 理想情况下机组甩负荷时DEH系统转速的过渡过程

图中曲线1和曲线2对比，表示甩负荷后中压调节汽阀关闭，中间再热环节对机组超速不再构成影响，只是由于曲线2是在功率给定不切除情况下进行的，结果，系统动态品质变坏，稳态时转速偏差δn_0，即150r/min（速度变动率为5%）。曲线1和曲线3对比，两种情况甩负荷时功率给定均切除，仅中间再热容积影响的差别，结果曲线3的动态品质下降，但稳态时无转速偏差。

(2) 有约束情况下调节系统的动态特性。有约束情况下调节系统的动态特性是指实际系统的动态特性，在该情况下，系统的运动受到油动机行程和蒸汽参数变化

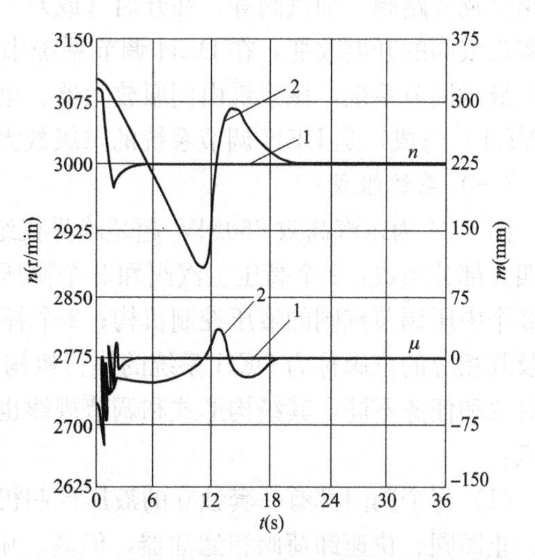

图3-22 机组甩负荷时约束对动态特性的影响

实际情况的约束。图 3-22 表示机组甩额定负荷和功率给定切除时理想与实际情况下转速 n 和油动机相对行程 μ 的过渡过程，其中 m 为阀门行程。图 3-22 中曲线 1 表示无约束情况，曲线 2 表示有约束情况。在有约束情况下，转速的振幅增大，油动机的振荡强烈，系统的动态品质全面下降，表现实际情况下的系统动态特性不及理想情况。

2. 机组并网运行时调节系统的动态特性

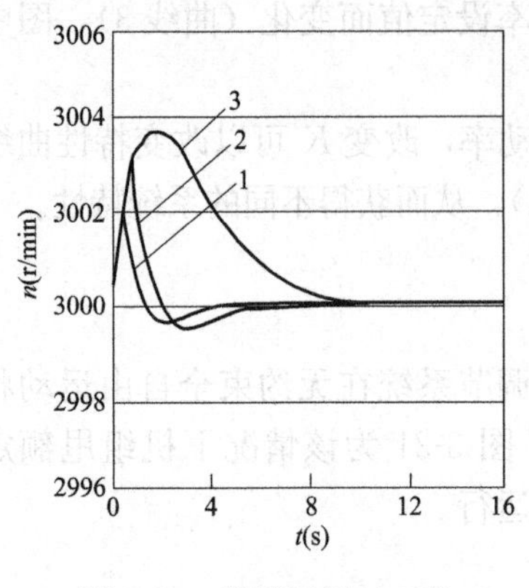

图 3-23　并网运行时三种控制方式转速的过渡过程

对于 DEH 调节系统采用不同的 PI 方式运行时，其动态特性将不同。图 3-23 给出了电网负荷变化 2%时，三种运行方式的转速过渡过程，图中曲线 1、2 和 3 分别表示串级 PI、单级 PI1 和单级 PI2 控制的情况。从图中可看出，由于串级控制有双内回路的快速响应作用，其动态特性全面优于单级 PI 控制方式，当过渡过程结束时，三种控制方式的转速都回到电网对应的转速，动作规律正确。

综上分析，可得以下重要结论：

(1) DEH 系统在串级 PI 运行方式时动态品质最好，应作为基本运行方式。

(2) 为避免反调，机组甩负荷时功率给定必须切除，此时机组能稳定在给定转速上，有利于重新并网。

(3) 中间再热容积对机组转速的影响很大，机组甩负荷时，除立即关闭高压汽阀外，同时关闭中压汽阀也至关重要。

第四节　液压控制系统

一、系统概述

汽轮机组调节及保安系统最终的动作效果，是使汽轮机汽阀（主汽阀、调节汽阀、补汽阀以及旁路阀、抽汽阀等）在开启（或开度增大）和关闭（或开度减小）之间变化。为了实现汽阀的开度改变，在 DEH 调节系统中，数字部分的输出，必须经过数/模转换后，进入液压调节系统，该系统由伺服放大器、电液转换器、油动机、阀门及其位移反馈装置（LVDT）组成，是 DEH 调节系统的末级放大与执行机构。

（一）系统组成

图 3-24 为东汽高效 660MW 超超临界机组 DEH 调节系统的液压调节保安系统图，它有四大部分组成：2 个高压主汽阀和 2 个高压调节汽阀的液压控制机构；2 个中压主汽阀和 2 个中压调节汽阀的液压控制机构；2 个补汽阀的液压控制机构；遮断机构。各个油动机及其相应的汽阀称为 DEH 系统的执行机构，整个调节系统有 10 个这种机构，由于其调节对象和任务不同，其结构形式和调节规律也不相同，但从整体看，它们具有以下相同的特点：

(1) 每个阀门都有一套独立的液压控制机构（包括阀门、油动机、电液转换器、隔绝阀、止回阀、快速卸荷阀和滤油器，但高、中压主汽阀例外），可以完成阀门的开启（包括开大）与关闭（包括关小）。

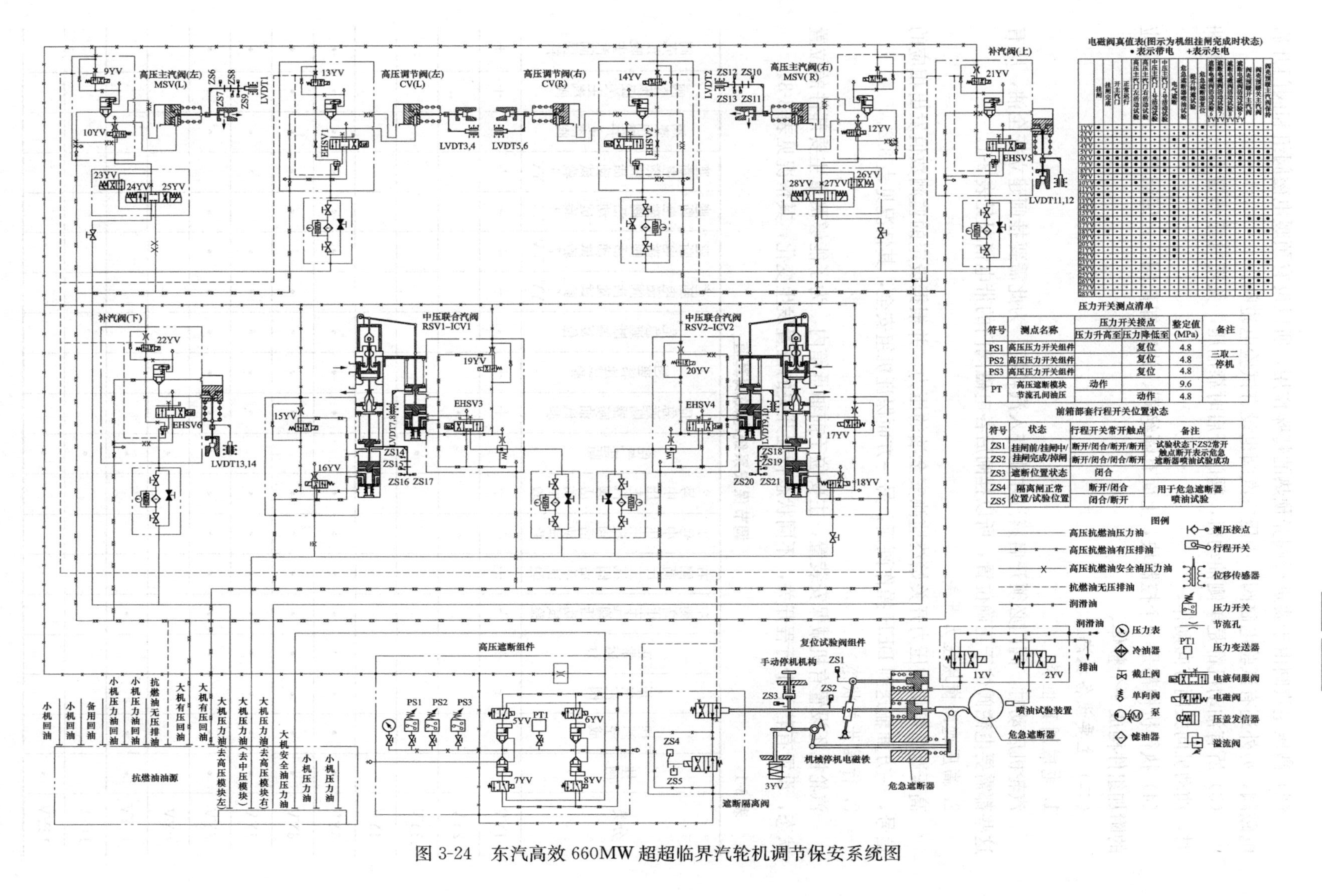

压力开关测点清单

符号	测点名称	压力开关接点		整定值(MPa)	备注
		压力升高至	压力降低至		
PS1	高压压力开关组件		复位	4.8	三取二停机
PS2	高压压力开关组件		复位	4.8	
PS3	高压压力开关组件		复位	4.8	
PT	高压遮断模块节流孔间油压	动作		9.6	
			动作	4.8	

前箱部套行程开关位置状态

符号	状态	行程开关常开触点	备注
ZS1	挂闸前/挂闸中/挂闸完成/掉闸	断开/闭合/断开/断开	试验状态下ZS2常开触点断开表示危急遮断器喷油试验成功
ZS2		断开/闭合/闭合/断开	
ZS3	遮断位置状态	闭合	
ZS4	隔离阀正常位置/试验位置	断开/闭合	用于危急遮断器喷油试验
ZS5		闭合/断开	

图 3-24 东汽高效 660MW 超超临界汽轮机调节保安系统图

（2）高压主汽阀由于要进行阀壳预热的特殊作用，所以设有预暖电磁阀组和阀门开启电磁阀，另外还有试验电磁阀；中压主汽阀也设有试验电磁阀。

（3）所有油动机都是单侧油动机，阀门开启时靠油压，关闭时靠弹簧力。若系统漏油时，油动机向关闭方向动作。

（4）执行机构都是一个控制块，上面有隔绝阀、快速卸荷阀、止回阀等，并加上相应的附加组件构成一个整体。

（二）主要设备状态

1. 电磁阀真值表

汽轮机启动时，阀门必须开启蒸汽才能进入汽轮机，为此需要挂闸建立安全油，所有这些都需要电磁阀位于正确位置，所以挂闸后各电磁阀门的带电情况见表3-1。

2. 高压遮断模块压力开关

高压遮断模块的压力开关始终监测安全油的压力，并根据设定的监测数值发出相应的信号，一方面输送到DEH操作画面，另一方面保证机组安全，其情况见表3-2。

3. 行程开关状态

汽轮机还设置有机械保安装置，主要位于前轴承箱内，为了能够测量主要部件的位置状态，设置有若干个行程开关，不同状态行程开关的位置发生变化，其情况见表3-3。

表3-1　调节保安系统电磁阀真值

分类	挂闸	挂闸完成	开主汽阀	正常运行	左侧高压主汽阀活动试验	右侧高压主汽阀活动试验	1号中压主汽阀活动试验	2号中压主汽阀活动试验	电气遮断	危急遮断器喷油试验	超速转速试验	危急遮断器复位	遮断电磁阀活动试验6YV	遮断电磁阀活动试验7YV	遮断电磁阀活动试验8YV	遮断电磁阀活动试验9YV	阀壳预暖开主汽阀	阀壳预暖关主汽阀	阀壳预暖主汽阀保持
1YV	•	+	+	+	+	+	+	+	+	+	+	•	+	+	+	+	+	+	+
2YV										•									
3YV									•										
4YV										•									
5YV	•	•	•	•	•	•	•			•	•	•		•	•	•	•	•	•
6YV	•	•	•	•	•	•	•	•		•	•	•	•		•	•	•	•	•
7YV	•	•	•	•	•	•	•	•		•	•	•	•	•		•	•	•	•
8YV	•	•	•	•	•	•	•	•		•	•	•	•	•	•		•	•	•
9YV									•										
10YV	•	•			•				•										
11YV									•										
12YV	•	•				•			•										

续表

分类	挂闸	挂闸完成	开主汽阀	正常运行	左侧高压主汽阀活动试验	右侧高压主汽阀活动试验	1号中压主汽阀活动试验	2号中压主汽阀活动试验	电气遮断	危急遮断器喷油试验	超速转速试验	危急遮断器复位	遮断电磁阀活动试验6YV	遮断电磁阀活动试验7YV	遮断电磁阀活动试验8YV	遮断电磁阀活动试验9YV	阀壳预暖开主汽阀	阀壳预暖关主汽阀	阀壳预暖主汽阀保持
13YV									•										
14YV									•										
15YV									•										
16YV	•	•					•		•								•	•	•
17YV									•										
18YV	•	•						•	•								•	•	•
19YV									•										
20YV									•										
21YV									•										
22YV									•										
23YV																	•	•	•
24YV																	•		
25YV																		•	
26YV																	•	•	•
27YV																	•		
28YV																		•	

注　•表示带电，+表示失电。

表 3-2　　压力开关测点状态

符号	测点名称	压力开关接点		整定值（MPa）	备注
		压力升高至	压力降低至		
PS1	高压压力开关组件		复位	4.8	三取二停机
PS2	高压压力开关组件		复位	4.8	
PS3	高压压力开关组件		复位	4.8	
PT	高压遮断模块节流孔间油压	动作		9.6	

表 3-3 机械保护装置的行程开关状态

符号	状态	行程开关常开触点	备注
ZS1	挂闸前/挂闸中/挂闸完成/跳闸	断开/闭合/断开/断开	试验状态下 ZS2 常开触点断开表示危急遮断器喷油试验成功
ZS2		断开/闭合/闭合/断开	
ZS3	遮断位置状态	闭合	
ZS4	隔离阀正常位置/试验位置	断开/闭合	用于危急遮断器喷油试验
ZS5		闭合/断开	

二、 高压阀门的液压控制机构

（一）高压调节汽阀的液压控制机构

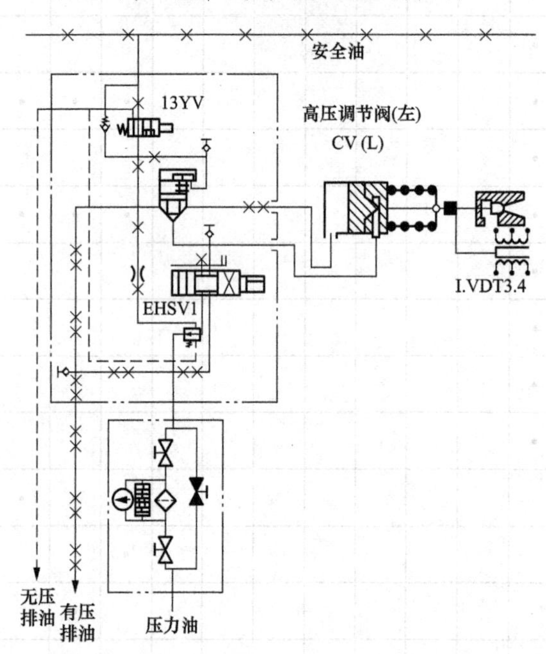

图 3-25 高压调节汽阀的液压控制机构工作原理图

1. 阀门的工作原理

图 3-25 为高压调节汽阀的液压控制机构工作原理图，图中给出了阀门的各种主要功能构件，主要由隔绝阀、滤油器、差压变送器、关断阀、电液转换器(EHSV1)、遮断电磁阀 13YV、卸荷阀和单侧进油油动机、LVDT 等组成；油路主要有高压抗然压力油、安全油、有压排油和无压排油。

根据控制机构特点，要使得阀门开启，必须先建立安全油，所以机组启动前要先行挂闸。挂闸成功后，建立了安全油。安全油通过遮断电磁阀 13YV 使得卸荷阀关闭，切断了油动机压力油腔室与排油通道，保证油动机压力腔室的封闭性；同时安全油作用于关断阀，使得关断阀开启，保证压力油可以直接通到电液转换器。

工作时，一旦该液压控制装置的电液转换器接收到阀门开大信号后，高压抗燃油经隔绝阀、滤油器、关断阀、电液转换器进到油动机压力油腔室，并由电液转换器来控制油动机压力油腔室内压力油的多少，从而控制阀门的开度。当给定或外界负荷变化时，DEH 控制器输出开大或关小汽阀的电压信号，与线性位移变送器送来的阀位信号在综合比较器中进行比较，其差值经伺服放大器转换成电流信号并进行功率放大，使电液转换器动作，控制油动机活塞内压力油腔室的高压油油量，从而改变油动机的位移即阀门开度，去适应外界负荷的变化。

当油动机活塞移动时，用于反馈的线性位移变送器 LVDT 及时地将阀位信号转换成电信号，经解调器送到比较器与控制器输入的信号进行比较，当两者差值为零时，电液转换器失电切断油动机的油路，油动机停止移动，系统处于一个新的平衡状态，此时阀门的开度就是给定的开度。

当保护装置动作时，安全油母管上的安全油泄掉，同时遮断电磁阀13YV也动作，泄掉卸荷阀的安全油而使卸荷阀开启，油动机压力腔室内的压力油通过卸荷阀迅速排掉，调节汽阀在弹簧组的作用下迅速关闭，切断汽轮机的进汽；另外安全油的失去也使得关断阀关闭，切断通往电液转换器的压力油。在遮断电磁阀的旁路上有一个逆止阀，当母管上的安全油失去时，作用于卸荷阀和关断阀上的安全油也会部分通过逆止阀泄掉。

2. 主要设备

(1) 遮断电磁阀。遮断电磁阀用于控制进入液压装置的安全油，不仅可以保证阀门开启的条件，而且还可以在保护装置动作时起到快速的保护作用，保证机组的安全。正常运行时，遮断电磁阀失电，可以将安全油送到卸荷阀（使该阀关闭）和关断阀（使该阀开启）；保护装置动作时遮断电磁阀带电，泄掉安全油，使卸荷阀开启，关断阀关闭。

(2) 卸荷阀。卸荷阀用于汽轮机故障需要紧急停机时，通过安全油系统使安全油失压，然后快速泄去油动机下腔的高压油，使油动机依靠弹簧力迅速关闭，实现对机组的保护。在快速卸荷阀动作的同时，工作油还可排入油动机的左侧腔室，从而避免回油管路的过载。

图3-26为卸荷阀的工作原理图。该阀安装在油动机板块上，它的内部装有一个套筒引导杯形活塞的移动，并且活塞的底部与套筒的底部配合，构成阀芯与阀座，杯形活塞与阀盖之间装有一个压弹簧。套筒底口A与油动机的压力油腔室相通，侧部油口B接通排油，X油管道连接安全油。安全油送到卸荷阀后，作用于活塞上部，加上弹簧力的共同作用使卸荷阀关闭，切断A口与B口的联系。

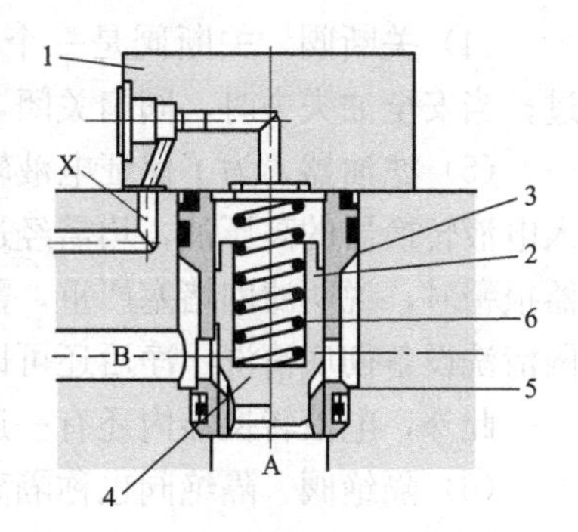

图3-26　卸荷阀的工作原理图

1—阀盖；2—杯形活塞；3—套筒；4—活塞底座即阀芯；5—阀座；6—压弹簧；X—节流孔；A—压力油口；B—排油口

正常运行时，活塞上部的作用力大于下部高压油的作用力，活塞底部的阀芯压在底座上，该阀关闭。当汽轮机故障、安全油失去后，活塞上部的油通过遮断电磁阀排掉，油压迅速降低使作用力小于下部高压油的作用力，活塞上升使A口与B口接通，使油动机压力油腔室的压力油失去，关闭调节汽阀，实现紧急停机。

(3) 电液转换器。电液转换器是将DEH电调装置发来的电信号控制指令转换为液压信号的转换、放大部件，它是电液调节系统中的一个关键部件。在电液调节系统中，电气调节装置将转速、功率、阀位等信号进行各种运算后输出电流或电压信号，无论是静态的线速度、准确度、灵敏度，还是动态响应等指标，都达到较高的水平，所以电液转换器就应尽快地、不失真地完成这一任务。为此要求电液转换器也具有高的线速度、准确度、灵敏度和动态响应。其次，为了达到这些要求，电液转换器在结构上要采用相应的措施，比一般的液压元件有更高的要求。同时为了提高灵敏度，电液转换器的液压放大部分——跟随滑阀，在结构上采取了自定中心的措施。此外还必须把电信号与液压信号两部分加以隔离。

现在大多机组都采用的是带双喷嘴动铁式电液转换器，其结构如图3-27所示。它由一个力矩电动机、两级液压放大和机械反馈系统及4个通道等组成。第一级液压放大是双

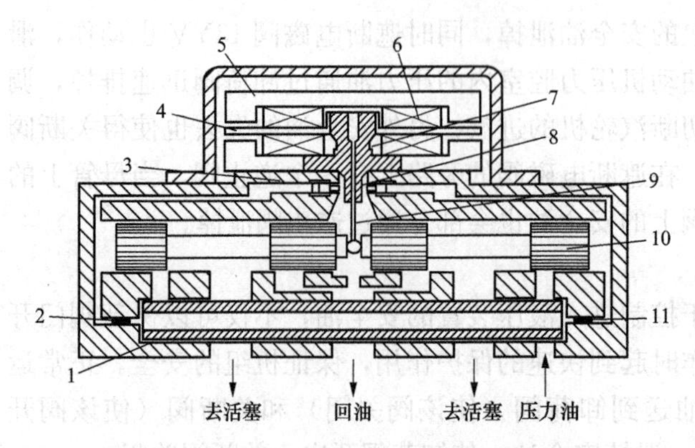

图 3-27　动铁式电液转换器结构示意图

1—过滤器；2、11—节流孔；3—喷嘴；4—可动衔铁；5—力矩电动机；6—线圈；7—弹簧管；8—挡板；9—反馈杆；10—阀芯

喷嘴和挡板系统，第二级放大是滑阀系统。它可以分为电气、液压、供油3部分，封装于一个外壳中。其弹簧管受力后能弯曲，产生一个推动力，而且也把电气与液压部分加以隔离。

液压部分为二级放大。第一级放大是双侧喷嘴加挡板，挡板与弹簧管刚性相连，当挠性弹簧管转动时，带动挡板向左或向右偏转，改变了挡板与两侧喷嘴间的间隙，从而改变滑阀阀芯两侧油的压力。第二级放大是滑阀与四通滑阀座，四个通道中，一个接压力油，两个接油动机，当后续油动机为单侧进油时，可以只用一路。二级液动放大之间连有动反馈弹簧。

(4) 关断阀。关断阀是一个开关型阀门，当有安全油时，阀门开启，允许压力油通过；当安全油失去时，阀门关闭，切断通道阻止压力油的流动。

(5) 滤油器。为了保证电液转换器工作油的清洁，防止喷嘴堵塞和滑阀卡涩，所有进入电液转换器的高压油，均需经过过滤器的过滤。滤网要每年更换一次；或者是差压发讯器报警时，说明滤网堵塞严重，需要进行更换或清洗。被更换下来的滤网，经过合适的滤网清洗设备彻底清洗干净后还可以再使用。

此外，电液转换器内还有一道过滤器，以确保油的清洁。

(6) 隔绝阀。隔绝阀也称隔离阀，用于切断通往油动机的高压油，工作时全开。运行中关断该阀，可以对油动机、电液转换器、快速卸荷阀和位移变送器进行不停机检修及清理或更换过滤器等。

(7) 线性位移差动变送器（LVDT）。LVDT的作用是把油动机活塞的位移（同时也代表调节汽阀的开度）转换成电压信号，反馈到伺服放大器前，与计算机送来的信号相比较，其差值经伺服放大器功率放大并转换成电流值后，驱动电液转换器、油动机直至阀门。当阀门的开度达到了计算机输入信号的要求时，伺服放大器的输入偏差为零，于是阀门处于新的稳定位置。

(8) 油动机。油动机用作调节信号的最后一级放大，油动机活塞的位移用来控制阀门的开度，要求输出功率要大。油动机按进油方式分为两种：一种是双侧进油式；另一种是单侧进油式。油动机有两个重要工作指标：一是提升力；二是时间常数。

目前DEH电液调节系统执行机构的油动机，基本上都采用了单侧进油式油动机，为此只对单侧进油式油动机进行讨论。

1）单侧进油式油动机的控制方式。如图 3-28 所示，单侧进油式油动机在活塞的同一侧实现进、排油。在调节过程中，当需要开大调节汽阀时，断流式滑阀活塞上移，油动机进油通道打开，活塞一侧进油，克服另一侧弹簧力的作用，使活塞产生位移。当需要关小调节汽阀时，断流式滑阀活塞下移，油动机活塞有油的一侧与排油接通，使活塞在另一侧弹簧力的作用下移动。

当系统采用断流式电液转换器时，如果液压部分的输出功率足够大，则电液转换器滑阀与单侧进油式油动机可采用直接连接方式，电液转换器输出的油压较高，调节油直接进入油动机，推动活塞移动。如果电液转换器液压部分输出功率较小，则只能采用间接连接方式，即在电液转换器滑阀与油动机之间必须加设断流式滑阀，这时电液转换器输出的调节油压信号转换成断流式滑阀的位移，进而间接控制单侧进油式油动机的进、排油。

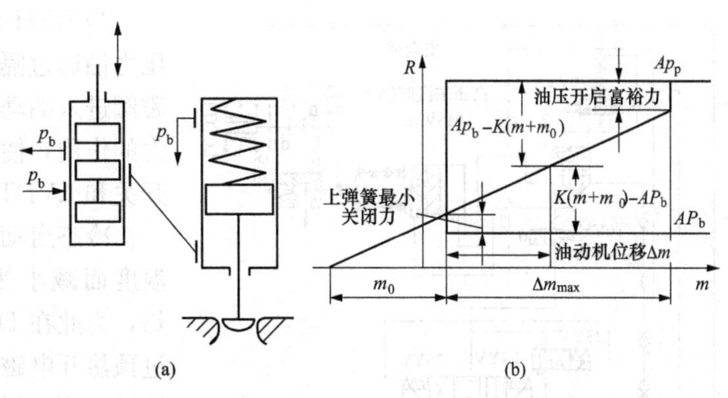

图 3-28　断流式滑阀—单侧进油式油动机

(a) 进油控制方式；(b) 提升力与油动机位移的关系

2）单侧进油式油动机的提升力。单侧进油式油动机开启调节汽阀时的提升力是作用在油动机活塞上的油压作用力与弹簧作用力之差。如图 3-28 所示，随着油动机活塞的上移，弹簧不断被压缩，其变形力不断增大，故提升力不断减小。显然油动机活塞在全开位置处的提升力最小。为了使调节汽阀能可靠地提升，则要求油动机的最小提升力必须大于开启调节汽阀时所需的力，并留有一定的富余量。

在相同的油动机尺寸和油压条件下，单侧进油式油动机的提升力比双侧进油式油动机的提升力小，这是它的一个缺点。但是，单侧进油式油动机是靠弹簧关闭的，不需要用压力油，这不仅保证在压力油失去的情况下仍能可靠地关闭调节汽阀，而且可大大减少机组甩负荷时的用油量，这是最大优点。大功率汽轮机通常设计成一只油动机驱动一只调节汽阀，这样每只油动机所需要的提升力可减小。因为其耗油量少，所以液压油泵的设计容量可明显减小。目前，人们越来越重视在大功率汽轮机上应用单侧进油式油动机。

3）单侧进油式油动机的时间常数。单侧进油式油动机关闭调节汽阀的速度取决于弹簧力将油压出的速度。因为弹簧力与活塞位置有关，所以其速度是一个变量。

在相同的油动机尺寸和油压条件下，双侧进油式油动机时间常数小于单侧进油式油动机时间常数。但是，双侧进油式油动机时间常数受液压油泵容量的限制而难以进一步减小，而单侧进油式油动机只要弹簧设计合理，滑阀的排油口足够大，就能将时间常数减小到需要的数值。使用单侧进油式油动机对提高调节系统的稳定性、可靠性以及甩负荷性能都有益处。

(二) 高压主汽阀的液压控制机构

图 3-29 为高压主汽阀的液压控制机构工作原理图，图中给出了阀门的各种主要功能构件，主要由隔绝阀、电磁阀组（开启电磁阀 23YV 与预热电磁阀组 24YV-25YV）、试验电磁阀 10YV、遮断电磁阀 9YV、卸荷阀和单侧进油油动机、LVDT 等组成；油路主要有高压抗燃压力油、安全油、有压排油和无压排油。

安全油建立后，安全油通过遮断电磁阀 9YV 使得卸荷阀关闭，切断了油动机压力油腔室与排油通道，保证油动机压力腔室的封闭性。

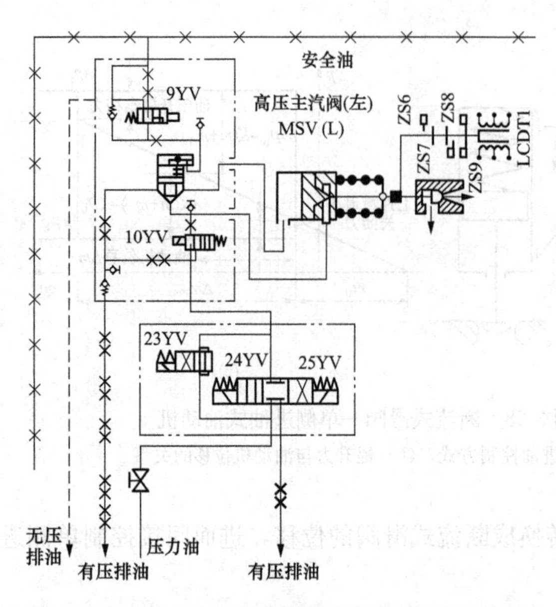

图 3-29 高压主汽汽阀的液压控制机构工作原理图

当DEH发出指令要开启主汽阀时，压力油通过隔绝阀、开启电磁阀、试验电磁阀进入油动机的压力油腔室，克服弹簧力的作用，使得阀门开启，同时通过行程开关和LVDT显示阀门的开度。

冷态启动时，为了提高调节汽阀阀壳温度而减小热冲击，需要对阀壳进行预热，为此在DEH上发出预热信号后，通过预热开电磁阀24YV带电使得少量压力油进入到油动机内，主汽阀预启阀开启，蒸汽进入调节汽阀蒸汽室开始预热。达到预定温度时，DEH发出撤出预热信号，预热关电磁阀25YV带电将油动机的压力油再通过预热电磁阀泄掉关闭主汽阀的预启阀，阀门关闭后电磁阀25YV失电。

汽轮机正常工作时，主汽阀始终处于开启状态，阀杆在漏汽的同时一部分凝结成水，使得蒸汽中的盐分沉积在阀杆与套筒之间，有可能导致阀门动作困难，从而失去保护作用，为此需要经常对阀门进行活动性试验，该试验通过试验电磁阀来完成。试验时，试验电磁阀带电，将油动机压力油腔室内的压力油缓慢泄掉，阀门慢慢关小，当达到规定开度时，试验电磁阀失电，压力油重新进入油动机压力油腔室内，阀门开启。

当保护装置动作时，安全油母管上的安全油泄掉，同时遮断电磁阀9YV也动作，泄掉卸荷阀的安全油而开启，油动机压力腔室内的压力油通过卸荷阀迅速排掉，主汽阀在弹簧组的作用下迅速关闭，切断汽轮机的进汽；同时开启电磁阀也关闭，切断主汽阀的压力油供油。

（三）补汽阀的液压控制机构

图3-30为补汽阀的液压控制机构工作原理图，图中给出了阀门的各种主要功能构件，主要由隔绝阀、滤油器、差压变送器、关断阀、电液转换器、遮断电磁阀13YV、卸荷阀和单侧进油油动机、LVDT等组成；油路主要有高压抗燃压力油、安全油、有压排油和无压排油。它的组成部件与高压调节汽阀完全相同，因此其工作情况也相同。

三、中压阀门的液压控制装置

本机组的中压阀门位于中压缸进汽端两侧，采用的是联合汽阀形式，主汽阀和调节汽阀共用一个阀壳，它们的液压控制机构工作原理图如图3-31所示。左侧为中压主汽阀的液压控制机构，右侧为中压调节汽阀的液压控制机构。

（一）中压主汽阀的液压控制机构

中压主汽阀也称为再热蒸汽主汽阀，它属于开关型阀门，只有全开和全关两个位置，没有控制功能，它的液压控制机构如图3-31左侧虚线框内所示。

中压主汽阀控制机构的主要部件有隔绝阀、试验电磁阀16YV、遮断电磁阀15YV、卸荷阀和单侧进油油动机、LVDT等；油路主要有高压抗燃压力油、安全油、有压排油。

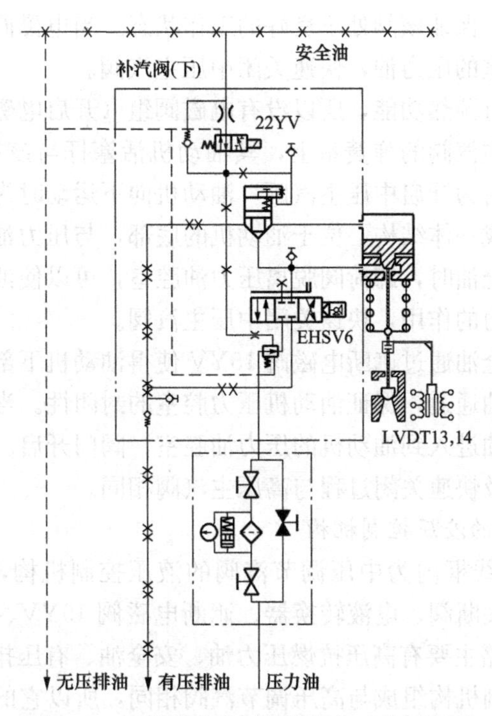

图 3-30 补汽阀的液压控制机构工作原理图

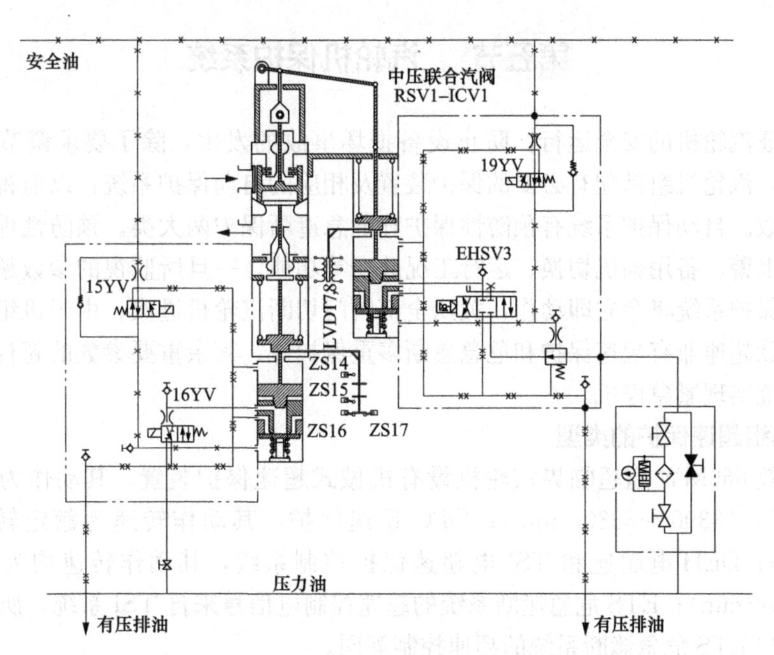

图 3-31 中压主汽汽阀和中压调节汽阀的液压控制机构工作原理

(1) 因为中压主汽阀没有控制功能，所以不装设电液转换器和相应的伺服放大器。

(2) 增设 1 个二位二通电磁阀（正常工作时失电），用以开关中压主汽阀，以及定期进行阀杆的活动性试验，保证该阀处于良好的工作状态。当电磁阀带电动作时，能迅速泄去中压主汽阀油动机腔室的压力油，快速关闭中压主汽阀。

(3) 中压主汽阀没有预热功能，所以没有电磁阀组（开启电磁阀、预热电磁阀）。

该机构安装在中压主汽阀的弹簧室上，其油动机活塞杆与该主汽阀的阀杆直接相连，因此当油动机向上运动时为开启中压主汽阀，油动机向下运动时为关闭中压主汽阀。

卸荷阀与油动机构成一体结构，位于油动机的底部，与压力油腔室配合。卸荷阀的下侧为拉弹簧，当没有安全油时，卸荷阀脱离压力油腔室，可以使油动机压力油腔室的压力油迅速失压，依靠弹簧力的作用，快速关闭中压主汽阀。

安全油建立后，安全油通过遮断电磁阀15YV使得油动机下部的卸荷阀关闭，切断了油动机压力油腔室与排油通道，保证油动机压力腔室的封闭性。当DEH发出开阀指令后，试验电磁阀失电，压力油进入到油动机的压力油腔室，阀门开启。

该阀的活动性试验及快速关闭过程与高压主汽阀相同。

（二）中压调节汽阀的液压控制机构

图3-31中的右侧虚线框内为中压调节汽阀的液压控制机构，该机构同样由隔绝阀、滤油器、差压变送器、关断阀、电液转换器、遮断电磁阀19YV、卸荷阀和单侧进油油动机、LVDT等组成；油路主要有高压抗燃压力油、安全油、有压排油。

由上可知，它的控制机构组成与高压调节汽阀相同，所以它的工作过程与高压调节汽阀也相同。

第五节 汽轮机保护系统

为了保证汽轮机的安全运行，防止设备损坏事故的发生，除了要求调节系统动作灵敏、可靠外，汽轮机组都配有必要的保护装置及相应的自动保护系统，以监视运行中的一些关键性参数。自动保护系统有预防性保护和危急遮断保护两大类。预防性保护包括监视的参数超限报警、备用辅机切换、运行工况改变等功能。一旦所监视的参数超过了规定的安全界限，保护系统将会立即动作，关闭全部阀门切断汽轮机进汽。由于机组超速的危害最大，因此除超速兼有超速保护和危急遮断多重保护外，其余重要参数的超标，都是通过危急遮断系统实现紧急停机。

一、机组超速保护的类型

东汽高效660MW超超临界汽轮机设有机械式超速保护装置，其动作为额定转速的110%～111%（3300～3330r/min）；OPC超速保护，其动作转速为额定转速的103%（3090r/min）；DEH电超速和TSI电超速保护控制系统，其动作转速均为额定转速的110%（3300r/min）；ETS危急遮断系统的超速控制电信号来自TSI系统，所以TSI电超速保护控制与ETS危急遮断系统的超速控制等同。

二、机械式超速保护装置

东汽机组的机械式超速保护装置又称为低压保安系统，主要由危急遮断器（危急保安器）、危急遮断装置、危急遮断装置连杆、手动停机机构、遮断隔离阀组、机械停机电磁铁（3YV）、复位试验阀组和导油环等组成，如图3-32所示，一旦汽轮机的转速达到额定转速的（110%～111%）或就地拉动手动停机机构时，该装置动作，关闭汽轮机的所有汽阀。

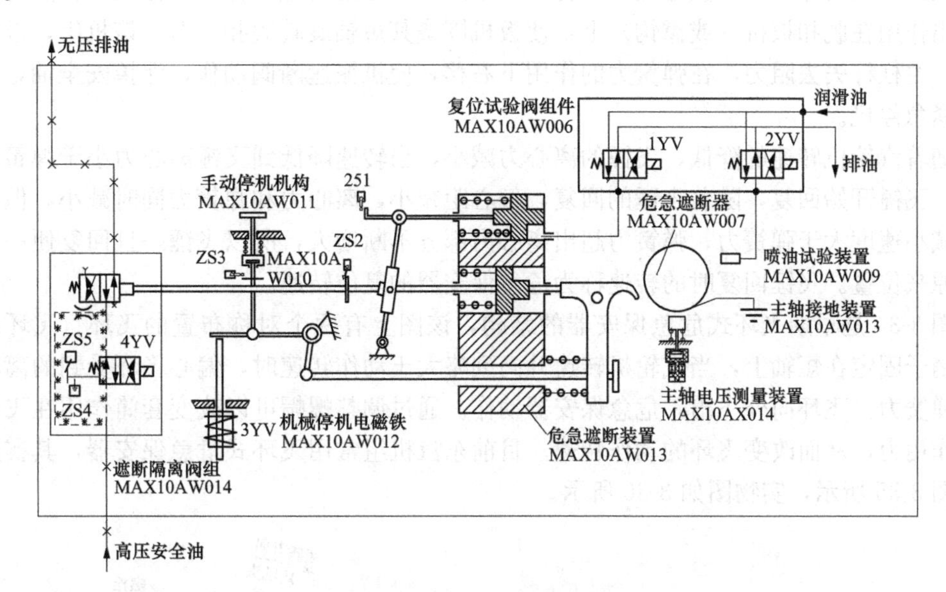

图 3-32　东汽 660MW 超超临界汽轮机机械式超速保护装置

该系统控制着高压安全油，但与润滑油也有一定的关系。从润滑油系统来的润滑油进入复位试验电磁阀组后分为两路，一路经复位电磁阀（1YV）进入危急遮断装置的复位活塞右侧腔室，接受复位试验电磁阀 1YV 的控制；另一路经喷油试验电磁阀 2YV，从导油环进入危急遮断器腔室，接受喷油试验电磁阀 2YV 的控制。手动停机机构、机械停机电磁铁、遮断隔离阀组中的机械遮断阀通过危急遮断装置连杆与危急遮断装置相连，高压安全油通过高压遮断组件（在高压遮断模块）、遮断隔离阀组件与无压排油管相连。

（一）主要设备

1. 危急遮断器

危急遮断器又称为机械式危急保安器，它实质上是转速超限时的危急信号发送器，按其结构特点可分为飞锤式和飞环式两种。

图 3-33 是飞锤式危急保安器的结构图，它装在主轴前端，主要由飞锤、压弹簧、调整螺帽等组成。飞锤的重心与汽轮机的转子旋转中心偏离一定的距离，所以又称偏心飞锤。在转速低于飞锤的动作转速时，压弹簧对飞锤的作用力大于飞锤所受的离心力，飞锤处于图示位置，不动作；当转速升高到略大于飞锤的动作转速时，飞锤所受的离心力增大到略超过压弹簧的作用力，飞锤动作，迅速向外飞出。随着飞锤向外飞出，飞锤的偏心距增大，离心力相应不断增大，同时弹簧的压缩力增加，因此弹簧力也随之增加，但是离心力的增大速度大于弹簧力的增大速度，

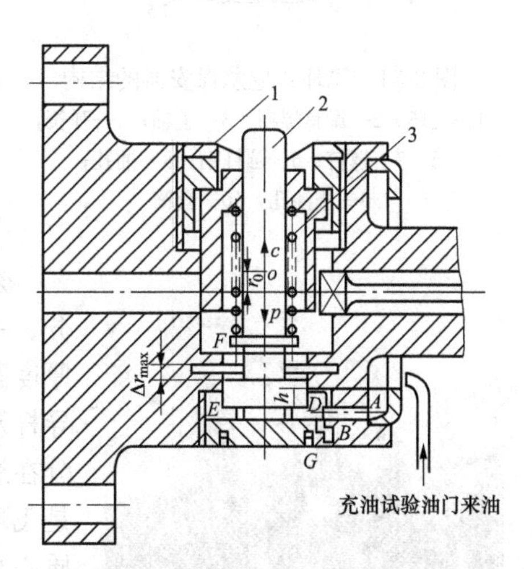

图 3-33　飞锤式危急保安器的结构图
1—调整螺帽；2—偏心飞锤；3—压弹簧

所以飞锤一经动作，就一直走完整个行程，达到极限位置为止，称为飞锤飞出。随着飞锤的飞出作用在脱扣扳机（或撑钩）上，使扳机围绕其短轴旋转脱扣。对于该机组，扳机脱扣后，主杠杆失去阻力，在弹簧力的作用下右移，使机械遮断阀动作，泄掉安全油，使汽轮机紧急停机。

随着汽轮机转速的降低，飞锤的离心力减小，当转速降低到飞锤离心力小于弹簧约束力时，飞锤开始回复，随着飞锤的回复，偏心距减小，离心力和弹簧力同时减小，但离心力的减小速度大于弹簧力，弹簧力超出离心力部分不断增大，所以飞锤一旦回复便一直运动到原来位置。飞锤回复时的转速称为危急保安器的复位转速。

图 3-34 是早期飞环式危急保安器的结构，该图上有两个对称布置的飞环。飞环的一端用销子固定在短轴上，当汽轮机转速升高到略大于动作转速时，偏心飞环受到的离心力大于弹簧力，飞环向外飞出，危急保安器动作。通过调整螺帽可以改变套筒作用在飞环底部的作用力，从而改变飞环的动作转速。目前东汽机组常用飞环式危急保安器，其实际结构如图 3-35 所示，实物图如 3-36 所示。

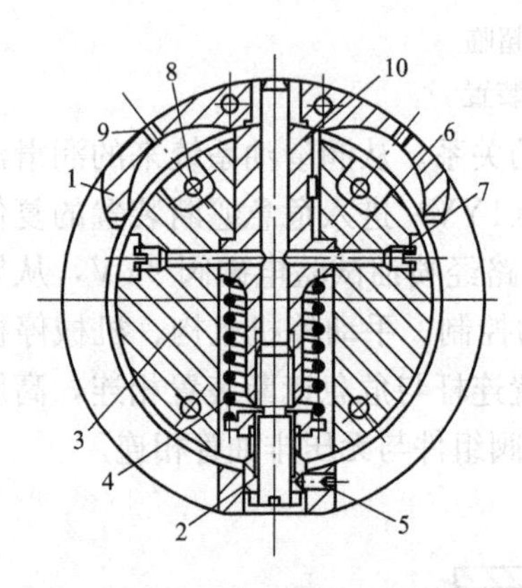

图 3-34　飞环式危急保安器的结构
1—飞环；2—调整螺帽；3—主轴；4—弹簧；5、7—螺钉；6—圆柱销；8—油孔；9—排油孔；10—套筒

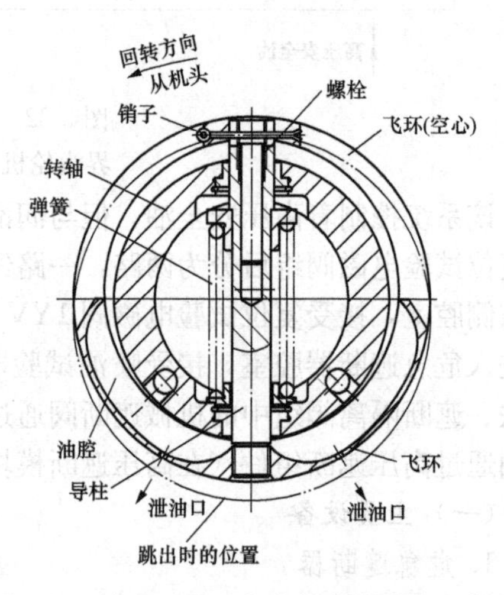

图 3-35　东汽飞环式危急保安器结构示意图

图 3-36　东汽飞环式危急保安器实物

东汽危急保安器的飞环为一端带有油腔的实心部分、一端对称于调节螺栓车掉部分质量留有边缘的不等厚度圆环，实心部分厚，空缺部分厚度薄。安装时，在导杆及弹簧的作用下，实心部分紧贴转轴表面，空缺部分在螺栓及弹簧的作用下远离转轴一定距离（该距离就是飞环飞出的位移），圆环的中心与转轴中心重合，但质心与转轴中心偏离，所以称之为偏心飞环。正常工作时，飞环表面与转轴表面略低 0.15mm。当汽轮机的转速达到动作转速时，飞环的实心部分脱离转轴表面飞出。通过调整螺栓的位置，可以改变弹簧的预紧力，从

而改变飞环的动作转速。

实心部分的油腔用于机组正常运行时的喷油试验。

2. 复位试验阀组

复位试验阀组主要用于汽轮机的挂闸和危急保安器的喷油试验，所以由复位电磁阀1YV和喷油电磁阀2YV组成。

在跳闸状态下，根据运行人员指令使复位电磁阀1YV带电动作，可以将润滑油引入危急遮断装置复位活塞右侧腔室，使活塞上行到上止点，通过危急遮断装置的连杆使危急遮断装置的撑钩复位。

在需要进行喷油试验时，使喷油电磁阀2YV带电动作，将润滑油从导油环注入危急遮断器腔室，危急遮断器飞环在离心力及油压作用下飞出。试验完成后，喷油电磁阀2YV失电，切断供油油压，飞环复位，由此可检验飞环能否动作或者是否卡涩。

3. 遮断隔离阀组

遮断隔离阀组包括机械遮断阀和隔离阀，如图3-37所示。该隔离阀组用于停机及跳闸时泄掉安全油和不停机的喷油试验。

隔离阀的工作原理图如图3-38所示。正常工作时，安全油一路通过电磁阀4YV进入到隔离阀的右侧腔室，克服弹簧力使隔离阀活塞处于最左侧；一路通过活塞中间通道送到机械遮断阀。如图3-37所示，安全油经电磁阀4YV的X→B送至隔离阀的一侧，使P与B接通，将安全油送至机械遮断阀。

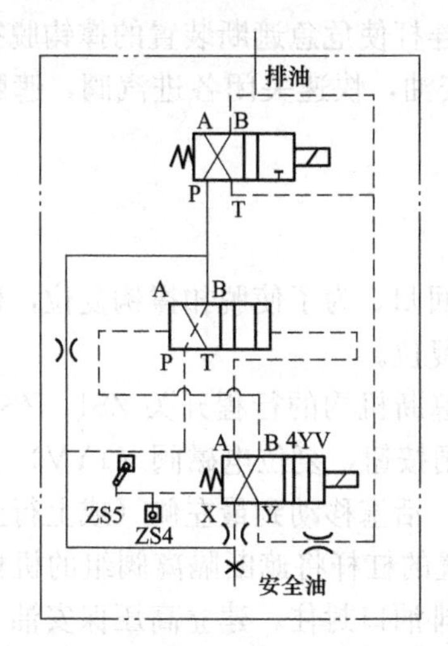

图3-37 隔离阀组件工作原理示意图

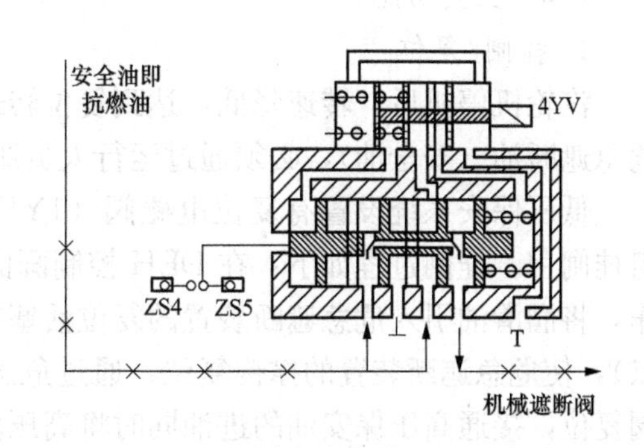

图3-38 隔离阀的工作原理示意图

在进行提升转速试验前，机械遮断阀处在关断状态，将高压保安油的排油截断。待隔离阀组件上设置的行程开关ZS4的常开触点断开、ZS5的常开触点闭合并对外发信，DEH检测到该信号后，将转速提升到动作值，危急遮断器飞环击出，打击危急遮断装置的撑钩，使危急遮断装置撑钩脱扣，通过机械遮断机构使机械遮断阀动作，泄掉高压保安油，快速关闭各进汽阀，遮断机组进汽。

在进行喷油试验情况时，先使遮断隔离阀组的隔离阀的电磁阀4YV带电动作活塞左移（见图3-38），使安全压力油进入隔离阀活塞左侧，活塞右移切断通往机械遮断阀的高压保安油，待其上设置的行程开关ZS4的常开触点闭合、ZS5的常开触点断开并对外发信，DEH检测到该信号后，使喷油电磁阀2YV带电动作，润滑油从导油环进入危急遮断器腔室，使危急遮断器飞环飞出，打击危急遮断装置的撑钩，使危急遮断装置撑钩脱扣，机械遮断阀动作。由于高压保安油的排油通道已被截断，机组在飞环喷油试验情况下不会被遮断。此时系统的遮断保护由高压遮断模块及各阀油动机的遮断电磁阀来保证。

4. 手动停机机构

手动停机机构为机组提供紧急状态下人为遮断机组的手段。运行人员在机组紧急状态下，转动并拉出手动停机机构手柄，通过危急遮断装置连杆使危急遮断装置的撑钩脱扣。并导致遮断隔离阀组的机械遮断阀动作，泄掉高压保安油，快速关闭各进汽阀，遮断机组进汽。

5. 危急遮断装置连杆

该机构由连杆系及行程开关ZS1、ZS2、ZS3组成。通过它将手动停机机构、危急遮断装置、机械停机电磁铁、遮断隔离阀组的机械遮断阀相互连接，并完成上述部套之间作用力及位移的可靠传递。行程开关ZS1、ZS2指示危急遮断装置是否复位，行程开关ZS3在手动停机机构动作和机械停机电磁铁动作时向DEH送出信号，使高压遮断组件失电，遮断汽轮机。

6. 机械停机电磁铁

机械停机电磁铁为紧急状态下提供遮断机组的另外一种手段。各种停机电气信号都被送到机械停机电磁铁上使其动作，带动危急遮断装置连杆使危急遮断装置的撑钩脱扣，并导致遮断隔离阀组的机械遮断阀动作，泄掉高压保安油，快速关闭各进汽阀，遮断机组进汽。

（二）主要功能

1. 挂闸/复位

汽轮机停机后，转速降低，达到复位转速时飞环回归。为了使脱扣撑钩复位，建立起危急遮断油（安全油），必须通过运行人员遥控挂闸/复位。

低压保安系统设置有复位电磁阀（1YV），危急遮断机构的行程开关ZS1、ZS2供机组挂闸用。挂闸过程如下：在DEH控制画面按下挂闸按钮，复位电磁阀（1YV）带电动作，将润滑油引入危急遮断装置的复位活塞右侧腔室，活塞移动到最左侧（或上行到上止点），使危急遮断装置的撑钩复位，通过危急遮断装置的杠杆将遮断隔离阀组的机械遮断阀复位，接通高压保安油的进油同时将高压保安油的排油口封住，建立高压保安油。当压力开关组件中的三取二压力开关检测到高压保安油已建立后，向DEH发出信号，使复位电磁阀（1YV）失电，并将危急遮断装置复位活塞腔室的压力油泄掉使其活塞回到最右侧（或下止点），DEH检测行程开关ZS1的常开触点由断开转换为闭合，再由闭合转为断开，ZS2的常开触点由断开转换为闭合，DEH判断挂闸过程完成。

2. 电气停机

要实现该功能须由机械式超速保护装置中的机械停机电磁铁来完成。本系统设置的电气遮断本身就是冗余的，一旦接受电气停机信号，ETS使机械停机电磁铁3YV带电［同时使高压遮断组件电磁阀（5YV、6YV、7YV、8YV）失电］。机械停机电磁铁3YV通过危急遮断装置连杆的杠杆使危急遮断装置的撑钩脱扣，危急遮断装置连杆使机械遮断阀动作，将高压安全油的排油口打开，泄掉高压安全油，快速关闭各主汽、调节汽阀，切断机组进汽。

3. 机械超速保护

危急遮断器的动作转速为额定转速的110%～111%（3300～3330r/min）。当汽轮机的转速达到危急遮断器设定值时，危急遮断器的飞环击出，打击危急遮断装置的撑钩使撑钩脱扣，如图3-39所示。然后再通过危急遮断装置连杆使遮断隔离阀组中的机械遮断阀动作，泄掉高压保安油，快速关闭各进汽阀，遮断机组进汽。

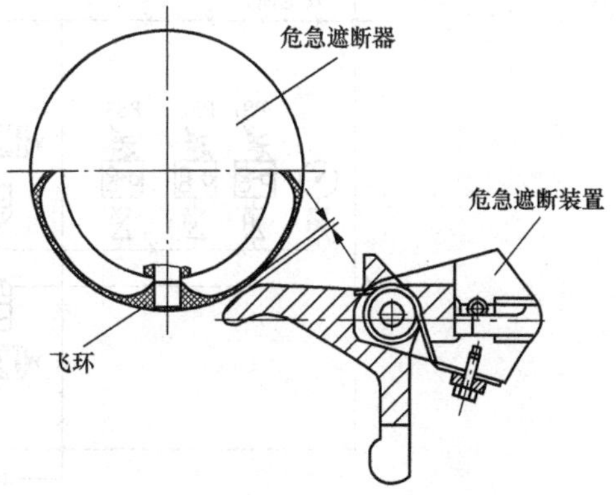

图3-39 飞环与撑钩工作原理示意图

4. 手动停机

系统在机头设有手动停机机构供紧急停机用。转动并拉出手动停机机构手柄，通过危急遮断装置连杆使危急遮断装置的撑钩脱扣，后续过程同机械超速保护。

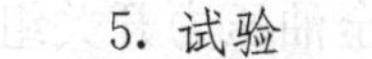

5. 试验

在系统中设置的复位试验电磁阀组，可用于危急遮断器作喷油试验及提升转速试验。

三、 OPC超速保护

汽轮机若出现超速，对其寿命影响较大，所以对汽轮机进行超速试验时，允许转速超过103%额定转速外，其他任何时候均不允许转速超过103%额定转速（电网频率最高到51Hz时的机组转速为额定转速的102%）。

正常运行时，一旦汽轮机转速达到额定转速的103%，OPC超速保护继电器回路动作，作用于高、中压调节汽阀液压控制机构的遮断电磁阀带电，迅速关闭高、中压调节阀。当转速低于103%额定转速即接近3000r/min时，遮断电磁阀失电，汽调节阀恢复由伺服阀控制。

四、 ETS高压遮断系统

东汽高效6600MW超超临界汽轮机的ETS高压遮断电磁阀控制系统如图3-40所示，它由4个遮断电磁阀及其卸荷阀、压力变送器、3个节流孔、高压压力开关及油路块等附件组成。当高压遮断组件电磁阀（5YV、6YV、7YV、8YV）带电时即正常工作时间带电，建立高压安全油。

高压抗燃油进入高压遮断组件后分成两路，一路经过节流孔到高压遮断模块（包括低压保安系统）形成高压安全油再到各个阀门液压控制机构的遮断电磁阀；另一路直接进入四个高压遮断电磁阀去控制卸荷阀。高压安全油受机械遮断阀、隔离阀和高压遮断模块电磁阀的控制，可完成遮断机组、危急遮断器喷油试验等功能。

当各油动机上的遮断电磁阀均失电，高压遮断模块上的4个电磁阀带电，机械式超速保护装置复位后，高压安全油与排油通道被截断，高压安全油建立，即机组挂闸时，各油动机上的遮断电磁阀均失电，高压遮断模块上的4个电磁阀均带电。

1. 安全油压力开关组件

安全油压力开关组件由3个压力开关（PS1、PS2、PS3）及一些附件组成，用于监视

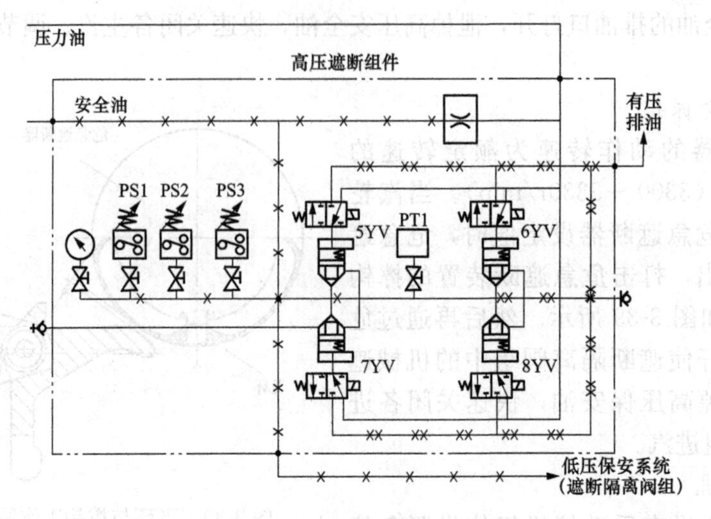

图 3-40 高压遮断系统

高压保安油压。当机组挂闸时，压力开关组件发出高压保安油建立与否的信号给 DEH，作为 DEH 判断挂闸是否成功的一个条件。当安全油压低至 7.8MPa，安全油压力开关组件发出信号给 DEH，DEH 给高压遮断组件的电磁阀失电指令，泄掉高压安全油，快关各阀门。

2. 压力变送器 PT1

压力变送器 PT1 在高压遮断电磁阀进行活动试验时使用。

正常工作时，需要定期对 4 个遮断电磁阀进行活动试验，确保它们动作灵活与可靠。试验时只能单个进行。

进行 5YV 或 7YV 活动试验时，让 5YV 或 7YV 失电，中间点压力升高至 9.6MPa，PT1 压力变送器发信到 DEH，试验成功；进行 6YV 或 8YV 活动试验时，让 6YV 或 8YV 失电，中间点压力降低至 4.8MPa，PT1 压力变送器动作发信到 DEH，试验成功。

3. 自动停机遮断

该系统用来监督对机组安全有重大影响的某些参数，以便在这些参数超过安全限定值时，通过该系统去关闭汽轮机的全部进汽阀门。

当 ETS 系统中监视的任一参数超限时，控制逻辑总系统中的继电器把电路断开，使遮断电磁阀失电，各个卸荷阀先后打开，泄去安全油（危急遮断油），使主汽阀和调节汽阀迅速关闭，以保证机组的安全。

4 个遮断电磁阀组成并联、串联混合连接，具有多重保护性。①串联回路中的任何一路电磁阀动作，都可以进行停机，任何一个电磁阀误动作，不会引起错误停机。②任何一个奇数号电磁阀和任何一个偶数号电磁阀动作，系统都可以实现保护停机。

ETS 监视的项目和控制的参数如下：

（1）汽轮机手动停机（集控室内操作）。

（2）超速保护：转速达到额定转速的 110%（3300r/min）时遮断机组。

（3）主蒸汽温度异常下降保护。

（4）凝汽器背压高保护。

（5）轴向位移超限保护。

（6）轴承供油压力低和回油温度高保护。

（7）EH 油压低保护。

（8）用户要求的遥控脱扣保护，通常有油箱油位过低、MFT、发电机跳闸、汽轮机振动大、DEH 故障等。

五、功率不平衡保护（PLU）

汽轮发电机组正常运行时，由于调节系统的调节作用，外界负荷与机组功率是平衡的，转子处于额定转速下旋转。若发电机的负荷突然降低，且幅度较大或者突然甩负荷时，汽轮机又不能迅速关小调节汽阀的时候，将造成汽轮发电机组转速迅速升高，甚至跳闸停机，严重影响安全发供电和设备自身安全。

DEH 系统以汽轮机中压缸第二级进汽压力代表汽轮机输入的功率，以发电机输出的三相瞬态电流表示发电机输出的功率。所谓功率不平衡保护是当发电机功率在短时间内突然降低较大，同时汽轮机输入功率与发电机输出功率的差大于设定值时，本保护发出信号，将高、中压调节汽阀关闭，避免发生超速事故，待故障消除后，又能迅速带负荷。

六、后备电超速保护

由于汽轮机超速的危害极大，为了确保汽轮机不因超速而危及机组的安全，有的 DEH 调节系统还设置后备电超速保护（本机没有）回路 A 与回路 B。当汽轮机发生超速而前述各项保护措施无效时，若转速上升到额定转速的 111.5%，后备电超速保护发出跳闸停机信号，使汽轮机迅速停机，因此后备电超速保护是危急保安器做试验时或转速超过整定值不动作时的第二道保护。

后备电超速保护是通过硬件与软件的结合来实现的，其调节结构图如图 3-41 所示。当 A、B 两路超速信号达到额定转速的 111.5%或 112%时，通过与门，向后续部件发出跳闸信号，并且指示灯亮报警。该超速保护也可以通过按键进行试验。

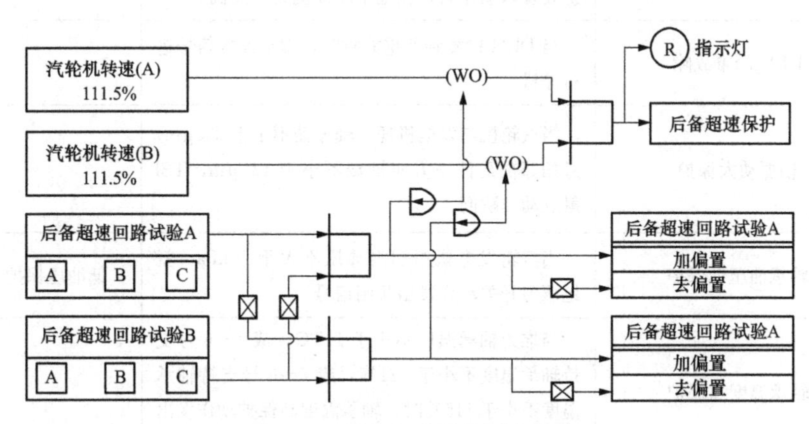

图 3-41　后备超速保护调节结构

七、DEH 调节保护系统保护功能汇总

DEH 调节保护系统不仅调节汽轮机，而且重要的是要保护汽轮机的安全运行，其主要保护功能见表 3-4。

表 3-4　　　　DEH调节系统主要保护功能汇总

序号	保护类型	说明	备注
1	机械超速保护	当汽轮机转速上升到额定转速的110%～111%时，机械超速保护动作，汽轮机跳闸，关闭所有阀门	
2	DEH电超速保护	当汽轮机转速上升到额定转速的110%时，DEH电超速保护动作，汽轮机跳闸，关闭所有阀门	电信号作用于各个泄掉安全油的设备
3	TSI电超速保护	当汽轮机转速上升到额定转速的110%时，TSI电超速保护动作，汽轮机跳闸，关闭所有阀门	电信号作用于各个泄掉安全油的设备。该保护就是ETS超速保护
4	后备电超速保护	当汽轮机转速上升到额定转速的111.5%或112%时，后备超速保护动作，汽轮机跳闸，关闭所有阀门	部分DEH系统设置，本机组没有
5	OPC超速保护	当汽轮机转速上升到额定转速的103%时，保护动作，关闭高、中压调节汽阀	
6	功率不平衡保护	当汽轮机与发电机的功率差值较大时，不平衡回路动作时，关闭调节汽阀	
7	手动停机（远方）	集控室内主控制台上设有两个汽轮机跳闸按键，同时全被按下时，汽轮机跳闸	正常运行时，按键上有罩壳
8	手动停机（就地）	当汽轮机的参数异常或做超速试验而其他保护装置未动作时，就地手动停机装置停机	
9	DEH严重故障	当DEH检测到严重故障时，发出停机信号进行停机	
10	轴振动大保护	当汽轮机与发电机任一轴振动不小于250μm，且相邻轴瓦任一方向轴振不小于125μm，TSI触点动作跳闸	
11	轴承油压低保护	当汽轮发电机组润滑油压不大于70kPa，就地压力开关动作发出跳闸信号	低油压保护
12	轴承温度高保护	当推力轴承温度不小于115℃，或1～6号支持轴承温度不小于121℃，或7～8号支持轴承温度不小于115℃时，轴承温度高保护动作发出跳闸信号	
13	EH油压低保护	当EH系统油压不大于7.8MPa，就地压力开关动作，发出跳闸信号	低油压保护
14	低压缸排汽温度高保护	当低压缸排汽温度高于107℃，汽轮机侧和发电机侧的温度调节器就地动作发出跳闸信号	达到80℃报警

续表

序号	保护类型	说明	备注
15	凝汽器背压高（真空低）保护	当凝汽器的背压不小于 65kPa 时，就地压力开关动作发出跳闸信号	
16	轴向位移大保护	当汽轮机转子的轴向位移达到－1.28mm 或＋0.8mm 时，轴向位移保护动作，汽轮机跳闸	
17	锅炉主燃料跳闸（MFT）	当锅炉主燃料中断时发出跳闸信号，汽轮机跳闸	
18	发电机主保护动作	当发电机主保护动作时，连跳汽轮机停机	
19	发电机定子冷却水跳闸	发电机定子冷却水流量不大于 64t/h，延时 30s，发电机跳闸	
20	润滑油箱油位低保护	当润滑油箱的油位不大于 1050mm 时，保护发出跳闸信号	0 油位在油箱底部

第四章 主机供油系统

主机供油系统主要是指汽轮发电机组的润滑油系统、顶轴油系统、抗燃油系统，它们是保证机组安全稳定运行的重要系统。如果润滑油系统突然中断供油，即使时间很短，也将引起高速旋转下汽轮机的轴承油膜破坏而烧瓦，从而诱发严重事故；调节用油的中断会使调节系统无法正常动作，被迫停机。因此必须保证连续不断地向轴承和调节系统提供压力和温度符合要求、质量合格的油。

东汽高效 660MW 超超临界汽轮发电机组的主机供油系统主要采用 ISO-VG46 汽轮机油作为润滑油和氢密封油、采用抗燃油作为调节/保安用油，其汽轮机油和抗燃油是两个完全独立的油系统，但也有少数机组全部采用汽轮机油作为润滑油和调节用油。

第一节 润滑油系统

一、润滑油供油系统

机组的润滑油系统采用汽轮机油，其任务是可靠地向汽轮发电机组的各轴承（包括支持轴承和推力轴承）、盘车装置、联轴器提供合格的润滑/冷却油，向发电机的氢密封油系统提供密封油，同时还向机械式超速保护装置提供试验和复位用油。

图 4-1 所示为陕西商洛发电有限公司东汽高效 660MW 超超临界汽轮发电机组的润滑油系统。从图中可知，该润滑油系统主要由润滑油主油箱、主油泵（MOP）、油涡轮泵（BOP）、交流润滑油泵（TOP，又称为备用油泵、盘车油泵）、直流润滑油泵（EOP，又称为事故油泵）、启动油泵（MSP）、冷油器、切换阀、排烟风机、低润滑油压遮断器、逆止阀、套装油管路、多功能磁翻板油位计、加热装置、测温元件、油温调节装置（或油温调节阀）、滤油装置（或滤网）、轴承进油调节阀（或可调节流孔板）、油温/油压监测装置以及管道、阀门等部件组成。

为了使润滑系统各个部件之间不被磨损，必须保证润滑油的品质，对润滑油都有一些特殊的要求，其中最基本的是：油的清洁度、物理和化学特性、恰当的储存和管理，以及相应的加油方法。润滑油的物理和化学特性与温度有关，如果油箱中的油温低于 20℃，油不能在系统中循环，不得启动油泵；如果轴承排油的温度高于 75℃，则机组应该停机。

二、润滑油系统的主要设备

（一）润滑油主油箱

主油箱是润滑油系统的储油罐，还担负着分离油中的水分、气体以及沉淀杂质的作用。

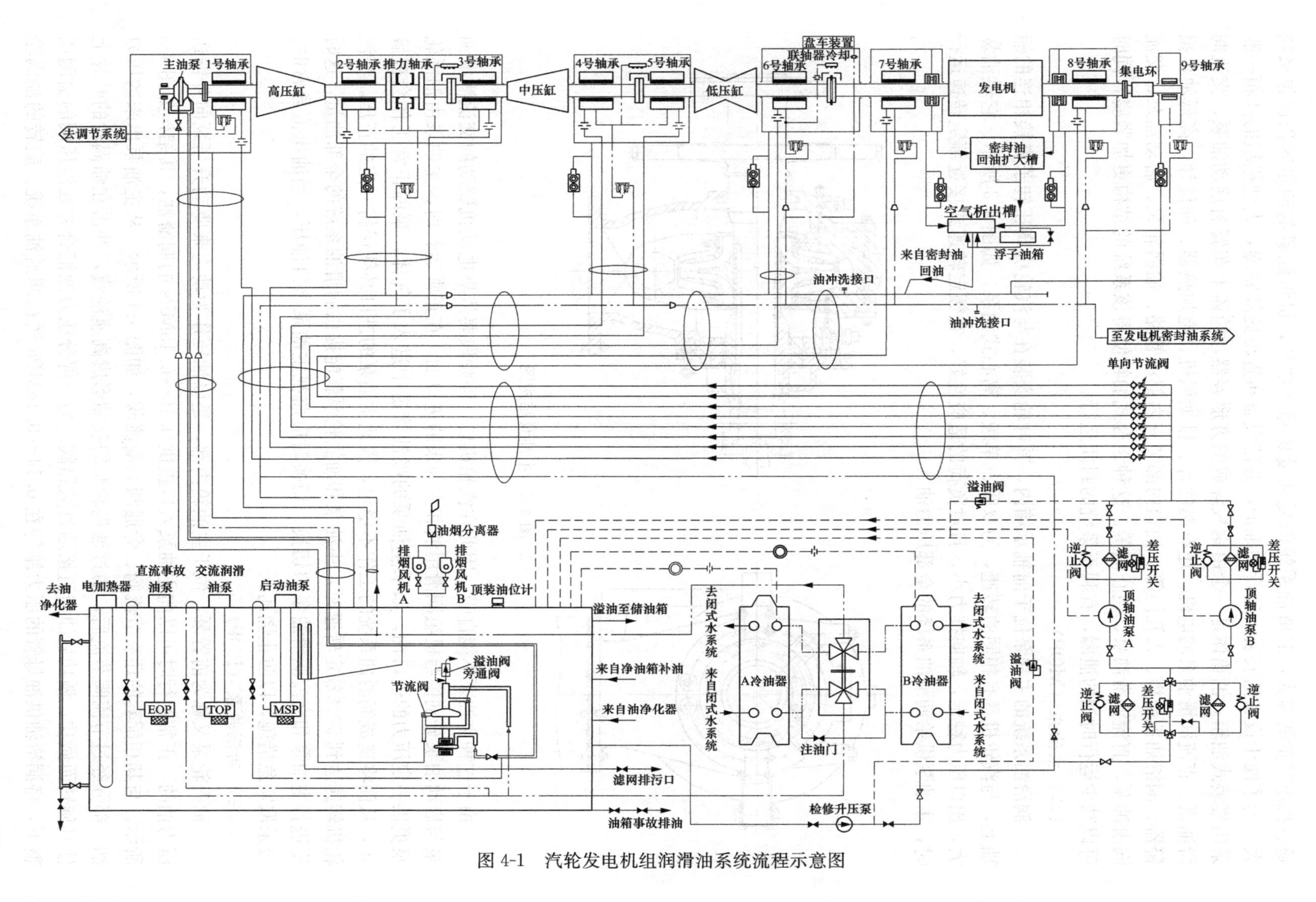

图 4-1　汽轮发电机组润滑油系统流程示意图

随着机组容量的增大，润滑油系统的耗油量也随之增加，机组配置的油箱容积也越来越大。为了便于设备的安装、运行和维护，并使设备布置得更加紧凑，大型机组的油箱一般采用集装式油箱。油箱体是一个由钢板焊成的方形容器，箱体上布置有启动油泵、交流润滑油泵、直流润滑油泵的电机，还有温度计、排烟风机、电加热器、油位计、高低油位报警器、润滑油控制柜、人孔门等。油箱内部装有内部油管路、油涡轮泵、启动油泵、交流润滑油泵、直流润滑油泵、逆止阀等。这种组合式油箱使得该系统的结构更加紧凑，同时可以减少运行时油的泄漏，有利于系统的封闭运行。

（二）主油泵（MOP）

润滑油系统的主油泵位于前轴承箱内，其叶轮安装在与汽轮机高压转子直接相连的短轴上，与汽轮机具有相同的转速，为双吸、单级、离心式油泵，如图 4-2 所示。它供油量大，出口压力稳定，轴向推力小，且对负荷的适应性好。在额定转速或接近额定转速运行时，主油泵供给润滑油系统的全部压力油。

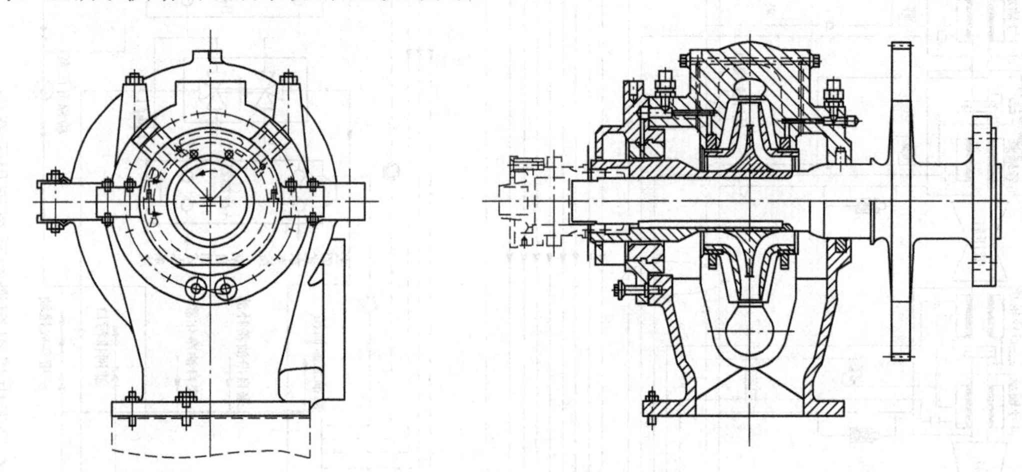

图 4-2　主油泵结构图

由于这种主油泵不能自吸，因此在汽轮机启、停阶段要依靠电动机驱动的交流润滑油泵与启动油泵分别供给机组润滑用油和主油泵的进口油。在正常运行时，主油泵由油涡轮泵提供一定压力的进口油。如果主油泵的吸油管道中进入了气体，泵的正常工作会被破坏，从而将造成润滑油系统的工作不稳定，因此主油泵的进口必须保持一定的正压。当汽轮机转速达到 90％额定转速时，主油泵和油涡轮泵就能提供润滑油系统的全部油量，这时要进行主油泵和交流润滑油泵的切换，切换时应监视主油泵出口油压，当油压值异常时，应采取紧急措施，以防止烧瓦。

（三）油涡轮泵（BOP）

油涡轮泵又称为前置泵，位于主油箱内部，是以油压作为动力来驱动升压泵向外输送压力油的，正常运行时可以向主油泵入口提供 0.10～0.15MPa 的润滑油，其结构如图 4-3 所示。与其相配套的还有节流阀、旁通阀和溢流阀，如图 4-4 所示。从主油泵出来的压力油一部分经过节流阀节流后，通过油涡轮泵的喷嘴形成高速油流，冲击在油涡轮的叶片上使其旋转而做功，做功后油与直接通过旁路阀的另一部分压力油汇合并在泄压阀的监测调整下，将润滑油供油母管的压力维持在 0.14～0.18MPa 送往润滑油系统。旋转的油涡轮带动单级、单吸、离心泵工作将油箱中的油送至主油泵入口。

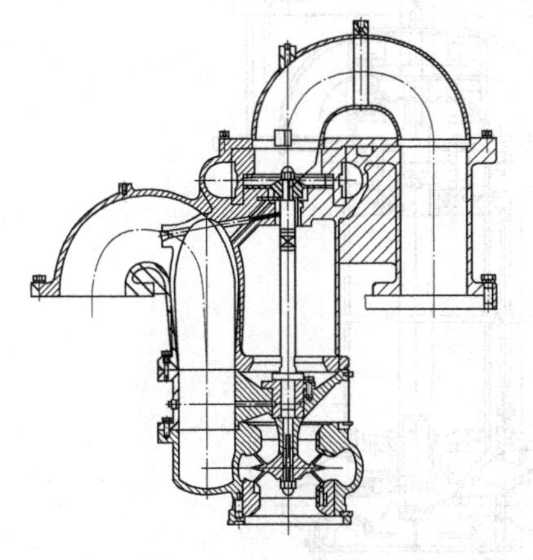
图 4-3　油涡轮泵结构

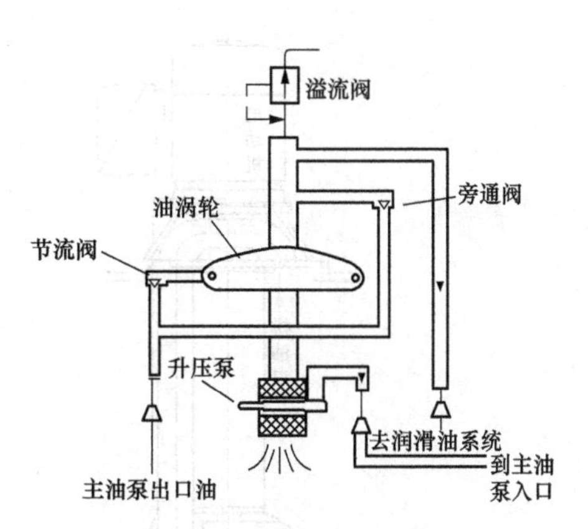

图 4-4　油涡轮泵工作原理

在油蜗轮泵处设置的节流阀、旁路阀和泄油阀的共同作用，用来调整润滑油系统的油压。节流阀主要控制进入油蜗轮泵的压力油流量，从而控制油涡轮泵的出力；旁路阀主要控制旁路（绕开油蜗轮泵而直接进入润滑油系统）中的压力油流量，其出油不仅作为润滑油的油源，而且还起调整、控制润滑油压的作用；泄油阀控制最后的润滑油压力，使润滑油压不要超过设定值。机组在首次冲转到 3000r/min 后，须对上述三只阀门进行综合调整，使其既有足够的压力油进入油涡轮泵，产生足够的能量以保证主油泵进口所需的油压，又能保证有足够的油量向润滑油系统供油。正常运行时，要求的油压（汽缸中分面标高）为：主油泵进口处油压为 0.10～0.15MPa；主油泵出口处油压约为 1.55MPa；油蜗轮出口油压为 0.1～0.15MPa，润滑油母管压力为 0.14～0.18MPa。

油涡轮泵的工作效率比注油器高，噪声比注油器小得多，但系统及设备的复杂程度大大提高了。这种由油涡轮泵向主油泵供油的系统，进口机组中较为常见。

（四）启动油泵（MSP）

启动油泵又称主吸入油泵，垂直安装于主油箱内。在汽轮机启动时，且在转速达到 90%额定转速之前，必须启动电动机带动的离心式启动油泵，向主油泵入口供给一定压力的润滑油，起到油涡轮泵的作用。其结构与交流润滑油泵相同。当油系统正常工作时，启动油泵是油涡轮泵的备用泵。

（五）交流润滑油泵（TOP）

交流润滑油泵又称为盘车油泵或备用油泵，它是由电动机驱动的单级、单吸、立式、离心式油泵，垂直安装于油箱内部，其结构如图 4-5 所示。立式电动机装于油箱外部，电动机支座上装有推力轴承，承受全部转子重量和油泵运行时的轴向推力。油泵通过挠性联轴器与电动机相连接，且完全浸没在油箱最低油位以下，因而可以在任何工况下启动，无须灌油，同时也消除了油泵漏油的麻烦。

油泵进口装有滤网以防止杂质进入油系统。油泵出口的压力油经过一个止回阀与油涡轮出口油管相连，油泵出口止回阀阻止了油系统中的油在油泵不工作时经油泵倒流回油箱。在油泵与止回阀之间设有油压测量装置，当交流润滑油泵运转时其出口压力为 0.32MPa，油压测量装置向控制室发出信号，表示交流润滑油泵投入工作，向整个润滑油

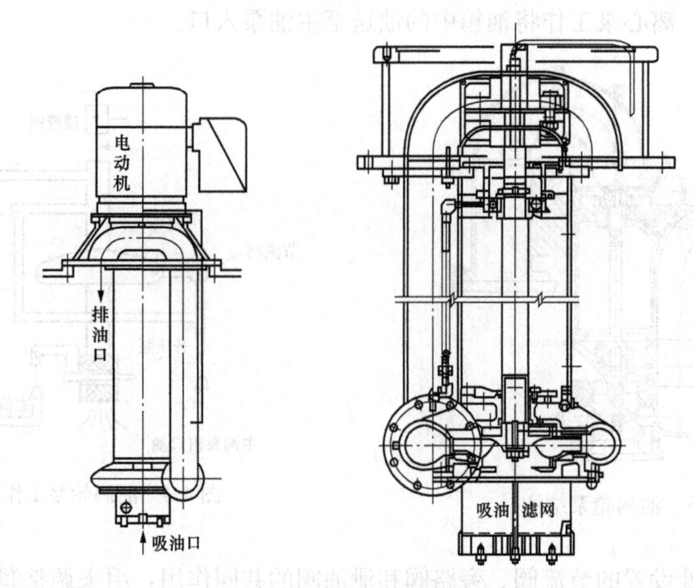

图 4-5 交流润滑油泵结构

系统供给所需的全部润滑油。

在汽轮机启、停过程中，交流润滑油泵必须投入工作；在事故状态下，它作为主油泵的备用泵应能及时自动投入工作。在汽轮机启动过程中，交流润滑油泵在盘车投入之前投入工作，直至主油泵正常工作时为止。在停机或事故状态下，润滑油压降至 0.115MPa 或主油泵出口油压降至 1.205MPa 时，交流润滑油泵自动启动，使轴承油压恢复。在油压回升后此油泵不会自动停止，必须操作控制开关手动停泵，并把控制开关置于“自动”位置。

（六）直流事故油泵（EOP）

直流事故油泵与交流润滑油泵的结构完全相同，安装布置也一样。它是由电厂 220V 直流系统供给的电能的直流电动机驱动，它的压力控制开关整定值低于交流润滑油泵的压力控制开关整定值，为 0.07MPa。

直流事故油泵是交流润滑油泵的备用泵，油泵的设计参数与交流润滑油泵基本相同，它只是在交流电源或交流润滑油泵发生故障时才投入工作。因此在机组启动时，当系统中轴承油压未超过直流事故油泵的自启动整定值时，控制直流事故油泵的三位开关应锁定在停止位置，以保持蓄电池的性能。当轴承油压已超过该设置值时，释放三位开关到自动位置。直流事故油泵是汽轮机润滑油系统的最后备用油泵，因此其操作开关被置自动后须始终保持在该位置，决不能锁定在停止位置。同时，电厂蓄电池的容量应能在汽轮机正常惰走过程中提供足够的动力供直流事故油泵运行，并始终保证充足的电备用。蓄电池充电不足会影响直流事故油泵的正常工作，从而导致轴承润滑油不足，引起烧瓦、烧轴径、振动等事故。直流事故油泵在紧急或停机期间的运行情况如下：

（1）轴承润滑油母管油压降低至低润滑油压压力开关的设定值时，直流事故油泵压力开关接通而自动启动；

（2）当主油泵恢复运行后，轴承润滑油母管油压超过压力开关的设定值时，事故油泵将由低润滑油压压力开关作用而停止运行；

（3）当交流润滑油泵因交流电源故障或其他原因而不能正常工作时，事故油泵由低润滑油压压力开关作用而自动启动，一直运行到汽轮机静止。

（七）冷油器

系统装有两台板式冷油器，冷油器及其切换阀布置在主油箱侧下方的零米。在正常运行工况下，一台投入运行，另一台备用。工作时，板式冷油器以闭式冷却水，带走润滑油的热量，保证进入轴承的温度维持在40～50℃。

板式冷油器它主要由固定压紧板、活动压紧板、上导梁、下导梁、支架、夹紧螺栓、板片与垫片、工质接口等组成，如图4-6所示，实物结构如图4-7所示。它是由许多冲压有波纹的薄板按照一定间隔、四周通过垫片密封，并用框架和夹紧螺栓重叠压紧而成，板片和垫片的四个角形成了流体的分配管和汇集管，同时又合理地将冷热流体分开，使其分别在每块板片两侧的流道中流动，通过板片进行热交换的换热器，如图4-8所示。热流体和冷流体各有自己的流通通道。该冷油器具有结构紧凑、占地面积小、传热效率高、操作灵活性大、应用范围广、热损失小、安装和清洗方便等特点。

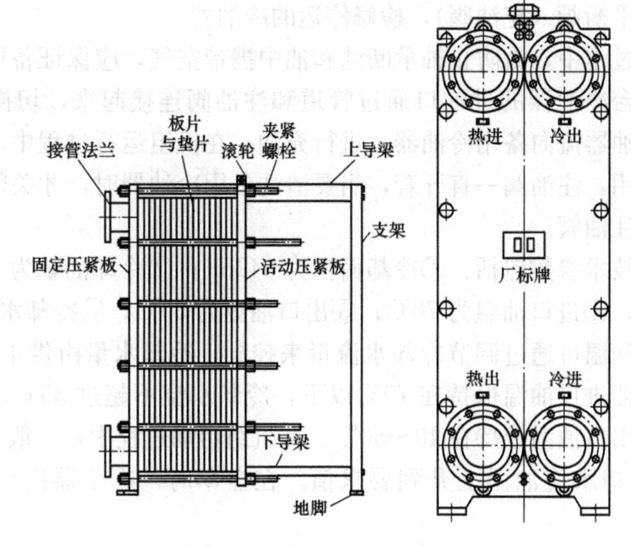

图4-6　板式冷油器示意图

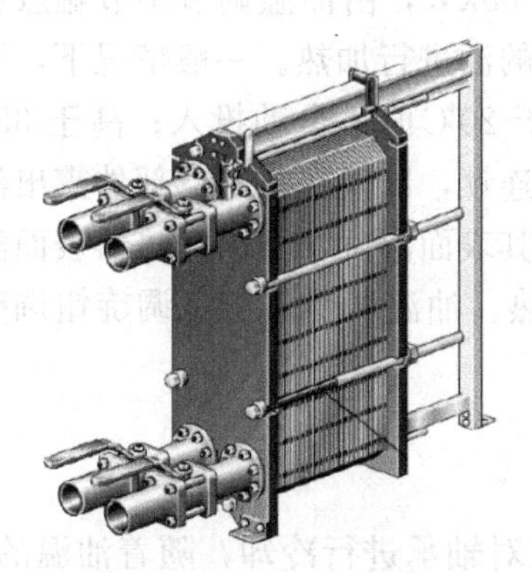

图4-7　板式冷油器实物结构图

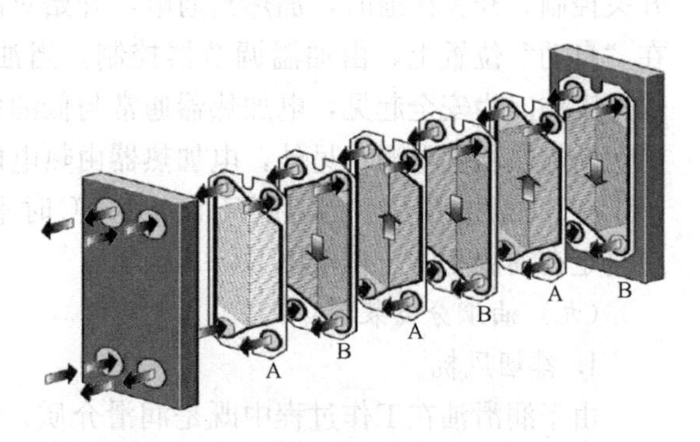

图4-8　板式冷油器的结构及工作原理图

冷油器投入前，先确定工作冷油器，操作三通切换装置上的油流指向器指向选定的冷油器，打开排气接头及放气阀，一旦主油泵投入运行，整个系统开始充油，观察排油气管路上的窥视孔，当流出的全部是油时，表明冷油器充满油，关闭放气阀，冷油器开始正常运行。

当冷油器运行一段时间，因为积垢或漏水等原因，使得冷却效果达不到要求或不能使用时，就需要切换检修。冷油器的切换过程如下：

（1）观察三通切换装置上的油流指向器，确认备用冷油器；

（2）打开备用冷油器油管上的排气接头及放气阀；

（3）开启三通切换装置上的压力平衡阀（充油阀），对备用冷油器开始充油；

（4）观察排油气管路上的窥视孔，当流出的全部是油时，表明备用冷油器充满油，关闭放气阀；

（5）转动三通切换装置的手柄，观察三通切换装置上的油流指向器，投入备用冷油器运行；

（6）关闭压力平衡阀（充油阀），检修停运的冷油器。

在冷油器切换过程中，为防止轴承断油和油中携带空气，应保证备用冷油器切换前已充满油，为此将两台冷油器的进油口通过管道和注油阀连接起来，切换前必须打开注油阀，使油从工作冷油器流向备用冷油器，进行充油。在机组运行过程中，为了保证备用冷油器能迅速投入使用，注油阀一直开着，当要清洗备用冷油器时，才关闭注油阀，清洗结束后，应重新打开注油阀。

冷油器的主要技术参数包括：①冷却面积为342m^2；②冷却油量为331.2m^3/h；③冷却水量为500m^3/h；④进口油温为70℃；⑤出口油温为50℃；⑥冷却水温为39℃。

冷油器的出口油温可通过调节冷却水流量来控制，冷却水量由供水管上的阀门调节。正常运行时，冷油器进口油温保持在70℃以下，冷却水温不超过39℃，并通过调节冷却水流量，使冷油器出口油温维持在40～50℃。在机组启动过程中，一般油温比较低，这时应切断冷油器的冷却水使油温上升到要求值。在盘车时，冷油器出口油温最好保持为38～40℃。

（八）电加热器

在油箱顶上装有6台浸没式电加热器，总功率为60kW，由油温调节调节触点和三位开关控制。开关接通时，加热器通电，开始对油箱中的油进行加热。一般情况下，开关放在“自动”位置上，由油温调节器控制。当油温低于20℃时，自动投入；高于35℃时，停止工作。为安全起见，电加热器通常与低油位开关连锁，以便在加热器部件露出油面之前切断加热器的电源；另外，电加热器由热电偶控制其表面温度，当电加热器表面温度高于150℃时停止加热，当温度又低于100℃时重新加热。油温调节器由可调旋钮调整，它应整定在油温正常工作范围20～35℃。

（九）油烟分离装置

1. 排烟风机

由于润滑油在工作过程中既是润滑介质，同时又对轴承进行冷却，随着油温的升高，在有关工作区域会分离出油烟，并聚集在轴承箱、回油管道以及主油箱油面以上空间，如果油烟积累过多，油烟压力将升高，从而使轴承回油不畅以及迫使油烟从油挡等部位漏出，污染车间空气；另外，发电机密封油系统的一部分回油也回到主油箱，该部分油中溶有一定量的氢气，若氢气离析而聚集于油箱，会对系统构成极大威胁。所以在油箱顶部设有两台并列的离心式排油烟风机，其进口设有用以调整主油箱内负压的碟阀及分离油烟中的油颗粒并使其聚集成油滴靠重力流回油箱的消雾器。

润滑油系统工作时，排油烟风机必须连续工作，一台运行，一台备用。只有当润滑油系统完全停止后，排油烟风机才可以停用。

2. 油烟分离器

系统中设置一台油烟分离器，安装在集油箱盖上。在排烟风机作用下，油箱中的油烟混合物通过油烟分离器进行分离，油滴靠重力作用返回油箱，烟气由排烟风机排出，从而减少对环境的污染，保证油系统的安全、可靠。

（十）油压调节装置

轴承润滑油压和主油泵的入口油压可以通过装在油涡轮泵上的三只阀门（泄压阀、节流阀和旁路阀）来进行调节。在对节流阀和旁路阀的调节过程中，必须满足两个条件：①必须保证有足够的油流经油涡轮，以便向涡轮泵提供必要的动力，同时维持主油泵的入口压力为0.1～0.15MPa；②将足量的油供至轴承润滑油母管，用于各个轴承，使轴承进油管处的油压为0.14～0.18MPa，同时有合理的油量通过泄压阀排到油箱（其排放量为额定油流量的25％～50％）。

（十一）油压/油温保护装置

润滑油系统工作时，润滑油压力是否偏低可以通过润滑油压力开关来进行监测。当系统管路中的油压低于规定数值时，开关接点打开，将信号送至DEH处理器使机组跳闸。在机组的润滑油供油母管上共安装有三只压力开关，其中一只压力开关用来发出润滑油压力低报警信号；另外两只压力开关用来监视润滑油压，如果润滑油压力降低至危险数值时，可以停止机组运行。

在每个轴承的进油管道和排油管道上安装有温度检测元件，可以在温度升高到规定数值时发出润滑油温度高报警信号。而安装在每个轴承合金中的温度检测元件，在轴承合金温度升高到规定数值时同样可以发出报警信号。

（十二）油泵启动试验装置

1. 交流润滑油泵

在润滑油压力母管和主油泵出口压力油管道上，都装有带试验阀门（三通电磁阀）装置的压力开关，可以对交流润滑油泵自动启动功能进行检查试验。试验阀门在正常情况下是关闭的，维持相应位置油的压力。试验时顺次打开试验阀门，使相应位置处的油压降低，压力开关动作启动交流润滑油泵；当关闭试验阀门时，油压恢复正常，压力开关切断信号使交流润滑油泵停止运行。该试验也可以在机组正常运行时进行。

2. 启动油泵

在主油泵入口压力油管道上，安装有带试验阀门（三通电磁阀）装置的压力开关，对辅助油泵自动启动功能进行检查试验。试验过程与交流润滑油泵的试验相同。

3. 事故油泵

控制事故油泵的压力开关装于润滑油压力母管、主油泵及交流润滑油泵出口压力油管道上，各自都装有试验阀门（三通电磁阀）装置，共同对事故油泵自动启动功能进行检查试验。试验过程与交流润滑油泵的试验相同。

三、润滑油系统运行

1. 系统运行

（1）机组在盘车、启动和停机过程中，由于主油泵的转速较低而不能提供足够的油压和油量，故油涡轮泵也达不到正常出力，此时应启动交流润滑油泵，以满足系统用油需要。若交流润滑油泵不能正常工作，则启动直流事故油泵维持润滑油压。

当机组在90%额定转速以下启动过程中，为了给主油泵入口供油，并保证主油泵安全工作，必须排出主油泵入口管路内的气体，因此在该阶段投入启动油泵代替油涡轮泵向主油泵入口供油。

（2）在正常运行时，润滑油系统的全部需油量由主油泵和油涡轮泵提供。主油泵出口的压力油作为装于主油箱内油涡轮泵的动力油，从而在油涡轮内膨胀做功使油涡轮泵旋转，将油箱内的润滑油不断地送往主油泵入口，以保证主油泵入口油压为正，维持主油泵的正常工作。油涡轮内做功后的乏油经冷油器冷却之后分为三路：一路送往各轴承、盘车装置作为润滑油，一路向机械式超速保护装置供油，一路向发电机的密封油系统供油。

润滑油经过轴承和盘车装置后，油温将升高，因此润滑油系统设有两台冷油器。正常运行时，一台冷油器工作，另一台备用，由此可以轮换进行清洗和维护。两台冷油器间装有三通转换阀，可以在运行中进行冷油器的切换，但备用冷油器在切换前必须充满油，以防止在切换后的瞬间造成轴承断油而引起事故（根据厂家需要及运行情况，冷油器也可以设计成两台并列运行）。润滑油的油温可以反映轴承的工作情况，影响着机组的安全运行，因此必须将轴承回油限制在一个允许的范围内。该机组要求所有的回油温度低于70℃，为了达到这个要求，需要调节冷油器的冷却水量，以保持冷油器的出口油温在40～50℃。如果冷油器的出口油温在这个范围内，而轴承的回油温度仍达到75℃以上，则可能有故障发生，这时必须检查原因。

由图4-1可以看出，从供油系统出来的润滑油，经套装油管分别送往各轴承及推力轴瓦磨损检测装置、发电机密封油系统、危急遮断器注油及复位装置等，并提供盘车装置、各联轴器冷却用油。每个供油分路上均设有一个与需油量（各不相同）相匹配的孔板，以适当分配各部分的油量。各轴承的进出口管路上，都设有温度测量装置，正常运行时，轴承的进油温度应控制在40～50℃。

2. 系统控制

各个油泵都设有自动启动装置。当油涡轮泵出口油压即主油泵进口油压小于0.07MPa时，启动油泵自动启动维持主油泵入口油压；正常运行时，润滑油母管压力为0.14～0.18MPa，当油涡轮出口母管内的润滑油油压降低或主油泵出口油压降低时，首先启动交流润滑（备用）油泵，若润滑油压继续降低时，才启动直流润滑（事故）油泵。当润滑油压降至0.115MPa或主油泵出口油压低于1.205MPa时，联启交流润滑油泵并报警；交流润滑油泵启动后，若油压继续下降，当油压继续下降到0.07MPa时，应启动直流油泵，并立即打闸停机。

为保证润滑油压降低时备用油泵能自动投入运行，在各油泵的就地控制盘上，设有油泵自动启动的试验按钮，它们可通过动作电磁阀来模拟各种油压跌落情况。因而，可在机组正常运行时进行润滑油泵自动启动试验，以确保润滑油系统性能的可靠性。

上述各电动油泵的主要参数见表 4-1。

表 4-1　　润滑油系统各泵主要参数

名称	交流润滑油泵	直流事故油泵	启动油泵
容量（L/min）	4685	3820	6300
出口压力（MPa）	0.32	0.28	0.20
转速（r/min）	1500	1750	1480
电动机电压/功率（V/kW）	380/55	220/40	380/45

交流润滑油泵和辅助油泵均能在集控室 CRT 或就地控制盘上控制其启停。事故油泵可在集控室 CRT、备用盘上或就地控制盘上控制其启动、停运。当交流润滑油泵或辅助油泵发生电气故障时，它们将各自停运并报警，但事故油泵发生电气故障时，则只报警，继续运行，直至人工操作停运。

当发生下列任一情况时，交流润滑油泵（盘车油泵或备用油泵）自动启动：

（1）轴承润滑油压小于 0.115MPa；

（2）主油泵出口油压小于 1.205MPa；

（3）发电机主开关跳闸 3s 内。

当发生下列任一情况时，备用的直流事故油泵自动启动：

（1）轴承润滑油压不小于 0.07MPa；

（2）交流电源失电导致交流润滑油泵跳闸；

（3）在油箱控制盘或 CRT 上按事故油泵试验按钮试验自动启动。

系统中设置了两台 100％额定容量的表面式冷油器（一台运行，一台备用），由闭式循环冷却水进行冷却。两台冷油器出口油管道上设有一连通阀，主要用于两台冷油器的切换运行。切换时，必须先开启该连通阀，向备用中的冷油器充满油，避免发生润滑油断油事故。

润滑油系统的主要保护整定值如下：

（1）主油箱油位比正常油位（正常油位 1200mm）高＋100mm 时，报警。

（2）主油箱油位比正常油位低 100mm 时，报警。

（3）主油箱油位比正常油位低 150mm，即油位低于 1050mm 时，故障停机，报警。

（4）主油箱压力高于－0.2kPa 时，报警。

（5）主油箱油温高于 35℃时，停电加热；低于 18℃时，报警。

（6）主冷油器出口油温高于/低于 50℃/40℃时，报警。

（7）轴承进油温度高至 49℃时，报警。

（8）轴承回油温度高于 75℃时，报警。

（9）润滑油母管内油压低至 0.15MPa 时，报警并联启交流润滑油泵；低至 0.07MPa 时，联启直流事故油泵，同时汽轮机跳闸。

（10）主油泵出口压力低于 1.205MPa 时，联启交流润滑油泵。

（11）推力轴承钨金温度高至 100℃时，报警。

（12）推力轴承钨金温度高至 115℃时，手动跳闸。

（13）1～6 号汽轮机轴承钨金温度高至 110℃时，报警；7、8 号汽轮机轴承钨金温度高至100℃时，报警。

(14) 汽轮机轴承钨金温度高至121℃时，汽轮机跳闸。

(15) 发电机轴承钨金温度高至90℃时，报警。

(16) 发电机轴承钨金温度高至115℃时，手动跳闸。

四、润滑油系统主要设备的检修

(一) 润滑油泵的检修

1. 润滑油泵的解体检修

(1) 办理润滑油泵解体检修工作票。

(2) 拆除电动机与油泵联轴器的螺栓，复测电动机与泵的中心符合相关要求，然后用行车吊下电动机。

(3) 拆除油泵与油箱的连接螺栓，待油箱内的油放净后，到油箱内拆除油泵出口法兰螺栓和油泵轴承进油润滑油管接头，并取下油管，用洁净塑料布或白布包扎管口。并用行车整体吊出油泵。

(4) 拆除油泵进口滤网，用百分表测量油泵的轴向窜动量；拆除叶轮端盖螺栓，并取下端盖，用百分表测量叶轮晃度；再拆除叶轮止退螺母，取下保险垫片及叶轮。

(5) 用拉马拉下油泵的靠背轮，取下平键。拆除联轴器处的端盖螺栓并取下端盖，在叶轮端旋上止退螺母，并用紫铜棒轻击止退螺母端部，使油封、滚动轴承连轴杆一起出来。

2. 清理检查及测量

(1) 清理检查各部套、滚动轴承，确保完好，无污物。

(2) 测量各部套的间隙，符合厂家要求。

3. 润滑油泵的组装

(1) 润滑油泵的装复按解体步骤的方法逆向进行。

(2) 装复前，各部套及轴承进油管用煤油清洗干净，并用压缩空气吹净。

(3) 装复中，各组装部套和轴承都要浇上洁净汽轮机油，保证部套间充分润滑；更换全部的密封垫片（材质为紫铜）。在不需要调整的前提下，密封垫片厚薄应和修前的一样。

(4) 复测各部件之间的间隙，测量值应和修前的变化量差不多，误差不能太大。

(二) 直流油泵的检修

1. 直流油泵的解体检修

(1) 办理直流油泵解体检修工作票。

(2) 拆除电动机与油泵联轴器的螺栓，复测电动机与泵的中心符合相关要求，然后用行车吊下电动机。

(3) 拆除油泵与油箱的连接螺栓，待油箱内的油放净后，到油箱内拆除油泵出口法兰螺栓和油泵轴承进油润滑油管接头，并取下油管，用洁净塑料布或白布包扎管口。并用行车整体吊出油泵。

(4) 拆除油泵进口滤网，用百分表测量油泵的轴向窜动量；拆除叶轮端盖螺栓，并取下端盖，用百分表测量叶轮晃度；再拆除叶轮止退螺母，取下保险垫片及叶轮。

(5) 用拉马拉下油泵的靠背轮，取下平键。拆除联轴器处的端盖螺栓并取下端盖，在叶轮端旋上止退螺母，并用紫铜棒轻击止退螺母端部，使油封、推力轴承连轴杆一起出来。

2. 清理检查及测量

（1）清理检查各部套、推力轴承，确保完好并无污物。

（2）测量各部套的间隙，符合厂家要求。

3. 直流油泵的组装

（1）直流油泵的装复按解体步骤的方法逆向进行。

（2）装复前，轴承进油管及各组装部套用煤油清洗干净，并用压缩空气吹净。

（3）装复中，各组装部套和轴承都要浇上洁净汽轮机油，保证部套间充分润滑；更换全部的密封垫片（材质为紫铜）。

（4）复测各部件之间的间隙，测量值应和修前的变化量差不多，误差不能太大。

（三）主油泵的检修

1. 主油泵的解体

（1）拆去润滑油管和热电偶线。

（2）拆主油泵大盖前，用百分表测量主油泵的间隙及窜动值。

（3）拆去泵的大盖螺栓、定位销钉等，并吊出大盖。同时，用专用盖将下泵壳盖好，贴上封条，以防杂物落进油系统。

（4）拆去轴承连接螺栓和定位螺栓，拆出轴承，并用橡皮垫将轴承垫好。

2. 检查测量主油泵各零件尺寸和间隙

（1）泵壳应完整，无裂纹和汽蚀现象；地脚螺栓不松动；接合平面应光滑无毛刺，平面接触良好。

（2）叶轮应无裂纹、汽蚀等现象；叶道光滑无毛刺；叶轮与轴配合间隙符合要求。

（3）泵轴应无裂纹和磨损，叶轮在轴上应不松动。

（4）清理、检查、测量各部套的间隙符合要求。

3. 主油泵组装

（1）按解体时相反的顺序进行组装。

（2）泵壳、轴、叶轮等均用煤油或其他洗涤液清洗干净，油管内无杂物，经验收合格后方可组装。

（3）吊进转子时应校正水平，缓缓放下；油封环应边放下边活动，防止别劲时压坏。热电偶线不得碰坏、碰断，并由热工仪表人员复测后方能正式扣大盖。

（4）水平中分面螺栓定位销应完好，无裂纹、损伤、弯曲等现象；扣大盖时接合面涂适量胶水。

（5）所有润滑油管应清洁无垃圾，并用压缩空气吹净。装复后喷油方向正确，油管固定牢固可靠，并确保与齿套的任何位置不碰。

五、润滑油系统的油循环冲洗

1. 润滑油系统油循环冲洗的必要性

润滑油系统是一个密闭的系统，检修中将不可避免地受到污染，检修中的杂物、颗粒等会通过打开的轴承箱进入系统。系统的管路、部件的腐蚀也会产生杂质，造成污染。甚至一个小小的有害颗粒就能损坏一个大型轴承，还可能损坏大轴轴颈，而大轴轴颈的损坏则无法修复，采用的喷涂、刷镀、微电焊效果都不好。轴承、轴颈的损坏会导致轴系失衡、油膜的失稳，严重时会导致无法消除的轴系振动。为了保持润滑油的完好，使润滑油系统部件和被润滑的汽轮发电机部件不被磨损，对修后的润滑油系统必须进行油循环冲洗。

2. 主机润滑油系统油循环冲洗的范围

主机润滑油系统油循环冲洗的范围为主油箱及其内部各部件、冷油器、套装油管、高压油管、轴承箱及轴承等。

3. 循环冲洗准备工作

润滑油系统的油循环冲洗一般安排在机组启动前。为了保证机组检修工期不因油质而受到影响，必须制订合理、科学的油循环冲洗方案。

冲洗前系统的清理：用物理或机械的方式清除接触油表面的杂质，以避免轴承或转子轴颈划伤或损坏，同时缩短系统油循环冲洗的时间。因此主机润滑油系统油循环冲洗的目的是去除冲洗之前不能用物理或机械方法去除的杂质。

(1) 备用油箱在退油前应进行彻底清理，油底清理干净后用白布擦拭，并用面粉将备用油箱粘净，内表面无杂物、颗粒、灰尘等后关闭油箱人孔。

(2) 润滑油系统检修时应退油至清洁的备用油箱。

(3) 主油箱内部工作结束后，清理油箱内部，用白布擦拭，并用面粉粘净，确认内表面无杂物、颗粒、灰尘等后关闭油箱人孔。

(4) 轴承箱内部工作全部结束后（或没有工作），仔细清理轴承箱内部，用白布擦拭，并用面粉粘净，确保内表面无杂物、颗粒、灰尘等。防置干净的集磁棒。

(5) 系统检修工作中，任何管道的装配或焊接工作都应严格按照规定进行；除物理或机械清理外，新管道还必须经过酸洗，管道口必须密封，焊口则采用全氩弧焊焊接。

(6) 在油箱、轴承箱内进行钻孔、气割或刮铲等工作时必须有专门的防护措施，以保护邻近表面；所有产生的杂质应立即除去。

(7) 要保证有系统的洁净，检修过程中的控制非常重要。稍微不注意的污染，可能造成冲洗时间的延长，有时甚至是几天，因此必须严格控制油系统的检修工艺。

(8) 冲洗油系统时必须做好消防工作。

(9) 油循环期间尽量减少交叉作业；进行汽缸保温工作时，应编制措施，并严格按工期要求施工。

(10) 油系统周围应清理干净，照明应充足，消防道路应畅通。

4. 系统循环冲洗

(1) 检修中，应尽早对备用储油箱内部的润滑油进行体外循环过滤，并考虑添加适当数量的新油，以避免系统进油时油量不够。体外循环的目的是保证进入系统的润滑油的油质合格，缩短循环冲洗时间，并为机组启动做好准备。因为在备用储油中润滑油可能被污染，最有可能的是水分增大。

(2) 各轴承箱清理干净，油挡间隙调整好，油挡盖装好，并盖好轴承箱盖。

(3) 汽轮机大修时应拆除推力瓦块，拆除支持轴承上瓦，在下瓦口牢固塞上白布，并用细铅丝拉紧，最后两侧顺轴向各放置 1 根磁棒，以防油冲洗期间污尘落入轴颈与瓦之间，冲洗合格后恢复；小修时可根据情况，拆除上瓦循环冲洗。

(4) 油循环时使用交流润滑油泵，启动前应解除系统油压低保护，避免系统漏油使润滑油泵无法随时停运。

(5) 运行排烟风机，使油箱及回油管路形成负压。

(6) 系统进油后应进行仔细检查，发现异常立即处理。

(7) 根据检修情况，在条件具备的情况下，系统应尽早进油，并对已经检修完毕的部位通油，此时必须对未完工的部位实施隔离，进油管打堵，回油口也应用木塞堵住；隔离打堵必须加装金属堵板，以避免压力油冲破密封堵板而造成跑油。

(8) 盘车装置的隔离应引起特别的注意，应在盘车供油管接头处打堵。

(9) 油循环过程中尽可能不打开轴承箱和油箱人孔，避免在汽轮机区域进行气割、焊接工作。

(10) 对油管路检修部位应进行振打。

(11) 油循环时油温应控制在40～80℃，最好采用变油温冲洗。

(12) 润滑油油质要求纳氏6～9级。

(13) 润滑油的过滤使用在线油净化器，有条件则可以外接滤油机，以去除水分、颗粒等。此外，应及时清理油净化器滤网（或更换滤芯），并根据检修进度，及时扩大油循环范围，直至检修工作全部结束。

油循环化验合格后，及时恢复系统，之后继续进行油循环冲洗，直至机组启动。

第二节　顶轴油系统

汽轮机在启动前和停机后，需要进行盘车，而此时汽轮机的转速非常低，不足以在轴承内形成油膜建立液体摩擦；大型火电机组的转子也非常重，为了使得盘车时轴颈与轴瓦分离而减小摩擦，并避免轴颈与轴瓦的损伤，减小盘车装置电机功率，设置顶轴油系统。

设置顶轴油系统后，在机组启动前和停机后，润滑油系统正常运行的情况下，启动顶轴油系统，通过系统产生的高压油将轴颈顶起，使得轴颈与轴瓦分离而充满油，可以方便地投入盘车装置，同时也保护了轴承。

一、系统概述

图4-9是陕西商洛发电有限公司高效660MW超超临界火电机组的顶轴油系统。该系统主要包括两台100%额定容量的顶轴油泵、滤网、单向节流阀、逆止阀、溢流阀、阀门及管道等部件。

自润滑油系统来的润滑油经过滤网过滤

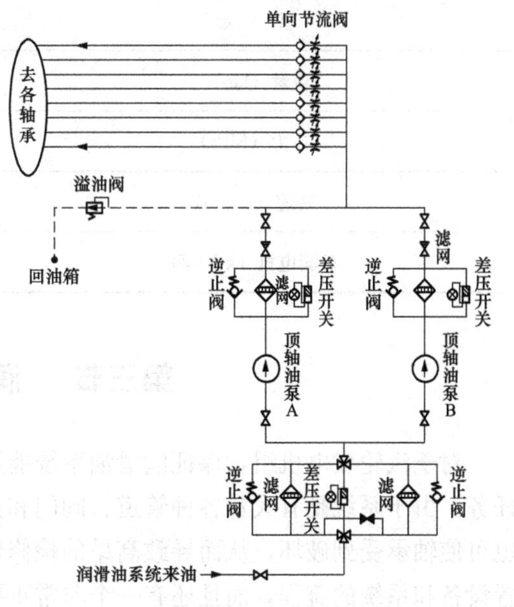

图4-9　顶轴油系统流程示意图

后进入顶轴油泵，顶轴油泵出口的顶轴油再经过滤网过滤送入顶轴油母管，然后再经过各个支管送往汽轮发电机组的各个轴承。通过调整单向节流阀的开度可以控制进入各轴承的油量及其油压，使轴的顶起高度在合理范围内。

系统中设置两级滤网，以保证顶轴油的品质；滤网设置有差压开关，以监测滤网的清洁程度，当滤网脏污时，差压增大，达到规定数值时报警以进行滤网的切换运行。第一级滤网的精度为20μm，前后压差达到0.1MPa时发出报警信号，提醒运行人员进行切换；第二级滤网的精度为10μm，前后压差达到0.35MPa时发出报警信号。

溢油阀用于控制顶轴油母管的油压，避免母管油压过高，其动作数值为20MPa。

二、 运行控制

盘车启动前，在润滑油冷油器投入运行后，必须首先启动顶轴油泵，顶轴油母管压力不小于9.8MPa，各轴承顶轴油支管中的6只管道压力大于3.43MPa，前轴承箱处的润滑油压力大于0.08MPa，确认轴已顶起就可以投入盘车运行，在盘车运行过程中，顶轴油泵必须连续运行。机组冲转后，转速达到2500r/min顶轴油泵自动停运，否则手动停运。

在打闸停机后，转子静止前，应启动顶轴油泵来保护轴瓦，要求转速降到2400r/min时顶轴油泵自动投运，否则手动投运。

其他需要在静止情况下盘动转子，而顶轴油系统也具备顶轴油泵启动条件时，亦可启动顶轴油泵。为此系统设有检修油泵（顶轴油泵前置泵），来油管道接至油箱底部，运行后可直接将油送至顶轴油泵入口。

顶轴油系统投运时，在主控室或就地操作盘上均可启动或停止顶轴油泵运行。

工作时，两台顶轴油泵一台运行，一台备用，顶轴油泵的主要技术参数见表4-2。

表4-2 顶轴油泵的主要技术参数

参　　数	变量柱塞泵
流量（kg/h）	7358.4
压力（MPa）	18
转速（r/min）	980
配套电机（kW/V）	55/380

第三节 润滑油净化系统

对于汽轮发电机组，保证润滑油系统能正常地工作，是保障机组安全运行的极其重要任务。由于系统是有大量各种管道、阀门和其他设备的复杂系统，即使是很小的有害颗粒也可使轴承受到破坏，从而导致高昂的检修代价，所以在润滑油系统中，不仅要合理地配置设备和系统的流程，而且还有一个非常重要的任务，这就是确保系统中润滑油的理化性能和清洁度，能够符合正常工作时的使用要求。润滑油的理化性能在设计时就应当全面考虑并予以妥善安排。润滑油的清洁度，则是在安装、注油、运行、管理中应当十分重视和仔细处理的。

一、对润滑油的要求

为了保证润滑油系统中润滑油的清洁度，必须做好如下工作：

(1) 安装时，各种设备、管道、阀门以及通油的所有腔室，都必须清理干净，直到露出金属本色；不允许有落尘、积水（湿露）、污染物、锈皮、焊渣或其他任何异物。

(2) 对系统中所有的容器进行油冲洗，直到冲洗油的油质合格为止。

(3) 对注入系统的润滑油进行严格的检查。

(4) 清理干净和注油后的系统应保持全封闭状态，防止异物落入或水分浸入。

(5) 设置润滑油净化装置，在运行中保持润滑油的清洁度。

二、润滑油净化系统

设置润滑油净化系统的目的，是将汽轮机主油箱、给水泵汽轮机油箱、润滑油储存箱（脏油箱）内以及来自油罐车的润滑油进行过滤、净化处理，以清除润滑油中的水分、固体粒子和其他杂质，使润滑油的油质达到使用要求，并将经净化处理后的润滑油再送回汽轮机主油箱、给水泵汽轮机油箱、润滑油储存箱（净油箱）。图 4-10 是陕西商洛发电有限公司高效 660MW 超超临界火电机组的润滑油净化系统示意图。

该系统主要包括一台 100%容量（250L/min 即 15000L/h）的 GJZ15KF 润滑油净化装置、主机油箱（41600L）、给水泵汽轮机油箱（9000L）、净油箱（45000L）、脏油箱（45000L）及其各自所属的油净化（过滤）泵（螺杆式）、油输送泵（齿轮式）、各油箱的油烟分离装置、液位控制开关，以及阀门、管道等部件。

工作时，从汽轮机主油箱中的油经溢油观察孔后，通过流量控制阀依靠重力流入润滑油净化装置，给水泵汽轮机油箱经过油输送泵送至润滑油净化装置，净化处理后的油可以送回主油箱、给水泵汽轮机油箱循环使用，也可以送到净油箱进行储存备用。

（一）润滑油净化装置

润滑油净化装置采用的是 GJZ15KF 聚结分离式净油机，专门用来清除油中的水分和固体污染物，其工作原理图如图 4-11 所示。它是由循环过滤系统、聚结系统、分离系统、排水系统和排油系统以及机架和连接管件组成，为了避免设备腐蚀而影响润滑油的品质，聚结分离容器由不锈钢板焊接而成，并对表面进行喷丸处理，连接管件采用表面镀锌钝化的优质碳素钢，机架采用表面喷塑的碳素钢。本装置最大净化油量为 $15m^3/h$。

润滑油净化装置配有一台 100%额定容量的净化油泵，净化油量为 2500L/min。正常运行时的运行方式根据润滑油的脏污程度而定。在装置的润滑油进口处装有精度为 150μm 的吸滤器，用来过滤润滑油中较大的固体颗粒杂质，从而保护净化油泵的安全工作。

1. 循环过滤系统

循环过滤系统主要用来滤除油中的固体颗粒，满足一般情况下对润滑油清洁度的要求。运行时，净化油泵出口的润滑油经过旁路阀进入精度为 5μm 循环过滤器，过滤后进入主油箱、给水泵汽轮机油箱或净油箱。

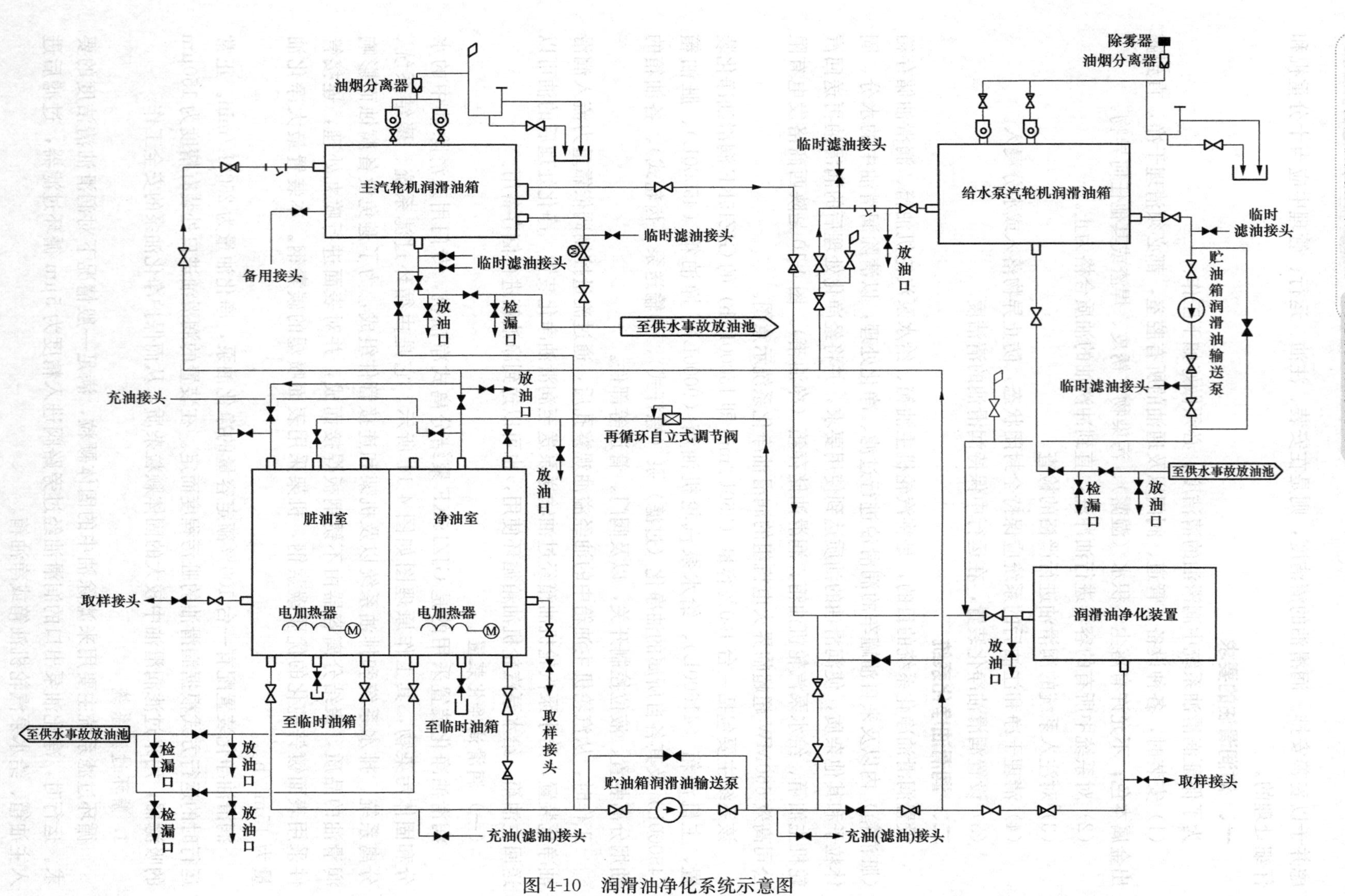

图4-10 润滑油净化系统示意图

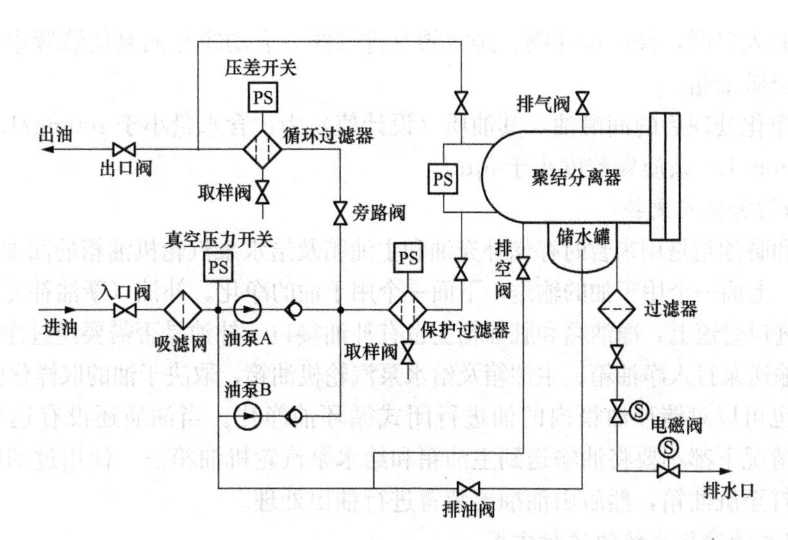

图 4-11　润滑油净化装置

2. 聚结、分离系统

聚结、分离系统主要用来去除润滑油中的游离水和乳化水，恢复油的品质，因此又可以称为脱水系统。运行时，净化油泵出口的润滑油经过标配精度为 5μm（高效配置为 3μm）的保护过滤器后进入聚结分离器，首先通过聚结滤芯的作用，将油中的游离水和乳化水聚结成较大的水滴，再依靠重力的作用使水滴进入分离器底部的储水罐。而颗粒较小的水珠在惯性作用下随同润滑油向上运动进入由特殊憎水材料制成的分离滤芯，当润滑油通过分离滤芯时，水珠被挡在滤芯的外面，润滑油则进入滤芯，经过净化的润滑油从出油口排出；挡在分离滤芯外面众多的小水珠，经过相互聚结，尺寸逐渐增大，最后结合在一起形成较大的水滴依靠重力而除去。

由于聚结分离器中聚结滤芯的耐颗粒污染能力较差，且污染后对其聚结功能影响很大，甚至丧失功能，所以必须在润滑油的颗粒过滤到一定程度的基础上方可投入聚结、分离系统，并在聚结分离器前安装只起保护作用的保护过滤器。这样不仅使聚结滤芯长期保持高效的聚结能力，而且可以延长聚结滤芯的使用寿命。因此在净化装置投入时，严禁用聚结、分离系统进行一边过滤和一边脱水工作。

3. 排水系统

排水系统是用来及时排出聚结、分离系统分离出来的水分，避免聚结分离器因水位高而影响正常工作，也可以减小聚结和分离滤芯的负荷。

从聚结分离器分离出来的水储存在其下部的储水罐中，通过油水界面仪可以测量出其水位的高低并显示出来，当水位达到设定的上限位置时，储水罐下部的电磁阀开启，将积水从排水口排出，当水位下降到设定的下限位置时，电磁阀将自动关闭停止排水。

该系统设置两个电磁阀，其中一个为排水电磁阀，另一个为保护电磁阀。保护电磁阀在装置启动时开启，停运时关闭。设置保护电磁阀的目的是：一旦排水系统出现故障，将系统的净化油向外排出时，控制系统能及时关闭保护电磁阀，保护整个润滑油净化系统。

4. 排油系统

当设备需要进行维护和搬运时，需要将聚结分离器中的油全部排出，此时应关闭润滑油净化装置的入口阀，开启排油阀、排空阀及排气阀，启动净化油泵使装置中的油沿循环过滤系统排至脏油箱。

经上述净化处理后的润滑油，其油质（设计值）为：含水量小于100mg/L，极限时含水量小于50mg/L；杂质颗粒度小于6μm。

（二）油的补充与更换

净油箱和脏油箱是用来暂时存储补充油和主油箱及给水泵汽轮机油箱的回油，油箱端面有两个出口，上面一个用于油的输送，下面一个用于油的净化。补油（新油补充）接头位于油输送泵的进口管道上，净油箱和脏油箱上也有补油接口，补油是否需要经过净化装置或直接由润滑油输送泵打入净油箱、主油箱及给水泵汽轮机油箱，取决于油的取样化验结果。

该系统也可以对储存油箱内的油进行闭式循环油净化。当油质还没有达到规定标准时，在任何情况下都不要将油输送到主油箱和给水泵汽轮机油箱去。使用过的废油通过油净化过滤泵打至脏油箱，然后由油抽出装置进行抽出处理。

（三）润滑油净化系统的运行方式

润滑油净化系统的运行方式如下：

（1）主油箱及给水泵汽轮机油箱⟶润滑油净化装置⟶主油箱及给水泵汽轮机油箱。该运行方式用于正常运行时润滑油的连续净化，保证润滑油的品质。

（2）主油箱、给水泵汽轮机油箱和冷油器底部⟶润滑油输送泵⟶脏油箱。该运行方式用于润滑油系统停运时回收油箱里的润滑油，为净化做准备，同时也为润滑油系统运行时提供合格的润滑油创造条件。

（3）净油箱⟶润滑油输送泵⟶主油箱及给水泵汽轮机油箱。该运行方式用于润滑油系统正常运行时的补油及润滑油系统运行前的进油。

（4）脏油箱⟶润滑油输送泵⟶润滑油净化装置⟶净油箱。该运行方式用于将脏油箱中不合格的油净化后存于净油箱中备用。

（5）脏油箱⟶润滑油输送泵⟶润滑油净化装置⟶主油箱及给水泵汽轮机油箱。该运行方式用于润滑油系统运行前的进油或正常运行时的补油。

（6）润滑油净化装置自循环。该运行方式用于对净油箱中的油进行进一步地加深净化，使其完全达到品质要求。

三、润滑油净化系统的运行控制

当润滑油净化装置启动后，控制箱上的仪表可以分别显示净化油泵入口的真空值、系统的工作压力、聚结分离器进出口压力和工作油温。当各仪表的指示值无异常变化，且确认排水阀（保护电磁阀）打开、排水管道连接到正确位置、装置没有不正常的振动和噪声时，整个净化装置可以转入自动运行。设备具有脱水过滤、循环过滤和排空容器3种运行模式。

该润滑油净化装置系统各油泵的主要技术参数见表4-3。

表4-3 润滑油净化装置系统各油泵的主要技术参数

名称	油输送泵	净化油泵
流量（L/h）	483.3	15 000
压力（MPa）	0.35	0.2
轴功率配套电动机（kW/V）	7.5/380	2.2/380

第四节 抗燃油系统

汽轮机抗燃油系统用于向汽轮机调节系统的液压控制机构提供动力油源，同时还向汽轮机的保安系统提供安全油，以保证汽轮机的安全工作。

一、高压抗燃油

为了提高液压控制机构的动态响应品质，DEH电液调节系统中用于控制阀门的液压油系统的工质普遍采用了抗燃油，它是一种三芳基磷酸酯合成油，具有良好的润滑性能、抗燃性能和流体稳定性，自燃点在560℃以上。

1. 液压油系统与润滑油系统分离的原因

(1) 大容量机组供给油动机的动力油和供给轴承用的润滑油的压力相差越来越大。

(2) 动力油系统与润滑油系统的介质不同。

(3) 动力用油和润滑用油对清洁度要求不同。

2. 抗燃油的性能

为了保证电液控制机构的性能完好，在任何时候都应保持抗燃油油质良好，使其物理和化学性能都符合规定。因此，除了在启动系统前要对整个系统进行严格的清洗外，系统投入使用后还必须按需要运行抗燃油再生装置，以保证油质。

运行中磷酸酯抗燃油的质量标准见表4-4。

表4-4 运行中磷酸酯抗燃油的质量标准

项目		指标	试验方法
外观		透明，无杂物或悬浮物	DL/T 429.1—2017
颜色		橘红	DL/T 429.2—2016
密度（20℃）(kg/m³)		1130～1170	GB/T 1884—2000
运动黏度（40℃）(mm²/s)	ISO VG46	39.1～52.9	GB/T 265—1988
倾点（℃）		≤−18	GB/T 3535—2006
闪点（开口）(℃)		≥235	GB/T 3536—2008
自燃点（℃）		≥530	DL/T 706—2017
颗粒污染物 SAE AS4059F 级		≤6	DL/T 432—2018
水分（mg/L）		≤1000	GB/T 7600—2014
酸值（以KOH计）(mg/g)		≤0.15	GB/T 264—1983
氯含量（mg/kg）		≤100	DL/T 443—2016
泡沫特性（泡沫倾向/泡沫稳定性）(mL/mL)	24℃	≤200/0	GB/T 12579—2002
	93.5℃	≤40/0	
	后24℃	≤200/0	
电阻率（20℃）(Ω·cm)		$\geq 6\times10^{9}$	DL/T 421—2009
空气释放值（50℃）(min)		≤10	SH/T 0308—1992
矿物油含量（m/m）		≤4%	

为了确保汽轮机液压控制机构的可靠工作，抗燃油的油质必须在有关标准规定的范

围内。

二、EH油系统

液压油系统主要包括液压油箱、液压油供油系统（去汽轮机调节系统和保安系统）、液压油冷却系统、液压油加热系统以及液压油再生系统。陕西商洛发电有限公司高效660MW超超临界火电机组的液压油系统流程如图4-12所示。

该系统的主要设备和部件有液压油箱（容量为2000L）、EH油泵、EH油循环泵、加热器、滤网、溢流阀、高压蓄能器、冷油器、温控阀、油再生设备以及试验电磁阀、阀门等，它们通过不锈钢管道组装在一起，安装于汽轮机房中间层7.8m的基础上。

为了保证系统的安全运行，系统设有压力开关和电磁阀。压力变送器PT1用于远距离输送高压母管油的压力，压力开关PSC1在高压母管油的压力偏离正常值时提供报警信号和自动启动备用油泵开关信号，压力开关PSC2、PSC3、PSC4在高压母管油压力低于要求值时发出遮断停机信号，压力开关PSC5、PSC6在EH油泵出口压力偏离正常值时提供自动启动备用油泵开关信号。电磁阀1CYV、2CYV用于EH油泵的联动试验，电磁阀3CYV、4CYV、5CYV分别用于压力开关PSC2、PSC3、PSC4的在线试验。EH油泵出口的溢流阀在油泵压力达到（17±0.2）MPa时动作，起到过电压保护作用。

三、EH油系统主要设备

1. 油箱

油箱是液压油系统的重要设备之一。该机组液压油箱的容量为2000L，能保证系统全部设备运行所需的总油量。由于抗燃油有一定的腐蚀性，油箱用不锈钢板制成，布置在汽轮机中间层7.8m。油箱顶部装有控制单元组件、各种监视仪表和维修人孔等，油箱底部装有一个手动泄放阀，油箱上还装有加油组件以及供油质监督取样的取样阀。整个结构布置紧凑、工作可靠、检修方便。

油箱中装有3个磁性空心不锈钢棒，完全浸没在油中作为磁性过滤器，以吸附油中可能带有的导磁性杂质，它们必须定期进行清洗，每个不锈钢杆及磁芯可以单独拆出进行清洗，因此清洗工作可以轮换进行。

油箱配有指针式温度计进行油温的监视，另外还配有温度控制继电器对油箱油温进行控制。当油温较低时，油的黏度较大，流动性差，将不利于泵的吸入与启动，其工作性能的优越性也得不到体现，因此系统要求抗燃油不能在低于20℃的情况下运行，为此设有液压油加热系统，在油温低于30℃时对油进行加热。而在油温升高到60℃时，温控继电器动作，发出报警信号，保持系统在正常油温范围运行。

油箱除有就地的指示式油位计外，还设有两个浮子式油位继电器，在油位改变时，它们推动限位开关动作。其中一个用于低油位报警和低油位遮断停机，另一个则用于高油位报警和高油位遮断停机。

在油箱的顶部设有内部填充干燥剂的呼吸器，来调节油箱内压力，保证空气清洁，防止潮气进入油箱。

2. EH油泵

液压油供油系统配有两台100%额定容量的压力补偿式变量柱塞泵。当系统用油量增加使系统油压下降时，如果下降到压力补偿器设定值时，压力补偿器自动调整增加柱塞的行程提高系统的油量和压力。同理，当系统用油量减少时，压力补偿器自动调整减小柱塞的行程降低系统的油量和压力。

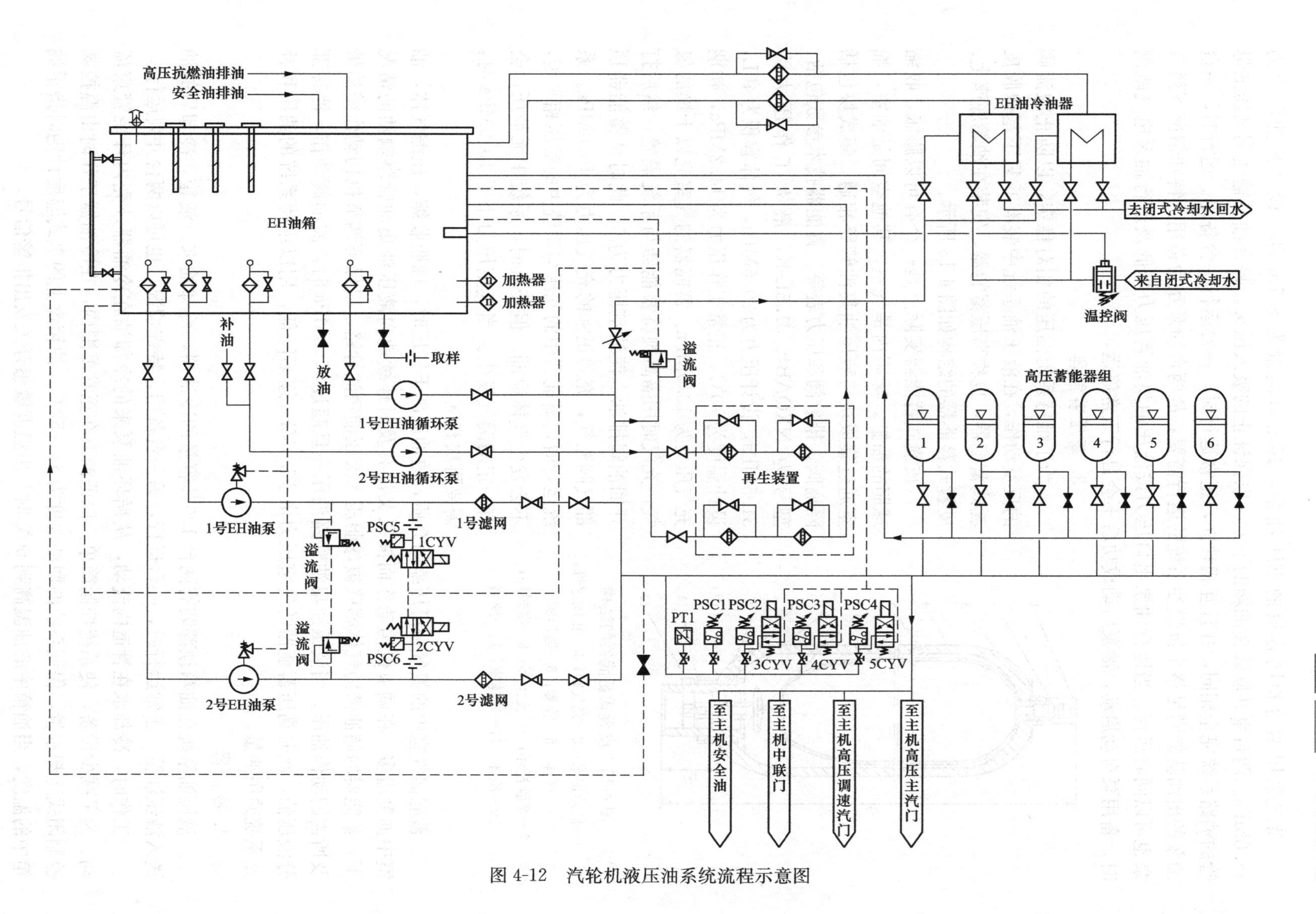

图 4-12 汽轮机液压油系统流程示意图

系统采用两台相同容量的 EH 油泵，其出口流量为 8.7m³/h，设计排油压力为 14.0MPa。两台泵并联装在油箱的下方，以保证正的吸入压头。每台油泵输送到高压油母管的油路系统完全相同，并且互相独立，正常运行时，一台运行一台备用。运行时，一台油泵的出油就能满足整个抗燃油系统的运行需要，故两台油泵互为备用，特殊情况下两台泵也可以同时运行。当运行油泵出口压力或液压油集油管压力降低及运行油泵电气跳闸时，备用泵自动启动，油泵启动成功后不会自行正常停运。

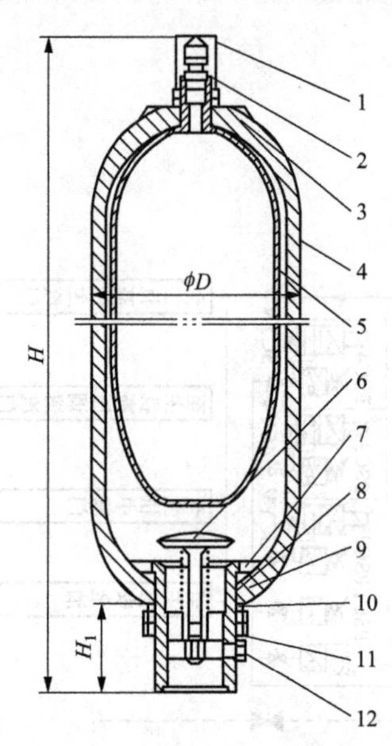

图 4-13 皮囊式蓄能器的结构

1—阀防护罩；2—充气阀；3—止动螺母；4—壳体；5—胶囊；6—菌形阀；7—橡胶托环；8—支承环；9—密封环；10—压环；11—阀体座；12—螺堵

3. 高压蓄能器

为了维持系统油压的相对稳定，以防止溢流阀的反复动作，在液压油系统中装有 6 只丁基橡胶皮囊式蓄能器，也称高压蓄能器，安装在油箱底座上。皮囊式蓄能器的结构如图 4-13 所示。

皮囊式蓄能器实际上是一个有可以膨胀、收缩球胆的油缸。球胆内是气室，其他空间是油室，油室通过集成块与液压油集油管路相通。集成块包括隔离阀、排放阀和压力表等。蓄能器技术参数包括：型号为 NXQAB40/31.5L-K，最大工作压力为 31.5MPa，设计压力为 20.6MPa，气体容积为 40L，设计温度为 70℃，正常工作压力为 14.2MPa，初期充气压力为 10.0MPa。蓄能器的气室充以干燥的氮气，充气时用隔离阀将蓄能器与系统隔绝，然后打开回油阀排油，使油室压力为 0，此时从蓄能器顶部气阀充气，充到正常的充气压力为 10.0MPa。系统运行时，蓄能器中的气压与系统中的油压相平衡，不会发生气体泄漏。但停机时，系统中无油压，会有一定的漏气发生。当气室压力小于 10.0MPa 时，需要再次充气。

蓄能器气室中的氮气是可压缩的介质，故油压高于气压时，球胆收缩，压缩气体，油室中油量增多。在调节机构动作而油泵又没有及时连续地向液压油集油管路输油的情况下，蓄能器的储油借助气体膨胀被球胆压入液压油集油管路，以保证调节机构动作需油量及所需的动作油压。当液压油集油管路油压一旦超过 17.0MPa 时，溢油阀动作，泄掉部分液压油，此时高压蓄能器的气室压力由 17.0MPa 逐渐降低，用以维持系统的油压和补充系统的用油量。

4. 冷油器

液压油系统在油箱顶部装有两台 100%容量的冷油器，冷却油来自油箱，冷却后的油送入液压油箱。正常运行时，一台运行，另一台备用。特殊情况，也可以两台并列运行。

工作时，冷却水在管道内流动，从循环油泵来的冷却油在冷油器外壳内环绕管束流动。为了减少设备，使系统控制简单，保证油温在正常范围内，在冷油器工作时由温控阀控制闭式冷却水量，保证系统的回油温度为 44～52℃。油箱盘上的盘式温度计随时指示油箱中的温度，当油箱中的油温高到 60℃时，由温度敏感开关发出报警信号。

冷油器的技术参数如下：型号为 DEA GLQ6-PE；型式为直管、单流程、卧式热交换器，工作压力为 1.6MPa。

5. 抗燃油再生装置

抗燃油再生装置是一种用来储存吸附剂和使抗燃油得到再生的装置，该装置主要由硅藻土过滤器与波纹纤维滤油器（精密滤油器）串联而成，实际上是一个精密滤油器组件。再生的目的是使油保持中性，并去除油中的水分等。一个精密过滤器与一个硅藻土过滤器相串联，共两路，它们共同安装在独立循环滤油回路的管道上，启动抗燃油再生装置的循环油泵，就可以使再生装置投入运行；停止循环油泵即可以撤出使用的再生装置。

硅藻土滤网（再生滤网）是硅藻土的筒形滤网，其过滤精度为 1μm，它能够吸收油中的酸和水分，并使液压油的酸度和氯含量保持在要求值的范围内，这样可以增加系统的可靠性和延长液压部件的使用寿命。从油箱来的油经过硅藻土过滤室内的过滤袋，再经过精过滤器后返回油箱，硅藻土过滤器在 EH 油系统冲洗时就应投入运行，在机组正常运行时应保持连续运行。经过硅藻土过滤器过滤的油流量为 8L/min，最大过滤量为 20L/min，设计压力为 0.8MPa，工作温度为 80℃，压损应小于 0.3MPa。在系统补油时，使油经硅藻土过滤器的旁路流过，仅用波纹纤维滤油器将油中的机械杂质过滤掉。

金属丝滤网的精度为 3μm，其过滤元件采用纤维素元件，该滤网内设有压差报警装置，当滤网前后压差达到 0.1MPa 整定值时，发出报警信号。

6. 过滤器

系统中设置有多个过滤器，以保证进入系统中的油的清洁。这些过滤器有 EH 油泵进口、出口过滤器，冷油器出口过滤器及再生装置的过滤器等。

7. 油加热器

在油箱中有两只管式油加热器。当油温低于设定值时，先启动循环泵，后投入加热器，以保证油箱中的油加热均匀。当油加热到设定温度时，温度开关自动切断加热回路，以避免人为因素使油温过高。

8. EH 油循环泵

液压油系统设置有滤油、循环泵、冷油器组成的循环系统，在油温过高或油的清洁程度不高时，可以启动循环泵进行油的过滤和冷却。

四、 液压油系统的运行控制

（一）油系统的工作过程

1. 液压油供油系统

工作时，油箱中的油经入口滤网后，经运行 EH 油泵进入液压油母管，然后向汽轮机调速保安系统供油。

柱塞油泵出口管道上装有如下设备：

（1）出口滤网。出口滤网带有工作状态指示灯，滤网清洁时呈绿色，当灯熄灭或呈红色时需要清洗。精度为 10μm，备有压差开关显示滤芯的工作状态，当通过滤网的压降 Δp ＞0.048MPa 时，滤网芯需要更换或清洗，滤芯清洗后可重用。

（2）溢流阀（安全/电磁旁路阀）。当泵的出口压力超过阀门的整定值时，泄压阀打开，将油通过液压排油管道排入油箱。

（3）蓄能器。在柱塞泵出口液压油母管上装有6只高压蓄能器，用以确保在调速系统的油动机动作瞬态需要大量油量时，高压蓄压器能借助气体膨胀增大球胆的容积，减小储油空间，向压力油母管提供尽可能多的压力油，以保证调节保安机构动作时所需的大量油量，又使液压油系统仍能维持其正常的工作压力。蓄压器与母管间有一常开隔离阀，在隔离阀前的管道上接一根支管通向液压回油管道，支管上装有常闭排放阀，这样便于机组运行时蓄压器的维修。

在液压油集油管路上共装有6只压力开关，其中5个压力开关配有二通电磁阀，1个压力开关只装有截止阀，它们通过一个截止阀与液压油集油管路相连。无电磁阀的压力开关用于液压油油压低时向DEH和DCS发出报警信号及启动备用主油泵；装有二通电磁阀的压力开关，两个用于备用泵的启动试验，另外三只压力开关用于液压油油压非常低时迫使汽轮机停止运行和停机时参数的整定。

液压油集油管路与液压油回油管路之间有一连通旁路阀，用于系统启动初期的放气和整定液压油集油管压力时的调节。

2. 液压油冷却系统

当油箱中的油温升高时，需要进行冷却。冷却油经循环泵后进入冷油器进行冷却，冷却后的油又回到油箱。为了维持油箱内的油温为44～52℃，该系统设有温控阀来调节冷却水量。

正常运行时，一台冷油器运行，另一台备用，也可两台并联运行，通过操作冷油器进口隔离阀可以对冷油器进行切换。

3. 液压油再生系统

液压油再生系统用来对液压油进行化学处理，以维持液压油的酸度小于0.5mg/g（以KOH计）。为此系统配有两台油循环泵（再生油泵、冷却泵）、两套硅藻土过滤器（再生滤网）装置以及泄压阀等部件。油循环泵（再生油泵）采用的是螺杆泵，其输油流量为1.2L/min，压力为0.5MPa。泄压阀设置在过滤输送泵出口，其压力整定值是0.50MPa。

工作时，液压油箱内的液压油经油循环泵后，首先进入硅藻土过滤器进行再生，然后再进入金属丝微型滤网进行过滤，最后流回油箱。若滤网堵塞导致油路压力升高时，泄压阀自动打开，将油直接排入油箱。

4. 液压油加热系统

液压油加热系统在油箱油温低于30℃时启动该系统，通过电加热器对液压油进行加热。

（二）油系统运行

1. 油系统投运

（1）油箱油位处于正常油位的最高位，所有设备供电正常，各个仪表等处于工作位置；

（2）将加热器开关置于“开”的位置；

（3）启动一台循环泵运行，确认油箱油温大于20℃；

（4）启动一台EH油泵运行，其出口压力维持在14MPa左右，检查系统无泄漏。

2. 运行维护

（1）确认油箱油位略高于低报警油位 30～50mm，油箱油位不得太高，否则遮断时将引起溢油；

（2）确认油温为 32～54℃；

（3）确认供油压力为 13.5～14.5MPa；

（4）确认所有泵出口滤油器的压差小于 0.5MPa；

（5）检查空气滤清器工作正常；

（6）检查系统的泄漏、噪声及振动情况。

3. 油系统停运

（1）停运运行中 EH 油泵；

（2）停运运行中循环油泵；

（3）检查油箱油位，不发生溢油情况。

（三）运行控制

机组正常运行时，一台液压油泵投运，向液压油系统和保安系统供油，通过液压油冷却器和再生油泵同时工作，加热器的断续工作，以维持液压油的油质和油温；另一台液压油泵则处于备用状态。

在汽轮机组启动前，应首先将液压油系统投入运行：

（1）当液压油处于冷态时，启动油循环，开启电加热器加热油，将油温提高到 30℃。

（2）当油温高于 30℃时，即可启动液压油泵，直接向系统供油。

（3）液压油泵启动后，应尽快启动再生油泵。

在汽轮机组运行期间液压油冷却器和再生油泵始终处于运行状态。只有当冷却系统或再生系统发生故障时，允许液压油冷却器和再生油泵在短时内（几小时内）停运。

当油箱处于正常油位时，可在就地控制盘或主控室启动（或停运）液压油泵。但切不可两台液压油泵同时停运。当汽轮机正常运行时，如果正在运行的液压油泵发生故障，或其出口油压降至 11.2MPa 及以下，则备用中的另一台液压油泵自动启动投运。

液压油系统运行时，当下列项目达到整定值时，即发出报警信号：

（1）油箱内油位比正常油位（以油箱底部为 0 油位，424mm 为正常油位）高 +102mm，发出油位高报警信号；

（2）油箱内油位比正常油位低 160mm，发出油位低报警信号；

（3）油箱内油位比正常油位低 240mm，发出油位低低报警信号；

（4）高压油母管压力降到（11.2±0.2）MPa 发出油压低报警信号并启动备用油泵；

（5）高压油泵出口滤油器前后压差大于 0.048MPa；

（6）再生系统精过滤网前后压差达到 0.1MPa；

（7）液压油箱油温高于 55℃；

（8）液压油箱油温低于 20.0℃；

（9）液压油油压高于 16.2MPa。

液压油系统运行时，应当保证下列设定值，高压油母管压力降到（7.8±0.2）MPa 发出油压低跳闸信号。

(1) EH油泵联动试验的出口压力设定值为（11.2±0.2)MPa；

(2) EH油泵出口溢流阀设定值为（17.0±0.2)MPa；

(3) 循环泵出口溢流阀设定值为（0.5±0.1)MPa；

(4) 系统压力设定值为（14.0±0.2)MPa；

(5) 蓄能器充氮压力为（10.0±0.2)MPa。

液压油系统停运后，应将系统中的油排至油箱。

第五章

汽轮机热力系统及设备

汽轮机热力系统主要包括主再热蒸汽及旁路、回热加热、凝结水、除氧给水、循环冷却水等系统。本章第一、第二节对回热加热器、除氧器原理进行讲述，第三节开始以陕西商洛发电有限公司660MW超超临界机组为例对各热力系统进行讲述。其中间冷循环水系统目前实际应用技术较传统技术改进较大，故在第六章单独进行讲述。

第一节　回热加热器原理

一、概述

回热加热器定义：利用汽轮机的回热抽汽加热主凝结水及锅炉的给水，从而提高热力循环效率的换热设备。

（一）按传热方式分

回热加热器按其传热方式不同分为混合式和表面式，如图5-1所示。

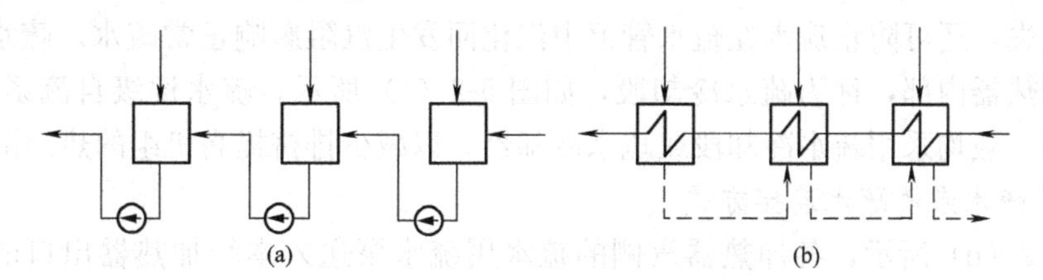

图5-1　回热加热器的类型

(a) 混合式加热器；(b) 表面式加热器

现代电厂实际应用的给水回热加热系统中，只有除氧器作为一台混合式加热器，其余加热器均为表面式加热器。

（二）按水侧压力分

表面式加热器按水侧（管侧）压力的高低分为高压加热器和低压加热器。位于凝汽器与除氧器之间，水侧承受凝结水泵出口凝结水压力，因其压力较低故称为低压加热器；位于除氧器与省煤器之间，水侧承受给水泵出口给水压力，因其压力很高故称为高压加热器。

（三）按布置的方式分

回热加热器按其在厂房里的布置方式分为卧式和立式。

因为横管的传热系数大于竖管，所以卧式加热器传热效果好。另外，卧式加热器水位比较稳定，在结构上便于布置蒸汽冷却段和疏水冷却段，有利于提高热经济性，并且安装、检修方便。立式加热器传热效果不如卧式好，但它占地面积小，便于布置。

本机组高压加热器、低压加热器均采用卧式布置。

二、表面式加热器的疏水方式

表面式加热器汽侧的加热蒸汽将热量传递给水侧，加热进入锅炉的给水。加热蒸汽放热凝结后形成疏水，疏水要及时排出以维持加热器的正常水位，保证加热器安全运行。

1. 疏水逐级自流的疏水连接方式

如图 5-2（a）所示，疏水利用相邻两个加热器汽侧的压差，将疏水逐级自流入压力较低的加热器汽侧空间，最后一台加热器的疏水自流入凝汽器。

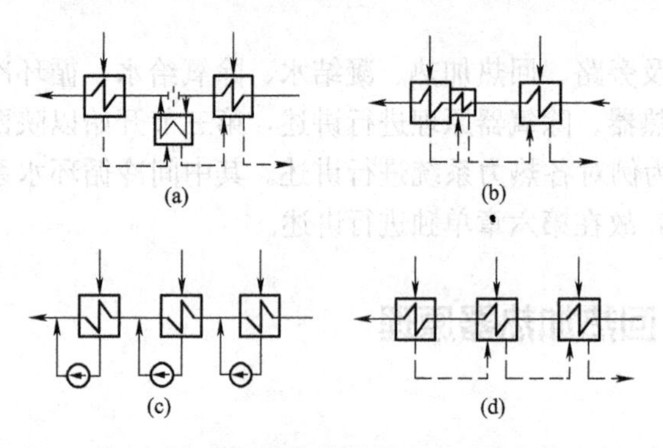

图 5-2 表面式加热器的疏水连接方式
（a）疏水自流连接方式；（b）外置式疏水冷却器的连接方式；（c）内置式疏水冷却器的连接方式；（d）疏水泵的连接方式

这种疏水系统最为简单、可靠，但热经济性差。其一是由于压力较高的加热器疏水流入压力较低的加热器汽侧空间时要放出热量，从而“排挤”了一部分较低压力的回热抽汽量，在保持汽轮机输出功率不变的情况下，势必造成抽汽做功比例减少，凝汽做功比例增加，冷源损失增加。尤其是疏水逐级自流最终排入凝汽器，将直接导致冷源损失的增加。

在疏水逐级自流系统中，装设疏水冷却器，可有效提高机组的热经济性。如图 5-2（b）所示，加装疏水冷却器可减少疏水在下一级汽侧空间的放热量，减少排挤，减少冷源损失，还可防止疏水在疏水管道中汽化而发生汽阻影响正常疏水。疏水冷却器也可放置在加热器内部，称为疏水冷却段，如图 5-2（c）所示。疏水逐级自流系统中，高、低压加热器一般均采用疏水冷却段或疏水冷却器，以减少排挤提高机组的热经济性。

2. 采用疏水泵的疏水连接方式

如图 5-2（d）所示，各加热器汽侧的疏水用疏水泵送入本级加热器出口的凝结水管道中。

采用疏水泵的疏水连接方式比疏水逐级自流热经济性高，但这种疏水系统每台加热器必须装设疏水泵，投资、厂用电耗、检修费用增加，为防止疏水泵汽化还要设置备用疏水泵并在疏水泵入口架设高位水箱，增加了系统投入，运行可靠性降低。

如果疏水系统加装疏水泵，一般设置在末级或次末级加热器中，可有效减少疏水逐级自流至凝汽器所导致的冷源损失。

本机组 6 号低压加热器的疏水经疏水泵打入 6 号低压加热器出口的凝结水管路中。

三、回热加热器结构

（一）高压加热器

高压加热器水侧管束承受给水泵出口压力，达到 27～40MPa（视不同的工况），所以对高压加热器在结构、系统、保护装置等方面有着很高的要求。

1. 高压加热器传热面

为了减小端差，提高表面式加热器的热经济性，现代大型机组的高压加热器传热面设置过热蒸汽冷却段、蒸汽凝结段和疏水冷却段3部分，如图5-3所示。

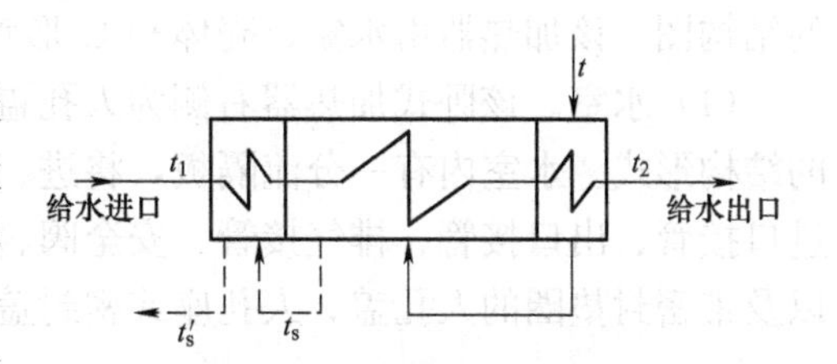

图5-3　高压加热器传热面

(1) 过热蒸汽冷却段。当抽汽过热度较高时，导致回热加热器内的换热温差加大，不可逆换热损失也随之增大，为此在高压加热器和部分低压加热器内部装设了过热蒸汽冷却段。过热蒸汽冷却段布置在给水出口流程侧，它利用具有一定过热度的加热蒸汽的显热加热较高温度的给水，给水吸收了蒸汽的过热热量，其温度可升高到接近或等于、甚至超过加热蒸汽压力下的饱和温度（出口端差可降为负值）。在该冷却段中，不允许加热蒸汽被冷却到饱和温度，因为达到饱和温度时，管外壁会形成水膜，使该加热段蒸汽的过热度被水膜吸附而消失，没有被给水利用。在蒸汽离开过热蒸汽冷却段时，留有一定的过热度，以防止湿蒸汽对管束的冲蚀。

如图5-3所示，t_1为给水出口温度。在过热蒸汽冷却段中，被加热水的出口温度t_2接近或略高于抽汽蒸汽压力下的饱和温度t_s。

(2) 蒸汽凝结段。蒸汽凝结段是利用加热蒸汽凝结时放出的汽化潜热来加热给水的。凝结段是加热器的主要工作段，为加热器的最基本的换热面。在蒸汽冷却段中，加热蒸汽被冷却到汽侧压力下的饱和温度，汽侧此时形成了饱和的疏水，聚集在加热器汽侧底部形成加热器的疏水水位。

(3) 疏水冷却段。疏水冷却段位于给水进口流程侧。设置该冷却段的作用是将蒸汽凝结段来的饱和的疏水进一步冷却降温，从而降低本级疏水对下级抽汽的排挤，提高系统的热经济性；另一方面还可有效防止疏水在疏水管道中的汽化。实现疏水冷却的基本条件是被冷却的疏水必须浸泡在换热面中，是一种水-水热交换器，该加热段出口的疏水温度t_s'低于加热蒸汽压力下的饱和温度t_s。

通常一个加热器中含有上面三部分中的两段或全部。一般认为蒸汽的过热度超过50～70℃时，采用过热蒸汽冷却段比较有利，因此低压加热器采用过热蒸汽冷却段的很少。只设置蒸汽凝结段和疏水冷却段的加热器，其端差则较大。

2. 外置式蒸汽冷却器

因为机组采用蒸汽中间再过热，使再热后的蒸汽过热度和焓值都大幅提高，使得再热后的各级回热加热器中汽、水换热温差增大，由温差换热引起的不可逆损失增大。加装外置式蒸汽冷却器能有效利用这部分抽汽的过热度显热，来提高回热系统的给水温度，从而减小传热温差，减小换热过程的不可逆损失，提高整个系统的热经济性，如图5-4所示。

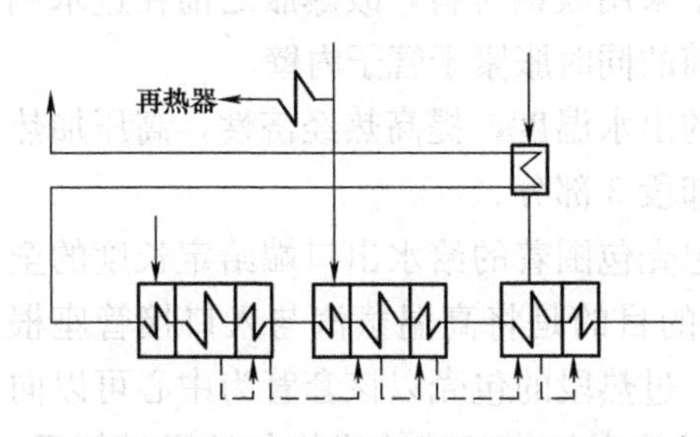

图5-4　外置式蒸汽冷却器的单级串联

3. 高压加热器基本结构

由于高压加热器水侧承受给水泵出口压力，工作压力很高，其结构比较复杂。图5-5所示为大型机组广泛采用的卧式管板-U形管式高压加热器的结构图。该加热器由水室、壳体和U形管束等组成。

（1）水室。该卧式加热器右侧为人孔盖式水室如图5-5所示。它采用半球形、小开孔的结构形式。水室内有一分流隔板，将进、出水隔开，通常低进高出。水室组件包括给水进口接管、出口接管、排气接管、安全阀、化学清洗接头和引导水流按规定流动的分隔板以及带密封垫圈的人孔盖、人孔座或密封盖。

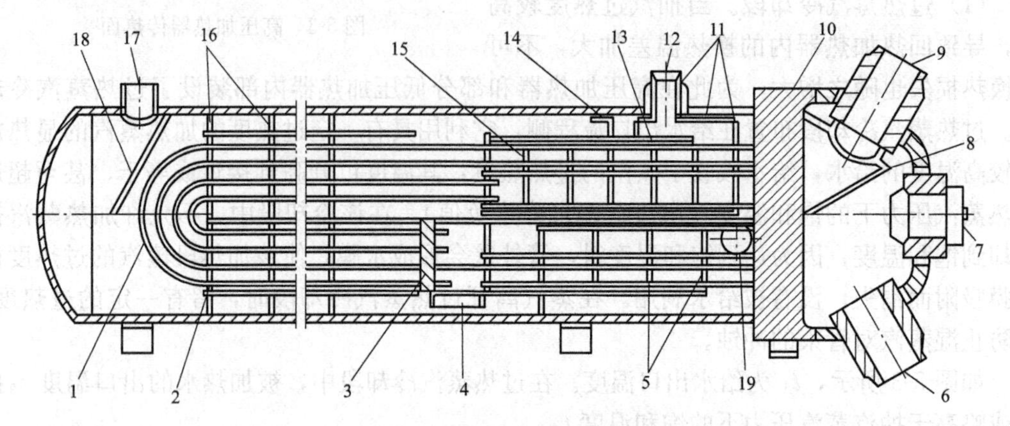

图5-5 卧式管板-U形管式高压加热器结构示意图

1—U形管；2—拉杆和定距杆；3—疏水冷却段端板；4—疏水冷却段进口；5—疏水冷却段隔板；6—给水进口；7—人孔密封板；8—独立的分流隔板；9—给水出口；10—管板；11—蒸汽冷却段遮热板；12—蒸汽进口；13—防冲板；14—管束保护环；15—蒸汽冷却段隔板；16—隔板；17—疏水进口；18—防冲板；19—疏水出口

（2）壳体。加热器壳体呈圆筒形，由合金钢板轧制与冲压的椭圆形封头焊接而成。为保证其焊缝质量，焊缝都经100%无损检查。为检查加热器内部时便于抽出壳体，加热器上标有现场切割线。在切割线下面有不锈钢保护环，以免切割时损坏管束。壳体中部设有滚动支承，供检修时抽出壳体用。在壳体对应于管板的位置处是加热器的支点，靠近壳体尾部是滚动支承，当壳体受热膨胀时，加热器的壳体可以沿轴向自由膨胀。外壳上焊有各种不同规格的对外接管。壳体和水室是焊接连接。

（3）管束。高压加热器管束的管壁较薄，而管板却很厚，为了可靠地将它们连接起来，并保证在高温、高压、工况变化时不发生泄漏，采用了焊接加爆胀的连接方法，即在管子伸出管板处堆焊5mm，然后用全方位自动亚弧焊进行填角焊。胀管采用全爆胀方法，目的是消除管子与管板之间的间隙，这样不但可以防止泄漏、避免间隙内腐蚀加剧，而且可以在运行中减小振动。同时，管子与管板之间的热传导性能也可以得到改善，管子和管板的温度较快地得到均匀。因为该机组的加热器管子采用碳钢材料，故爆胀之前在进水侧的管端套上不锈钢套管，不锈钢套管在爆炸胀管之前的同时胀紧于管子内壁。

为充分利用加热蒸汽的过热度能量及降低疏水的出水温度，提高热经济性，高压加热器管束分为过热蒸汽冷却段、蒸汽凝结段和疏水冷却段3部分。

过热蒸汽冷却段布置在给水出口流程侧，它由包壳包围着的给水出口端给定长度的全部管段组成。过热蒸汽从套管进入本段，采用套管的目的是将高温蒸汽与入口接管座根部、壳体及管板隔开，从而避免产生过大的热应力。过热段的包壳以该套管为中心可以向四周自由膨胀。该段中配置了适当形式的隔板，使蒸汽以给定的流速成均匀地通过管子，达到良好的换热效果。蒸汽口接管座的下方，设有一块不锈钢防冲板，避免了蒸汽直接冲击管束。过热蒸汽离开本段时留有一定的过热度。

(二) 低压加热器

低压加热器和高压加热器都属于表面式加热器，低压加热器水侧管束承受凝泵出口的凝结水压力，汽侧加热蒸汽来自汽轮机中、低压缸，其所承受的压力和温度远低于高压加热器，因此不仅所用材料次于高压加热器，而且结构上也简单。

低压加热器结构简图如图 5-6、图 5-7 所示。

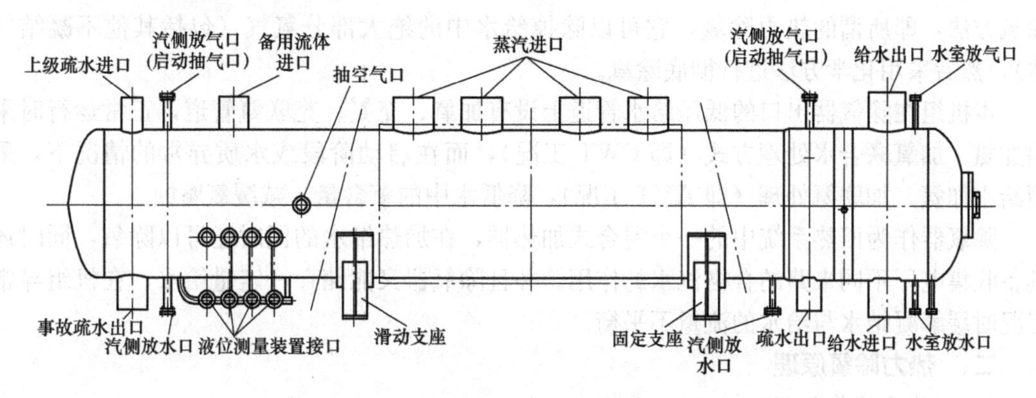

图 5-6　低压加热器外形

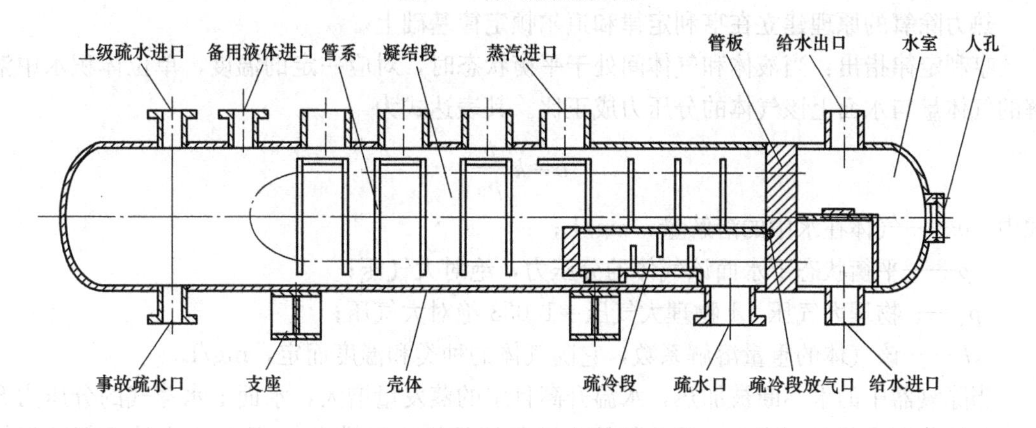

图 5-7　低压加热器内部结构

第二节　除氧器工作原理

一、概述

当水与空气或某种气体混合物接触时，就会有一部分气体溶解到水中去。水中溶解气体的量的多少，与气体的种类、气体在水面的分压力以及水的温度有关。

凝结水流经负压系统时，在密闭不严处会有空气漏入凝结水中，而系统的补给水中也含有一定量的空气。给水溶解的气体中，危害最大的气体是氧气，它对热力设备造成的氧腐蚀，通常发生在给水管和省煤器内，短期内会出现穿孔的点状腐蚀，严重地影响发电厂安全运行。给水中的氧与金属作用后生成的氧化物，还会使得管壁沉积盐垢。随着机组参数的提高，蒸汽溶盐能力增强，叶片通道上形成氧化物的沉积增加，流通截面积减少，若蒸汽流速不变，会引起汽轮机出力显著下降；若蒸汽流速提高，汽轮机的轴向推力将增加。

此外，在热交换设备中存在不凝结气体还会妨碍传热，降低传热效果。因为气体是不凝结的，它可在传热面上形成空气层，增大传热热阻。

随着锅炉参数的提高，对给水的品质要求越高，尤其是对水中的溶解氧量的限制更严格，对于超超临界机组的直流炉甚至要求给水彻底除氧。

给水除氧的方法有化学除氧和物理除氧两种。在火电厂广泛采用以物理除氧为主要的除氧方法，即所谓的热力除氧，它可以除掉给水中的绝大部分氧气（包括其他不凝结气体)，然后采用化学方法进行彻底除氧。

本机组在除氧器出口的低压给水管道上设有加氧、充氨、充联氨管道，正常运行时采用加氨、加氧联合水处理方式（即 CWT 工况)，而在启动阶段或水质异常的情况下，采用给水加氨、加联氨处理（即 AVT 工况)，降低水中的氧含量，减缓氧腐蚀。

除氧器作为回热系统中的一个混合式加热器，在加热给水的同时还可以除氧，同时还具备收集电厂不同来路的合格汽水的作用。并且除氧器又能储存一定量给水，在机组异常工况时缓解凝结水与给水的流量不平衡。

二、 热力除氧原理

（一）热力除氧原理

热力除氧的原理建立在亨利定律和道尔顿定律基础上。

亨利定律指出：当液体和气体间处于平衡状态时，对应一定的温度，单位体积水中溶解的气体量与水面上该气体的分压力成正比。其表达式为

$$b=k\frac{p}{p_0}$$

式中 b——气体在水中的溶解量，mg/L；

p——平衡状态下水面该气体的分压力，绝对大气压；

p_0——物理大气压，1 物理大气压＝1.033 绝对大气压；

k——该气体的重量溶解系数，它随气体的种类和温度而定，mg/L。

当除氧器中的水不断被加热，水温升高且水的蒸发量增大，水面上水蒸气的分压力升高，气体分压力相对下降（一部分气体由除氧器的排气口排出)，导致水中的不凝结气体不断逸出，达到新的动平衡状态，除氧器就是利用这种原理进行除氧的。

道尔顿定律指出：混合气体的全压力等于组成它的各气体分压力之和。对于给水而言，水面上混合气体的全压力 p 则等于水中溶解气体的分压力$\sum p_j$与水蒸气分压力 p_s之和，即

$$p=\sum p_j+p_s$$

除氧器的水被定压加热时，水的蒸发量不断增加，从而使水面上水蒸气的分压力增高，相应地，水面上其他气体分压力降低（一部分气体由除氧器的排气口排出)。当水加热至除氧器工作压力下的饱和温度时，水蒸气的分压力就会接近水面上混合气体的全压力，此时水面上其他气体的分压力将趋近于零，根据亨利定律，于是溶解于水中的气体将不断地逸出水面，最终全部从除氧器排气管中排走。

（二）保证热力除氧效果的条件

热力除氧过程是个传热和传质的过程，即把水加热到除氧器工作压力下的饱和温度的

传热过程和将水中逸出的气体及时排出的传质过程。

为达到良好的热力除氧效果，必须满足以下条件：

(1) 水必须加热到除氧器工作压力下的饱和温度，不允许有丝毫的加热不足。

(2) 必须把水中逸出的气体及时排走，以保证液面上不凝结气体的分压力为零或最小。

(3) 被加热的水与加热蒸汽应有足够的接触面积，蒸汽与水应逆向流动，以维持足够大的传热面积和足够长的传热、传质时间。

热力除氧的传热传质过程中，把水加热到除氧器压力下的饱和温度的传热过程比较容易完成，而将溶解于水中的气体从水中彻底离析出来相对比较困难。气体从水中离析出来的过程可分为两个阶段：

第一阶段为除氧的初期阶段，此时由于水中有大量的气体，不平衡压差较大，通过加热给水可以使气体以小气泡的形式克服水的黏滞力和表面张力离析出来。此阶段可除去水中80%～90%的气体。

第二阶段为深度除氧阶段，此时水中还残留少量气体，相应的不平衡压差 Δp 很小，气体只有靠单个分子的扩散作用慢慢离析出来。这时可采用增大汽水接触面积，设法让水形成大面积水膜以减少表面张力，加强扩散作用。还可利用蒸汽在水中的鼓泡作用，让气体附着在蒸汽泡上被带出水面。

除氧器设计和运行时，要强化传热传质过程，满足除氧的基本条件，以保证深度除氧效果。

三、除氧器结构

除氧器按照其结构，可分为有头除氧器和无头除氧器。无头式除氧器为内置除氧头式除氧器，集除氧和储水于一体的形式。其优点为：结构紧凑，占地空间小，采用喷嘴使凝结水的分布较均匀和稳定，能较好地适应滑压运行工况，除氧效果好，满足热力性能要求。

本机组使用的除氧器为荷兰施托克公司提供的YYN2050型内置式除氧器，由于没有传统的除氧器头，属于无头除氧器。因其凝结水喷头为荷兰STORK公司的专利技术故此种除氧器也称为STORK除氧器。该除氧器工作压力为1.132MPa，额定出力为2050t/h。内置式除氧器结构图如图5-8、图5-9所示。

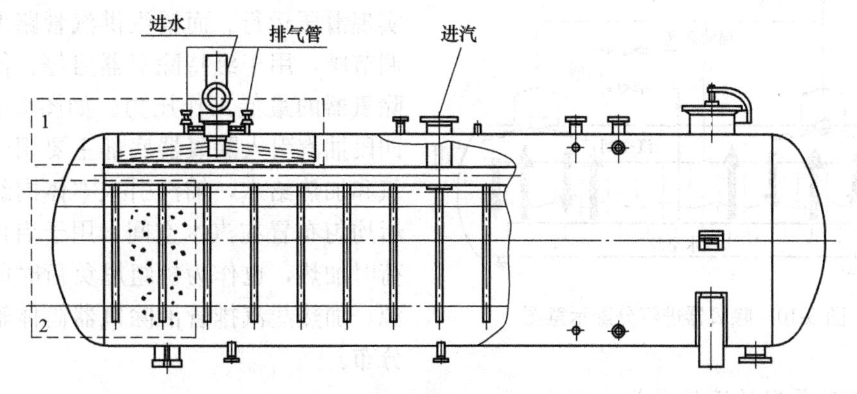

图5-8　内置式除氧器结构示意图

1—初期除氧阶段：凝结水被喷入蒸汽空间；2—深度除氧阶段：在水箱里加热蒸汽和水充分接触

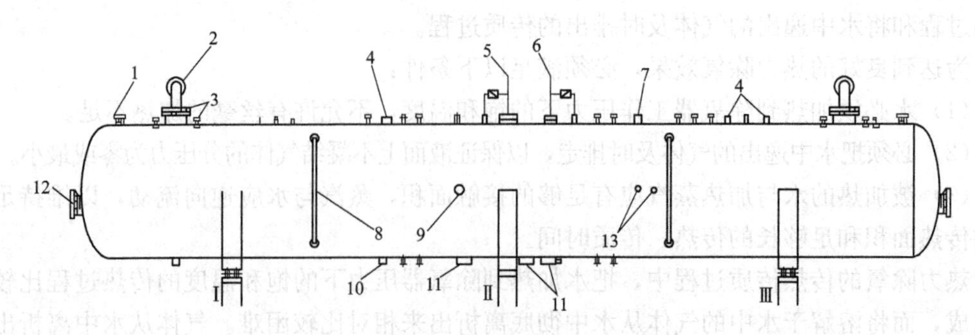

图 5-9 内置式除氧器结构示意图

1—安全门；2—进水口；3—排气口；4—再循环接口；5—四抽供汽接口；6—辅汽供汽接口；7—高压加热器疏水接口；8—就地水位计；9—溢流口；10—放水口；11—出水口；12—人孔；13—压力测点

除氧器主要部件有壳体、恒速喷嘴、加热蒸汽管、挡板、蒸汽平衡管、排氧口、出水管及安全门、测量装置、人孔等。

该内置式除氧器采用了喷幕除氧段（初期除氧）和先进的蒸汽射流鼓泡传质的深度除氧段的二阶段除氧先进结构。如图 5-8 所示，在初级除氧阶段（1 区域），凝结水经过两侧高压喷嘴形成发散的锥形水膜向下进入初级除氧区，水膜在这个区域内与上行的加热蒸汽充分接触，迅速将水加热到除氧器工作压力下的饱和温度，大部分氧气从水中析出，在每个喷嘴的周围设有 4 个连续排气口，以便及时排出离析出的气体，另外除氧器上部设两个启动排气口，启动排气口兼做充氮接口。经初级除氧的水落入水箱下部，深度除氧在水面以下进行（2 区域），加热蒸汽通过排管从水下送入，将水加热、沸腾，同时对水流进行扰动，并将水中的不凝结气体从水中鼓泡传质带出水面，完成深度除氧。由于加热蒸汽与水的接触面积足够大，这种喷幕除氧的优点在于其除氧效率几乎不受水温的影响。水在除氧器中的流程越长，则对水进行深度除氧效果越好。

四、除氧器汽源连接及运行方式

（一）除氧器的汽源连接

本机组除氧器设有四段抽汽和辅助蒸汽来汽两路汽源。在四抽管路上只设防止汽轮机进水的截止阀和逆止门，不设调节阀，能实现滑压运行。而辅汽供汽管路上设压力调节阀，用于维持除氧器启停、低负荷时除氧器的最低工作压力。如图 5-10 所示，四段抽汽引入除氧器底部主要用于深度除氧和加热给水，辅汽引入本体内经分配管后均匀布置在汽水空间，用于启停、低负荷时加热，也作为机组甩负荷时的备用汽源。加热蒸汽排管沿除氧器筒体轴向均匀分布。

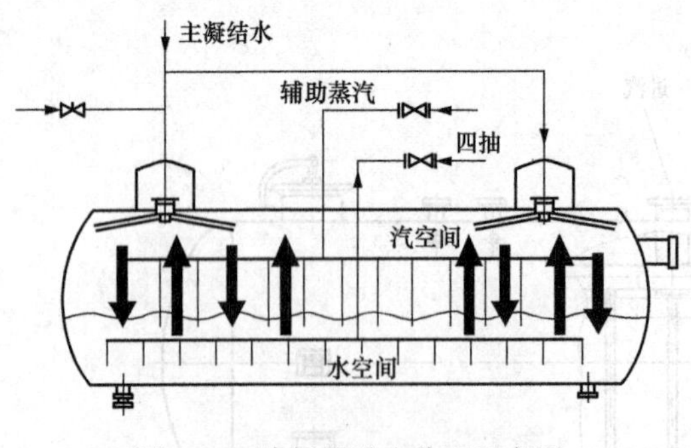

图 5-10 除氧器进汽分配示意图

（二）除氧器的运行方式

除氧器的运行有定压运行和滑压运行两种方式。定压运行是指除氧器在运行过程中其工作压力始终保持不变。因为要维持除氧器压力恒定，要求供除氧器的抽汽压力高于除氧器工作压力 0.2～0.3MPa，供汽汽源管路上设有压力调节阀，在机组低负荷运行时，本级抽汽满足不了定压运行要求时，还要切换至高一级回热抽汽。所以定压运行在高负荷时的节流损失和低负荷时停用一级回热抽汽的损失太大，热经济性差。滑压运行是指除氧器的运行压力不是恒定的，而是随着机组负荷与抽汽压力的变化而变化。因此在除氧器正常汽源（汽轮机回热抽汽）蒸汽管道上不设压力控制装置，从而避免了运行中的蒸汽节流损失。同时，滑压运行的除氧器能很好地作为一级回热加热器使用，所以在汽轮机设计制造时，其回热抽汽点能得到合理布置，使机组的热经济性得到进一步提高。

本机组除氧器采用定压-滑压运行，作为正常汽源的汽轮机四段抽汽管道上不装设调节阀。在机组启停过程中负荷小于 15%BMCR 时，除氧器定压运行，借助辅汽将除氧器压力维持在 0.15MPa，当四段抽汽压力满足要求时切换至四段供除氧器，进入滑压运行阶段，这时除氧器内工作压力随机组负荷变化而相应变化。正常运行时用主机四段抽汽维持除氧器滑压运行范围是 0.15～1.28MPa。在事故或停机情况下，负荷下降至 20%BMCR 时，汽源由四段自动切为辅汽带，以维持除氧器最低工作压力 0.15MPa 定压运行。压力信号由装在除氧器上压力变送器发出，再通过 DCS 控制辅汽至除氧器进汽调节阀。

第三节　主蒸汽、再热蒸汽及旁路系统

锅炉与汽轮机之间的蒸汽管道以及通往各辅助设备的支管及其附件称为发电厂主蒸汽系统，对于再热机组还包括再热蒸汽系统。再热蒸汽系统分为冷再热蒸汽（冷段）及热再热蒸汽（热段）系统。

对于高参数、大容量再热机组，主蒸汽、再热蒸汽都采用单元制系统，即汽轮机和锅炉组成独立的单元，与其他单元之间无任何蒸汽管道连接。该系统的主要优点是：系统简单，便于机炉集中控制，管道短、附件少，投资也少，同时管道的压力损失和散热损失小，管道本身事故可能性小，检修工作量少。其主要缺点是：相邻单元之间不能切换运行，单元中任何一个与主、再热蒸汽管道相连的设备或附件发生事故时，整个单元都要被迫停止运行，运行灵活性差，且机炉的检修时间必须一致，负荷变动时对锅炉的稳定燃烧要求较高。

一、主蒸汽系统

锅炉过热器出口至汽轮机高压缸入口之间的新蒸汽管道，包括由新蒸汽送往各辅助设备的支管，都属于发电厂的主蒸汽管道系统。

陕西商洛发电有限公司超超临界 660MW 机组的主蒸汽、再热蒸汽及旁路系统如图 5-11 所示。

本机组的主蒸汽系统采用双管布置。主蒸汽由锅炉过热器出口集箱经两根主蒸汽管道接出，分别接至汽轮机高压缸的左右侧主汽门，在靠近主汽门的两路主蒸汽主管道上设有平衡连通管以平衡两侧温度和压力偏差。

汽轮机高压缸两侧分别设一个主汽门。主汽门直接与汽轮机调速汽门蒸汽室相连接。主汽门的主要作用是在汽轮机故障时迅速切断进入汽轮机的主蒸汽，也用于正常停机时切断主蒸汽。主汽门内设有旁路阀，用于冷态启动时汽轮机暖机，以及在主汽门开启之间平衡其阀座两侧的压力。在主汽门中还装有滤网，以防止焊渣、杂物等进入汽轮机。

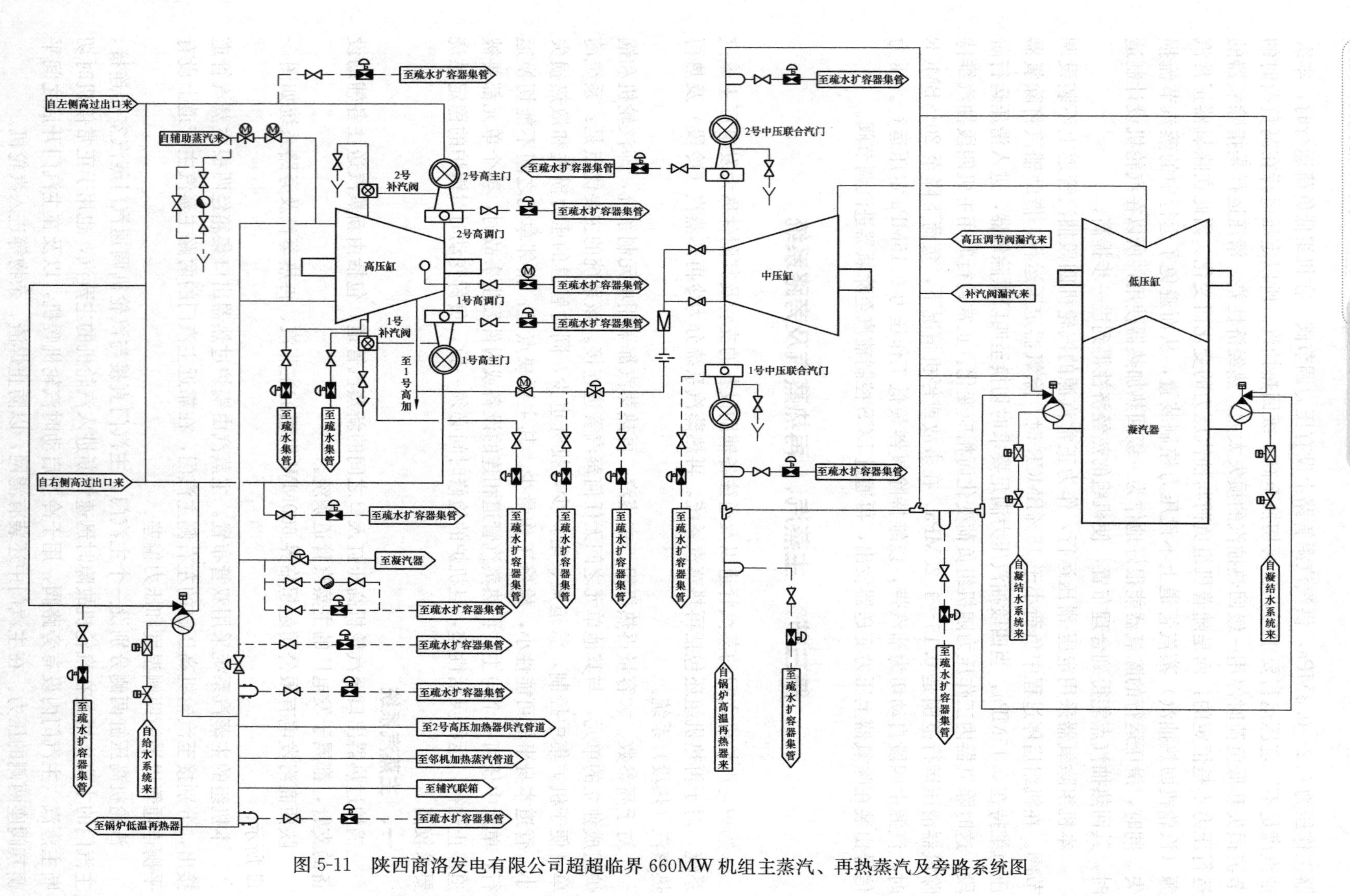

图5-11 陕西商洛发电有限公司超超临界660MW机组主蒸汽、再热蒸汽及旁路系统图

主蒸汽管道上依次装设的附件有电磁释放阀、弹簧式安全阀、自动主汽门等，该主蒸汽系统有下列设置：

(1) 在主蒸汽管道上不安装流量测量装置，主蒸汽流量根据主蒸汽压力与汽轮机高压缸第一级后蒸汽压力之差来确定，这样可以避免由喷嘴节流而造成的压力损失，提高热经济性。

(2) 汽轮机进口处的自动主汽门具有可靠的严密性，因此主蒸汽管道上不装设电动隔离门。这样，既减少了主蒸汽管道的压损，又能提高可靠性，减少运行维护费用。锅炉过热器出口管道上设置水压试验用堵阀，在锅炉水压试验时隔离锅炉和汽轮机。

(3) 为防止主蒸汽管道中的疏水进入汽轮机，控制暖管的温升率，以及水压试验完毕后的放水，该系统设有疏水、放水和启动排气阀。疏水阀设在左右侧主汽门前的管道低位点，疏水管上设置一个气动薄膜调节阀，调节阀的开度由主蒸汽管道上主蒸汽温度测量值控制。疏水最终都排至汽轮机疏水扩容器。

(4) 在过热器出口的主蒸汽管两侧各设有一只弹簧式安全阀，为过热器提供超压保护，所有安全阀都装有消音器。在两侧弹簧式安全阀前各有一只电磁泄压阀（PCV），作为过热器超压保护的附加措施。电磁泄压阀的整定值低于弹簧安全阀的动作压力，且运行人员还可以在集控室内对其进行操作，有效避免了弹簧式安全阀过于频繁动作。

(5) 主蒸汽管道上有一路用汽支管，由两侧主蒸汽管道各引出的一根管道合并后接至高压旁路装置，最终引入再热冷段。

二、再热蒸汽系统

再热蒸汽系统是指从汽轮机高压缸排汽口经锅炉再热器至汽轮机中压联合汽阀前的全部蒸汽管道及其支管。按再热蒸汽温度的高、低，分为再热冷段（冷段）和再热热段（热段）蒸汽系统。再热冷段蒸汽系统是指从汽轮机高压缸排汽口到锅炉再热器进口联箱前的再热蒸汽管道及其支管；再热热段蒸汽系统是指从锅炉再热器出口联箱至汽轮机中压联合汽阀之间的再热蒸汽管道及其支管。

(一) 再热冷段

本机组的再热冷段采用“双-单-双”布置，如图 5-11 所示。汽轮机高压缸排汽以双管接出，再汇集成一根单管，到再热器减温器前再分成双管，最终接到锅炉再热器入口联箱的两个接口。

再热冷段蒸汽管道上依次装设有高压缸排汽止回阀、弹簧式安全阀、再热器事故喷水减温器等附件，本机组再热冷段蒸汽系统有下列设置：

(1) 再热冷段单管上装有气动止回阀，称为高压缸排汽止回阀（简称高排止回阀）。其主要作用是防止高压旁路投入时或再热器、高压旁路喷水过量时，冷再蒸汽或水倒入汽轮机高压缸。气动控制能够保证该阀门动作可靠迅速。

(2) 为控制再热蒸汽温度并保护再热器，再热器进口联箱之前的双管上各设一个再热器事故喷水减温器。当再热蒸汽超温，调整锅炉燃烧及微量喷水又无法控制时，快速投入事故喷水减温器进行减温，以维持再热器出口蒸汽温度在要求的范围内。减温水来自锅炉给水泵中间抽头。投入再热器事故喷水减温，在整个热力循环中，会增加中参数循环功率，减少超高参数再热循环功率，使发电效率降低，因此不宜作为正常减温使用。

(3) 再热器进口联箱前的再热蒸汽双管上，两侧各装有 3 个弹簧安全阀，阀门都装设消音器。

（4）冷再热蒸汽管道上装有水压试验堵阀，以便在再热器水压试验时与汽轮机隔离，防止汽轮机进水。水压试验完毕，应撤除堵阀，用与堵阀等长并与冷段管道内径相等的钢制垫环代替。

（5）再热冷段设置有畅通的疏水系统，以便将启、停机时管道的疏水及时排出，另外再热冷段上接有许多的用汽支管，在事故工况下有可能产生疏水，疏水系统要保证一并及时排出。高压缸排汽止回阀前、后分别设置一个疏水点，在单管末端，进入两个再热器事故减温器的双管前也设有一个疏水点，疏水管道上分别设一个气动薄膜调节阀，疏水最终都排至汽轮机疏水扩容器中。

（6）再热冷段上的用汽支管。高压缸排汽止回阀前，一路由辅助蒸汽接入双管上的高压缸预暖蒸汽，用于机组中压缸启动时高压缸的预暖；另一路从单管上接出至凝汽器的维持高压缸真空度的通风管道，防止机组在启动过程中由鼓风发热而引起高压缸超温。高排止回阀后的单管上，依次接出若干支管用户，分别通往临机加热站、轴封供汽管、2 号高压加热器、辅助蒸汽系统、给水泵汽轮机（预留接口），还有一路由高压旁路引入的高压旁路来汽。

在汽轮机旁路运行期间，旁路蒸汽可通过再热冷段向辅助蒸汽系统和汽轮机轴封系统供汽。高压缸排汽止回阀能够保证蒸汽不会倒入汽轮机。

（二）再热热段

本机组的再热热段蒸汽系统采用“双-单-双”布置，如图 5-11 所示。高温再热蒸汽由锅炉再热器出口联箱经双管接出，汇流成一根单管通向汽轮机中压缸，在汽轮机中压联合汽门前用一个 45°斜三通分为两根管道，分别接至汽轮机中压联合汽门。中压联合汽门是由一个滤网、一个中压主汽门和一个中压调节汽门组成的组合式阀门。中压主汽门的作用是当汽轮机跳闸时快速切断从锅炉再热器到汽轮机中压缸的高温再热蒸汽，以防止汽轮机超速。

再热热段蒸汽管道上依次装设水压试验堵阀、弹簧式安全阀、中压联合汽阀等附件。中压联合汽阀前引出两路用汽支管，接至汽轮机低压旁路装置，最终引入凝汽器。高压调节阀门杆漏气、补汽阀门杆漏气接入再热热段，因其漏气参数接近新蒸汽，将其接入再热热段，最终随再热蒸汽一同回到汽轮机中压缸做功，充分利用了蒸汽的高品质能量，减少了能位贬值，提高了系统的热经济性。

三、再热机组的旁路系统

大容量中间再热机组都装有旁路系统。再热机组的旁路系统是指高参数蒸汽不进入汽轮机的通流部分做功而是经过与该汽缸并联的减温减压器，将降压减温后的蒸汽送至低一级参数的蒸汽管道或凝汽器的连接系统。

如图 5-12 所示，主蒸汽不进入汽轮机高压缸，而是经降压减温后直接进入再热冷段的蒸汽管道系统，称为高压旁路（或Ⅰ级旁路）；再热后的蒸汽不进入汽轮机的中、低压缸，而是经降压减温后直接排入凝汽器的蒸汽系统，称为低压旁路（或Ⅱ级旁路）；主蒸汽绕过整个汽轮机，经降压减温后直接排入凝汽器的系统，称为整机旁路（或Ⅲ级旁路）。任何再热机组的旁路系统均是上述三种基本形式中的一种、两种或三种形式的组合。

（一）旁路系统的作用

旁路系统是为适应再热式机组启停、事故处理的需要而设置的。再热式机组的轴系复

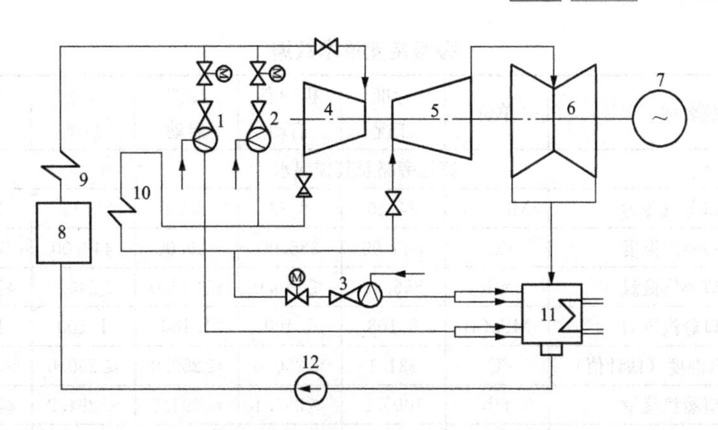

图 5-12　再热机组三级旁路系统

1—整机大旁路；2—高压旁路；3—低压旁路；4—高压缸；5—中压缸；6—低压缸；7—发电机；8—锅炉；9—过热器；10—再热器；11—凝汽器；12—水泵

杂，又是多缸结构，如何在安全可靠的前提下，以较快的速度启动并迅速并网，其关键就是严密监视各处温度，力求高中压缸金属温度均衡上升，严格控制胀差和轴承振动。对不同的启动条件，对金属的温度要求也不同，也就对冲转蒸汽的参数要求不同。

旁路系统的作用如下：

（1）缩短启动时间，改善启动条件。

（2）保护再热器。

（3）回收工质、降低噪声。

（4）配合汽轮机采用中压缸启动。

采用旁路系统，启动初期还可防止杂质及固体颗粒随蒸汽带入汽轮机，对汽轮机调速汽门、进汽口、喷嘴及叶片的硬粒侵蚀。另外旁路系统配合，机组还可维持汽轮机带厂用电运行，也可在汽轮机短暂停运时停机不停炉运行。

（二）旁路系统的容量

旁路系统的容量即旁路系统的通流能力，是在机组的设计压力下，旁路系统能够通过的蒸汽量 D_1 与锅炉额定蒸发量 D_b 比值的百分数，表达式为

$$K=\frac{D_1}{D_b}\times 100\%$$

式中　K——旁路系统的设计容量，%；

D_1——旁路系统通过的蒸汽量，kg/h；

D_b——锅炉的额定蒸发量，kg/h。

机组在非设计工况下，蒸汽的参数将发生变化，体积流量也要改变，因此旁路系统的实际通流能力会发生变化。蒸汽压力变低，蒸汽的比体积增大，通流能力就会变小，在运行中应注意这个问题。

本机组旁路系统的容量选定在机组额定容量的 40%。

（三）陕西商洛发电有限公司 660MW 机组旁路系统

如图 5-12 所示，本机组采用高、低压二级串联旁路系统。旁路系统装置为霍拉技术。其中高压旁路容量为 40%BMCR，高压旁路阀数量为 1 个，低压旁路总容量为 66% BMCR，低压旁路阀数量为 2 个。旁路装置技术数据见表 5-1。

表 5-1 旁路装置技术数据

技术参数名称	单位	标准工况	极冷态启动	冷态启动	温态启动	热态启动	极热态启动
高压旁路及其减温水							
高压旁路入口蒸汽压力	MPa(a)	24.20	8.73	8.73	8.73	10.00	10.00
高压旁路入口蒸汽温度	℃	566.00	385.00	420.00	440.00	500.00	520.00
高压旁路入口蒸汽流量	t/h	856.40	≤240.0	≤240.0	≤240.0	≤320.0	≤320.0
高压旁路出口蒸汽压力	MPa(a)	5.108	1.100	1.100	1.100	1.100	1.100
高压旁路出口蒸汽温度（估计值）	℃	331.1	≤250.0	≤250.0	≤250.0	≤260.0	≤260.0
高压旁路出口蒸汽流量	t/h	1005.3	≤287.4	≤294.2	≤294.2	≤382.8	≤382.8
高压旁路减温水压力	MPa(g)	35.0	15.0	15.0	15.0	15.0	15.0
高压旁路减温水温度（高压加热器前）	℃	191.6	140.8	140.8	140.8	140.8	140.8
高压旁路减温水焓	kJ/kg	831	602	602	602	602	602
高压旁路减温水流量	t/h	148.9	≤37.4	≤44.2	≤44.2	≤62.8	≤62.8
高压旁路阀进/出口管道设计压力	MPa(a)	26.7/5.86					
高压旁路阀进/出口管道设计温度	℃	576/410					
高压旁路阀进口管道规格/材质	mm/	ID292.1×51（内径控制管）/ASTM A335P91					
高压旁路阀出口管道规格/材质	mm/	OD660.4×23（外径控制管）/A691Gr2-1/4CrCL22					
高压旁路减温水管道设计压力	MPa(g)	35.00					
高压旁路减温水管道设计温度	℃	191.6					
高压旁路减温水管道规格/材质	mm/	ϕ133×12/15NiCuMoNb5-6-4					
低压旁路及其减温水							
低压旁路入口蒸汽压力（锅炉启动曲线）	MPa(a)	5.108	1.100	1.100	1.100	1.100	1.100
低压旁路入口蒸汽温度（锅炉启动曲线）	℃	566.00	365.00	380.00	410.00	475.00	500.00
低压旁路入口蒸汽流量	t/h	1005.3	287.4	294.2	294.2	382.8	382.8
低压旁路出口蒸汽压力	MPa(a)	0.8	0.600	0.600	0.6	0.6	0.6
低压旁路出口蒸汽温度	℃	200.0	160.0	160.0	160.0	160.0	160.0
低压旁路出口蒸汽流量	t/h	1282.9	332.1	343.7	351.2	478.2	486.5
低压旁路减温水压力	MPa(g)	4.0	4.0	4.0	4.0	4.0	4.0
低压旁路减温水温度	℃	69.4	69.4	69.4	69.4	69.4	69.4
低压旁路减温水焓	kJ/kg	294	294	294	294	294	294
低压旁路减温水流量	t/h	277.6	44.7	49.5	57.0	95.4	103.7
低压旁路阀进/出口管道设计压力	MPa(a)	5.86/1.6					
低压旁路阀进/出口管道设计温度	℃	574/250					
低压旁路阀进口管道规格/材质	mm/	ID463.55×18（内径控制管）/ASTM A335P91					
低压旁路阀出口管道规格/材质	mm/	OD820×12（外径控制管）/A691Gr2-1/4CrCL22					
低压旁路减温水管道设计压力	MPa(g)	4.0					
低压旁路减温水管道设计温度	℃	69.4					
低压旁路减温水管道规格/材质	mm/	ϕ108×4/20 钢					

1. 高压旁路

高压旁路系统装置由高压旁路阀（高压旁路阀）、喷水调节阀、喷水隔离阀等组成。高压旁路阀兼有减温减压、调节、截止的作用。新蒸汽由上部管道引入阀进口滤网，经阀头至阀出口滤网，蒸汽由于缩放作用而减压，减温水（给水泵出口的给水）从阀下部减温水喷嘴进入，高温蒸汽被减温后进入阀后连接管道，最终进入高排止回阀后的再热冷段。

2. 低压旁路

低压旁路系统装置由低压旁路阀、喷水调节阀、喷水隔离阀、凝汽器入口减温减压器等组成。低压旁路阀与高压旁路阀同样，兼有减温减压、调节、截止的作用。低压旁路阀的执行机构为液压控制。低压旁路最终是将蒸汽排入凝汽器，低压旁路减温水调节阀根据低压旁路的压力和蒸汽温度进行调节，在低压旁路未开的情况下减温水调节阀强关。

因低压旁路减压减温后最终进入凝汽器，为保证凝汽器的安全运行，低压旁路进入凝汽器喉部前再采用三级减温减压器，即三级减压、一次喷水减温的结构形式，如图 5-13 所示。

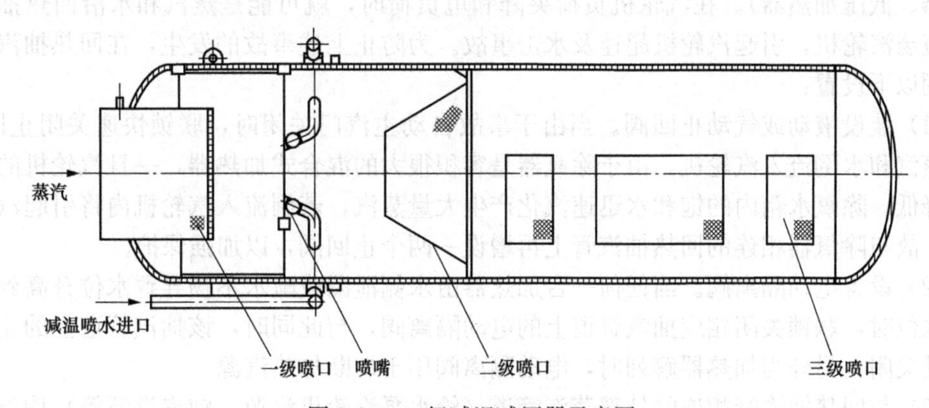

图 5-13　三级减温减压器示意图

低压旁路蒸汽进入减温减压器的管末端开孔区，喷向减温减压器壳体内，壳体内壁上设有不锈钢防冲蚀挡板。汽流通过蒸汽管末端开孔区上的多个小孔，进行第一次临界膨胀降压，在壳体内扩容降压到 0.3MPa。在壳体内壁沿圆周方向均布设 4 个雾化喷嘴，从凝结水系统来的减温水雾化后与蒸汽充分混合汽化达到减温的目的。经过第一级减温减压后的蒸汽通过壳体内锥形喷网上的数个小孔，进行第二次临界膨胀降压，扩散到减温减压器后部区域，使蒸汽进一步扩容降压到 0.1MPa。最后蒸汽通过分布在壳体及封头上的小孔进行第三次临界膨胀降压至 0.047MPa，使蒸汽最终扩散到整个凝汽器区域。

旁路投入时，减温喷水必须同时投入，否则将导致进入凝汽器内的蒸汽温度超过允许值，对减温减压器和凝汽器造成损害。喷水源取自凝结水杂项用水系统，设计压力为 0.9MPa，总喷水量约为 27.5t/h，喷水经过滤后通过喷水调节阀接入减温减压器，以防喷孔堵塞。减温减压器的喷水系统中的喷水控制阀应与低压旁路阀动作信号联锁，当低压旁路阀动作时，喷水控制阀相应动作，喷入冷却水。

第四节 回热抽汽系统

一、概述

给水回热加热是指利用汽轮机中做过部分功的蒸汽从汽轮机某些中间级抽出来，在回热加热器中用来加热进入锅炉的给水。与之相应的汽轮机抽汽系统称为回热抽汽系统。

在纯凝汽式机组的热力循环中，蒸汽的热能只有一小部分在汽轮机中转变为机械能，其余的都被凝汽器中的循环水带走，通过计算可知，热能在汽轮机中转变为机械能只占30%左右，而70%左右的热量在排汽进入凝汽器后被循环水带走。采用给水回热加热后，由于排入凝汽器的排汽量减少，从而大幅度减少了冷源损失，提高了电厂的热经济性。同时利用回热抽汽在回热加热器中加热给水提高了给水温度，从而减少了工质在锅炉受热面的传热温差，减少了加热过程的不可逆损失。综上所述，给水回热加热提高了循环热效率，因此回热抽汽系统的正常投运对提高机组的热经济性具有决定性的影响。

二、回热抽汽系统的设置

回热抽汽管道一侧是汽轮机的抽汽口，一侧是具有一定水位的加热器（高压加热器、除氧器、低压加热器）。在汽轮机负荷突降和甩负荷时，就可能是蒸汽和水沿回热抽汽管道倒流至汽轮机，引起汽轮机超速及水击事故。为防止上述事故的发生，在回热抽汽管道上采用以下设置：

（1）装设液动或气动止回阀。当由于事故自动主汽门关闭时，联锁快速关闭止回阀，防止蒸汽和水倒流入汽轮机。由于除氧器是容积很大的混合式加热器，一旦汽轮机的抽汽压力降低，除氧水箱内的饱和水迅速汽化产生大量蒸汽，若倒流入汽轮机内将引起汽轮机超速，故与除氧器相连的回热抽汽管上再增设一两个止回阀，以加强保护。

（2）设置电动隔离阀。当任何一台加热器由水侧泄漏或疏水不畅导致水位升高到事故警戒水位时，联锁关闭相应抽汽管道上的电动隔离阀，与此同时，该抽汽管道上的止回阀也自动关闭。另外当加热器解列时，电动隔离阀用于切断加热汽源。

（3）与回热抽汽管相连的外部蒸汽管道（给水泵汽轮机汽源、辅汽汽源等）均设隔离阀和止回阀，严防蒸汽倒流。

（4）安装在汽轮机抽汽口侧的电动隔离阀或止回阀尽量靠近汽轮机抽汽口，以减少汽轮机甩负荷时阀前抽汽管道内储存的蒸汽能量，有利于防止汽轮机超速。

（5）电动隔离阀前后、止回阀前后的抽汽管道低位点，均设有疏水阀。当任何一个电动隔离阀关闭时，联锁打开相应的疏水阀，将抽汽管道内可能积聚的凝结水疏至疏水扩容器，防止汽轮机进水。在机组启动时，疏水阀开启，将抽汽管道暖管的凝结水及时疏出去，防止管道水击震动。

三、陕西商洛发电有限公司660MW机组回热抽汽系统

如图5-14所示，本机组汽轮机共设八级非调整抽汽，高压缸两级，中、低压缸各三级。第一段抽汽引自高压缸12级后，供1号高压加热器；第二段抽汽引自高压缸排汽（再热冷段），供给2号高压加热器，同时提供给水泵汽轮机及辅汽系统的备用汽源，另外2号高压加热器还有一路邻机再热冷段来的备用汽源；第三段抽汽引自中压缸3级后，供给3号高压加热器外置式蒸汽冷却器、3号高压加热器；第四段抽汽引自中压缸7级后，供给除氧器、给水泵汽轮机、辅汽系统；第五段抽汽引自中压缸排汽（中压缸10级后），

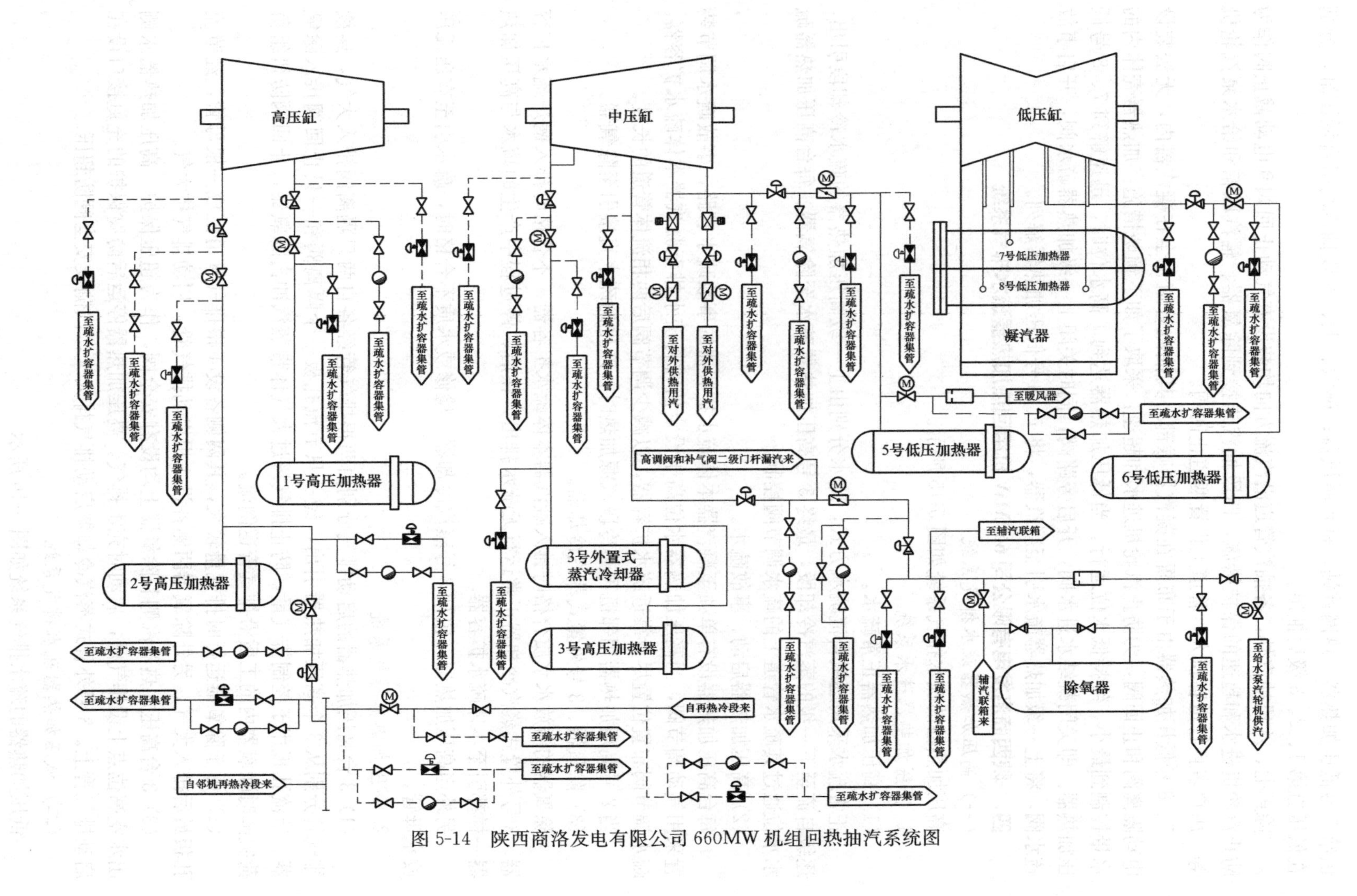

图 5-14　陕西商洛发电有限公司 660MW 机组回热抽汽系统图

供给5号低压加热器、热网首站、锅炉暖风器；第六、七、八段抽汽均引自低压缸，分别在低压缸第1、2、3级后抽出。

除第七、八段抽汽外，各抽汽管道沿汽流方向均装设有气动止回阀和电动截止阀作为防止汽轮机进水和超速的保护措施，四段抽汽连接到除氧器、辅汽联箱和给水泵汽轮机等，用户多且管道容积大，管道上设置两道止回阀。

7、8号低压加热器由于布置在凝汽器喉部，其抽汽管道也全在凝汽器内，无法装设电动隔离阀和止回阀，为防止汽轮机进水和超速，采取了如下预防措施：加热器壳体内的水量控制到最小，维持低水位运行。当低压加热器达到Ⅰ高水位时，迅速解列7、8号低压加热器。即关闭凝结水进水阀，开启旁路阀，同时关闭上一级加热器疏水阀，开启事故疏水阀，将上一级加热器疏水引至凝汽器，将7、8号低压加热器解列。

四、 陕西商洛发电有限公司660MW机组回热加热器疏水排气系统

（一）高压加热器疏水排气系统

高压加热器的疏水排气系统如图5-15所示。

1. 高压加热器疏水系统

（1）高压加热器正常疏水。

正常疏水采用逐级自流疏水方式，疏水分别由上一级高压加热器的疏水冷却段引出，逐级自流至下一级的蒸汽冷却段，最终3号高压加热器疏水至除氧器。每台高压加热器疏水水位通过其疏水管道上的疏水调节阀控制。

（2）高压加热器启动、事故疏水。

每台高压加热器设有单独至凝汽器本体疏水扩容器的事故疏水管路，事故疏水调节装置采用气动调节阀，当高压加热器水位高于设定值时将疏水排至凝汽器本体疏水扩容器。疏水调节阀布置位置尽量靠近疏水扩容器，以减少调节阀后两相流体管道的长度。

当2号高压加热器用邻机再热冷段汽源加热时，产生的疏水直接引至除氧器。

（3）除氧器、3号外置式蒸汽冷却器。

除氧器的溢放水水质合格时排入凝汽器本体疏水扩容器，不合格时排入锅炉疏水扩容器。3号外置式蒸汽冷却器正常运行无疏水排出，在启、停过程中产生的疏水与高压加热器一样都引至本体疏水扩容器。

另外当高压加热器（包括3号蒸汽冷却器）检修或水质不合格时，疏水引至有压无压放水母管。

2. 高压加热器排气系统

（1）3台高压加热器的启动排气分别由两根排气管经各自两只隔离阀排入大气，连续排气管分别从3个高压加热器引出，经一只节流孔板一个隔离阀和一只止回阀接入除氧器。节流孔板用于控制排气量，防止排气量过大气体带蒸汽冲击除氧器，止回阀防机组负荷突降时除氧器内的工质沿排气管道倒流。

（2）由于除氧器运行时排气量较大，其两侧各设4根排气管道汇成一根母管，经节流孔板最后排入大气，另外除氧器两侧各设1根启动排气管，启动排气排大气。

（3）3台高压加热器汽侧和除氧器上均设有安全阀，作为超压保护。高压加热器水侧出水室高位点上设排气阀，启动时充水排气。高压加热器停运后防腐保护的充氮接口设在启动排气管上。3号外置式蒸汽冷却器启动排气排大气，汽侧设安全阀防超压。

（二）低压加热器疏水排气系统

低压加热器的疏水排气系统如图5-16所示。

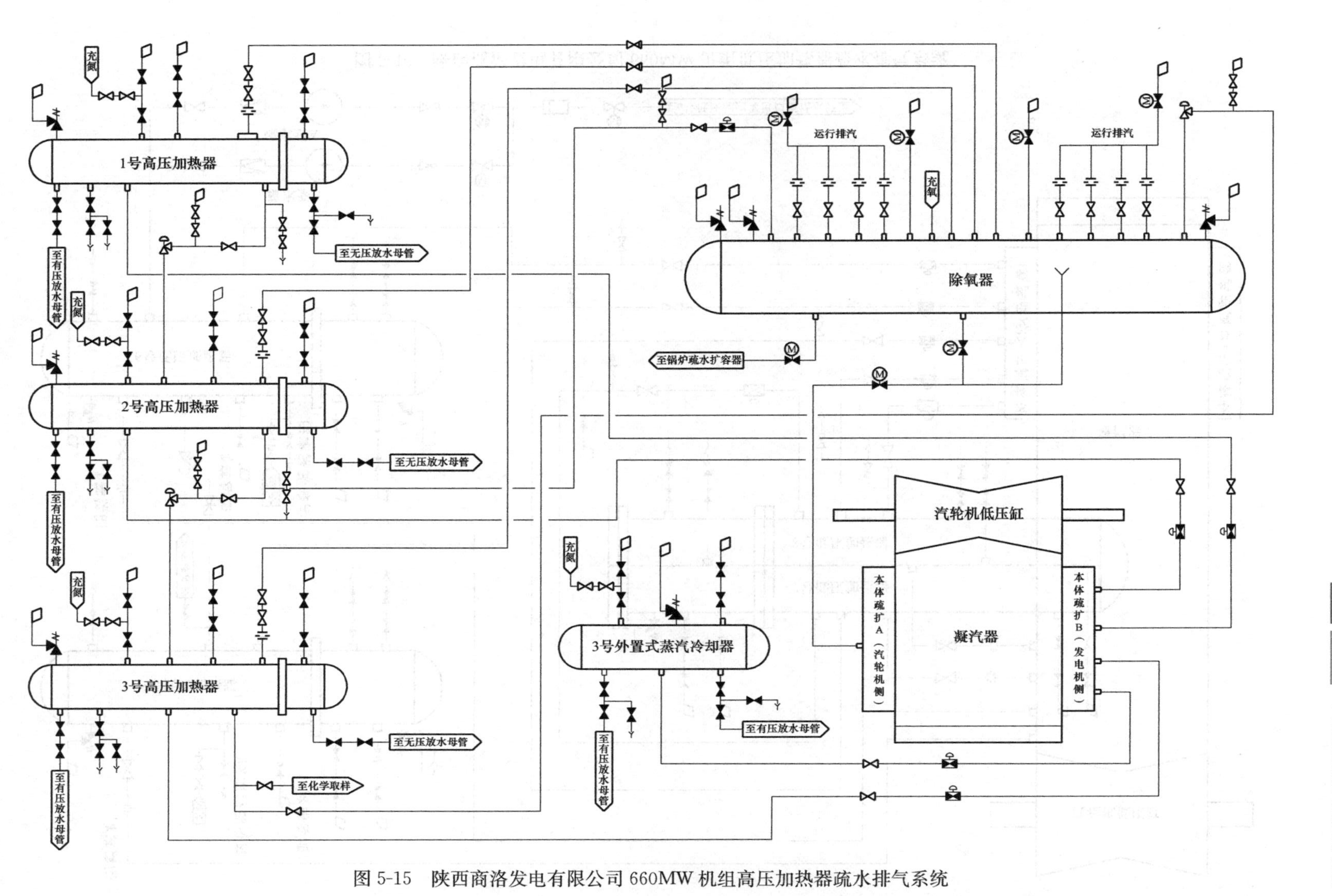

图 5-15　陕西商洛发电有限公司 660MW 机组高压加热器疏水排气系统

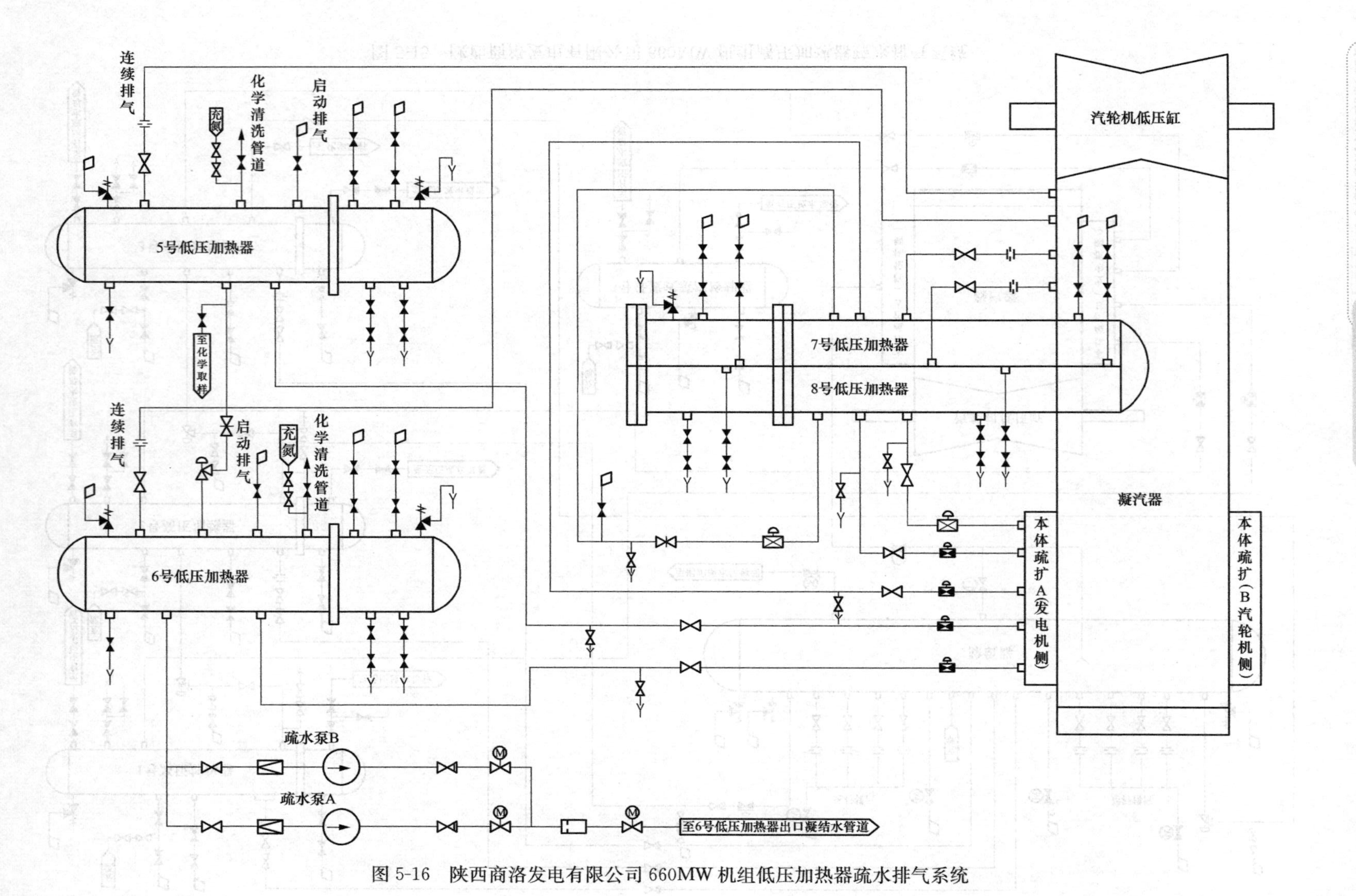

图 5-16 陕西商洛发电有限公司 660MW 机组低压加热器疏水排气系统

1. 低压加热器疏水系统

5号低压加热器正常疏水自流至6号低压加热器，6号低压加热器正常疏水经疏水泵升压后送至6号低压加热器出口的凝结水管道，7、8号低压加热器疏水自流至凝汽器，各低压加热器事故疏水均直接排至凝汽器。除6号低压加热器外，各级低压加热器均设有疏水冷却段，可有效减少疏水逐级自流对下一级回热抽汽的排挤。另外当低压加热器检修时，汽侧、水侧放水排至地沟。

2. 低压加热器排气系统

5、6号低压加热器启动排气排大气，连续排气通过一只节流孔板和一只隔离阀接入凝汽器。7、8号低压加热器的排气通过一只隔离阀和一只节流孔板接入凝汽器。

低压加热器汽侧均设有安全阀，水侧出水室也设有安全阀，作为超压保护。低压加热器水侧出水室高位点上设对空排气阀，启动时充水排去水室中空气。5、6号低压加热器停运后防腐保护的充氮接口设在化学清洗管道上。

第五节 主凝结水系统

一、 概述

主凝结水系统是指从凝汽器至除氧器之间与主凝结水相关的管路与设备。主凝结水系统的主要作用是把凝结水从凝汽器热井送到除氧器。为保证整个系统可靠工作，提高热效率，在输送过程中，还要对凝结水进行除盐净化、加热和必要的控制调节，同时在运行过程中提供有关设备的减温水、密封水、冷却水和控制水等，另外还对电厂整个热力循环过程中的汽水损失进行工质补充，补充水源来自化学除盐水。

亚临界及超临界参数以上机组，主凝结水系统一般由凝结水泵、凝结水精除盐装置、轴封加热器、低压加热器等主要设备及其连接管道组成。对于大型机组，主凝结水系统还包括由补充水箱和补充水泵等组成的补充水系统。

二、 陕西商洛发电有限公司660MW机组主凝结水系统

陕西商洛发电有限公司660MW机组主凝结水系统如图5-17所示。

1. 凝结水泵及其管道

凝结水从高背压凝汽器热井引出，然后分两路接至两台凝结水泵的进口，经升压后再合并成一路去凝结水精处理装置。系统设有两台全容量的电动变频凝结水泵，一台运行，一台备用。每台泵的进口管道上装有电动隔离阀和滤网。隔离阀用于水泵检修时的隔离系统，在正常运行及备用时应保持全开。滤网能防止凝结水箱中可能积存的残渣进入泵内，滤网上装有压差开关，当滤网受堵压降达到限定值时，向集控室发出报警信号。在两台凝结水泵的出水管道上均装有止回阀和电动闸阀，闸阀上装有行程开关，便于控制和检查阀门的开闭状态，止回阀防止运行水泵出口的凝结水沿备用泵倒流。两台凝结水泵上均设置抽空气管，将凝泵内空气排至凝汽器。凝结水泵启动密封水来自化水补水箱，正常运行密封水来自凝结水泵出口的凝结水，密封水回水至凝汽器，凝结水管道启动充水也来自化水补水箱。

2. 凝结水精处理

为了确保锅炉给水品质，亚临界及以上机组为防止由凝汽器管束泄漏或其他原因造成

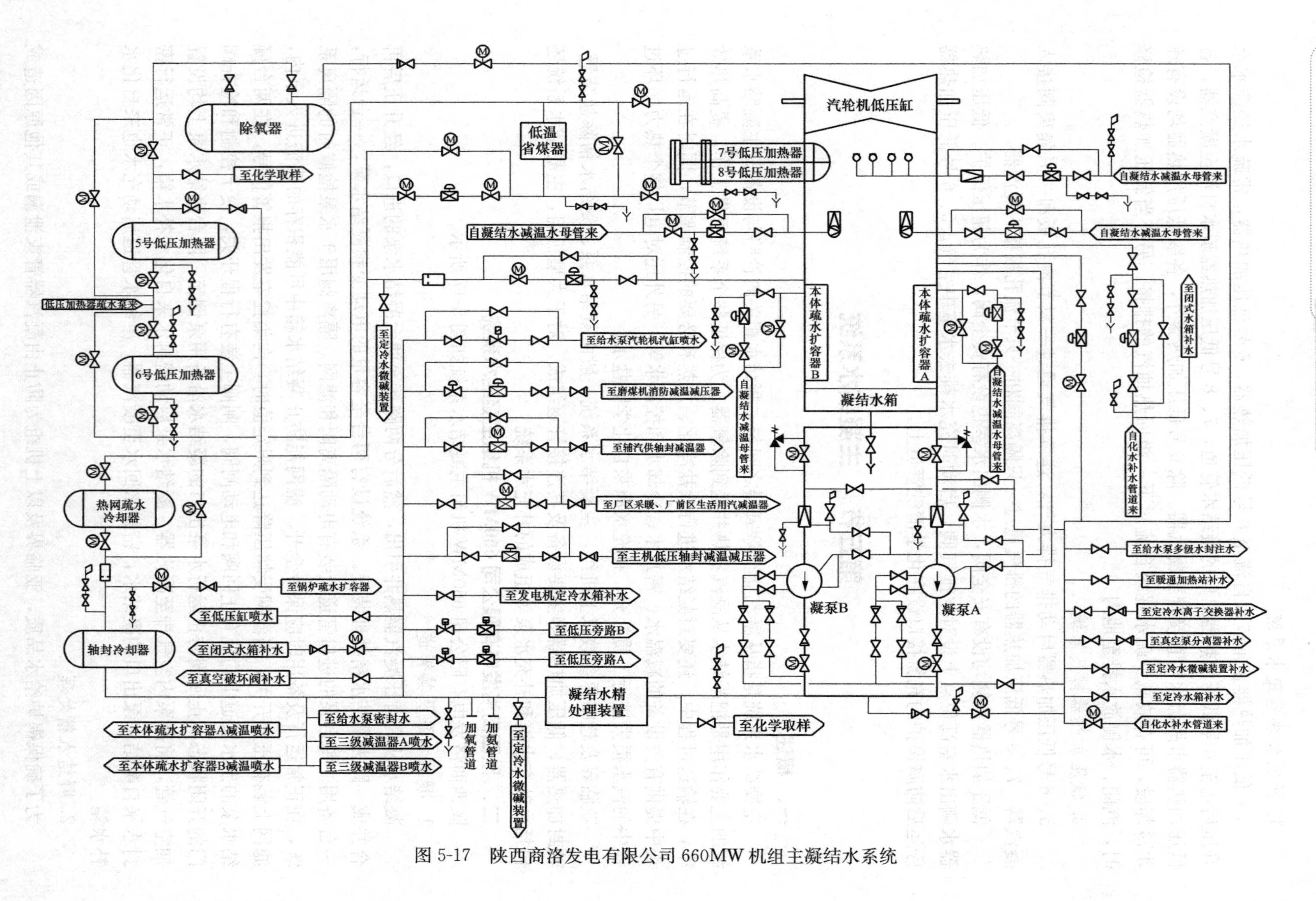

图 5-17 陕西商洛发电有限公司 660MW 机组主凝结水系统

凝结水中含盐量增大，在凝结水泵之后设置一套凝结水精除盐装置，以控制凝结水溶解固形物的浓度。精除盐装置后，分别设置加氨管道和加氧管道接口，运行时防止氧腐蚀。精除盐装置设前、后隔离阀和旁路阀，除盐装置投入运行时，前、后隔离阀开启，旁路阀关闭。精除盐装置故障或更换树脂时，旁路阀开启，前、后隔离阀关闭，主凝结水走旁路。

本机组精除盐装置耐压性能强，对凝结水流量的适应性广，所以直接将凝结水精处理装置串联在凝结水泵出口，节省了两台凝结水升压泵及其再循环管路、阀门等，阀门少、凝结水管道短，简化了系统，便于运行人员操作。

3. 轴封加热器及凝结水最小流量再循环

在凝结水精除盐装置之后设置一台轴封加热器，轴封加热器出口的主凝结水管路上设置主凝结水流量的测量装置。

轴封加热器为表面式热交换器，汽侧回收并凝结轴封漏汽和门杆漏汽，产生的疏水引入凝汽器，依靠轴封风机维持汽侧的微负压状态，以防止蒸汽漏入环境或汽轮机润滑油系统。轴封加热器水侧走的是主凝结水，正常运行时必须有足够的凝结水量流过轴封加热器，以保证汽侧的漏汽被完全凝结，维持其微负压，降低轴封风机的功率。

在轴封加热器后、8 号低压加热器前，设置一根通往凝汽器的凝结水最小流量再循环管道。该管上设有凝结水最小流量再循环装置，它由一个调节阀、前后隔离阀和一个旁路阀组成。调节阀的信号取自于轴封加热器后凝结水流量测量装置，当运行中凝结水流量小于凝结水泵和轴封加热器所要求的最小流量时，自动开启再循环管路，防止凝结水泵因流量低而汽蚀，保证轴封加热器中有充分的冷却水，保证轴封漏气的冷却和回收。

4. 除氧器水箱水位控制

除氧器给水箱水位调节装置安装在轴封加热器和 7、8 号低压加热器之间，由一个气动薄膜调节阀、前后两个电动闸阀和一个电动旁路阀组成。正常运行时，由调节阀利用给水箱水位、锅炉给水流量和凝结水流量三冲量控制，自动调节保持除氧器水位正常。

给水箱设有水位保护，当水位升高到高水位警戒线时，高水位开关动作，在控制室报警，以引起运行人员的警觉；当水位继续升高到高-高水位警戒线时，高-高水位开关动作，报警的同时开启水箱上放水阀，关闭主凝结水管道上的除氧器水箱水位调节阀及 3 号高压加热器的正常疏水阀，凝结水最小流量再循环自动开启；如果水位升高到事故水位警戒线时，事故水位开关动作，报警的同时关闭四段抽汽管道上的止回阀和电动隔离阀，打开其前后疏水阀，以防止除氧器中的除氧水通过回热抽汽管倒入汽轮机。当给水箱水位降低到低水位警戒线时，低水位开关动作，在控制室报警，加大除氧器进水量；若水位继续下降至低-低水位警戒线时，应联动解列给水泵，做停机处理。

5. 低压加热器及其管道

4 台低压加热器均采用全容量表面式加热器（抽汽压力由高到低为 5、6、7、8 号）。5 号和 6 号低压加热器为卧式，均采用小旁路（每个加热器有单独的旁路），当加热器水位过高或因其他故障需要隔离检修时，关闭该加热器进、出口电动隔离阀，电动旁路阀自动开启，凝结水走旁路。7、8 号低压加热器为卧式组合结构，置于凝汽器喉部。7、8 号加热器采用大旁路（共用一个旁路），当其中任何一个故障时，进、出口电动隔离阀自动关闭，电动旁路阀自动开启，同时解列两个低压加热器。7、8 号加热器抽汽管道分别布置在凝汽器内部，因此无法装设隔离阀和止回阀，所以 7、8 号低压加热器正常运行时维持低水位。

每台加热器水侧，均装设一个泄压阀。在5号低压加热器出口至除氧器之前的主凝结水管路上装有止回阀，以防止机组负荷突降时，除氧器内的饱和水由于压力突降而闪蒸倒流入凝结水系统。在轴加出口、5号低压加热器出口隔离阀前、除氧器水箱底部都设有排水管道引至锅炉疏水扩容器，以便在机组投运前冲洗相对应的凝结水管道及设备后将不合格的凝结水排出。

6. 低低温省煤器

排烟损失是锅炉运行中最重要的一项热损失，占锅炉热损失的60%～70%。影响排烟热损失的主要因素是排烟温度，一般情况下，排烟温度每增加10℃，排烟热损失增加0.6%～1.0%，相应煤耗增加1.2～2.4g/(kW·h)。在锅炉尾部烟道加装低低温省煤器，可以达到深度回收烟气余热、增加发电量、降低煤耗、节省脱硫水耗、保护烟囱的目的。

如图5-18所示，本机组凝结水系统设置有40%流量的低低温省煤器，其分为4组布置在电除尘的入口的4个烟道上，凝结水由轴加后引出，经增压泵升压后送至低低温省煤器加热，后送至6号低压加热器入口，即低低温省煤器与7、8号低压加热器并列运行来加热凝结水，提高机组的综合效率。

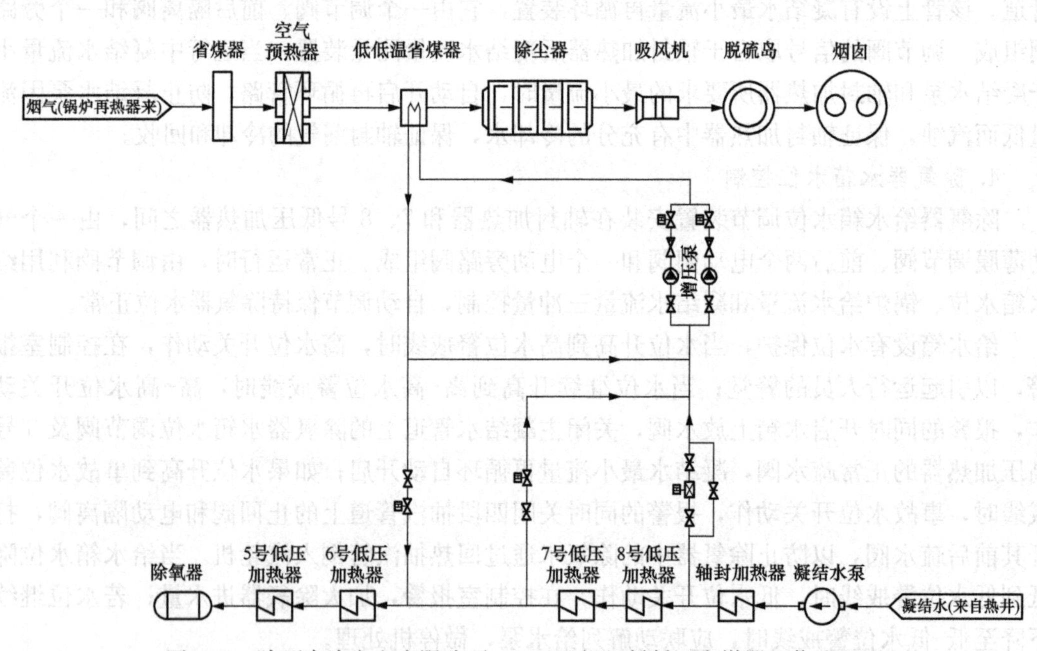

图5-18 陕西商洛发电有限公司660MW机组低低温省煤器工作流程图

7. 补充水系统

本机组的补充水来自化学车间的补充水箱，系统启动补水及运行补水分别由凝结水输送泵和补充水泵来完成。

当机组真空未建立时，通过凝结水输送泵，经流量孔板完成向凝汽器热井补水、启动期间凝结水泵密封用水及凝结水管路充水的工作，还可完成给除氧器的启动充水和提供闭式水箱补水的工作。另外，发电机定子冷却水水箱补水、真空泵分离器补水、暖通加热站补水、给水泵多级水封注水都来自化水补水管道。正常运行时，凝汽器真空已建立，这时停运补充水泵通过补充水泵的旁路，依靠补充水箱与凝汽器之间的压差进行凝汽器自流补水。

凝汽器热井水位由设置在凝汽器之前的补充水管路上的调节装置控制。正常运行时，由热井水位信号通过调节阀自动控制补充水量，以维持凝汽器水位。当水位低时，开大调节阀；当水位继续下降，低水位信号报警时，在集控室快速开启旁路阀，增加补水量。当热井出现高水位时，关小调节阀；当水位继续升高时，开启轴封加热器后的高水位放水调节阀，凝结水通过凝结水泵、除盐装置、轴封加热器后排至锅炉疏水扩容器，这样的设置在控制凝汽器水位的同时也保证了凝泵与轴加所要求的最小流量。

本厂两套机组补充水系统之间设有联络管，补充水系统可相互支援。

8. 各种减温水和杂项用水

为满足热力系统的运行需要，从凝结水精处理装置出口的主凝结水管上引出两路支管，再分别引出17根支管供给热力系统的不同部位。这些分支主要包括：至闭式水箱补水，低压旁路的减温水A、B路，低压缸低负荷喷水，发电机定子冷却水箱补水，给水泵汽轮机汽缸喷水，磨煤机消防减温器，高压缸暖机减温减压器，汽轮机轴封减温器喷水，辅汽采暖供热减温水，采暖减温减压器，给水泵前置泵冲洗水，本体疏水扩容器A、B减温喷水，给水泵密封水单级及多级U形水封用水，低压旁路三级减温器A、B喷水。

第六节 主给水系统

一、概述

发电厂的给水系统，是指从除氧器给水箱经前置泵、给水泵、高压加热器到锅炉省煤器前的全部给水管道，还包括给水泵的再循环管道、各种用途的减温水管道以及管道附件等。

给水系统的主要作用是把除氧水升压后，通过高压加热器加热供给锅炉，提高循环的热效率，同时提供高压旁路减温水、过热器减温水及再热器减温水等。

因给水泵前后的给水压力相差很大，对管道、阀门和附件的金属材料要求也不同。给水管道按工作压力划分，从除氧器水箱出口到前置泵进口管道，称为低压给水管道；从前置泵出口到锅炉给水泵入口管道，称为中压给水管道；从给水泵出口到锅炉省煤器的管道，称为高压给水管道。高压给水系统水压高，设备多，对机组的安全经济运行影响大，所以对其材料、安装、运行要求严格。

二、陕西商洛发电有限公司660MW机组主给水系统

陕西商洛发电有限公司660MW机组主给水系统如图5-19所示。各部功能如下：

1. 给水泵及其前置泵管道

本机组给水系统设一台100%容量的汽动给水泵及其电动前置泵。前置泵入口装设一个电动闸阀和两个并列粗滤网，滤网可分离因安装检修期间可能积聚在除氧器和给水管内的焊渣、铁屑，从而保护水泵，前置泵的入口电动阀后还设置了泄压阀，以防止该泵组备用期间进水管超压。前置泵出口还装设一套流量测量装置。给水泵的出口管道上不设置电动阀，只装有止回阀，以防止压力水倒流，引起给水泵倒转，另外给水操作平台设置在给水泵后、高压加热器前的给水管道上，它由一个气动薄膜调节阀、前后隔离阀和一个旁路阀组成。低压给水管道上设有加氧管道、充氨管道、充联氨管道，以保证给水的品质，防

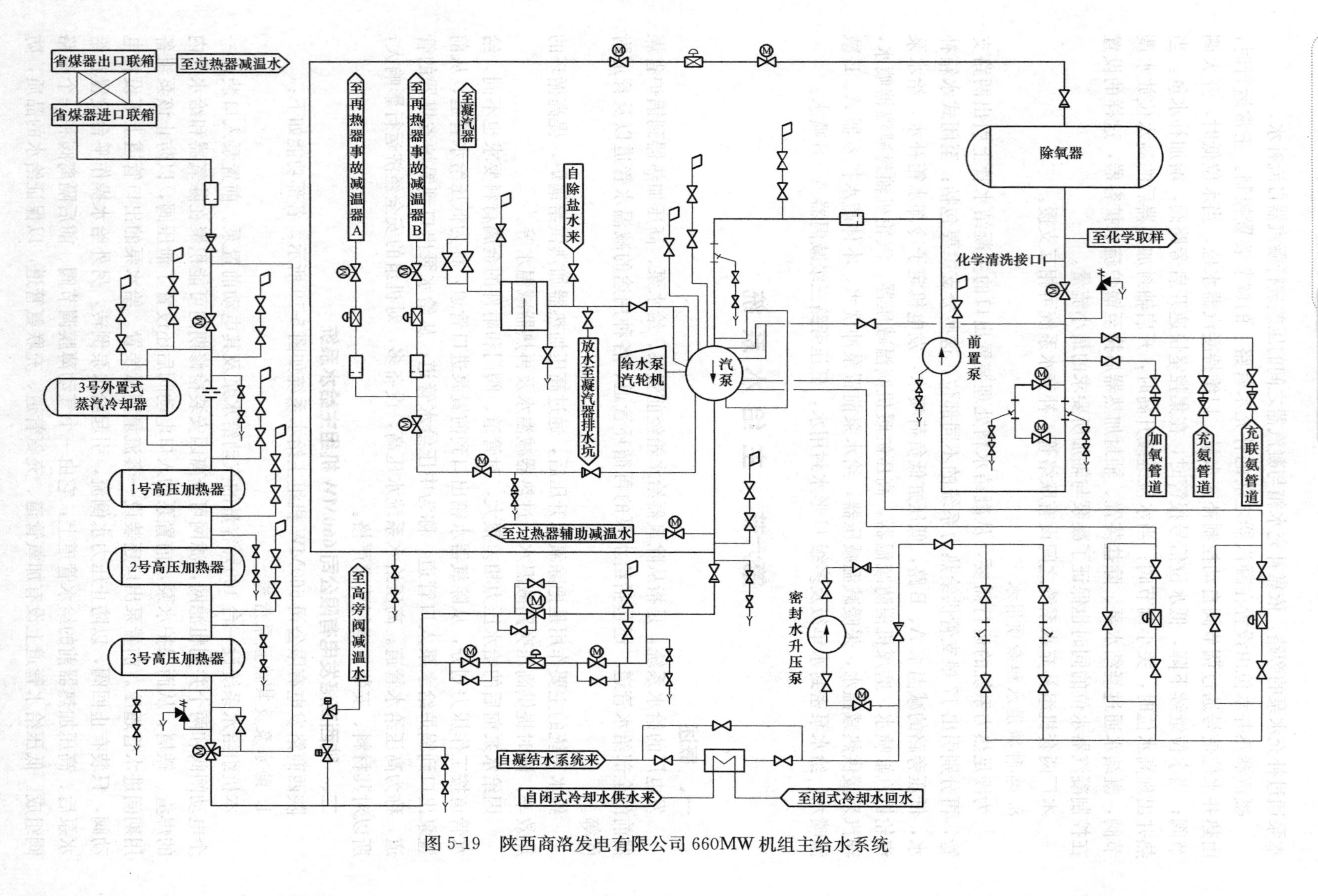

图 5-19 陕西商洛发电有限公司 660MW 机组主给水系统

止腐蚀。给水泵的密封水来自除盐装置后的凝结水，回水由多级水封引至凝汽器。

2. 给水泵最小流量再循环

给水泵出口止回阀前设置独立的再循环装置，其作用是保证给水泵最小稳定的工作流量，以免在机组启停和低负荷时发生汽蚀。再循环由给水泵出口的止回阀前引出，接至除氧器给水箱。最小流量再循环装置由一个气动薄膜调节阀和前、后隔离阀组成。给水泵启动时，调节阀自动开启，随着给水泵流量的增加，调节阀逐渐关小，流量达到允许值后，调节阀全关。当给水泵流量小于允许值时自动开启。再循环管道进入除氧器给水箱前，设置止回阀，防止机组负荷突降时水箱内的饱和水闪蒸倒入给水泵。

3. 高压加热器水管路

三台高压加热器和串联的3号蒸汽冷却器共用一套带三通快速关断阀的给水自动旁路保护装置，当任一台高压加热器故障时，三台高压加热器及外置式蒸汽冷却器同时从系统中解列，给水能快速切换至旁路，三通阀始终保证一路是畅通的。高压加热器出口至锅炉省煤器管道上装设流量计，读取给水流量值。为防止高压加热器停运后，由于抽汽管道上的隔离阀泄漏，使存在加热器管束内的水被继续加热膨胀而引起水侧超压，三通阀出口的给水管道上设一个弹簧安全阀，每台高压加热器出口给水管道上都设有排气阀用于高压加热器水侧启动时的充水排气。

4. 锅给水量控制

正常运行中锅炉给水流量控制主要通过调节给水泵汽轮机转速实现。给水操作平台设置在给水泵后、高压加热器前的给水管道上，因其调节过程的节流损失大不经济，给水操作台只作为给水流量的辅助调节手段。

5. 减温水支管

给水泵中间抽头引出再热器减温用减温水，分别供再热器事故喷水减温器A、B，抽头引出管上各装一只止回阀和一只截止阀，以防止抽头水倒流。在给水泵与高压加热器之间的给水总管上，接有去高压旁路减温水的管道。过热器的一级减温水来自省煤器入口前的给水管道上，二级减温水由省煤器出口联箱处引出。

三、给水泵汽轮机

陕西商洛发电有限公司的每台高效660MW超超临界机组设置一台100%容量的汽动给水泵，用螺栓固定在主厂房15.5m运行平台的基础上，位于主汽轮机的右侧（从机头看），即靠近汽轮机厂房B柱墙侧（汽轮机厂房与主变压器相邻的是A柱墙，通常B柱墙与C柱墙之间是除氧间，C柱墙与D柱墙之间是制粉间），给水泵汽轮机为变转速、变参数、变功率的凝汽式汽轮机。给水泵汽轮机的主要技术参数见表5-2。

表5-2 给水泵汽轮机的主要技术参数

项目		单位	参数
型号及形式	型号		WK63/71
	形式		单轴、单缸、双流、反动、纯凝汽式汽轮机
功率	额定出力	MW	23.853
	设计出力	MW	26.353
	最大连续出力（VWO）	MW	28.000

续表

项　　目		单位	参　　数
工作蒸汽（四段抽汽）参数	压力（额定）	MPa	1.075
	压力（最高）	MPa	1.110
	温度（正常）	℃	375.4
启动蒸汽（辅助蒸汽）	压力	MPa	0.8～1.3
	温度	℃	320～389
排汽参数	压力（正常）	kPa	11.5
	压力（最高）	kPa	50.0，报警
	温度（正常）	℃	48.6
	温度（最高）	℃	176.4，(80℃时喷水)
运行方式			变参数、变功率、变转速
调节方式			节流调节
允许最小持续负荷		kW	2000
汽轮机转子旋转方向			自汽轮机向给水泵看，为逆时针方向旋转
			自给水泵向汽轮机看，为顺时针方向旋转
转速	额定（设计）转速	r/min	5498
	最低稳定运转转速	r/min	3000
	最高稳定运转转速	r/min	5640
	连续运行自动调速范围	r/min	3000～5640
	转子临界转速	r/min	一阶：2650；二阶：7500
	盘车转速	r/min	80
超速保护动作转速			105%最大连续工作转速
跳闸背压		kPa	70
停盘车时最高汽缸温度		℃	150
冷态启动时间	升至最低工作转速的最短启动时间	min	53
	升速和带额定负荷所需最短启动时间	min	110
	从空负荷带到额定负荷的启动时间	min	60
	冷态启动时的暖机时间	min	36
热态启动时间	带负荷所需最短时间	min	39
	升速和带额定负荷所需最短启动时间	min	89
	热态启动时的暖机时间	min	22
转子膨胀	转子正常膨胀值	mm	3.5
	转子最大膨胀值	mm	6.0
结构参数	汽轮机级数	级	2×13
	汽轮机外形尺寸（长×宽×高）	mm×mm×mm	5500×4000×4600
	蒸汽室直径	mm	560mm
	最末级直径	mm	729

续表

项　目		单位	参　数
结构参数	末级叶片长度	mm	303
	末级叶片环形面积	cm^2	2×11 300
	排汽口数量	个	2
	排汽口尺寸	mm×mm	2480×1220
	转子形式		整锻转子
	转子跨度（轴承跨度）	mm	3764
汽轮机内效率			83.6%（夏季工况工况时要求不小于81%）
材质情况	汽缸材质		ZG25A、Q235
	转子材质		铬钼镍钒钢
	转子脆性转变温度	℃	≤45
	各级叶片材质		2Cr12MoV，2Cr13
	汽封材质		1Cr18Ni9Ti
	汽缸螺栓材质		21CrMo，35CrMoA，45
汽轮机本体质量（包含基座）		t	93
汽轮机转子质量		t	8.5
汽轮机制造厂			杭州汽轮机股份有限公司

WK双分流给水泵汽轮机主要应用于进汽压力低、温度比较低、容积流量比较大的场合，广泛应用于发电、机械驱动和大型电站的锅炉给水泵汽轮机。它的主要结构特点是，蒸汽从汽轮机的中间进汽，然后向两边均匀分流做功，最后进入凝汽器。汽缸两端和内部的通流部分镜面对称，如图5-20所示。

WK双分流给水泵汽轮机整体结构简单、可靠，可以采用积木块设计原理，能根据用户的进汽参数、排汽参数、功率和转速的不同要求进行设计，更加使用于变转速运行，启动曲线如图5-21所示。

图5-20　WK双分流给水泵汽轮机结构示意图

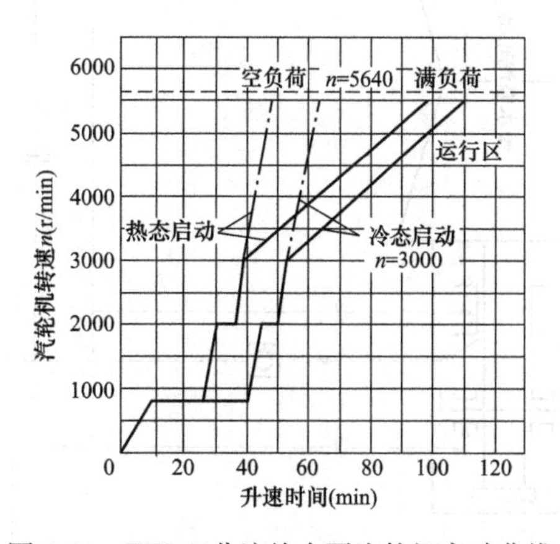

图5-21　WK双分流给水泵汽轮机启动曲线

四、给水泵组供油系统

图5-22是陕西商洛发电有限公司高效660MW超超临界机组给水泵汽轮机的供油系

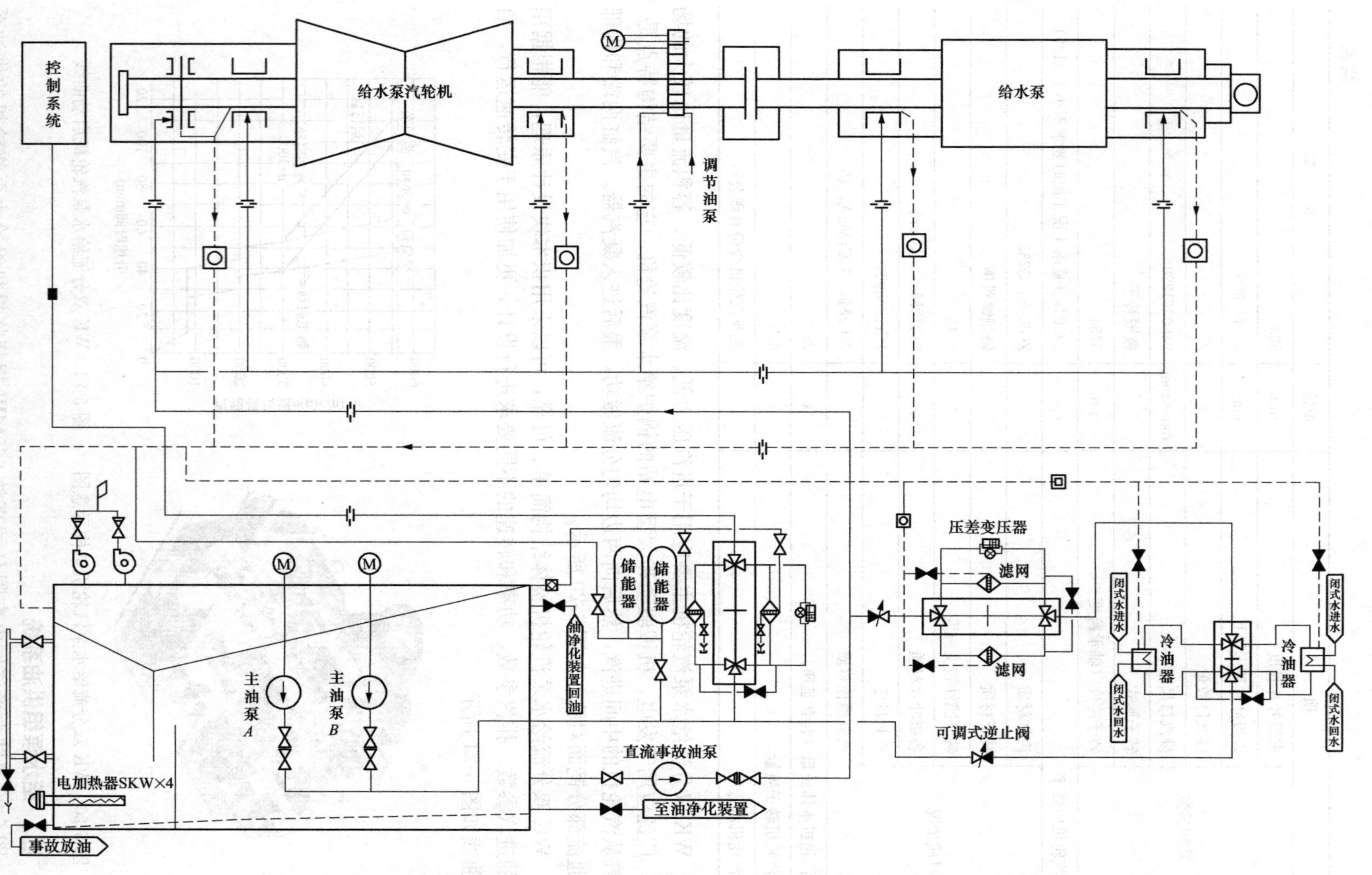

图5-22 陕西商洛发电有限公司高效660MW超超临界机组给水泵汽轮机供油系统图

统，油的型号为 ISO VG46 号。该供油系统主要包括油箱、两台 100%容量互为备用的交流电动主油泵、一台直流事故油泵、排烟风机、两台 100%容量的板式冷油器及其转换阀、调节油滤油器、润滑油滤油器、电加热器、油位计、蓄能器、管道及阀门等部件。

给水泵汽轮机在正常运行时，由主油泵供给调节保安系统和润滑系统用油。从主油泵出来的油经止回阀后分为三路：第一路送到蓄能器，维持供油管道压力的稳定，减少波动，给调节保安系统和润滑油系统提供符合要求的压力油；第二路经调节油滤油器后直接至给水泵汽轮机的调节保安系统，作为控制给水泵汽轮机速关阀（主汽阀）的启动油和跳闸油、控制调节汽阀的压力油，调节油总管的油压为 0.95MPa(g)；第三路经冷油器、润滑油滤油器（允许压差 80kPa)，经过压力调节孔板进入给水泵汽轮机和给水泵各轴承及盘车装置，工作后的各轴承润滑油的回油经专设的回油管道流回油箱。润滑油总管的油压为 0.36MPa(g)。板式冷油器的冷却水来自闭式循环冷却水系统，并根据出口油温的高低由油温控制器改变冷却水量的多少，使冷油器的出口润滑油温度即轴承的入口润滑油温度维持为 43～48℃。当厂用电中断或主油泵故障时，直流事故油泵自动启动，直接向各轴承、盘车装置供润滑油，保证给水泵汽轮机能够安全停下来。

供油系统中，最主要的是供油装置。该装置的型号为 YG-0900，制造厂将各设备安装在机架（底盘）上后，整体运到现场安装、连接，其主要特点有如下几点：

（1）设有两台离心式主油泵，分别称为主、辅油泵，一台工作、另一台备用。

（2）在主油泵出口管道上设有压力开关，一旦系统油压低于设定值，连锁启动备用油泵。

（3）装置设有两只蓄能器，在油泵进行切换时维持系统油压的稳定，保证汽轮机安全运行。

（4）设置直流事故油泵，当系统出现故障导致润滑油总管压力降到 0.08MPa(g) 时，自动启动直流油泵，保证汽轮机安全停机。

（5）设置两台冷油器，一台运行，另一台备用。油和冷却水分别在各自的通道内流动，切换时，通过连续流转换装置使备用冷油器运行，原运行冷油器撤出工作进行检修，切换过程可以保证供油。

（6）设有两套滤油器，分别用于调节油和润滑油的过滤，保证润滑油和调节油对供油品质的需要。

（7）每套滤油器包含两台滤油器，一台运行，另一台备用。工作过程中需要切换运行时，通过连续流转换装置使备用滤油器运行，原运行滤油器撤出工作进行滤芯清洗或更换，切换过程可以保证供油；滤油器设有差压变送器，一旦滤网压差超过 0.08MPa(g) 时进行报警，需要进行滤油器的切换与清洗。

（8）油箱设有电加热器，当油箱里的油温低于要求的启动温度时，开启加热器进行加热，达到要求温度时停运加热器。

（9）设有排烟风机，用于排出油箱内的油烟并维持油箱内部为微负压，有利于各个轴承箱回油。

（10）在油箱上还装有油位计及传送装置，用于监视油箱内的油位，根据不同油位采取措施。

该供油装置的技术参数见表 5-3。

表 5-3　　　　供油装置技术参数

名称	单位	润滑油	调节油	事故油
供油量	L/min	1000	142	600
供油压力	MPa(g)	0.35	0.95	0.25
供油温度	℃	43～48		
过滤精度	μm	25	10	

五、 给水泵汽轮机的运行

1. 给水泵汽轮机的启动

在给水泵汽轮机启动前，首先根据给水泵汽轮机进汽部分的缸壁温度，可以把其启动方式分为冷态启动、温态启动和热态启动。

启动前，油箱油温若低于20℃需要投入电加热器进行加热，或者提前投入油泵运转提升油温，必须将油箱中的油温加热到35℃以上，将电加热器投入自动。

投入供油系统向给水泵汽轮机提供润滑油和控制油，运转正常后，检查润滑油总管中的油压达到0.25MPa。调节油压不小于0.8MPa，投入冷却水，通过油温控制器使润滑油冷油器出口油温维持在43～48℃；启动一台排烟风机运行，在油箱、轴承座内建立微负压，正常运行时为5～10mm水柱。

投入盘车装置盘动转子，正常后盘车转速为100r/min，然后对动静之间运转情况及转子的弯曲值进行检查。

备用泵和事故油泵试验合格；投入轴封蒸汽系统和疏水系统，并抽真空，真空应达到−0.06MPa，最低不低于−0.0653MPa；其他设备都处于启动前的状态。

(1) 检查确认。确认盘车装置投入运行，主机的凝结水系统、循环冷却水系统投入运行，轴封系统投入运行，真空符合要求。

(2) 主蒸汽管道的暖管。开启速关阀前疏水阀，逐渐开启供汽管路上的隔离阀，用辅助蒸汽对主蒸汽管路进行暖管，当温度达到120℃时，暖管结束。暖管期间保证其他汽源隔离。

(3) 冲转。启动进汽必须有超过50℃的过热度；真空值达到−0.073MPa后投入低真空保护；轴承进油温度大于35℃，润滑油总管油压达到0.25MPa，各轴承回油温度正常。根据给水泵汽轮机缸壁温度的不同，可以将给水泵汽轮机的启动分为冷态、温态、热态及极热态启动曲线，各启动曲线的变化趋势如图5-23所示。但在给水泵汽轮机的实际启动过程中，常常选用图5-24所示的启动曲线作为运行依据。

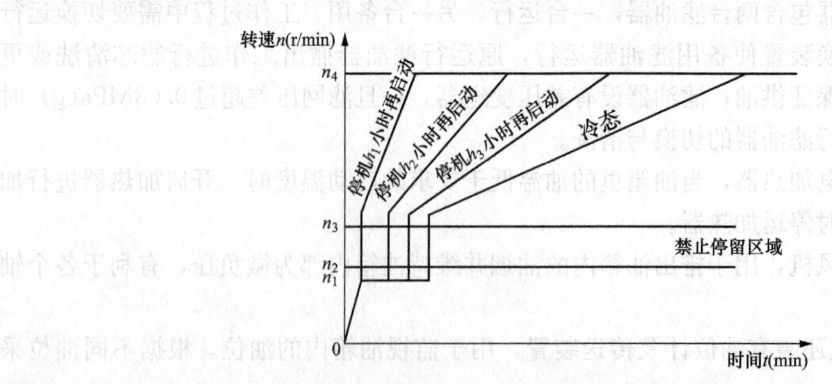

图 5-23　给水泵汽轮机的启动曲线示意图

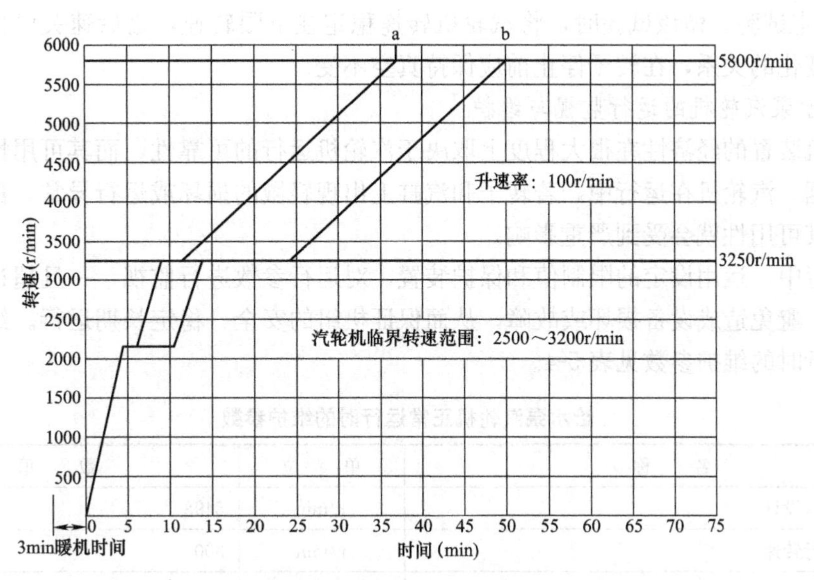

图 5-24 给水泵汽轮机冷热态启动曲线

a—热态启动曲线（停机 15h 以内）；b—冷态启动曲线（停机 15h 以上）

由调节器操纵调节汽阀的开度，开启调节汽阀冲转汽轮机，一旦冲转起来，检查盘车脱离。当转速升速至 1000r/min 时进行低速暖机。

汽轮机冲转后，检查盘车装置退出工作，检查各轴承温度，必要时调节轴承进油阀开度，使得轴承进油温度大于 42℃，调节冷油器进水阀开度，使轴承进油温度维持在（45±3)℃范围内。

（4）升速。在低速暖机期间，对各项常规检查项目正常后，可按照 350r/min 的升速率进行升速到运行下限转速。升速时，严禁在禁停区域停留。

转速达到下限后，稳定一段时间运转正常后，可以做一些试验，试验完成后以 300r/min 的升速率升速到上限转速。

（5）启动过程中的注意事项。在启动、升速过程中，随着汽轮机金属温度的不断提高，应逐渐关闭所有疏水阀门，并监视工作蒸汽压力、蒸汽温度、轴承温度、振动和轴向位移。

第一次启动过程中，尤其注意振动的监测及汽、油泄漏的检查。

给水泵汽轮机需要做的试验如下：

1）速关试验。人为操纵手动停机阀、停机电磁阀动作，速关阀、调节汽阀迅速关闭。

2）汽阀严密性实验。速关阀、调节汽阀关闭后，汽轮机转速应下降到较低的合理转速以下方可重新启动升速。

3）速关阀活动试验。在汽轮机正常运转下，利用试验阀对速关阀进行活动试验。

4）调节器。转速调节在调节器给定方式与锅炉给定控制方式之间切换应是无扰切换。

5）汽源切换。可以模拟机组运行时负荷的变化，进行工作汽源和备用汽源切换试验。

6）超速试验。利用调节器的超速试验功能，进行电超速跳闸试验。试验时，若转速升高到规定的跳闸转速而没有产生速关动作，应立即停机，进行检查处理，重新试验直至合格。

7）惰走试验。做该试验时，将汽轮机转速稳定在下限转速，之后速关停机，记录转速随时间变化的关系，在转子停止前应保持真空不变。

2. 给水泵汽轮机的运行监视与维护

汽轮机装置的经济性在很大程度上取决于汽轮机运行的可靠性，而其可用性是运行可靠性的依据。汽轮机在运行中，若转子和汽缸上出现轻微的损坏或运行异常，都会造成重大损坏，其可用性就会受到严重影响。

在运行中，运用设定的限制值和保护装置，对运行参数进行监视，一旦超过极限立即采取措施，避免造成设备损坏或故障，从而保证机组的安全、稳定长期运行。给水泵汽轮机正常运行时的维护参数见表5-4。

表 5-4　　给水泵汽轮机正常运行时的维护参数

名　称	单　位	数　值
汽轮机转速（设计）	r/min	5498
恒定最低运行转速	r/min	300
恒定最大运行转速	r/min	5640
电气脱扣转速	r/min	105%最大运行转速（5830）
盘车装置转速	r/min	80
工作进汽压力（设计）	MPa	1.132
工作进汽温度（设计）	℃	375.4
启动进汽压力	MPa	0.8～1.3
启动蒸汽温度	℃	320～389
排汽压力	kPa	11.5
最高排汽压力（报警背压）	kPa	50
跳闸排汽压力	kPa	70
排汽温度	℃	48.6
排汽最高温度	℃	176.4
汽轮机转子最大膨胀量	mm	6.0
主油泵出口压力	MPa	1.3
辅助油泵出口压力	MPa	1.1
事故油泵出口压力	MPa	0.36
控制油油压力	MPa	1.3
润滑油油压力	MPa	0.15
最高油位（在汽轮机运行期间从油箱底部测得）	mm	1150
最低油位（在汽轮机运行期间从油箱底部测得）	mm	1000
控制油过滤器允许压差	kPa	80
润滑油过滤器允许压差	kPa	80
油箱温度	℃	60～65
给水泵汽轮机轴振动值	μm	120，跳闸
润滑油温（冷油器出口油温）	℃	43～48

3. 给水泵汽轮机的停运

(1) 正常停机。停机前，需要做好必要的准备工作，如备用油泵、直流事故油泵、盘车装置的试验等，并使上述设备处于预启状态。此外还应通过试验确认主汽阀动作灵活，无卡涩现象。

额定参数停机时，通过逐渐关小调节汽阀减少给水泵汽轮机的进汽量，来降低转速减少给水量，当负荷降到零时，通过手动打闸保护装置进行打闸停机。

滑参数停机时，保持调节汽阀的开度不变，随着主汽轮机进汽量的减少，进入到给水泵汽轮机的蒸汽压力、蒸汽量也减少，实现降转速、降负荷，当负荷降到零时，通过保护装置进行打闸停机。

当给水泵汽轮机的转速降到零或降到盘车装置设定的投入转速时，盘车装置投入运行。当高压缸外壁温度冷却到低于 150℃时，停止电动盘车装置。

在盘车过程中，若汽轮机内的真空下降到零时，停止轴封供汽。盘车装置停运后，停润滑油供油系统，轴承温度不应超过 70℃，否则应重新启动润滑油供油系统。

(2) 紧急停机。当设备出现故障威胁到机组或运行人员人身的安全时，可以在任何情况下，分别通过启动阀组或手动停机阀或遥控停机电磁阀等进行紧急停机。

如果出现以下情况，也应实行紧急停机：

1) 机组振动突然增大；

2) 推力轴承或支持轴承的轴承合金温度达到或超出极限值；

3) 轴向位移超过报警值；

4) 对机组连续运行起重要作用的辅助设备出现故障等。

(3) 停机过程中的注意事项。停机过程中的注意事项如下：

1) 给水泵汽轮机停运后，确认速关阀、调节汽阀关闭严密；

2) 确认给水泵汽轮机的速关阀前隔离阀关闭；

3) 确认给水泵汽轮机真空至零后，将给水泵汽轮机轴封进汽调整阀手动关闭，并关闭其前隔离阀和旁路阀；

4) 在油泵停运之后，给水泵汽轮机轴承温度不应超过 70℃，超过 70℃时，油泵须重新启动；

5) 汽缸温度降至 100℃时，开启给水泵汽轮机平衡管疏水阀、汽缸疏水阀和轴封供汽调整阀后疏水阀进行疏水。

第六章

间接空冷系统

第一节 概 述

为了提高蒸汽在汽轮机内的做功能力，就必须降低汽轮机的排汽压力（或背压），这样不仅可以增大汽轮机的理想焓降，还可提高电厂的循环热效率。例如，国产引进型300MW机组若凝汽器压力降低1kPa，会使热耗减小0.9%～1.8%，机组功率将增加1%左右。

降低排汽压力最有效的办法是将汽轮机的排汽送到密闭的容积较大的容器即凝汽器内，当比体积很大的排汽在凝汽器内凝结成水时，体积急剧缩小（如在正常凝汽器压力0.005MPa下，干蒸汽比水的体积约大28 000倍），原来被排汽充满的密闭空间便没有工质，从而形成了高度真空。但是，汽轮机的背压也并非越低越好。背压越低，排汽比体积越大，就必须增大汽轮机的排汽面积，从而增大低压缸的加工困难和制造成本；另外背压的降低还会增加凝汽器的投资和运行成本。所以，必须通过热力计算和技术比较来确定汽轮机的最佳排汽压力，我国水冷凝汽式发电厂汽轮机的背压通常在0.003～0.007MPa范围内，空冷凝汽式发电厂汽轮机的背压可以是0.008～0.014MPa。

汽轮机的排汽在凝汽器内凝结成洁净的凝结水后又重新送往锅炉，便于连续循环，而排汽所释放的热量不能再被利用，必须排放掉，所以该热量称为冷源损失。该冷源损失需要连续的带走，才能维持整个系统的连续工作，其热量交换方式分为以下3种情况：

（1）直接用管道内流动的冷却水与在管壁外流动的排汽进行热量交换，然后将温度升高后的冷却水与空气直接接触冷却后再循环使用，这样的方式称为水冷，该机组称为水冷机组或湿冷机组，这是我国20世纪使用较多的冷却方式；

（2）直接用冷空气与流入散热器管内的排汽进行热量交换，吸收热量后的空气直接排大气，这样的方式称为直接空冷，该机组称为直接空冷机组；

（3）直接用管道内流动的冷却水与在管壁外流动的排汽进行热量交换或将冷却水喷入排汽直接进行热量交换，然后将温度升高后的冷却水送入散热器管道内与空气进行热量交换冷却后再循环使用，该方式称为间接冷却，该机组间接空冷机组。

一、水冷机组

（一）原则性系统图

水冷机组的原则性系统示意图如图6-1所示。该系统主要由凝汽器、凝结水泵、循环

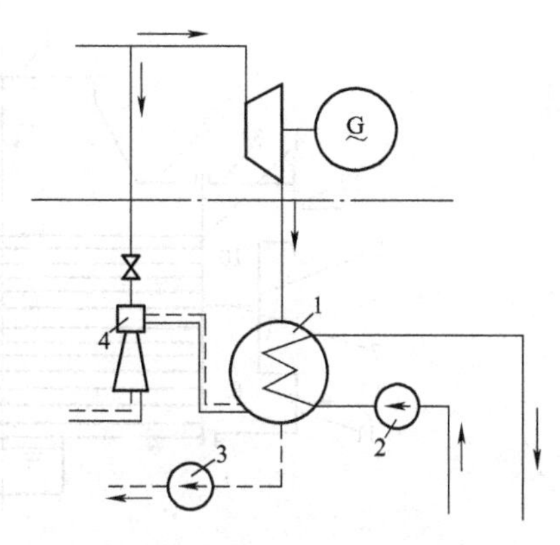

图 6-1　水冷机组的原则性系统示意图
1—凝汽器；2—循环水泵；
3—凝结水泵；4—抽气器

水泵和抽气设备等组成。

工作时，汽轮机排汽进入凝汽器，而循环水泵不断地将冷却水（或循环水）送入凝汽器的冷却水管内与排汽进行热量交换，吸收蒸汽的热量后将排汽不断地凝结成纯净的凝结水，凝结水流入凝汽器底部的热井中，最后由凝结水泵将其送往加热器和除氧器进入锅炉循环使用。吸收热量的冷却水送到冷却塔或相应的冷却场所。

由于凝汽器内处于高度的真空状态，为防止空气在凝汽器内积存，需要抽气器不停的将其抽出。

上述设备同时和连续的工作，可以完成如下任务：

（1）在汽轮机的排汽口建立并维持高度的真空；

（2）将汽轮机的排汽凝结成洁净的凝结水作为锅炉给水。

另外还担负着凝结水和补给水在进入除氧器之前的先期除氧工作，以及接受机组启停和正常运行中的疏水和甩负荷过程中的旁路排汽，以回收工质。

（二）凝汽器的结构类型

凝汽器也是一个换热器，所以凝汽器可分为表面式和混合式两大类。在混合式凝汽器中，蒸汽与呈雾状喷入的冷却水直接混合，使蒸汽冷却凝结。这种凝汽器结构简单、成本低，而且凝结水的过冷度、含氧量都很小，但是为了凝结水的再利用，冷却水必须采用化学除盐水，使得水处理的成本增大，这是混合式凝汽器的主要缺点。

表面式凝汽器中，汽轮机排汽与冷却工质被冷却管道表面隔开互不接触。根据所用的冷却工质不同，表面式凝汽器又分为空冷式和水冷式两种。由于用水作冷却工质时，凝汽器的传热系数高，可获得和保持高度真空，因此现代火电厂广泛采用以水为冷却介质的表面式凝汽器。在缺水地区，由于采用空气凝汽器可节约大量水资源，故空冷机组得到越来越广泛的利用。下面重点介绍表面式水冷凝汽器的结构和工作特点。

1. 表面式凝汽器的结构

图 6-2 是表面式水冷凝汽器结构简图。它主要由外壳、水室、管板和冷却水管等组成。凝汽器的内部空间分为汽侧和水侧。汽侧是汽轮机排汽被凝结及凝结后储存的区域。水侧是冷却水流动的区域。由于两侧的工质不同，所以互不相通。

凝汽器内进行热交换的传热面分为两区，分别为主凝结区和空气冷却区，这两部分之间用挡板 13 隔开。设置空气冷却区，一方面可以将主凝结区的剩余蒸汽进一步冷却而减少抽出去的蒸汽量，尽可能回收工质；另一方面对抽出去的工质进行冷却，减小其容积流量，降低抽气器的负荷，保证提高抽气效果。空气冷却区的面积占凝汽器面积的 5％～10％。

凝汽器中有两种不同品质的工质，分别是凝结水和冷却水。凝结水是由蒸汽在汽侧凝结而成，汇集在凝汽器的热水井中，并通过凝结水泵送入热力系统进行周而复始的汽水循环，所以凝结水是高品质、低含氧量的洁净水。冷却水大多来自冷却塔的集水池、江河、湖泊、大海或地下水，经滤网过滤后进入凝汽器，所以冷却水的含氧量较高，品质较低。

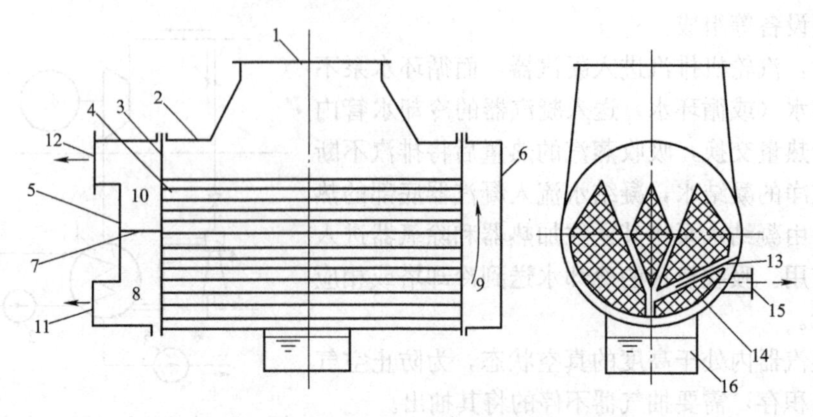

图 6-2 表面式水冷凝汽器结构简图

1—进汽口；2—凝汽器外壳；3—管板；4—冷却水管；5、6—水室的端盖；
7—水室隔板；8、9、10—水室；11—冷却水进口；12—冷却水出口；
13—挡板；14—空气冷却区；15—抽气口；16—热水井

在运行中，若凝汽器冷却水管胀口不严及水管泄漏等原因，冷却水会漏入汽侧，使凝结水水质变差，将导致锅炉受热面结垢，传热恶化，不但影响经济性，还会威胁锅炉设备的安全。此外，凝结水水质不良还会使新蒸汽夹带盐分，在汽轮机通流部分结垢，影响汽轮机安全、经济运行。因此运行中必需严格监视凝结水的品质。

2. 表面式凝汽器的分类

根据冷却水在凝汽器内流经的次数不同可将凝汽器分为单流程、双流程和多流程凝汽器。冷却水从凝汽器的一端进入，在冷却水管中只流经一次，然后从另一端直接排出则称为单流程凝汽器。如图 6-2 所示为双流程凝汽器，依此类推。

根据空气抽出口位置的不同，即凝汽器内汽流流动形式不同，可将凝汽器分为汽流向下式、汽流向上式、汽流向心式、汽流向侧式等形式，如图 6-3 所示。汽流向心式和汽流向侧式凝汽器是较为理想的凝汽器，因此在现代火电厂中广泛采用。随着单机功率的增大，冷却水管的数量剧增，凝汽器的尺寸也增大，为加大管束四周的进汽边界，缩短蒸汽的流程以及减小汽阻，出现了多区域汽流向心式凝汽器，如图 6-3（c）所示，每个区域的中部都有空冷区。

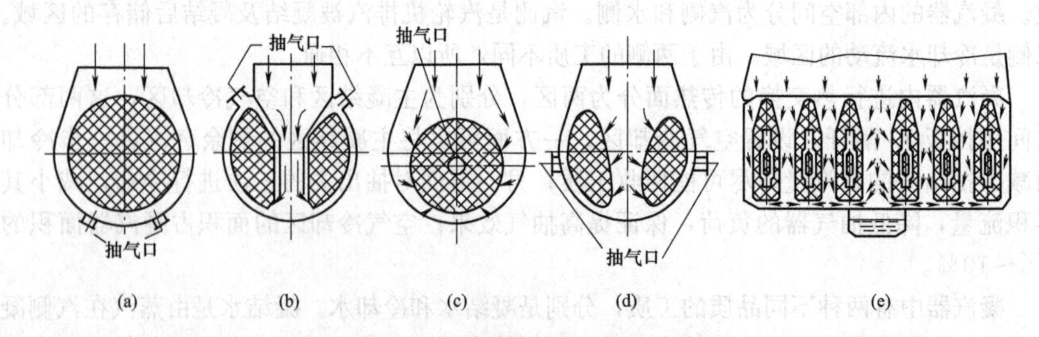

图 6-3 凝汽器按汽流方向的分类

（a）汽流向下式；（b）汽流向上式；（c）汽流向心式；（d）汽流向侧式；（e）多区域汽流向心式

二、空冷机组

随着火电厂高参数、大容量汽轮机的广泛运用，水资源短缺的状况越来越严重。大力发展坑口火力发电，降低发电成本，提高洁净化能源的供应比例，是我国电力发展的主要方向。但兴建大容量火力发电厂需要大量的冷却水源，而煤炭资源丰富的地区大多缺水，洁净水就成为坑口电站发展的“瓶颈”问题。因此，如何合理利用资源发展火电站，成为目前电力建设研究的重点问题。

发电厂空冷技术已成为当前发电厂建设中的一个热门课题，空冷机组冷却系统本身可节水97%以上，全厂性节水约65%。一般1m³/s的水可建设100万千瓦湿冷机组，而建设100万千瓦空冷机组只需0.35m³/s的水。因此相同数量的水可建设的空冷机组规模比湿冷机组的规模大三倍，这充分显示了空冷技术节水的优越性及其推广使用的广阔前景。空冷机组由于节水效果显著，发展较快，特别是在西部“富煤缺水”地区和干旱地区发展更加迅猛。

发电厂空冷技术在国际上取得了迅速发展，目前已出现单机容量1000MW的空冷机组。在干旱地区，空冷机组发展尤为迅速，并出现了多种类型，如直接空冷、间接空冷、干湿联合冷却机组等。

目前国际上用于发电厂的空冷系统有直接空冷系统和间接空冷系统。

（一）直接空冷系统

直接空冷系统（air cooled condencer，ACC）是指汽轮机的排汽直接用空气来冷凝，空气与蒸汽通过冷却器进行热量交换的系统，其工艺流程如图6-4所示，汽轮机排汽通过粗大的排汽管道送至室外空冷岛的空冷凝汽器内，轴流冷却风机使空气流过冷却器外表面，将排汽冷凝成水，凝结水再经泵送回汽轮机的热力系统。

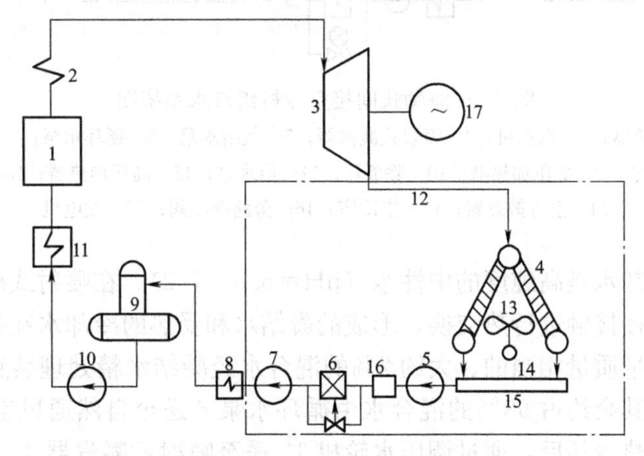

图6-4　直接空冷机组原则性热力系统图

1—锅炉；2—过热器；3—汽轮机；4—空冷凝汽器；5—凝结水泵；6—凝结水精处理装置；7—凝结水升压泵；8—低压加热器；9—除氧器；10—给水泵；11—高压加热器；12—汽轮机排汽管道；13—轴流冷却风机；14—立式电动机；15—凝结水箱；16—除铁器；17—发电机

直接空冷系统的主要特点是汽轮机排汽直接由空气来冷凝，汽轮机背压变化幅度大。汽轮机排汽需由大直径管道引出，冷凝排汽需要较大的冷却面积，从而导致真空系统的庞大。系统所需空气由大直径风机提供，与湿冷机组循环水泵相比，耗电量较大。空冷凝汽器布置在汽机房前的高架平台上，平台下可布置变压器及配电间，从而减小了电厂的占地面积。直接空冷系统可通过改变风机转速或停运部分风机来调节进风量，防止空冷凝汽器结冰，调节相对灵活、效果较好。

直接空冷系统主要由排汽装置、排汽管、蒸汽分配管、空冷凝汽器、冷却风机、凝结水系统、抽真空系统、保护设备和清洗系统等部分构成。

（二）间接空冷系统

间接空冷系统分为带喷射式凝汽器的间接空冷系统（又称海勒式间接空冷系统）和表面式凝汽器的间接空冷系统（又称哈蒙间接空冷系统）。

1. 海勒式间接空冷系统

海勒式间接空冷系统是匈牙利的海勒教授于1950年的世界动力会议上首先提出，因此而得名。海勒式间接空冷系统主要由喷射式凝汽器和装有福歌型散热器的自然通风空冷塔组成，其原则性汽水系统如图6-5所示。

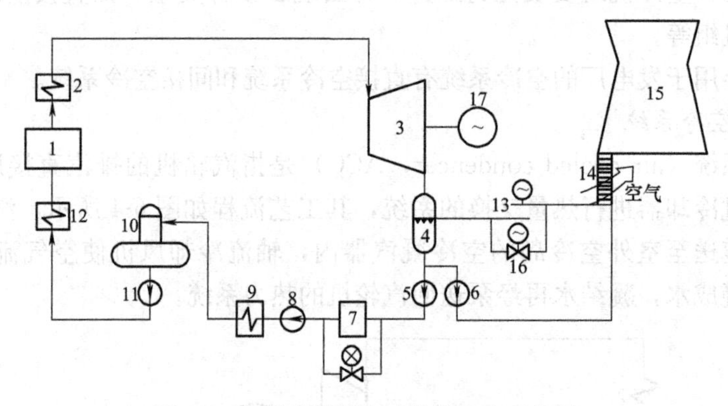

图6-5 海勒式间接空冷机组汽水系统图

1—锅炉；2—过热器；3—汽轮机；4—喷射式凝汽器；5—凝结水泵；6—循环水泵；7—凝结水精处理；8—凝结水升压泵；9—低压加热器；10—除氧器；11—给水泵；12—高压加热器；13—调压水轮机；14—空冷散热器；15—空冷塔；16—旁路调压阀；17—发电机

该系统中的冷却水是高纯度的中性水（pH＝6.8～7.2）。在喷射式凝汽器4中，冷却水和汽轮机排汽直接接触进行热交换，形成的凝结水和受热的冷却水在凝汽器底部热井混合。其中，与排汽量质量相当的、大约2%的混合水经凝结水精处理装置7处理后送至汽轮机的回热系统，其余约占98%的混合水由循环水泵6送至自然通风空冷塔15，在散热器中与空气对流换热冷却后，通过调压水轮机13送至喷射式凝汽器4，开始下一个循环。其特点是空气通过空冷塔散热管束翅片将循环水冷却，靠循环水做中间冷却介质再将排汽冷却。由此可见，间接空冷系统的换热与常规的闭式水冷系统均为两次换热，但蒸汽与冷却水之间为直接换热，而冷却水与空气之间为间接换热。

海勒式间接空冷系统的优点是：①以微正压的低压水系统运行，较易掌握，可与中背压汽轮机配套；②冷却系统消耗动力稍低，厂用电较少；③基建投资中等；④占地面积中等。其缺点是：①铝制空冷散热器耐冲洗、耐抗冻性能差；②空冷散热器的塔外布置，易受大风影响其带负荷能力；③设备系统复杂，且有薄弱环节。

2. 哈蒙式间接空冷系统

哈蒙式间接空冷系统是在海勒式间接空冷系统的运行实践基础上发展起来的新系统。该系统有表面式凝汽器和自然通风的空冷塔组成，空冷塔内的散热器是由经过整体热镀锌处理的椭圆形钢管、钢管外缠绕椭圆形翅片或嵌套矩形刚翅片的管束组成。哈蒙式间接空冷机组原则性汽水系统如图 6-6 所示。

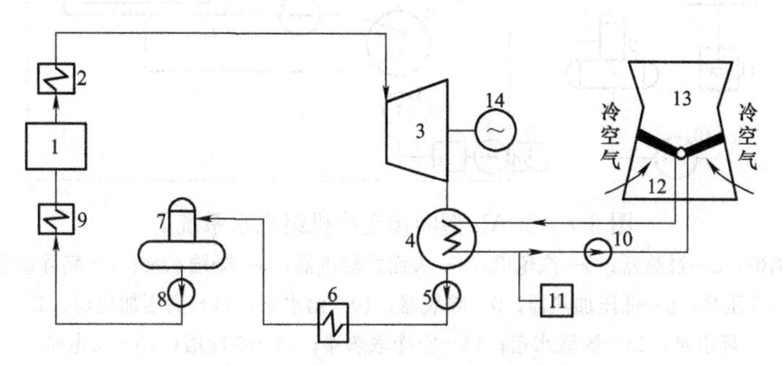

图 6-6　哈蒙式间接空冷机组汽水系统图

1—锅炉；2—过热器；3—汽轮机；4—表面式凝汽器；5—凝结水泵；
6—低压加热器；7—除氧器；8—给水泵；9—高压加热器；10—循环水泵；
11—膨胀水箱；12—空冷散热器；13—空冷塔；14—发电机

哈蒙式间接空冷系统与常规的水冷系统的工作过程基本相似，不再赘述。不同之处在于用空冷塔代替水冷塔，即循环水与空气通过散热器进行换热；冷却水管用不锈钢管代替了铜管；用除盐水代替循环水；用密闭式循环水系统代替敞开式循环水系统。

该系统中，由于冷却水在温度变化时体积发生变化，所以设置膨胀水箱。水箱顶部与充氮系统连接，使水箱水面上充满一定压力的氮气，既可以补充冷却水容积的变化，又可以避免冷却水与空气接触而受到污染。

哈蒙式间接空冷系统类似于湿冷系统，其优点是：①节约厂用电，设备少，冷却水系统与汽水系统分开，两者水质均可按各自要求控制；②冷却水量可根据季节调整，在高寒地区，冷却水系统中可充以防冻液防冻；③空冷散热器在塔内布置，其带负荷能力基本上不受大风影响。其缺点是：①空冷塔占地大，基建投资多；②系统中需要进行两次表面式换热，使全厂热效率有所降低。

哈蒙式间接空冷系统适用于核电站、热电站和调峰大电厂。使用该系统的国内外机组单机容量为 200、300、686MW。

3. SCAL 型间接空冷系统

随着机组容量的不断增大，传统的间接空冷系统已经显示出各自的弊端。海勒式间接空冷系统中的冷却水是高纯度的中性水，与凝结水的水质相同，在机组运行过程中必须保证其品质，所以要求冷却系统管道的材质高、密封性要好，稍有不慎就会影响到水质。哈蒙式间接空冷系统的散热器布置在塔内，如果要增大散热器的面积，就使得冷却塔的占地面积急剧增大，导致成本升高。为了不受上述两种类型间接空冷系统的限制，而又充分发挥间接空冷系统的优点，某公司发明了表面式凝汽器与铝质散热器垂直布置的 SCAL 型间接空冷系统，如图 6-7 所示。

SCAL 型间接空冷系统主要由表面式凝汽器、循环水系统、铝管铝翅片散热器和空冷

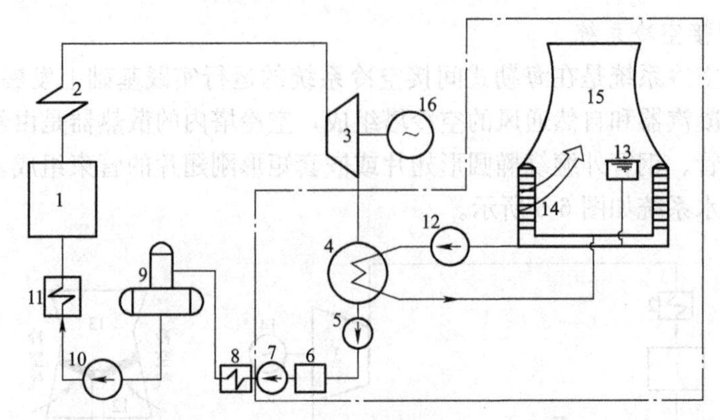

图 6-7 SCAL 型间接空冷机组汽水系统图

1—锅炉；2—过热器；3—汽轮机；4—表面式凝汽器；5—凝结水泵；6—精除盐装置；7—升压泵；8—低压加热器；9—除氧器；10—给水泵；11—高压加热器；12—循环水泵；13—膨胀水箱；14—空冷散热器；15—空冷塔；16—发电机

塔组成。该系统既有哈蒙式间接空冷系统的冷却水系统与凝结水系统分开、水质控制和处理容易的优点，又具有海勒式间接空冷系统空冷塔体型小、占地面积小、基建投资少的优点。基于这些优点，该系统逐渐取代前面的空冷系统得到了广泛的应用。

该系统采用自然通风方式冷却，空冷散热器在塔底外围垂直布置。散热器由外表面经过防腐处理的圆形铝管并套以铝翅片的管束组成的A型排列的冷却三角组成。凝汽器内的冷却水为闭式循环的除盐水。因为冷却水水温变化幅度较大，会使系统里的冷却水容积发生较大变化，故在空冷塔内设置有高位膨胀水箱，可对冷却水容积的变化起到补偿作用，以保持系统内的压力稳定。

第二节 间接空冷系统及设备

一、间接空冷系统

陕西商洛发电有限公司两台 660MW 机组的循环水冷却系统均采用 SCAL 间接空冷系统，其循环水冷却流动过程方框图如图 6-8 所示。

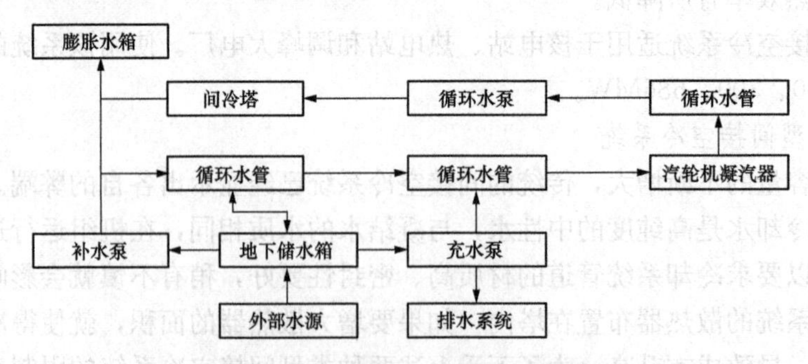

图 6-8 间接空冷系统工艺流程图

根据流程图可知，该系统主要由凝汽器、循环水泵、间冷塔、膨胀水箱、地下水箱、充水泵、补水泵及其管道、阀门等组成，循环水冷却系统如图 6-9 所示。

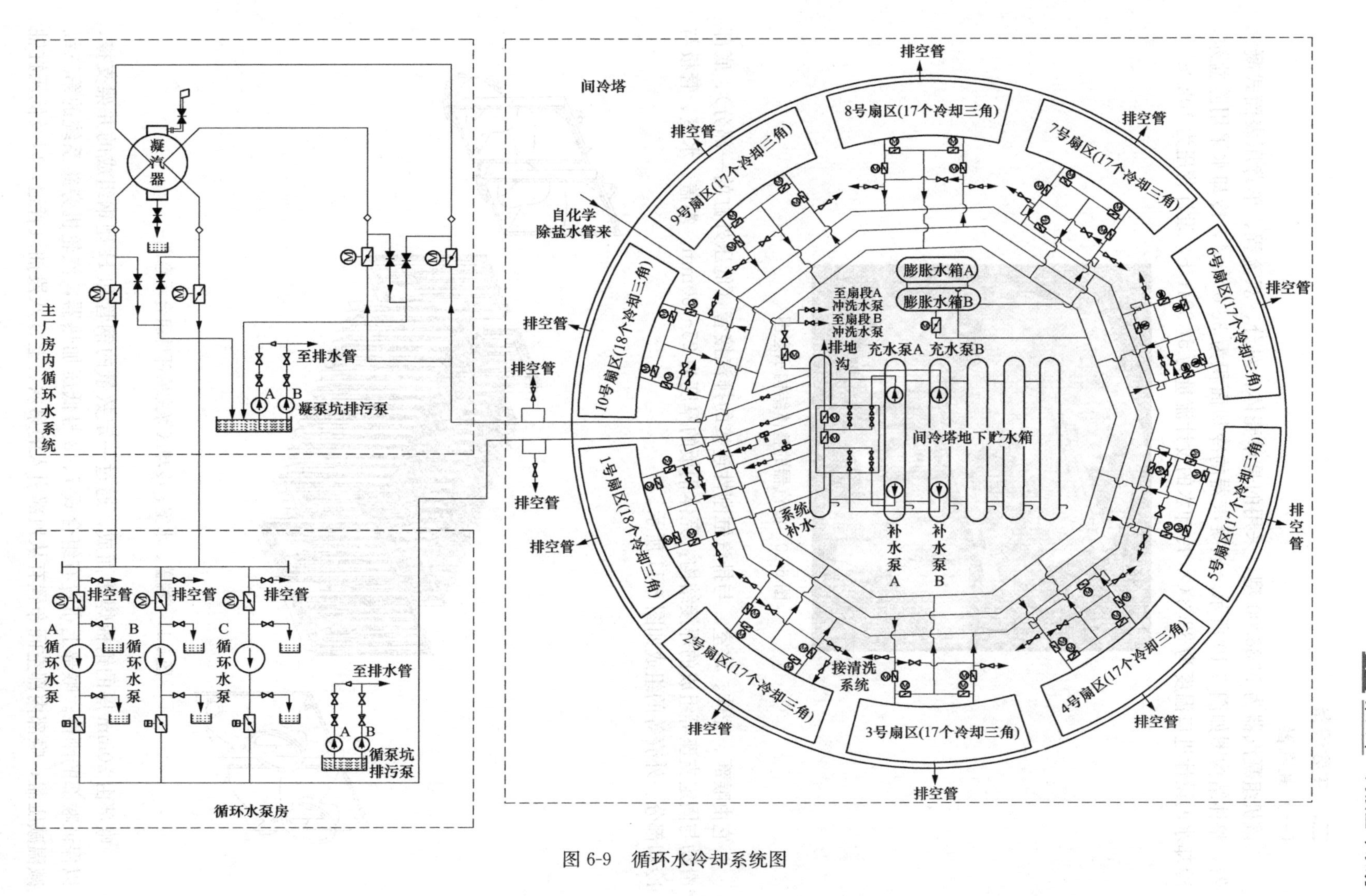

图 6-9　循环水冷却系统图

二、 主要设备

（一）凝汽器

该机组凝汽器为 N-38000 型，采用的是单壳体、对分、双流程、单背压表面式凝汽器，整体结构图如图 6-10 所示。该凝汽器的冷却面积为 38 000m³，冷却水采用除盐水，冷却水的设计进口温度为 32.3℃，冷却水的设计流量为 57 384t/h，设计背压为 10kPa。

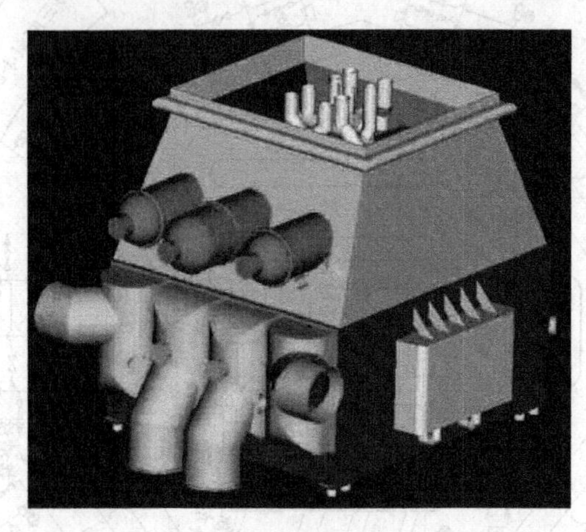

图 6-10 凝汽器的整体结构示意图

它由喉部、壳体、水室、与排汽缸刚性连接的排汽接管（低压外缸的一部分）、底部滑动与固定支座等组成的焊接结构，壳体钢板的厚度为 25～30mm。端盖、水室、管板与冷却部分、外壳等的组成如图 6-11 所示。

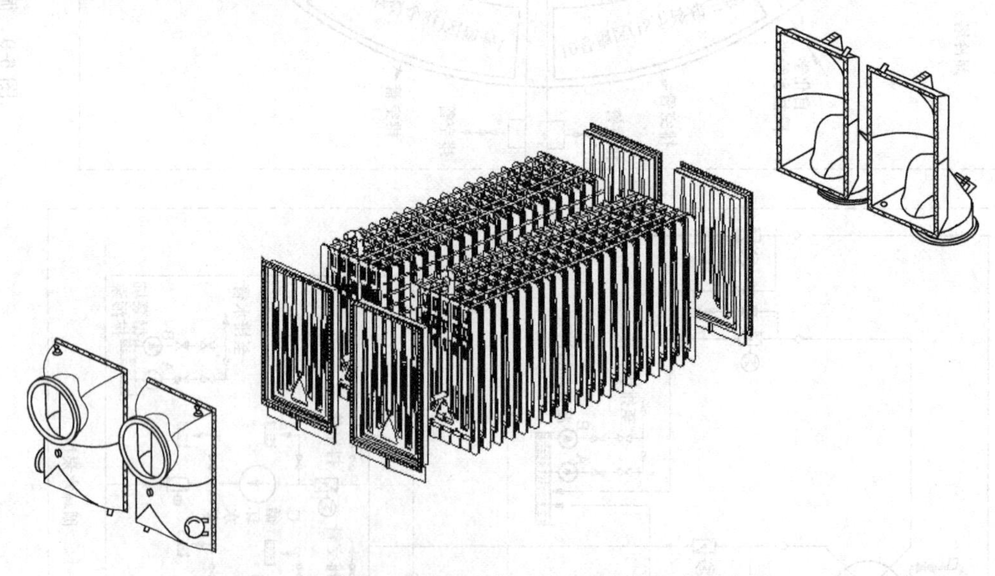

图 6-11 端盖、水室、冷却区等主要部件组合示意图

喉部由 30mm 厚的钢板焊接而成，通过一定数量的钢管和 H 型钢组成的井架支撑，以保证喉部的刚性。喉部上布置有组合式 7、8 号低压加热器，汽轮机旁路系统的第三级减温减压器；喉部内部空间布置有从顶部引入的第六、七、八段抽汽管道，以及低压缸轴

封的送汽、回汽管道，并且第六段抽汽管道通过喉部壳壁引出连接 6 号低压加热器，第七、八段抽汽管道直接连接组合式 7、8 号低压加热器；另外在喉部还引出两根抽气管道至真空泵。

凝汽器的外壳与端部管板焊接成一个整体，中间管板（隔板）与外壳两侧焊接，并通过加强筋、支撑杆增加其强度。在壳体内部还设有挡汽板，靠近两端的管板处，设有取样水槽，以便在运行中检测冷却水管与管板之间的密封性。热井位于凝汽器外壳底部，出水口在热井底部的电机侧，并设置滤网和除铁装置。

凝汽器有 6 个水室，端盖为弧形结构，与管板采用螺栓连接。进水侧和出水侧在同一侧，有 4 个独立的水室，两进两出；另外一侧为两个独立的水室，冷却水在该处水室改变流动方向实现双流程凝汽器。凝汽器内部的冷却水管采用胀接加焊接的方式固定在管板上，分为 4 组冷却管束，每组冷却水管呈三角形布置，空气冷却区设在每组管束的下部，两两组合后通过喉部并列的抽气管道引入抽气器。冷却工质流动过程如图 6-12 所示。

在凝汽器的喉部、外壳下部、水室处都设有人空门，以便对凝汽器进行检修、维护。另外在水室上还设有通风口、放气孔、排水孔等。在凝汽器的外壳上安装磁式液位计来测量热井水位。

（二）空冷塔

空冷塔设计成自然通风型，依靠塔内外的空气密度差或自然风力形成的空气对流作用进行通风，在塔的底部形成一定的抽吸力，完成空气的流动过程，主要由通风筒、人字柱、通风口、出风口等组成，如图 6-13 所示。

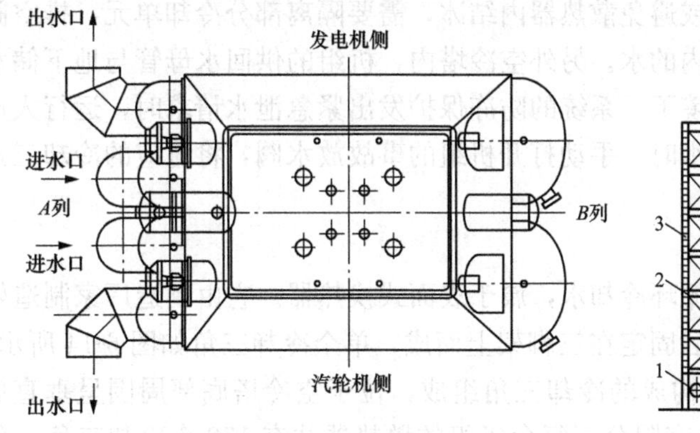

图 6-12　凝汽器冷却工质流动示意图

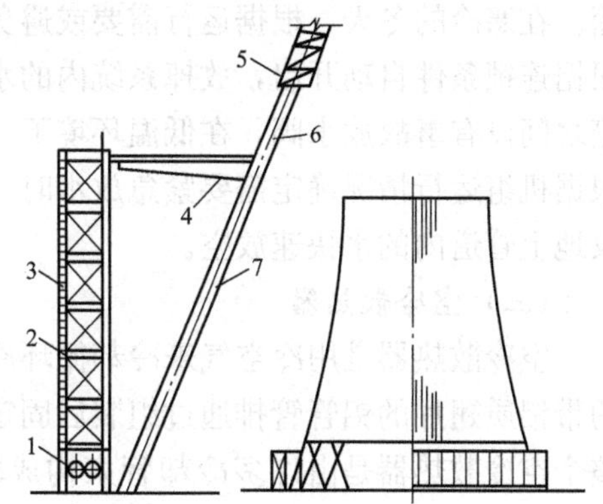

图 6-13　空冷塔的组成示意图

1、3—散热器；2—散热器铝翅片；4—托架；5—塔壳；6—封板；7—X 形支柱

通风筒为钢筋混凝土双曲线旋转壳，具有较好的结构力学和流体力学特性。通风筒的喉部直径较小，当计算壳体受压稳定时，壳壁最薄，由此向上直径逐渐增大构成气流出口扩散段，塔顶处设有刚性环。喉部以下按照双曲线形逐渐扩大，下段壳壁也相应加厚，形成一个具有一定刚度的下环梁。

壳体下部边缘支撑在等距离的 X 形斜支柱上，以构成冷却塔的进风口。进风口的高度可以根据机组散热器面积的大小合理计算。陕西商洛发电有限公司共有 2 个冷却塔，每台机组 1 个。空冷塔的主要技术参数见表 6-1。

表 6-1　　空冷塔的主要技术参数

序　号	项　目	单　位	主要参数
1	底部直径（0m直径）	m	136.95
2	进风口高度/进风口直径	m	30/117.2
3	喉部高度/喉部直径	m	131.5/90
4	出口高度/出口直径	m	173/94
5	空冷塔总抽力	Pa	108
6	空冷塔总阻力	Pa	107
7	空冷塔总风量	m^3/s	38 188

1. 塔内循环水管路系统

塔内循环水的流动过程为：来水进入冷却塔循环水母管→塔内地下进水环管→扇区支管→冷却三角底部进水母管→冷却三角管束→冷却三角底部回水母管→扇区支管→塔内地下回水环管→出冷却塔循环水母管。

2. 空冷塔排空系统

排空系统的主要功能是将冷却塔内地上部分的冷却系统设备和管道内的冷却水放掉，避免冬天结冰防冻和便于检修，需要排放空的设备和管道有：散热器及其联箱、冷却扇区进出水管及环管、高位水箱、立管等。

每个冷却单元的进出水管上均设有隔离阀，可以实现冷却单元的隔离与检修；每个冷却单元的隔离阀与冷却单元的供回水管道上均装有自动排空阀门。当需要对冷却单元隔离时，手动打开排空阀门，可以将冷却单元地面以上设备和管道内的水全部放到地下储水箱。在寒冷的冬天，根据运行需要或避免散热器内结冰，需要隔离部分冷却单元，排空阀根据连锁条件自动开启，放掉系统内的水。另外空冷塔内，机组的供回水母管与地下储水箱之间设有事故放水阀，在低温环境下，系统的防冻保护发出紧急泄水请求时，运行人员根据机组运行情况确定需要紧急放水时，手动打开机组的事故放水阀，将对应的冷却三角及地上管道内的水快速放空。

（三）空冷散热器

空冷散热器是用冷空气来冷却循环冷却水，属于表面式换热器。它由制造厂家制造好的带铝质翅片的铝管管排通过组装后固定在三脚架上而成，单个冷却三角如图 6-14 所示。整个空冷散热器是由许多冷却管束构成的冷却三角组成，位于空冷塔底部周围呈垂直放置，如图 6-15 所示。陕西商洛发电有限公司每台机组的散热器共有 172 个冷却三角，分

图 6-14　空冷散热器冷却三角结构图

图 6-15　空冷散热器位置及结构图

为10个扇区，扇区与冷却三角之间的关系如图6-16所示。每个扇区的迎风面设有百叶窗。散热器的主要技术参数见表6-2。

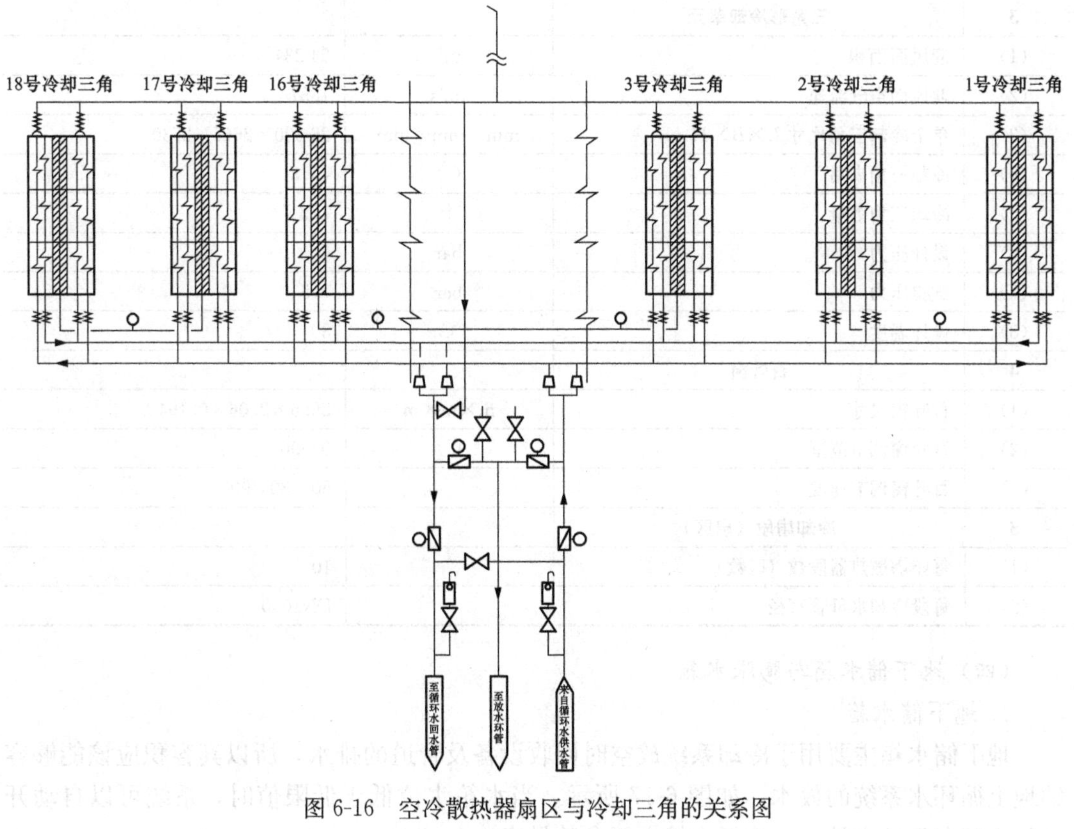

图6-16 空冷散热器扇区与冷却三角的关系图

表6-2 空冷散热器的主要技术参数

序号	项目	单位	主要参数
1	**空冷散热器翅片管总面积**	**m^2**	**1 744 034**
2	**冷却管束**		
(1)	管束型号		SH03
(2)	每片散热器管束尺寸 $L\times B\times H$	mm×mm×mm	6650×133×2666
(3)	管束数量	片	1372
(4)	翅片尺寸 $L\times B\times H$	mm×mm×mm	133×666×0.3（0.3是上限值）
(5)	翅片间距	mm	≤3.2
(6)	翅片管/翅片材质	翅片	铝/铝
(7)	翅化系数（散热面积/迎风面积）		71.7
(8)	翅片管排数	排	4
(9)	流程数		2
(10)	翅片管加工方法		膨胀法
(11)	翅片管防腐处理		MBV

续表

序号	项　目	单　位	主要参数
3	**三角形冷却单元**		
(1)	迎风面面积	m^2	24 234
(2)	迎风面空气流速	m/s	1.57
(3)	单个冷却三角尺寸 $L\times B\times H$	mm×mm×mm	26 600×2665×2730
(4)	冷却三角夹角	(°)	45.2
(5)	冷却三角数量	个	172
(6)	设计压力	bar	6
(7)	试验压力	bar	7.5
(8)	设计温度	℃	80
4	**百叶窗**		
(1)	百叶窗尺寸	m×m×m	26.6×2.06×0.194
(2)	百叶窗调节范围	(°)	0～90
(3)	百叶窗调节速度		60～80s/90°
5	**冷却扇段**（扇区）		
(1)	每座塔散热器段数（区数）		10
(2)	每段冷却水母管直径		DN1000

（四）地下储水箱与膨胀水箱

1. 地下储水箱

地下储水箱主要用于冷却系统放空时回收设备及管道的排水，所以其容积应该能够容纳地上循环水系统的放水，如图 6-17 所示。当水箱水位低于低限值时，系统可以自动开进补水阀向系统内补水。地下水箱主要参数见表 6-3。

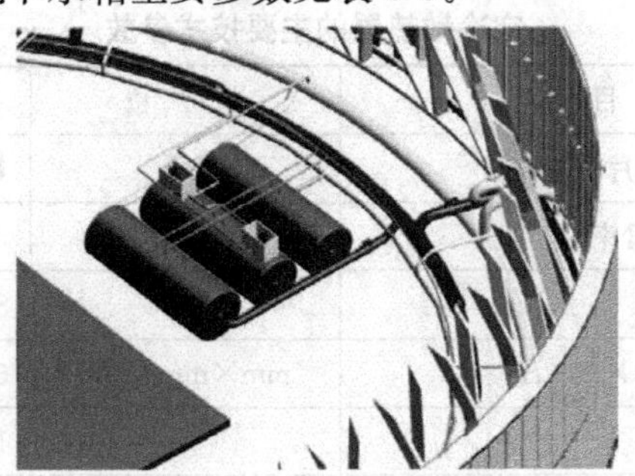

图 6-17　地下储水箱示意图

表 6-3　　地下水箱主要参数

序号	项　目	单　位	主要参数
1	数量	套	1
2	容积	m^3	1640
3	设计压力	MPa	0.2
4	尺寸（直径×长度）	m×m	ϕ3.2×216（总长）
5	水箱壁厚	mm	12

2. 膨胀水箱

在冷却塔内设有膨胀水箱，离地高度为30m，膨胀水箱与地下循环水回水环管相通，以保证循环水管道及散热器水侧最低压力点始终处于微正压状态，避免管道不严密处的空气漏入，影响到凝汽器的传热，如图 6-18 所示。膨胀水箱的主要参数见表 6-4。

图 6-18　膨胀水箱示意图

运行时，如果循环水系统的水由水温变化或其他原因导致水箱内的水位下降到最低限值时，地下储水箱内的补水泵可以自动启动向系统内补水，膨胀水箱内的水位恢复正常水位时，补水泵停泵；当循环水系统的水由水温变化或其他原因导致水箱内的水位上升到最高限值时，膨胀水箱的水通过溢流管道溢流到塔内放空管道，最后流入地下储水箱内。

表 6-4　　膨胀水箱主要参数

序号	项　目	单　位	主要参数
1	数量	套	2
2	容积	m^3	80
3	水箱壁厚	mm	12
4	尺寸（直径×长度）	m×m	ϕ3.2×20（总长）

在膨胀水箱的底部设有放水阀，当需要对水箱进行换水时，打开该阀使水箱内的水位下降，从而触发补水泵向循环水系统补水，达到水箱换水的目的。

（五）补水泵和充水泵

在地下储水箱内设有补水泵和充水泵。充水泵的作用是在循环水系统启动时，将地下储水箱中的水快速送到循环水系统中。补水泵的作用是在循环水系统运行过程中，维持膨胀水箱的合理水位。补水泵和充水泵的主要参数见表 6-5。

表 6-5　　补水泵和充水泵主要参数

序　号	项　目	单位	补水泵参数	冲水泵参数
1	水泵型号		潜水泵 KQQ200/370-75/4	潜水泵 WQ3290/218-80-22
2	数量	台	2	2
3	安装位置		水箱内	水箱内
4	扬程	m	43	43
5	流量	m^3/h	320	100
6	配电机功率	kW	75	22

（六）散热器清洗系统

散热器长期接触空气，会导致散热器表面脏污，从而影响到传热降低循环水的冷却效果，进而影响到凝汽器的真空，为此需要对散热器进行定期清洗。清洗装置布置有两种方式，一种布置在散热器的外侧称为外清洗，一种布置在散热器的内侧称为内清洗。陕西商洛发电有限公司的清洗装置布置在散热器内侧，该清洗系统由水泵装置、管路、清洗装置、控制设备组成。

水泵装置由高压清洗水泵、阀门和管路组成。用于提高清洗水的压力，增加清洗水的能量。散热器清洗水泵的主要参数见表6-6。清洗水为塔外引入的除盐水。

表 6-6 散热器清洗水泵主要参数

序号	项　目	单　位	主要参数
1	型号		3ZH75.00
2	流量	m^3/h	20
3	扬程	km	8
4	配电机功率	kW	55

管路由软接管、硬接管等管路组成。通过该管路，可以将清洗水送至塔内底部一条不锈钢的清洗水环管，由环管再向每个冷却三角引出一条不锈钢清洗水支管，支管末端设有球阀和快速接头，清洗装置可以通过软管端部的快速接头与清洗水支管相连。

图 6-19 散热器清洗装置图

清洗装置由清洗框架（清洗小车）、上下导轨、喷水管路及其他行走机构和附件组成，如图6-19所示。

控制设备用于控制水泵的启停及清洗装置中清洗小车的上下行走和清洗装置的水平移动等。

工作时，清洗水经过高压清洗水泵、管路送至清洗装置，准备就绪后，投入自动清洗装置，则清洗小车开始转动至水平位置，再上下移动进行冷却三角的清洗。清洗完成后，清洗装置水平移动到另一个冷却三角，开始进行清洗，如图6-20和图6-21所示。

图 6-20 清洗小车工作图（水平位置）

图 6-21 清洗小车工作图（正在投放）

在空冷塔入口处，由于通道的作用，使得该处的散热器底部升高，为此该处专门设置了一台清洗装置。

（七）循环水泵

每台机组共设1座循环水泵房，布置在间冷塔附近。泵房内配有3台循环水泵并联运行，每台机组3台循环水泵中的两台为双速泵，一台为定速泵。循环水水质为除盐水。

循环水泵只向汽轮机凝汽器提供冷却水，该泵是单级双吸卧式离心泵，具有水量大、扬程低、效率高的特点，泵效率可达88%～91%；泵的流量—轴功率曲线在泵的整个流量范围内较平坦，其目的是防止运行中因为工况偏移而出现超功率现象。

循环泵入口设一电动蝶阀，出口设一液控蝶阀。出口液控蝶阀兼具截止阀、止回阀、节流阀和水锤消除器功能，要求安全可靠性极高，消除水锤效果好，同时不得产生任何误动作。

第三节　凝汽器的运行维护

一、凝汽器压力的定义

在理想情况下，凝汽器汽室内只有蒸汽而没有其他气体，所以凝汽器汽侧的压力处处都相同，蒸汽在汽侧压力相应的饱和温度下凝结。而实际上，凝汽器内的气体可看成是由蒸汽和空气组成的气体混合物。根据道尔顿分压力定律，凝汽器的压力 p_c 等于蒸汽的分压力 p_s 和空气的分压力 p_a 之和，即

$$p_c = p_s + p_a$$

在凝汽器入口处，由于所含的空气量不到万分之一，p_c 与 p_s 相差甚微，则凝汽器的压力 p_c 可以用凝汽器入口处蒸汽分压力 p_s 来代替。而在空气冷却区，大量蒸汽已经凝结，只剩下少量蒸汽和不凝结的空气，蒸汽和空气的质量流量已是同一数量级，这时蒸汽分压力明显减小，所对应的饱和温度也相应降低。所以蒸汽的分压力在凝汽器内是变化的，凝汽器压力通常指凝汽器入口处蒸汽温度对应的饱和压力。

凝汽器真空是指大气压力与凝汽器压力之差。故真空越高，凝汽器压力越低，机组的经济性越好。反之，亦然。大型凝汽器的真空一般采用水银真空计测量，如图6-22所示；测点应布置在离第一排冷却水管约300mm处，如图6-23所示，凝汽器的压力 p_c（单位为Pa）为

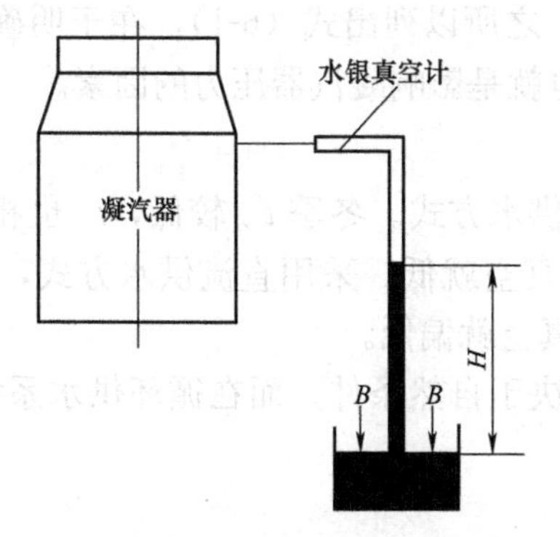

图6-22　凝汽器真空测量示意图

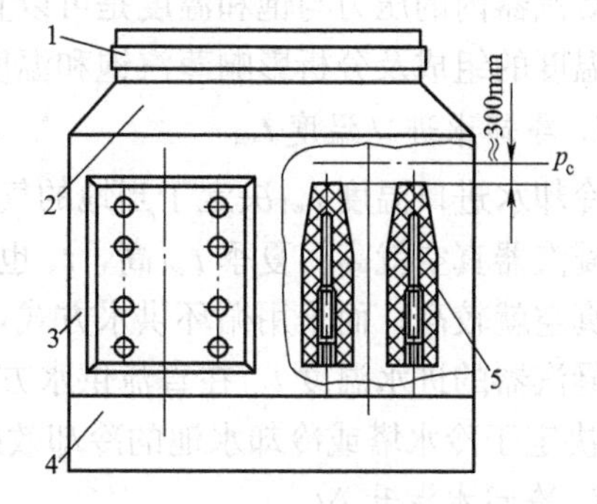

图6-23　凝汽器压力定义

1—喉部直段；2—喉部斜段；3—壳体；4—热井；5—管束

$$p_c = 133.3(B-H)$$

式中 B——当地当时大气压的汞柱高度；

H——真空计中汞柱高度，mm。

凝汽器的真空度 V 是指凝汽器真空值 H 与大气压力 B 之比，通常用百分数表示，凝汽器真空度为

$$V = \frac{H}{B} \times 100\%$$

二、 凝汽器压力的确定

当把凝汽器内蒸汽和冷却水的流动看作是对流流动时，蒸汽和冷却水的温度沿冷却表面的分布如图 6-24 所示。由图看出，在主凝结区，蒸汽凝结温度 t_s 基本不变，只是到了空冷区后，由于蒸汽已大量凝结，汽、气混合物中空气的含量相对增加，使蒸汽的分压力 p_s 明显低于凝汽器的总压力 p_c，此时 p_s 所对应的饱和蒸汽温度才明显下降。而冷却水在进水一端温度上升较快，随后温升逐步减缓。这是由于进水侧一端蒸汽与冷却水的传热温差较大以及单位面积的热负荷较大所至。在主凝结区，凝汽器的总压力 p_c 与蒸汽分压力 p_s 相差甚微，可以认为 p_s 就是凝汽器内的总压力，因此只要能求出凝汽器内饱和蒸汽的温度 t_s，与 t_s 对应的压力 p_s 也就确定了。

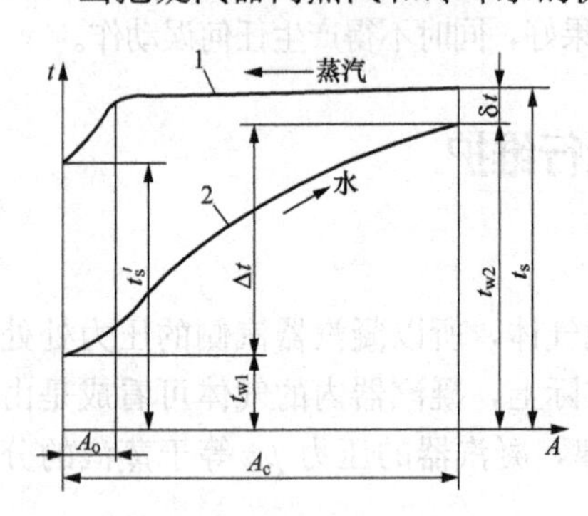

图 6-24 蒸汽和冷却水的温度沿冷却表面的分布图

由图 6-24 表示的关系，蒸汽的饱和温度 t_s 为

$$t_s = t_{w1} + \Delta t + \delta t \tag{6-1}$$

$$\Delta t = t_{w2} - t_{w1}$$

$$\delta t = t_s - t_{w2}$$

式中 t_{w1}——冷却水进口温度，℃；

Δt——冷却水温升，℃；

δt——传热端差，℃。

凝汽器内的压力与饱和温度是可以直接测量的，之所以列出式（6-1），在于明确蒸汽饱和温度的组成及分析影响蒸汽饱和温度的因素，也就是影响凝汽器压力的因素。

1. 冷却水进口温度 t_{w1}

冷却水进口温度 t_{w1} 决定于当地的气候、季节和供水方式。冬季 t_{w1} 较低，t_s 也相应较低，凝汽器真空就高；夏季 t_{w1} 高，t_s 也高，凝汽器真空就低。采用直流供水方式，t_{w1} 较低，真空就较高；而采用循环供水方式，t_{w1} 较高，真空就偏低。

凝汽器的进水温度 t_{w1} 在直流供水方式中完全取决于自然条件，而在循环供水系统中，t_{w1} 还决定于冷水塔或冷却水池的冷却效果。

2. 冷却水温升 Δt

降低冷却水温升 Δt，可降低 t_s，使凝汽器的真空升高。Δt 可由凝汽器的热平衡方程式求得：

$$D_c(h_c - h'_c) = D_w(h_{w2} - h_{w1}) = D_w c_p \Delta t \tag{6-2}$$

式中　D_c、D_w——进入凝汽器的蒸汽量与冷却水量，kg/h；

h_c、h_c'——蒸汽和凝结水的焓，kJ/kg；

h_{w1}、h_{w2}——冷却水流入、流出凝汽器的焓，kJ/kg。

在低温范围内，水的比定压热容 c_p 可视为定值，取 $c_p=4.187$kJ/(kg·K)。于是可得

$$\Delta t=\frac{h_c-h_c'}{4.187D_w/D_c}=\frac{h_c-h_c'}{4.187m} \tag{6-3}$$

其中，$m=D_w/D_c$ 称为凝汽器的冷却倍率，它表示凝结 1kg 蒸汽所需要的冷却水量。(h_c-h_c') 为 1kg 排汽凝结时放出的汽化潜热，在通常的排汽压力变化范围内，(h_c-h_c') 只有 2140～2220kJ/kg，一般取其平均值约为 2180kJ/kg，于是有

$$\Delta t=\frac{2180}{4.187m}\approx\frac{520}{m} \tag{6-4}$$

由此可知，m 值越大，Δt 越小，凝汽器就可达到较高的真空。但 m 越大，循环水泵的耗功也越大。经过技术经济比较，现代凝汽器的 m 值一般在 50～120 之间。

由式（6-4）可知，冷却水温升与冷却倍率成反比。在运行时，汽轮机排汽量主要由外负荷决定，故降低排汽压力或降低 Δt，主要依靠增加冷却水量 D_w 来实现。D_w 增加，Δt 减小，真空提高，D_w 主要决定于循环水泵容量和启动台数。但增加冷却水量必然要增加循环水泵所消耗的功率，所以只有当增加冷却水量使汽轮机多发出的功率大于循环水泵因此而多消耗的功率时，增加循环水量才是合理的。冷却水量 D_w 也可能由于其他原因而减少，例如，凝汽器管板被杂草、木块等堵塞；冷却水管内侧结垢，流动阻力增大；循环水泵局部故障；循环水吸水井水位太低，吸不上水等都可能使冷却水量减少，引起真空降低。

3. 传热端差 δt

由式（6-1）可知，减小凝汽器的传热端差 δt 可使 t_s 降低，凝汽器真空升高。由凝汽器的传热方程可知，蒸汽凝结时传给冷却水的热量 Q 为

$$Q=D_c(h_c-h_c')=F_cK\Delta t_m=4.187D_w\Delta t \tag{6-5}$$

式中　F_c——冷却水管总表面积，m^2；

K——凝汽器总体传热系数，kJ/(m^2·h·k)；

Δt_m——蒸汽和冷却水间的对数平均传热温差，℃。

按照图 7-24 所示，冷却水温升线为对数曲线，对数平均传热温差为

$$\Delta t_m=\frac{\Delta t}{\ln\dfrac{\Delta t+\delta t}{\delta t}} \tag{6-6}$$

将 Δt_m 的表达式代入传热方程式（6-5）得

$$\delta t=\frac{\Delta t}{e^{\frac{F_cK}{4.19D_w}}-1} \tag{6-7}$$

由式（6-7）可见，传热端差 δt 与 F_c、K、D_w、Δt 有关。设计时，Q 一定，D_w 主要根据 m 决定，K 只能按经验数据确定。因此只有增大传热面积 F_c 才能减小 δt，但增大 F_c 需要增大投资和受其他条件制约，故端差 δt 也不宜太小，一般 δt 为 3～10℃。机组运

行时，F_c已定，其他参数不变的前提下，δt随D_w的减小而减小，但此时Δt又会增加，因此D_w和Δt之间难以定性地指出它们的对应关系。因此传热系数K是影响δt的主要因素。K越大，δt就越小，t_s也越小，真空就越高。凡影响K的因素，如冷却水管的材料、冷却表面清洁程度、空气含量、冷却水进口温度及流速、蒸汽流速和流量以及凝汽器的结构等，都将影响端差δt，从而也都将影响t_s与p_c。

三、 极限真空、 最佳真空和真空恶化

汽轮机的排汽压力越低，则真空越高，汽轮机的理想比焓降越大，发出的电能也越多。但是真空也不是越高越好。对于一台结构已定的汽轮机，蒸汽在末级的膨胀有一定的限度，若超过此限度继续降低排汽压力，蒸汽膨胀只能在末级动叶以外进行，即蒸汽在汽轮机末级动叶斜切部分已达到膨胀极限，汽轮机功率不会因再提高真空而增加，这时达到的真空称为极限真空。

虽然在极限真空下蒸汽的做功能力得到充分利用，但此时循环水泵耗电维持在较高水平，而且由于凝结水温降低，最后一级回热抽汽量增加，汽轮机功率相应减小，另外由于背压的降低，排汽比体积不断增大，而末级排汽面积一定，于是排汽余速损失将不断增加，故从经济上说极限真空是不合算的。

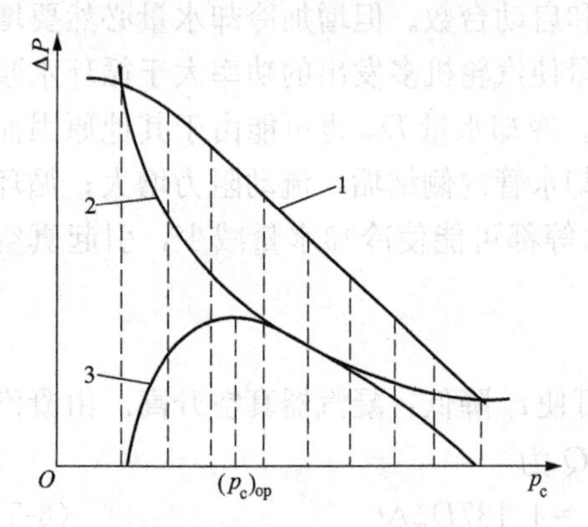

图 6-25 最佳真空的确定

1—汽轮机功率增量与p_c关系曲线；2—循环水泵耗功增量与p_c关系曲线；3—收益功率曲线

如果冷却水进口温度不是很低，要达到极限真空需要消耗大量的冷却水。因此达到极限真空前，循环水泵耗功的增加量可能超过汽轮机功率的增加量，若再继续增加冷却水量，提高真空，反而使电站出力减小。所谓最佳真空就是提高真空所增加的汽轮机功率与为提高真空使循环水泵等所消耗的厂用电增加量之差达到最大时的真空值，这时经济上的收益最大如图 6-25 所示。凝汽器的设计真空值一般在最佳真空附近。另外，对于运行中的机组，要保持最佳真空，以保证机组的热经济性，但实际运行的循环水泵可能有几台，当采用定速泵时，循环水量不能连续调节，故应通过试验确定不同蒸汽量及不同冷却水进口温度下的最佳运行真空。

真空下降会导致汽轮机出力降低，若真空过度降低，即真空恶化，将导致一系列不良后果，如汽轮机的排汽温度会相应升高，使体积庞大的排汽缸受热变形。另外，大多数机组的低压缸为台板支撑，即非中分面支撑，若排汽温度升高，低压缸受热膨胀，会使低压缸的中心线上移，造成机组动静间的间隙发生变化，间隙消失会引起机组动静摩碰，造成机组振动。有的机组低压转子的轴承坐落在低压缸上（也称轴承不落地），当低压缸膨胀时原来分配在轴系各轴承上的负荷要发生变化，这也会引起机组振动。机组背压变化会使轴向推力也随之改变，变化幅度大了，也影响机组的安全运行。真空恶化还会导致空气分压力增大，使凝结水含氧量增加。因此，一般机组均设有低真空限荷保护装置，即在机组真空降低到一定数值时，迫使机组减负荷或停机，以维持真空不再降低，保护机组的安全。

四、 凝汽器内空气的危害

凝汽器内空气的来源有二：一是由蒸汽带来的，因为给水经过除氧，所以这项来源不大；二是从真空系统不严密处漏入的，这是空气的主要来源。

当真空系统严密性正常时，进入凝汽器的空气量不到蒸汽量的万分之一，由于空气分压力很小，因而不足以导致凝汽器压力 p_c 增大。但在冷却水管的外壁面，蒸汽不断凝结其分压力减小，而空气的含量逐渐增大其分压力也增大，这就一方面会因传热阻力增加，传热端差增大，使凝汽器压力有所升高，另一方面会因冷却水管壁面蒸汽分压力的下降而产生过冷度。

当真空系统漏入空气增多或抽气器工作失常，这将直接导致排汽压力和温度升高，除了降低机组的经济性外，还会因排汽缸温度高而变形，造成机组振动，甚至被迫停机。其次由于空气分压力增大，增加了空气在水中的溶解度，使凝结水含氧量增加，加快了主凝结水系统设备的腐蚀，并增加除氧器的负担。此外，空气聚集在冷却水管外围，使传热阻力增大，造成传热端差增大，使真空进一步下降。空气分压力的增加，还使凝结水过冷度增大。因此，机组运行中要尽可能地保持真空系统严密和抽气器工作正常。

五、 凝汽器的变工况

凝汽器制造厂家都会给出凝汽器的设计压力，此压力是指在一定的循环水温度、一定的循环水量及汽轮机为额定工况时对应的凝汽器压力。凝汽器在运行中的工作条件往往与设计条件不符，当汽轮机负荷变化时，排入凝汽器的蒸汽量可在较大范围内变化；冷却水量将随循环水泵的工作情况而发生变化；冷却水进口温度则随外界季节、气温而改变；漏入空气量也会发生变化，凝汽器冷却表面的脏污程度等，这些都将引起凝汽器的压力变化。凝汽器偏离设计参数运行的工况称为凝汽器的变工况。

在运行中，蒸汽负荷 D_c、冷却水量 D_w 和冷却水进口温度 t_{w1} 是决定凝汽器压力的主要因素，由前面的讨论得知影响凝汽器压力的因素有 t_{w1}、Δt 和 δt，如果找到 D_c、D_w 和 t_{w1} 变化时相应的 Δt 和 δt 值，就可以求出不同工况下的凝汽器压力。

1. 变工况下 Δt 的变化规律

冷却水温升 Δt 主要取决于循环倍率 m，当冷却水量 D_w 一定时，式（6-4）变为

$$\Delta t=\frac{520}{m}=\alpha D_c \tag{6-8}$$

可见，此时 Δt 正比于 D_c。在运行中，冷却水温升 Δt 是判断循环水系统工作情况的重要指标。在运行中，蒸汽负荷 D_c 没有变化，而冷却水温升 Δt 却变化较大，说明循环系统的工作情况有变化，运行人员应做相应的检查和调整。反之，当冷却水量 D_w 及其他条件不变，可根据 Δt 的变化情况判断凝汽器负荷 D_c 或传热的变化情况。

2. 变工况下 δt 的变化规律

当 D_w 不变时，a 为常数，由式（6-7）与式（6-8）得

$$\delta t=\frac{aD_c}{e^{\frac{A_cK}{4.187D_w}}-1}=bD_c \tag{6-9}$$

对已运行的凝汽器，A_c 不变，若 K 也不变，则 δt 与 D_c 成正比，也就是与 d_c（$d_c=D_c/A_c$ 称为比蒸汽负荷）成正比，如图 6-26 中的辐射线（包括虚线）所示。

实验证明，当凝汽器负荷下降不大时，漏入空气量不变，δt 确实与 D_c 成正比。当蒸

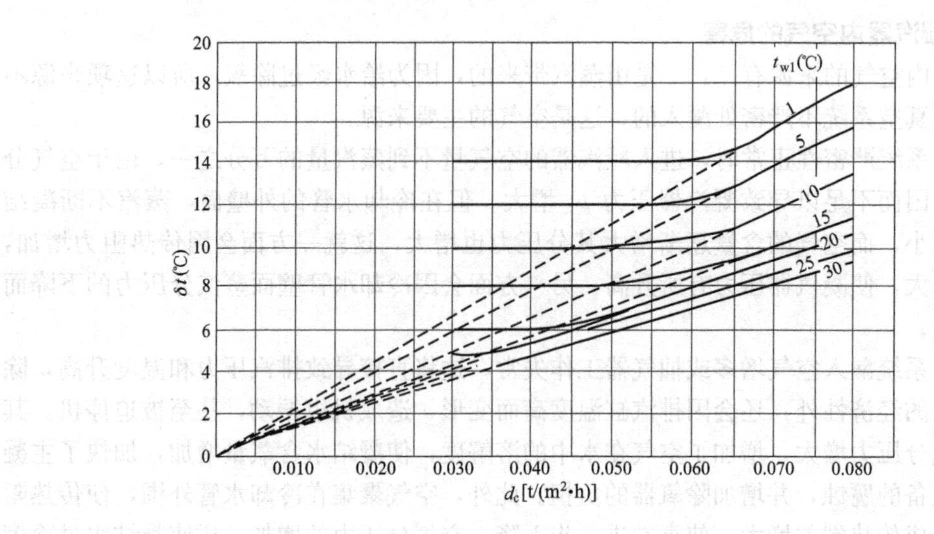

图 6-26 端差 δt 与 d_c、t_{w1} 的关系曲线

汽负荷下降较多时，随着凝汽器真空的提高，汽轮机处于真空状态的级数增多，漏入的空气量增大，使 K 值减小，与此同时 D_c 也相应减小，在两方面的共同作用下，δt 下降缓慢或不变，如图 6-26 所示实线由转折段变为水平段。

3. 变工况下 p_c 的确定

由式（6-1）可知，凝汽器压力 p_c 下相应的饱和温度为

$$t_s = t_{w1} + \alpha D_c + b D_c \tag{6-10}$$

可见排汽的饱和温度 t_s 与冷却水进口温度 t_{w1} 及蒸汽负荷 D_c 之间存在着固定关系，在冷却水量 D_w 一定时，对应于每个 t_s 值都可以查出相应的饱和压力 p_s，在主凝结区 p_s 近似等于 p_c，从而可以确定凝汽器的压力 p_c。

六、凝汽器的热力特性

凝汽器压力 p_c 随 D_c、D_w 和 t_{w1} 变化而变化的规律称为凝汽器的热力特性，或称为凝汽器的变工况特性。$p_c = f(D_c、D_w、t_{w1})$ 的关系曲线称为凝汽器的特性曲线。凝汽器的特性曲线可以指导运行人员监视凝汽器的运行，确定机组的最安全、最经济的运行方式。

以 N-3500-1 型凝汽器为例绘制凝汽器特性曲线，若已知冷却面积为 $A_c = 3210\text{m}^2$，冷却水量 $D_w = 9380\text{t/h}$，取一系列 t_{w1} 和 D_c 值，根据式（6-8）计算 Δt，传热系数 K 可通过经验公式计算得出，再由式（6-9）计算 δt，由 $t_s = t_{w1} + \Delta t + \delta t$ 得 t_s，查水蒸气热力性质表得 p_c，根据 p_c 可画出凝汽器的特性曲线。改变冷却水量 D_w 后，再次计算，可作出新的 D_w 下的另一张凝汽器特性曲线。因此凝汽器的特性曲线是由 D_w 取不同常数时的许多组特性曲线所组成。图 6-27 所示仅为许多组特性曲线中的一组。上述的特性曲线是从同一种类型的设备在所有部件都处于明显完好和清洁状态下进行试验而得到的，所以其特性曲线可作为标准值，用作监视凝汽器工作和组织经济运行的依据。

由图 6-27 可见，当 D_w 和 t_{w1} 不变时，D_c 降低，将使 Δt 和 δt 减小，因而 p_c 减小。当 D_c 和 D_w 均不变时，Δt 和 δt 也不变，若 t_{w1} 减小，则 t_s 的减小，所以 p_c 仍然减小。

图 6-28～图 6-30 是 N-38000 型凝汽器不同参数下的热力特性曲线。

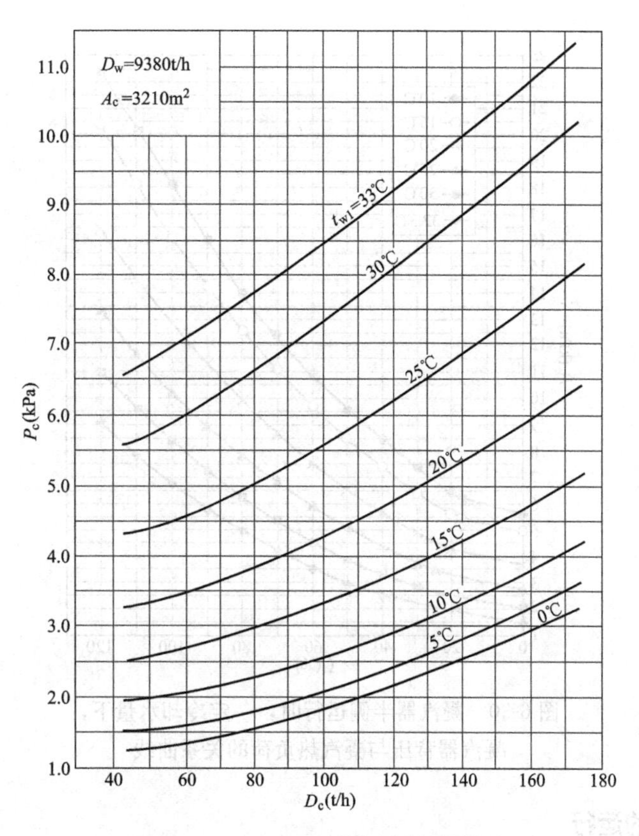

图 6-27 N-3500-1 型凝汽器特性曲线

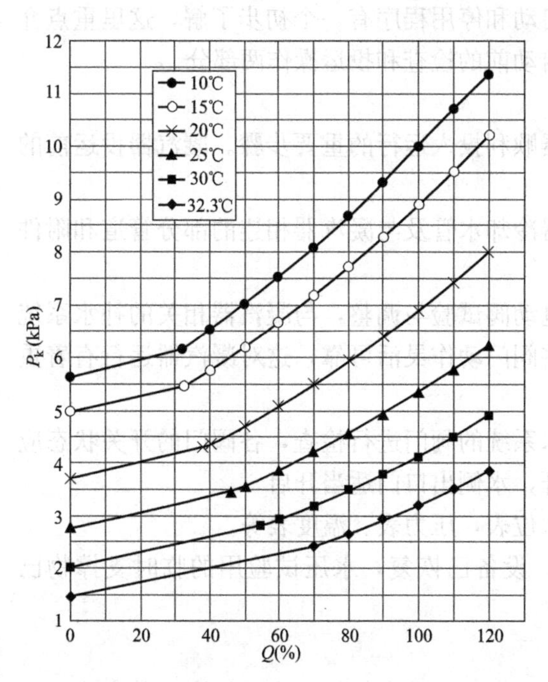

图 6-28 一定冷却水量下，凝汽器背压 p_k 与凝汽热负荷 Q 的关系曲线

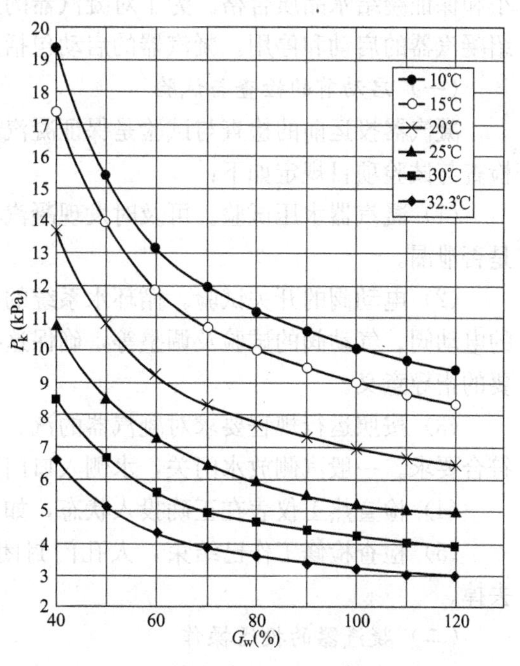

图 6-29 一定热负荷下，凝汽器背压 p_k 与冷却水量 G_w 的关系曲线

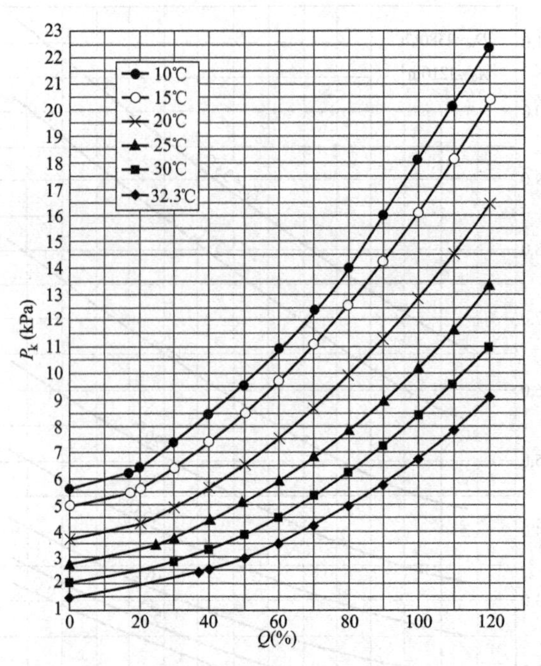

图 6-30 凝汽器半侧运行时，一定冷却水量下，凝汽器背压与凝汽热负荷的关系曲线

七、 凝汽器的运行

凝汽器运行情况的好坏，主要表现在能否保持或接近最有利真空、使凝结水过冷度最小和保证凝结水品质合格。为了对凝汽器的启动和停用程序有一个初步了解，这里重点介绍凝汽器的启动和停用。凝汽器的启动包括启动前的检查和投运操作两部分。

（一）启动前的检查与试验

凝汽器投运前的检查与试验是保证凝汽器顺利投入运行的重要步骤。凝汽器投运前的检查与试验项目规定如下：

（1）凝汽器水压试验。可及时发现凝汽器冷却水管及与凝汽器相连的部分管道和附件是否泄漏。

（2）电动阀的开关试验。循环水系统的电动阀试验与调整，与凝汽器相关的补水系统的电动阀、气动阀的试验及调整等，确保这些阀门动作灵活可靠，这对凝汽器运行有着重要的指导意义。

（3）按照运行规程要求对凝汽器的汽、水系统的阀门进行检查，各阀门的开关状态应符合要求。一般汽侧放水门关，水侧入口门开，水侧出口门适当开启。

（4）检查热工仪表在正确投入状态，如水位表，压力表、温度表等。

（5）检查检修工作已结束，人孔门封闭，设备已恢复，水压试验用的临时支撑物已去掉。

（二）凝汽器的投运操作

凝汽器的投运分两个步骤，即水侧投运和汽侧投运。水侧投运在机组启动前完成，汽侧投运和机组启动同步进行。

（1）水侧投运。对单元制机组，水侧投运与循环水系统投运同步进行。在做好准备工作后，启动循环水泵，循环水系统及凝汽器水侧投运。对轴流式循环泵，凝汽器出口的闸门必须开启。

在凝汽器循环水排水管的高位处，将排空气阀打开，以便将空气从循环水管道中排除，当放空气阀排出水时，即可将该阀关闭。在循环水系统中若装有抽气器，应投入抽气器将循环水系统中的空气抽出。

凝汽器通水后应检查人孔门等部位是否漏水。凝汽器水侧空气排尽后，调整凝汽器的出口水阀开度，保持正常的循环水流。

（2）汽侧投运。凝汽器的汽侧投运分清洗、抽真空、接带热负荷3个步骤：

1）清洗。凝汽器的汽侧清洗是保证凝结水水质合格的重要手段之一。清洗前应联系化学人员储备足够的补充水，并检查凝汽器的汽侧放水阀是否已关闭。清洗时，启动补水泵，开启凝结水补水阀，将水位补至一定程度后，开汽侧放水阀，继续进水冲洗凝汽器汽侧的冷却水管及室壁，直至水质合格。

2）抽真空。机组冷态启动时，应在锅炉点火前抽真空，以保证疏水的畅通和工质的回收，但也不宜过早。抽真空时，应检查真空破坏阀、汽侧放水阀等排大气阀是否已关闭，然后启动抽气设备开始抽真空，根据真空上升情况，判断真空系统是否正常。

3）接带热负荷。锅炉点火后，随着疏水和汽轮机旁路系统蒸汽的排入，凝汽器开始接带热负荷，到机组冲转并网后，凝汽器接带的热负荷才逐步增加。这一阶段，应注意循环水系统、抽真空系统和轴封系统的是否正常运行，监视凝汽器真空是否稳定，以保证机组整个启动过程的顺利进行。

（三）凝汽器的停用

凝汽器的停用是在机组停机后进行，操作顺序时先停汽侧，后停水侧。凝汽器停用时要注意真空到零后开启真空破坏阀；排汽缸温度低于50℃后，方允许停循环水泵；为防止凝汽器局部受热或超压造成损坏，停运后应做好防止进汽及进疏水的措施，较长时间停用，还应做好防腐工作。另外，凝结水系统在运行时，应认真监视凝汽器水位，防止满水后冷水进入汽缸造成事故。

第四节　间接空冷系统的运行控制

一、间接空冷系统运行概述

间接空冷系统的正常运行，是保证汽轮机排汽压力的最好保证，因此必须根据凝汽器的工作状况来调节冷却水的入口温度及冷却水量。冷却水的入口温度就是空冷塔循环水回水母管的温度，该温度可以通过改变百叶窗的开度控制流过冷却三角的空气流量来实现；另外通过增加循环水的流量从而增大散热器管束中水的流速，也可以控制循环水回水母管的水温。

间接空冷系统的空冷塔主要就是控制冷却水的回水温度。为了使该系统安全运行，需要测量的参数如下：

（1）主循环水的进水温度、回水温度；

（2）各冷却扇区的充水温度、回水温度，各扇区立管水位及其冷却三角壁温；

(3) 膨胀水箱水位，地下储水箱水位；

(4) 充水泵、补水泵出口压力；

(5) 环境温度、环境风速及风向。

间接空冷系统的控制方式有远方自动、远方手动和就地手动3种。远方自动方式是空冷系统正常的运行方式；远方手动方式时，自动控制功能、连锁保护和防冻保护功能不起作用，在冬季长期运行过程中，有冻结的危险，所以应尽量避免这种运行方式；就地手动方式建议在设备安装调试和检修阶段使用。

根据间接空冷系统各个运行环节，可以将其分为6个功能控制组，具体内容如下：

(1) 地下储水箱水位控制功能组。主要是实现地下储水箱水位的自动控制，可以根据投入扇区的数量来控制地下储水箱的水位。

(2) 扇区充泄水控制功能组。实现各个扇区充水过程、泄水过程的自动控制。

(3) 百叶窗开度控制功能组。实现夏季工况对循环水主回水温度的自动控制、冬季工况下各扇区回水温度的自动控制，以及冬季工况下各扇区的防冻保护控制。

(4) 旁路阀控制功能组。根据扇区投入数量自动控制旁路阀的开度。

(5) 紧急泄水阀控制功能组。冬季运行模式下，机组出现异常工况或停机时，用于保护冷却三角避免冻害。冬季运行模式下，任一扇区在充水状态和循环水泵停运时，会自动发出紧急泄水报警；运行人员根据报警信号，紧急操作实施泄水，将地面以上设备和管道中的水快速放入地下储水箱。

(6) 膨胀水箱控制功能组。对膨胀水箱充水时水位和正常运行时水位的自动控制。

二、间接空冷系统运行

间接空冷系统的散热器与外界空气直接接触，受环境季节影响，冷却空气的温度变化很大，尤其是冬天温度很低，一旦散热器负荷较低，有可能发生冻害，所以间接空冷系统的运行分为夏季运行模式和冬季运行模式。

当外界环境温度不低于5℃时为夏季运行模式，当外界环境温度低于2℃时为冬季运行模式。自动方式是间接空冷系统的正常运行方式，该方式下，系统的启动、正常运行、停运、监测和保护等都是自动进行的。手动方式运行用于系统的测试、调试及紧急情况等。

(一) 启动前的准备

1. 空冷系统检查

(1) 整个空冷塔的热交换区清洁无异物。

(2) 所有阀门及执行器在正常就绪状态。

(3) 所有仪表及监视系统正常，保护信号和测量信号正常。

(4) 所有扇区的百叶窗处于关闭状态。

(5) 所有设备的操动机构切换到远方控制模式。

(6) 所有设备没有报警或跳闸信号。

(7) 系统运行模式设置为自动。

2. 系统的投入准备

(1) 化学除盐系统投入运行，保证有足够的除盐水，满足整个系统的用水需要。

(2) 补水系统投入运行，向凝汽器补水，凝汽器水位控制投自动。

（3）主凝结水系统投入运行。

（4）润滑油系统、轴封系统、闭式冷却水系统投入运行。

（5）抽真空系统投入运行，真空破坏阀关闭。

（6）汽轮机的旁路系统做好准备，根据需要可以随时投入运行。

（7）循环水系统做好投入前的准备，整个扇区的散热器安装清理完毕。

（8）间冷塔准备就绪，所有仪表状态正常、准备就绪。

（二）夏季运行模式

1. 夏季启动

（1）系统首次充水。

检查地下储水箱补给水管道上的阀门状态正确，充水泵出口塔外排水阀关闭，所有扇区处于泄水状态，通过操作员手动方式完成首次注充水。

手动开启补水阀开始向地下储水箱补水，待水位达到要求时关闭补水阀。

（2）地下储水箱水位投入自动控制。

储水箱首次充水结束后，将地下储水箱水位控制投入自动，投入后程序将自动根据扇区的投入数量对地下储水箱进行补水。储水箱水位与投入扇区之间的关系见表 6-7。

储水箱水位在自动控制模式下，遇到下列情况之一都不会自动进行补水：

1）任一扇区正在充泄水的时候。

2）膨胀水箱的水位高于充水水位。

3）膨胀水箱正在进行充水的时候。

表 6-7　储水箱水位与投入扇区之间的关系

扇区投运数量（个）	最大水深（m）	正常水深（m）	最小水深（m）
0（循环水泵停止运行，高位水箱未充水）	3.1	2.9	2.8
0（循环水泵至少运行 1 台）	2.38	2.33	2.28
1	2.19	2.14	2.09
2	2.00	1.96	1.92
3	1.83	1.79	1.75
4	1.65	1.62	1.59
5	1.49	1.45	1.41
6	1.33	1.28	1.24
7	1.15	1.1	1.05
8	0.97	0.92	0.87
9	0.77	0.72	0.67
10	0.55	0.5	0.45
泵的保护水位		低水位 0.4	低低水位 0.35

4）开始紧急泄水时。

5）当地下储水箱水位高于 3.1m 时，系统关闭补给水电动阀，打开排水阀，启动充水泵；当水位低于 2.4m 时，停运充水泵，关闭塔外排水阀。

（3）旁路的控制。

各个扇区与旁路之间有一定的关系。1～5号扇区与对应的旁路之间的关系见表6-8，6～10号扇区与对应的旁路之间的关系见表6-9。

表6-8　1～5号扇区与对应的旁路之间的关系

扇区投运数量（个）	旁路开启数量（个）	备　注
0	2	
3	1	尽量先打开远离膨胀水箱侧的旁路
5	0	

表6-9　6～10号扇区与对应的旁路之间的关系

扇区投运数量（个）	旁路开启数量（个）	备　注
0	2	
3	1	尽量先打开远离膨胀水箱侧的旁路
5	0	

在机组运行期间，运行人员需要检查间冷塔进、出水压差，如果压差小于0.1MPa，而且旁路没有全部关闭时，手动关小旁路阀开度，直到间冷塔进、出水压差达到0.1MPa或旁路阀完全关闭为止。

（4）膨胀水箱首次充水。

在膨胀水箱没有达到要求水位的时候，就需要向膨胀水箱充水。充水前，检查紧急泄水阀关闭、扇区为泄水状态、膨胀水箱溢流阀处于关闭状态、地下储水箱水位正常、排水电动阀关闭，启动一台充水泵运行，开启充水阀开始向膨胀水箱充水。当膨胀水箱水位达到正常水位时，停运充水泵，关闭充水阀，并将膨胀水箱水位控制投入自动。

（5）膨胀水箱的充水控制。

在膨胀水箱水位控制投入自动时，根据水位高度，控制充水泵的运行，来保证水箱水位。

（6）扇区充水。

在膨胀水箱充水结束后，开始向扇区充水。关闭扇区泄水阀，开启扇区回水阀，开启扇区进水阀，当扇区立管水位达到3m以上时，表明扇区充水成功。该过程可以实现自动控制，也可以进行人工操作。

如果在充水过程中是自动控制的，则在任意一个阀门故障时自动控制结束，需要人为干预；充水过程中，如果膨胀水箱的水位低于空冷单元充水水位，也会中断扇区的充水程序。对于充水过程中膨胀水箱水位降低，要进行检查找出原因予以消除。扇区充水时，注意检查进、回水压差满足要求，否则启动循环水泵运行。当扇区充水结束投入运行时，可以通过控制百叶窗的开度来控制回水温度。

（7）扇区泄水。

当启动扇区泄水时，首先将百叶窗的开度关闭，关闭扇区进回水阀，开启扇区进回泄水阀，开始泄水。

2. 正常运行

根据机组负荷需要，部分扇区逐渐投入运行时，间接空冷系统将根据设定的回水温度来控制投运扇区百叶窗的开度，以保证主回水温度在设定值范围内，系统进入正常运行状态。

当机组负荷增大时，回水温度开始升高，百叶窗的开度达到全开仍然不能满足冷却需要时，就需要投入其他冷却扇区的运行。

3. 夏季停运

随着机组负荷的降低，回水温度也会降低，当低于设定值时，就需要关小百叶窗的开度直至全关，然后逐渐撤出部分扇区运行，全部撤出到机组停机。运行人员将操作画面上的撤出功能按钮，夏季停机结束。

（三）冬季运行模式

1. 冬季启动

间冷塔在冬季运行时，最主要的就是防冻问题，一旦出现特殊情况，就要及时处理。

冬季运行时，间冷系统首次充水、地下储水箱水位投入自动控制、旁路的控制、膨胀水箱首次充水及膨胀水箱的充水控制，与夏季启动时相同。当前面工作做完后，再进行下面的工作。

(1) 扇区充水。

在膨胀水箱充水结束后，开始向扇区充水。关闭扇区泄水阀，百叶窗关闭，循环水进水管温度大于40℃，开启扇区回水阀，开启扇区进水阀，向扇区充水。当扇区立管水位达到3m以上时，表明扇区充水成功。该过程可以实现自动控制，也可以进行人工操作。

如果在充水过程中是自动控制的，则在任意一个阀门故障时自动控制结束，需要人为干预；充水过程中，如果膨胀水箱的水位低于空冷单元充水水位，也会中断扇区的充水程序。对于充水过程中膨胀水箱水位降低，要进行检查找出原因予以消除。扇区充水时，注意检查进、回水压差满足要求，否则启动循环水泵运行。当扇区充水结束投入运行时，可以通过控制百叶窗的开度来控制回水温度。

(2) 扇区泄水。

当启动扇区泄水时，首先将百叶窗的开度关闭，关闭扇区进回水阀，开启扇区进回水泄水阀，开始泄水。

在泄水过程中，如果百叶窗不能全部关闭，泄水中止。如果出现进回水侧泄水阀不能开启或进回水电动阀不能关闭时，需要运行人员手动开启或关闭，否则易导致管束冻结。

2. 正常运行

根据机组负荷需要，部分扇区逐渐投入运行时，间接空冷系统将根据设定的回水温度来控制投运扇区百叶窗的开度，以保证主回水温度在设定值范围内，系统进入正常运行状态。

当机组负荷增大时，回水温度开始升高，百叶窗的开度达到全开仍然不能满足冷却需要时，就需要投入其他冷却扇区的运行。

冬季运行时的要求如下：

(1) 投入保护运行模式，与冬季运行模式同时运行。

(2) 任何单元投运20min后，才能实施百叶窗的开启操作。

(3) 在机组启动或停机时，要了解和监视外界环境气象的变化。

(4) 当循环冷却水热水温度大于40℃时，才能投入空冷单元运行。

(5) 空冷单元充水时，应严密监视阀门的状态符合要求，否则及时处理。

(6) 严格控制空冷单元的投、撤次数，原则上通过百叶窗调节冷却塔的运行状态。

(7) 入冬前，应做好空冷系统的保护试验。

(8) 空冷系统冬季运行时，空冷单元的出水温度不低于30℃。

(9) 当空冷单元泄漏时，应及时退出该空冷单元的运行，避免结冰冻坏散热器。

(10) 当空冷单元严重泄漏时，百叶窗关闭后，出水温度持续降到25℃时，应立即进行空冷单元排水。

(11) 正常运行时，加强空冷塔的就地巡检工作，发现阀门、百叶窗、水箱水位异常时及时处理。

(12) 冬季运行模式下，运行空冷单元顶端的通气管出现失水报警时，运行人员需要进行检查，确认该单元是否发生泄水现象。

(13) 每隔24h，对百叶窗的同步情况进行检查，确保百叶窗的开度保持一致。

(14) 进入冬季前，必须检查扇区阀门关闭的严密情况，否则将会出现管道冻结情况。

(15) 扇区充泄水过程中、正常运行时，都要对冷却三角进行巡检。

(16) 进入冬季前，需要对百叶窗及扇区的进水阀、回水阀、泄水阀的严密性进行检查，防止冻结现象的发生。

3. 冬季停运

随着机组负荷的降低，各个扇区百叶窗逐渐关闭，维持最低负荷运行。根据需要按照出水温度由低到高的顺序逐渐撤出并进行泄水操作，直到机组停机，操作员将画面的各功能组退出。

在遇到下列情况时，间冷系统也要退出运行：

(1) 收到停运指令。

(2) 若循环水泵投运数量正常，百叶窗关闭后且只有一个冷却单元运行时，回水温度过低（低于25℃）。

(3) 循环水泵全部停运后，需要开启紧急泄水阀，使地下储水箱与所有环管实现连通，保持水位平衡，或者进行地下管道与水箱的放空操作。

(4) 需要进行排水时，可将地下储水箱的水排出塔外。

(四) 冬季运行时的防冻保护

1. 概述

在冬季运行时，空冷塔最重要的就是预防管道的冻结，为此在各个扇区都设有扇区进水温度、扇区回水温度、扇区散热器壁温、扇区放空管液位等测点，它们参与机组运行及防冻报警，并与空冷系统的防冻程序功能组连锁。一旦回水温度低于要求值时，通过调节百叶窗的开度及提高散热器内工质的流速来解决。当大幅度降低负荷时，根据环境温度和扇区的回水温度，逐渐撤掉部分回水温度低的扇区。

2. 防冻保护程序

根据扇区回水温度的高低，空冷系统设有扇区一级防冻保护程序、扇区二级防冻保护程序、扇区三级防冻保护程序，另外还有膨胀水箱防冻保护报警程序、紧急泄水保护报警程序。这些系统在自动方式下，一旦出现冻结会自动执行；在手动方式下，出现冻结时，只发出报警信号。防冻保护是按级触发的，一旦触发只显示当前的防冻级别。

（1）扇区一级防冻保护程序。

扇区一级防冻保护程序的要求见表 6-10。

表 6-10　扇区一级防冻保护程序的要求

序号	项　目	要　求	备　注
1	运行模式	冬季运行模式（环境温度低于 2℃），冷却塔自动运行	
2	保护动作条件	扇区回水温度小于 27℃，延时 60s	三取中
3	动作过程	扇区的百叶窗开度不能再增大，并发出一级防冻保护报警	
4	保护解除条件	扇区回水温度大于 30℃或者扇区处于泄水状态，延时 20s，解除百叶窗的开度限制	三取中

（2）扇区二级防冻保护程序。

扇区二级防冻保护程序的要求见表 6-11。

表 6-11　扇区二级防冻保护程序的要求

序号	项　目	要　求	备　注
1	运行模式	冬季运行模式（环境温度低于 2℃），冷却塔自动运行	
2	保护动作条件	扇区回水温度小于 25℃或者扇区散热器壁温小于 20℃，延时 60s	三取中
3	动作过程	扇区的百叶窗关闭，并发出二级防冻保护报警	
4	保护解除条件	扇区回水温度大于 27℃，延时 20s；或者扇区散热器壁温大于 25℃，延时 20s；或者扇区处于泄水状态，延时 20s，解除百叶窗的开度限制	三取中

（3）扇区三级防冻保护程序。

扇区三级防冻保护程序的要求见表 6-12。

表 6-12　扇区三级防冻保护程序的要求

序号	项　目	要　求	备　注
1	运行模式	冬季运行模式（环境温度低于 2℃），冷却塔自动运行	
2	保护动作条件	扇区回水温度小于 20℃或者扇区散热器壁温小于 16℃	三取中
3	动作过程	1）发出三级防冻保护报警； 2）延时 300s，自动进行扇区泄水程序； 3）延时 600s，如果三级防冻保护没有复位，发出紧急泄水请求报警	三级保护动作时，运行人员应尽快增加负荷或提高系统循环水的流速以增加扇区温度，避免扇区进行保护性泄水
4	保护解除条件	扇区回水温度大于 25℃，延时 20s；或者扇区散热器壁温大于 20℃，延时 20s；或者扇区处于泄水状态，延时 20s	三取中

（4）膨胀水箱防冻保护报警程序。

膨胀水箱的底部设有放空阀，当水箱内水温低于保护值时，可以打开放空阀，同时启动补水泵向膨胀水箱补入高温水，通过这样的方式来提高膨胀水箱的水温，达到防冻目的。具体要求见表 6-13。

表 6-13　　膨胀水箱防冻保护报警程序要求

序号	项　目	要　求	备　注
1	运行模式	冬季运行模式（环境温度低于2℃），冷却塔自动运行	
2	保护动作条件	膨胀水箱水的温度小于12℃，延时60s	
3	动作过程	发出高位水箱防冻保护报警。运行人员启动补水泵和打开溢流阀进行换水操作	进行换水操作时，水箱水位不能低于最低运行水位（0.2m）
4	保护解除条件	高位水箱水的温度大于20℃，延时60s	

（5）紧急泄水保护报警程序。

在冬季运行模式下，当扇区泄水故障或循环水泵故障停运时，可手动开启紧急泄水阀（间冷塔内部每条地下环管至地下水箱之间均设有紧急泄水阀门）实施紧急泄水，保护冷却三角避免受到冻害。具体要求见表6-14。

表 6-14　　紧急泄水保护报警程序要求

序号	项　目	要　求	备　注
1	运行模式	冬季运行模式（环境温度低于2℃）	
2	保护动作条件	任意扇区泄水故障或循环水泵故障停运时	
3	动作过程	发出紧急泄水保护请求并报警。运行人员根据机组实际运行情况，手动开启紧急泄水阀，所有扇区的水将在3min内泄至地下储水箱，确保散热器内无积水结冰	
4	保护解除条件	手动关闭紧急泄水阀	

（五）紧急运行情况

1. 系统设备持续高温

空冷系统运行期间，如果设备温度升高到设定参数以上时，运行人员首先检查下列情况是否正确。

（1）温度测量仪表的测量数值；

（2）冷却塔主循环水进水和回水母管温度显示是否正常；

（3）所有扇区是否全部投运；

（4）所有扇区百叶窗的开度是否达到100%；

（5）所有循环水泵是否全部投运；

（6）所有扇区是否存在漏水现象。

如果上述各项都没有问题，设备的温度还进一步升高，需要采取以下措施：

（1）提高冷却系统的循环水流速。

（2）检查冷却三角的清洁程度。如果散热器翅片上脏污或有小颗粒状物质阻塞了冷空气的通道，需要进行清洗或清除。

（3）对就地测量设备进行检查，确认故障及时更换。

2. 系统设备持续低温

空冷系统运行期间，如果设备温度降低到设定参数以下时，运行人员必须进行以下操作来提高设备温度：

（1）如果冷却系统在自动方式下运行，可以提高循环水回水母管的温度设定值或提高扇区回水管温度设定值。

（2）手动将百叶窗开度关小一些。

（3）增加循环水泵的运行台数。

（4）撤出部分扇区运行。

（六）冬季夏季扇区投运顺序

外部环境没有大风时，扇区的投运顺序建议为：5、4、3、2、1、6、7、8、9、10号。当外部环境有大风时，考虑到大风的影响，在夏季运行时需要先投运迎风侧扇区，然后再依次投运对侧扇区和两侧扇区。

按照扇区的投运顺序进行扇区投运时，一旦冷却塔的出水温度大于30℃且逐渐上升时，投入下一个扇区运行。

扇区的撤出顺序与投入顺序相反。

（七）循环水泵

循环水泵都是定速泵，一旦运行其流量不变化，尤其是冬季运行模式下，减少循环水泵的运行数量对扇区的防冻无利，只有在机组大幅度减负荷或部分扇区已经撤出运行时，才考虑循环水泵参与调节。要求每台机组循环水泵的投运数量不应小于投运扇区数量的30%，而且间接空冷塔进出水温降大于12℃时，应增加循环水泵的投运台数。

（八）间接空冷系统的冷却特性曲线

间接空冷系统工作时，循环水有进水温度、回水温度和循环水流量，间冷塔有投运的扇区数量、冷空气温度及百叶窗的开度等。实际运行时，循环水量在一定工况下不变，所以在通过改变百叶窗的开度调节冷却风量的大小来达到规定的回水温度时，他们之间的关系曲线就是间接空冷系统的冷却特性曲线，如图6-31所示。

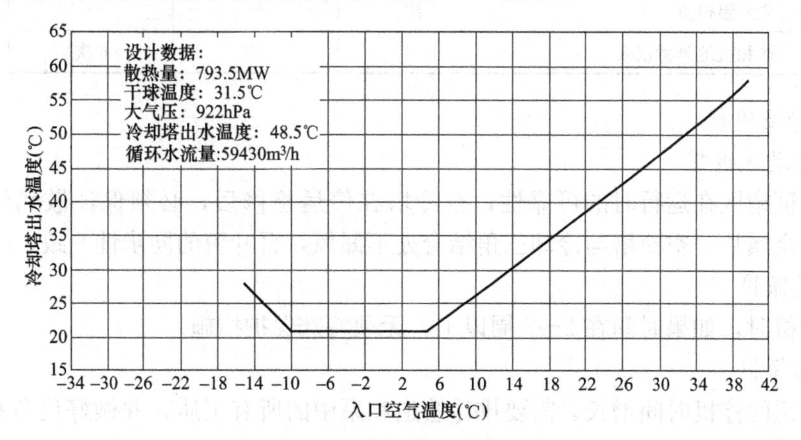

图6-31　间接空冷系统的冷却特性曲线

由图6-32中可以看出，在寒冷的冬季，为了避免扇区冻结，要求回水温度高一些。在冬季运行时，可以维持冷却塔出水温度在设定值。夏季运行时，随着环境温度的升高，冷却塔出水温度也逐渐升高。

三、间接空冷系统的维护

(一) 运行维护

在夏季来临之前，为了保证间接空冷系统的冷却效果，需要对空冷单元的冷却三角进行清洗。清洗时，环境温度至少高于8℃，清洗扇区切为手动，对周边设备做好必要的保护。清洗步骤如下：

(1) 检查清洗水泵能够正常运行，清洗水管排水阀门关闭；

(2) 用挠性管，将空冷塔的清洗系统与清洁设备的进水短管连接好；

(3) 开启待清洗冷却三角空冷单元的清洗手动门；

(4) 开启清洗水泵进口门，启动清洗水泵，开启出口门，对冷却三角进行清洗；

(5) 冷却三角清洗完毕，停运清洗水泵；

(6) 按照第一个冷却三角的清洗方法清洗下一个冷却三角；

(7) 完成冷却三角的清洗后，放空清洗系统的存水。

在日常运行过程中，需要做好间冷塔的检查工作，检查要求见表6-15。

表 6-15 间冷塔的日常检查项目

序号	检查项目	检查周期			
		日检查	周检查	月检查	年检查
1	百叶窗同步检查	1次	—	—	—
2	冷却三角漏水检查	1次	—	—	—
3	冲水水泵检查	—	—	—	1次
4	地下储水箱电动阀检查	—	—	1次	—
5	扇区电动阀检查	—	—	1次	—
6	液控重锤阀门检查	—	1次	—	—
7	旁路阀检查	—	—	1次	—
8	冷却三角测温检查	1次	—	—	—
9	信号传送和就地测量仪表	—	—	6次	—

(二) 停运维护

1. 冷却扇区维护

为了保证扇区在运行时的可靠性，空冷塔在停运检修后，必须保证散热管束内无杂物、无残余金属片，空冷塔与冷却三角结合处不漏风，百叶窗的同步性一致。

2. 停机保护

正常停机时，如果时间在2～3周以上，无须特殊保护措施。

3. 长期保护

如果机组的停机时间增长，需要排尽管道和泵中的所有工质，并做好设备和管道的防腐蚀措施及检查。

(三) 冷却水水质控制

1. 系统清洗

在循环水系统充水前，对整个系统进行严格清洗，剔除各个部分的杂质及金属颗粒，指标化验后符合清洗标准。

2. 保证系统的严密性

保证循环水系统的严密性，避免空气的漏入使水中的含氧量增大，导致对管道的腐蚀增强。尤其是在膨胀水箱内部，用氮气将冷却水与空气隔绝。

3. 补入合格的除盐水

当系统缺水时，补入合格的除盐水。

4. 做好检测与化验

根据运行规程要求，定期对冷却水进行化验，一旦不合格，就要根据化验数据进行处理，从而避免对冷却水管和散热器的腐蚀。

第七章

汽轮机运行与维护

当汽轮机转动起来带动其他设备一起工作而完成的能量转换与输送过程就是汽轮机运行，汽轮机运行所涉及的内容非常广泛，但就运行工况看，包括汽轮机的启动、停机、空负荷以及带负荷和负荷变化等工况，此外汽轮机的经济调度、汽轮机设备的事故处理也属于运行方面的内容。汽轮机的运行状态是否良好，汽轮机使用寿命的长短，在很大程度上取决于运行人员在启动、停机和负荷变化时的操作是否规范。特别是当机组频繁启、停及负荷变化时，正确执行合理的操作步骤就显得更加重要。掌握运行的原理和规律，有助于运行人员对规程的理解，从而保障机组安全经济地运行。

第一节　汽轮机的启动

从汽轮机盘车转速逐渐升速到额定转速，并将负荷逐步增加到额定负荷的过程称为汽轮机的启动。启动过程中，汽轮机各金属部件都要受到蒸汽的加热而发生剧烈的变化，即从冷态或较低温度加热到对应负荷下的高温。如660MW超超临界汽轮机冷态启动时，金属部件从接近室温和大气压下转变为与汽轮机额定蒸汽温度600℃和额定蒸汽压力28.00MPa相对应的工作状态。

一、启动方式分类

根据机组状态的不同，汽轮机的启动可划分为不同的启动状态。划分启动状态的目的，是为了根据不同的启动状态来决定汽轮机的启动方式和启动速度，以获得最快的速度和最经济的效果。具体地说，汽轮机划分启动状态具有以下实际意义：根据不同的启动状态决定汽轮机的启动参数、升速率、启动过程中的暖机时间及升负荷率，以及启动过程中的注意的问题。

（一）按照新蒸汽参数分类

根据启动过程中采用的新蒸汽参数，汽轮机的启动可以分为两类。

1. 额定参数启动

采用额定参数启动时，在机组整个启动过程中，从冲转直到汽轮机带到额定负荷为止，主汽阀前的蒸汽参数（压力和温度）始终保持额定值。

2. 滑参数启动

采用滑参数启动时，在机组整个启动过程中，主汽阀前的新蒸汽参数（压力和温度）

随机组转速和负荷的升高而逐渐滑升，最终达到额定值。滑参数启动在大型单元机组中广泛采用。

按照冲转时主汽阀前的蒸汽参数不同，滑参数启动又分为真空法和压力法两种。

(1) 真空法滑参数启动。采用真空法滑参数启动时，锅炉点火前，从锅炉出口到汽轮机的蒸汽管路上的所有阀门全部开启，启动抽真空设备，将真空由汽轮机各缸一直建立到过热器、再热器和汽包（或启动分离器）。锅炉点火后，一产生蒸汽就冲转汽轮机，随后汽轮机的升速和带负荷全部由锅炉控制。由于这种启动方式真空系统太大，抽真空的时间太长，而且锅炉热惯性大，蒸汽温度、蒸汽压力不易控制，在启动初期易发生汽轮机水冲击事故，故目前很少采用。

(2) 压力法滑参数启动。采用压力法滑参数启动时，锅炉点火前，将汽轮机自动主汽阀和调节汽阀置于关闭状态，只对汽轮机抽真空。锅炉点火后，待自动主汽阀前蒸汽参数达到一定值时冲转汽轮机。在启动过程中，锅炉产生的蒸汽参数及流量随汽轮机暖机、升速和带负荷而逐渐变化。当锅炉出口蒸汽参数以及蒸发量达到额定值时，汽轮机的功率也随之达到额定值。目前国内投产的高参数、大容量汽轮机都采用压力法滑参数启动。

（二）按照冲转时的进汽方式分类

对于中间再热式汽轮机，按冲转时的进汽方式不同，可分为高、中压缸启动和中压缸启动两种方式。

(1) 高、中压缸启动。高、中压缸启动时，蒸汽同时进入高压缸和中压缸冲动转子。

(2) 中压缸启动。中压缸启动冲转时，高压缸不进汽，利用高、低压旁路系统，由中压调节汽阀控制中压缸的进汽来冲转汽轮机、升速、暖机，以及达到额定转速并网后机组带上初负始负荷，达到规定的切换负荷时，进行缸切换操作，汽轮机转由高压调节阀控制进汽，中压调节阀逐渐全开，随后按高中压缸联合进汽方式升负荷至额定值。

（三）按照冲转时控制进汽阀门分类

按照冲转时控制进汽阀门分类如下：

(1) 调节汽阀启动。启动时主汽阀全开，进入汽轮机的蒸汽流量由调节汽阀控制。调节汽阀启动方式又可分为顺序阀控制方式和单阀控制方式两种。

(2) 主汽阀启动。启动时调节汽阀全开，冲转、升速由主汽阀控制，转速达到一定值或带少量负荷后进行阀切换，改由调节汽阀控制进汽的方式。

(3) 电动主汽阀的旁路阀启动。对于安装电动主汽阀的机组，为了便于电动主汽阀的开启，设有旁路阀，所以启动时，自动主汽阀、调节汽阀均全开，由电动主汽阀的旁路阀控制汽轮机的进汽进行汽轮机冲转。该启动方式下，汽轮机全周进汽，受热均匀，但现在的大型汽轮机已经不设电动主汽阀。

（四）按照启动前汽轮机金属温度（调节级处高压内缸内壁或转子表面）水平分类

按照启动前汽轮机金属温度（调节级处高压内缸内壁或转子表面）水平分类如下：

(1) 冷态启动。高压内缸内壁金属温度低于满负荷时金属温度的40%或金属温度低于150～180℃。

(2) 温态启动。高压内缸内壁金属温度符合满负荷时金属温度的40%～80%或金属温度为180～350℃。

(3) 热态启动。高压内缸内壁金属温度高于满负荷时金属温度的80%或金属温度为

350～450℃。

(4) 极热态启动。高压内缸内壁金属温度接近于满负荷时该测点对应的金属温度数值或金属温度大于450℃以上。

需要指出的是，高、中压缸启动时按调节级处的金属温度划分，中压缸启动时按中压缸第一压力级处金属温度划分。对于不同的机组，具体划分温度有所不同，应按制造厂的规定执行。

有些汽轮机则是按启动前停机的时间长短进行分类的：停机超过72h，金属温度已下降至该测点满负荷温度的40%以下为冷态启动；停机在10～72h之间，金属温度降至该测点满负荷温度的40%～80%为温态启动；停机在8h以内，金属温度降至该测点满负荷温度的80%以上为热态启动；停机在1h以内，金属温度接近该测点满负荷温度为极热态启动。

二、冷态启动

冷态启动是汽轮机各种启动中最重要的启动，是汽轮机最大的动态过程，在冷态启动中，汽轮机从冷状态到热状态、从静止到额定转速、从空负荷到满负荷。这个过程中，各种参数变化最大，运行人员的操作最多，不仅要考虑汽轮发电机组的安全，而且关系到汽轮发电机组转子的寿命，需要掌握机组各个设备的工作状态，发现问题及时判断处理，才能完成机组的启动过程。

汽轮机的启动过程主要包括启动前的准备、冲动转子、升速暖机以及并网接待负荷等4个主要阶段。启动前的准备阶段主要是为汽轮机的启动准备条件，主要包括设备、系统和仪表检查及试验，辅助设备及系统的检查与启动，油系统的检查和试验，调节系统保护校验，汽源准备等工作。冲动转子阶段主要是指汽轮机满足冲转条件时，阀门开启将汽轮机升速到第一阶段，盘车装置要退出运行。升速暖机阶段主要在确保汽轮机安全的情况下，将汽轮机的转速升高到额定转速。并网带负荷阶段主要指机组并网后，将汽轮发电机组的输出电功率逐渐增加到额定值，并逐渐进入到稳定运行的阶段。

下面以东汽高效660MW超超临界汽轮机的冷态启动为例来说明。本机组具有中压缸启动和高、中压缸联合启动运行模式，推荐优先考虑中压缸启动。该汽轮机的启动状态是以汽轮机启动前的高压内缸第1级汽缸内壁金属温度来确定，具体参数如下：冷态启动时不大于240℃；温态启动时为240～360℃；热态启动时为360～480℃；极热态启动时不小于480℃。

新安装机组及大修后机组的冷态启动曲线如图7-1所示。

(一) 启动前的准备

汽轮机启动前有许多准备工作要做，启动前准备工作是否充分，将直接影响机组启动是否能顺利进行，不仅保证汽轮机的安全，而且还影响到机组的经济性。

1. 机组启动前的检查

(1) 安装或检修工作全部结束，所有缺陷消除，所有工作票已完成并交回；

(2) 各通道和工作场所畅通无杂物，临时设施已拆除；

(3) 设备及管道保温完好，各支吊架、支承弹簧等完好，膨胀间隙正常，保证各部件能自由膨胀；

(4) 各照明系统良好；

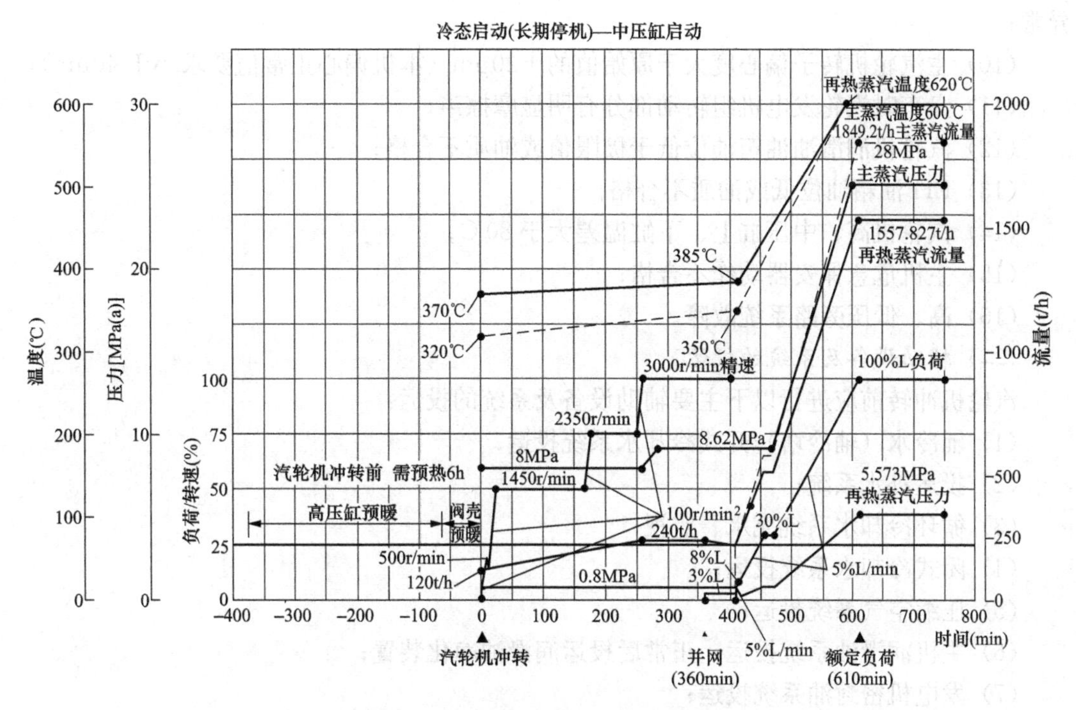

图 7-1 （中压缸启动）冷态启动曲线

(5) 厂区消防设施正常可用；

(6) 通信系统及设备正常可用，计算机系统正常联网；

(7) 检查汽轮机 DEH 装置、TSI 系统、保安系统等投入正常；

(8) 就地各控制、监视系统均投入正常；

(9) 各种操作电源、控制电源、仪表电源等均送上且正常；

(10) 基地式调节装置正常并投入自动；

(11) 确认汽轮机及其辅助设备、系统完好，处于启动前状态，各联锁保护试验合格且正常投入；

(12) 确认厂用采暖及空调、服务水等各公用系统完好可投；

(13) 各种记录表纸、启动用操作票等已准备齐全，人员已安排好。

2. 机组无以下禁止启动的条件

(1) 机组主要联锁保护功能试验不合格；

(2) 机组任一保护装置失灵；

(3) 机组主要调节装置失灵；

(4) 基地式调节装置失灵，影响机组启动或正常运行；

(5) 机组主要监测仪表监视功能失去或主要监测参数超过极限值；

(6) 机组仪表及保护电源失去；

(7) 控制系统通信故障或任一过程控制单元功能失去；

(8) DEH 控制装置工作不正常，影响机组启动或正常运行；

(9) 高、中压主汽阀，调节汽阀，抽汽止回阀，高排止回阀卡涩，高压缸通风阀动作异常；

（10）主汽轮机转子偏心度大于原始值的±20μm（本机偏心正常值要求小于40μm）；

（11）盘车时汽轮发电机组转动部分有明显摩擦声；

（12）汽轮机润滑油油箱油位低于极限值或油质不合格；

（13）EH油箱油位低或油质不合格；

（14）汽轮机高、中压缸上、下缸温差大于80℃；

（15）主机危急保安器动作不合格；

（16）高、低压旁路系统故障。

（二）辅助设备及系统的投运

汽轮机冲转前应进行以下主要辅助设备及系统的投运：

（1）辅冷水（辅冷塔）开式冷却水系统投运；

（2）投运补水系统；

（3）循环冷却水系统充水、监视；

（4）闭式冷却水系统投运；

（5）压缩空气系统投运；

（6）主机润滑油系统投运，正常后投运润滑油净化装置；

（7）发电机密封油系统投运；

（8）发电机气体置换及充氢，发电机氢冷系统投运；

（9）发电机定子冷却水系统投运；

（10）顶轴油系统投运；

（11）盘车装置投运，进行听音检查；

（12）凝结水系统投运；

（13）辅助蒸汽系统投运；

（14）除氧器加热制水；

（15）主机EH油系统投运；

（16）高、压低压旁路路系统投运前的检查备用；

（17）投运给水泵汽轮机润滑油系统；

（18）循环水系统投运；

（19）抽真系统投运；

（20）轴封蒸汽系统投运；

（21）汽动给水泵组及给水系统投运。

（三）锅炉点火前汽轮机的进一步确认

（1）确认汽轮机在跳闸状态，高中压主汽门阀、调节汽阀在关闭状态。

（2）确认汽轮机高压缸排汽止回阀关闭，高压缸通风阀开启。

（3）汽轮机盘车投运正常。

（4）凝汽器真空达到冲转要求，轴封及辅汽系统运行正常。

（5）以下汽轮机防进水保护系统的有关疏水阀开启：

1）主蒸汽管道疏水阀，冷再管道和热再热管道疏水阀；

2）高压主汽阀、调节汽阀前、后疏水阀；

3）中联阀阀座疏水阀；

4）高排止回阀前、后疏水阀；

5）高压缸内缸进汽腔室疏水阀；

6）各抽汽管道上的电动阀、止回阀前后疏水阀；

7）补汽管道上的疏水阀；

8）高压旁路阀后疏水阀；

9）低压旁路阀前疏水阀；

10）汽封加热器上开设的永久性节流孔疏水阀。

（6）排汽缸喷水投入“自动”且动作正常。

（7）检查汽轮机转子偏心度，高、中压缸绝对膨胀与高、低压缸差胀正常。

（8）冷态启动时，当汽轮机高压缸内缸第一级处内壁金属温度低于150℃时，应对高压缸进行预暖，以防止热的蒸汽进入温度较低的汽轮机产生较大的热应力。若高压缸内缸第一级处内壁金属温度高于150℃时，不需要对高压缸预暖。

1）预暖的方法是将预暖蒸汽（辅助蒸汽系统来汽）从高压缸排汽管引入高压缸进行加热，如图7-2所示。

2）高压缸预暖条件。检查盘车运转情况正常；确认汽轮机处于跳闸状态；检查辅助蒸汽压力应不低于700kPa，具有28℃以上的过热度；确认一段抽汽管道上的止回阀处于关闭状态，打开一段抽汽管道上的疏水阀；控制冷再热管道的疏水阀，避免疏水倒灌至高压缸；检查凝汽器中压力应不高于25kPa(a)。

3）高压缸预暖操作过程。本操作过程由操作准备、预暖操作和预暖完成后的操作3部分组成。

第一阶段：预暖准备。

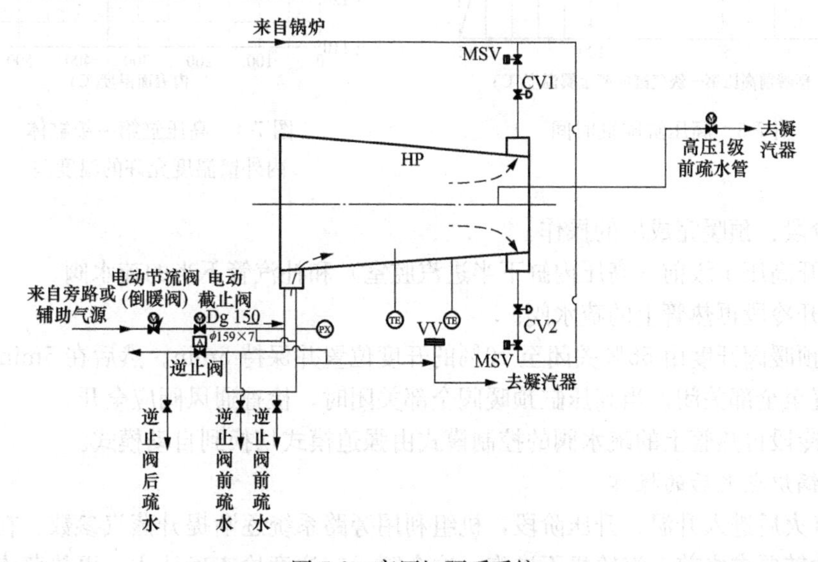

图7-2　高压缸预暖系统

1）如果高压缸预暖管系上设有疏水阀时，首先将其完全开启，并保持5min，然后将疏水阀关闭。

2）将高压第1级前（高压内缸下半进汽腔室）的疏水阀由100%开度关闭到20%开度。

第二阶段：预暖操作。

1）将高压缸预暖阀开启到10%的开度，同时应检查通风阀处于全关位置，则预暖蒸汽通过再热冷段流入高压缸。

2）高压缸预暖阀10%开度保持30min后，再开启到30%开度。

3）高压缸预暖阀30%开度保持20min后，再由30%开度开启到55%开度，保持此开度直至高压缸第一级后汽缸内壁金属温度升至150℃。

4）一旦金属温度达到150℃，应立即进行高压缸闷缸。闷缸时间可以从图7-3中的曲线上查出。

5）预热蒸汽进入高压缸是通过电动预暖阀来实现的，该阀设在冷段再热蒸汽管的旁路管上。高压缸内蒸汽压力通过调整预暖阀和各疏水阀的开度增压至390～490kPa（a）。

6）在预暖期间，金属表面的温度升高率不应大于图7-4中所允许的金属内外表面允许的温度差。

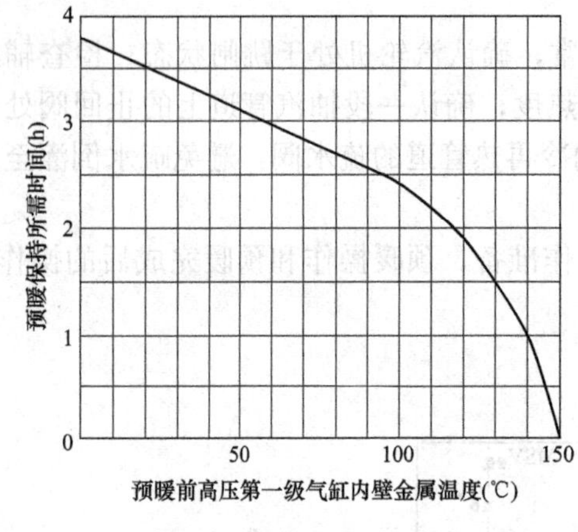

图7-3　高压缸闷缸时间

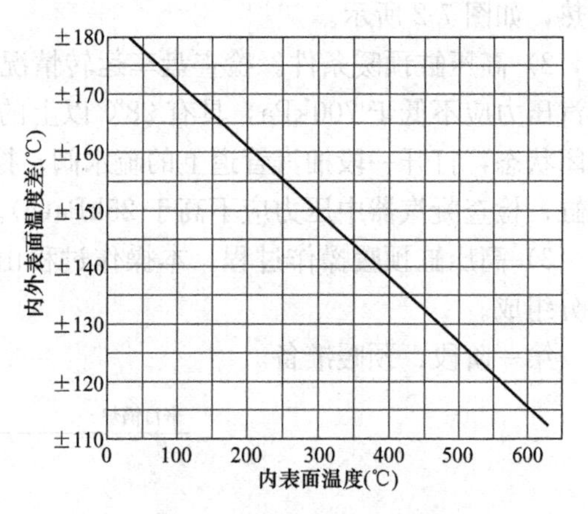

图7-4　高压缸第一级缸体内外壁温度允许的温度差

第三阶段：预暖完成后的操作。

1）全开高压1级前（高压内缸下半进汽腔室）和补汽管下半的疏水阀。

2）全开冷段再热管上的疏水阀。

3）将预暖阀开度由55%关闭至10%的开度位置并保持5min。然后在5min内逐步关小预暖阀直至全部关闭。当高压缸预暖阀全部关闭时，检查通风阀应全开。

4）将冷段再热管上的疏水阀的控制模式由强迫模式切换到自动模式。

（四）锅炉点火后的操作

锅炉点火后进入升温、升压阶段，机组利用旁路系统逐渐提升蒸汽参数。在蒸汽参数没有达到冲转要求之前，汽轮机不进汽，这个阶段应注意检查确认主、再热蒸汽及高、低压旁路各管道的疏水畅通，否则当汽轮机冲转时，高速汽流从管道通过会造成管道的水击，引起管道振动；这些水被蒸汽带入汽轮机内，将发生汽轮机的水冲击事故。期间应注意控制低压旁路排入凝汽器蒸汽的温度，温度过高时排汽缸喷水装置应自动投用，否则应手动开启。

当蒸汽参数满足冲转要求后，对汽轮机做全面检查，机组准备冲转。

（五）冲转前的阀壳预暖

若调节汽阀蒸汽室内壁或外壁温度低于150℃时，在汽轮机冲转前必须预热调节汽阀蒸汽室，以免汽轮机一旦启动时调节汽阀蒸汽室遭受过大的热冲击。从调节汽阀蒸汽室预热开始，直至完成预热前高压主汽阀是不开启的。每个高压主汽-调节阀组预热用的主蒸汽分别通过各自主汽阀的预启阀进入调节汽阀蒸汽室。

预暖蒸汽来自主蒸汽，要求主蒸汽温度大于271℃。

1. 阀壳预暖前的准备

（1）确认汽轮机在跳闸状态，负荷限制器在零位。

（2）检查并确认EH油压正常。

（3）确认主蒸汽温度高于271℃。

（4）检查并确认主蒸汽管道、调节汽阀上的疏水阀打开。

2. 阀壳预暖操作

（1）在DEH上调出“自动控制”画面，操作“汽轮机挂闸”按钮，在弹出窗口中单击“挂闸”按钮，DEH上“汽轮机挂闸”状态变为“挂闸”（表示汽轮机挂闸成功）。

（2）在自动控制画面中，单击“CV阀壳预暖”按钮选择“投入”，则两个高压阀组的主汽阀的预启阀开启至预暖位置21%，开始对阀壳进行预热。

（3）预暖时，注意观察调节汽阀蒸汽室内外壁金属的温度差，当温差超过90℃时，单击“CV阀壳预暖”按钮选择“撤出”，则全关主汽阀预启阀。

（4）主汽阀的预启阀关闭后，注意监视调节汽阀蒸汽室内外壁金属间的温度差。当温差小于80℃时，重新投入“CV阀壳预暖”，则预启阀开启至预热位置。

（5）在预暖过程中，根据阀壳温差情况及时调整上述预热操作，直至调节汽阀蒸汽室内外壁金属的温度都升至180℃以上，并且内外壁金属温差低于50℃。

（6）达到预热温度及温差要求时，撤出“CV阀壳预暖”，预热完成。

（7）如汽轮机短时间内不具备冲转条件，打闸。

（六）汽轮机冲转

1. 冲转前的检查

（1）主机联锁保护试验合格并投入。

（2）不存在禁止启动条件。

（3）机组所有投运的辅助设备及系统运行正常。

（4）用于汽轮机冲转的蒸汽至少有50℃以上的过热度，且蒸汽品质合格。

（5）按照规程规定，将主机各参数控制在允许范围内：高压胀差、低压胀差、汽缸上下缸温差、轴向位移、低压缸排汽温度、凝汽器压力等。

（6）冲转参数满足制造厂推荐值，按照制造厂推荐的启动曲线，确定启动时间、升速/升负荷率和暖机时间。东汽厂推荐的冷态启动冲转参数为：主蒸汽压力为8.00MPa；主蒸汽温度为370℃；再热蒸汽压力为0.80MPa；再热蒸汽温度为320℃。

（7）连续盘车4h以上，且转子偏心度小于110%原始值。

（8）高压缸暖缸结束，确认汽轮机第一级金属温度高于150℃。

(9) 轴封蒸汽压力正常，轴封蒸汽温度与汽轮机金属温度相匹配。

(10) 主机润滑油系统、EH 油系统正常。

(11) TSI 系统投运正常。

(12) 发电机密封油系统、定子冷却水系统及氢气冷却系统运行正常。

(13) 汽机冲转、升速及升负荷期间需重点监视的参数能正常显示。

(14) 确认高、低压旁路系统在“自动”方式。

2. DEH 控制系统检查

(1) DEH 两路控制电源供给正常。

(2) 两台主控制器、两台系统控制器均正常，且互为备用，显示器显示正常。

(3) 在 DEH 画面上，检查各项内容符合启动要求：

1) 无任何报警，转速、负荷、时间等能正确显示；

2) 汽轮机处于跳闸状态；

3) 自动启动画面、手动启动画面上的项目均能正确显示；

4) 负荷控制画面的相关内容能正确显示；

5) 汽轮机监视画面的各监视参数正常；

6) 功能试验画面上显示各试验项目都在退出状态。

3. 汽轮机冲转

(1) 挂闸。在自动控制画面中，单击“挂闸”按钮，进行机组挂闸，成功后显示挂闸完成。

(2) 选择启动模式。在自动控制画面中，单击“启动模式”按钮，在高中压缸启动和中压缸启动中选择中压缸启动。

(3) 选择控制方式。在自动控制画面中，单击“手动操作”按钮，选择自动方式（操作员自动)。

(4) 阀位限制。在自动限制画面，将阀位限制指令设置为 120%。这样可以保证阀门的开度按照指令进行。

(5) 开主汽阀。在自动控制画面中，单击“运行”按钮，高压主汽阀、中压主汽阀和蝶阀开启。

(6) 冲转。在自动控制画面，设定升速率在 100r/min^2，目标转速 500r/min，执行后中压调节汽阀逐渐开启，在全周进汽方式下冲转汽轮机，可使汽轮机受热均匀。确认汽轮机转速开始上升，同时注意盘车装置自动退出，达到目标转速后机组保持，维持 500r/min 不变。此时主机润滑油温自动设定至 40℃。

4. 摩擦检查

(1) 当主机转速达 500r/min 后，在自动控制画面，按下“摩擦检查”按钮，中压调节汽阀关闭，这样可避免升速太快并使蒸汽流动噪声消失，便于汽轮机运转声音的传出。中压调节汽阀关闭后汽轮机转速开始下降。

(2) 到就地对机组进行动静摩擦检查，并确认高压调节汽阀、高压补汽阀和中压调节汽阀应关闭，通风阀（VV 阀）全开。如就地摩擦检查无异常，撤出“摩擦检查”功能。在此期间，机组转速不允许低于 200r/min。

(3) 当转速小于 300r/min，在自动控制画面，单击“正暖”按钮，在弹出窗口中

“投入”，高压调节阀微微开启 7.2%达到高压调节汽阀预启阀开启位置，期间转速升至 400r/min，高压调节汽阀阀位由 DEH 锁定保持不变，检查确 VV 阀全开。

5. 升速暖机

（1）在自动控制画面，设定升速率为 100r/min²，目标转速为 1500r/min，执行后开始升速。

（2）中压调节汽阀开始继续开启，汽轮机升速至 1500r/min 保持，开始进行暖机，暖机时间为 150min。暖机过程中，汽轮机转速由中压调节阀控制。

（3）当中压缸排温度达到 200℃时，正暖结束撤出，此时认为中压转子心部温度高于脆性转变温度。

（4）汽轮机在过第一临界转速区（850～1369r/min）时，DEH 将升速率自动改为 300r/min²，记录临界转速下轴承最大振动值。

（5）暖机期间，维持主蒸汽压力、温度及再热蒸汽压力、温度稳定，注意汽缸总胀、高压差胀、低压差胀、轴向位移、上下缸温差、转子热应力的变化趋势。注意润滑油温度应缓慢上升至 40℃左右，润滑油温自动设定到 45℃，确认各轴承金属温度、回油温度正常。检查各辅机运行正常。

（6）低速暖机结束后，设定升速率为 100r/min²，目标转速至 2350r/min，执行后开始升速。达到目标转速后，进行中速暖机，暖机时间 90min。

（7）3000r/min 定速。中速暖机结束后，设定升速率为 100r/min²，目标转速至 3000r/min，执行后开始升速，达到目标转速后定速。

当汽轮机转速升高至超过 2500r/min 时，顶轴油泵自动撤出并选择“自动启动”，否则手动停运。

当机组转速在临界转速区域 800～2700r/min 内时，应密切监视机组的振动，禁止机组在该转速区域内转速保持，当任一轴承振动超过 150μm 且任一轴振值超过 250μm 时，应紧急停机。当轴承振动变化±15μm 或轴振动变化±50μm，应查明原因设法消除；当轴振动突然增加 50μm，应立即打闸停机；机组运行中要求轴承振动不超过 30μm 或轴振动不超过 80μm，超过时应设法消除，当轴振动大于 250μm 应立即打闸停机。确认润滑油温度缓慢上升，直至稳定在 45℃。检查各轴承金属温度、回油温度正常。

（8）高速暖机。在转速达到 3000r/min 之后，机组开始高速暖机，暖机时间为 30min。注意检查机组各运行参数，如主蒸汽压力与温度、再热蒸汽压力与温度、凝汽器压力等均应符合要求，检查汽轮机振动情况，主油泵应运行正常，DEH 显示屏上应无报警信号。

（9）根据需要，做下列有关试验：就地手动打闸试验、远方打闸试验、“喷油遮断试验”和“高、中压主汽阀、调节汽阀严密性试验”、高压遮断电磁阀试验、超速试验（按照规程规定进行），试验正常后，重新将汽轮机转速恢复至 3000r/min。

（10）各种试验合格后，就地停润滑油系统的辅助油泵和交流润滑油泵，确认主油泵进、出口油压、润滑油压稳定正常。确认各交流、直流备用油泵的控制开关置“自动启动”模式。

（11）检查发电机定子冷却水系统、密封油系统、氢气冷却系统运行正常。

（12）对机组各设备全面检查一次，确认各系统辅机运行正常，做好并网前的准备工作。

（七）并网及带负荷

1. 并网带初始负荷

（1）发电机满足并网条件并网后，机组自动带上3%初始负荷（约20MW），开始初始负荷暖机。

（2）初始负荷暖机期间，确认通风阀在开启位置。

（3）锅炉调整燃烧，保持主蒸汽压力稳定。

（4）检查高低压旁路在自动，维持主蒸汽压力为9.93MPa，主蒸汽温度为385℃；再热蒸汽压力为0.8MPa，再热蒸汽温度为350℃；再热蒸汽流量为210t/h。

（5）检查机组各运行参数是否正常，各辅助设备运行是否正常。

（6）初始负荷暖机50min后结束，进行缸切换。

2. 缸切换

（1）初始负荷暖机完成后，确认机组旁路控制在自动方式，进行中压缸启动的切缸操作。注意检查并记录好高低压旁路开度，高压旁路后流量适中（240～320t/h），以防切换后负荷升得太高。确认机组旁路控制在自动方式，主、再热蒸汽压力符合启动曲线要求。

（2）在DEH自动控制画面增加汽轮机阀位指令，逐渐关闭低压旁路，关闭低压旁路减温水，ICV开度达到40%时，再热蒸汽压力降至0.5～0.7MPa，否则调整高压旁路开度，使其满足要求。

（3）检查机组负荷40～50MW，在“DEH自动控制”画面中单击“缸切换”按钮，在弹出画面单击“切换”，检查升负荷率为33MW（5%/min），1、2号高压调节汽阀自动开启，期间禁止进行其他DEH系统操作。

（4）缸切换过程中，检查ICV全开，VV阀关闭，高排逆止门开启，旁路逐渐全关。此时快速增加汽轮机阀位，使高压缸第一级压力及一段抽汽压力大于再热冷段压力，同时检查高排蒸汽及高排金属温度变化趋势，直至高排金属温度开始下降，防止高排逆止门打不开导致高压缸闷缸，并注意机组振动情况。

（5）检查高压旁路阀自动关小维持汽轮机主蒸汽压力为9.93MPa，否则，高压旁路切至手动调整维持主蒸汽压力不变。

（6）当高压旁路阀全关时，汽轮机切缸完成。检查高、低压旁路减温水自动关闭，高、低压旁路压力设定自动跟踪正常。

切缸过程中，高、低压旁路，高中压调节汽阀及通风阀的开度变化如图7-5所示。切缸后，整个汽轮机的进汽由高压调节汽阀进行控制，并按照启动曲线升负荷。

（八）升负荷

1. 机组负荷升至30%额定负荷（198MW）

（1）在DEH设定目标负荷为198MW，升负荷率为33MW/min，单击“进行”按钮，负荷将逐渐增加至198MW。

（2）按抽汽压力从低到高依次开启三、二、一段抽汽逆止门、电动门，投入高压加热器汽侧以及外置式蒸汽冷却器运行，投运时注意监视高压加热器汽侧水位及给水温度变化。

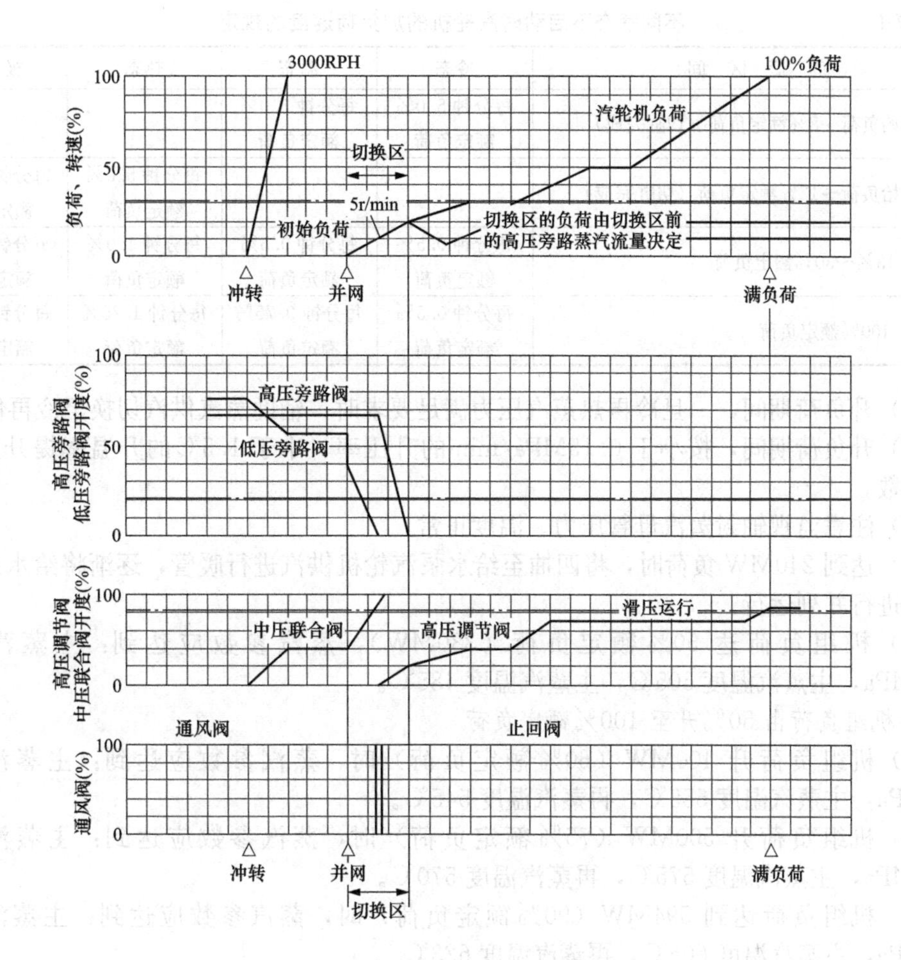

图 7-5　高中压缸切缸及旁路撤出

(3) 负荷升至 99MW 时，检查低压缸喷水装置自动退出，投入 PSS。

(4) 当负荷增加到超过 132MW（20%）时，关闭中压联合阀阀座疏水阀、高压调节阀疏水阀、补汽管道疏水阀、高压内缸下半进汽腔室疏水阀，确认上述阀门已经关闭。然后关闭高排止回阀前冷段再热蒸汽管疏水阀，检查并确认绿灯亮。

(5) 当四抽压力大于 0.15MPa 后，开启四抽至除氧器电动阀，除氧器加热汽源切至四抽。当冷段压力大于辅汽压力时，根据情况将辅汽汽源切至冷再供汽。

(6) 机组负荷大于 25%额定负荷以后，根据实际情况，决定投机组负荷控制自动，投入协调控制，投入主蒸汽压力保护。

(7) 机组负荷升至 30%额定负荷（198MW），暖机约为 10min。期间机组运行稳定又无异常现象时，可进行厂用电的切换工作，将厂用电由启/备变切至厂高变运行。

汽轮机加负荷的速度与汽轮机启动前的金属温度水平有关，启动前金属温度水平越高，加负荷速度越大。制造厂推荐的不同状态下启动的汽轮机加负荷速度见表 7-1。

2. 机组负荷由 30%升至 50%额定负荷

(1) 暖机结束后，继续按 3.3MW/min 的升负荷率升负荷至 50%额定负荷。

表 7-1　　不同状态下启动时汽轮机的加负荷速度的规定

负荷区间	冷态	温态	热态	极热态
3%初始负荷～8%额定负荷（切缸完成）	每分钟 5.0% 额定负荷	每分钟 5.0% 额定负荷		
5%初始负荷～13%额定负荷（切缸完成）			每分钟 5.0% 额定负荷	每分钟 5.0% 额定负荷
8%或 13%～30%额定负荷	每分钟 0.5% 额定负荷	每分钟 0.5% 额定负荷	每分钟 1.0% 额定负荷	每分钟 1.0% 额定负荷
30%～100%额定负荷	每分钟 0.5% 额定负荷	每分钟 0.75% 额定负荷	每分钟 1.75% 额定负荷	每分钟 2.0% 额定负荷

(2) 升负荷期间，一旦冷再热蒸汽压力满足要求时，辅助蒸汽供汽切换至冷再供给。

(3) 升负荷期间，按小于 0.15MPa/min 的升压率、小于 1.5℃的升温率提升主、再热汽参数。

(4) 注意监视轴封蒸汽母管压力、温度正常。

(5) 达到 240MW 负荷时，将四抽至给水泵汽轮机供汽进行暖管，逐渐将给水泵汽轮机汽源进行并列运行。

(6) 机组负荷达 50%额定负荷（330MW），蒸汽参数应达到：主蒸汽压力 14.36MPa，主蒸汽温度 505℃，主蒸汽温度 485℃。

3. 机组负荷由 50%升至 100%额定负荷

(1) 机组负荷升 400MW（60%额定负荷）时，蒸汽参数应达到：主蒸汽压力 17.5MPa，主蒸汽温度 555℃，再蒸汽温度 545℃。

(2) 机组负荷升 500MW（75%额定负荷）时，蒸汽参数应达到：主蒸汽压力 21.36MPa，主蒸汽温度 575℃，再蒸汽温度 570℃。

(3) 机组负荷达到 594MW（90%额定负荷）时，蒸汽参数应达到：主蒸汽压力 29.4MPa，主蒸汽温度 605℃，再蒸汽温度 623℃。

(4) 在机组负荷达到满负荷后，全面检查、调整机组各系统，使机组处于正常运行状态。

4. 汽轮机升负荷期间的注意事项

(1) 在 DEH 画面设定参数时，应先设定变化率，后设定目标值。

(2) 汽轮机升负荷过程中应注意监视汽缸总胀，高、低压缸差胀，轴向位移，轴振、轴承温度等参数的变化。

(3) 机组冷态启动，当负荷小于 198MW 时，控制升负荷率小于 33MW/min；当负荷大于 198MW 时，控制升负荷率小于 3.3MW/min。

(4) 机组负荷小于 30%额定负荷，汽轮机上、下缸温差小于 80℃；机组负荷大于 30%额定负荷，汽轮机上、下缸温差小于 50℃。

(5) 冷态启动期间，若需做超速试验，汽轮机必须带至少 25%负荷并在此负荷下运行 3 小时，然后解列进行。在定速后应对危急保安器进行油压跳闸试验，确保其工作正常。

(九) B 级检修后的启动曲线

汽轮机本体进行 B 级检修后的冷态启动曲线如图 7-6 所示。

三、热态启动

由于热态时汽轮机的温度水平与冷态不同，汽缸和转子都处于较高的温度状态下，因此温态、热态、极热态启动过程中应特别注意防止热状态的汽缸、转子受到冷却，缩短汽

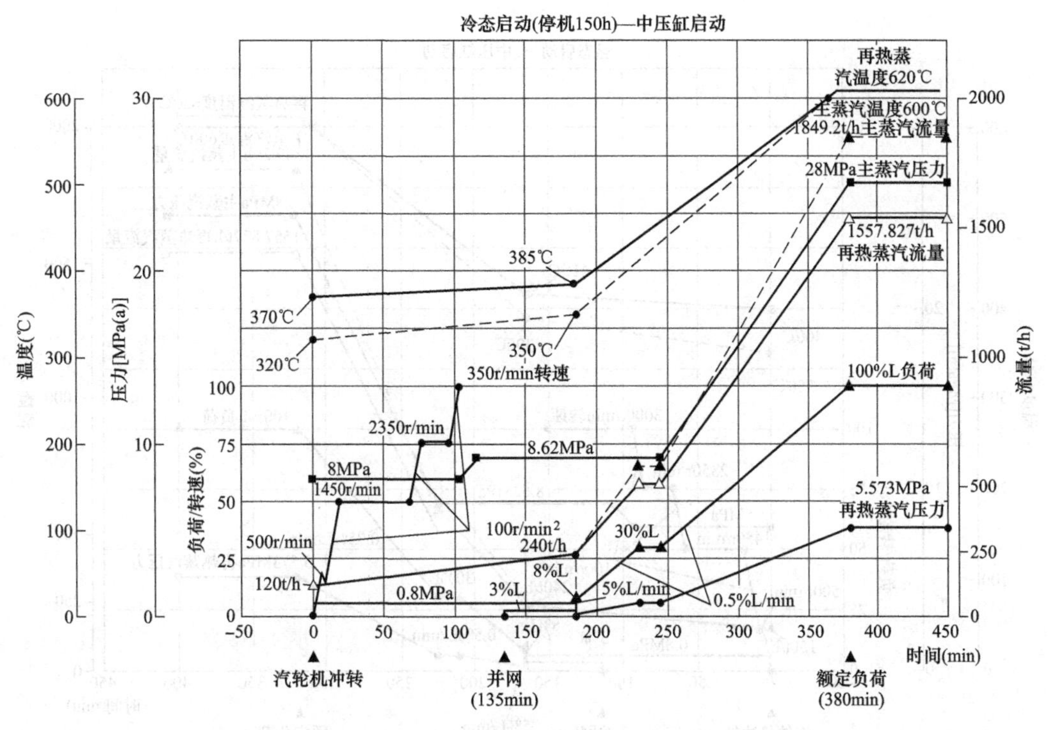

图 7-6 （中压缸启动）冷态启动曲线

轮机寿命。做好机组启动的各项准备工作，协调好各辅机启动时间，尽快地冲转、升速、并网并带负荷至与汽轮机高压缸第一级内上缸内壁金属温度相对应的负荷水平是温态、热态、极热态启动的关键。不要在额定转速下或空负荷下做不必要的停留，以免造成汽轮机内部零部件骤然冷却，产生很大的热应力。

温态、热态、极热态启动，冲转汽轮机时，主、再热蒸汽温度与汽轮机高、中压第一级内下缸内壁金属温度应匹配，一般规定应分别比对应汽缸内壁金属温度高 50℃且至少要有 50℃以上的过热度。冲转（启动）蒸汽参数见表 7-2。

表 7-2　　　温态、热态、极热态启动时的启动参数

启动类型	主蒸汽参数		再蒸汽参数	
	压力（MPa）	温度（℃）	压力（MPa）	温度（℃）
温态启动	8.0	400	0.88	350
热态启动	11.0	465	1.10	480
极热态启动	11.0	490	1.10	505

温态、热态、极热态的启动曲线分别如图 7-7～图 7-9 所示。

在启动过程中，应根据温态、热态、极热态启动曲线，控制蒸汽的温升率和升负荷率以控制各金属部件的温升率，上、下缸温差和高、低压差胀不超过限值；防止高、低压负差胀过大，造成汽轮机动静摩擦。

除了以上提到的几点以外，温态、热态、极热态启动时，还应注意以下几点：

（1）温态、热态、极热态启动时，不进行高压缸倒暖和正暖、以及阀壳预暖操作。

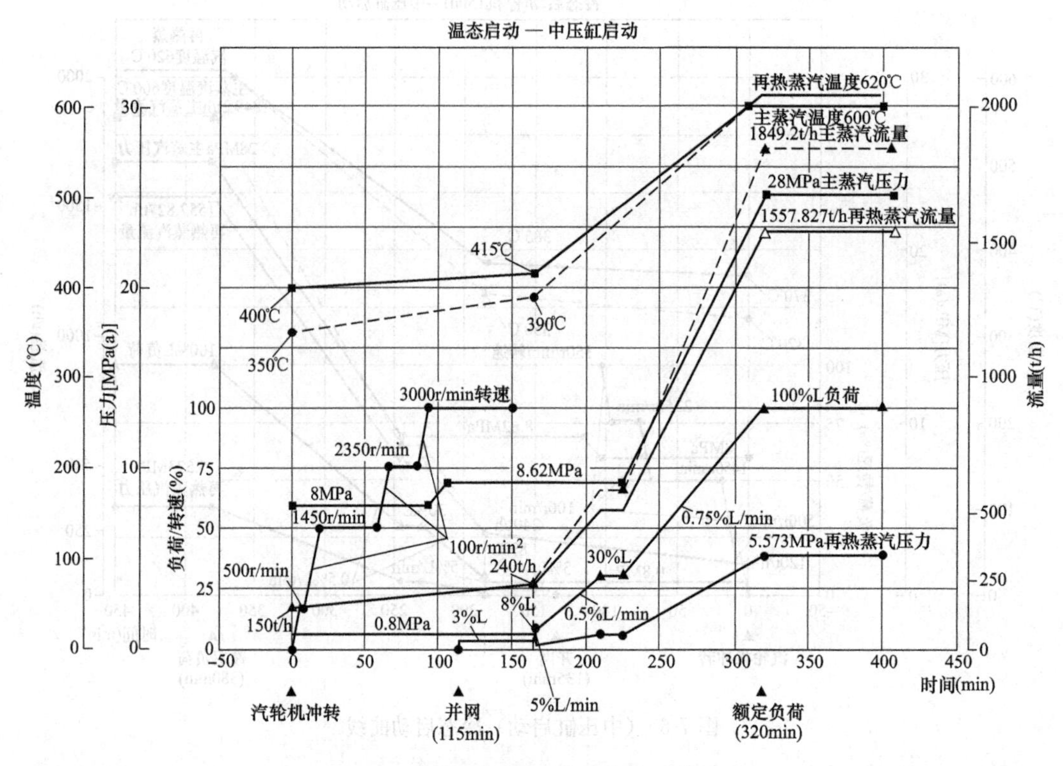

图 7-7 （中压缸启动）温态启动曲线

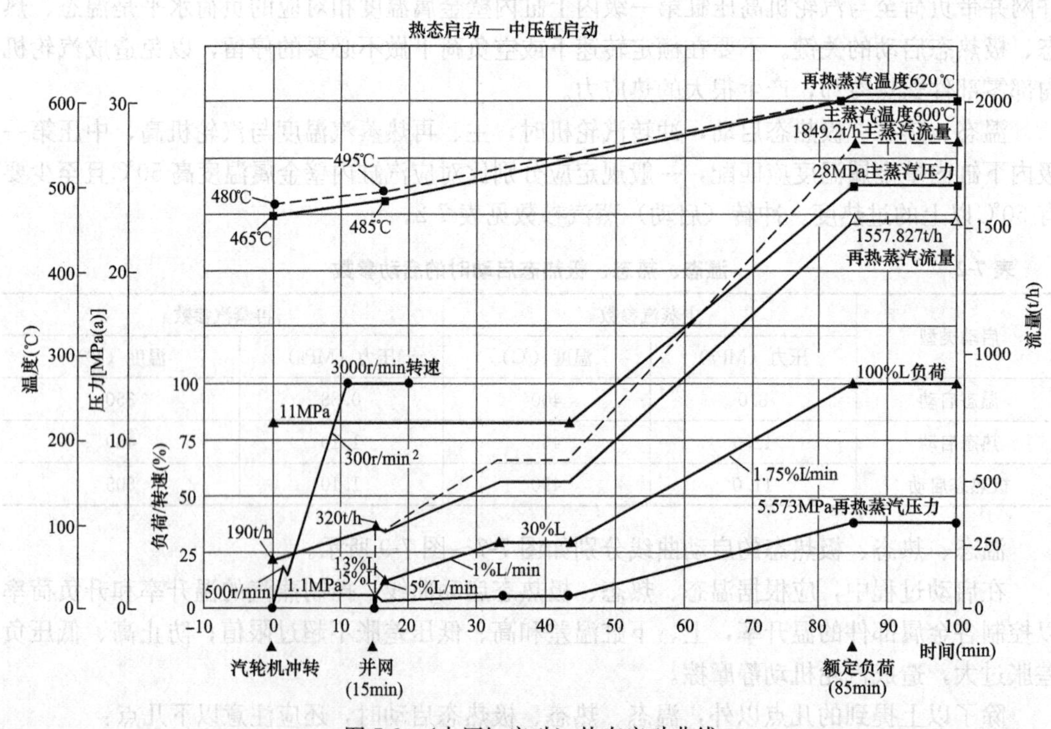

图 7-8 （中压缸启动）热态启动曲线

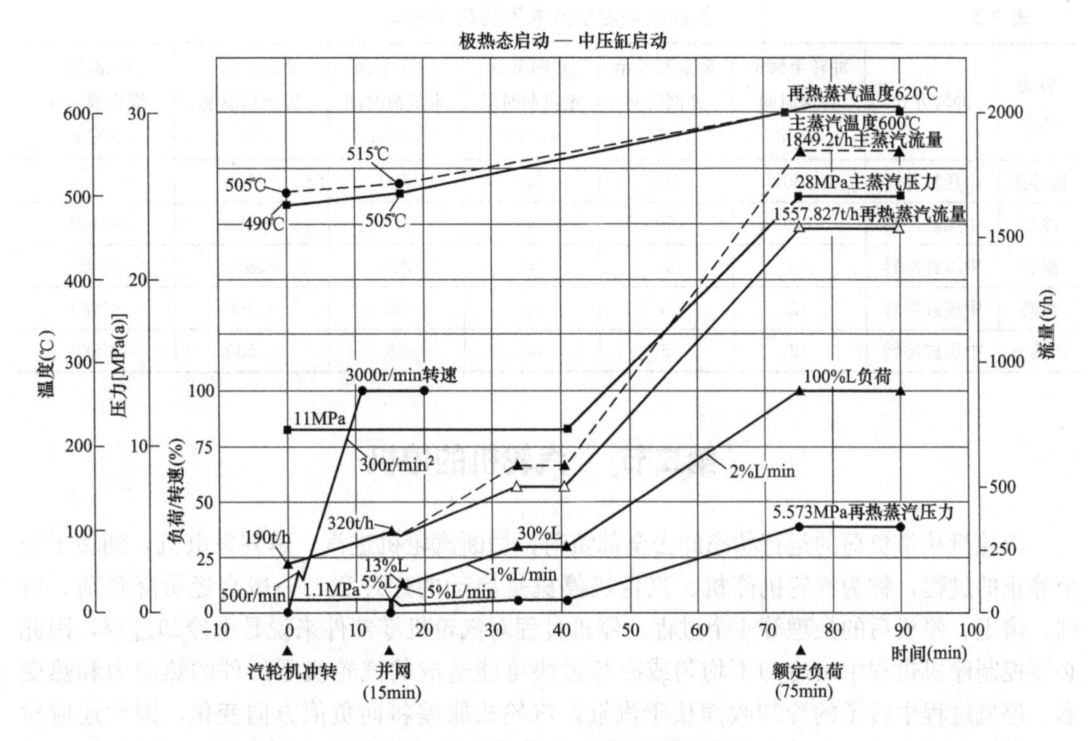

图 7-9（中压缸启动）极热态启动曲线

（2）必须先送轴封蒸汽，后抽真空，同时还应注意轴封蒸汽温度应与汽轮机金属相匹配。如果先抽真空，后送轴封蒸汽，抽真空时会从汽轮机轴封处抽入大量的冷空气，造成轴封局部急剧冷却，产生很大的热应力和金属收缩，影响胀差的变化。而先送轴封蒸汽，后抽真空，从轴封处抽入的则是与金属温度相匹配的轴封蒸汽。极热态启动时，为了保证轴封蒸汽的温度，必要时可投入轴封电加热器。

（3）机组启动前，检查确认高压缸排汽止回阀关闭，高压缸暖缸调节阀前电动隔离阀关闭，高压缸通风阀开启。

（4）温态、热态启动，机组冲转前主机润滑油温调整为35℃左右；极热态启动冲转前主机润滑油温宜为35～38℃。润滑油温低于30℃，禁止冲转。

（5）机组升速率、暖机时间、升负荷率及主、再热蒸汽参数控制参照机组温态、热态、极热态启动曲线。升速率如下所示：温态启动时为 150r/min^2；热态启动时为 300r/min^2；极热态启动时为 300r/min^2。

温态启动时，需要进行低速暖机；热态、极热态启动时，不需要进行低速暖机。温态启动和冷态启动一样，需带3%初始负荷后做适当停留，制造厂推荐的温态启动时初始负荷暖机时间为50min，而热态、极热态启动则不需要进行初始负荷暖机。

（6）旁路系统故障禁止机组极热态启动。

四、机组启动时间

汽轮机各种启动方式下的启动时间不同，陕西商洛发电有限公司高效660MW超超临界汽轮机的启动时间见表7-3。

表 7-3　　机组不同启动方式下的启动时间

启动状态	冲转方式	冲转至额定转速时间(min)	额定转速至并网时间(min)	并网至额定负荷时间(min)	冲转至额定负荷时间(min)	高压缸第一级金属温度(℃)	中压缸第一级金属温度(℃)
极冷态	中压缸冲转	260	100	250	620	<150	<100
冷态	中压缸冲转	110	50	240	380	<150	<100
温态	中压缸冲转	80	20	210	320	<350	<350
热态	中压缸冲转	12	5	75	85	<480	<480
极热态	中压缸冲转	12	5	60	75	<580	<580

第二节　汽轮机的停机

汽轮机从带负荷的运行状态卸去全部负荷、切断汽轮机进汽、解列发电机，到转子完全静止的过程，称为汽轮机停机。汽轮机停机是启动的逆过程，一般会经历降负荷、解列、惰走、停机后的处理等 4 个过程。停机过程对汽轮机零部件来说是个冷却过程，因此必须控制停机过程中由冷却不均匀或冷却过快可能造成的汽轮机零部件的热应力和热变形。停机过程中转子的冷却收缩快于汽缸，汽轮机胀差将向负值方向变化，因此还应对高、低压胀差进行监视。在机组减负荷停机过程中，汽轮机的各辅助设备和系统如给水泵、除氧器、加热器等也将随主机依次停运。在整个停机过程中炉、机、电各专业需相互配合进行。

通过分析发现，冷却速度过快，对汽轮机金属部件造成的拉伸热应力和热变形会使裂纹迅速加深，因此快速冷却比快速加热对汽轮机零部件的危害更大，应特别注意对应汽轮机冷却时的工况如停机、减负荷时的操作。本节主要介绍正常停机前的准备、汽轮机组停运的操作方法、特点和注意事项。

一、停机方式分类

汽轮机的停机方式按停机原因可以分为正常停机和事故停机两大类。不同的停机过程各有不同的特点。

（1）正常停机是指根据电网或检修需要，由电网计划安排的有准备的停机。根据停机目的不同又分为两种停机方式：额定参数停机和滑参数停机，对于现今的大机组分为变压停机和滑参数停机。变压停机是高参数、大容量汽轮机的基本停机方式，采用的是定—滑—定过程的停机方式，可以认为就是最基本的正常停机。不论采用哪种停机方式，都是先将机组负荷减至解列负荷，再解列停机。解列负荷是指断开发电机断路器的目标负荷。

解列停机的方式，制造厂推荐有三种方法：

1）将负荷减至最小值，大约为 5％额定负荷，然后按汽轮机跳闸按钮将机组跳闸，再断开发电机断路器解列发电机。

2）将负荷减至最小值，大约为 5％额定负荷，机头手动操作跳闸手柄，再断开发电机断路器解列发电机。

3）将负荷减至接近为零，大约为额定负荷的0.5%，断开发电机断路器，按汽轮机跳闸按钮，将所有阀门关闭。

如果停机时间很短，停机后汽轮机作为热备用或汽轮机消除设备缺陷后必须马上重新启动，要求保持较高的汽缸温度以利于再启动时能够很快地并网接带负荷，往往采用额定参数停机方式。额定参数停机就是在停机过程中，主蒸汽参数保持在额定值不变，仅通过关小调节汽阀减少进汽量来减负荷。减负荷的速度要根据汽轮机金属的允许温度，一般要求金属的温降速度不超过1℃/min，降到空负荷时，打闸停机，发电机解列，在汽轮机转子停止转动时，投入盘车装置，直至达到要求。

如果停机后希望汽轮机的金属温度降到较低水平，将机组快速冷却下来，便于及早开工对机组进行大修，缩短工期，可采用滑参数停机。滑参数停机就是在调节汽阀接近全开位置并保持开度不变的条件下，依靠主蒸汽、再热蒸汽参数的滑降来逐渐减负荷到零直至汽轮机停止的停机方式。与额定参数停机相比，采用滑参数停机时，由于蒸汽参数的降低，通流部分通过的是大流量、低参数的蒸汽，各金属部件可以得到均匀冷却，热应力和热变形都较小。

（2）事故停机是指电网或机组发生影响正常运行的故障，汽轮机不能继续运行必须解列强迫停机的方式。事故停机又可分为紧急停机和故障停机两种。当机组发生严重危及人身或设备的故障时，应紧急停止机组运行。有一些事故发生后，还不会立即造成严重后果，应尽量采取措施予以挽回，无法挽回时，应立即汇报调度和总工，要求故障停机。

二、滑参数停机

如果要对汽轮机润滑油系统、发电机密封油系统、汽轮机本体等项目进行检修，必须停盘车后方能工作，应选择滑参数停机，停机以后汽轮机高压缸第一级内下缸内壁温度可降至为400℃左右。采用滑参数停机方式，可以缩短汽缸的冷却时间，尽快停运主机盘车。陕西商洛发电有限公司高效660MW超超临界汽轮机的滑参数停机曲线如图7-10所示。

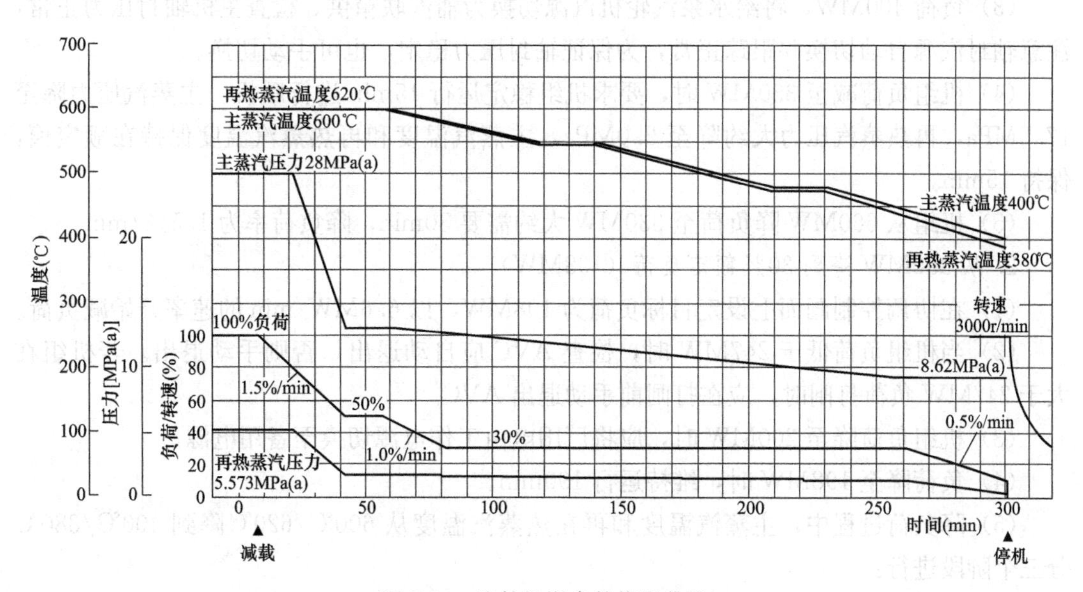

图7-10 汽轮机滑参数停机曲线

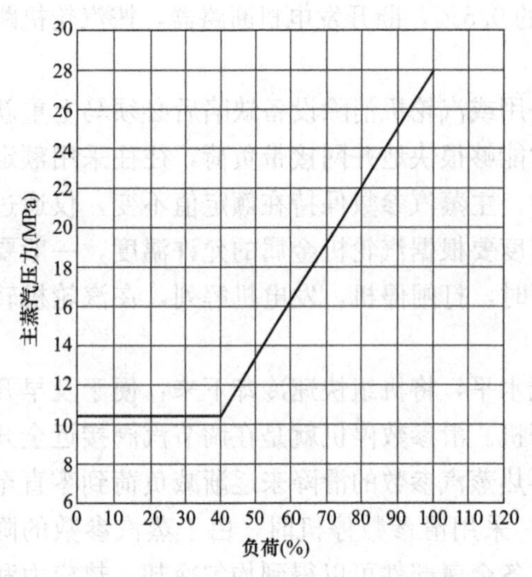

图 7-11 汽轮机设计滑压经济运行曲线

（一）停运前的准备

机组停运前，各专业应密切配合，按要求做好各项准备工作。通知各岗位人员对设备系统进行全面检查，并按规定进行必要的试验，将所发现的设备缺陷详细记录在有关记录簿内，以便检修查考和处理。

汽轮机停机前需调整辅助蒸汽系统及循环水系统的运行方式，进行交流润滑油泵、启动油泵和直流事故油泵、顶轴油泵、氢密封油泵的自启动试验，盘车电机的启动试验和高中压主汽阀、抽汽止回阀的活动试验，确认各项试验正常。进行停机的系统切换准备工作，根据情况进行辅助蒸汽的切换或厂用电切换的准备。

根据厂家设计，汽轮机滑压停机或启动时的经济运行曲线如图 7-11 所示。

（二）机组减负荷

当调度许可机组可以滑停时，且机组负荷在 330MW 以上，可先将负荷降至 330MW。以额定负荷滑参数停机为例说明。

1. 从额定负荷（660MW）降到 50%额定负荷（330MW）

（1）检查机组处于 CCS 和滑压运行方式，在协调控制画面上设定目标负荷为 330MW，以 9.9MW/min 的速率开始减负荷。确认旁路控制在跟踪状态。

（2）负荷 594MW 时，观察机组由定压区域进入滑压区域，主蒸汽压力随着机组负荷以 0.75MPa/min 的速率同步下降。

（3）负荷 400MW，将给水泵汽轮机汽源切换为辅汽联箱供。检查主机轴封压力正常，注意轴封汽源自动切换并跟踪正常，为保证轴封压力稳定，也可手动切换。

（4）机组负荷减至 330MW 时，要求机组稳定运行 15min 进行暖机。主蒸汽压力降至 17.5MPa，再热蒸汽压力大约降至 2.0MPa，主蒸汽温度和再热蒸汽温度保持在额定值，保持 15min。

（5）机组从 660MW 降负荷至 330MW 大约需要 30min，降负荷率为 1.5%/min。

2. 从 330MW 降到 30%额定负荷（198MW）

（1）在协调控制画面上设定目标负荷为 198MW，以 6.6MW/min 的速率开始减负荷。

（2）当机组负荷低于 247MW 时，检查 AVC 应自动退出，否则手动退出。若机组在大于 247MW 负荷打闸时，应在打闸前手动退出 AVC。

（3）机组负荷降至 200MW 时，应将厂用电由工作电源切换至备用电源。

（4）负荷降至 198MW 时，维持运行 190min。

（5）降负荷过程中，主蒸汽温度和再在热蒸汽温度从 600℃/620℃降到 400℃/380℃分三个阶段进行：

第一阶段：主蒸汽温度以 0.8℃/min 的速度降至 540℃，再热蒸汽温度以 0.9℃/min

的速度降至550℃，保持20min。

第二阶段：主蒸汽温度以1.2℃/min的速度降至475℃，再热蒸汽温度以1.1℃/min的速度降至450℃，继续保持20min。

第三阶段：主蒸汽温度以1.0℃/min的速度降至400℃，再热蒸汽温度以1.3℃/min的速度降至380℃。

（6）主蒸汽压力按200min由17.5MPa降至8.62MPa左右。再热蒸汽压力由2.0MPa稍降至1.25MPa左右。

3. 从198MW降到10%额定负荷（66MW）

机组在198MW负荷下运行时间达到要求时，蒸汽参数也符合要求，可以继续减负荷。

（1）设定目标负荷为66MW，以3.3MW/min的速率开始减负荷。主蒸汽压力维持8.62MPa不变，主蒸汽温度、再蒸汽温度保持不变。

（2）当负荷降到132MW负荷时，确认汽轮机中低压组疏水阀自动开启，否则手动开启。

（3）当四段抽汽压力降至0.15MPa时，除氧器汽源倒为辅助汽源，转为定压运行（0.15MPa），同时注意高压加热器水位，四段抽汽压力低于辅汽压力时给水泵汽轮机汽源自动切换至辅汽。

（4）机组负荷降至99MW时，或低压缸排汽温度大于80℃时，检查低压缸喷水阀自动打开。

（5）当负荷降到66MW时，确认汽轮机高压疏水阀自动开启，否则手动开启，汇报值长进行机组解列。

负荷从198MW滑降至66MW，大约需要40min。

（三）汽轮机跳闸，机组解列

确认交流润滑油泵、直流润滑油泵、启动油泵启动并运行正常。确认高、低压旁路系统运行。按“汽轮机跳闸”按钮，信号发出，确认汽轮机跳闸。断开发电机断路器，解列发电机，确认机组解列。

确认高、中压主汽阀与调节汽阀开度指示为零，各段抽汽电动阀、止回阀关闭，高排止回阀关闭，高压缸通风阀开启。

确认机组转速开始下降，进入惰走阶段。

汽轮机转速下降至2400r/min时顶轴油泵联启，转速至零，开启盘车啮合电磁阀，就地检查啮合到位，启动盘车电机，投入连续盘车，盘车投入后，可根据需要进行发电机气体置换。

滑参数停机过程中，主要控制数据见表7-4。

（四）转子惰走

打闸后，所有汽阀关闭，发电机解列，汽轮机停止进汽后，转子在惯性的作用下仍然继续转动一段时间才能静止下来。从主汽阀和调节汽阀关闭时起，到转子完全静止下来的这段时间，称为转子的惰走时间。表示转子惰走时间与转速下降关系的曲线称为惰走曲线，如图7-12所示。新投产机组投入运行一段时间待各部工作正常后，于停机时测绘的转子惰走曲线称为汽轮机的标准惰走曲线。

表 7-4　　负荷与蒸汽参数对照

负荷（MW）	主蒸汽压力（MPa）	降负荷率（MW/min）	主蒸汽温度（℃）	再热蒸汽温度（℃）	主/再热蒸汽温降率（℃/min）	时间（min）
660↓330	28↓17.5	9.9	600	620	0	30
330	17.5	0	600	620	0	15
330↓198	17.5↓8.62	6.6	600↓540	620↓550	0.8/0.9	30
198			540	550	0/0	20
198			540↓475	550↓450	1.2/1.1	140
198			475	450	0/0	20
198			475↓400	450↓380	1.0/1.3	140
198↓66	8.62	3.3				
66	机组解列					

注　总滑停时间为5～6h。

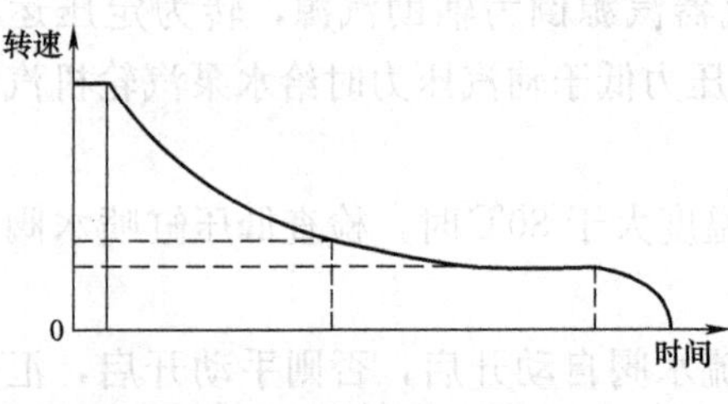

图 7-12　汽轮机停机时的惰走曲线

每次停机都要记录转子惰走时间，以便与标准惰走时间进行比较来判断汽轮机设备的某些性能，并可检查设备的某些缺陷。当按同样的真空变化规律停机时，如果惰走时间明显比标准惰走时间减少，表明汽轮机内机械摩擦阻力增大，可能是轴承工作恶化或机组通流部分发生动静碰磨所致；如果惰走时间显著增长，表明有蒸汽继续在汽轮机内做功，可能是主汽阀、调节汽阀或抽汽管道上的止回阀关闭不严，致使有压力的蒸汽漏入或返回汽缸内所致。

转子惰走时，轴封供汽不可过早停止，以防止大量的空气从轴封处漏入汽缸内发生局部冷却，通常当真空降到零时，停止轴封供汽。轴封供汽也不可停止过晚，即不能在转子已经静止、真空为零以后仍然供汽，否则将造成上下汽缸温差过大，转子受热不均产生热弯曲。惰走时，由于没有蒸汽带走鼓风摩擦损失所产生的热量，排汽缸温度将会升高，根据需要投入排汽缸的喷水减温装置。

惰走时，在保证有余热和疏水进入凝汽器时不会过热的情况下，可以停止循环水泵，否则，应使循环水泵继续运行一段时间。检查顶轴油泵及时投入运行，便于转速为零时及时投入盘车。

当转子完全静止后，应立即投入盘车装置，以防止由于上下汽缸温差引起的转子热弯曲，并保证机组随时可以启动。通常当汽缸金属温度达到150℃以下时，停止盘车。

三、正常停机（变压停机）

陕西商洛发电有限公司高效660MW超超临界汽轮机的正常停机曲线如图7-13所示。

1. 机组减负荷

（1）机组从额定负荷（660MW）降到50%额定负荷（330MW）。

机组负荷从660MW减至330MW期间，机组采用滑压运行方式。维持汽轮机调节汽阀开度不变，按照减负荷率2.5%/min（16.5MW/min）降负荷。在330MW负荷稳定运

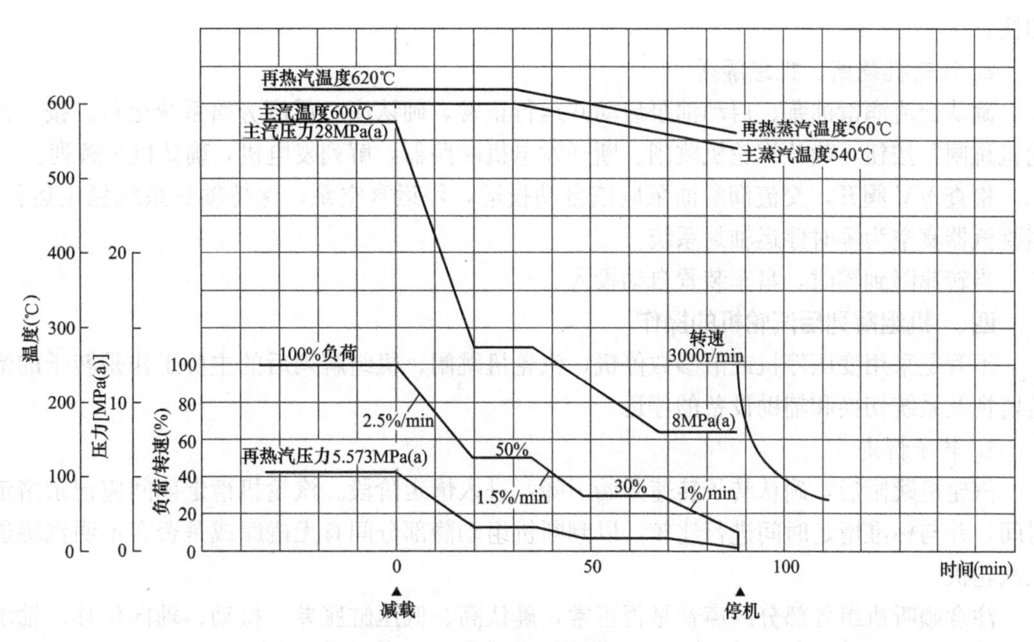

图 7-13　汽轮机正常停机曲线

行 15min。

从额定负荷降到 330MW 时，主蒸汽压力由 28MPa 降到 12.5MPa。通过缓慢减少锅炉燃烧率，使机组负荷随着主蒸汽压力的降低而下降。

在此期间，主蒸汽温度和再热蒸汽温度保持额定值不变。

(2) 机组从 50％（330MW）降到 30％负荷（198MW）。

机组在 330MW 暖机期间结束后，继续按照滑参数运行方式将负荷降到 198MW，减负荷率为 1.5％/min。缓慢减少锅炉燃烧率，汽轮机负荷随主蒸汽压力和温度的降低而减少。

达到 198MW 时开始暖机 20min。暖机期间，主蒸汽压力和温度、再热蒸汽温度逐渐下降，暖机结束后主蒸汽压力降到 8.0MPa，主蒸汽温度降到 560℃和再热蒸汽温度降到 580℃，在此期间再热蒸汽压力保持不变。

在机组减负荷过程中，根据汽缸金属温度的要求，控制主蒸汽、再热蒸汽温度，同时严密监视控制高压缸第一级金属温度、中压缸进口金属温度下降率、转子热应力、汽轮机绝对膨胀，高、低压缸胀差，轴向位移等参数的变化趋势。

同时，密切监视辅汽汽源，根据需要进行切换邻机或启动锅炉供应，并根据需要投运旁路系统。

(3) 机组从 30％（198MW）降到 10％负荷（66MW）。

机组负荷从 198MW 减至 66MW 期间，机组采用定压运行方式。此期间的降负荷率为 1.0％/min，主蒸汽压力维持在 8.0MPa 不变，达到 33MW 时，主蒸汽温度降到 540℃和再热蒸汽温度降到 560℃。

该阶段，随着汽轮机进汽量的减少，再热蒸汽压力缓慢下降。同时注意低压缸的排汽温度，如果温度过高，低压缸喷水能够自动投入。减负荷过程中，检查除氧器汽源的切换。

2. 汽轮机跳闸、机组解列

确认交流润滑油泵、启动油泵启动并运行正常。确认高、低压旁路系统运行。按“汽轮机跳闸”按钮，确认汽轮机跳闸。断开发电机断路器，解列发电机，确认机组解列。

检查VV阀开，交流润滑油泵应该自动投运，停运真空泵，保持轴封系统稳定运行，当凝汽器真空为零时停运轴封系统。

当转速降到零时，盘车装置自动投入。

四、 机组解列后汽轮机的操作

不管是采用变压停机或滑参数停机，汽轮机跳闸、机组解列后的主要工作是转子的惰走监视及系统切换和辅助设备的停运。

1. 转子惰走

汽轮机跳闸后，确认转子转速开始下降，进入惰走阶段。汽轮机惰走期间应记录惰走时间，并与标准惰走时间进行比较，以判断机组动静部分间有无碰摩或是否有不明汽源进入汽轮机。

注意倾听机组各部分的声音是否正常，确认高、低压缸胀差、振动、轴向位移、轴承金属温度等参数正常，确认润滑油压、油温正常。

2. 盘车装置自动投入

降速期间，现场目测检查汽轮机转子已完全停止转动后，确认盘车装置自动投入，转速1.5r/min。否则应手动启动，确认盘车电流、转子偏心度正常。使用听音棒检查汽轮机及发电机是否有动静部件碰摩的声音。

连续盘车在汽轮机高压缸第一级内下缸内壁温度下降至150℃以前不应停止。如果无其他特殊原因，在整个停机过程中，盘车装置应保持连续运行，如果停止盘车运行，将会使汽轮机转子产生过大偏心和弯曲，造成下次启动困难。

在连续盘车期间，因工作需要必须停止连续盘车或盘车故障停止时，应遵循下列原则：

(1) 汽机高压缸第一级内下缸内壁金属温度小于400℃，允许因工作需要停运盘车，但停止时间不得超过10min，如10min内不能完成工作，应分两次或多次进行。

(2) 因某种原因停用盘车后需要再投连续盘车时，连续盘车前应先盘动转子180°，等待盘车停用时间的1/3，然后才能进行连续盘车。此时应特别注意监视转子偏心度和盘车电流的大小。

(3) 在连续盘车期间，汽缸内若有明显摩擦声，应立即停止连续盘车运行，查明原因，进行处理。

3. 破坏真空

汽轮机转速到零后，记录惰走时间，停运凝汽器真空泵，打开高、低压凝汽器真空破坏阀。如果在汽轮机停机中，汽轮机转速到零之前不破坏真空，应确认有足够的辅助蒸汽以保证轴封蒸汽的汽源。在维持真空期间，盘车装置必须投入运行，进行盘车时润滑油系统也必须连续运行。

在汽轮机停机时，如果有必要，转速没有到零之前也可破坏凝汽器真空。由于空气阻力的增大，汽轮机转速下降加快，停机时间会大大缩短。但汽轮机转速必须下降至

2350r/min 以下才允许开启真空破坏阀。如果汽轮机转速在 2350r/min 以上开启真空破坏阀，由于鼓风摩擦的加剧，会造成转子温度的升高，鼓风损失产生的热量可能损坏汽轮机末级叶片。应特别注意的是轴封系统在真空下降为零之前绝对不应停止运行。

4. 停止轴封供汽

当凝汽器真空到零时，停止向汽轮机供轴封蒸汽。轴封蒸汽母管压力到零，即可停运轴加风机。轴封蒸汽不可过早停止，以防止大量冷空气从轴封处漏入汽缸内造成局部冷却。如果真空未到规定值就停止轴封供汽，冷空气对轴封段的转子冷却，可能因变形或转子碰摩而损坏轴封。

5. 盘车装置停运

检查汽轮机高压缸第一级内下缸内壁温度下降至低于 150℃，停止盘车装置运行。停止盘车装置运行之后不要立即停运轴承润滑油泵，当高压缸第一级内下缸内壁温度下降至150℃以下时可停止运行。

6. 凝结水系统、开式冷却水系统、闭式水系统和循环水系统停运

当汽轮机低压缸排汽温度低于 50℃，且无其他凝结水用户时可以停止凝结水泵运行。闭式水系统和循环水系统视冷却水用户情况，根据需要决定是否停运。

7. 定子冷却水系统、发电机密封油系统停运

机组停运后，可停止定子冷却水系统。当汽轮机盘车停运且发电机排氢结束后，停止发电机密封油系统运行。

第三节 汽轮机的正常运行与维护

一、汽轮机的正常运行维护

汽轮机正常运行过程中，正确执行运行规程规定，认真检查设备状况、监视设备运行参数和对设备进行操作调整，是运行人员的职责，也是保证汽轮机设备安全经济运行的前提。

1. 汽轮机的正常运行调整

为了保证汽轮机设备安全经济运行，运行人员在运行维护中必须认真执行汽轮机运行规程所规定的数值，除了用各种直观方法对设备的运行情况进行检查和监视外，更主要的是通过各种仪表对设备的运行情况进行监视分析并进行必要的调整，以保持各项参数值在允许变化范围内。

（1）认真监视，精心操作、调整，随时注意各种仪表的指示变化，采取正确的维护措施。

（2）认真填写运行日志，每小时抄表一次，并进行数据分析。发现仪表指示和正常值有差别时，应立即查明原因，并采取必要的措施。

（3）定期对机组进行巡回检查，应特别注意推力轴承金属温度、各支持轴承金属温度及回油温度、油流及振动情况，发电机冷却系统运行情况及严密情况，严防漏油着火等。对汽轮机各部进行听音检查，特别是在工况变化较大时，更应仔细进行听音，防止通流部分发生动静碰摩。

（4）运行中要经常保持汽轮机在经济状态下运行。

应注意保持主、再热蒸汽温度在额定值，蒸汽压力符合机组变压运行曲线规定值，变动范围不超过允许的范围；回热系统应运行正常，加热器出口水温应在规程规定范围之内；保持凝汽器在最佳真空下运行，定期对照检查汽轮机排汽温度，并及时进行调整，凝结水过冷度不应超过规定值；及时调整轴封蒸汽压力，防止由于压力过高漏汽窜入轴承箱，使油中带水，油质恶化，同时也要防止由于压力过低，低压缸汽封漏空气造成凝汽器真空下降。

运行中应进行各种定期切换及试验工作。根据设备的具体情况定期检查或联系检修人员清理安装在汽、水、油系统上的滤网。定期清扫，保持汽轮发电机组设备的清洁卫生。

2. 运行中的巡回检查

巡回检查是了解设备、掌握运行对象、运行情况，发现隐患，保证设备安全运行的重要措施之一。因此，必须按照标准设备巡回检查卡，逐项、认真的检查设备的运行、备用情况。在巡回检查中如发现异常情况，应仔细研究分析，并找出原因，及时予以消除。不能很快消除的要采取措施，防止故障扩大，做好记录并及时汇报。

3. 正常运行中的试验及辅助设备切换

为了保证主机安全，必须要求其保护装置及辅助设备安全可靠，避免因保护装置或辅助设备异常造成主机停机或损坏。所以运行中，必须严格按照定期工作的要求和标准，定期进行保护试验和辅助设备的定期切换，以检验各保护和辅助设备是否正常。若发现异常应尽快联系检修人员处理，以确保主机的安全运行。

二、 汽轮机正常运行中各主要参数的监视和控制

运行中对汽轮机设备进行正确的维护、监视和调整，是实现安全、经济运行的必要条件。为此，机组正常运行时要经常监视主要参数的变化情况，并能分析其产生变化的原因。对于危害设备安全经济运行的参数变化，根据原因采取相应措施调整，并控制在规定的允许范围内。

汽轮机运行中的主要监视项目，除主蒸汽、再热蒸汽参数及凝汽器压力与排汽温度外，还有回热抽汽压力（监视段压力）、轴向位移、热膨胀、转子振动以及润滑油系统、EH 油系统等。表 7-5 所示为陕西商洛发电有限公司高效 660MW 超超临界汽轮机组启动和正常运行中的部分控制参数。

表 7-5 陕西商洛发电有限公司高效 660MW 超超临界汽轮机组启动和正常运行中的控制参数

项 目	单位	正常值或范围	高限	报警	保护跳闸值	备 注
主蒸汽压力	MPa	28.00	33.6			12 个月期间在额定压力 105%～120%上的总的运行时间不超过 12h，每次不超过 15min
主蒸汽温度	℃	600	628			12 个月期间内，超过额定温度＋8～＋14℃不超过 400h；超过额定温度＋14～＋28℃不超过 80h，每次波动不超过 15min
热再热蒸汽压力	MPa	5.61	≤115%			大于 115%额定值，安全阀开启
再热蒸汽温度	℃	620	648			同主蒸汽温度

续表

项　目	单位	正常值或范围	高限	报警	保护跳闸值	备　注
主、再热蒸汽温差	℃	±11	<42			非正常运行下温差可小于42℃，但一年内不超过400h
主蒸汽流量	t/h	1859.7	1952.7			不大于额定进汽量的5%
热再热蒸汽流量	t/h	1573.54	≤104%			不大于额定进汽量的4%
高压缸排汽压力	MPa	6.1	≤125%			高排压力不超过机组在额定功率下运行时的压力的25%
高压缸排汽温度	℃	<410	410	≥410	≥440	也是高压排汽室内壁温度
低压缸排汽压力	kPa(a)	≤25	—	—	—	汽轮机启动时的真空值
		<60	60	≥60	≥65	
低压缸排汽温度	℃	<80	80	≥80	≥107	达到65℃开低压缸喷水阀，达到80℃全开低压缸喷水阀，80℃报警，107℃跳闸
低压缸进汽流量	t/h	1027.79	1152.97			高压加热器全部切除时的最大排汽
主机转速	r/min	3000		≥110%	110%～111.0%额定转速	主机转速3300r/min时，DEH超速和ETS超速动作跳机；达到超至3300～3330r/min机械式危急保安器动作跳机
				≥112	≥112	备用超速工作
转子偏心值	μm	<40				原始偏心20μm。二十五项反措规定是不超过原始值的±0.02mm
主机振动	μm	<125	125	≥125	≥250	轴振
		<70			≥70	轴承盖（轴瓦）振动
轴向位移	mm	<+0.6和>−1.08	+0.6或−1.08	≥+0.6或≤−1.08	≥+0.8或≤−1.28	（1）主机轴向位移达0.6mm或−1.08mm时，报警；（2）主机轴向位移达0.8mm或−1.28mm时，保护动作跳机
高压胀差	mm	<+8.0和>−7.0	+8.0和−7.0	≥+8或≤−7	≥+8.5或≤−7.5	高压胀差达+8.5或−7.5mm时，故障停机
中压胀差	mm	<+6.5和>−7.0	+6.5或−7.0	≥+6.5或≤−7.0	—	中压胀差达+6.5mm或−7.0mm时，报警
低压胀差	mm	<+13.5和>−6.0	+13.5或−6.0	≥+13.5或≤−6.0	≥+15.0或≤−8.0	（1）低压胀差达+13.5或−6.0mm时，报警；（2）低压胀差达+15.0或−8.0mm时，故障停机
一级抽汽压力	MPa	8.003	8.375			VWO工况：8.269
一级抽汽温度	℃	396.3				VWO工况：403.4
二级抽汽压力	MPa	6.098	6.364			VWO工况：6.291
二级抽汽温度	℃	359.1				VWO工况：365.4

续表

项　目	单位	正常值或范围	高限	报警	保护跳闸值	备　注
三级抽汽压力	MPa	2.957	3.088			VWO工况：3.054
三级抽汽温度	℃	517.5				VWO工况：517.7
四级抽汽压力	MPa	1.132	1.184			VWO工况：1.168
四级抽汽温度	℃	375.4				VWO工况：375.4
五级抽汽压力	MPa	0.461	0.482			VWO工况：0.482
五级抽汽温度	℃	261.1				VWO工况：261.1
六级抽汽压力	MPa	0.224	0.234			VWO工况：0.232
六级抽汽温度	℃	189.6				VWO工况：189.7
七级抽汽压力	MPa	0.100	0.105			VWO工况：0.105
七级抽汽温度	℃	110.0				VWO工况：110.9
八级抽汽压力	MPa	0.036	1.038			VWO工况：0.038
八级抽汽温度	℃	73.4				VWO工况：74.5
主机支持轴承金属温度	℃	＜90	110	≥110	≥121	（1）任一支持轴承金属温度达110℃，处理无效应故障停机；（2）任一支持轴承金属温度达121℃时应紧急停机
主机支持轴承排油温度	℃	＜70	75	≥75		任一支持轴承回油温度达75℃，应故障停机
主机推力轴承金属温度	℃	＜90	100	≥100	≥115	（1）推力轴承金属温度达100℃时，报警；（2）推力轴承金属温度达115℃时，应紧急停机
主机推力轴承回油温度	℃	＜70	75	≥75		轴承回油温度达75℃，应故障停机
主机润滑油温	℃	40～50	50	≤40或≥50	—	润滑油温达50℃，故障停机
		38～40	40	≤38或≥40	—	启动前的盘车状态
主油箱油位	mm	±100	+100，−100	＞+100，＜−100	≤−150	（1）主油箱油位下降至−100mm，故障停机；（2）主油箱油位急剧下降至−150mm，加油来不及，应紧急停机
主机润滑油压（轴承供油压力）	MPa	≥0.03	—	—	—	小于0.03MPa时盘车电动机停止
		0.14～0.18		≤0.115启动交流润滑油泵	≤0.07启动直流事故油泵	（1）低至0.115MPa时，启动交流润滑油泵；（2）低至0.07MPa时，启动直流润滑油泵

续表

项　目	单位	正常值或范围	高限	报警	保护跳闸值	备　注
主机 EH 母管油压	MPa	14.0	16.2 或 11.2	＜11.2	≤7.8	(1) 母管油压低至 11.2MPa，发出报警，并启动备用泵；(2) 母管油压低至 7.8MPa，保护动作跳机
主机 EH 油温	℃	32～45	55 或 20	＞55	—	油箱油温为 20.0～55℃
主机 EH 油箱油位	mm	±50	＋100，－155	＋102，－160	－240	油箱正常油位 424mm
轴封汽母管压力	kPa	21～27	21 或 27	≤10	—	
轴封加热器管路压力	kPa	0.75～1.25		—	—	

1. 负荷和蒸汽流量

值班员或调度员根据负荷曲线或调度要求，主动操作调整机组负荷，以及由于电网频率变化、调速系统故障等原因都会引起机组负荷发生变化。

当机组负荷或蒸汽流量变化时，汽轮机的轴向推力改变，当蒸汽流量过大超过允许值时，最末一、二级可能过负荷，同时由于轴向推力的增大，应加强对轴向位移的监视，并注意监视推力轴承的金属温度和回油温度的变化。考虑到汽轮机的工作安全，必须限制最大流量。

负荷或蒸汽流量变化，还会引起给水箱水位和凝汽器水位的变化。以负荷增大为例，负荷增大要求锅炉给水量增大，会造成给水箱水位瞬间下降，而负荷增大又会使进入凝汽器的乏汽量增多，凝汽器水位升高。因此对给水箱水位和凝汽器水位应及时检查和调整。

随着负荷的变化，各段抽汽压力也相应地变化，由此影响到除氧器、加热器、轴封供汽压力的变化，所以对这些设备也要及时调整。轴封压力不能维持时，应切换汽源，必要时对轴封加热器的负压要及时调整。负压过小，可能使油中进水；负压过大，会影响真空。增减负荷时，还需调整循环水泵运行台数等。

2. 主蒸汽参数

通常情况下，当锅炉蒸发量与汽轮机负荷不相适应时，就会造成主蒸汽压力的变化。而主蒸汽温度的变化，则受锅炉燃烧调整、减温水调整、高压加热器是否投运等因素的影响。主蒸汽参数发生变化时，将引起机组效率和功率的变化，并且使汽轮机通流部分的某些部件的应力和机组的轴向推力发生变化，从而影响机组运行的安全性和经济性。运行人员应充分认识到保持主蒸汽初参数合格的重要性，当蒸汽压力、蒸汽温度的变化幅度超过规程规定的允许范围时，应通过锅炉及时调整恢复。

(1) 主蒸汽压力变化。

主蒸汽压力升高时，如其他参数和调节汽阀开度不变，则进入汽轮机的蒸汽流量要增加，机组的焓降也增加，使机组负荷增大。如保持机组负荷不变，则应关小调节汽阀。这样，新蒸汽流量将减少，汽耗率降低，热耗率也降低，机组经济性提高。但蒸汽压力过高会造成主蒸汽管道以及蒸汽室、法兰螺栓等高压部件的工作应力增大，造成金属材料的破坏。长期超压运行，会缩短零件的使用寿命。

主蒸汽压力降低时，因汽轮机焓降减小，所以经济性下降。当蒸汽压力降低时，若汽轮机调节汽阀开度保持不变，则对汽轮机是安全的；但如果保持原来的额定功率不变，由于蒸汽流量的增加，末级可能过负荷；另外，流量的增大也会造成轴向推力的增加，影响推力轴承的正常工作。因此，当主蒸汽压力降低时应限制汽轮机功率，蒸汽流量不应超过设计的最大流量。

（2）主蒸汽温度变化。

蒸汽温度升高时，虽因蒸汽理想焓降的增加及排汽湿度的降低而有利于汽轮机热效率的提高，但从安全性方面看，蒸汽温度过高，由于蠕变速度加快缩短了其使用寿命，如蒸汽管道、主汽阀、调节汽阀、高压第一级、汽缸法兰、螺栓等都将受到较大的影响。因此，蒸汽温度升高必须严格限制。

运行中，主蒸汽温度的降低对汽轮机的安全性与经济性都是不利的。蒸汽温度降低，蒸汽的理想焓降减小，排汽湿度增大，效率降低。蒸汽温度降低时若仍维持额定负荷不变，就必须增大进汽量，最末一、二级的焓降和流量同时增大，可能过负荷。同时，进汽量的增加还会引起汽轮机轴向推力增大。因此汽轮机在主蒸汽温度降低时必须限制机组出力运行。

还应注意到，主蒸汽温度的降低会引起低压级湿度的增加，增大了低压级的湿汽损失，同时也加剧了这些级动叶的冲蚀。因此主蒸汽温度降低时可同时降低主蒸汽压力，以减小蒸汽湿度，但机组出力就会进一步受到限制。

东汽机组规定，正常运行时，任何 12 个月运行期间内汽轮机进汽口的平均压力不应超过额定压力。但在 12 个月期间异常运行时，在额定压力 105%～120%上的总的运行时间不超过 12h，每次不超过 15min。

对于主蒸汽温度，要求任何 12 个月运行期间内高压缸任何一进汽口处的平均主蒸汽温度不得超过额定温度。在保持此平均值的条件下，正常情况下温度不应超过额定温度 8℃以上，温度瞬时偏差值可在大于 8℃到小于超过 14℃之间变化，条件是在任何 12 个月位于这两个值之间的总运行时间不超过 400h。在任何 12 个月内在超过额定温度 14～28℃之间运行的总时间不超过 80h，每次不得超过 15min。在任何情况下温度均不准超过额定温度 28℃。

3. 再热蒸汽参数

再热蒸汽压力随负荷的变化而变化，正常运行时并不需要调节。当运行需要必须关闭中压联合汽阀时，为了保护高压缸和再热器，高压缸排汽管压力不允许超过额定蒸汽压力、流量时高压缸排汽压力的 125%，必要时安全阀应开启。

运行人员应对不同负荷下的再热蒸汽压力有所了解。再热蒸汽压力的异常升高，一般是由于中压调节汽阀脱落或调节系统发生故障，使中压调节汽阀或自动主汽阀误关而引起的，应迅速处理，设法使其恢复正常。

再热蒸汽的温度主要取决于锅炉的特性和工况。再热蒸汽温度变化对中压缸和低压缸的影响，类似于主蒸汽温度的变化，对再热蒸汽温度的规定与主蒸汽相同，在此不再赘述。

东汽机组规定，正常运行时，任何 12 个月运行期间内中压缸进汽口的平均温度不应超过额定温度。在一般情况下，温度不能超过额定温度达 8℃。如果在特殊情况下，温度偏差超过此值，温度瞬时偏差值可在超过额定温度 8～14℃之间变化，条件是在任何 12 个月运行期间内在这两个值之间总的时间不超过 400h。如果在任何 12 个月运行期间内，温度偏差在超过 14～28℃之间总的运行时间不超过 80h，每次不超过 15min。这种运行也是允许的。在任何情况下温度均不准超过额定温度 28℃。

蒸汽初始温度和（或）再热蒸汽温度周期波动超过 14℃将对汽轮机零部件如动叶、静叶、汽缸、阀壳等的寿命产生不利于影响。

蒸汽温度偏差应维持在允许范围内，并将蒸汽温度的周期波动减小到最小。

4. 凝汽器压力

凝汽器压力是影响汽轮机经济性的主要参数之一，凝汽器的作用是为主机运行提供最经济的背压并将主机低压缸排汽及给水泵汽轮机排汽冷凝成水。

凝汽器压力升高，真空下降时，汽轮机总的焓降将减少，在进汽量不变时，机组的功率将下降。如果真空下降时维持满负荷运行，蒸汽流量必然增大，可能引起汽轮机前几级过负荷。真空严重恶化时，排汽室温度升高，还会引起机组中心发生变化，产生较大的振动。凝汽器压力降低超过允许值，可能造成末级动叶过负荷。因此运行中发现凝汽器压力不正常升高或降低时，应查找原因按规程规定进行处理。

如果在冲转升速时，汽轮机真空度严重低于限制值，汽轮机不必跳闸，但是应密切观察排汽缸温度、胀差、振动和其他限制条件。此时，最好将汽轮机继续升速并观察真空度升高的趋势，带初始负荷之前，要检查真空度是否满足要求，带负荷后，真空度不应降低到－60 kPa 的报警值。如果运行中出现低真空度报警，应当立即查明原因并消除。

为了保护低压缸和冷凝器的安全，在低压缸上设计有空气泄放隔膜。当凝汽器的真空过低时空气泄放隔膜破裂，通过泄放蒸汽降压。同时，真空度的下限也应根据汽轮机末级叶片处的蒸汽湿度来确定。真空下降，与之对应的饱和温度提高，汽轮机末级处的蒸汽湿度会增大。考虑到叶片腐蚀的速率，最后一级的湿汽限制值为 12%。

凝汽器的真空也不能过高，真空过高可能使低压排汽缸上突出的轴承外壳变形，并改变振动水平。

5. 胀差

转子和汽缸的正、负胀差都会引起通流部分动静间隙发生变化，一旦某一区段的正胀差或负胀差值过大，超过在这个方向的动静部件轴向间隙时，将发生动静碰摩而损坏。

正常运行中，由于汽缸和转子的温度已趋于稳定，一般情况胀差变化很小。但启动、停机时若高压缸暖缸不充分、暖机升速或增减负荷速度太快等，都会引起汽轮机高、低压胀差过大。此外，运行中蒸汽参数急剧变化、轴封汽参数不符合要求或因滑销系统卡涩限制了汽缸的自由膨胀等也会引起汽轮机高、低压胀差发生变化。因此应加强对胀差的监视。无论是正胀差还是负胀差异常，均应认真检查汽缸绝对膨胀情况，若有卡涩现象，应加强暖机，同时通知检修处理。

胀差的大小可以用胀差指示器进行测量。用于探测高、低压胀差大小的胀差指示器分别安装于前轴承箱和低压缸后 4、5 号轴承箱内。本机组运行中允许的正、负胀差值为高压胀差－7.0～18.0mm，中压缸胀差－7.0～6.5mm，低压缸胀差－6.0～13.5mm。

6. 轴向位移

对汽轮机转子轴向位移进行监视，可以监督汽轮机轴向推力的变化情况，了解推力轴承的工作状况和通流部分动静间隙的变化。

轴向位移异常增加或减小，主要原因是轴向推力变化引起的。当轴向推力增加时，将使推力盘与推力瓦片钨金之间的摩擦力增大，引起推力轴承出口油温和推力瓦块钨金温度升高。轴向推力过大时，会使油膜破裂而推力瓦烧损，轴向位移会急剧增加。引起轴向推力变化的原因主要包括以下几方面：

（1）机组过负荷或机组负荷、蒸汽流量突变。轴向推力会随着蒸汽流量的变化而变化，流量增加，轴向推力增大。

（2）进汽参数下降、凝汽器真空降低的情况下维持原负荷不变。因为负荷不变，就必须增大进汽量，使轴向推力增大。

（3）汽轮机水冲击、叶片严重结垢、叶片断裂、通流部分损坏等，都会造成轴向推力变化。因为推力瓦的非工作面瓦块一般承载能力较小，汽轮机高压段内的级内轴向间隙又较小。若反向轴向位移保护失灵时，就会使动静轴向间隙消失而发生碰摩。

东汽高效660MW超超临界机组的推力轴承位于高、中压缸之间的2号轴承箱内，在工作面和非工作面上半和下半的两个瓦块上都装有测量巴氏合金温度的热电偶。在正常运行时，轴向推力的正向指向发电机（中压缸）侧。因此，其推力轴承的工作面瓦块位于靠近中压缸侧。当机组运行过程中由于汽轮机跳闸造成高压主汽阀、高压调节汽阀关闭时，瞬间产生反向轴向推力，方向指向中、低压缸侧，此时应由另一侧的非工作面瓦块平衡反向轴向推力。

运行过程中，若轴向位移增加，运行人员应对照运行工况，检查推力轴承金属温度、回油温度是否异常升高，仔细倾听推力轴承及机内声音，监视机组振动。如证明轴向位移表指示正确，应分析原因，做好记录，汇报上级，并应针对具体情况，采取相应措施加以处理。东汽机组规定：当主机轴向位移达＋0.6mm或－1.08mm时报警；主机轴向位移达＋0.8mm或－1.28mm时，保护动作跳机。推力瓦块金属温度的最高允许值一般小于90℃，达100℃时，处理无效应故障停机；达115℃时，应紧急停机。

7. 监视段压力

监视段压力是指调节级汽室压力（节流调节机组指的是第一级级后压力）和各段抽汽压力。通过对监视段压力的定期监督，可以判断通流部分的工作状况是否正常。

在负荷大于30%额定负荷时，凝汽式汽轮机除最末一、二级外，各级的级前压力均与主蒸流量成正比变化。因此，根据成正比关系，可通过监视各监视段的压力来有效地监督汽轮机负荷的变化和涌流部分的运行情况。

汽轮机在运行中与刚投运时的运行工况相比，如果在同一负荷下监视段压力升高或监视段压力相同时负荷减少，则说明该监视段以后各级可能出现了结垢，或由于某些金属零件碎裂和机械杂物堵塞了通流部分、叶片损坏变形等造成通流面积减小。当喷嘴和叶栅通道结有盐垢时，将导致通道截面积变窄，而使结垢级各级叶轮和隔板压差增大，焓降增加，应力增大，使隔板挠度增大，同时引起汽轮机推力轴承负荷增大。

如果第一级级后压力和高压缸各段抽汽压力同时升高时，则可能是中压调节汽阀开度不够或者高压缸排汽流止回阀失灵。此外，当某台加热器停用后，若汽轮机的进汽量保持不变，则抽汽口后的各级压力将升高，应根据具体情况决定是否需要限制负荷。

机组在运行中不仅要看监视段压力变化的绝对值，还应注意各监视段之间的压差是否增加。如果压差超过了规定值，该段内各级轴向推力过大，可能造成动静部分轴向间隙消失。

汽轮机通流部分结垢主要是由蒸汽品质不良引起的，而蒸汽品质的好坏又受到给水品质的影响。蒸汽含盐量过大还会造成汽轮机的配汽机构结垢，使主汽阀和调节汽阀卡涩，在保护装置动作时无法关闭或关闭不严，导致汽轮机严重超速的事故。所以，要做好对给水和蒸汽品质的化学监督，并对汽、水品质不佳的原因及时分析，采取措施。

8. 汽轮机振动

汽轮机的一些恶性事故，往往在事故发生的初期表现为一定的振动。因此运行人员应注意监视机组各轴承处的振动情况，以便在发生异常时能够正确判断和处理。

带负荷运行时，一般定期在机组各支持轴承处测量汽轮机的振动。振动应从垂直、横向和轴向三个方面测量。每次测量轴承振动时，应尽量维持机组的负荷、参数、真空相同，以便进行比较，并做好专用的记录备查，对有问题的重点轴承要加强监测。运行条件改变、机组负荷变化时，也应该对机组的振动情况进行监视和检查，分析振动不正常的原因。

目前大容量汽轮机一般都配有汽轮机轴系振动监测装置，运行中应经常监视机组振动随负荷的变化情况，定期记录各轴承振动幅值，以便进行监督分析。由于大容量汽轮机轴承油膜阻尼的提高，使轴承振动往往不能准确地反映汽轮机转子的振动情况。因此，现代600MW汽轮机大部分都配有直接测量轴颈振动的装置。轴振不但比轴承振动能更灵敏地反映汽轮机振动情况，而且还可利用轴振和轴承振动值与相位的差，进一步分析机组振动的原因。东汽高效660MW超超临界机组轴振的正常值应小于125μm，最高不允许超过250μm，并规定任一轴振达250μm，保护动作跳机，机组任一轴振突增50μm且相邻轴振也明显增大应紧急停机。

正常带负荷时各轴振在较小范围内变化。当轴振增加较大时（虽然在规定范围内），应向上级汇报，同时注意监视新蒸汽参数、润滑油温度和压力、真空和排汽温度、轴向位移和汽缸膨胀的情况等，若发现机组声音异常，就地测量、感觉振动明显增大，应及时查找原因采取措施予以消除，根据振动的变化和机组具体情况决定是否停机。

9. 对其他表计的监视

正常运行中，运行人员在监盘时还要注意监视润滑油、EH油的油温、油压、油位以及各轴承金属温度、各泵电流等。如果发现异常，应及时正确处理。

在正常运行过程中，为保证机组经济性，运行人员必须保持规定的主蒸汽参数和再热蒸汽参数、凝汽器的最佳真空、给定的给水温度、凝结水最小过冷却度、汽水损失最小、机组间负荷的最佳分配等。

三、调节系统、阀门等的监督试验

根据制造厂的要求，汽轮机应定期进行调节系统、阀门及油泵的监督试验，以确保机组安全运行。表7-6列出了主要试验的项目、计划和试验要求。

表 7-6　　调节机构、阀门及油泵监督试验项目

序号	试验项目	试验计划	机组状态
1	汽轮机打闸试验	机组启动前	静止中
2	主汽阀松动试验	每天试验一次	运行中
3	抽汽止回阀试验		运行中
4	主汽阀活动试验	每周试验一次	运行中
5	主油箱油位仪试验		运行中
6	润滑油泵自启动试验		运行中
7	危急遮断器喷油试验		正常运行，并网，带负荷
8	主遮断电磁阀试验		正常运行，并网，带负荷
9	备用超速遮断试验		正常运行，并网，带负荷
10	超速保护继电器试验		正常运行，解列，不带负荷
11	液压油泵自启动试验	每月试验一次	均可
12	调节汽阀的活动试验		运行中，降负荷
13	危急遮断器超速试验	6～12 个月试验内容	解列，空负荷
14	低真空电磁遮断试验		解列，空负荷
15	阀门汽密性实验		解列，空负荷

（一）汽轮机打闸试验

汽轮机打闸试验的目的是在机组启动前的静止状态下，检查和确认紧急跳闸系统以及所有蒸汽阀门的工作情况。

试验必须在机组启动前进行。试验时用汽轮机打闸按钮将汽轮机跳闸，所以试验前，润滑油系统运行，盘车启动，EH 油系统运行，确认汽轮机已复位（挂闸），设置负荷参考值为 100%，负荷限制器为 100%，主汽阀、调节汽阀、再热汽阀全开，然后进行汽轮机打闸。

（1）在就地，手拉机头手动停机机构，观察所有阀门迅速关闭，关闭时间符合要求。

（2）重新挂闸，全开阀门。在集控室，同时按下停机按钮，观察所有阀门迅速关闭，关闭时间符合要求。

（3）将机组挂闸，检查阀门全开。通过汽轮机保护（ETS）发出停机信号，观察所有阀门迅速关闭。

（二）主汽阀松动试验

为了避免阀门的全行程活动试验对负荷产生的过大影响，则在日检中进行的主汽阀松动试验指的是部分行程的活动试验。试验的目的是在机组正常运行中，通过阀门操纵机构的移动，防止阀门卡死在某一固定位置，同时保证这些阀门能够完全关闭。

在按照一定顺序进行松动试验时，允许任意一个主汽阀或再热联合阀完全关闭后再重新开启，因此在试验过程中会出现降部分负荷现象。对主汽阀试验时可能会降 10%～15% 的负荷，进行再热联合阀试验也大约会降 9%的负荷。

阀门的行程即开启状况用指示灯显示最为明显。根据 DCS 规定，阀门全开时，指示灯显示“红色”；阀门关闭时，指示灯显示“绿色”。当阀门由全开位置到关闭过程中的任意中间位置，用阀门颜色的变化来判断，就是阀门指示灯“红色”熄灭，指示灯“绿色”未亮；当阀门由全关位置到开启过程中的任意中间位置，用阀门颜色的变化来判断，就是阀门指示灯“绿色”熄灭，指示灯“红色”未亮。

1. 主汽阀的松动试验

主汽阀的松动试验装置是电气联锁的，因此，不能同时进行两个主汽阀的关闭试验。

(1) 在阀门的活动试验操作画面，操作员按下1号高压主汽阀松动试验按钮。

(2) 注意观察主汽阀从全开位置开始关闭时，红灯和绿灯都不亮的现象。

(3) 当全开灯（红灯）熄灭，阀门到达接近85%左右位置时，松动试验即可自动停止。

(4) 当全开灯（红灯）单独亮时，表明1号高压主汽阀又处于完全开启的位置。

2号高压主汽阀可通过同样的顺次操作来试验。

2. 中压主汽阀的松动试验

再热联合阀的试验装置是电气联锁的，因此也不能同时进行两个再热联阀的关闭试验。

(1) 按下1号中压主汽阀的松动试验按钮。

(2) 注意观察中压主汽阀从全开位置开始关闭时，红灯和绿灯都不亮的现象。

(3) 当全开灯（红灯）熄灭，阀门到达接近85%左右位置时，松动试验即可自动停止。

(4) 当全开灯（红灯）单独亮时，表明1号中压主汽阀又处于完全打开的位置。

2号中压主汽阀可通过同样的顺次操作来试验。

3. 中压调节汽阀的松动试验

在正常运行过程中，中压调节汽阀也是全开的，需要进行松动试验，试验方法同主汽阀。

（三）抽汽止回阀试验

在汽轮机保护装置动作后，为了能够快速切断汽轮机的进汽，抽汽管道上的阀门要迅速关闭，为此在抽汽管道上的止回阀都配有具有危急遮断功能的气动操作机构，它们是危急遮断系统超速保护功能中的一个重要部分。这些止回阀都配有用来活动操作机构的就地空气试验阀，通过操作试验阀，止回阀只能部分关闭，使阀后压力降低10%左右。

试验目的是保证止回阀及其控制机构动作灵活，并且控制机构的动作能够带动止回阀动作。空气试验阀通常装在抽汽系统中的抽汽止回阀上。试验操作过程如下：

(1) 人工操作空气试验阀。

(2) 检查并确认抽汽止回阀被部分关闭。

(3) 使空气试验阀复位。

(4) 检查并确认抽汽止回阀已返回完全打开的位置。

(5) 对每一个由动力操作的抽汽系统中的止回阀重复以上过程，直到全部试验完为止。

（四）蝶阀活动试验

在不供热工况下，需对供热蝶进行每周一次的活动试验。

（五）主油箱油位计试验

主油箱油位计试验的目的是检验主油箱油位计能够实现油位低和油位高的报警功能，同时检查并确认油箱的油位。

油位计限位开关的动作是以报警的形式在控制室的显示器显示出来。当操作人员在就地将主油箱内油位杆提起（高位报警线）或压下（低位报警线）时，控制室的运行人员应注意观察和监听油位计限位开关的动作和报警。

为了活动油位计，有必要移开油箱油位计的上盖和用一个钩子来机械带动浮动杆。试验操作如下：

（1）手动提升浮动杆到达上止点。

（2）注意高位报警动作。

（3）手动压下浮动杆直到下止点。

（4）注意低位报警动作。

（六）润滑油泵自启动试验

汽轮发电机组正常运行时，交流润滑油泵，事故油泵和启动油泵都处于自启动备用状态，其自启动情况受汽轮机供油减少程度控制，为此每个压力开关处装一个试验电磁阀以切断并排放压力开关的油压，使汽轮机组在正常运行时能对这些泵进行试验。

试验的目的是为了保证所有油泵通过压力开关的动作都能实现自动启动，并且每个备用油泵通过试验，以保证其运转良好。

试验通常是通过试验电磁阀就地实现的。在试验过程中，操作者在集中控制室内来停运每一台油泵。当备用泵启动后，显示指示灯就亮，经过一段时间后，就可以在主油箱上检测泵是否达到全速，当对另一台泵进行启动试验前应停运先前启动的泵。

（1）确认润滑油系统工作处于常规模式，按下交流润滑油泵的“试验”按钮，试验电磁阀充电；

（2）检查并确认交流润滑油泵已启动并运转良好；

（3）试验电磁阀自动断电，此时交流润滑油泵不会自动停止；

（4）通过按“停运”按钮，停止交流润滑油泵，确认“自动/手动模式”置于“自动”状态。

按照上述方法对事故油泵、启动油泵进行试验。

以上油泵试验完成后，应核实以下内容：

（1）每个进行试验的油泵都在停运状态，并且“自动/手动模式”处于“自动”状态；

（2）正常运行时，所有泵的自启动试验电磁阀阀都是处于失电状态（关闭位置）。

（七）危急遮断器喷油试验

机组上设置有危急遮断器和危急遮断装置，可以在机组不停机状况下进行喷油试验。该试验是通过操作隔离电磁阀来实现的，隔离电磁阀可以在主遮断电磁阀动作时维持安全油的油压，这样在危急遮断器和机械遮断阀动作时各个主汽阀和调节阀的油动机油缸的安全油压力维持不变。

每周一次的试验旨在保证危急遮断器和危急遮断装置处于良好的工作状态，同时控制器有规律的试验以保证其活动自如，能正常地工作。

运行人员进行以下操作来完成喷油试验。

(1) 为了确保机组安全，试验前检查启动油泵、交流润滑油泵运行。

(2) 在喷油试验画面上，检查喷油试验条件全部满足。

(3) 按下“喷油试验”下的“投入”按钮。检查隔离电磁阀4YV带电，ZS4变红、ZS5变绿，闭锁正常（没有该提示信号，不能进行试验）；喷油电磁阀2YV动作，正常时飞环飞出；喷油电磁阀失电，复位电磁阀带电，紧急遮断阀复位，画面显示喷油试验成功；检查4YV电磁阀复位，ZS4变绿、ZS5变红，机组进入正常运行状态。

(4) 喷油试验成功后DEH自动撤出该功能。

(5) 试验结束，停用启动油泵及交流润滑油泵，汇报值长并做好记录。

（八）高压遮断电磁阀试验

试验目的是确保高压遮断电磁阀能正常工作。试验过程可以在机组带负荷的正常运行状态下完成。

高压遮断电磁阀共有4个，分别是5YV、6YV、7YV和8YV，试验时只能一个一个进行，如果同时进行两个及以上电磁阀试验，将引起机组跳闸，所以必须在一个电磁阀试运结束后再开始另一个电磁阀试验。

在高压遮断电磁阀试验画面上，运行人员进行以下操作来完成高压遮断电磁阀试验。

(1) 确认汽轮机已挂闸，高压遮断电磁阀处于正常工作状态。

(2) 单击“ETS 5YV试验”按钮，单击“开始”按钮，“ETS 5YV试验”按钮下方的方框中显示“试验中”表示试验进行。

(3) 检查高压遮断试验压力由EH油压的50%上升至100%左右，同时“PT1”处压力高报警。

(4) 试验完成后，“ETS 5YV试验”按钮下方显示“成功”，单击“ETS 5YV试验”按钮，单击“结束”按钮，高压遮断试验压力恢复到EH油压的50%左右，试验结束。

(5) 重复以上(2)～(4)步骤的试验过程进行“ETS 6YV试验”“ETS 7YV试验”“ETS 8YV试验”。切记不要同时进行两个电磁阀的试验，否则会引起机组跳闸。

在进行“ETS 6YV试验”和“ETS 8YV试验”时，高压遮断试验压力会下降到4.8MPa，同时“PT1”处压力低报警。

（九）备用超速遮断试验

对备用超速遮断每周进行一次试验，试验是在机组不停机的情况下对遮断回路的检查和确认。

（十）超速保护继电器试验

该试验每周进行一次，是由热控人员进行的继电器保护回路试验，确保回路正常畅通。该试验是在机组正常运行但并不带负荷的情况下进行的。

（十一）液压油泵自启动试验

该试验的试验目的是在液压油供油不足时，确保备用油泵能够自动启动（压力开关上的压力降低到整定值，备用泵自启动），提供足够的液压油。

该试验通过试验电磁阀来实现。试验电磁阀安装在压力开关处的液压油管道上，用来控制流向压力开关的液压油，以便机组正常运行时对泵进行试验。试验时，当所对应泵的试验电磁阀带电，其相对应的压力开关动作，使处于备用状态的主油泵自动启动。自启动试验如下：

（1）进入EH油系统画面，对运行泵和备用泵进行确认，一台运行一台备用。

（2）单击“试验电磁阀”，确认“投入”，试验电磁阀带电开启泄掉部分压力油，油压降低，压力开关动作，发出备用泵启动信号，备用泵启动。

（3）检查备用泵的电流及出口压力，以及振动和噪声。

（4）在两台油泵运行期间EH油压力将稍有升高。

（5）操作试验阀门至撤出，恢复正常工作状态。

（6）停止在试验之前已经在运行状态的EH液压油泵的运行，以便每周一次切换运行泵与备用泵。

（7）试验结束后，将备用泵的启动器置于“自动”位置。

（十二）主汽阀的活动试验

通过每月一次的阀门活动试验即全行程试验，来观察高压主汽阀、中压主汽阀、调节汽阀的关闭情况，以便发现问题及时处理，绝对保证阀门能被完全关闭。

做阀门活动试验时，由于阀门要关闭，所以必须降负荷，试验过程中要求锅炉燃烧稳定，尽量减少扰动，主蒸汽压力尽量降低。

1. 高压主汽阀和高压调节阀的活动试验

主汽阀的试验装置是电气联锁的，因此，每次只能进行一侧的主汽阀试验，即进行MSV1的活动试验时，MSV2不能进行。

（1）在试验画面上按下“MSV1全行程试验”按钮，弹出试验操作窗，按下“开始”按钮。

（2）确认1号高压调节汽阀行程匀速平稳地关闭到10%的开启位置。

（3）当1号高压调节汽阀关闭到10%的开启位置时，1号高压调节阀的遮断电磁阀通电快速关闭，绿灯亮。

（4）1号高压调节汽阀完全关闭时，1号高压主汽阀的试验电磁阀通电，1号高压主汽阀开始自动关闭。

（5）观察1号高压主汽阀的实际阀位，直到确认1号高压主汽阀的行程平稳匀速地关闭到10%的开启位置。

（6）当阀位移到10%开启位置时，1号高压主汽阀的遮断电磁阀通电，快速地关闭1号高压主汽阀。

（7）确认1号高压主汽阀到达0%开启位置，放开试验按钮。确认1号高压主汽阀平稳匀速地打开到100%开启位置。

（8）当1号高压主汽阀位置达到100%开启位置时，确认1号高压调节阀匀速平稳地打开。

当1号高压主汽阀和1号高压调节阀的开度指示显示阀100%的开启时，就可以操纵MSV2的试验按钮，依次重复上述步骤进行试验。

2. 中压主汽阀和中压调节阀的活动试验

中压联合阀试验装置是电气连锁的，不能同时进行两个阀门的试验，即每次只能进行一侧的阀门试验。

（1）在试验画面上按下“RSV1全行程试验”按钮，弹出试验操作窗，按下“开始”

按钮；

（2）确认1号中压调节汽阀阀行程匀速平稳地关闭到10%的开启位置；

（3）当1号中压调节汽阀关闭到10%的开启位置时，1号中压调节阀的遮断电磁阀通电快速关闭，绿灯亮；

（4）1号中压调节汽阀完全关闭时，1号中压主汽阀的试验电磁阀通电，1号中压主汽阀开始自动关闭；

（5）观察1号中压主汽阀的实际开度，直到确认1号中压主汽阀的行程平稳匀速地关闭到10%的开启位置；

（6）当阀位移到10%开启位置时，1号中压主汽阀的遮断电磁阀通电，快速地关闭1号中压主汽阀；

（7）确认1号中压主汽阀到达0%开启位置，放开试验按钮。确认1号中压主汽阀平稳匀速地打开到100%开启位置；

（8）当1号中压主汽阀位置达到100%开启位置时，确认1号中压调节阀匀速平稳地打开。

当1号中压主汽阀和1号中压调节阀的开度指示显示阀100%的开启时，可以操纵RSV2的试验按钮，按照上面步骤进行试验。

（十三）高压调节汽阀的活动试验

两个高压调节阀的活动试验装置是电气联锁的，因此试验时两个阀不能同时进行。在试验之前，机组的负荷应减少到满负荷的50%，以防机组负荷在试验时发生波动。在50%TMCR工况负荷时，CV-1和CV-2都处于半行程位置，当试验CV-1时，CV-2的行程作相应变化，以保证机组负荷稳定；当试验CV-2时，CV-1的行程作相应变化，以保证机组负荷稳定。

（1）在试验画面上，单击CV-1的试验按钮，并进行投入。

（2）通过CV-1的行程指示来观察阀门平稳、匀速地关闭到10%开启位置。

在CV-1的试验过程中，阀CV-2的行程自动增大，以维持此时机组的负荷与阀门试验前的负荷水平相当。

（3）当CV-1阀的行程到10%的开启位置时，CV-1的遮断电磁阀通电，CV-1迅速关闭。

（4）在确定CV-1阀位置为0%开启位置后，放开”CV-1”试验按钮，并确认CV-1阀回到了试验前开度位置。

（5）当CV-1显示灯表明CV-1已回到了试验前位置后，就可以通过操纵CV-2试验按钮依次重复以上（1）～（4）步骤对CV-2进行试验，此时通过调节CV1来保证机组负荷的稳定。

（十四）高压补汽阀的活动试验

在做高压补汽阀活动试验时，两个补汽阀同时进行。试验时，机组会出现5%～10%的负荷波动。

（1）按住试验画面上补汽阀的试验按钮，进行确认，两个补汽阀同时进行活动试验。

（2）通过行程指示来观察、确认补汽阀平稳、匀速地到达全开位置，然后补汽阀再平稳、匀速地开始关小，当关到行程10%的开启位置时，补汽阀的遮断电磁阀通电，补汽阀迅速关闭。

(3) 在证实补汽阀行程为0%开启位置后，补汽阀遮断电磁阀失电，补汽阀维持全关，整个试验结束。

（十五）危急遮断器超速试验

根据规程规定，冷态启动的机组，汽轮机升速到额定转速并保持运行30min，然后机组并网，并在超速试验前带到25%TMCR工况负荷至少运行3h以后，将机组负荷减至为零、解列进行该试验。

建议每隔6～12个月进行危急遮断器超速试验（通过使机组的实际转速升到遮断设置转速来实现），通过试验来检查并确认危急遮断器的动作值是否符合要求。试验时危急遮断器动作，关闭所有阀门。

如果机组在并网前没有确认危急遮断器的实际遮断转速，就必须设置最小的油遮断转速，以确保危急遮断器的动作转速在一个适当的范围内。最小油遮断转速和实际遮断转速间存在一个相互关系，那就是对于3000r/min的机组，如果最小油遮断转速高于96%额定转速（2880r/min），此时应停机将最小油遮断转速在并网前调整到96%额定转速或再低些，因为，普遍认为遮断器最小油遮断转速调整的百分比与超速遮断点的调整百分比相同，所以应在机组停机检查之前试验和记录危急遮断器最小油遮断转速。如果危急遮断器的遮断转速没有变化并在设计范围内，则在机组重新带负荷之前检查时的最小油遮断转速值应与停机前记录的值一样。

1. 危急遮断器超速试验前的要求

(1) 当机组初次投运时，应确认危急遮断器的实际动作转速。在此试验前，达到额定转速时进行油遮断（喷油试验）以保证危急遮断系统工作正常。

(2) 当正常启动投运后，需要停机时，那么在停机过程中，危急遮断器的某些部件被拆卸或调整过，则超速试验和危急遮断器的校正应重新检查并确认。首先进行油遮断，然后再进行超速遮断来试验遮断器。

(3) 如果在进行定期超速试验时前，没有对危急遮断进行拆卸或调整，则对定期的试验只做超速遮断试验，不再做初始的油遮断，这是因为油遮断试验会导致超速遮断值有轻微下降，因此遮断值也就不能精确反映遮断器的遮断（动作或停机）转速。

危急遮断器遮断点设置在3300～3330r/min（110.0%～111.0%的额定速度）。

2. 最小油遮断转速试验

(1) 检查启动油泵、交流润滑油泵运行。

(2) 把汽轮机转速升到大约2700r/min。

(3) 在喷油试验画面上，检查喷油试验条件全部满足。

(4) 按下“喷油试验”下的“投入”按钮，检查飞环的飞出情况。

(5) 如果透平在接近2700r/min时跳闸，停机并调整危急遮断器。调整好以后，重新启动升速到2700r/min，进行喷油试验。

(6) 用手动调节器，慢慢地提高透平转速，注意并记录油遮断操作时的转速，如果不符合再进行调整，直到符合要求为止。

3. 危急遮断器超速试验

(1) 在超速试验画面，当按下超速按钮时，在DEH超速功能的控制下，汽轮机转速会逐渐增加，如图 7-14 所示。

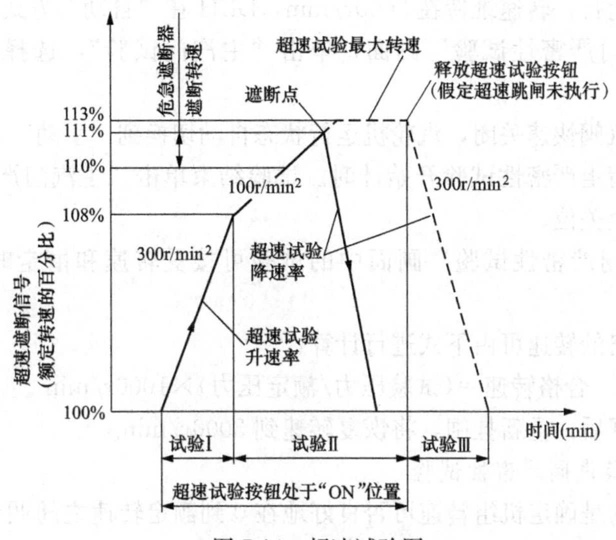

图 7-14　超速试验图

（2）汽轮机转速升到危急遮断器的遮断转速，此时下列各阀都将关闭。主汽阀、高压调节阀和高压补汽阀；再热主汽阀和再热调节阀；空气遮断阀动作，关闭止回阀。

（3）记录遮断转速。

（4）当汽轮机转速降低到额定转速时，按下操作员站画面上的主复位按钮，危急遮断阀复位后，有以下情况出现：高压主汽阀打开、中压主汽阀打开。

（5）增加负荷限值器位置，使其到最大（或是另外需要的位置）。

（6）选择合适的温态/热态启动条件下的加速率：温态 150r/min^2，热态 300r/min^2。

（7）选择目标转速为 3000r/min。

（8）发电机励磁并使汽轮机并网。

（十六）真空电磁阀遮断试验

该试验旨在确认机械遮断电磁铁能否正常动作，此外，还确认真空遮断设置值是否符合要求。在机组按计划停机期间，作为停机过程的一个操作项目，能够方便地进行此项试验。

（1）卸掉负荷，通过控制装置关闭高压调节汽阀和中压调节汽阀。

（2）当透平转速降低到约 2000r/min 时，打开真空破坏阀。

（3）当真空降低时，注意真空遮断压力开关在遮断设置值时触点闭合。

（4）检查并确认遮断信号使高压遮断电磁阀和机械遮断电磁铁动作，关闭主汽阀和再热主汽阀。

（十七）阀门严（汽）密性试验

1. 主汽阀严密性试验

新安装的机组首次启动及大、小修后的机组，在进行超速试验和甩负荷试验前，需要进行严密性试验。运行中的机组每年进行一次主汽阀、调节汽阀的严密性试验。

该项试验的目的是确定机组转速是否可以降到规定值以下，并检查主汽阀座紧密。

试验时要求如下：

（1）机组解列运行，转速维持在3000r/min，DEH在“自动”方式。

（2）进入“阀门严密性试验”画面，单击“主汽门试验”，选择“投入”，则试验开始。

（3）高中压主汽阀快速关闭，汽轮机运行状态自动切换到“手动”方式。

（4）转子开始惰走严密性试验开始计时。试验结束单击“主汽门严密性试验”，选择“切除”，主汽门在全关位。

（5）记录“阀门严密性试验”画面中的试验可接受转速和惰走时间，并观察惰走曲线。

严密性试验合格的转速可由下式进行计算：

合格转速=(试验压力/额定压力)×1000r/min

（6）汽轮机打闸后，重新挂闸，将恢复转速到3000r/min。

2. 补汽阀和调节汽阀严密性试验

该项试验的目的是确定机组转速可否良好地在0到额定转速之间调节。在此范围内的转速调节要求蒸汽控制阀，高压补汽阀、高压调节阀和中压调节阀阀座密封紧密。

试验过程同主汽阀。

第四节 供热机组的运行

凝汽式汽轮机的排汽所放出的热量是冷源损失，数量非常大，严重影响到装置的热效率。若能把排汽压力提高，把排汽的热量加以利用，或从汽轮机中抽出做过功的蒸汽来供热，就可大大提高蒸汽动力装置的热效率。这种既带动发电机发电又对外供热的汽轮机称为供热式汽轮机，又称热电联产汽轮机或供热机组。它具有节约能源、保护环境等突出优点，是国家重点支持推广的节能新产品，在国民经济中占据重要的位置，因此被广泛用在石油、化工、印染、纺织、水泥、造纸、制糖等行业和城市集中供热工程中。

供热式汽轮机的供热参数一般有两种，即工业用汽和采暖用汽两种不同的参数。工业用汽的压力一般为0.8～1.3MPa(8～13ata)，采暖用汽压力一般为0.05～0.12MPa(0.5～1.2ata)。供热式机组的单机功率也在不断增大，已由原来的25、125、200、300MW，到现在的350、660MW等。供热机组的蒸汽初参数也不断提高，有的已经采用超临界压力、超超临界压力和中间再热。另外，为了充分地利用各类工业企业中的蒸汽余热，多品种的小功率供热式汽轮机的应用和发展也日益受到重视。

在所有类型的汽轮机中，能够进行供热的只有三类，分别是背压式汽轮机、调整抽汽式汽轮机和调节抽汽背压式汽轮机，常用的是前两种。

一、供热机组

（一）背压式汽轮机

图7-15（a）是背压式汽轮机示意图，背压式汽轮机的排汽全部供热用户使用，所以没有冷源损失，热效率最高。背压式汽轮机调节汽阀的开度主要由排汽管调压器的压力信号控制，可维持排汽压力的基本不变，保证供热质量。也就是说，当热负荷增大时，排汽压力降低，通过调压器的作用需要开大调节汽阀，反之关小。热负荷大时，进汽量也多，

发电量也大；反之，热负荷小时，进汽量也少，发电量也少。可见，该机组发电量的大小取决于热负荷的多少，多余或不足的电力由电网或并列机组调节。背压式机组事故或检修时，由减温减压器将新蒸汽降温降压后供应热负荷。

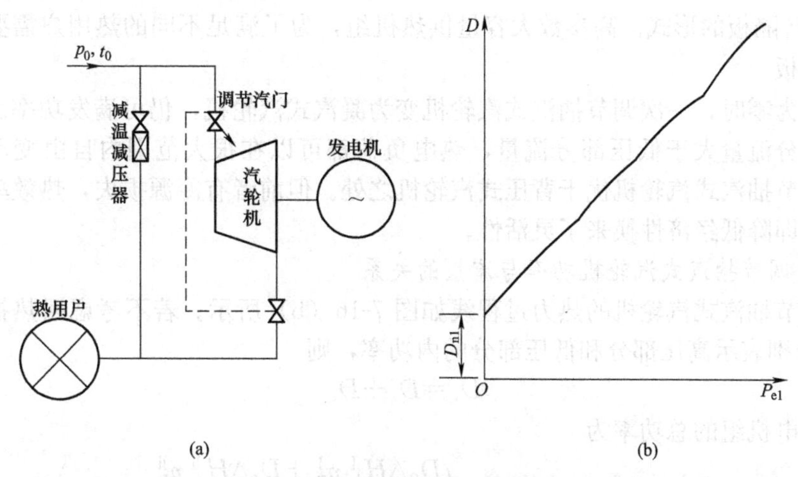

图 7-15　背压式汽轮机示意图与工况图

(a) 示意图；(b) 工况图

背压式汽轮机的工况图（描述汽轮机功率与耗汽量之间关系的曲线称为汽轮机的工况图）如图 7-15（b）所示，可以近似地以一根折线代表。由于同样初参数下背压式汽轮机的焓降 ΔH_t 小于凝汽式汽轮机，所以其汽耗率（即曲线的斜率，用 d_1 表示）、空载汽耗量 D_{n1} 都比凝汽式汽轮机的大。

（二）一次调节抽汽式汽轮机

图 7-16（a）为一次调节抽汽式汽轮机示意图，这种汽轮机由高压部分和低压部分组

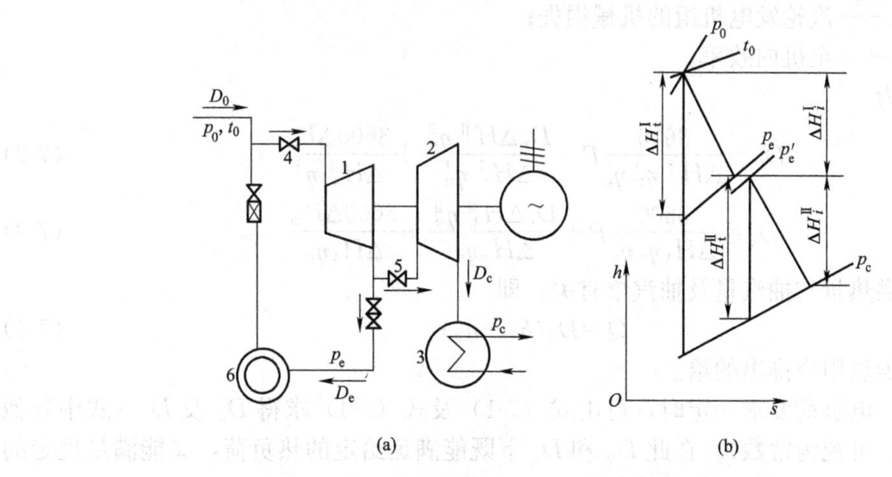

图 7-16　一次调节抽汽式汽轮机简图和热力过程线

(a) 装置简图；(b) 热力过程线

1—高压部分；2—低压部分；3—凝汽器；4—高压调节汽阀；

5—低压调节汽阀；6—热用户

成，压力为 p_0，流量为 D_0 的新蒸汽经过高压调节汽阀 4 进入高压部分膨胀做功，直至压力 p_e，然后分为两股，一股流量 D_e 被抽出供给热用户；另一股流量 D_c 经低压调节汽阀 5 进入低压部分继续做功，一直膨胀到排汽压力。若机组故障或检修，则由减温减压器将新汽降温降压后供热用户。小容量机组的高压部分和低压部分放在一个汽缸内，调节汽阀 5 制造成回转隔板的形式。高参数大容量供热机组，为了满足不同的热用户需要，也可以采用回转隔板。

热负荷为零时，一次调节抽汽式汽轮机变为凝汽式汽轮机，仍可满发功率。有热负荷时，高压部分流量大于低压部分流量，热电负荷都可以在很大范围内自由变动，互不影响，这是调节抽汽式汽轮机优于背压式汽轮机之处。但前者有冷源损失，热效率低于背压式汽轮机，即降低经济性换来了灵活性。

1. 一次调节抽汽式汽轮机功率与流量的关系

一次调节抽汽式汽轮机的热力过程线如图 7-16（b）所示。若不考虑回热抽汽量，设 P_i^{I}、P_i^{II} 分别表示高压部分和低压部分的内功率，则

$$D_0=D_e+D_c$$

汽轮发电机组的总功率为

$$\begin{aligned} P &= (P_i^{\mathrm{I}}+P_i^{\mathrm{II}}-\Delta P_m)\eta_g=\left(\frac{D_0\Delta H_t^{\mathrm{I}}\eta_{ri}^{\mathrm{I}}+D_c\Delta H_t^{\mathrm{II}}\eta_{ri}^{\mathrm{II}}}{3600}-\Delta P_m\right)\eta_g \\ &= \left[\frac{D_0\Delta H_t^{\mathrm{I}}\eta_{ri}^{\mathrm{I}}}{3600}+\frac{(D_0-D_e)\Delta H_t^{\mathrm{II}}\eta_{ri}^{\mathrm{II}}}{3600}-\Delta P_m\right]\eta_g \\ &= \left(\frac{D_0\Delta H_t\eta_{ri}}{3600}-\frac{D_e\Delta H_t^{\mathrm{II}}\eta_{ri}^{\mathrm{II}}}{3600}-\Delta P_m\right)\eta_g \end{aligned} \tag{7-1}$$

$$\Delta H_t=\Delta H_t^{\mathrm{I}}+\Delta H_t^{\mathrm{II}}$$

式中 η_{ri}^{I}、η_{ri}^{II}——高压部分和低压部分的内效率；

ΔH_t^{I}、ΔH_t^{II}——高压部分和低压部分的理想焓降；

ΔH_t——全机理想焓降；

ΔP_m——汽轮发电机组的机械损失；

η_{ri}——全机内效率。

上式可变为

$$D_0=\frac{3600}{\Delta H_t^{\mathrm{I}}\eta_{ri}^{\mathrm{I}}\eta_g}P-\frac{D_c\Delta H_t^{\mathrm{II}}\eta_{ri}^{\mathrm{II}}}{\Delta H_t^{\mathrm{I}}\eta_{ri}^{\mathrm{I}}}+\frac{3600\Delta P_m}{\Delta H_t^{\mathrm{I}}\eta_{ri}^{\mathrm{I}}} \tag{7-2}$$

$$D_0=\frac{3600}{\Delta H_t\eta_{ri}\eta_g}P+\frac{D_e\Delta H_t^{\mathrm{II}}\eta_{ri}^{\mathrm{II}}}{\Delta H_t\eta_{ri}}+\frac{3600\Delta P_m}{\Delta H_t\eta_{ri}} \tag{7-3}$$

汽轮机的供热量与抽汽量及抽汽焓有关，即

$$Q=D_e(h_e-h_e') \tag{7-4}$$

式中 h_e'——供热用户排出的焓。

当热用户、电负荷要求一定时，可由式（7-1）及式（7-4）求得 D_0 及 D_e（式中其他参数变化很小，可视为常数）。在此 D_0 和 D_e 下既能满足给定的热负荷，又能满足规定的电负荷。

2. 一次调节抽汽式汽轮机热电负荷的调节

该汽轮机的热、电负荷调节既要保证电负荷能自由变动，高压调节汽阀和低压调节汽阀受汽轮机调节系统控制（即受调速器和调压器控制）。现说明如下：

电负荷不变、热负荷减小时，抽汽量 D_e 减小，供热压力升高，调节系统动作（调压器动作），控制高压调节汽阀关小而低压调节汽阀开大，使高压部分少发的功率等于低压部分多发的功率，全机的功率不变；高压部分减少的流量 ΔD_0 加上低压部分增大的流量 ΔD_c 等于减少的抽汽量 ΔD_e。

热负荷不变、电负荷减小时，汽轮机的转速升高，调节系统动作（调速器动作），控制高压调节汽阀和低压调节汽阀同时关小，高、低压部分减小的流量相等，供热量不变；高、低压部分减小的功率之和等于全机功率减小值。

（三）二次调节抽汽式汽轮机

图 7-17 是二次调节抽汽式汽轮机装置的原理图。汽轮机分为独立的三部分，称为高压部分、中压部分和低压部分。蒸汽在高压部分膨胀至压力 p_{e1}，在这个压力下，一部分蒸汽 D_{e1} 抽出供给生产热用户；另一部分蒸汽经过中压调节汽阀进入中压部分，在中压部分膨胀至压力 p_{e2}，并在这个压力下作第二次抽汽，抽汽量以 D_{e2} 表示，一般作供暖用，而余下的蒸汽量 D_c 经低压调节阀进入低压部分膨胀做功，最后排人凝汽器。

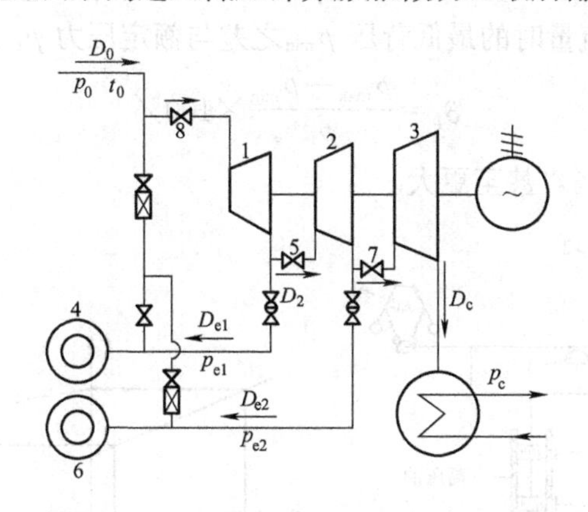

图 7-17 二次调节抽汽式汽轮机装置简图

1—高压部分；2—中压部分；3—低压部分；4、6—热用户；
5—中压调节汽阀；7—低压调节汽阀；8—高压调节汽阀

全机有高、中、低压调节汽阀，均受调节系统的控制（液压调节系统三个调节汽阀受调速器和 p_{e1}、p_{e2} 的调压器控制），以保证电功率和两种热负荷可分别自由变动，所以调节系统相当复杂。例如，当 D_{e1}、D_{e2} 都不变，功率 P 变小时，控制高、中、低三个调节汽阀均关小，使高、中、低三部分的流量减小量相等，这时 D_{e1}、D_{e2} 不变，三段少发的功率之和应等于外界减小的电功率。当电功率 P、二次调整抽汽量 D_{e2} 不变，D_{e1} 减小时，高压调节阀关小，中、低压调节阀开大，中、低压部分流量增量应相等，D_{e2} 则不变；中、低压部分多发的电功率应等于高压部分少发的功率，电功率 P 则不变；D_0 的减小量加上 D_2 或 D_c 的增加量应等于 D_{e1} 的减小量。其他如电功率 P 增大或 D_{e2} 增大等可举一反三。

二、 供热机组的调节

（一）背压式汽轮机调节原理

背压式汽轮机是既供电又供热的汽轮机的一种。显然，热用户所需要的蒸汽量和电用户对汽轮机功率的要求是不可能完全一致的。在一般情况下，背压式汽轮机是按照热负荷运行的，也就是根据热用户的需要决定汽轮机的运行工况，此时汽轮机的进汽量由热用户所消耗的蒸汽量决定，并随供热量的变化而作相应的改变，汽轮机的功率将随热负荷变化，而电网频率将由电网中并列运行的其他凝汽式机组维持。

背压式汽轮机进汽量的调节由调压器来实现。当热用户消耗的蒸汽量增大时，供热压力降低，调压器接受这一压力信号后，通过中间放大机构开大调节汽门，以增加汽轮机进汽量，反之亦然。由于调压器的作用，背压式汽轮机的排汽将维持在一定范围内。

图7-18（a）为背压式汽轮机调节示意图。错油门4即可有调压器2控制，也可由调速器1控制。当机组运行工况由热负荷决定时，汽轮机并列在电网中，转速保持不变，调速器滑环位置不变。此时，热负荷变化将使排汽压力变化，在弹簧力的作用下，调压器活塞移动，带动错油门使高压油进入油动机5的上腔或下腔，油动机活塞移动，将调节汽门开大或关小，以适应热负荷的需要。

调压系统的静态特性和调节系统静态特性相仿，如图7-18（b）所示。此时，机组背压 p 相当于转速 n，调压器活塞位移 z 相当于调速器滑环位移 z，而蒸汽量 D 则相当于机组功率 P。由此可得到调压系统的不等率 δ_p，即压力不等率，它表示最小蒸汽流量时的最高背压 p_{max} 与最大蒸汽流量时的最低背压 p_{min} 之差与额定压力 p_e 之比，即

$$\delta_p=\frac{p_{max}-p_{min}}{p_e}\times100\%$$

通常此值可达10%～20%，甚至更大。

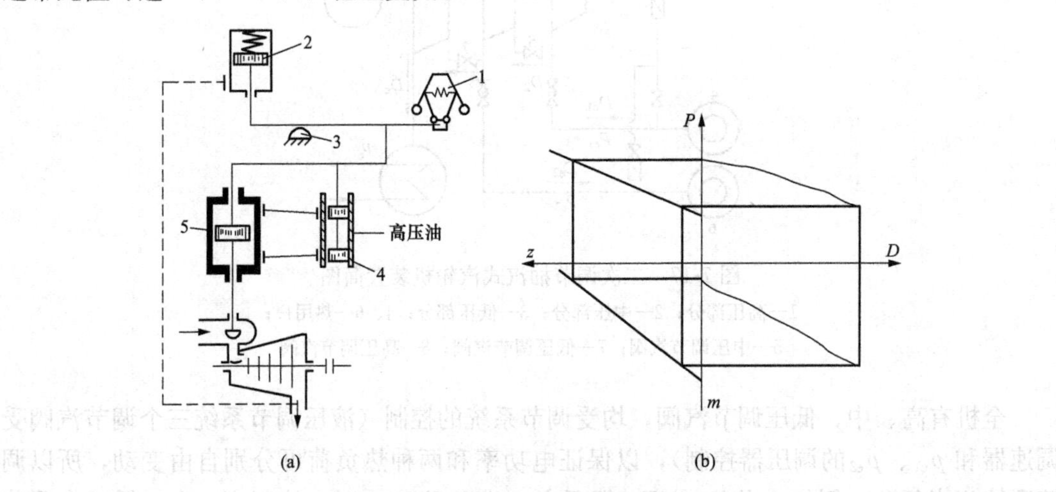

图7-18 背压式汽轮机的调节

（a）调节系统示意图；（b）调压系统静态特性线

1—调速器；2—调压器；3—支点；4—错油门；5—油动机

值得注意的是，当背压式汽轮机突然甩负荷时，转速迅速升高，调速器滑环向上移动，关小调节汽阀。但与此同时，供汽量减小，排汽压力相应降低，调压器将力图开大调节汽门，增加进汽量，因此调压器对调速器存在一个反作用。为了限制调压器的反作用，图7-18中设有一支点3，当调压器位移使杠杆与支点3相遇时，调压器活塞就不会再向下移动，此时调速器可单独控制汽轮机，以维持空负荷运行。

（二）具有一段抽汽的抽汽式汽轮机的调节原理

抽汽式汽轮机与背压式汽轮机相比，它不仅能供电，还能供热，而且电能和热能可以

分别调整。图 7-19（a）为具有一段抽汽的抽汽式汽轮机的工作原理图。可以看出，在稳定状态下，汽轮机的总功率 $P=P_1+P_2$，而供热蒸汽量 $D_e=D_0-D_c$。

当供热蒸汽量 D_e 增加时，抽汽管道中的压力 p_e 减小，压力调节系统工作，将开大高压缸 1 的调节汽阀 5，并关小低压缸 2 的调节汽阀 6，此时高压缸流量为 $D_0+\Delta D_0$，低压缸流量为 $D_c-\Delta D_c$，而供热量为 $D_e+\Delta D_e=D_0+\Delta D_0-D_c+\Delta D_c$。高压缸功率增加 ΔP_1，低压缸功率将减小 ΔP_2，适当调节高低压缸调节汽门开度，可使 $\Delta P_1-\Delta P_2=0$，即高压缸功率的增大值等于低压缸功率的减小值，从而在抽汽量变化时汽轮机的总功率将维持不变。

当电负荷变化时，如汽轮机功率增大，调节系统应同时开大高低压调节汽门，高低压流量分别为 $D_0+\Delta D_0$ 和 $D_c+\Delta D_c$，而功率分别为 $P_1+\Delta P_1$ 和 $P_2+\Delta P_2$。为保证在电负荷变化 $\Delta P=\Delta P_1+\Delta P_2$ 时，向热用户提供的蒸汽量不变，应满足 $\Delta D_e=\Delta D_0-\Delta D_c=0$。

图 7-19（b）为具有一段抽汽的调节系统示意图。该系统中调速器和调压器都能同时控制高压缸和低压缸的调节汽阀。根据抽汽式汽轮机的工作原理，当电负荷变化时，应让高压和低压调节汽阀向同一方向运动，以使 $D_e=D_0-D_c$ 保持常数；而当热负荷变化时，应让高压和低压调节汽门做相反方向的运动，以使 $P=P_1+P_2$ 保持常数。

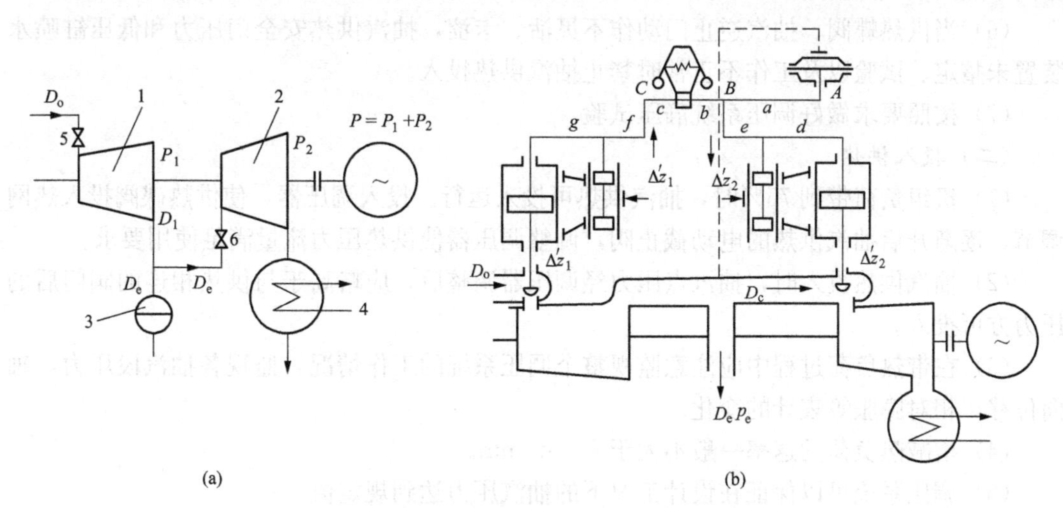

图 7-19　具有一段抽汽的抽汽式汽轮机调节

（a）工作原理图；（b）调节系统示意图

1—高压缸；2—低压缸；3—热负荷；4—凝汽器；

5—高压调节汽阀；6—低压调节汽阀

调节系统满足上述要求的静态性能称为系统的静态自整性，满足上述要求的条件称为静态自整条件。显然，对于图 7-19 所示的系统，只需调整杠杆的各段比例关系就可满足抽汽式汽轮机对静态自整的两个要求。对于液压调节系统，选择合适的油口宽度之比，即可满足静态自整要求。

在机组从一个稳定工况过渡到另一个稳定工况的过程中，应满足热负荷改变而电负荷不变，以及电负荷改变而热负荷不变的要求，这就是动态自整。由于动态过程的时间很短，而且过渡过程中抽汽量或电负荷的暂时变化一般不会引起不良影响，因此实际设计调节系统时，往往可以不满足或只基本满足动态自整条件即可。

三、供热运行

（一）概述

抽汽供热运行的原则：机组的启动、暖机、升速和并网都按纯凝汽式机组进行，当带到一定负荷值时投入抽汽供热运行。

对于抽汽供热工况的运行，启动前还需要做好以下检查和准备：

（1）检查抽汽供热逆止门、供热碟阀、供热碟阀油动机的动作是否灵活可靠，低压缸喷水装置是否能正常投入和切除，止回阀的气动执行机构的工作压力是否已按制造厂提供的有关参数整定好，并确信抽汽安全门已按规定的压力调整好，经试验确认合格。

（2）气动逆止门、供热蝶阀与发电机油开关或主汽阀联动跳闸机构在安装好后和启动前应做联动试验，投入备用。

（3）热网及热网加热器等经过全面联调、试压、无泄漏，无缺陷，投入备用。

（4）抽汽供热系统投入前应开启该系统上的疏水门，以便对抽汽管道进行适当暖管和疏水，抽汽供热投入后关闭疏水门。

（5）开启供热抽汽门时应先使蝶阀逐渐关小，抽汽压力逐渐提高。待本机的抽汽压力略高于热网抽汽母管内的压力值时开启抽汽门，接带热负荷。用调压器调整到所需压力。

（6）当供热蝶阀、抽汽逆止门动作不灵活、卡涩，抽汽供热安全门压力和低压缸喷水装置未整定、试验以及工作不正常时禁止抽汽供热投入。

（7）按照要求做好调压系统静压试验。

（二）投入供热

（1）机组负荷带到75%时，抽汽供热可投入运行。投入调压器，使供热碟阀投入热网调节，逐渐开启抽汽供热的电动截止阀，调整调压器使供热压力流量满足使用要求。

（2）抽汽供热投入时，抽汽点压力经调压器调整后，应略高于与供热相连的阀门后的压力方可投入。

（3）在带热负荷过程中应注意监视整个调压系统的工作情况，监视各抽汽段压力，轴向位移，相对膨胀等表计的变化。

（4）增减热负荷的速率一般不大于4～5t/min。

（5）调压系统可以保证在设计工况下的抽汽压力达到规定值。

（6）为提高机组的经济性，在保证向热用户正常供热的条件下，应尽量使抽汽点的压力保持在热网许用压力的最低点。

（7）热网切除后，碟阀应升到其最大开度。

（8）调压器自动调整碟阀开度，保证供热负荷（单机运行时为供热压力）。可根据需要操作调压器给定调整热负荷。

（9）热网投运后，应加强凝结水的回收和补充，防止凝结水的泄漏和污染。

（三）供热运行的日常维护

（1）对运行中的供热系统及系统中的各设备应定期进行巡查，及时发现问题，解决问题。

（2）应经常检查热网返回的凝结水水质，一旦发现泄漏和水质污染，应立即采取措施补救，若污染和泄漏严重，应立即切除供热运行或停机，及时进行修复处理。

（3）应定期检查调压系统是否工作正常，所属表计指示是否准确，供热碟阀及油动机的动作是否灵活可靠，并应定期进行活动试验。

(4) 正常运行时按下述数据进行中压末级和低压末级叶片保护装置的参数整定。

1) 低压末级叶片保护。供热碟阀后压力不小于 0.12MPa，以保证足以通过低压缸冷却流量 160.4t/h，确保低压末级叶片安全运行。

若蝶阀后压力小于 0.12MPa(3 取 2) 时报警，并调整蝶阀开度，维持压力不小于 0.12MPa。

2) 中压末级叶片保护时，机组在抽汽供热工况运行下抽汽口的限制值见表 7-7。

表 7-7　　抽汽口的限制值

抽汽压力 p_{ex}≤0.30MPa	报警
抽汽压力 p_{ex}≤0.25MPa	停机（手动）
抽汽压力 p_{ex}≥0.65MPa	报警
抽汽压力 p_{ex}≥0.75MPa	停机（手动）

(四) 供热停运

(1) 若需将供热工况的运行切换到纯凝汽工况运行，则应使热负荷逐渐减少，到零后将调压系统切除，关闭供热抽汽电动截止阀、供热抽汽止回阀、快关阀，机组转入凝汽工况运行。

(2) 若需要在供热工况下正常停机，则按第 (1) 条要求将供热工况转入纯凝汽工况运行，再按纯凝汽工况的停机步骤进行停机操作。

(3) 机组在供热工况下甩电负荷，此时 DEH 接收信号，供热抽汽止回阀、供热抽汽快关阀、供热碟阀、接收信号同时关闭，汽轮机转速冲高回落后开启供热蝶阀，机组维持空转，整个过程由调节系统自动控制。若供热蝶阀关闭后 10s，DEH 未接收到抽汽止回阀或抽汽快关阀已关闭信号，则在 DEH 操作员站上报警提示；超过 30s，DEH 自动发出停机指令。

(4) 机组突然甩热负荷时，抽汽止回阀、快关阀同时关闭，同时全开供热碟阀，机组由供热工况转为纯凝汽工况运行。

(5) 机组在供热工况下打闸停机，DEH 发出信号，供热抽汽止回阀及供热抽汽快关阀接收停机信号同时关闭，此时高压主汽阀及中压主汽阀已全部关闭，机组进入惰走状态。

(6) 停机过程中须保证机组与外界供热抽汽管道完全切断，防止解列时抽汽倒灌引起机组超速，停机后也必须确信无蒸汽从供热抽汽管道漏入汽轮机，引起局部冷却或加热。

第八章

汽轮机常见的典型事故及处理

第一节　事故处理原则

一、事故处理原则

汽轮机事故是指汽轮机运行时监视的参数超过规定值保护装置报警或动作，或设备工作状况偏离正常情况对机组安全运行有严重影响的状况。有的状况需要及时分析处理予以解决，从而保证设备的正常运行；有的状况需要紧急手动停机，避免事故的进一步扩大。所以事故发生时，运行人员应迅速做出事故的类型、严重程度、范围、原因以及可能后果的判断，为事故处理奠定准确依据。

发生事故处理时，应按“保人身、保设备、保电网”的原则进行处理，同时应尽可能保证厂用电和厂用抽汽的正常供给，尤其是事故保安电源的可靠性，并尽可能使机组不减或少减负荷，尽可能减少汽水损失和厂用电。

发生事故时，运行人员应在值长的统一指挥下，按照规程规定迅速查清事故原因，解除对人身和设备的威胁，同时努力保证非故障设备的正常运行，防止事故扩大。当发生规程以外的事故及故障时，值班人员应根据自己所学知识和经验做出正确判断，主动采取对策，迅速进行处理，时间允许时，请示值长并在值长的指导下进行事故处理。在处理事故的每个阶段，应尽可能汇报值长和专业领导。若各级领导指示不一致时，应向值长汇报，并执行值长的命令。如值长命令明显危及人身及设备的安全时，运行人员应申明理由，拒绝执行，并向上越级汇报。

事故处理过程中，达到停机条件而保护未动作时，应立即手动停机。辅机达到紧急停运条件而保护未动作时，应立即停止辅机运行。若出现机组突然跳闸情况，事故原因已查清，故障处理完后，应尽快恢复机组运行。

在机组发生故障和处理事故时，值班人员应正确、迅速地执行上级命令，不要急躁、慌张。事故期间下达命令和电话联系工作，讲话要扼要、明了，受令人接到命令后必须重复一遍，如果没有听懂，要反复问清，命令执行后必须向发令人汇报。运行人员必须严守工作岗位，不得擅自离开工作岗位。如果事故处理发生在交接班时间，应延期交班。在未办理交接手续前，准备交班人员应继续工作，直到事故处理完毕或告一段落。接班人员应在交班人员的指挥下主动协助进行事故处理。

事故消除后，运行人员应对事故发生的时间、地点、现象、原因经过及处理方法进行完整、详细、正确地记录，便于日后分析事故时参考，从而总结并吸取经验教训。

二、非正常停机方式

非正常停机是指机组发生影响正常运行的故障，必须解列停机的方式。非正常停机又可分为紧急停机和故障停机两种。

当机组发生严重危及人身或设备的故障时，应紧急停止机组运行。机组发生故障或运行参数接近控制限额，还不会立即造成严重后果，应尽量采取措施予以挽回，无法挽回时应立即汇报调度和总工要求故障停机，故障停运时间由调度或总工决定。

（一）紧急停机

1. 汽轮机紧急停机条件

汽轮机遇到下列情况之一时，应进行紧急停机：

（1）汽轮机跳闸保护（包括机械式、DEH、ETS）应动作而拒动。

（2）主要汽、水、油管道爆破，危及人身、设备安全。

（3）机组任一轴承突然发生剧烈振动（如本机组达到250μm）且相邻轴振也明显增大，保护未动。

（4）主机润滑油供油温度过高超过规定值（如本机组达到50℃）。

（5）机组任一支持轴承、推力轴承回油温度达到规定值（如本机组达到70℃）；或任一支持轴承金属温度达到要求值（如本机组达到121℃），任一推力轴承金属温度达到要求值（如本机组达到115℃）。

（6）主油箱油位急剧下降至规定值（如本机组达到1050mm），来不及补油时。

（7）汽轮机发生水冲击或机组在正常运行、启停机及变工况过程中，主蒸汽或热再蒸汽温度在短时间内急剧下降50℃。

（8）汽轮机轴封摩擦冒火花。

（9）汽轮机叶片断裂或内部有明显的金属摩擦、撞击声。

（10）高压缸内壁金属温度不小于440℃，且负荷低于100MW。

（11）汽轮发电机组任一轴承断油。

（12）发电机密封油断油，或油压下降至很低（如本机组达到0.048MPa），备用泵启动无效而保护拒动。

（13）主机润滑油或发电机密封油系统大量喷油泄漏。

（14）机组油系统着火不能很快扑灭或发生氢气爆炸，威胁人身、设备安全。

（15）发电机、励磁机冒烟、着火。

2. 紧急停机时主要操作步骤

紧急停机时主要操作步骤如下：

（1）在集控室按“汽轮机跳闸”按钮或就地拉汽轮机跳闸操作手柄，确认高中压主汽阀、调节汽阀关闭，高排止回阀和各级抽汽止回阀关闭，高压缸通风阀开启，汽轮机转速下降。

（2）确认交流润滑油泵和启动油泵自启动成功，润滑油压正常；确认高低压旁路快开，防止主蒸汽、再热蒸汽超压。

（3）若是润滑油系统或汽轮发电机组本体等故障，需加速停机时，停止凝汽器真空泵运行，开启真空破坏阀。当凝汽器压力达65kPa时，凝汽器保护动作，确认有关疏水关闭，确认高、低压旁路关闭。

（4）机组转速达到规定值（本机为2400r/min）时检查顶轴油泵自动投运，否则手动启动一台顶轴油泵。

（5）当真空降到零时，切断轴封供汽，轴封蒸汽母管压力到零后才可停用轴加风机。

（6）汽轮机惰走过程中应注意机组振动、润滑油温、油氢差压等正常，记录惰走时间，倾听机内声音正常。当转速降至零，确认主机盘车自投正常，记录转子偏心度、盘车电机电流、缸温等。

（二）故障停机

1. 汽轮机故障停机条件

汽轮机遇到下列情况之一时，应进行故障停机：

（1）主蒸汽、再热蒸汽及高压给水管道等主要管道破裂，无法维持机组正常运行时。

（2）DEH工作失常，汽轮机不能控制转速和负荷。

（3）主、再汽参数超过规定值，而规定时间内不能恢复正常。

（4）主机润滑油供油温度达规定值（如本机组为50℃），处理无效。

（5）润滑油乳化。

（6）凝汽器真空缓慢下降，采取降负荷措施后凝汽器内真空仍然下降而无效时（本机达到65kPa）。

（7）轴向位移接近限制，经处理后仍然不能恢复正常，且推力轴承钨金温度、回油温度异常升高。

（8）机组主保护达到保护动作值而拒动。

（9）主、再热蒸汽品质达到停机极限值。主、再热蒸汽进汽平行管道两侧温度偏差大（本机组规定11℃），15min无法恢复，或主、再热蒸汽管道两侧温度偏差大（本机组规定28℃）。

（10）TSI故障，机组重要技术数据无法监视或无法维持机组稳定运行。

（11）EH油箱油位低至极值，来不及加油时。

（12）两台EH油泵运行，EH油压仍低于7.8MPa。

（13）主油泵或油涡轮泵工作严重失常。

（14）所有密封油泵故障并由润滑油作密封油时。

（15）轴加风机均停用，30min内仍不能恢复正常运行。

（16）主油箱排烟风机均停运，30min内仍不能恢复正常运行。

（17）闭式冷却水系统管路泄漏严重，无法隔离，并将危及机组安全运行。

2. 故障停机时主要操作步骤

汇报调度和总工要求故障停机获准后，应快速减负荷，同时进行厂用电切换，负荷至66MW时，启动交流润滑油泵和启动油泵，确认润滑油压正常，汽轮机跳闸，解列发电机，断开励磁开关，确认汽轮机转速下降。

汽轮机运行中的事故种类很多，需要运行人员根据现场的象征具体判断和分析。本章介绍一些较为典型和常见的事故仅供大家参考。

第二节　常见事故及处理

一、汽轮机严重超速

由于大功率汽轮机的进汽参数高，进汽流量大，转子的飞升时间常数小，一旦调节系统在运行中失灵，汽轮机转速瞬间急剧升高，造成转子断裂等严重的设备损坏。与此同时，往往也会造成人身伤亡，因此汽轮机严重超速是危害性极大的恶性事故。

（一）汽轮机严重超速的现象

汽轮机严重超速时，表现出以下现象：机组负荷到零，发电机解列；机组转速大于110%额定转速而超速保护未动作并继续升速；机组发出异常声音，主油泵出口压力上升；机组振动增大，轴瓦金属温度上升等。

（二）汽轮机严重超速的原因

造成汽轮机严重超速的原因主要如下：

（1）机组跳闸后，高中压主汽阀或调节汽阀关闭不严，高排止回阀或抽汽止回阀卡涩，蒸汽继续进入汽轮机，冲转汽轮机；

（2）功率不平衡保护整定不正确或动作不正常；

（3）危急保安器超速试验时，转速失控；

（4）汽轮机转速升高到超速保护装置的动作转速而超速保护拒动；

（5）DEH故障或汽轮机调节系统静态特性不合格。

（三）汽轮机严重超速的处理

运行中如果确认机组发生严重超速事故，应立即按“跳闸”按钮或就地拉汽轮机跳闸操作手柄紧急停机，并确认转速下降。若转速仍然上升，应破坏真空紧急停机。注意事故处理过程中应保持润滑油温、油压正常，迅速查明原因并隔离可能进入汽轮机本体的有关汽源。锅炉MFT，高、低压旁路开启泄压。

停机后应进行全面检查，消除故障后方可重新启动。待机组充油试验、超速试验合格后方可重新并网投入运行。

二、汽轮机水冲击

运行中如果汽轮机进水或进低温蒸汽，会使处于高温下工作的金属部件受到急剧冷却，产生很大的热应力和热变形，致使高温部件产生裂纹、阀门和汽缸结合面漏汽、大轴永久弯曲及机组强烈振动等。急剧冷却还会使大轴快速收缩，导致很大的负胀差，造成汽轮机动静部分发生严重磨损。

由于水滴和蒸汽相比密度大、流速低，当发生水冲击事故时，水滴会撞击在动叶片进口背弧处。大量水滴撞击叶片背弧，对汽轮机产生十分明显的制动作用，具体表现为机组运行时出力显著降低。

水冲击会使轴向推力急剧增大，有时可能达到正常数值的10倍，使推力轴承的轴瓦钨金熔化，如果不及时停机，过大的轴向位移可能造成通流部分的严重磨损和碰撞，甚至各级叶片大量损伤和断落。

当汽轮机在额定转速下运行时，如果从汽轮机低压级的抽汽管进水，末级叶片会因大量的拉金和围带裂纹而损坏，造成叶片断裂。叶片损坏而造成的汽轮机振动，又会损坏轴承、基础以及油管路。

为防止发生水冲击事故，汽轮机沿汽缸轴向的上部、底部都成对装设若干个热电偶，提供温度记录数据，以确定是否有水从汽缸的某个部位进入汽轮机。在正常条件下，上、下成对安装的热电偶指示接近相同的温度，下部热电偶温度突然下降或者成对安装的上、下热电偶出现相当大的温差，即表示有进水发生并引起汽缸变形。

热电偶不能防止水进入汽轮机，但却可以监测是否进水、何时进水。运行人员应及时发现和判断汽轮机是否进水，并找出水的来源，将事故的损害程度减到最小。

（一）汽轮机发生水冲击的征兆及现象

当汽轮机发生水冲击时，能清楚地听到蒸汽管道或汽轮机内有水冲击声，机组负荷晃动，从蒸汽管道法兰、阀门密封圈、汽机轴封、汽缸结合面冒出白色的湿汽或溅出水滴，推力轴承钨金温度和回油温度上升，轴向位移窜动且有增大趋势，汽缸金属壁温急剧下降，上、下缸温差增大，胀差急剧减小，机组出现剧烈振动。若因主蒸汽或再热蒸汽带水，主蒸汽、再热蒸汽的温度会急剧下降，主蒸汽压力剧降。

（二）汽轮机发生水冲击的水源及预防措施

汽轮机发生水冲击的水源主要来自以下4个方面：

1. 抽汽系统

抽汽系统是最经常遇到的汽轮机进水的水源。汽轮机上抽汽口很多，水与抽汽口距离很近，许多设备配合不佳、误操作以及系统设计不良都可造成严重后果。经验表明，通常有4种进水事故与抽汽系统有关：

（1）给水加热器管路泄漏；

（2）加热器水位控制不良或发生故障；

（3）加热器及抽汽管路疏水不够或布置不当；

（4）抽汽管路与供给启动除氧汽源互相连接处的阀门泄漏或操作失当。

加热器高水位报警常常是水可能自抽汽管路进入汽轮机的先兆。当发生高水位报警时，进水监测热电偶的温度指示可用于确定是否有水自抽汽系统进入汽轮机。可靠的高水位报警至关重要，应定期对液位开关进行试验。新机组开始投入运行时，要尽快对加热器液位调节系统进行调试和修正，避免在机组启动、负荷变化和汽轮机跳闸时由于水量变化很快而液位调节不佳，造成加热器水位报警。

当加热器高水位报警信号发出时，应立即将加热器旁路，并根据加热器退出运行的情况降低机组负荷。

汽轮机的抽汽管路上大多安装有当水位高时电动关闭的抽汽止回阀，其功能一是当负荷下降时，防止由于各抽汽口压力随之下降，蒸汽沿抽汽管路进入汽轮机；二是防止汽轮机进水以保护汽轮机。如果加热器满水，当需要截断倒流进入汽轮机的水时，止回阀有可能关闭不严密，此时打开抽汽管路上抽汽止回阀汽轮机侧的疏水阀至关重要。这些启动疏水阀应为电动阀门，当加热器正常运行时应关闭，而在接收到来自加热器高水位开关信号时开启，疏水接入凝汽器。

运行人员应在运行过程中注意所有的报警信号并立即采取措施，防止汽轮机进水。定期进行报警和阀门试验，如果已经知道某种保护装置有故障，不要运行加热器。

2. 锅炉过热器及主蒸汽管道系统

另一个最常引起汽轮机水冲击事故的原因是过热器及主蒸汽管路中有水随蒸汽进入汽轮机。蒸汽温度失去控制或由误操作、设备故障而引起的锅炉水位异常，都有可能导致蒸汽带水使汽轮机发生水冲击事故。

运行中，如果突然出现负荷大幅增加，由于主蒸汽压力快速下降，水的饱和温度下降，就有可能造成蒸汽带水。因此为了保护汽轮机，当锅炉运行工况不稳定，可能造成水或低温蒸汽进入汽轮机时，初始压力调节器 IPR 会关给水泵汽轮机进汽阀门将机组跳闸。特别是当锅炉灭火时，由于蒸汽温度难以控制，继续让蒸汽进入汽轮机是非常危险的，应该绝对禁止。为此运行规程中规定：当主汽压力每分钟下降 10%额定压力，IPR 保护应动作，否则人为关小调节汽阀，以防水冲击；当主蒸汽压力每分钟剧降 20%额定压力时，高压调节汽阀关至空负荷开度，必要时应停机。

因为主蒸汽管路或锅炉过热器疏水不充分，也会导致汽轮机水冲击事故停机。特别是当机组跳闸后极短时间内重新启动时，如果汽轮机在启动前未充分疏水，或当机组跳闸时，锅炉因燃烧不稳定灭火，过热器受冷而引起凝结，就会造成由于过热器或主蒸汽管路蒸汽带水。汽轮机启动冲转前，应开启主蒸汽管路疏水阀和汽轮机自动主汽阀前疏水阀充分疏水，以排出从锅炉至汽轮机的整个管路及阀体的疏水。

运行过程中，如果通过对主蒸汽管路上的温度、压力和密度等仪表系统的监测来判断是否发生了水冲击事故，运行人员往往由于时间问题，无法及时处理来保护汽轮机。因此，运行人员应通过对可能导致蒸汽带水的负荷变化率、快速的蒸汽温度和蒸汽压力下降等现象的监视判断，结合推力轴承故障继电器或推力轴承磨损探测器信号，及时将汽轮机跳闸，以保护汽轮机，减少推力轴承的损坏。

运行人员可以通过以下几个方面确认推力轴承故障是否是由汽轮机进水引起的：

(1) 对汽缸上装设的温度测点进行监视，如果位于过热区的温度测点显示蒸汽温度突然降低至饱和温度。

(2) 在启动时（蒸汽温度较低，监测过热度的改变比较困难），突然的蒸汽温度降低造成主汽阀头部和汽轮机汽缸水平结合面因内部表面收缩而产生的短暂泄漏。

(3) 流量表显示流量突然增大。其实流量并未增大，而是水通过流量喷嘴时产生了很大的压降，从而给出了错误的指示。

3. 再热蒸汽系统

为了控制再热器出口蒸汽温度，有时会向冷再热汽管路中喷水，水通过喷嘴进入文丘里混合管，在足够大的水—蒸汽压力差作用下，水迅速发生雾化和汽化，这样一来，只有干蒸汽进入了再热器。但是如果出现运行人员误操作或阀门泄漏，就有可能使汽轮机存在进水的危险性。

还有一种情况也有可能造成汽轮机进水，就是当进入再热器的蒸汽流量很小时向再热器喷水。喷入的水雾化、汽化效果不好产生凝结，或者通过冷再热汽管路返流回汽轮机的高压缸，或者聚集在再热器中，在启动时被带入汽轮机的中压缸。再热器喷水使汽轮机进水造成损坏的情况大都发生在启动和停机时。

当流过再热器的蒸汽流中断时，必须停止喷水。应按规定对阀门的泄漏情况和电动关闭电路进行定期试验。

4. 轴封密封系统

因为操作不当，使水或低温蒸汽自轴封密封系统进入汽轮机，会造成水冲击事故，使机组被迫停机。

轴封蒸汽的外接汽源有两路：一路是辅助蒸汽经辅助蒸汽供给阀送至轴封汽母管，另一路是四段抽汽经轴封蒸汽供给阀送至轴封汽母管，作为轴封汽正常工作时的汽源。轴封母管还接收主机高压主汽阀、高压调节汽阀、中联阀的阀杆漏汽，以便在高负荷下，由高、中压轴封倒供，不用辅汽即可维持系统运行，即实现自密封。因此，在轴封供汽需要外接汽源时，外接汽源温度必须与轴封处金属温度相匹配。如果蒸汽温度过低，或在切换轴封蒸汽汽源之前，没有对外接汽源的管路进行充分的暖管、疏水，聚集的水会被带入轴封蒸汽母管，从轴封处进入汽轮机。

轴封蒸汽母管的最低端设有连续疏水至凝汽器，以防止母管积水随轴封蒸汽进入汽轮机，此疏水可能被阻塞，应定期进行检查。如果轴封系统进入大量的水或低温蒸汽，即使疏水通畅也不能完全保证汽轮机不会发生水冲击事故。故运行中通过对设在轴封蒸汽母管上的热电偶温度测点的监视，可以及时检测是否存在疏水阻塞或低温蒸汽进入母管。

轴封蒸汽母管靠四段抽汽至轴封汽压力调整门、辅汽至轴封汽压力调整门和轴封汽压力调整门保持衡压在30～40kPa表压。流经轴封汽压力调整门的过量蒸汽，通过轴封蒸汽分配阀后排至凝汽器或8号低压加热器的抽汽管路。值得注意的是，当汽轮机停机以后，由于该管路没有蒸汽抽出，来自轴封系统的过量蒸汽不允许排入8号低压加热器抽汽管路，以防止湿蒸汽自抽汽管路返流至汽轮机，造成汽缸变形、末级叶片损坏。在加热器不工作、没有抽汽流量时，应将此过量蒸汽切换至凝汽器。

（三）汽轮机水冲击的处理

机组运行规程中一般规定，正常运行或启、停机及变工况过程中，若主蒸汽、再热蒸汽温度在10min内急剧下降50℃，应紧急停机；主蒸汽压力每分钟内剧降10%额定压力，IPR应动作，否则人为关闭调节阀，以防水冲击。

确认汽轮机发生水冲击事故后，应破坏真空紧急停机。尽快切断有关汽、水源，同时加强主蒸汽、再热蒸汽管道、汽轮机本体及轴封供汽系统的疏水。

如因加热器或除氧器满水，应立即撤出故障加热器或除氧器，并开启相应的事故疏水，同时加强抽汽管道的疏水。

停机过程中，应严密监视推力瓦钨金温度和回油温度、轴向位移、上、下缸温差，各缸胀差、机组振动情况。必须准确记录惰走时间、大轴偏心度，仔细倾听机内声音，以确定机组是否可以重新启动。

汽轮机因水冲击而停机，若惰走时间明显缩短，轴向位移、推力轴承温度、振动、大轴偏心度超限或机内有异常声音，应及时汇报总工和有关领导，以决定是否开缸检查。

投盘车后，要特别注意监视盘车电流是否异常增大、晃动，以确定是否存在动静碰磨现象。严禁强行盘车。

汽轮机水冲击紧急停机后，必须连续盘车24h以上，同时偏心度、轴向位移、汽缸温差等重要技术指标合格，经总工批准，有关专业领导及技术人员到场，方可重新启动汽轮机。

三、汽轮发电机组振动大

汽轮发电机组的振动过大对机组危害很大。振动过大，会使轴承钨金脱落、油膜被破坏而发生烧瓦事故。过大的振动会造成动静间隙消失，发生动静碰磨而严重损坏设备，因摩擦产生的热量甚至造成大轴弯曲。强烈的振动还有可能造成某些固定件的松动甚至脱落。此外，振动引起动静部分发生摩擦后，因动静间隙的增加，造成漏汽量增加，会影响汽轮发电机组的输出功率，最终导致机组热耗的增加。为此，在运行中必须将汽轮发电机组的振动维持在规定范围之内。运行人员应密切监视机组的振动情况，及时发现异常振动，查找原因并处理，防止因振动过大造成设备损坏。

（一）振动大的现象

机组振动大表现出的现象主要有：①操作员站显示轴振值增大或出现报警；②TSI记录仪记录轴振值增大；③机组声音异常，就地测量、感觉振动明显增大。

（二）振动大的原因

汽轮发电机组的结构十分复杂，各转子由联轴器连成轴系，在高温、高压蒸汽的驱动下，在强电磁场中高速运转。各转子由支持轴承支撑，轴承座放置在基础台板上。转子、联轴器、轴承、轴承座、台板及基础中，任何部件或设备有缺陷或故障，以及蒸汽参数波动和电网扰动，都会不同程度地产生激振力，诱发多种多样的振动。

引起机组振动的因素是多方面的，振动机理也比较复杂，总的来讲，振动大致可以归纳为：临界共振，动静碰磨引起的振动，因转子质量不平衡、联轴器缺陷和转子不对中引起的振动，因电磁激振力引起的振动，振动系统的刚度不足引起的振动和油膜振荡。

在机组启、停机阶段，机组转速在临界转速区域，会表现出振动幅值大于正常值的振动，但振幅必须控制在规程规定的允许范围内。

油膜振荡是使用滑动轴承的高速旋转机械出现的一种剧烈振动现象。轴颈在轴承中旋转时，受到油膜的作用，在一定的条件下，油膜的作用将使轴颈在轴承中产生涡动，出现涡动时的转速称为失稳转速。油膜一旦失去稳定，轴颈在轴承中总是保持涡动，涡动随转速的升高而升高，且基本为转子转动速度的1/2，故称为"半速涡动"。当转速升高到二倍于转子第一临界转速时，"半速涡动"与转子一阶临界转速相遇，使转子振幅猛增，产生激烈振动，这种现象称为"油膜振荡"。运行过程中，若润滑油压与油温异常、油质异常会影响油膜稳定，容易诱发油膜振荡，尤其是在启动升速过程中。

出现下列情况都会产生激振力，造成转子振动：①冲转前盘车时间不足，汽轮机转子偏心度大；②机组暖机不充分，疏水不畅；③热态启动冲转时，冲转参数（主、再热蒸汽温度）偏低；④运行参数、工况剧变，汽轮机进冷汽或发生水冲击；⑤低压缸强度不足，在凝汽器压力过高或过低时或后缸喷水投运后产生变形；⑥胀差、绝对膨胀异常和滑销系统卡涩等原因引起动静摩擦；⑦上、下缸温差及高、中压转子热应力超限；⑧汽轮机本体内部机械零件损坏或脱落等。

此外，轴承工作异常，会产生振动系统的刚度不足引起振动。发电机磁场不平衡或转子风扇脱落、电力系统振荡等，会造成电磁激振力引起振动。

（三）机组振动异常的处理

在冷态启动过程中，①任一轴振达150μm，应打闸停机处理。②转速在临界转速850～1369r/min、1621～2214r/min范围内，任一轴承振动达100μm或任一轴振值超过250μm时，应紧急停机。严禁将机组转速停留在轴系临界转速范围之内，严禁强行升速。③机组转速在高速区（2700～3000r/min），任一轴振达125μm，应将机组转速提升（或保持）至额定转速，加强高速暖机，查明振动原因，若5min内轴振持续处于报警状态应紧急停机。

在其他状态启动升速过程中，若振动"高"报警，应果断停机并查明原因。

汽轮机启动升速过程中，任何转速下振动大达到保护动作值时，应打闸停机。机组启动过程中因振动大而停机后，必须全面检查，确认机组符合启动条件并已连续盘车4h以上，才能再次启动。

机组正常运行时，任一轴振在5min内振幅突增50μm且相邻轴振明显增大，或轴振已达250μm时，应紧急停机。在任何工况下机内发出明显的金属摩擦声，应紧急停机。轴振变化量突然超过报警值的25%，即使振幅在合格范围内，也必须全面检查机组运行情况并处理。注意停机过程中应正确记录惰走时间。

机组在增、减负荷过程中，轴振达125μm应停止增、减负荷，加强暖机，并查明原因，处理无效应停机；若轴振动达250μm，应紧急停机。

如果在一小时内，机组轴振振幅处于报警区域持续30min，应紧急停机。

发电机磁场不平衡引起机组振动，应降低机组负荷，直至振动下降到许可范围。电力系统振荡引起机组振动增大，应立即报告值长。振动超限，应紧急停机。

如果TSI故障，应立即通知仪控处理。

四、轴承温度高

（一）主机支持轴承或推力轴承温度高的现象

操作员站显示轴承金属温度高或报警；轴承回油温度高。

（二）轴承温度异常升高的原因

轴承温度的升高分为所有轴承的温度均升高和某一轴承的温度升高两种情况。

汽轮机在运行中，如果发现所有轴承的温度均有升高现象时，应首先检查润滑油油质是否合格、润滑油压和油量是否正常。如润滑油油质合格，润滑油压和油量均正常，可确认是因冷油器工作失常所致，如冷油器冷却水量中断或不足，夏季冷却水温过高、润滑油温自动调节失灵或冷油器脏污使传热不良等。

如发现某一轴承温度升高，应检查是否该轴承进、出油流不畅。如有杂物堵塞使油量减少，不足以冷却轴承；或轴承内混入杂物，摩擦产生热量使温度升高。

此外，机组因过负荷（新蒸汽参数低，而又保持额定功率，进汽量增大），造成轴向推力增大；机组超速或强烈振动；轴封漏汽大；发生水冲击事故等，都会引起推力轴承钨金温度、回油温度升高。

（三）轴承温度高的处理

轴瓦从温度升高到烧毁有一个过程。当发现轴承钨金温度突升（5min之内）5.5℃以上或轴承回油温度突升（5min之内）3℃以上时，运行人员应立即检查同一轴承的金属温度、回油温度操作员站显示、现场温度表指示、润滑油温等是否升高，检查轴承回油窥视窗油流情况，现场仔细倾听轴承内部声音。同时采取措施，控制轴承金属温度在允许范围内：

（1）调节润滑油温至正常值。若轴承进油温度即冷油器出油温度升高，可开大冷油器冷却水出水门，增加冷却水量，降低轴承进油温度。

（2）调节润滑油压至正常值。查明原因，及时消除，并维持正常轴承进油压力，润滑油压降至115kPa时，自启动交、直流润滑油泵；润滑油压降至70kPa时，保护动作跳机。

（3）若油质不合格，应加强滤油或换油。油质严重恶化，应要求故障停机处理。

（4）推力轴承过载引起钨金、回油温度升高时，应调整机组负荷。

（5）若轴封漏汽大，则在保证凝汽器真空的前提下，适当调节轴封汽压力。

（6）各轴承回油温度和金属温度异常升高，经处理无效，按表8-1执行。

表 8-1　　油温异常停机参数

项　目	处　理	
	故障停机	紧急停机
任一支持轴承回油温度（℃）	75	
任一支持轴承金属温度（℃）	110	121
推力轴承回油温度（℃）	75	
推力轴承金属温度（℃）	100	115

五、轴向位移异常

（一）现象

操作员站及 TSI 记录仪显示轴向位移异常增大或减小，当轴向位移达＋0.6mm 或－1.08mm 时，发出报警；推力轴承钨金、回油温度异常升高。

（二）原因

轴向位移异常的原因主要有：机组过负荷或机组负荷、蒸汽流量突变；同一负荷下的蒸汽参数偏低，造成进汽量偏大；汽轮机发生水冲击事故；推力瓦或推力盘磨损；叶片严重结垢，造成通流面积减小；叶片断裂；凝汽器真空低导致进、排汽压差变化，引起轴向推力改变；机组轴向振动异常；电网周波异常或发电机转子窜动；加热器的投运或撤出造成各级流量改变，轴向推力改变等。

（三）运行中发现轴向位移异常时的处理

轴向位移正值或负值过大，都有可能造成动静间隙减小甚至消失，引起动静碰磨。当发现轴向位移异常时，应首先核对推力轴承回油温度指示是否正确，比较操作员站显示、TSI 记录仪及现场推力轴承回油温度指示是否升高，推力瓦钨金温度是否升高，并仔细倾听推力轴承及机内是否有异常声响。同时检查润滑油压、油温、蒸汽参数、监视段压力、凝汽器真空和机组振动是否正常；检查机组负荷变化是否与正常轴向位移相对应。

确认轴向位移异常，则迅速调整蒸汽参数、真空、润滑油压、油温至正常；汇报值长，请求适当减负荷，使轴向位移及回油温度、钨金温度恢复正常。

当轴向位移达＋0.6mm 或－1.08mm，且推力轴承钨金温度、回油温度异常升高，应故障停机；轴向位移达＋0.8mm 或－1.28mm 时，保护动作跳机，否则应紧急停机。

若因叶片断落、汽轮机水冲击造成轴向位移异常，应紧急停机。

六、汽轮机绝对膨胀及高、低压胀差异常

（一）现象

TSI 系统指示汽轮机绝对膨胀和高、低压胀差异常；操作员站上指示汽轮机绝对膨胀和高、低压胀差异常。

（二）原因

汽轮机绝对膨胀及高、低压胀差异常的原因主要有：①各阶段暖机时间不充分；②滑销系统卡涩；③暖机升速或增减负荷速度太快；④空负荷运行时间太长；⑤蒸汽参数急剧变化；⑥轴封蒸汽温度与缸温不匹配，太高或太低；⑦发生水冲击；⑧启、停机过程中，主、再热蒸汽温度的变化率过大；⑨断叶片或通流部分严重结垢等。

（三）处理

在冷态启动过程中，若胀差增加较快或高压胀差已达＋8.0mm、低压胀差已达13.5mm，应停止升速（或停止加负荷）进行暖机，同时稳定主再汽的压力、温度，必要时可适当降低蒸汽参数以使胀差回落正常。检查低压缸排汽温度、凝汽器真空等是否正常。待胀差趋于稳定并开始减小后，再继续升速或加负荷。

温态、热态、极热态启动过程中，应严格控制冲转参数和轴封供汽温度，避免负温差启动，尽快使机组带上与高压缸调节级内下缸内壁金属温度相对应的负荷值，尽可能减少机组的冷却。

在冲转前，应考虑泊桑效应对高、低压胀差的影响，高低压负胀差不能太大。

在滑参数停机过程中，高、低压胀差逐渐减少，若接近报警值时，应停止减负荷，稳定参数，等胀差逐渐恢复后再继续停机操作。

当高压胀差达＋8.5mm或－7.5mm、低压胀差达＋15.0mm或－8.0mm时，处理无效应故障停机。

在正胀差异常而停机时，应充分考虑泊桑效应的影响。万不得已时可采用降低蒸汽温度的方法来缓解胀差异常。

无论是正胀差还是负胀差异常，均应认真检查汽缸绝对膨胀情况，若有卡涩现象，应加强暖机，同时通知检修处理。

七、凝汽器真空下降

（一）凝汽器真空下降的现象

凝汽器真空下降的现象主要有：真空表指示值下降，排汽温度、凝结水温度升高；同一负荷下对应的蒸汽流量增加，各监视段压力升高；凝汽器内真空下降至低限值（本机组为60kPa）或排汽温度上升至高限值（本机组为80℃）时，发出“真空低”报警信号。

（二）真空下降的原因

凝汽器真空下降的原因有：①机组负荷不正常增加，造成凝汽器负荷过大；②循环水泵工作失常或跳闸、循环水量因故减少或中断、循环水温上升；③循环水虹吸被破坏；④凝汽器冷却水管脏污；⑤真空泵工作失常或跳闸；⑥主机、给水泵汽轮机真空系统严密性不良而泄漏、真空破坏阀误开或阀门水封被破坏或未建立；⑦轴封蒸汽压力偏低，轴封加热器疏水器故障；⑧凝汽器热井水位异常升高；⑨高、低压旁路投运或大量疏水进入凝汽器。

（三）凝汽器真空下降，按下列原则处理

（1）迅速核对凝汽器排汽温度、凝结水温度的变化，确认真空下降。

（2）真空下降时，应启动备用真空泵和增加循环水量，尽快查明原因并处理。

（3）真空缓慢下降，应酌情减负荷，禁止投运高、低压旁路。

（4）若机组负荷已减至198MW（30%额定负荷），真空仍不能恢复时，应立即减负荷至零、故障停机。

（5）凝汽器压力达50kPa时，给水泵汽轮机跳闸，否则手动打闸。

（6）真空下降过程中，应密切注意低压缸排汽温度、机组振动、轴向位移等参数；排汽温度达65℃时，后缸喷水自动投入；达80℃时，后缸喷水阀全开；当排汽温度达107℃时，跳机保护动作，否则紧急停机。

(7) 凝汽器铜管脏污，应进行半边清洗。

八、 汽轮机叶片损坏

(一) 叶片损坏的现象

汽轮机在运行中发生叶片损坏乃至断裂时，通流部分会发出清洗的金属撞击声；转子不平衡而产生强烈的振动（叶片不对称断裂、断叶片嵌入动静部分引起摩擦时）；低压级叶片或围带断落时，可能打破凝汽器铜管使凝结水硬度突增；某监视段后的某级叶片断落时，可能使通流部分堵塞，该监视段压力升高等。

(二) 叶片损坏的原因

造成叶片损伤断裂的原因是多方面的：①制造质量不合格；②振动性能不良；③安装工艺不好；④启停过程中胀差过大；⑤运行中周波过低或不稳定；⑥新蒸汽温度过高或过低；⑦超出力运行以及其他事故的扩大等，都容易发生叶片损伤断裂事故。

(三) 叶片损坏的处理原则

运行中一旦出现叶片断裂象征时，必须破坏真空紧急停机进行检查。为防止叶片损伤断裂，应采取以下措施：

(1) 电网应保证正常周波运行，防止周波偏高或偏低，避免叶片落入共振区域工作；

(2) 不能任意提高参数运行，当蒸汽温度、蒸汽压力、监视段压力、真空及抽汽量等超过规定范围时，应相应减少负荷；

(3) 对喷嘴调节的汽轮机，不要长时间在仅有一只调节汽阀全开的负荷下运行；

(4) 超出力运行的机组，必须对叶片及隔板的应力、挠度进行强度校核。

九、凝汽器水侧泄漏

(一) 凝汽器水侧泄漏现象

当凝汽器水侧发生泄漏时，凝结水的导电度、硬度、二氧化硅等参数值大幅度增加，汽水品质恶化，而凝结水的补水量将减少。

(二) 凝汽器水侧泄漏原因

凝汽器泄漏主要由冷却水漏入汽侧所致，其原因主要有：①冷却水管与管板接触不良；②冷却水管质量不合格有沙眼；③汽轮机排汽对冷却水管冲刷磨损严重；④安装时操作不当对冷却水管的撞击；⑤冷却水水质不好对冷却水管的腐蚀等。

(三) 凝汽器水侧泄漏处理

运行中一旦通过化验热井水质，判断凝汽器泄漏时，就要进行查漏堵漏工作。轻微泄漏时，通过在冷却水里加锯末（间接空冷系统的冷却水系统不能采用），观察冷却水质的变化情况；加大凝汽器的补水和锅炉的换水，观察凝汽器的水质变化；泄漏严重时，就要减负荷停机，对凝汽器进行查漏、堵漏，工作结束后，方可通水试验，若水质无明显变化，则可重新投入运行。

十、循环水中断

(一) 循环水中断现象

循环水中断时，凝汽器内冷却水的流量、压力为零；凝汽器的真空急剧下降，凝结水的温度升高；循环水泵的耗功减小或为零。

(二) 循环水中断原因

循环中断的主要原因有：①厂用电失去；②循环水泵热工保护或电气保护动作停运；

③人为误动。

（三）循环水中断处理

循环水中断时应立即脱扣停机，并禁止向凝汽器排汽水，并尽可能保持凝汽器的真空。若真空维持不住立即开启真空破坏门，以防止凝汽器升压，此时必须保证排汽缸喷水正常投入。对于下列情况导致的循环水中断，采取相应的处理方法。

(1) 若由厂用电失去导致的循环水中断，按照厂用电失去处理。

(2) 若因循环水系统故障，引起凝汽器真空下降时，应按凝汽器真空下降处理。

(3) 若人为误动导致循环水泵停运，应迅速重新启动循环水泵。

循环水中断时，还应注意监视闭式冷却水的温度。故障消除后，恢复向凝汽器和闭式冷却水冷却器供水，并按正常程序启动汽轮机。

十一、 主机润滑油系统故障

主机润滑油系统的常见故障包括润滑油压低、润滑油温异常、润滑油主油箱油位低、润滑油品质不合格等。

（一）润滑油压力下降

润滑油压低的现象主要有：①各就地表计、操作员站显示润滑油压力下降；②轴承钨金温度及回油温度升高或报警；③当润滑油压低至 115kPa 时，报警发出，同时交流润滑油泵自启动。

润滑油压下降时，应密切监视各轴承金属及回油温度、发电机密封油箱油位和各轴承回油窥视窗的油流情况，发现轴承断油，应紧急停机。

如果润滑油压下降是由主油泵或油涡轮泵工作失常引起的，应启动交流润滑油泵并要求故障停机。

发现润滑油压下降，应严密监视并分析原因，当油压降至 115kPa 时，交流润滑油泵应自启动，否则应手动投入；经处理无效，应要求减负荷。当润滑油压继续缓慢降至 70kPa 时，直流润滑油泵应自启动，继续减负荷停机。

若发生润滑油系统外漏，应设法隔离并立即联系检修处理，同时严密监视主油箱油位及润滑油压，必要时应进行补油；若泄漏点不能与系统隔离，或热力管道水汽已渗入油内，应要求故障停机。若发生大量喷油时，应紧急停机，并确保机组惰走所需油量，及时清理泄漏区域，防止发生火灾。若发现润滑油过压阀误动或套装油管内漏，应要求停机处理。

（二）润滑油油温高

润滑油温高的现象有：①冷油器出口温度高；②各轴承钨金、回油温度高或报警。

当油温升高时，应注意监视密封油温的变化，必要时投用密封油冷油器。

如果润滑油温高是由冷油器冷却水量少或冷却水温高引起的，应增加冷却水量、降低冷却水温；如果润滑油温高是由冷油器脏污、热交换效果变差引起的，应切换到备用冷油器运行，同时联系检修处理。

润滑油温自动调节失灵、主油箱电加热器误动也会引起润滑油温高。此时应将润滑油温自动调节切换到手动，停止电加热器工作并联系检修处理。

当润滑油供油温度达 50℃且处理无效，应故障停机。

连续盘车时，润滑油温应控制在 38～40℃。当油温高于 45℃，应当间断盘车。间断盘车期间，应注意防止大轴弯曲。

（三）主油箱油位异常的原因及处理

导致主油箱油位异常的可能原因有：①润滑油系统泄漏或误放油；②发电机密封油系统泄漏或发电机本体进油；③主油箱油温低。

发现主油箱油位指示不正常时，应首先排除油位计本身故障。如油位异常是由于油位计故障引起的，应联系检修处理。

如果出现润滑油系统、密封油系统泄漏，在不影响机组运行的前提下，应设法隔离或堵漏并联系检修处理，同时及时补油。若泄漏严重，当油位比正常油位低－100mm 时，经处理无效，油位继续下降应故障停机；若油位比正常油位低－150mm，则紧急停机。停机时应确保惰走所需油量。

发现油箱油位不正常升高，应立即对运行冷油器进行检查并化验油质。若为冷油器泄漏，应立即切换备用冷油器运行并对主油箱进行放水，同时加强油净化处理。若系轴封蒸汽压力过高导致蒸汽漏入轴承一侧，则适当降低轴封汽压力。

主油箱油温低造成油位异常，应将油温提高到正常值。

（四）润滑油品质不合格的原因及处理

新投运或检修后的机组，因油系统清理不善，致使机械杂质或水带入油中，造成油质变差时，应加强油处理或换油。

运行中，冷油器泄漏且冷却水压高于润滑油压，致使油中含水量增加时，应切换冷油器运行，加强油箱放水和油处理。

排烟机均故障停运，应故障停机并加强通风。

油质老化，应加强油处理或换油；油质乳化，应故障停机。

十二、主机 EH 油系统故障

（一）现象

主机 EH 油系统常见故障包括：①EH 油压晃动或下降；②EH 油温上升或下降；③EH 油系统泄漏引起油箱油位降低等。

（二）原因

主机 EH 油系统常见故障的主要原因包括：①主机 EH 油系统过压阀整定不当或过压阀故障；②闭式水温异常；③主机 EH 油泵故障或 EH 油箱油位低等。

（三）处理

（1）发现主机 EH 油压晃动或下降时，采用以下方法处理：

1）EH 油压小幅度晃动时，应检查备用油泵的出口止回阀及过压阀的工作情况，或稍开出口旁路门对系统进行放气，然后关闭该阀，必要时切换 EH 油泵运行。

2）EH 油压晃动幅度较大时，应立即启动备用 EH 油泵，确认 EH 油箱油位，必要时联系检修加油。

3）EH 油压逐渐下降时，应确认系统有无泄漏、油箱油位是否下降，油泵过压阀是否误动，进出口滤网是否脏污，备用 EH 油泵出口止回阀是否严密。

4）EH 油压下降时，可切换备用泵运行，若油压跌至 11.2MPa，备用泵将自启，否则手动投运；若两台泵运行，EH 油压仍低于 11.2MPa，应故障停机；油压跌至 7.8MPa 时，保护动作跳机。

（2）EH 油温异常，一般是由 EH 油泵出口过压阀误动作引起的。若 EH 油箱油温高达 55℃或低至 20℃，应分别发出油温“高”或“低”报警。过压阀误动，应切备用泵运行并及时联系检修处理。

（3）当发生油系统泄漏时，应尽可能隔离泄漏点。油箱油位降低时，应立即联系检修加油；若无法隔离或油位已下降比正常油位低于−160mm，应要求故障停机；若运行冷油器泄漏，应切换备用冷油器运行，同时闭式水系统进行换水。

第九章

上汽新型350MW超临界凝汽式汽轮机简介

一、 整体结构概述

上汽新型350MW超临界空冷凝汽式汽轮机（内部型号为K159。若是水冷机组，内部型号为H159）为超临界、一次中间再热、单轴、两缸两排汽（高中压合缸）、反动、空冷凝汽式（可提供非调整工业抽汽和可调整采暖抽汽）汽轮机。高中压缸均为双层、合缸结构，高中压通流部分反向布置；低压缸为双层对称分流结构，排汽向下进入凝汽器。机组的整体布置示意图如图9-1所示。

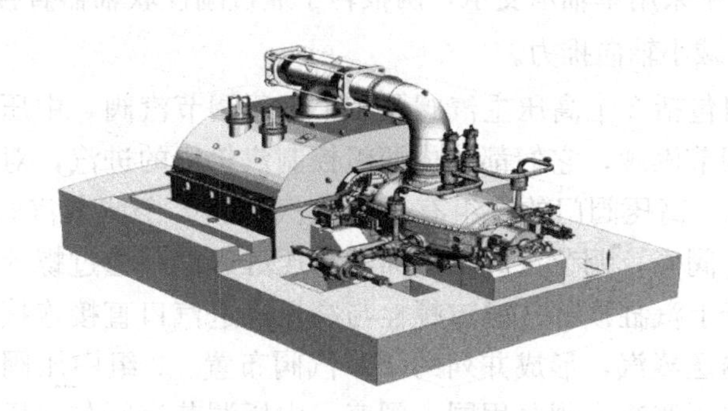

图9-1 上汽新型350MW超临界机组整体布置示意图

机组共设有3个落地式轴承座，支承整个机组的重量，如图9-2所示。1号轴承座（前轴承座）位于汽轮机前端（调阀端或机头端），内部安装有一个支持-推力联合轴承，外部端面连接有液压自动盘车装置；高中压缸和低压缸之间为2号轴承座（中轴承座），内部安装有一个支持轴承，并配有手动盘车装置；3号轴承座（后轴承座）位于低压缸的电机端，内部也安装有一个支持轴承，如图9-3所示。各支持轴承均设有高压顶轴油油孔，在汽轮机启停时投入高压顶轴油，把转子顶起便于盘车。

高中压汽缸通过猫爪支承在前轴承座和中轴承座上，低压外缸坐落在凝汽器上，与凝汽器刚性连接，低压内缸支承在中轴承座和后轴承座专设的支架上，并在调阀端通过推拉杆与中压外缸两侧连接。整个汽缸的死点位于前轴承座，转子的死点位于前轴承箱内的支

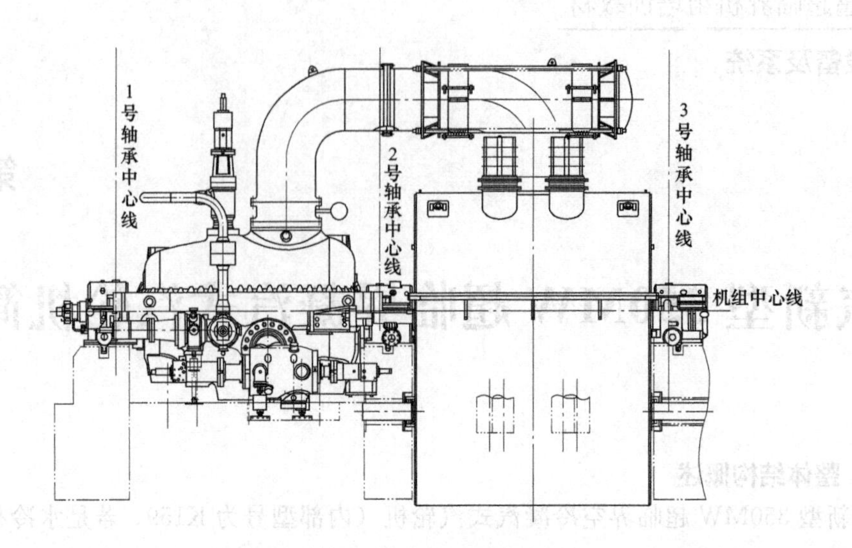

图 9-2 机组整体装配图（侧视图）

持-推力联合轴承处。启动时，汽缸和转子均向电机端膨胀。

汽轮机的高中压转子和低压转子均为无中心孔的鼓式整锻转子，其中高中压转子采用双轴承支承，低压转子采用单轴承支承，两根转子通过刚性联轴器直接连接。高中压转子上设有平衡活塞，以减小轴向推力。

机组的高压阀门包括 2 个高压主汽阀及 4 个高压调节汽阀，中压阀门包括 2 个中压主汽阀及 2 个中压调节汽阀，它们都分成两组控制汽轮机的进汽，对称布置于高中压缸两侧，如图 9-4 所示。高压阀门的每组有 1 个主汽阀和 2 个调节汽阀，其中主汽阀和 1 个调节汽阀共用一个阀壳，调节汽阀从侧面与高压缸进汽口通过螺栓直接连接；另一个独立的调节汽阀位于上汽缸顶部，通过螺栓与高压缸进汽口直接连接，并用导汽管与一体阀的蒸汽室连接输送蒸汽，形成并列的调节汽阀布置。2 组中压阀门均为一体式，每侧的中压主汽阀和中压调节汽阀共用同一阀座，中压调节汽阀与中压缸进汽口通过螺栓直接连接。

高压通流部分由 1 级单列调节级和 14 级压力级所组成。调节级的喷嘴组安装在内缸的喷嘴室上，14 级静叶均装于高中压内缸上；在 11 级后设有 1 段抽汽口供给 1 号高压加热器，高压缸的部分排汽作为 2 段抽汽供给 2 号高压加热器。中压通流部分共有 14 级压力级，分成 3 个级组，其中中压第 1～第 6 级为第 1 级组，中压第 7～第 11 级为第 2 级组，中压第 12～第 14 级为第 3 级组，最后一个级组后也是中压缸的排汽。每级组后各有一段抽汽分别供给 3 号高压加热器、除氧器（还有给水泵汽轮机）、5 号低压加热器进行回热加热。低压缸共 2×7 级，在低压缸调阀端的第 2、5 级和电机端的第 2、5 级后分别设有完全对称的抽汽口，分别供给 6 号和 7 号低压加热器。本机组还具有从 3 号抽汽口和 5 号抽汽口提供工业抽汽和采暖供热蒸汽的能力。新型 350MW 超临界空冷汽轮机主要技术参数见表 9-1。

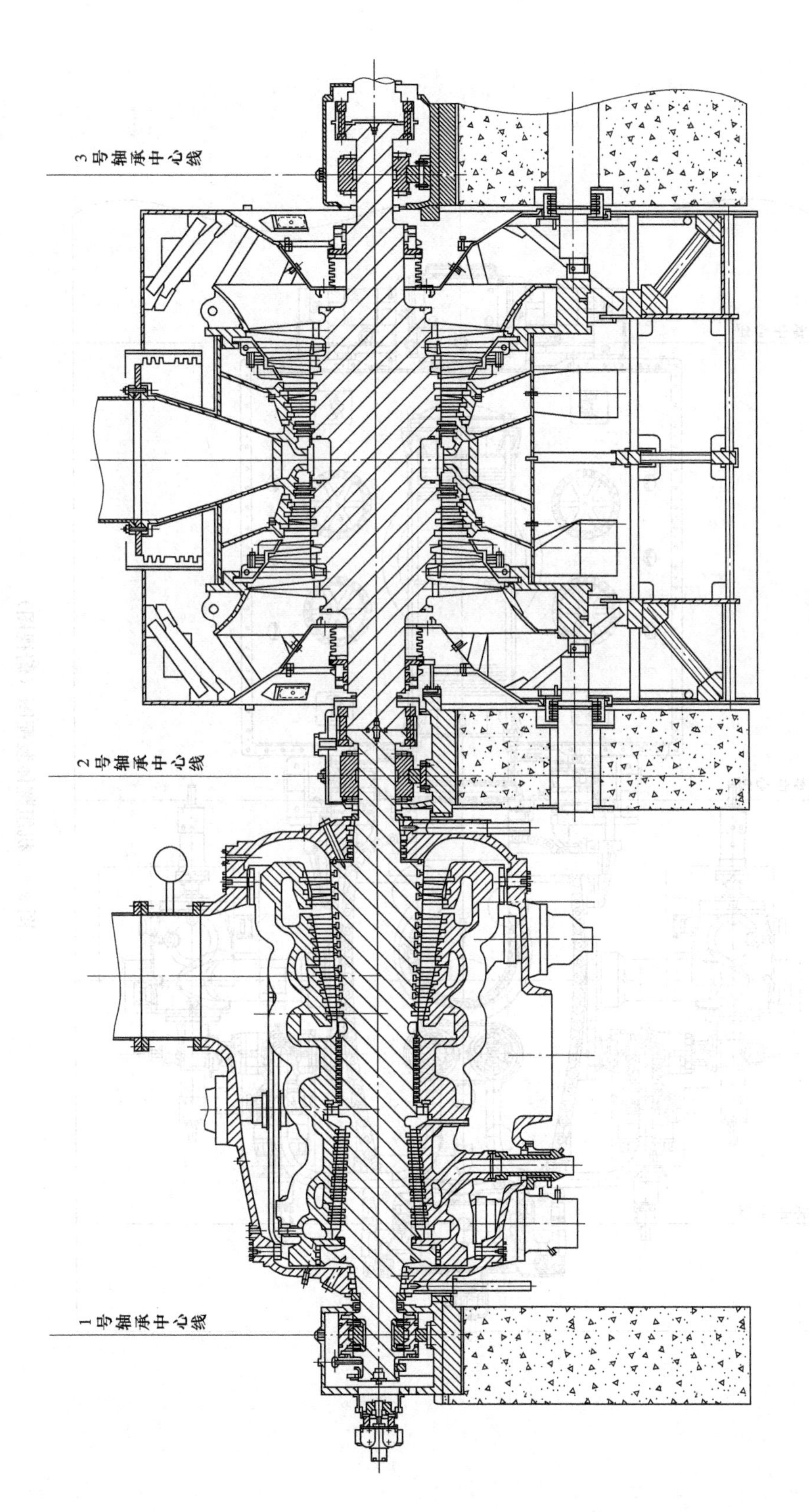

图 9-3 机组整体装配图（纵剖视图）

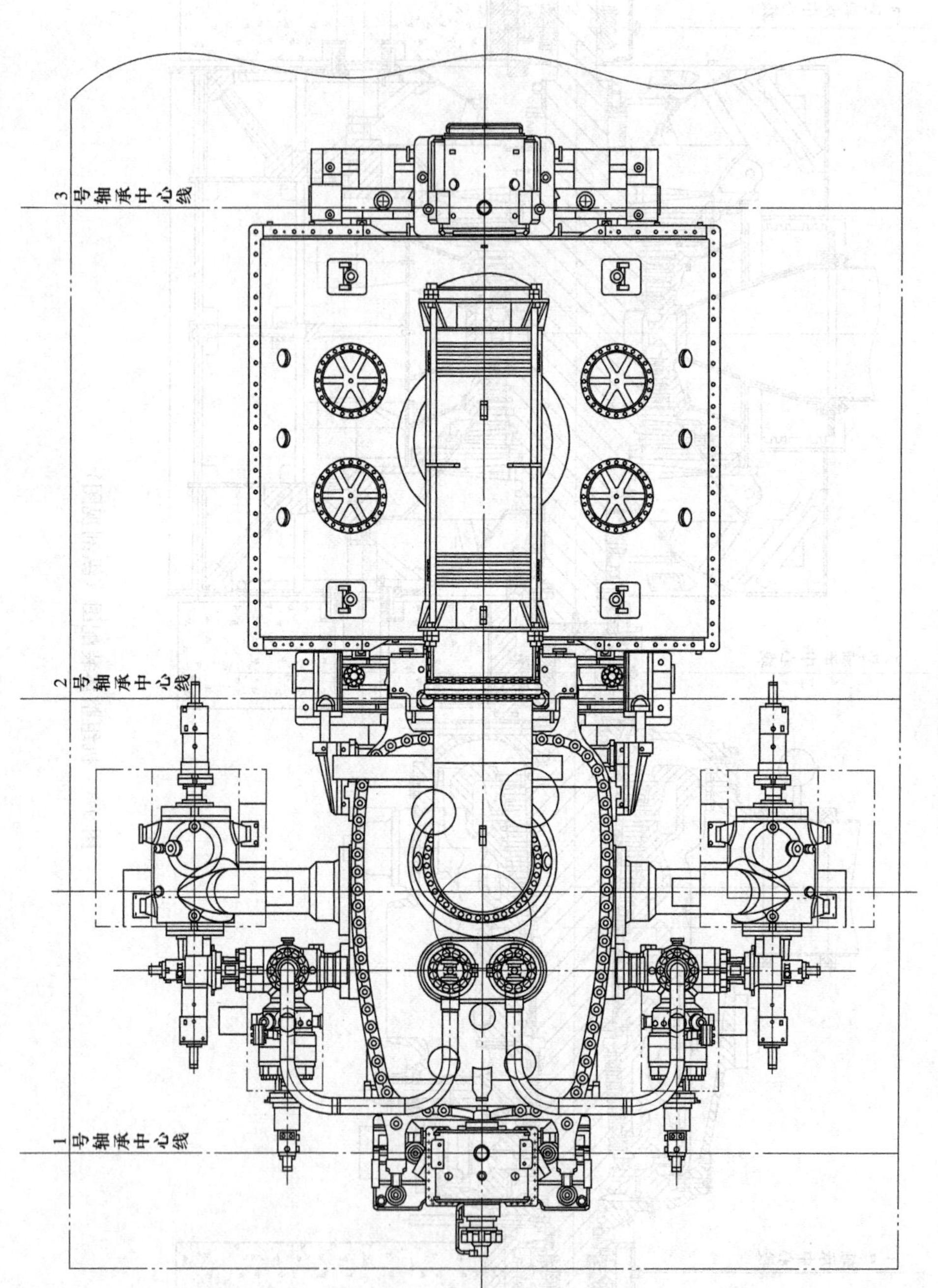

图 9-4 机组整体装配图（俯视图）

表9-1　　上汽新型350MW超临界汽轮机技术参数

项　目		单　位	参　数
型号及形式	型号		CJK350-24.6/0.4/569/569
	形式		超临界、一次中间再热、单轴、两缸两排汽、抽汽、反动、间接空冷凝汽式汽轮机
功率	铭牌功率（TMCR工况）	MW	350
	最大功率（VWO工况）	MW	364.726
	夏季最大连续功率	MW	328.909
	热耗率验收工况（THA工况）	MW	350
	阻塞背压工况	MW	353.246
额定蒸汽参数	主蒸汽压力（高压主汽阀前）	MPa(a)	24.6
	主蒸汽温度（高压主汽阀前）	℃	569
	高压缸排汽口压力（THA工况）	MPa(a)	4.987
	再热蒸汽进口压力（THA工况）	MPa(a)	4.614
	再热蒸汽进口温度	℃	569
	额定排汽压力	kPa(a)	10
	夏季排汽压力	kPa(a)	27
	额定给水温度	℃	290.5
蒸汽流量	额定主蒸汽流量	t/h	1067.783
	最大主蒸汽流量（VWO工况）	t/h	1121.172
	再热蒸汽进汽量（THA工况）	t/h	872.545
配汽方式			喷嘴＋节流
冷却水温度（设计工况/夏季工况）		℃	30.4/49.8
抽汽供热参数	额定采暖抽汽量	t/h	97
	最大采暖抽汽量	t/h	230
	调整抽汽压力	MPa(a)	0.4
汽耗率		kg/(kW·h)	3.05
保证净热耗率		kJ/(kW·h)	7870.6
转动方向			从汽轮机向发电机方向看为顺时针方向
工作转速		r/min	3000
盘车转速		r/min	60（液压盘车）
通流级数	整机		总共36级（总结构级43级）
	高压缸	级	1＋14
	中压缸	级	14
	低压缸	级	2×7
末级叶片长度		mm	740
给水回热系统			3高压加热器＋1除氧＋3低压加热器
给水泵			每台机组设置1台100%BMCR容量的汽动给水泵，另有40% BMCR容量的电动给水泵（共用）

续表

项　目		单　位	参　数
汽封系统			采用自密封系统（SSR）
汽轮机内效率	汽轮机总内效率	%	89.5
	高压缸效率	%	85.4
	中压缸效率	%	93.4
	低压缸效率	%	88.2
临界转速	高中压转子	r/min	一阶：1874；二阶：>4000
	低压转子	r/min	一阶：1690；二阶：>4000
	发电机转子	r/min	一阶：876；二阶：2610
运行方式	启动方式		高中压缸联合启动
	运行方式		定-滑-定（30%～75%为滑压方式）
	变压运行负荷范围	%	30～75
	变压运行负荷变化率	%/min	5
	定压运行负荷变化率	%/min	3
30年寿命分配	冷态启动	次	300
	温态启动	次	1200
	热态启动	次	5000
	极热态启动	次	300
	负荷变化（10%额定负荷）	次	12 000
旁路系统			采用二级串联旁路系统，容量为35%BMCR
噪声水平		dB(A)	85
材质脆性转变温度	高/中压转子材质		30Cr1Mo1V
	高/中压转子FATT	℃	≤121
	低压转子材质	℃	30Cr2Ni4MoV
	低压转子FATT	℃	≤0
机组外形尺寸（长×宽×高）		m×m×m	15.8×10.3×8.3
转子外形尺寸		mm×mm	高中压转子 $\phi1698\times7405$，低压转子 $\phi2968\times7639$
运行层标高		m	13.2
设备最高点距运转层的高度		m	8.5
制造厂			上海汽轮机厂
安装电厂			陕西能源麟北发电有限公司

二、高中压部分

（一）高中压缸

1. 高中压外缸

高中压缸为双层缸，其外缸为合缸，采用具有水平中分面的上下缸结构，通过法兰螺栓进行连接，高、中压部分采用反向流动布置。4个主蒸汽进汽口非对称布置：2个上汽缸垂直进汽、2个下汽缸左右侧进汽，高压调节汽阀用螺栓直接与汽缸连接，进汽采用插管式结构；2个再热蒸汽进汽口在下汽缸左右侧对称布置，阀门与汽缸之间由极短的导汽管相连，进汽也采用插管结构；下半缸有1个1号抽汽接口，2个高排接口、1个3号抽汽接口、1个4号抽汽接口，均为插管结构，还有1个5号抽汽接口与用户管道直接焊接；中压排汽由上半排出，通过连通管接入低压缸。高中压外缸如图9-5所示。高中压外缸采用优质碳素铸钢件。

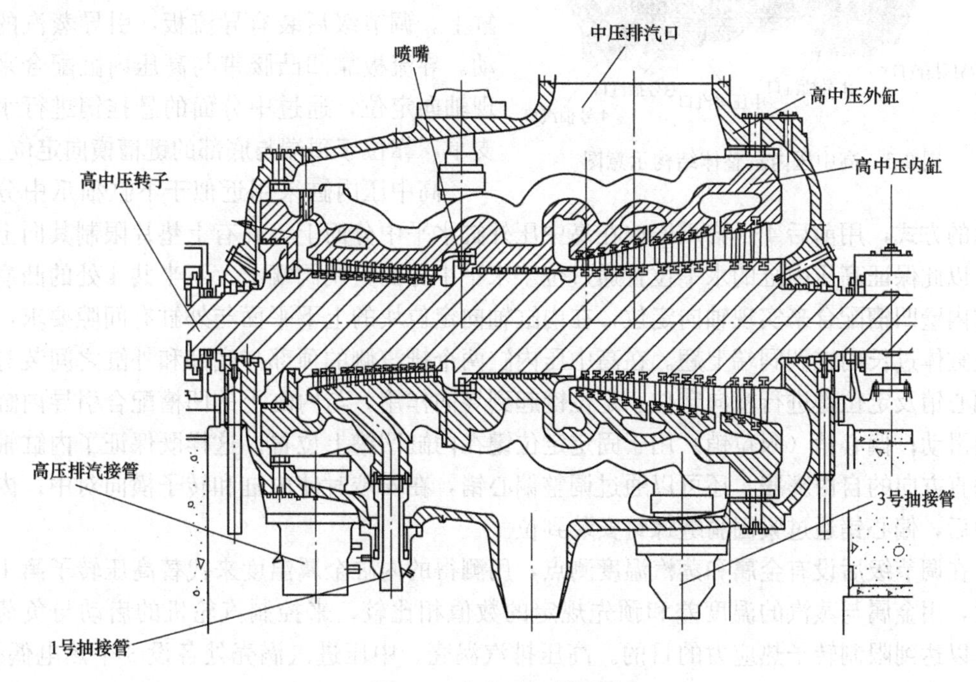

图9-5 高中压缸剖视图

高中压外缸两端装有端部汽封（轴封）以防止漏汽，而且在汽缸两端端部壁面处还设有开孔，以供现场动平衡时安装平衡螺塞。

高中压外缸通过上缸猫爪将整个汽缸的重量支承在1号轴承座和2号轴承座的机组水平中心线上，确定整个高中压缸的位置和高度。在机组运行热膨胀时，猫爪可以在支承架的滑块上进行水平滑动。轴承座上安装的压块可以限制缸体的顶起趋势，改变垫片的厚度可以调整猫爪与压块之间的间隙值S。

高中压缸外下缸两端的横向定位键槽与轴承座上的横向定位凸肩（立销）配合，确定汽缸的横向位置，允许汽缸在轴向和垂直方向自由地膨胀，并通过配制调整垫片来保证缸体的横向精确对中。

2. 高中压内缸

高中压内缸也是合缸的整体结构，通过水平中分面分为上下汽缸，上下汽缸通过法兰螺栓进行连接固定，螺栓具有一定的预紧力，确保中分面的汽密性，如图9-6所示。高、中压部分采用反向流动布置，内缸通过内下缸两侧的4个猫爪支承在外下缸的水平中分面上。高中压整体内缸采用铬钼钒钢铸件（ZG15Cr1Mo1V）。

内缸上半有2个垂直的高压进汽口，下半有2个水平侧向高压进汽口及2个水平侧向中压进汽口、2个竖直高压排汽口、1个1号抽汽口、1个3号抽汽口和1个4号抽汽口，

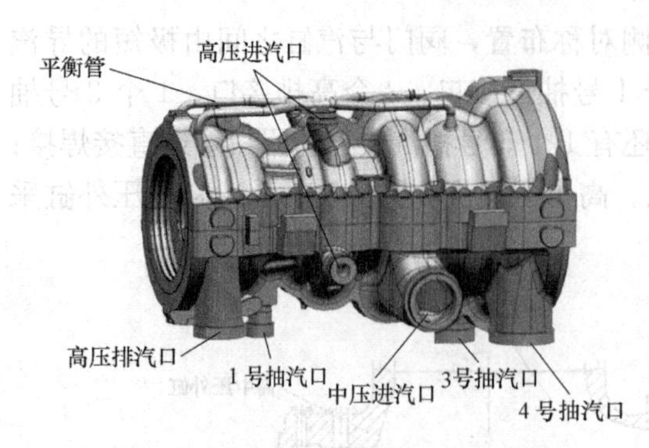

图 9-6 高中压内缸整体结构示意图

因此高中压整体内缸的结构型线较为复杂。进汽口及抽汽口处均采用插管结构，插管和高中压内缸采用L形密封环连接。

高压与中压喷嘴室（进汽腔室）与内缸为一体结构，高压调节级喷嘴直接安装在内缸上。调节级后装有导流板，引导蒸汽的流动。导流板靠凹凸腰带与高压内缸配合来实现轴向定位，通过中分面的悬挂销进行水平支承，靠位于顶端与底部的键槽横向定位。

高中压内缸采用近似于下缸猫爪中分面支承的方式，用前后4个猫爪安放在高中压外缸水平中分面上，并有上垫片限制其向上窜动，以此保证高压内缸的水平位置通过位于水平中分面处调阀端上、下半共4处的凸肩与汽缸内壁凹槽配合来实现轴向定位，在内缸轴向定位块的上下平面与外缸有间隙要求，可防止缸体过长内缸调阀端上翘。在高中压内缸两个排汽侧的顶部与底部和外缸之间装有四组偏心销及定位键进行横向定位。定位键起到导向作用，与内缸上的凹槽配合引导内缸的轴向滑动；偏心销（限位销）用于固定定位键在内缸凹槽上位置。这样既保证了内缸轴向和垂直方向的自由膨胀，还可以通过调整偏心销，在安装时使内缸和转子横向对中；内缸对中后，偏心销通过紧固骑缝螺钉安装到位。

在调节级后设有金属和蒸汽温度测点，用测得的内缸金属温度来代替高压转子第1级温度，用金属与蒸汽的温度差和预先规定的数值相比较，来控制汽轮机的启动与负荷变化，以达到限制转子热应力的目的。高压排汽涡壳、中压进汽涡壳处各设3个热电偶孔，测量蒸汽温度。

调节级后内缸下半底部开有一个ϕ22mm孔，内缸外焊接ϕ32mm×5mm管子，该管子穿过高中压外缸引出来，用来测量高压调节级后的压力和排走高压内缸进汽腔室的积水。

高中压内缸内部安装的高压静叶与中压静叶，采用先进的“预扭”安装设计形式，整圈的静叶片为过盈安装，过盈预紧力由高中压内缸的中分面螺栓来提供的。这种设计一方面可以减少漏汽量（静叶片间紧密结合），另一方面“预扭”形式可以达到最佳的蒸汽流场，提高效率。

（二）高中压转子

高中压转子是由整体合金钢锻件加工而成的无中心孔转子，如图9-7所示。无中心孔转子中心部位的最大应力低，不仅可以延长转子寿命，而且有利于机组的快速启动。高中压转子脆性转变温度不大于121℃。

在转子两端和中部均设有螺钉孔或者燕尾槽，用于制造厂在转子制造后进行高速动平衡及超速试验，根据试验计算结果加平衡螺塞或平衡块来补偿转子的不平衡量。高速动平衡和超速试验均在制造厂专门的真空室内的高速动平衡机上进行。考虑到在电厂现场调换转子零件或其他原因而需要在电厂现场进行平衡，转子上还设有现场平衡用的螺钉孔或者燕尾槽。

高中压转子的高压与中压通流为反流布置，它们支承于一个支持-推力联合轴承和一

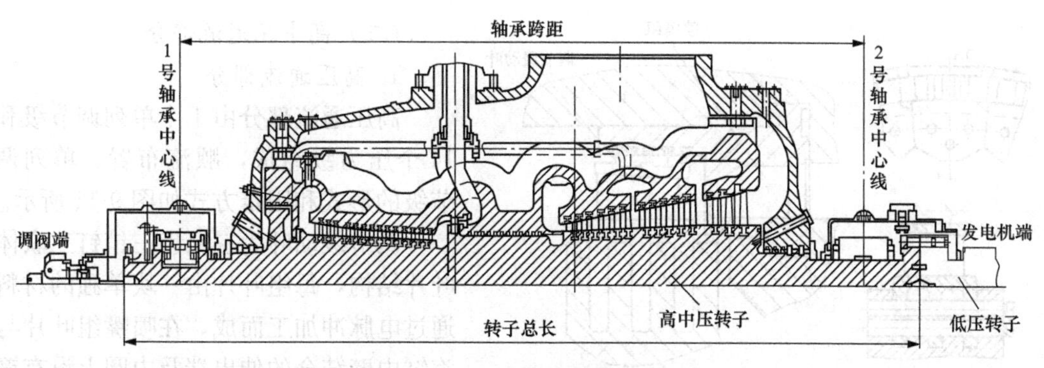

图 9-7　高中压转子结构示意图

个支持轴承上，转子材料为 30Cr1Mo1V。高压通流包括 1 级三叉三销型叶根的单列调节级及 14 级 T 型叶根的压力级，T 型叶根密封性能好。中压共 14 级，为 T 型叶根或双 T 型叶根。各级动叶间的鼓形转子外圆处装有静叶环汽封，各级动叶围带处加工有高低齿槽，在转子两端的端部汽封处各挡直径几乎相同，三挡平衡活塞保证推力自平衡。

高中压转子电机端与低压转子调阀端用联轴器刚性连接。高中压转子调阀端设置有支持-推力联合轴承的推力盘、测速齿、键相孔，轴端安装了用于整个轴系的液压自动盘车装置。

该机组为反动式汽轮机，采用鼓式转子，并在转子上加工出 3 个凸台用以平衡动叶片上的轴向推力。为了减少高中压转子上相应的三个凸台上的漏汽，高中压缸内设有相应的三处平衡活塞汽封。高中压进汽侧的平衡活塞及汽封体位于内缸中部，如图 9-8 所示；高压排汽侧两处平衡活塞及汽封体一同位于内缸端部高排侧，如图 9-9 所示。三处汽封体均与内缸为一整体。为了提高密封效果，各平衡活塞汽封均采用高低齿迷宫式汽封，如图 9-10 所示。

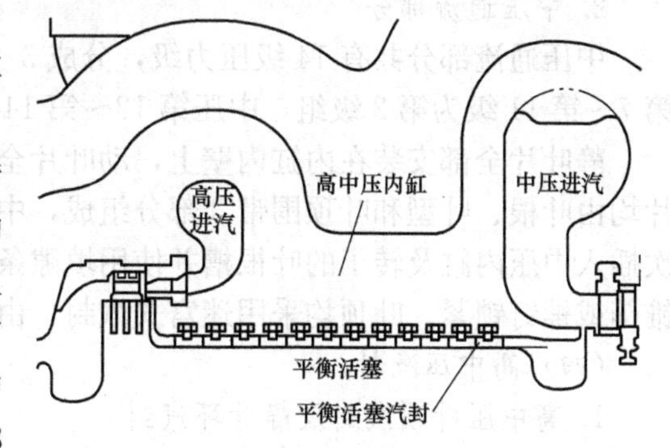

图 9-8　高中压缸进汽侧平衡活塞及其汽封

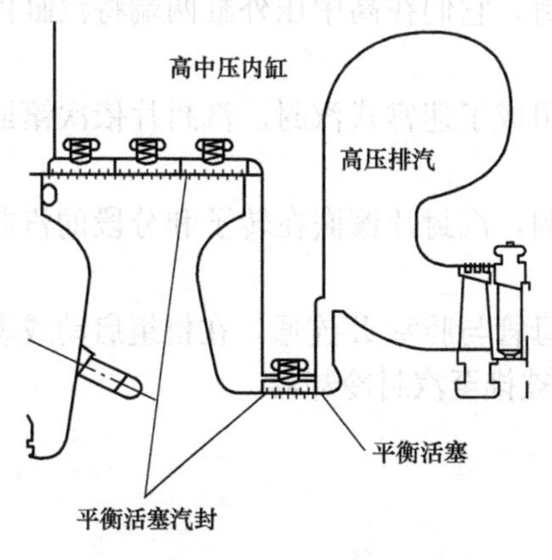

图 9-9　高中压缸排汽侧平衡活塞

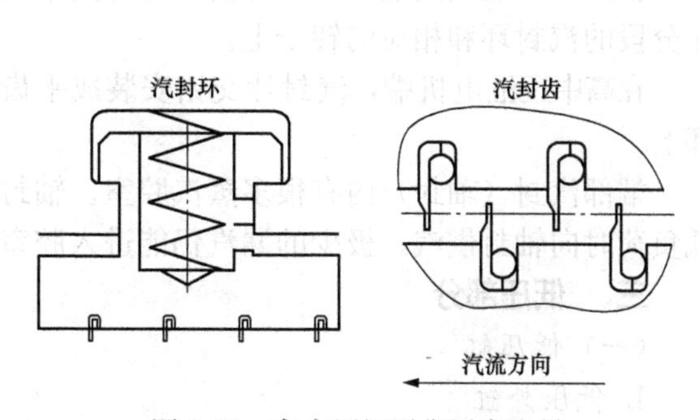

图 9-10　高中压缸平衡活塞汽封

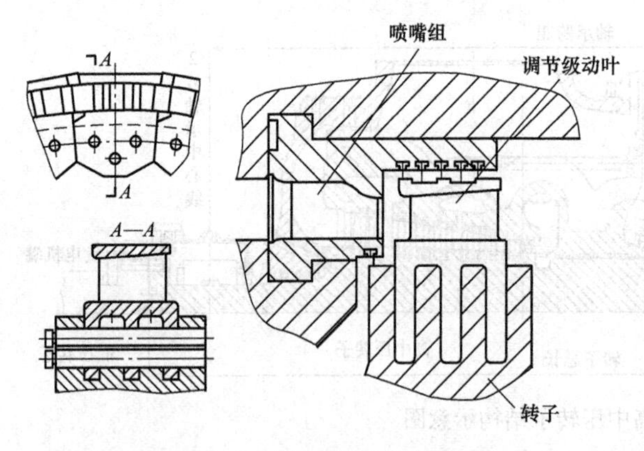

图 9-11 调节级结构示意图

(三) 高中压通流部分

1. 高压通流部分

高压通流部分由1个单列调节级和14个压力级组成，顺流布置。单列调节级的形式和固定方式如图 9-11 所示。

调节级动叶为三叉齿三销钉三联体叶片结构，每组叶片由一块单独的材料通过电脉冲加工而成，在喷嘴组叶片与汽缸内壁结合的伸出端及内圆上设有镶嵌式汽封。

压力级的静叶片全部安装在内缸内壁上构成静叶环，动叶片全部安装在转子上，约有50%反动度。叶片均由叶根、叶型和叶顶围带3部分组成，高压静叶和动叶都为T型叶根。静叶和动叶依次插入高压内缸及转子的叶根槽并用填隙条填充定位，整圈装配好后的最后一片动叶由锥销或螺钉锁紧。叶顶均采用迷宫式汽封，由围带以及转子和内缸上镶嵌的汽封片组成。

2. 中压通流部分

中压通流部分共有14级压力级，分成3个级组，中压第1～第6级为第1级组，中压第7～第11级为第2级组，中压第12～第14级为第3级组。

静叶片全部安装在内缸内壁上，动叶片全部安装在转子上，各级约有50%反动度。叶片均由叶根、叶型和叶顶围带3部分组成，中压静叶和动叶都为T型叶根。静叶和动叶依次插入中压内缸及转子的叶根槽并使用填隙条填充定位，整圈装配好后的最后一片动叶由锥销或螺钉锁紧。叶顶均采用迷宫式汽封，由围带以及转子和内缸上镶嵌的汽封片组成。

(四) 高中压汽封

1. 高中压叶顶汽封及静叶环汽封

高中压通流在叶顶及静叶环采用迷宫式汽封，由围带以及转子和内缸上镶嵌的汽封片组成。在每个汽封齿后的腔室可以产生适当的涡流，以减少叶顶漏汽损失。当机组运行不当导致动静摩擦时，这些汽封齿会轻微磨损而不会产生严重温升。

2. 高中压缸轴封

高中压缸调阀端和电机端各有一个端部汽封即轴封，它们在高中压外缸两端将汽缸内腔密封，使之与外部大气隔离。

在高中压缸调阀端，高、低齿汽封片交错安装，组成了迷宫式汽封。汽封片依次镶嵌在分段的汽封环和相对的转子上。

在高中压缸电机端，汽封片交错安装成平齿式汽封，汽封片镶嵌在转子和分段的汽封环上。

端部汽封（轴封）内有很多蒸汽腔室。轴封蒸汽母管与腔室X连通，在机组启动或者低负荷时向轴封供汽，极少的漏汽仍能进入腔室Y并被排至汽封冷却器。

三、低压部分

(一) 低压缸

1. 低压外缸

低压缸采用对称分流式布置，不仅平衡轴向推力，并可缩短末叶片的长度。中压排汽通过连通管从汽缸顶部进入。低压缸采用双层缸设计，上下缸通过水平接合面的法兰螺栓进行连接，内缸上对称地固定着静叶持环（每侧安装1～5级静叶片）和6、7级静叶，如图9-12所示。

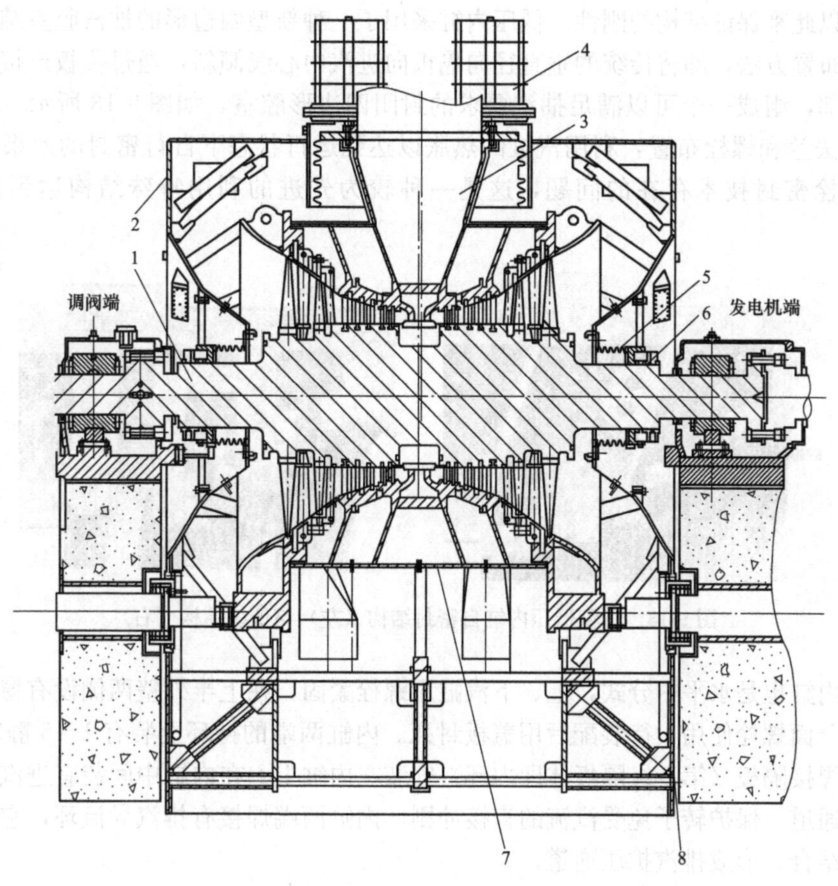

图9-12 低压缸纵剖视图

1—低压转子；2—低压缸外上半；3—低压缸内上半（内缸进汽口）；4—排大气隔膜阀；5—轴封补偿器；6—端部汽封；7—低压内缸下半；8—低压外缸下半

低压外缸的排汽流道向下，与凝汽器焊接并支承在凝汽器上，所以低压外缸的膨胀死点在凝汽器的基座和导向装置上。低压外缸横向位移的死点位于汽轮机中心线，由凝汽器和其基础底板之间的中心导向装置确定；轴向位移的死点位于凝汽器膨胀死点，垂直方向的膨胀的起点位于凝汽器的基础底板上的基座。外缸和轴承座之间的胀差通过在内缸猫爪处的汽缸补偿器、端部汽封处的轴封补偿器以及中低压连通管处的波纹管进行补偿。

低压外缸为碳钢板的大型焊接结构，4个排大气隔膜阀位于外缸上半的顶部，正常运行时，阀的盖板被大气压紧，当凝汽器真空被破坏而超压时，蒸汽能冲开盖板，撕裂隔膜向大气排放。

低压外缸内装有内缸和排汽导流环。低压外缸两侧的端部汽封安装于轴承座下部并通过轴封补偿器与低压外缸相连，既能保持低压外缸真空的密封，又能在低压外缸真空变化时，不影响端部汽封的径向间隙。由汽封供汽系统往端部汽封输送压力稳定的蒸汽进行密封，而汽封排汽则送往汽封冷却器（轴封加热器）。

2. 低压内缸

低压内缸为碳钢焊接结构，采用锥形板将内缸分成不同的抽汽腔室，左右腔室之间焊有撑杆，以此来保证结构的刚性。低压内缸采用了一种新型四边形的抽汽腔室结构和新的法兰螺栓布置方法，即将传统的垂直径向隔板向进汽中心线倾斜，通过覆板连接径向隔板的内侧端部，组成一个可以满足抽汽要求的封闭四边形腔室，如图 9-13 所示。通过中分面少量的法兰和螺栓布置，利用汽缸的热胀以达到运行状态下自行密封的效果，从而解决传统螺栓密封技术存在的问题，这是一种较为先进的利用特殊结构达到自密封的技术。

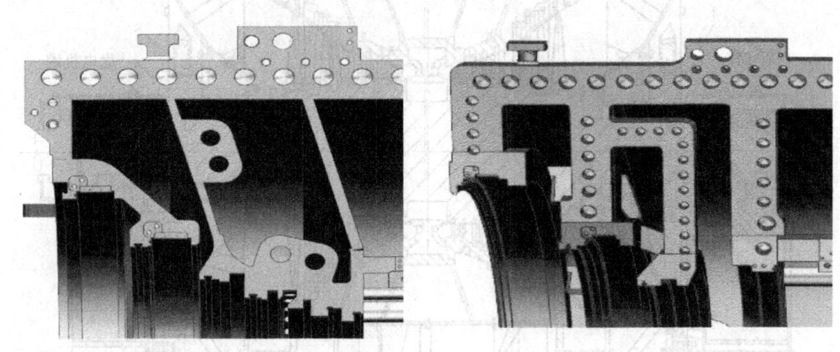

图 9-13 新型低压内缸自密封结构（左）与传统结构（右）

低压内缸也是水平中分式，上、下汽缸用螺栓紧固，在上半外壁两侧设有窗口，供拧紧内部中分面螺栓使用，待装配后用盖板封死。内缸两端的持环上装有 1～5 静叶，第 6、第 7 级的焊接隔板（第 6 级隔板体即内环）安装在内缸上。在内缸中间装有进汽导流环而构成进汽通道，保护转子免受汽流的直接冲刷。内缸两端焊接有排汽导流环，它与外缸的锥形端壁结合，形成排汽扩压通道。

低压内下缸的 4 个猫爪水平支承在两个轴承座专设的支架上，如图 9-14 所示。调阀端的猫爪通过穿过轴承座的推拉杆和中压外缸相连；电机端猫爪上打一螺纹孔与 3 号轴承座上伸出连杆相连，用以监测低压内缸在推拉杆推动下所产生的轴向位移。在猫爪和轴承座的支座之间设有润滑板，可以减小摩擦。

低压内缸进汽部分为高温区域，为了减小缸壁温差和热损耗，在内缸外壁设有隔热罩，并用螺栓固定在内缸外壁上，该隔热罩还可以降低外缸温度。

低压内下缸两端的凹槽与焊接固定在基础上的导向销配合，对低压内缸进行横向定位和引导内缸的膨胀。通过调整带有润滑板的垫片确保内缸与轴承座的精确对中。

3. 低压静叶持环

低压静叶持环为碳钢铸件，装于低压内缸进汽中心线两端，对称布置，每个静叶持环都为上、下半结构，中分面用长螺栓连接。持环外圈通过支承环与内缸的倾斜隔板配合进行支承和定位。

每个静叶持环除装有低压 1～5 级静叶外，还装有径向汽封，它与动叶顶部的围带相配合，以减少蒸汽绕过动叶顶部的泄漏。在第 2 级后静叶持环的内壁上开有径向孔，以便蒸汽通过进入封闭的抽汽腔室供给第 6 段抽汽。

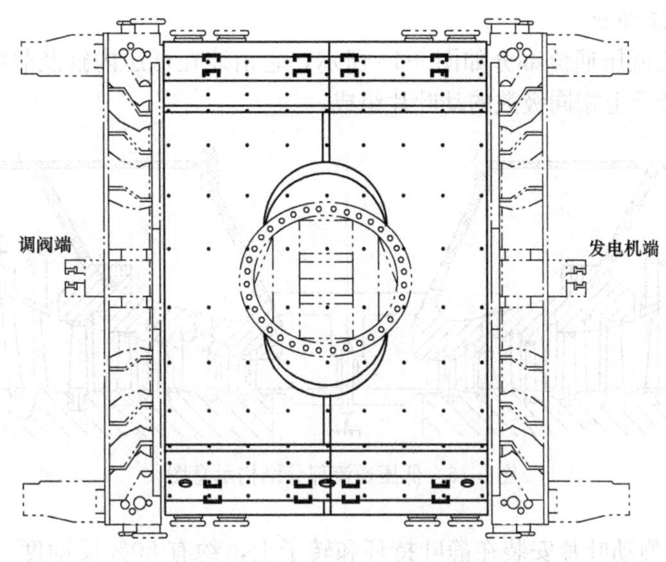

图 9-14　低压内缸俯视图

（二）低压转子

低压转子是由整锻合金钢铸件加工而成的无中心孔整锻转子。低压转子为双流对称结构，通流级数为 2×7 级，前 5 级采用 T 型叶根，末 2 级为枞树型叶根。各级静叶围带装有静叶环汽封，动叶顶部装有围带汽封。此外，在转子两端轴肩处装有前后端汽封，以防止大气漏入排汽腔室内。低压转子材料为 30Cr2Ni4MoV，转子脆性转变温度不大于 0℃。

低压转子两端均有联轴器，其调阀端与高中压转子刚性连接，电机端与发电机转子也是刚性连接，如图 9-15 所示。低压转子与发电机转子之间设有测量机组转子膨胀量的垫片。各联轴器的端面及垫片加工成可相互配准的定位凸缘，如要把联轴器分开，就必须用顶开螺钉使转子沿轴向移动。在各联轴器及垫片上均设顶开螺钉孔。

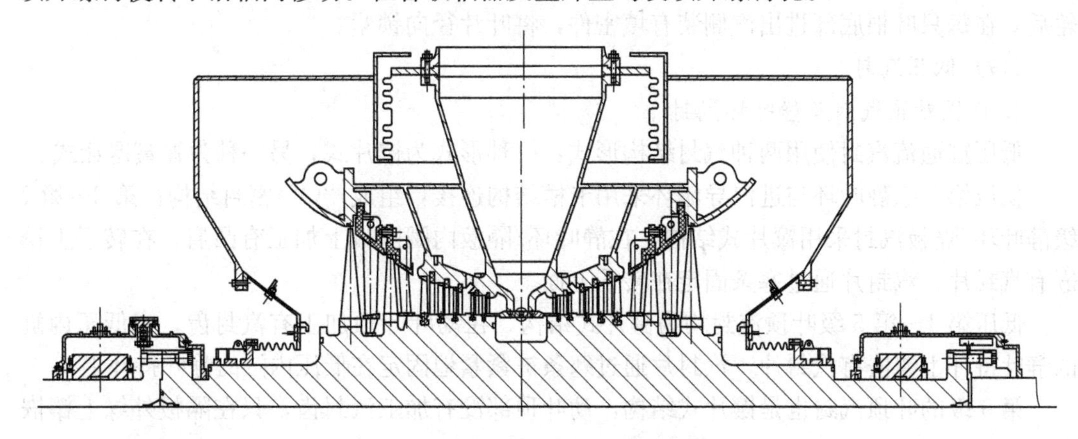

图 9-15　低压转子装配图

低压转子在加工装配后，需进行高速动平衡和超速试验，以尽量消除引起运行振动的不平衡因素。低压转子也可直接在现场进行动平衡。在转子末级轮盘的外侧及轴封处设有动平衡孔，供现场动平衡使用。

（三）低压通流部分

低压缸的双流低压通流部分如图9-16所示，它由装在低压内缸及静叶持环上的2×7级静叶片和装于转子上相同级数的动叶片组成。

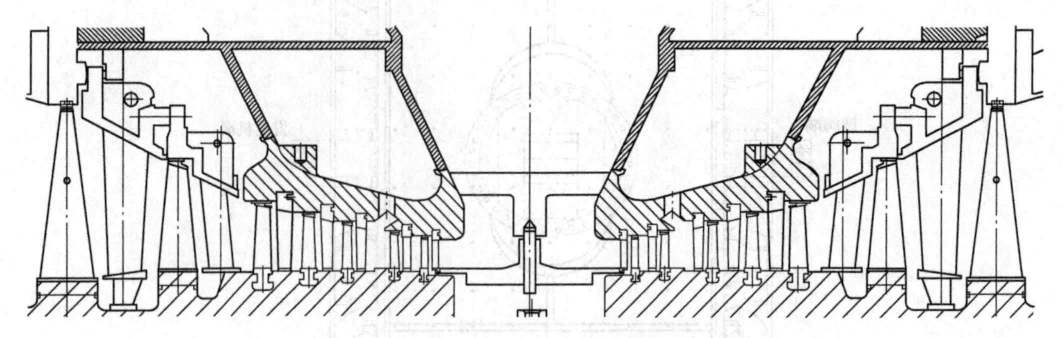

图9-16 低压通流部分结构示意图

第1～第5级静动叶片安装在静叶持环和转子上，约有50%反动度。叶片均由叶根、叶型和叶顶围带3部分组成，1～5级静叶为L型叶根，1～5级动叶为倒T型叶根。静叶和动叶依次插入静叶持环及转子的叶根槽并使用填隙条填充定位。整圈装配完成后最后一片动叶由锥销或螺钉锁紧。

末两级静叶片直接焊接在内环和外环上构成焊接隔板，并分为上下两半，分别装入内下缸和内上缸中，装配完毕后形成一个完整的通流部分，内环为完成的内圆及汽封。最末一级隔板直接支承在内下缸上，并用螺钉进行固定；次末级通过外环上的轴向螺栓固定在最末一级的外环上。

末两级动叶采用枞树型叶根，均为整圈自锁叶片。工作状态下，动叶由于离心力作用产生扭转恢复，在围带处形成整圈连接，提高了叶片刚性，使动应力大幅降低。末级动叶片进汽侧上部背弧处镀焊整条司太立硬质合金片，以抗水蚀。次末级和末级动叶片装入叶轮后，在每只叶根底部进出汽侧装有填密件，将叶片径向锁紧。

（四）低压汽封

1. 低压叶顶汽封及静叶环汽封

低压缸通流汽封使用两种汽封结构形式：一种形式为镶片式，另一种为弹簧退让式。

低压第1级静叶环与进汽导流环采用卡槽结构连接，组成“O”密封结构；第2～第7级静叶环/隔板汽封采用镶片式结构，在静叶环/隔板内圈围带上加工有凸肩，在转子上镶嵌有汽封片，汽封片通过塞条固定在转子上面。

低压第1～第5级叶顶汽封均为镶片式结构，在动叶叶顶加工有汽封齿，在低压内缸的静叶持环上镶嵌有汽封片，汽封片通过塞条被紧紧地固定在低压内缸的静叶持环上。

第6级的叶顶汽封也是镶片式结构，动叶顶部没有加工汽封齿，只在隔板外缘上镶嵌有汽封片。

第7级动叶顶部的汽封为弹簧退让式结构，汽封环背面为“T”形，装入低压内缸的槽中。每圈分为8个弧段，由中分面处的两只螺钉固定在内缸上。每个汽封弧段均由带状拱形弹簧片压住，拱形弹簧片的一段有弯头插入弧段槽中。每个弧段上均有设在进汽侧的供压槽，借助蒸汽的作用力使汽封环向中心压紧。

2. 低压缸端部汽封

低压外缸两端各安装有一个端部汽封即轴封，用于在转子穿出外缸的部位将缸体内部的蒸汽与大气密封隔离。由于低压缸和低压轴承座分开布置，低压端部外汽封体的一侧用法兰固定在轴承座上，另一侧通过一个波形膨胀节安装在低压外缸上。

低压端部汽封设计成相对的平齿汽封。汽封片分别镶嵌入转子的环形汽封槽和端部汽封体的环形汽封槽内。端部汽封内有相应的蒸汽腔室。在机组启动和运行时，轴封供汽进入腔室X以阻止空气进入缸内相对真空区域。少量的泄漏蒸汽仍能通过汽封齿进入腔室Y再排至轴封冷却器。

四、滑销系统

整个机组有3个落地式轴承座，轴承座通过地脚螺钉与基础相连并紧固在基础上，所以在机组膨胀过程中不动。

高中压外缸由位于机组中心线两侧的上缸猫爪支承在轴承座上，通过调阀端下缸猫爪的横销轴向定位于1号轴承座上，为机组静子的死点。高中压缸缸体的膨胀开始于死点，并通过位于2号轴承座的推拉杆传递到低压内缸上。位于机组中心线下方的横向定位销和轴承座铸成一体，并通过配合键和高中压缸缸体连接，使汽轮机外缸保持横向固定和对中，并引导汽缸的轴向和垂直膨胀。

低压外缸与凝汽器刚性连接，不参与机组的滑销系统，外缸的重量支承在凝汽器上，它的膨胀与凝汽器有关。低压内缸由位于机组中心线两侧的下缸猫爪支承在轴承座专设的支架上，并在调阀端通过推拉杆与中压外缸连接。

推力轴承安装在1号轴承座内。高中压转子由推力轴承处向发电机方向膨胀，低压转子死点也位于推力轴承，沿着转子中心线向发电机方向膨胀。

转子和高中压缸体之间的差胀是起点位于1号轴承座死点的缸体膨胀与起点位于推力轴承的转子膨胀之间的差值。转子与低压内缸间的差胀，是由整个轴系传递的热膨胀和由高中压缸传递过来的热膨胀加上低压内缸本身的膨胀的差值造成的。

图9-17为机组的滑销系统示意图。

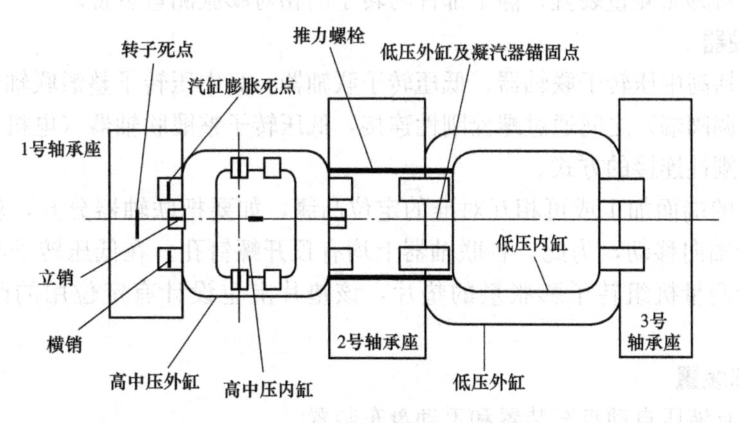

图9-17　机组滑销系统示意图

五、连通管

该机组在高中压缸和低压缸之间设置单根大直径连通管，沿机组的中心线连接中压排

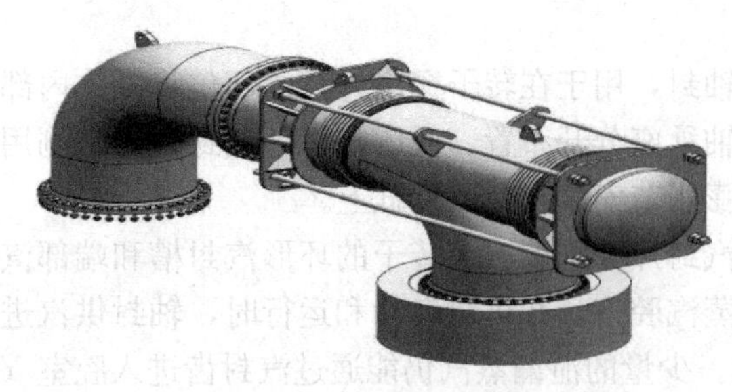

图 9-18 连通管示意图

汽口和低压进汽口，如图 9-18 所示。

在低压进汽口前后部位，有两个用拉杆连接的波纹管组件形成压力平衡膨胀节，由波纹管组件来吸收热膨胀，由拉杆来承受蒸汽压力产生的力。

低压缸的进汽口设有密封波纹节，用于保证进汽口的密封性，也保证内外缸之间的热变形及膨胀差。

六、 轴承及轴承座

1. 轴承

整个机组设有 3 个支持轴承和 1 个推力轴承，其中 1 号轴承座内的为支持-推力联合轴承，支持轴承为椭圆形轴承，推力轴承为金斯布里型；2 号轴承座和 3 号轴承座内都是独立的改良型椭圆支持轴承。所有支持轴承设有高压顶轴油孔。

2. 轴承座

轴承座由上半轴承盖和下半轴承座组成，并在水平中分面上由螺栓连接。轴承座直接固定在基础上并与缸体互相独立，材料为球墨铸铁。

1 号轴承座（前轴承座）是单独落地的铸造式轴承座，位于高中压缸调阀端，用于支承高中压缸，并通过 1 号轴承支承高中压转子。轴承座内设备有液压自动盘车驱动的液压回转设备、支持-推力联合轴承（1 号轴承）、轴振和座振测量装置、转速测量装置、转子轴向位移测量装置、键相测量装置。

2 号轴承座（中轴承座）位于高中压缸和低压缸之间，用于支承高中压缸和低压内缸，并通过 2 号轴承支承高中压转子和低压转子。轴承座内设备有 2 号支持轴承、测轴承座和转子振动装置、手动盘车装置。

3 号轴承座（后轴承座）位于低压缸的电机端，用于支承低压内缸，并通过 3 号轴承支承低压转子和发电机转子。轴承座内设备有 3 号支持轴承、测轴承座和转子振动装置、静子部件的绝对膨胀测量装置、静子部件与转子的相对膨胀测量装置。

七、 联轴器

联轴器包括高中压转子联轴器、低压转子联轴器。高中压转子整锻联轴器与低压转子整锻联轴器（调阀端）之间通过螺栓刚性连接，低压转子整锻联轴器（电机端）与发电机转子同样采用刚性连接的方式。

各联轴器的端面加工成可相互对准的定位凸缘，如要把联轴器分开，就必须用顶开螺钉使转子沿轴向移动，为此，各联轴器上均有顶开螺钉孔。在低压转子与发电机转子之间设有用于测量机组转子膨胀量的垫片，该垫片上也设计有定位用的凸缘及顶开螺钉孔。

八、 盘车装置

该机组设有液压自动盘车装置和手动盘车装置。

手动盘车装置是液压自动回转设备的辅助装置，是能够通过手动来转动汽轮机转子的设备。它既可以用于使汽轮发电机转子转动起来，也可以使转子转到一个给定的角度。

手动盘车使用的前提条件是转子轴系已经建立起顶轴油压。如果感到用手盘动转子很困难，可能某处顶轴油未调整好或是出现转子摩擦，如果出现此情况，在汽缸通入蒸汽前应该仔细检查并排除。

手动盘车装置包括齿轮和一个棘爪，棘爪驱动齿轮转动转子。需要手动盘车时，用一个短棒连接到操纵杆上，按照指示方向进行搬动，就可以进行手动盘车。非工作状态，棘爪处于非啮合状态，操纵杆也在非使用位置。当该装置不使用时，操纵杆被挡块挡住，将法兰盖盖上。

九、 轴封系统

图 9-19 为轴封系统示意图。在汽轮机启停或低负荷时，汽缸中压力低于大气压力，需要外部供应辅助密封蒸汽维持轴封母管压力。密封蒸汽通过轴封供汽调节阀进入轴封母管为各个端部汽封提供汽封蒸汽。通过轴封冷却器上排气风机（轴加风机或轴抽风机）建立负压，将空气及蒸汽混合物抽出，防止轴端冒汽及漏空气。

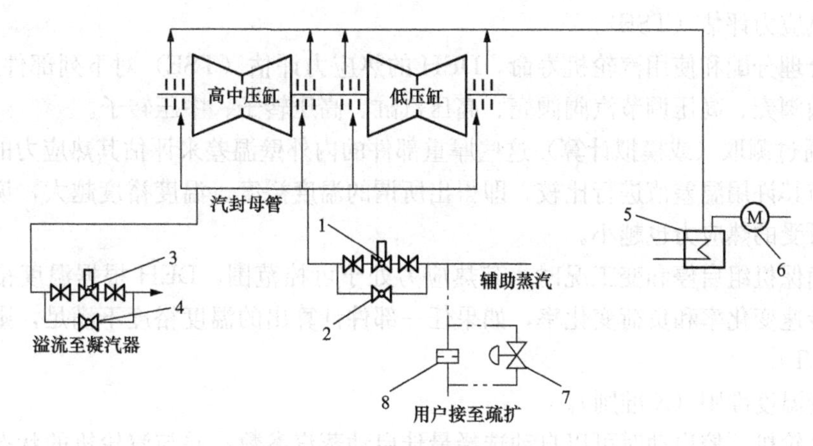

图 9-19　轴封系统示意图

1—供汽调节阀（气动）；2—供汽调节阀（手动）；3—溢流调节阀（气动）；
4—溢流调节阀（手动）；5—轴封冷却器；6—轴抽风机；7—疏水阀；8—节流孔板

随着负荷的升高，当高压缸、中压缸端部汽封漏汽量超过低压缸端部汽封所需的密封蒸汽量时，高压及中压缸端部汽封漏汽给低压缸端部汽封供汽，此时机组达到自密封。供汽调节阀关闭，溢流调节阀打开以维持汽封母管压力。

阀门站前设置常疏水孔板及疏水阀以保证辅助蒸汽处于热备用状态。

通过轴封冷却器（轴封加热器）冷凝回收轴封漏汽。当轴封冷却器运行故障时将轴封漏汽排至大气。正常运行时通过风机将轴封冷却器内的空气及部分未凝结蒸汽抽出。

十、 DEH 调节保安系统

（一）概述

DEH 的核心工作原理就是通过控制汽轮机调节汽阀的开度，改变汽轮机的进汽量，进而达到控制汽轮机转速、负荷或机前压力的目的。DEH 系统功能主要有汽轮机发电机组辅助系统控制、热应力评估和限制、汽轮机自启动、负荷和压力控制（包括负荷限制和主蒸汽压力限制，一次调频）、阀门管理和试验。

1. 汽轮机发电机组辅助系统控制

DEH把汽轮发电机组的所有辅助系统包括主机润滑油系统、EH控制油系统、疏水系统、回热抽汽系统、发电机密封油系统、定子冷却水系统和氢气系统等都纳入其中，实现设备的备用连锁、参数越限报警、系统顺控启动等功能。

DEH的控制范围包括汽轮机相关辅助系统，有利于汽轮机控制的完整性，但会在一定程度上增加DEH与DCS接口点的数量。如汽轮机抽汽阀控制放在DEH控制，但高压加热器测量信号还是在DCS，当高压加热器液位超限需要隔离加热器时，还需将高压加热器液位高高信号送至DEH，增加了系统的复杂程度。

2. 热应力评估（TSE）及限制

汽轮机在工况变化时，其部件的内外壁一定会产生温差，出现温差就会产生热应力，且温差越大，热应力也越大。金属部件加热时受到压缩应力，部件冷却时收到拉伸应力。而压缩和拉伸应力的不断交错循环，将会导致金属产生疲劳裂纹，并逐渐扩大直到断裂失效，设备寿命消耗殆尽。

（1）热应力评估（TSE）。

为了合理分配和使用汽轮机寿命，DEH的热应力评估（TSE）对下列部件进行监视：高压主汽阀阀壳、高压调节汽阀阀壳、高压汽缸、高压转子、中压转子。

TSE通过测取（或模拟计算）这些厚重部件的内外壁温差来评估其热应力的大小。把部件温差与其许用温差值进行比较，即得出所谓的温度裕度。温度裕度越大，说明温差越小，部件所受的热应力也越小。

为了确保机组启停和变工况时，其热应力处于可控范围，DEH根据温度裕度的大小自动设置转速变化率和负荷变化率，如果任一部件计算出的温度裕度不满足，则会故障报警（FAULT）。

（2）变温度准则（X准则）。

为了汽轮机顺控启动时可以自动选择最佳启动蒸汽参数，并与汽轮机的状态参数相匹配，使热应力控制在允许的范围内，DEH采用了变温度准则（简称X准则）。

X准则的核心内容是根据金属部件温度来规定蒸汽参数。

采用X准则避免了人为选择汽轮机冲转参数、判断暖机和并网条件，提高了机组启动的安全性，减少设备寿命的损耗，也最大限度地缩短了汽轮机的启动时间。

1）X准则内容。

X1准则：冷态启动时使主蒸汽温度高于汽轮机阀体温度，避免汽轮机阀体被主蒸汽冷却。即在打开汽轮机主汽阀对高压调节汽阀暖阀时，主蒸汽温度要比高压调节汽阀阀体温度高一定值。而在极热态启动时，允许主蒸汽温度低于高压调节汽阀阀体温度。

X2准则：确保主蒸汽的饱和温度低于汽轮机高压调节汽阀阀体温度一定值，避免主汽阀打开后，高压调节汽阀温升过快。冷态启动时，如果汽轮机高压调节汽阀阀体的温度低于主蒸汽的饱和温度，打开高压主汽阀后，主蒸汽与高压调节汽阀接触，将以凝结放热的方式加热高压调节汽阀阀体。由于凝结放热的放热系数很大，高压调节汽阀阀体内表面的温度很快上升到主蒸汽的饱和温度。如果阀体内部温度过低，就会在阀体内部产生很大的热应力。

X4准则：汽轮机冲转时，确保蒸汽的过热度，避免湿蒸汽进入汽轮机。蒸汽对金属的放热系数与蒸汽的状态有很大的关系，湿蒸汽的放热系数较大，微过热蒸汽的放热系数较小。汽轮机冷态启动时，为了避免在金属部件内产生过大的温差，要采用微过热蒸汽冲动转子。所以要使主蒸汽温度高于其饱和温度一定值。

X5 准则：限制主蒸汽最低温度，确保主蒸汽温度高于高压缸缸体 50%深度（中心点）温度和高压转子 50%深度（中心点）温度一定值。即高压调节汽阀开启冲转汽轮机时，避免汽轮机高压缸缸体和转子被冷却。而在极热态启动时，允许主蒸汽温度低于高压缸缸体和高压转子温度。

X6 准则：限制再热蒸汽最低温度，确保再热蒸汽温度高于中压转子 50%深度（中心点）温度一定值。即中压调节汽阀开启冲转汽轮机时，避免汽轮机中压转子被冷却。而在极热态启动时，允许再热蒸汽温度低于中压转子温度。

X7A 准则：在低速暖机后，限制主蒸汽与高压转子之间的温差，确保主蒸汽已充分加热高压转子，以避免出现过大的热应力。

X7B 准则：在低速暖机后，限制主蒸汽与高压缸缸体之间的温差，确保主蒸汽已充分加热高压缸，以避免出现过大的热应力。

X8 准则：在机组并网之前，限制再热蒸汽与中压转子之间的温差，确保中压转子充分暖机，以避免出现过大的热应力。

2）X 准则说明。

X2 要求主蒸汽压力不能过高，X4、X5 要求主蒸汽温度不能过低，X6 要求再热蒸汽温度不能过低，X7A 要求高压转子温度不能过低，X7B 要求高压缸温度不能过低，X8 要求中压转子温度不能过低。

根据功能不同，7 个准则在汽轮机顺控启动不同的阶段被引用：①X1、X2 准则用于主汽阀打开前；②X4、X5、X6 用于汽轮机冲转前（开调节汽阀前）；③X7A/7B 和 X8 分别用于判断低速暖机和额定转速暖机是否结束。

(3) DEH 还采用了过热度准则（Z 准则），以确保主蒸汽、再热蒸汽具有一定的过热度，防止湿蒸汽进入汽轮机。

Z3 准则：主蒸汽过热度大于 30K。

Z4 准则：再热蒸汽过热度大于 30K。

3. 汽轮机自启动和启动装置

汽轮机启动顺控程序（SGC）在汽轮机启动冲转及带负荷的过程中，监视汽轮机的状态，如蒸汽温度、阀门及汽缸的金属温度，并判断是否满足机组启动冲转的条件（X 准则），实现自动启动。

在启动过程中，汽轮机启动顺控程序向汽轮机辅助系统及其他相关系统发出指令，并从这些系统接受反馈信号，使这些系统的状态与汽轮机启动的要求适应。

汽轮机启动装置（start-up device）是汽轮机启动顺控与 DEH 之间的接口、桥梁。

启动装置受启动顺控控制，参与 DEH 的复位、挂闸、冲转、暖机、维持额定转速直至并网带初负荷。启动装置的核心部分是一个受控的斜坡发生器。它的输出值称为 TAB。TAB 的变化率是 100%/min。

TAB 值一般由汽轮机启动顺控自动设置，运行人员也可以手动设置。不同数值对应的控制任务见表 9-2。

表 9-2　　　　　　　　　汽轮机启动装置定值及控制任务

启动装置定值（TAB）STARTUP DEVICE		控制任务
定值上升过程	0%	允许启动 SGC STEAM TURBINE（DkW）ST 进入汽轮机控制
	＞12.5%	汽轮机复置（TTS 复位）
	＞22.5%	高、中压主汽门跳闸电磁阀复位（ESV TRIP SOLV RESET）
	＞32.5%	高、中压调节阀跳闸电磁阀复位（CV TRIP SOLV RESET）
	＞42.5%	开启高、中压主汽门（ESV PILOT SOLV OPEN）
	＞62%	允许通过子组控制，使高、中压调节阀开启（开度不超过 62%），汽轮机实现冲转、升速、并网
	＞99%	发电机并网后，释放汽轮机控制阀的开启范围，汽轮机控制切为“转速/负荷”控制模式（完全由汽轮机控制机组负荷）
定值下降过程	＜37.5%	高、中压主汽门关闭（ESV PILOT SOLV OFF）
	＜27.5%	高、中压调节阀跳闸电磁阀失电（CV TRIP SOLV OFF），高、中压调节阀跳闸
	＜17.5%	高、中压主汽门跳闸电磁阀失电（ESV TRIP SOLV OFF）高、中压主汽门跳闸
	＜7.5%	发出汽轮机跳闸指令
	0%	再启动准备

（二）危急遮断系统

1. 危急遮断系统的特点

（1）超速保护系统取消了传统的机械超速遮断器，采用电子超速保护装置。

（2）取消了 OPC（额定转速的 103%超速）控制。

（3）不再设置 AST 回路，每个阀门都有其独立的跳闸电磁阀。

（4）不设低压安全油路，没有隔膜阀。在机头设置了 1 个就地紧急停机按钮，该紧急停机按钮和集控室的紧急停机按钮一起构成手动停机回路。

2. 危急遮断系统 ETS 组成

机组危急遮断系统 ETS 主要由超速保护装置 OPS、电子保护系统 EPS（数据采集处理系统）及 TTS 停机系统组成。

（1）超速保护系统 OPS。

OPS 是带有自动在线试验的特殊电子系统，由两套电子式的超速保护装置构成，当机组转速超过设定值时，发出停机信号。其中每套都设有 3 个独立的转速探头及其通道，实现超速监视。系统不断检查传感器输入回路，不同通道传感器的输出信号被同时监测，并对各通道进行合理控制，任何一个故障都发出报警信号。3 个通道中任意两个通道达到超速保护动作值 3300r/min，保护即动作。

判断汽轮机超速后，OPS 输出开关量控制继电器动作，切断停机电磁阀的供油，实现汽轮机跳闸。

（2）电子保护系统 EPS。

汽轮机电子保护系统接受传感器、热电偶等重要的保护信号。当这些信号超过预设的报警值时，发出报警。当参数继续变化超过遮断值时，发出遮断信号，通过TTS系统动作停机电磁阀（跳闸电磁阀），遮断机组。

汽轮机组的保护条件，由汽轮机组安全运行的需要来定，这些保护回路没有投入，机组将不允许运行。标准的保护包括三取二组态（除振动信号采用二取二）。在无通道故障时任意两个通道的测量值越限；或两个通道故障，任一测量值越限；或三个通道同时故障都会发出跳闸信号。

EPS采集主机润滑油压力、主油箱油位、TSI振动、轴向位移、轴承金属温度、发电机冷氢温度、定子水流量等重要参数，并对这些参数进行检测和分析，一旦发现参数越限或测点故障，即发出跳闸信号。

（3）TTS停机系统。

TTS是一个连接EPS/OPS系统和跳闸电磁阀的二通道系统。该保护为硬回路，动作后必须在电子间手动复位两组继电器方可再次启动汽轮机。

所有的汽轮机遮断指令，包括EPS、发电机保护（发电机跳汽轮机）、紧急停机按钮和OPS等产生的停机信号，都通过TTS去动作，遮断各汽阀的跳闸电磁阀。

（三）液压控制机构

1. 高、中压调节汽阀液压执行机构

高、中压调节汽阀在正常工作时，能根据控制信号改变阀门开度，从而控制汽轮机的进汽量，高、中压调节汽阀为调节型，可根据控制的要求保持在不同的阀位，其装置如图9-20所示。当保护装置动作时，高、中压调节汽阀能迅速关闭起保护作用。

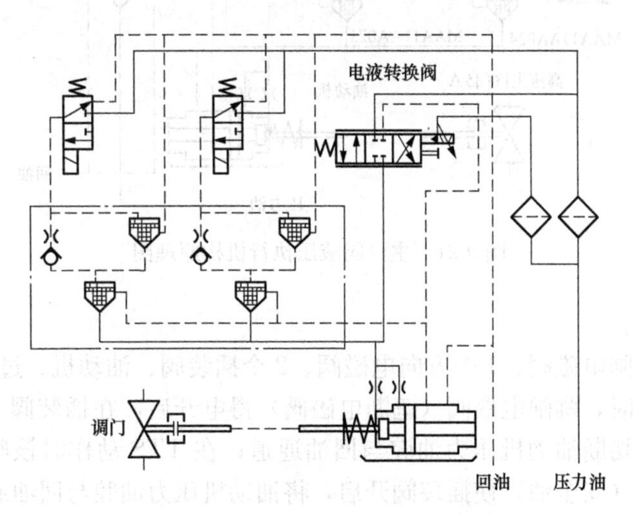

图9-20 调节汽阀液压执行机构原理图

（1）系统组成。

系统由2个跳闸电磁阀、4个插装阀（卸荷阀）、止回阀（单向阀）、电液转换器、油动机、过滤器、位移变送器（LVDT）等组成。

（2）阀门开大、关小。

需要开大阀门时，阀门控制器将阀位信号送至电液转换器，使压力油进入油动机开大阀门；当油动机活塞移动时，位移变送器（LVDT）将实际阀位信号作为负反馈信号送至

DEH 的阀门控制器，当实际阀位与阀位指令相等时，电液转换器回中切断供油，调节过程结束。

调节汽阀关小过程与开大过程相反。

（3）阀门快速关闭。

CV 阀快关指令生成后，汽轮机跳闸电子保护系统 EPS 触发单个 CV 阀的跳闸电磁阀失电，使 CV 阀快速关闭；待快关指令消失后，CV 阀的跳闸电磁阀又重新带电，使插装阀关闭，阀门转为汽轮机控制器控制。

（4）阀门快关与跳闸保护的区别。

汽轮机的 EPS 动作时，单个 CV 阀的触发器会保持记忆，即使跳闸信号消失，也不会使跳闸电磁阀恢复带电；当汽轮机启动顺控再次走步，TAB 逐渐上升并大于 12.5%，TTS 复位，当 TAB 大于 32.5%后，跳闸电磁阀才会带电，建立安全油使插装阀关闭。

2. 高、中压主汽阀液压执行机构

高、中压主汽阀在正常工作时，都是保持全开，不参与汽轮机的进汽量的控制，其装置如图 9-21 所示。当保护装置动作时，高、中压主汽阀能迅速关闭起保护作用。

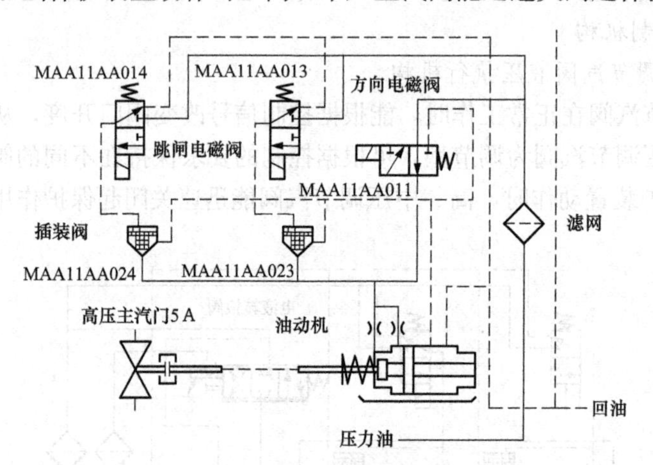

图 9-21 主汽阀液压执行机构原理图

（1）系统组成。

系统由 2 个跳闸电磁阀、1 个方向电磁阀、2 个插装阀、油动机、过滤器等组成。

机组正常运行时，跳闸电磁阀（遮断电磁阀）得电开启，在插装阀上建立压力油（安全油）使其关闭，切断油动机压力油腔与回油通道；在 TTS 动作时该阀失电关闭，泄掉插装阀上的压力油（安全油）使插装阀开启，将油动机压力油腔与回油通道接通。

开启主汽阀和机组正常运行时，方向电磁阀失电开启，接通压力油并进入油动机；在 TTS 动作时得电关闭，切断压力油，并将油动机压力油腔与回油接通。

（2）阀门开启过程。

汽轮机顺控启动后，随着 TAB 的上升，TAB 大于 12.5%，TTS 复位，各个汽阀的 RS 触发器也被复位。

TAB 大于 22.5%，跳闸电磁阀带电，接通压力油路（该处油可以称为安全油）并使插装阀活塞下移而关闭。

当TAB大于42.5%，方向电磁阀失电，接通压力油路，并使压力油进入油动机，在油压作用下克服弹簧力使阀门开启。

(3) 阀门关闭过程。

TTS动作，使跳闸电磁阀失电，接通回油管路而泄掉安全油，插装阀活塞上移开启，油动机两侧缸室相通，压力相同。

TTS动作时，连锁方向电磁阀得电，切断压力油路，同时将油动机压力油腔室接通排油，阀门在弹簧力作用下迅速关闭。

当TTS动作时使得油动机两侧缸室相通，加快了回油速度，使阀门在弹簧力作用下迅速关闭，关闭时间控制在0.2s（不含延迟时间）之内。

第十章

上汽 1000MW 等级超超临界汽轮机简介

一、 汽轮机技术参数

上汽 1000MW 超超临界汽轮机主要技术参数见表 10-1。

表 10-1　　上汽 1000MW 超超临界汽轮机主要技术参数

项　目		单　位	参　数
型号及形式	形号		NJK1000-28/600/620
	形式		高效超超临界、单轴、一次中间再热、四缸四排汽、间接空冷凝汽式汽轮机
功率	额定功率（TMCR、TRL 工况）	MW	1000
	最大功率（VWO 工况）	MW	1022.924
	夏季功率（背压 28kPa）	MW	922.039
额定蒸汽参数	主蒸汽压力（高压主汽阀前）	MPa(a)	28.0
	主蒸汽温度（高压主汽阀前）	℃	600
	高压缸排汽口压力（TRL 工况）	MPa(a)	5.987
	高压缸排汽口温度（TMCR、TRL 工况）	℃	355.1
	再热蒸汽进口压力（TRL 工况）	MPa(a)	5.507
	再热蒸汽进口温度	℃	620
	额定排汽压力	kPa(a)	10
	夏季排汽压力	kPa(a)	28
	额定给水温度	℃	301.3
蒸汽流量	额定主蒸汽流量	t/h	2821.604
	最大主蒸汽流量（VWO 工况）	t/h	2906.251
配汽方式			全周进汽＋补汽阀
设计冷却水温度		℃	38
铭牌热耗率		kJ/(kW·h)	7518.0
THA 热耗率		kJ/(kW·h)	7484.0（不带低温省煤器）
转动方向			从汽轮机向发电机方向看为顺时针方向

续表

项 目		单 位	参 数
工作转速		r/min	3000
盘车转速		r/min	48～54
通流级数	整机		总共 39 级（总结构级 64 级）
	高压缸	级	14
	中压缸	级	2×13
	低压缸	级	2×2×6
末级叶片长度		mm	820
给水回热系统			0 号高压加热器＋3 高压加热器＋1 除氧＋5 低压加热器，低温省煤器
给水泵			每台机组设置 2 台 50%BMCR 容量的汽动给水泵
汽封系统			采用自密封系统（SSR）
汽轮机内效率	汽轮机总内效率	%	90.01
	高压缸效率	%	90.51
	中压缸效率	%	93.37
	低压缸效率	%	88.46
临界转速	高压转子	r/min	一阶：2650；二阶：＞4000
	中压转子	r/min	一阶：1980；二阶：＞4000
	低压转子 A	r/min	一阶：1680；二阶：＞4000
	低压转子 B	r/min	一阶：1662；二阶：＞4000
	发电机转子	r/min	一阶：744；二阶：2096
运行方式	启动方式		高中压缸联合启动
	运行方式		定-滑-定（30%～90%为滑压方式）
	变压运行负荷范围	%	30～100
	变压运行负荷变化率	%/min	3（30%～50%）
	定压运行负荷变化率	%/min	5（50%～100%）
	定压运行负荷变化率	%/min	2（小于 30%）
噪声水平		dB(A)	85
脆性转变温度	高压转子 FATT	℃	≤50
	中压转子 FATT	℃	≤116
	低压转子 FATT	℃	≤0
机组外形尺寸（长×宽×高）		m×m×m	26.3×15.822×7.075
运行层标高		m	16.5
最大起吊高度		m	13（距运行层）
安装电厂			上汽

二、汽轮机本体结构

上汽 1000MW 超超临界汽轮机为反动式单轴四缸四排汽结构，外形三维立体结构如

图10-1所示，采用西门子公司开发的3个最大功率可达到1100MW等级的HMN型积木块组合形式。1个单流圆筒形H30高压缸，1个双流M30中压缸，2个N30双流低压缸，高、中、低压缸采用串联布置。对应各汽缸有1个高压转子、1个中压转子和2个低压转子，所有转子由5个支持轴承支承，除高压转子由两个支持轴承支承外，其余3根转子，即中压转子和两根低压转子均只有一个支持轴承支承。这种支承方式不仅使结构比较紧凑，主要还在于减少基础变形对于轴承荷载和轴系对中的影响，使得汽轮机转子能平稳运行。这5个轴承分别位于5个轴承座内。各转子间通过刚性联轴器将4个转子连为一体，汽轮机低压转子B通过刚性联轴器与发电机转子相连，该1000MW汽轮机的纵剖视图如图10-2所示（见文后插页）。

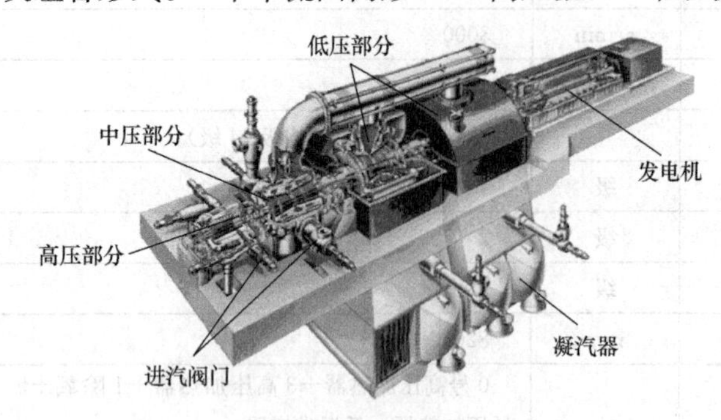

图10-1　1000MW超超临界汽轮机立体视图

由于本机组采用独特的结构和合理的布置模式，不仅使得机组结构紧凑、轴长短，而且使机组的可用率高，维护方便。为了能够满足机组的设计效果，工作时对蒸汽的品质要求高，运行维护要求严格，所以机组的大修间隔较长，与其他机型相比，其大修间隔要长一倍以上，可达到10万小时（约12年）。

机组的特殊结构，使得高压缸、中压缸的安装设备特殊、安装工艺要求高，所以在现场很难达到工艺要求，因此机组的高压缸、中压缸都是由制造厂安装好后整体运输到现场进行就位。将来大修时，也要与制造厂联系检修时间及有关事项。

（一）进汽部分

1. 高压进汽部分

（1）概述。

机组设有两套高压主汽阀与高压调节汽阀组件，高压主汽阀和高压调节汽阀为一拖一形式，它们共用一个阀壳且对称布置在机组的两侧。高压调节汽阀通过大型螺母与高压缸进汽口直接连接，无导汽管，通过调整螺母来改变结合面的紧力即严密性。高压主汽阀为水平纵向布置，高压调节汽阀为水平横向布置。

主蒸汽通过主蒸汽进口进入高压主汽阀和高压调节汽阀，高压调节汽阀内部通过进汽插管和高压内缸进汽口相连，主蒸汽通过进汽插管直接进入高压内缸的汽室，不设常规机组的导汽管。进汽插管为扩压型，可以减小压力损失；阀壳出汽口与高压外缸进汽口通过大型螺母连接，要求有较高的制造工艺。

为了减小高压进汽口各连接处、配合处的漏汽，设有弹性密封装置。

1）高压调节汽阀出口与高压外缸进汽口的接合面采用两级U形密封环进行密封，密封环用铆钉固定在调阀出口管端面的密封环槽内，如图10-3所示。工作时，密封环受热后膨胀，可以减小漏汽间隙；同时U形口面向漏汽流动方向，不仅对漏汽有阻碍作用，而且漏汽的压力作用于U形密封环促使漏汽间隙进一步减小。上述三者的共同作用，使漏汽量减小，最后的少量漏汽由漏汽管引出予以回收。

2）在高压外缸进汽口，用一个具有外螺纹的螺帽旋入进汽口，对进汽插管进行定位，保证进汽插管与外缸进汽口端面平齐，并通过铆钉将螺帽与进汽插管固定。该处可以作为进汽插管膨胀的起始点（进汽插管向内缸方向膨胀）。工作时，通过第一个U形密封环的部分漏汽，经专设的通道进入进汽插管与外缸进汽管道的夹层，实现暖管功能。

3）在进汽插管与内缸进汽口之间设有环形凸肩的短管、L形密封环进行密封来减少漏汽。L形密封环的一端嵌入内缸进汽口的环形槽中，另一端通过环形凸肩的短管（有外螺纹）固定在进汽插管出口处，拧紧后的短管用铆钉铆接在进汽插管端面。L形密封环的两个端部都留有一定的间隙便于受热膨胀，从而增加密封面积，加大漏汽阻力。进汽插管出口、环形凸肩短管与内缸进汽口之间设有膨胀间隙，满足插管、内缸的膨胀。

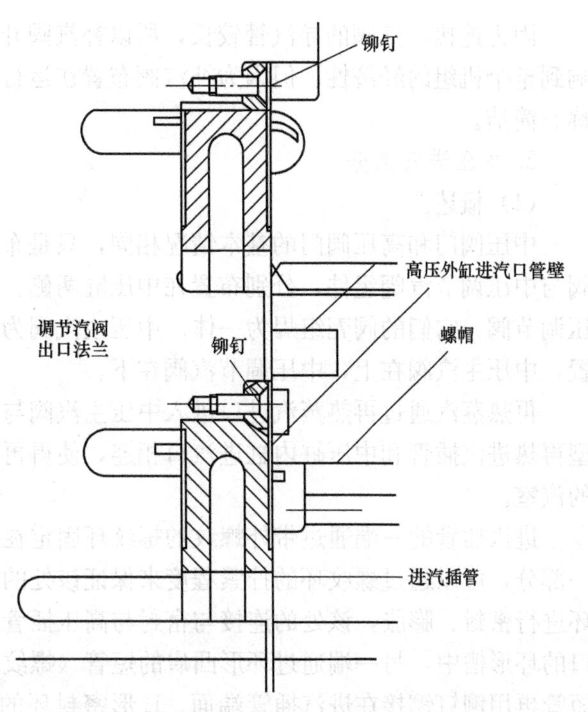

图 10-3　高压调节汽阀出口与高压外缸进口密封

（2）高压主汽阀和高压调节汽阀。

高压主汽阀是一个内部带有预启阀的单阀座式提升阀。蒸汽经由主蒸汽进口进入装有永久滤网的阀壳内。阀门滤网采用环形波纹钢板缠绕形式，滤网的网孔直径相当小（仅1.6mm），刚性较好，滤网面积与阀门喉部面积比约为7：1，即使有部分堵塞也不影响机组的正常运行。高压主汽阀打开时，阀杆带动预启阀先行开启，从而减少打开主阀碟所需要的提升力，以使主阀碟可以顺利打开。高压主汽阀由独立的油动机控制机构进行控制，开启时靠压力油推动油动机动作打开，关闭时靠弹簧力推动油动机向相反的方向移动实现关闭，这样安全可靠性好。要求主汽阀完成快速关闭动作的时间小于0.2s。

高压调节汽阀也为单阀座式提升阀，在阀碟上设有平衡孔以减小机组运行时打开阀碟所需的提升力。与高压主汽阀相同，高压调节汽阀也由一套独立的油动机控制机构，开启时靠的是压力油，关闭时靠的是弹簧力。要求高压调节汽阀完成快速关闭动作的时间小于0.2s。

（3）补汽阀。

该机组设有一只补汽阀，吊装在运转层平台以下的高压缸区域。从机组两侧的高压主汽阀后、高压调节汽阀前各引出一路蒸汽进入补汽阀，再通过另两根导汽管将蒸汽从补汽阀后导入高压缸的相应接口上。补汽阀相当于高压主汽阀后的第3个高压调节汽阀。该阀门一般在最佳运行经济工况点后开启，满足在该工况外机组能够到达更高的负荷，同时该阀门还具有调频功能。

补汽阀的调节方式与高压调节汽阀相同。同样要求补汽阀完成快速关闭动作的时间小于0.2s。

因为连接补汽阀的导汽管较长，所以补汽阀开启后，通过的蒸汽压力损失较大，会影响到整个机组的经济性。但因为补汽阀布置在运行平台下面，所以运行平台的设备比较对称、简洁。

2. 中压进汽部分

(1) 概述。

中压阀门和高压阀门的基本情况相同，只是布置情况不同。中压缸也有两个中压主汽阀与中压调节汽阀组件，分别布置在中压缸两侧。每个组件包括一个中压主汽阀和一个中压调节阀，它们的阀壳组焊为一体。中压主汽阀为垂直布置，中压调节汽阀为水平横向布置，中压主汽阀在上，中压调节汽阀在下。

再热蒸汽通过再热蒸汽进口进入中压主汽阀与中压调节汽阀，中压调节汽阀通过扩压型再热进汽插管和中压缸内缸进汽口相连，使得再热蒸汽通过进汽插管直接进入中压内缸的汽室。

进汽插管的一端通过带外螺纹的螺纹环固定在中压调节汽阀的阀壳上，并作为阀座的一部分，可以通过螺纹环的拧紧程度来保证该处的密封以减小漏汽；另一端采用L型密封环进行密封、膨胀，该处的连接与密封与高压插管类似。L形密封环的一端嵌入内缸进汽口的环形槽中，另一端通过环形凸肩的短管（螺纹环）压紧在进汽插管出口处，拧紧后的短管再用铆钉铆接在进汽插管端面。L形密封环的端部都留有一定的间隙便于受热膨胀，从而增加密封面积，加大漏汽阻力。进汽插管出口、环形凸肩短管与内缸进汽口之间设有膨胀间隙，满足插管、内缸的膨胀。

(2) 中联门。

中压调节汽阀与中压缸之间采用法兰螺栓连接，阀门采用非常简洁的弹性支架直接支承在汽轮机基座上，对汽缸附加作用力小，同时有利于大修时的拆装。

中压主汽阀与高压主汽阀、中压调节汽阀与高压调节汽阀在内部结构及调节控制方式基本相同。

(二) 汽缸及其支承

1. 高压缸及其支承

(1) 高压缸。高压缸采用双层缸设计，其三维立体结构示意如图10-4所示。外缸为独特的桶形设计，由横向垂直中分面将其分为前后两半缸，前后缸通过螺栓轴向进行连接，连接处及后面的汽缸直径大于前面的汽缸直径。内缸由垂直纵向中分面将其分为左右两半结构，并通过螺栓进行横向连接，没有专门的法兰。各级静叶直接装在内缸上，转子采用无中心孔整锻转子，在进汽侧设有平衡活塞用于平衡转子的轴向推力。高压缸结构非常紧凑，在工厂经总装后整体发运到现场，现场直接吊装，不需要在现场装配。

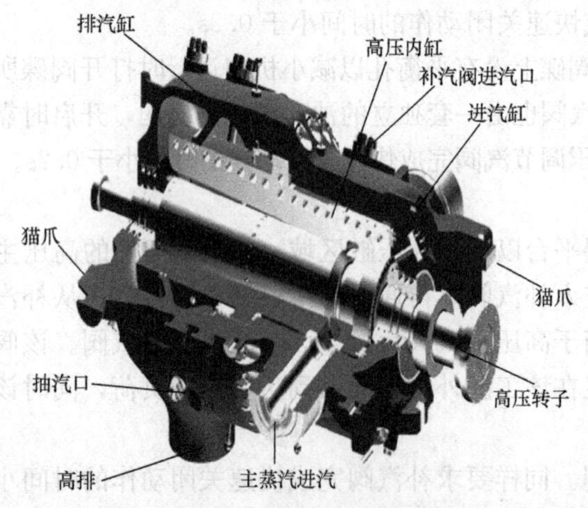

图10-4 高压缸三维立体结构示意图

在高压外缸进汽侧轴孔上端，设有安

装平衡螺塞的专用孔径，正常工作时用盖子密封。在外缸的进汽段及排汽段都设有内视孔径，正常工作时也用盖子密封。

经过补汽阀的蒸汽从高压第 5 级后引入高压缸，外缸和内缸上有相应的进汽口。

（2）高压缸的支承。在高压外缸的两端各有两个猫爪，将整个高压缸静止部件的重量支承在 1、2 号两个轴承座上（同中分面支承），而且在进汽侧猫爪的下方有两个横销，固定在 2 号轴承座的横向槽中，一方面对高压缸进行轴向定位，另一方面引导高压缸横向膨胀，如图 10-5 所示。排汽侧的猫爪只起支承和垂直方向的定位作用，所以可以在支承面上滑动。在下缸两端部都设有立销槽，用于汽缸的横向定位和引导汽缸的轴向、垂直方向的膨胀。

高压内缸主要通过中部凸环上垂直方向（两个）、水平方向（两个）上的 4 个纵向销子，与高压外缸直径增大处内部的销槽配合进行支承、定位，确定内缸垂直方向、横向上的位置；并通过进汽侧端部的环形密封键进行辅助定位，保证内缸与外缸的同心作用。进汽侧的环形密封键不仅进行密封，还将进汽侧端部与夹层分割开来，形成两个腔室，保证夹层蒸汽按照设计路线进行流动，如图 10-6 所示。环形密封键通过压板及螺栓定位在外缸内壁上。

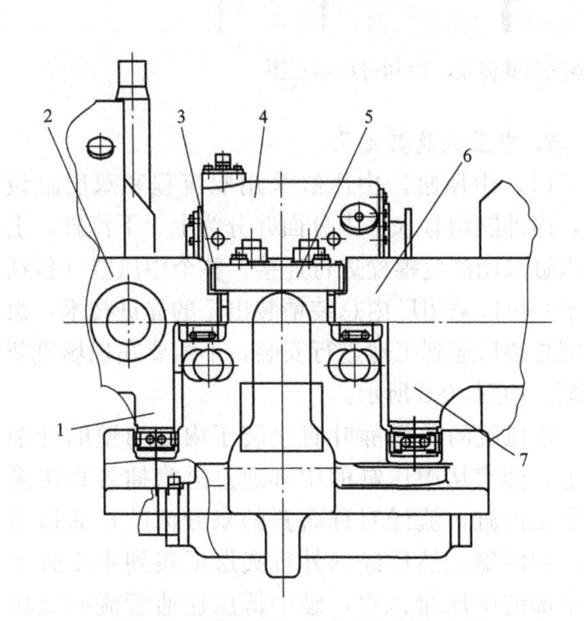

图 10-5　高中压缸的支承与轴向定位

1—高压缸横销；2—高压缸猫爪；3—滑片；4—2 号轴承座；5—压块；6—中压缸上缸猫爪；7—中压缸下猫爪横销

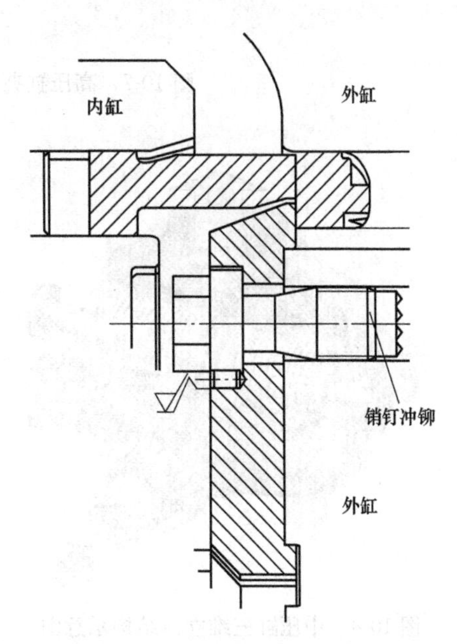

图 10-6　进汽侧内外缸之间密封键

在高压内缸凸环与进汽段结合面处，设有 U 形密封环进行密封，减少该处的漏汽，便于内外缸之间构成一个封闭的腔室。在内缸凸环的排汽侧，安装带有锯齿的环形密封圈，不仅可以减少夹层中的漏汽，还可以保证内缸的膨胀。

（3）高压缸冷却。工作时，将第 4 级后具有 540℃左右的部分蒸汽通过内缸上的小孔引入夹层中，作为夹层蒸汽，并根据精心设计的流动路线进行流动，完成加热或冷却过程。进入到夹层的蒸汽，一部分向排汽侧流动，经过内缸凸环与高压缸排汽混合；另一部分向进汽侧流动，通过内缸上径向孔进入平衡活塞处腔室，然后经过平衡活塞汽封向两侧流动，冷却平衡活塞处的转子，如图 10-7 所示。冷却后的蒸汽，一路（进汽侧高压内外缸腔室的蒸汽）通过贯穿内缸轴向的内孔引入排汽侧，另一路与第一级静叶后泄漏过来的蒸汽混合后经过内缸的内部流道接入高压第 5 级后补汽处。这样的设计冷却路线，使得外缸进汽端和转子平衡活塞表面的工作温度只有 540℃左右，降低了结构的应力水平，延长其工作寿命。

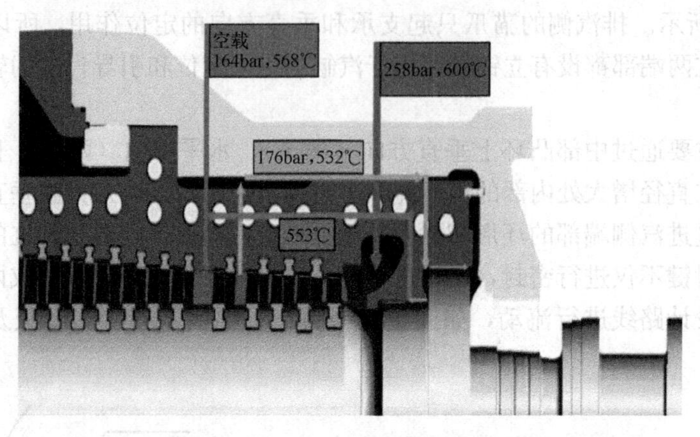

图 10-7　高压缸夹层蒸汽及其流动、冷却过程示意图

2. 中压缸及其支承

（1）中压缸。中压缸采用双流程和双层缸设计，内外缸均有水平中分面并分为上、下汽缸，上下汽缸采用法兰螺栓进行连接。整个中压缸（包括转子）可以采用厂内总装精装出厂的先进技术，由厂家总装后运到工地进行安装，不需要在现场重新装配。如图 10-8 所示。

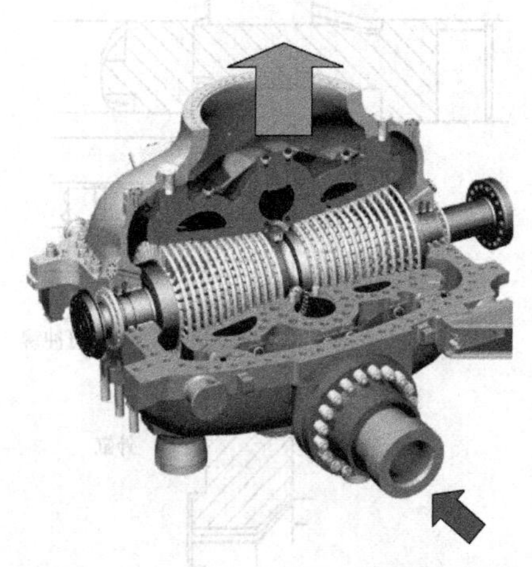

图 10-8　中压缸三维立体结构示意图

中压缸的各级静叶直接装于内缸内壁的叶根槽上。蒸汽从中压缸的中部通过进汽插管直接进入中压内缸，流经对称布置的双分流叶片通道至汽缸的两端，然后经内外缸夹层汇集到中压缸上半中部的中压排汽口，经中低压连通管流向低压缸。因此中压高温进汽仅局限于内缸的进汽部分，整个中压外缸处在小于 300℃的排汽温度中，压力也只有 0.6MPa(a) 左右，汽缸应力较小，安全可靠性好。由于通流部分采用双分流布置，转子的轴向推力基本能够左右平衡。

为了有效地引导汽流的流动，并利用进汽汽室蒸汽的初动能，第一级采用斜置叶片。

（2）中压缸的支承。中压外缸轴孔的上部两端都设有现场动平衡接口，下部两端都设有立销槽。两端各有两个猫爪将整个中压缸的重量支承在 2、3 号轴承坐上，并且机头侧的猫爪下端伸出两个横销进行定位及引导膨胀。

中压缸的两端各有三个轴封管道，中间的为排汽管道，两侧的为供汽管道。在汽缸上还设有若干个温度测点，测量不同位置处汽缸壁及蒸汽的温度。下缸上有三个抽汽口，用于回热抽汽。

在电机侧的汽缸法兰两侧固定有推力装置的支撑块，与低压缸的推拉杆连接，带动低压内缸的膨胀移动。

中压内缸采用上缸猫爪中分面支承。安装时，先由内下缸上的猫爪支承在外下缸的支承槽内，安装完成后内下缸的猫爪只起轴向定位和引导横向膨胀的作用。在排汽侧的顶部和底部开有纵销槽与外缸上固定的纵销配合，确定内缸的横向位置并引导内缸的轴向、垂直方向的膨胀。

3. 低压缸及其支承

(1) 低压缸。低压缸为双流、双层缸结构，如图 10-9 所示。来自中压缸的蒸汽通过汽缸顶部的中低压连通管接口进入低压缸中部，再流经双分流低压通流叶片至两端排汽导流环，蒸汽经排汽导流环后汇入低压外缸底部进入凝汽器。内、外缸均由钢板拼焊而成，均在水平中分面分成上下两半，采用中分面法兰螺栓进行连接。

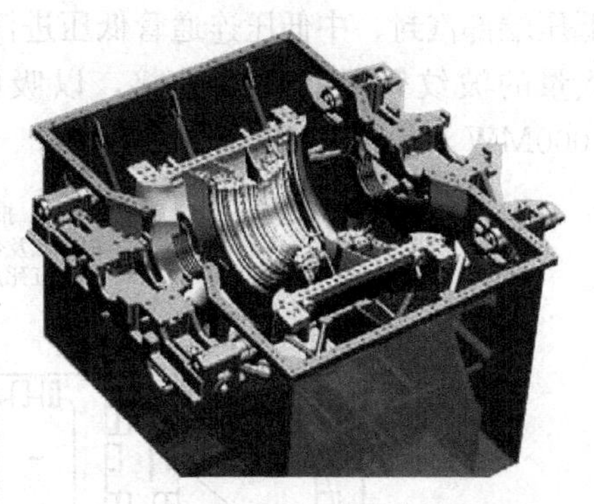

图 10-9　低压下缸及轴承座视图

低压外下缸由两个端板、两个侧板和一个下半钢架组成。低压外缸采用现场拼焊，直接坐落于凝汽器上，外缸与轴承座、内缸和基础分离，不参与机组的滑销系统。

外缸和内缸之间的相对膨胀通过在内缸猫爪处的汽缸补偿器、端部汽封处的轴封补偿器以及中低压连通管处的波纹管进行补偿。

(2) 低压缸的支承。如前所述，低压外缸直接坐落在凝汽器上，受凝汽器的工作影响。低压内缸通过其前后各两个猫爪，搭在前后两个轴承座伸出的支承台上，支承整个内缸及其内部静子部件的重量。在机头侧的猫爪下侧有横销槽，与支承台上的横销配合，确定内缸的轴向位置。另外，在低压内缸 A 与中压外缸之间、低压缸 A 与低压缸 B 之间通过推拉装置相连，保障汽缸间的顺推膨胀，以保证动静间隙，如图 10-10 所示。

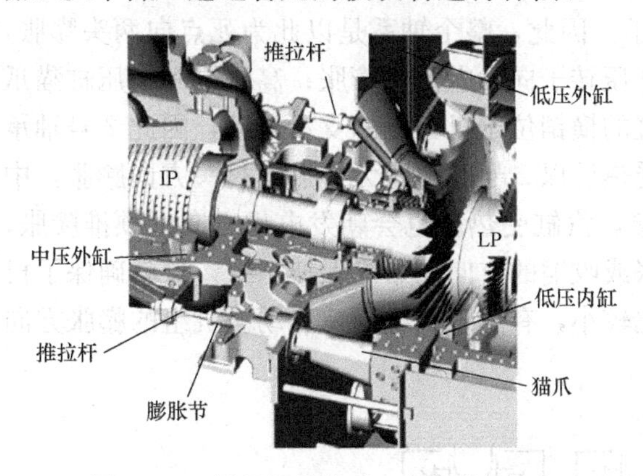

图 10-10　低压缸的支承、定位及推拉杆

在低压内下缸底部两端的中间位置处各伸出一只带有立销槽的圆杆，与该区域从汽轮机基座上伸出的端部具有立销的圆杆相配合，用于确定低压内缸的横向位置，引导内缸的轴向、垂直方向的移动。为了保证低压缸的膨胀均匀性，在低压缸 A 与中压缸之间设有两个（左右各一），低压缸 A 与低压缸 B 之间的两侧也设有两个（左右各一）。

低压内缸中部左右侧各装有一个低压静叶持环，低压缸的前几级静叶装入静叶持环中，末两级或末级叶片直接装于低压内缸两端。低压排汽导流环与低压内缸焊为一体，这样不仅增加了整个低压内缸的刚性，减少低压内缸的挠度，而且可简化安装工序，缩短安装周期。其缺点是和低压内缸猫爪一样，导致低压内缸运输尺寸过大，对一些运输受限制的地区，需要考虑结构上的调整。

为了冷却低压缸，设有低压缸喷水系统。主要组成设备及工作原理与其他机组相似。

（三）滑销系统

该机组的5只轴承座均浇灌在汽轮机基座上，整个机组从冷态到运行时轴承座与基座不发生相对滑动。所有轴承座与汽缸猫爪之间的滑动支承面均采用灌有石墨的低摩擦合金滑块。它的优点是具有良好的摩擦性能，不需要另注油脂润滑，有利于机组膨胀畅顺。在低压端部汽封、中低压连通管低压进汽口以及低压内缸猫爪等低压内、外缸接合处均设有大量的波纹管进行弹性连接，以吸收这些连接处内、外缸间的热膨胀。图10-11是1000MW汽轮机的滑销系统示意图。

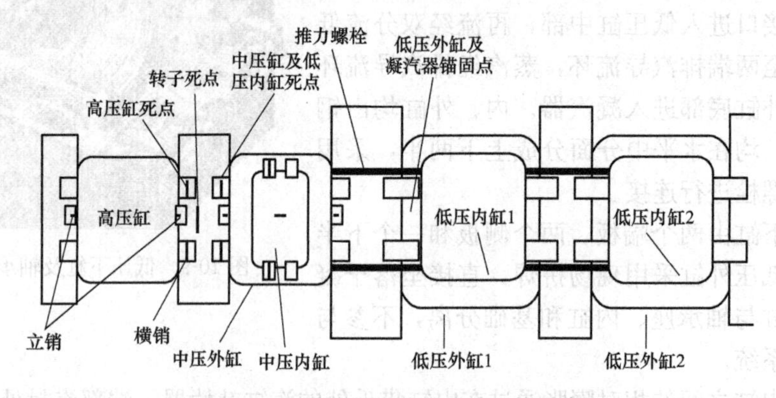

图10-11　1000MW汽轮机滑销系统示意图

在2号轴承座内装有支持-推力联合轴承。因此，整个轴系是以此为死点向两头膨胀，即高压转子向机头膨胀，中压转子、两个低压转子向发电机侧膨胀；高压缸和中压缸猫爪下面的横销也位于2号轴承座处，低压内缸的横销位于机头侧的支承面处，因此2号轴承座也是整个静止部分滑销的死点。高压缸受热后以2号轴承座为死点向机头方向膨胀，中压外缸与低压内缸间用推拉杆在猫爪处连接，汽缸受热后也会朝发电机方向上顺推膨胀，因此，转子与静子部件在机组启停时其膨胀或收缩的方向能始终保持一致，这就确保了机组在各种工况下通流部分动静之间的差胀比较小，有利于机组快速启动。机组的膨胀方向及膨胀量的大小如图10-12所示。

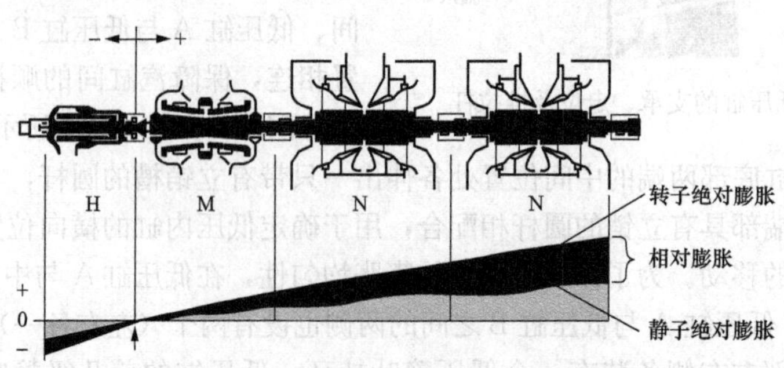

图10-12　1000MW汽轮机膨胀量示意图

（四）连通管

机组设有一只中低压连通管，将中压缸与两只低压缸连接起来，如图 10-13 所示。中压缸排汽通过连通管进入两只低压缸，通过双流的低压缸做功后向下经排汽口进入凝汽器。

为了避免连通管与低压缸之间产生的膨胀应力，在低压缸的进汽口设有补偿器。

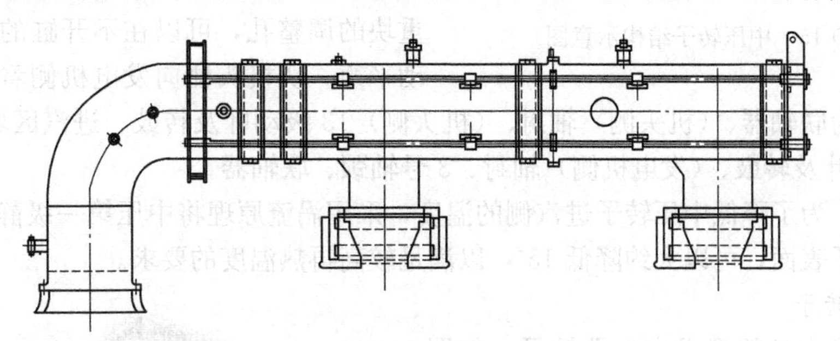

图 10-13　连通管结构示意图

（五）静叶与动叶

高压级、中压级和低压级的所有叶片（除末三级外）均为弯扭的马刀型动、静叶片，变反动度（30%～60%），整体围带、全切削加工叶片。所以叶片的强度好、动应力低、抗高温蠕变性能好。其中，高压第一级静叶和中压第一级静叶均采用 45°的斜置叶片，可降低流动损失，有效利用蒸汽的初动能；而且采用特殊的固定方式，没有叶顶漏汽；同时采用 20%的反动度，降低转子的温差。

高压、中压级叶片除第一级外，其他叶片都具有大约 50%的反动度，所有叶片均采用 T 型叶根。低压级的前 4 级静叶采用 L 型叶根，动叶采用 T 型叶根。低压缸的后两级静叶为焊接隔板形式，并且采用空心静叶片，有利于减少水滴对叶片的冲蚀；该两级动叶采用枞树型叶根。

所有静叶和动叶与相应的转动部分、静止部分处镶嵌有汽封片，组成高低齿汽封和平齿汽封。

（六）转子

1000MW 超超临界压力汽轮机为反动式汽轮机，所以采用鼓式转子。机组的所有转子均为整锻式转子，由整体毛坯将主轴、转鼓、叶根槽、联轴器等一体锻造、加工出来，并通过叶根将动叶安装在转鼓的叶根槽中组成相应的转子，所有转子均无中心孔。各转子之间全部采用刚性联轴器连接。

1. 高压转子

高压转子是整锻无中心孔转子，如图 10-14 所示。从机头侧向发电机侧看，高压转子的结构依次为 1 号轴颈、（排汽侧）轴封、14 个反动级及其转鼓、喷嘴室或汽室区域、平衡活塞、（进汽侧）轴封、双推力盘及 2 号轴颈、联轴器。

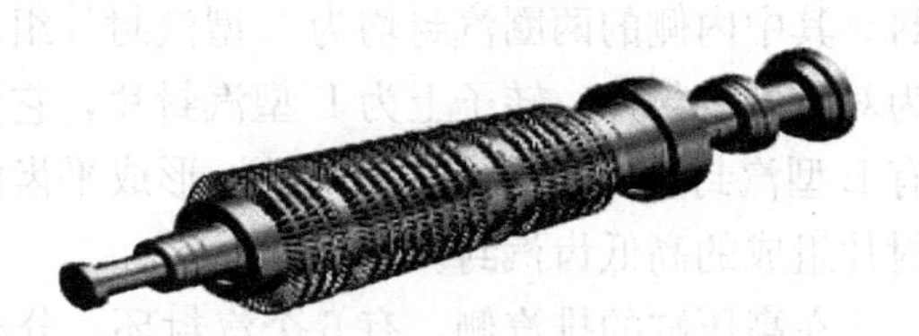

图 10-14　高压转子结构示意图

为了平衡高压转子的部分轴向推力，高压转子的进汽端设有平衡活塞。在该处有冷却蒸汽对转子表面进行冷却。

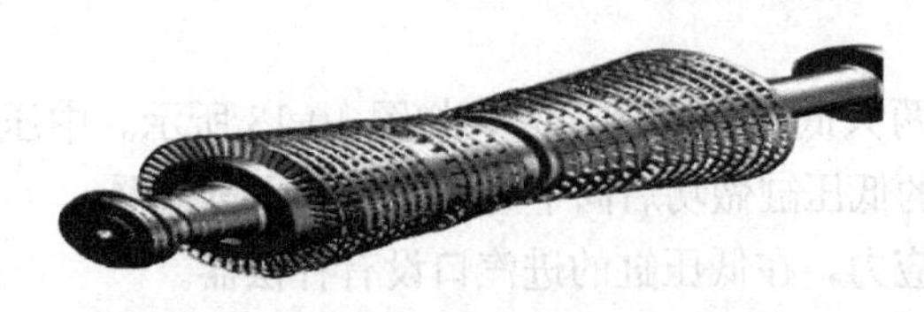

图 10-15 中压转子结构示意图

2. 中压转子

中压转子也是整锻无中心孔转子，如图 10-15 所示。中压转子的两个联轴器也与端轴锻成一体。在转鼓的两个端面上设有加平衡重块的调整孔，可以在不开缸的条件下进行动平衡。从机头侧向发电机侧看，中压转子的结构依次为联轴器、（机头侧）轴封、（机头侧）13 级动叶及转鼓、进汽区域、（发电机侧）13 级动叶及转鼓、（发电机侧）轴封、3 号轴颈、联轴器。

工作时，为了降低中压转子进汽侧的温度，采用涡流原理将中压第一级静叶后的蒸汽部分引入转子表面，可以大约降低 15°，以满足较高再热温度的要求。

3. 低压转子

低压转子也是整锻无中心孔转子，如图 10-16 所示。低压转子的两个联轴器也与端轴锻成一体。在转鼓的两个端面上设有加平衡重块的调整孔，可以在不开缸的条件下进行动平衡。从机头侧向发电机侧看，低压转子的结构依次为联轴器、轴封、动叶及转鼓（机头侧）、进汽区域、动叶及转鼓（发电机侧）、轴封、4 号轴颈（低压转子 A）或 5 号轴颈（低压转子 B）、联轴器。

图 10-16 低压转子结构示意图

该机组的高、中压转子材料采用 12CrMoWVNbN10-1-1，中压转子采用 13Cr9Mo2Co1NiVNbNB1 均为合金钢锻件，具有良好的耐热高强度性能；低压转子采用 30Cr2Ni4MoV 合金钢锻件，具有良好的低温抗脆断性能指标。

（七）轴封系统

1. 轴封的结构

高压缸的轴封分为进汽侧轴封和排汽侧轴封。由于所处位置不同，结构上有所区别。

在高压缸进汽侧，有 5 个汽封环，全部安装在一个汽封体上，汽封环之间形成 3 个腔室。内侧腔室连接到连通管上送至低压缸，中间腔室与轴封供汽母管连接，最外侧腔室连接轴封冷却器。在汽封环和转子上嵌入 L 型或对齿型汽封片，相互间构成平齿和高低齿汽封。其中内侧的两圈汽封均为 L 型汽封片组成的高低齿汽封；中部的两圈汽封，汽封环上为对齿型汽封片，转子上为 L 型汽封片，它们相互间组成平齿汽封；最外圈只在汽封环上有 L 型汽封片，转子上是平滑的，形成平齿汽封。在进汽侧的平衡活塞处，也是由 L 型汽封片组成的高低齿汽封。

在高压缸的排汽侧，有 6 个汽封环，分成两组安装在两个汽封体上，汽封环之间形成 3 个腔室。所有汽封环上均为对齿型汽封片，转子上为 L 型汽封片，相互间组成平齿汽封。

中压缸两端的轴封，分别有 5 个汽封环，构成三段形成 2 个腔室，通过管道连接轴封供汽管道和轴封冷却器。汽封环和转子上都是采用 L 型汽封片而组成高低齿汽封。

低压缸两端的轴封，构成三段形成 2 个腔室，通过管道连接轴封供汽管道和轴封冷却器。汽封环上为对齿型汽封片，转子上为 L 型汽封片，相互间组成平齿汽封。

2. 轴封系统

1000MW 汽轮机的轴封系统的工作原理示意图如图 10-17 所示。各轴封采用同一汽源供汽（280～320℃，0.7～1.2MPa），机组达到约 70%负荷时轴封能够自密封，不再需要外部供汽，高、中压轴封漏气直接供向低压轴封。为避免轴封蒸汽温度低甚至带水的危险，辅汽至轴封供汽管道设有电加热器，以提高轴封供汽温度。

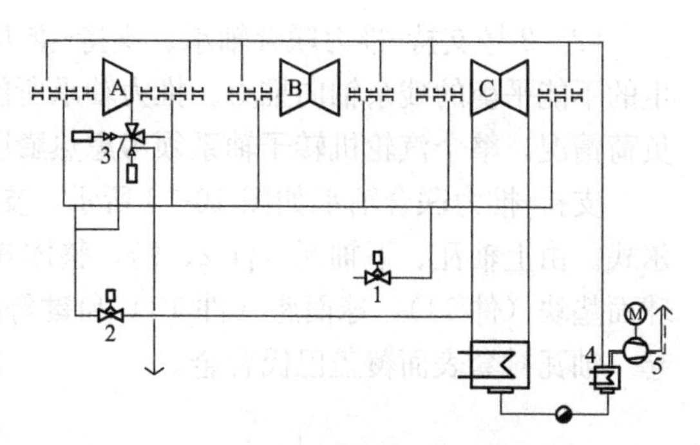

图 10-17 1000MW 汽轮机的轴封系统工作原理示意图

1—供汽调节阀；2—溢流阀；3—进汽阀门；4—轴封冷却器；5—轴抽风机

供汽调节阀和溢流调节阀使轴封蒸汽母管中维持一定的压力（如 35mbar），满足轴封用汽需要。在正常运行期间，从高压缸来的过量的汽封蒸汽经母管向低压缸汽封供汽。

为了防止轴封蒸汽溢出至大气，泄漏到轴封外侧腔室的蒸汽被抽出送到轴封冷却器。凝结的泄漏蒸汽排至主凝汽器，夹带的空气由轴抽风机从轴封冷却器抽出并排放至大气。

进汽阀门来的门杆漏可以送到轴封供汽母管进行回收利用。

（八）轴承及轴承座

1. 轴承

（1）1 号支持轴承。1 号支持轴承为自位式椭圆轴承，它由上轴瓦和下轴瓦、球面支承垫块、圆柱球面座和定位键、调整垫块等组成。轴瓦内侧设有巴氏合金，上下轴瓦通过圆锥销和螺栓联结在一起。轴承金属测温元件采用热电偶来测量轴瓦的温度。

采用圆柱球面座来支承轴承以保证和转子偏差曲线相配合。轴瓦通过锁紧销来固定横向位置。竖直方向的受力通过轴承座的接触面传递到基础上。在极端不平衡时所产生的向上的力，通过锁紧销传递到轴承盖上，然后再通过边上的地脚螺栓传递到基础上。水平方向的受力通过轴承盖底部平面的筋板传递到基础上。

通过轴承一边的润滑油口直接给轴承供油，或在轴承上半部分通过圆周油管来供油。当转子轴颈旋转时，将油从油瓢中带出来，离开轴承壳体后，通过油封环回到轴承座中。

为了防止在盘车装置运行时汽轮机转子摩擦，在盘车启动时减少扭矩，提供高压油来顶起转子。高压顶轴油通过顶轴油孔到轴承低部中心孔后喷出。

在不抽转子的情况下，轴瓦上、下半都可以拆卸。在轴封间隙的范围内，通过顶轴设备将转子稍微顶起。采用适当的设备，下轴瓦能随着转子旋转带出完成拆卸。

在运行中需要监视轴承金属温度，采用热电阻测温元件。根据机组安装后实际投运的温度情况，在控制系统中设置轴承金属温度报警值。如果正常运行时所有汽轮机轴承金属温度都小于 75℃，则报警值为 90℃，跳闸值为 130℃；如果正常运行时汽轮机轴承金属温度达到 90℃，则报警值为 115℃，跳闸值为 130℃。

（2）2号支持-推力联合轴承。支持-推力联合轴承的功能是支承转子和承受由轴系产生的不能平衡的残余轴向推力。推力轴承所能承受轴向推力的大小和方向取决于汽轮机的负荷情况。整个汽轮机转子轴系须考虑热膨胀和轴承维护运行所需的轴向公差。

支持-推力联合轴承如图10-18所示，支持轴承为自位式椭圆轴承，推力轴承为密切尔式。由上轴瓦、下轴瓦（件2、9），整体式油封，轴瓦衬套（件5），推力瓦块（件4），球面垫块（件11），球面座（件13）和键等组成。上、下轴瓦通过锥销和螺栓固定在一起。轴瓦衬套表面覆盖巴氏合金。

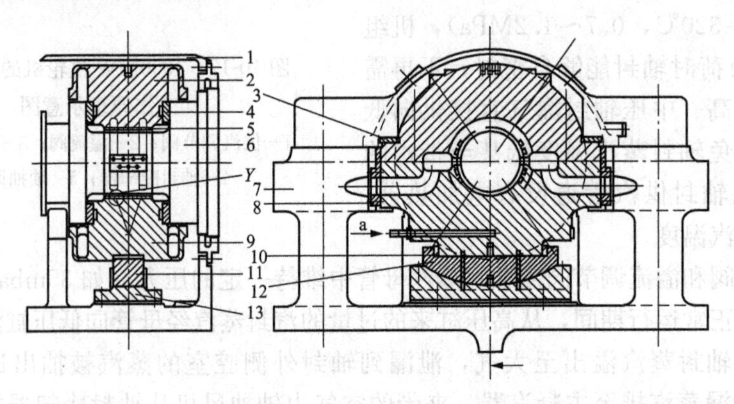

图10-18 支持-推力联合轴承

1—轴承盖；2—上轴瓦（轴承体）；3、8—键；4—推力瓦块；5—轴瓦衬套；
6—转子推力盘；7—轴承座；9—下轴瓦（轴承体）；10、12—调整垫片；
11—球面垫块；13—球面座；a—顶轴油孔

通过圆柱销（件20），推力轴承瓦块被倾斜地安装在轴承体的环形槽中，通过弹性元件（件18）变成柔性支撑。瓦块的工作面是巴氏合金。瓦块支承在汽轮机转子的环行表面上。

轴承的球面块和球面座设计成可调整的，在安装时，允许在轴向和径向调整以满足转子要求。

轴承体通过两边上的键（件8）来定位。竖直方向的受力通过支承垫块和轴承座底部的支承块传递到基础上。在任何极端不平衡状态下所产生的向上的力，通过轴承盖上部的键（件3）和地脚螺栓传递到基础上。

轴断面的横向力和轴向力通过轴承体和键传递到基础上。

金属温度测量点布置于巴氏合金衬套的上部、轴承衬套的下部，在推力轴承的正、负瓦块上都布置有热电偶。

通过轴承一边的润滑油口直接给轴承供油，或在轴承上半部分通过圆周油管来供油。通过在轴承衬套上钻孔，使部分油进入支持轴承的油瓤。通过轴承体的凹槽，大部分油直接供到环形槽，并与支持轴承的回油混合供给推力轴承工作面。通过轴承两端的油封润滑转子并最后回到轴承座的下部。

为防止盘车运行时转子和径向轴承干摩擦及盘车启动时减少启动扭矩，通过顶轴油进油口进入到下轴瓦上的两个顶轴油口，作用于轴颈上。

（3）轴承结构参数，1000MW汽轮机的轴承参数见表10-2。

表 10-2　　1000MW 汽轮机的轴承参数

编号	直径×宽度（mm）	轴瓦型式	比压	失稳转速（r/min）	设计运行温度（℃）
1	250×180	椭圆瓦	2.3	>3900	<115
2	380×300	椭圆瓦	2.53	>3900	<115
3	475×475	椭圆瓦	3.2	>3900	<115
4	560×560	椭圆瓦	3.2	>3900	<115
5	560×425	椭圆瓦	2.43	>3900	<115
推力	外径 630，内径 380	可倾瓦	1.9	>3900	<115

2. 轴承座

机组共有 5 只轴承座，轴承座通过地脚螺栓与基础固定，不参与机组的滑销系统。汽缸通过猫爪搭在其前后轴承座上，轴承座与猫爪之间采用低摩擦系数耐磨的合金，该合金为自润滑形式，不需要加注润滑脂。5 只轴承分别位于 5 只轴承座内，各个轴承座各有其特点。

1 号轴承座的前端固定着盘车装置，电机侧轴承座底部有一个立销，高压缸排汽侧的两个猫爪支承在该轴承座上。另外该轴承座连接着排油烟管道、顶轴油供油管道、盘车马达供油管道、润滑油供油管道和回油管道。

高压缸进汽的猫爪、中压缸的前端猫爪不仅支承在 2 号轴承座上，其横销卡在相应的槽中，机组的死点为 2 号轴承座，支持推力联合轴承位于该轴承座内。机组以 2 号轴承座为死点向两头膨胀，中压外缸与低压内缸以及低压内缸 A 与低压内缸 B 之间以穿过轴承座的推拉杆相连接传递膨胀。轴承座底座两端有立销，还连接着排油烟管道、顶轴油供油管道、润滑油供油管道和回油管道。

中压缸后端猫爪支承在 3 号轴承座上，并在立销作用下在支承面上滑动，低压缸 A 内缸的前端猫支承在该轴承座上，其横销卡在相应的槽中，所以低压缸 A 的内缸以该处为死点向发电机侧膨胀。低压内缸的猫爪通过推拉杆与中压外缸的推拉块相连接来专递膨胀。轴承座底座两端有立销，还连接着排油烟管道、顶轴油供油管道、润滑油供油管道和回油管道。

4 号轴承座和 5 号轴承座主要用于低压缸的支承。4 号轴承座上有低压缸 B 的内缸横销及推力杆。两个轴承座上都连接着排油烟管道、顶轴油供油管道、润滑油供油管道和回油管道。

（九）盘车装置

本机组盘车设备安装于前轴承座前，如图 10-19 所示。采用液压马达这一独特的驱动方式进行驱动，盘车装置是自动啮合型的，能使汽轮发电机组转子从静止状态转动起来，盘车转速约为 60r/min。盘车装置配有超速离合器，能做到在汽轮机冲转达到一定转速后自动退出，并能在停机时自动投入。盘车装置与顶轴油系统、发电机密封油系统间设连锁。为了防止轴承在汽轮机正常运行期间发生静止腐蚀，向液力马达输送少量润滑油，使马达缓慢转动。

液压马达的内部结构如图 10-20 所示。它由 5 个伸缩油缸及 1 根偏心的曲轴、配流组件组成。在油缸内装有活塞、连杆，活塞与连杆通过球铰连接，连杆大端做成鞍形圆柱瓦

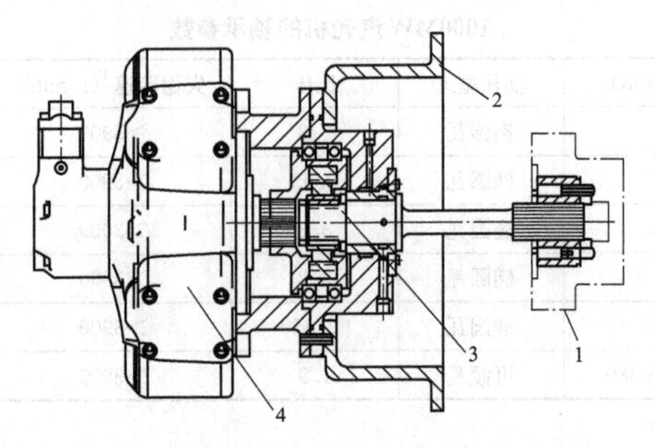

图 10-19　液力盘车装置

1—高压转子；2—与 1 号轴承座连接面；3—离合器；4—液压马达

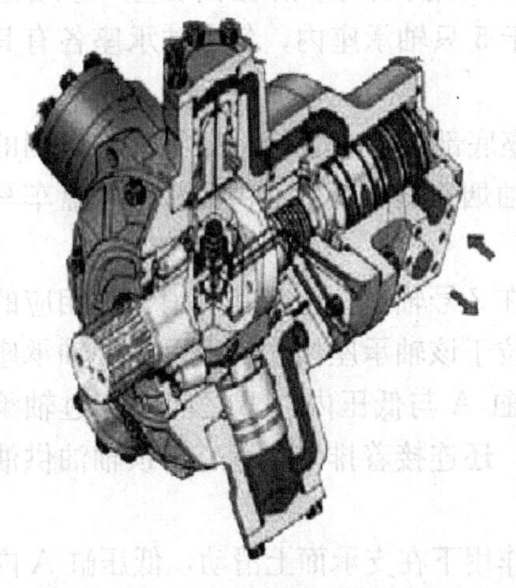

图 10-20　液力马达内部结构示意图

面紧贴在曲轴圆柱的外表面。其工作原理为：需要盘车时，顶轴油的电磁阀打开，高压油进入部分油缸头部，活塞在高压油的作用下移动，通过连杆及圆柱瓦面作用在曲轴上，并相对于曲轴的旋转中心形成转矩，使马达伸出轴通过中间传动轴带动转子转动，其安全可靠性及自动化程度均非常高。另外部分柱塞缸与回油口相通，活塞回移，减小阻力。盘车工作油源来自顶轴油，压力约 145bar。

为了保证液力马达工作的连续性，配流轴随同曲轴同步旋转，各柱塞缸依次与高压进油和低压回油相通，保证曲轴连续旋转。

三、供油系统及设备

（一）润滑油、顶轴油供油系统及设备

机组的润滑油系统主要由主油箱、2 台交流润滑油泵、1 台直流事故油泵、2 台排烟风机、加热装置、两台板式冷油器、3 台顶轴油泵、双联过滤器、回油滤网、测温元件、油位计、油温调节装置、轴承进油调节阀、油温/油压监测装置以及管道、阀门等部件组成。正常情况下由两台一运行一备用的交流润滑油泵供油，润滑油经过冷油器、过滤器及节流阀供至各个轴承，每个轴承的润滑油量可通过节流阀进行调整。冷油器油侧设置温控阀，自动调整冷热油量以保证供油温度恒定。事故情况下由直流事故油泵不经过冷油器、过滤器，直接向各轴承供油。排烟风机一运行一备用，抽出主油箱、轴承箱、回油母管内油系统运行时产生的油烟，在润滑油系统内维持轻微的负压。发电机 6、7 号轴承回油至密封油储油箱，少部分作为密封油油源，大部分通过 U 形管溢流回主油箱。其余各轴承回油均通过回油管直接回至主油箱。

设置的汽轮发电机组顶轴油系统，是为了避免盘车时发生干摩擦，防止轴颈与轴瓦相互损伤。在汽轮机组由静止状态准备启动时，轴颈底部尚未建立油膜，此时投入顶轴油系统，为了使机组各轴颈底部建立油膜，将轴颈托起，以减小轴颈与轴瓦的摩擦，同时也使盘车装置能够顺利地盘动汽轮发电机转子。3×50%容量顶轴油泵两运一备，将压力油经

过滤器供至轴承底部的顶轴油孔。

每台机组设一套油净化装置，用于主油箱的在线净油或润滑油储油箱污油的离线净油。两台机组的主汽轮机、给水泵汽轮机公用一套润滑油存储净化装置，用于储存各油箱检修时的放油，以及污油的净化（外接滤油机）、净油向各油箱的输送。

（二）EH 油供油系统及设备

机组的高压控制油系统（EH 油系统）。该供油系统主要由括油箱及附件、两台 100％容量的 EH 供油泵、两台 100％容量的冷油器、切换阀、蓄能器、油过滤器、油温调节装置、在线抗燃油再生装置，以及有关管道和附件、仪表等组成。油箱上设有人孔门、就地和远传的油位计、高低压油位报警开关。抗燃油系统各部件及油箱采用不锈钢材料。

该系统可以向控制系统提供压力油，完成油的循环过滤、再生及循环冷却，并保证供油压力的稳定。

参 考 文 献

[1] 韩中合，田松峰，马晓芳，等. 火电厂汽机设备及运行. 北京：中国电力出版社，2002.
[2] 肖增弘，徐丰. 汽轮机数字电液调节系统. 北京：中国电力出版社，2003.
[3] 王爽心，葛晓霞. 汽轮机数字电液控制系统. 北京：中国电力出版社，2004.
[4] 西安电力高等专科学校，大唐韩城第二发电有限公司. 600MW 火电机组培训教材 汽轮机分册. 北京：中国电力出版社，2006.
[5] 胡念苏. 国产 600MW 超临界火力发电机组技术丛书汽轮机设备系统及运行. 北京：中国电力出版社，2006.
[6] 胡念苏. 超超临界火力发电机组技术丛书超超临界机组汽轮机设备及系统. 北京：化学工业出版社，2008.
[7] 胡念苏. 1000MW 火力发电机组培训教材 汽轮机设备系统及运行. 北京：中国电力出版社，2010.
[8] 中国大唐集团公司，长沙理工大学 . 汽轮机设备检修. 北京：中国电力出版社，2011.
[9] 张燕侠. 热力发电厂. 3 版. 北京：中国电力出版社，2014.
[10] 杨义波，张燕侠，杨作梁，等. 热力发电厂 . 北京：中国电力出版社，2010.
[11] 孙为民，杨巧云. 电厂汽轮机. 3 版. 北京：中国电力出版社，2017.
[12] 赵素芬. 汽轮机设备. 北京：中国电力出版社，2001.
[13] 陈庚. 单元机组集控运行. 北京：中国电力出版社，2001.
[14] 林文孚，胡燕. 单元机组自动控制技术. 北京：中国电力出版社，2003.
[15] 中国大唐集团公司，长沙理工大学，王运民. 汽轮机设备检修. 北京：中国电力出版社，2011.
[16] 中国大唐集团公司，长沙理工大学，杨继明. 点检定修管理. 北京：中国电力出版社，2011.

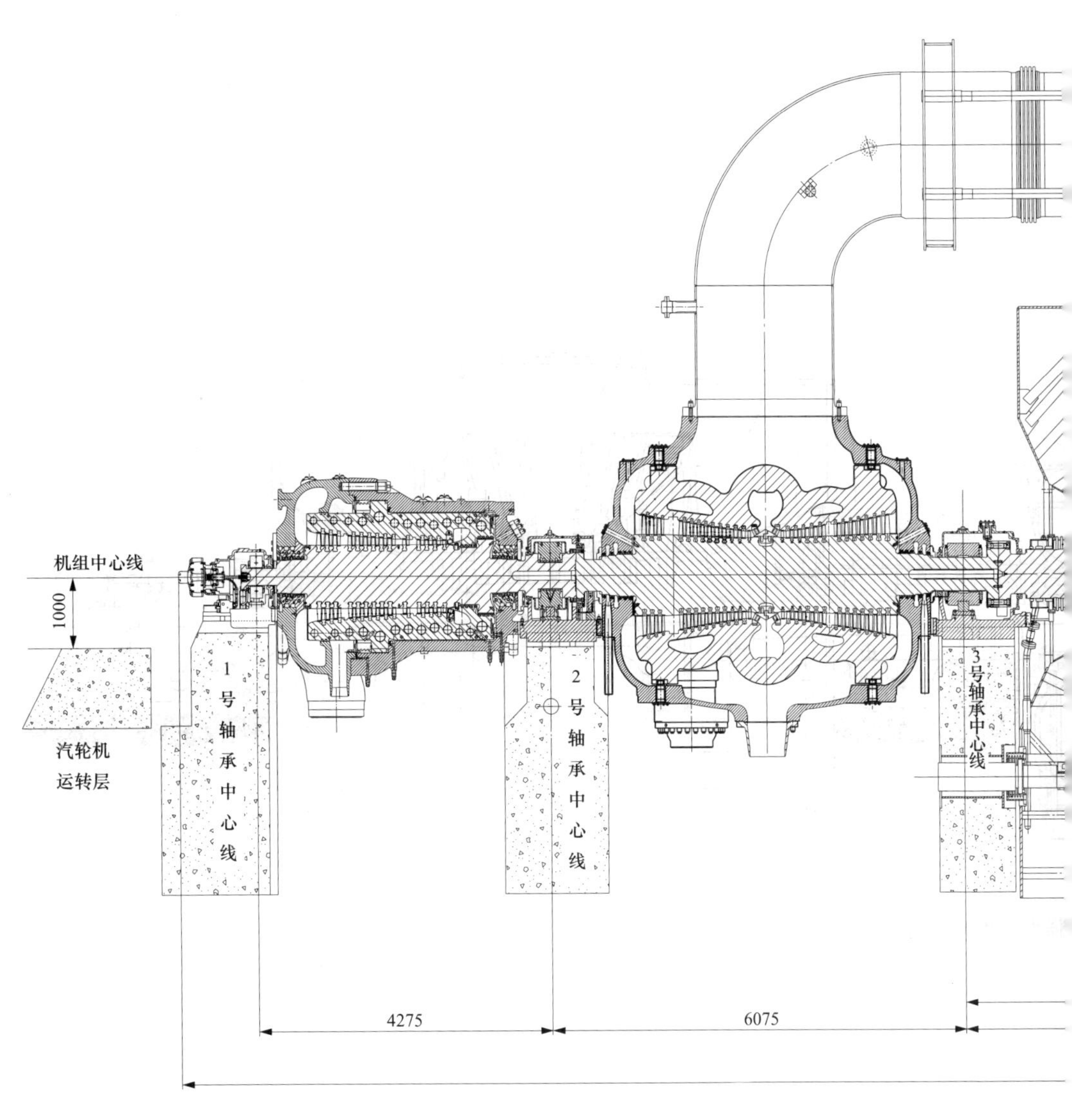

图 10-2　1000M

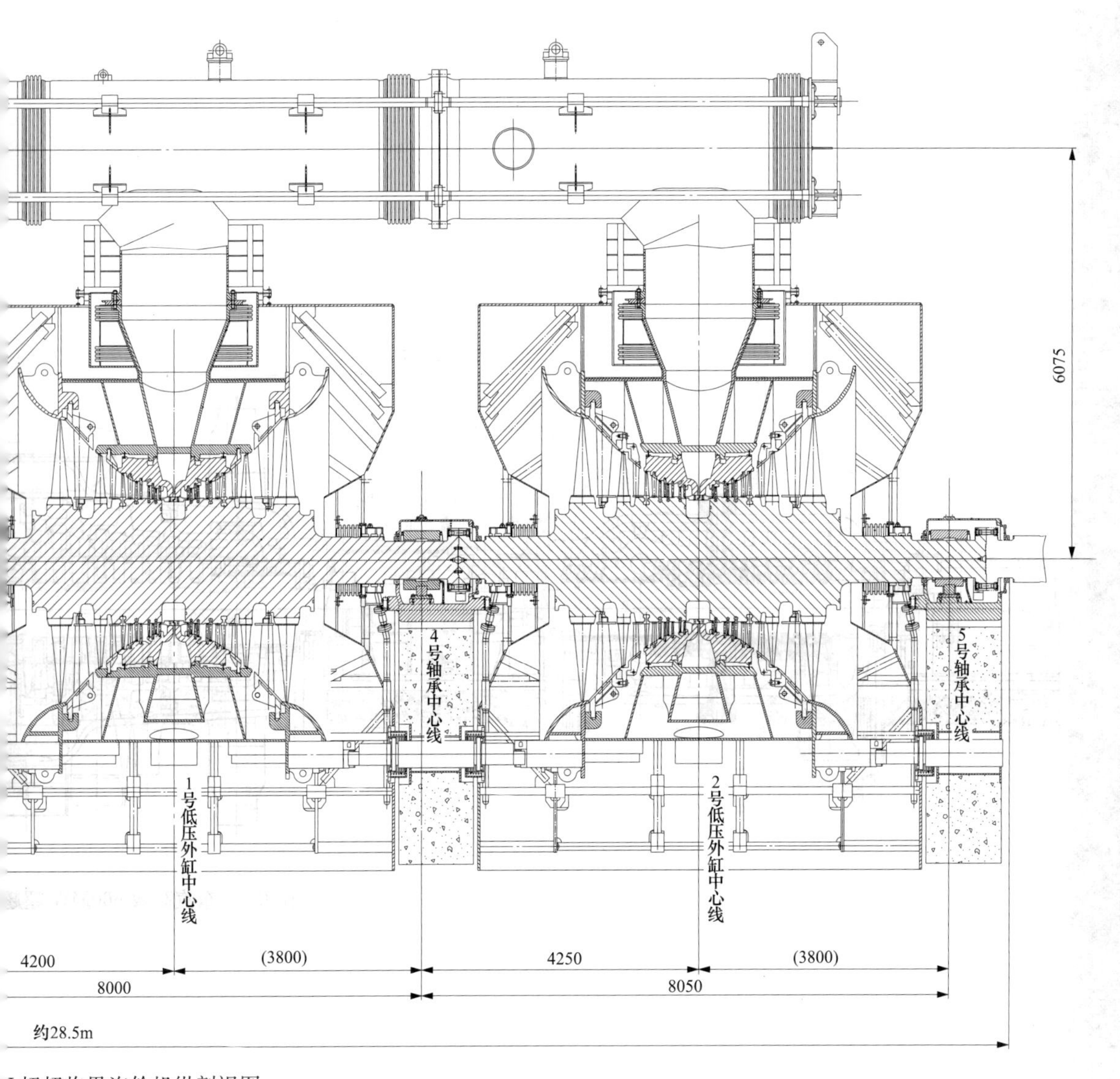

/ 超超临界汽轮机纵剖视图